新一代 IPv6 过渡技术——IPv6 单栈和 IPv4 即服务

李　星　包丛笑　著

科　学　出　版　社
北　京

内 容 简 介

本书以互联网设计原理为指南，详细分析互联网协议第四版(IPv4)和互联网协议第六版(IPv6)数据报头结构和寻址原理，系统介绍新一代过渡技术中的协议翻译和地址映射的技术思路和适用于不同场景的 IPv6 过渡技术实现方案。

本书是作者在中国教育和科研计算机网进行 IPv6 过渡技术研究时对产生的重要研究成果的系统化总结。这些成果已成为国际互联网标准化组织互联网工程任务组(IETF)的 RFC 标准。

本书从互联网体系结构的角度研究 IPv6 过渡技术，内容丰富，框架清晰，案例丰富。适合从事未来互联网体系结构的研究人员阅读，也可以作为开发网络软硬件系统、建设和运行互联网的工程师的工具书，还可以作为高等院校通信和网络相关专业教师和学生网络课程的参考书。

图书在版编目 (CIP) 数据

新一代 IPv6 过渡技术 : IPv6 单栈和 IPv4 即服务 / 李星，包丛笑著. -- 北京 : 科学出版社，2024.6

ISBN 978-7-03-078601-2

Ⅰ. ①新… Ⅱ. ①李… ②包… Ⅲ. ①计算机网络－通信协议 Ⅳ. ①TN915.04

中国国家版本馆 CIP 数据核字(2024)第 106209 号

责任编辑：阚 瑞 董素芹/ 责任校对：胡小洁

责任印制：师艳茹 / 封面设计：蓝正设计

科 学 出 版 社 出版

北京东黄城根北街 16 号

邮政编码：100717

http://www.sciencep.com

涿州市般润文化传播有限公司印刷

科学出版社发行 各地新华书店经销

*

2024 年 6 月第 一 版 开本：720×1 000 1/16

2024 年 6 月第一次印刷 印张：29 1/4

字数：584 000

定价：248.00 元

(如有印装质量问题，我社负责调换)

序　　言

我们正处在历史上的一个关键时刻。面临着社会发展中各种新的挑战，互联网发挥了重要的和不可替代的作用。互联网将我们团结在一起，并使人类比以往任何时候都更强大。

现在，我们仍然需要解决互联网的地址耗尽问题，使互联网可以持续运行并扩大规模。新的互联网必须具备为全球用户提供可靠服务的能力。这就是我们呼吁每个人在 21 世纪的第二个十年全面接纳 IPv6 的根本原因。许多互联网先驱为部署 IPv6，特别是 IPv6 单栈提供了令人信服的例子。也就是说，在完全不依赖旧的 IPv4 的情况下，互联网仍然具有高效的运行能力。

因此我们认为：IPv6 能提供几乎无限的 IP 地址空间和广泛的端到端的创新空间，是面对 IPv4 地址短缺问题时全球公认的解决方案。

推进 IPv6 单栈的广泛部署，不仅是使互联网更加扁平化、高效化和安全化的基础，也是促进互联网技术和产业生态全面升级的必然选择。IPv6 将赋能网络信息技术、产业发展和创新应用。

IPv6 技术必将为现在和未来的数字经济做出不可估量的贡献。

IPv6 单栈互联网为全世界信息基础设施的扩大部署和创新应用奠定了坚实的基础。IPv6 单栈是互联网今后几十年的第一次，也可能是最后一次重大升级，让我们以实际行动为全人类的利益做出正确的选择。

我很高兴为该书作序言，期待全世界互联网过渡到 IPv6 单栈。

文顿 · 瑟夫(Vinton Cerf)

前　言

近年来，全世界向 IPv6 演进的进程逐步加快，我国 IPv6 的发展也进入了新的历史时期。作者有幸在设计、建设、研究和运行管理方面深度参与了中国教育和科研计算机网(China Education and Research Network，CERNET)的创立和发展过程，在 IPv6 技术方面建立了中国的第一个 IPv6 试验网，参与了第二代中国教育和科研计算机网(CERNET2)的工作，并一直坚持进行 IPv6 过渡技术的研究。本书介绍的无状态 IPv4/IPv6 翻译技术，正是作者为解决 CERNET 持续发展中的实际问题而发明的。这一技术是新一代 IPv6 过渡技术的基础，也是在网络层使不兼容的 IPv4 和 IPv6 互联互通的核心技术。

下面，我们回顾与本书内容密切相关的互联网技术发展的重要历史事件。

1969 年互联网的前身阿帕网(Advanced Research Projects Agency Network，ARPANET)诞生。1975 年开始研制目前仍然广泛使用的 IPv4。1983 年 1 月 1 日起，ARPANET 从网络控制协议(network control program，NCP)过渡到传输控制协议/互联网协议(transmission control protocol/internet protocol，TCP/IP)。1986 年基于 TCP/IP 的美国国家科学基金会网(NSFNet)开始运行。1995 年互联网商业化，造就了今天的信息社会。

1990 年左右，互联网工程任务组(The Internet Engineering Task Force，IETF)为了解决 IPv4 地址耗尽，路由表爆炸等问题，启动了下一代互联网(IPng)的标准化工作。

1994 年作者参与设计和建设 CERNET，当时计划中国大、中、小学都将建设校园网，并通过 CERNET 与全球互联网联网。由于中国是 IPv4 互联网技术发展的追赶者，在那个时候已经不可能获得与中国 3.2 亿学生数量相匹配的 IPv4 地址。纵观全球，其他不少发展中国家也都始终面临着巨大的人口基数与互联网发展所需地址短缺而带来的极大矛盾。

1995 年 IETF 选择了 IPv6 作为 IPng 协议标准。

1998 年，为了实现使中国每个学生都能够全功能上网的梦想，作者在清华大学建立了中国第一个 IPv6 试验床，并通过 IPv6 over IPv4 隧道技术与全球 IPv6 试验网(6bone)联网，使中国加入全球下一代互联网的实践环境中。在此基础上，2000 年出版了中国第一本 IPv6 专著《IPv6 原理与实践》。

2000 年，在国家自然科学基金委员会的资助下，作者参与设计、建设、运行了中国自然科学基金网(Natural Science Foundation of China Network，NSFCNET)，这是中国第一个 IPv4/IPv6 双栈网络。

2004 年，在国家发展和改革委员会的资助下，作者参与设计、建设和运行了 CERNET2，这是世界上第一个大规模纯 IPv6 主干网，是中国下一代互联网(China Next Generation Internet，CNGI)骨干网的一部分。

2005 年，清华大学在 CERNET2 上进行 IPv4 over IPv6 隧道的创新实践。该工作引起了国际同行的兴趣，作者积极参与了 IETF 的相关标准化工作，发起并成立了软线工作组(Softwire WG)。

2007 年，作者认识到 IPv4 和 IPv6 不能互联互通是影响 IPv6 过渡的最根本的问题，带领团队研究开发了基于运营商前缀的无状态 IPv4/IPv6 翻译过渡技术(IVI：罗马数字表示法为“左减右加”，Ⅳ代表 4，Ⅵ代表 6，因此 IVI 代表 IPv4 和 IPv6 互联互通)，并在 CERNET2 上试验成功，发布了开放源码。同年，在 IETF 大会上介绍了相关工作。

2008 年，IETF 在加拿大蒙特利尔召开了 IPv6 过渡与共存专门会议。作者再次在会上介绍了 IVI 的工作。在这次会议上，大家意识到早期制定的双栈过渡策略具有缺陷。为了标准化新的 IPv4 和 IPv6 过渡技术，IETF 重组了避障行为工程(Behavior Engineering for Hindrance Avoidance，Behave)工作组和软线(Softwire)工作组，从而催生了新一代 IPv6 过渡技术。

2010 年和 2011 年，作者提出基于 IVI 原型系统的、使用运营商前缀的无状态 IPv4/IPv6 地址算法和协议互通算法，成为新一代翻译技术和隧道技术的核心基础技术。

2011 年，作者提出了镶嵌传输层端口到 IPv6 地址的地址后缀编码技术。

2014 年，作者提出了地址前缀编码技术。

2015 年，作者完成了新一代无状态系列翻译技术及无状态封装技术相关的系列核心 RFC 标准。

从 2008 年第 72 届 IETF 大会到 2015 年第 94 届 IETF 大会，作者在 IETF 做了 20 个报告，作为联合作者参与了 15 个报告。在全世界互联网研究人员和工程师的共同努力和打磨下，终于形成了新一代 IPv6 过渡技术系列标准，包含 IETF Behave 工作组产生的无状态和有状态翻译技术；IETF Softwire 工作组产生的无状态/有状态/部分状态封装技术和无状态双重翻译技术。作者是这些标准之中 9 个 RFC 的第一作者或核心作者。至 2023 年 6 月为止，这些 RFC 已经被后续新的 RFC 引用 184 次。以无状态翻译技术为核心的新一代 IPv6 过渡技术加速推进了 IPv6 单栈(纯 IPv6)部署的世界潮流。

2016 年，互联网体系结构委员会(Internet Architecture Board，IAB)提出“我们鼓励业界制定支持纯 IPv6 的运营战略”。

2017 年，中共中央办公厅、国务院办公厅印发《推进互联网协议第六版(IPv6)规模部署行动计划》，指出“大力发展基于 IPv6 的下一代互联网，有助于显著提升我国互联网的承载能力和服务水平，更好融入国际互联网，共享全球发展成果，有力支撑经济社会发展，赢得未来发展主动”。

2020 年，美国总统办公室发布备忘录，提出：“虽然以往发布的 IPv6 过渡政策是基于双栈技术，但近期的研究结果表明双栈带来运行的复杂性，是不必要的。因此标准机构和领先的技术公司开始向纯 IPv6 迁移，从而可以消除运行两种网络协议带来的复杂性和高成本以及随之而来的网络安全威胁”。

2021 年，中央网络安全和信息化委员会办公室、国家发展改革委、工业和信息化部联合发文《关于加快推进互联网协议第六版(IPv6)规模部署和应用工作的通知》，其中工作目标要求：“到 2023 年末……IPv6 单栈试点取得积极进展，新增网络地址不再使用私有 IPv4 地址”“到 2025 年末……新增网站及应用、网络及应用基础设施规模部署 IPv6 单栈”“之后再用五年左右时间，完成向 IPv6 单栈的演进过渡”。

展望未来，目前 IPv6 单栈(纯 IPv6)是全球共识的互联网过渡策略和目标。但是，从全世界范围来讲，IPv4 可能在今后相当长的一段时间继续存在。互联网的价值在于“互联互通”。本书作者提出的并在 IETF 形成了 RFC 标准的无状态翻译过渡技术是在网络层实现“IPv4/IPv6 互联互通”的唯一技术。IPv4/IPv6 翻译技术是最终实现全球 IPv6 单栈互联网的必经之路。

本书的写作思路是以互联网体系结构为纲，全面、系统地介绍新一代 IPv6 过渡技术，使读者在理论和实际操作上具备设计、开发 IPv6 软硬件系统，建设和运行 IPv6 单栈网络的能力。

本书的结构如下：

第 1 章“引言”为历史回顾，包括 ARPANET 的诞生，特别是介绍“从 NCP 到 TCP/IP”第一次互联网过渡的历史经验。

第 2 章“互联网设计原理”，系统地介绍 IPv4 和 IPv6 的设计原理，以及这些设计原理对于“从 IPv4 到 IPv6”第二次互联网过渡的指导意义。

第 3 章“IPv6 过渡技术演进”，全面介绍传统 IPv6 过渡技术，讨论传统 IPv6 过渡技术的困境和新一代 IPv6 过渡技术的研究历程。

第 4 章“新一代 IPv6 过渡场景”，全面、系统地分析新一代 IPv6 过渡技术的应用场景、技术框架和组件。

第 5 章“协议处理技术”，系统地讨论网络层协议原理，包括 IPv4 和 IPv6 的报头结构、ICMP、ICMPv6、TCP 和 UDP。在此基础上，给出在 IPv4 和 IPv6 之间进行翻译和封装的处理方法。

第 6 章“地址映射技术”，系统地讨论互联网寻址原理，包括 IPv4 和 IPv6 地址结构和使用方式。在此基础上，给出 IPv4 地址和 IPv6 地址之间的映射算法。

第 7 章“域名支撑技术”，介绍 IPv6 过渡技术中的域名系统，具体包括使 IPv6 计算机能够访问 IPv4 计算机的 DNS64 和使 IPv4 计算机能够访问 IPv6 计算机的 DNS46。

第 8 章“参数发现和配置技术”，介绍 IPv6 过渡技术涉及的其他支撑协议，包括通过域名系统(DNS)得到翻译器 IPv6 前缀的参数发现技术，通过动态主机配置协议(DHCPv6)配置 IPv6 前缀和其他参数的技术，以及通过路由公告(RA)技术配置 IPv6 前缀和其他参数的技术。

第 9 章“一次翻译技术”，介绍无状态翻译技术(IVI)、无状态翻译地址共享扩展技术(1:*N* IVI)和有状态一次翻译技术(NAT64)。

第 10 章“无状态双重翻译及封装技术”，介绍无状态 IPv4/IPv6 双重翻译技术(dIVI 与 MAP-T)，以及无状态封装技术(MAP-E)。

第 11 章“有状态双重翻译及封装技术”，介绍有状态双重翻译技术(464XLAT)、有状态隧道技术(DS-Lite)和用户状态隧道技术(LW-4o6)。

第 12 章“无状态 IPv6 前缀翻译技术”，介绍无状态 IPv6/IPv6 前缀翻译技术(NPTv6)以及无状态双重 IPv6 前缀翻译技术(dNPTv6)。

第 13 章“IPv6 单栈网络过渡路线图”，对本书讨论的新一代过渡技术进行概括，给出 IPv6 单栈网络过渡路线图。

第 14 章“IPv6 单栈网络的单元系统”，介绍能与 IPv4 互通的 IPv6 单栈服务器、IPv6 单栈无线局域网、IPv6 单栈家庭宽带、基于 IPv6 网络的 IPv4 公网服务和虚拟专网服务(IPv4 即服务：IPv4aaS)。

第 15 章“IPv6 单栈网络的集成系统”，介绍 IPv6 单栈校园网、IPv6 单栈城域网、IPv6 单栈主干网、IPv6 虚拟专网、IPv6 单栈数据中心和 IPv6 交换中心等。

第 16 章“未来网络协议的过渡”，回顾互联网过渡技术的演进历程，对未来网络过渡技术设计提出建议。

附录为 IPv4/IPv6 过渡技术涉及的协议参数。

总之，实现 IPv6 单栈网络与 IPv4 的互联互通仅仅是 IPv6 互联网发展的第一步，具有海量地址空间的 IPv6 的潜力还有待挖掘。IPv6 单栈一定会催生与 IPv4 不同的、革命性的互联网生态。互联网有句名言：“我们不预测未来，我们创造未来。”

作者感谢清华大学电子工程系/网络中心 IVI 研究组的所有老师和历届学生，我们研究团队具有迎难而上的勇气、热情洋溢的研究活力、不畏权威的创新精神和扎实的编程能力，这些因素使基于无状态 IPv4/IPv6 翻译(以及封装)系列过渡技术成为现实。感谢清华大学网络科学与网络空间研究院、清华大学电子工程系、清华大学计算机系的同事对研究开发给予的支持。感谢 CNGI 专家委员会对于中国 IPv6 互联网的推进做出的巨大贡献。感谢 CERNET 专家委员会的各位委员对于研究的支持和推广。感谢 IVI 技术研究得到国家项目的不断支持，包括国家发展和改革委员会“下一代互联网示范工程 2005 年研究开发项目——CNGI 大规模路由和组播技术的研究与试验”、国家发展改革委“2008 年下一代互联网业务试商用及设备产业化专项——教育科研基础设施 IPv6 技术升级和应用示范项目 IPv4/IPv6 过渡系统子项目”、北京市科技计划项目“IPv4/IPv6 过渡网关设备和认证设备研制——IPv4/IPv6

过渡技术与源地址认证技术研究”、科技部“国家科技支撑计划：支持 IPv6 过渡机制和管控系统研究与应用示范项目——IPv6 过渡机制及其应用示范”、国家发展改革委“‘互联网+’重大工程保障支撑类项目：面向教育领域的 IPv6 示范网络项目”等。感谢国际互联网标准化组织 IETF Behave、Softwire 和 v6ops 等工作组的联合作者和各位合作伙伴。感谢赛尔网络有限公司、华为、中兴、思科、瞻博、比威、盛科、谷歌、苹果、搜狐、中国电信、中国联通和美国、加拿大、巴西、欧洲、日本等众多运营商对于无状态 IPv6 翻译过渡技术的兴趣、支持和实现部署。感谢北京英迪瑞讯网络科技有限公司对于 IVI 系列设备高水平的研究开发和产品化工作。感谢科学出版社的编辑为本书出版做出的辛勤工作。感谢各位作者的家人对于研究工作的理解和支持。

作 者

2022 年 9 月

目　录

第 1 章　引　　言

几十年来，伴随着互联网的快速发展，互联网协议第四版(internet protocol version 4，IPv4)取得了巨大的成功。然而，网络规模的急剧增长也突显出 IPv4 地址空间不足、路由可扩展性差等一系列严重问题。2011 年 2 月，互联网编号分配机构(Internet Assigned Numbers Authority，IANA)将其最后 5 个可用的 A 类地址空间(网络前缀长度为 8 比特的 IPv4 地址空间，可记为/8)分配给各区域互联网注册机构(Regional Internet Registry，RIR)，至此全球 IPv4 地址已经全部分配完，而各地区互联网注册机构的 IPv4 地址也在加速耗尽[1]。

虽然全球 IPv4 地址已经被分配完毕，但是全球还有超过 30 亿人口尚未接入互联网，而新兴的云计算和物联网应用也在蓬勃发展。作为越来越稀缺的资源，IPv4 地址已经变得越来越昂贵。

作为下一代互联网网络层的核心协议，互联网协议第六版(internet protocol version 6，IPv6)于 1995 年 12 月被互联网工程任务组(The Internet Engineering Task Force，IETF)公布(RFC1883[2])。与 IPv4 相比，IPv6 有 2^{128} 个地址，能够满足物联网庞大的地址需求，足够为现在接入互联网和未来接入互联网的每台主机分配一个独立的 IPv6 地址。这意味着每台主机均可以透明地与其他任何主机通信，同时可以被溯源，保证了网络的安全性。此外，IPv6 优化了分层编址和路由机制，具有更好的服务质量和安全性。因此，为了继续维持互联网的高速增长，向 IPv6 过渡是一个必须且紧迫的任务[3]。

实际上，目前从 IPv4 向 IPv6 过渡是互联网历史上的第二次过渡。互联网的第一次过渡发生在 1983 年 1 月 1 日。那是一个“标志日”(flag day)式的硬切换，即在特定的日期停止原先使用的网络控制程序(network control program，NCP)，启动新的传输控制协议/互联网协议(transmission control protocol/internet protocol，TCP/IP)[4]。互联网的第一次过渡非常平稳，最终使 IPv4 互联网成为现今信息社会最重要的基础设施。为了理解为什么第一次互联网的过渡顺利而平稳，但是从 IPv4 到 IPv6 的第二次互联网过渡已经多年还没有完成，需要回顾一下互联网的历史[4-6]。

1.1　第一代互联网

1.1.1　ARPANET

1961 年，美国麻省理工学院的伦纳德·克兰罗克(Leonard Kleinrock)发表了

第一篇关于分组交换(packet switching)的论文。1964 年美国兰德公司的 Baran 提出了基于信息块交换(message block switching)技术的抗毁网络，即使在核攻击之后也能提供对核导弹的发射控制，以确保二次打击能力。Baran 的文章列出了三种网络拓扑结构，如图 1.1 所示。其结论是，只有分布式的网络，才具有最强的抗毁性[7]。

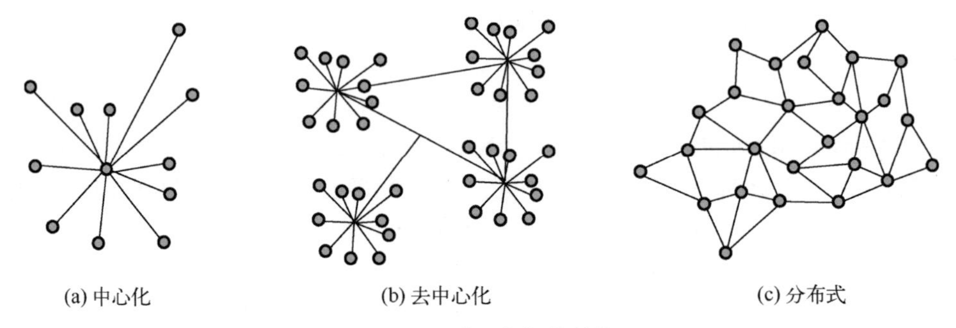

图 1.1　三种网络拓扑结构

1967 年，Roberts 加入美国国防部高级研究计划局(Defense Advanced Research Projects Agency，DARPA)，发表了高级研究计划署网络(Advanced Research Projects Agency Network，ARPANET)计划书[8]。ARPANET 团队设计了 NCP。1969 年，ARPANET 的四个节点(加州大学洛杉矶分校、斯坦福研究所、加州大学圣巴巴拉分校和犹他大学)联网成功，这标志着全世界第一个分组交换网络的正式运行[4]，如图 1.2 所示。

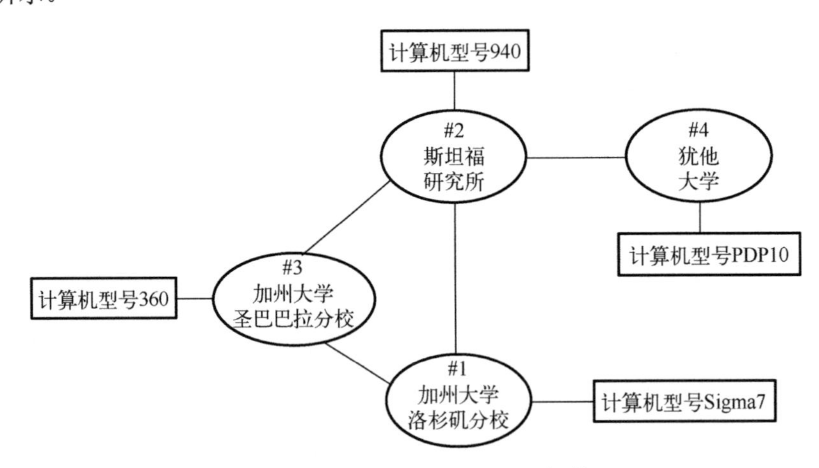

图 1.2　1969 年的 ARPANET 拓扑

1972 年，负责 ARPANET 的罗伯特·卡恩(Robert E. Kahn)在国际计算机通信会议(International Computer Communications Conference，ICCC)上组织了一次非常成

功的 ARPANET 演示，向公众首次公开展示了这种新的网络技术。之后 ARPANET 如火如荼地发展起来了。

在总结 ARPANET 的经验时，BBN 公司的克雷格·帕特里奇(Craig Partridge)提出了在网络体系结构设计中的六个原则[6]。

(1)坚持自己的理想。

(2)考虑运算和数据流，而不是应用。

(3)接受自己不能回答一些问题的现实。

(4)不要囤积问题。

(5)不要担心后向兼容性。

(6)不要被实现过程中的具体问题所困扰。

麻省理工学院的 Clark 在 1988 年将 ARPANET 的设计哲学[9]总结为以下几点。

(1)能够有效地多路复用现有通信技术。

(2)在网络或网关失效的情况下，仍然能够通信。

(3)互联网必须支持多种类型的网络通信服务。

(4)互联网体系结构必须能够使用各种通信网络。

(5)互联网体系结构必须允许对其资源的分布式管理。

(6)互联网体系结构必须高效。

(7)互联网体系结构必须允许主机容易联网。

(8)互联网体系结构使用的资源必须可问责。

Clark 强调这些设计哲学的排序也非常重要，当颠倒了这些优先级时，就可能设计出完全不同的网络体系结构。

有趣的是，克雷格·帕特里奇的原则明确包含“不要担心后向兼容性”。Clark 的原则也没有提到与传统通信网(电话网等)的兼容性问题。事实上，ARPANET 是世界上第一个大规模的分组交换网，与基于电路交换的电话网有革命性的不同。可以认为，如果在设计 ARPANET 时考虑与电话网的兼容性，不可能产生革命性的、新的网络协议。但在 IPv4 向 IPv6 过渡的全球实践中，“后向兼容性”的缺失成为 IPv6 过渡缓慢的根源。

1.1.2 NCP

初始的 ARPANET 使用 NCP[10]。NCP 是为 ARPANET 联网主机运行的中转协议。NCP 是一种单工协议，它根据用户地址建立连接。NCP 为用户的应用程序保留了一个奇数端口和一个偶数端口。NCP 提供在不同主机进程之间的连接和流量控制。

NCP 如图 1.3 所示。

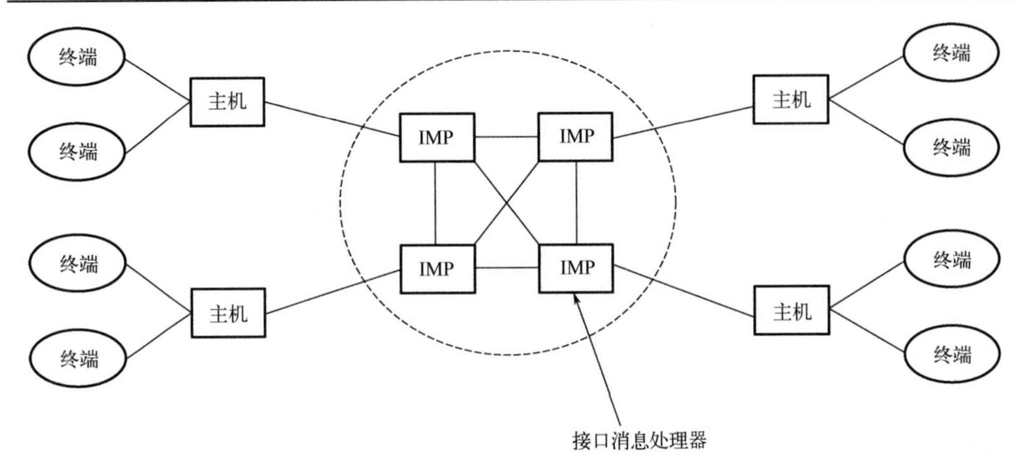

图 1.3　NCP

接口消息处理器(interface message processor，IMP)之间的通信协议包括物理层、数据链路层和网络层协议，在 IMP 之间实现。IMP 和主机之间的通信协议具有不同的物理层、数据链路层和网络层规范。因此 NCP 本质上提供了一个由 ARPANET 主机到主机协议(ARPANET host to host protocol，AHHP)和初始连接协议(initial connection protocol，ICP)组成的传输层。

(1) AHHP 定义了在两台主机之间传输单向具有流量控制的数据流程序。

(2) ICP 定义了在两个主机进程之间建立一对通信数据流的过程。

(3) 应用程序协议(例如，远程登录(Telnet)、文件传输协议(file transfer protocol，FTP)、简单邮件传输协议(simple mail transfer protocol，SMTP)等)通过到 NCP 顶层的接口访问网络服务。

NCP 的寻址/转发机制具有非常简单的基于目标地址的形式[10,11]。

(1) 第 1 代：IMP 编号 8 比特，主机编号 2 比特。

(2) 第 2 代：IMP 编号 16 比特，主机编号 8 比特。

(3) 最后一代：添加了逻辑寻址，即包含 2 个标志比特的 16 比特扁平寻址(RFC878[12])。因此可以在发送节点不必知道接收主机的位置的情况下对 2^{14} 个主机进行寻址(当主机连接到 ARPANET 时，主机会通知 IMP 它将使用哪些逻辑名称，IMP 以在扁平地址空间上转发的形式在网络中传播此信息)。

1.1.3　TCP/IP

当把 NCP 用于其他网络(卫星分组网络、地面无线分组网络)和 ARPANET 互联时，NCP 无法对 IMP 所连接的更下游的网络和主机进行寻址，由于 ARPANET 非常可靠，NCP 也不具有对端对端主机错误进行处理的机制。因此，实现跨网络全局寻址和对异构网络进行出错处理是开发新协议(最终成为 TCP/IP)的初始动机[4, 11]。

设计中的新协议有四条基本原则。

(1)每个不同的网络都必须独立存在,并且不需要对该网络进行任何内部更改即可将其连接到网络上。

(2)通信将“尽力而为”。如果数据报文没有到达最终的目标节点，它将尽快从源节点重新传输。

(3)网络连接设备应为“黑匣子”(网关)。为了保持简单性，网关不会保留单个数据报文的信息，也尽量避免包含复杂的故障恢复机制。

(4)在业务一级不应存在全局控制。

1973 年文顿 • 瑟夫(Vinton Cerf)加入了罗伯特 • 卡恩的项目，他们共同创建了下一代传输控制协议(transmission control protocol，TCP)[13]。在该技术的早期版本中，只有一个核心协议 TCP。该协议提出了一个 8 比特的网络字段和 16 比特的主机字段(称为 TCP 字段)。他们当时认为：①8 比特的网络字段允许选择多达 256 个不同的网络，在可预见的未来，这个规模似乎足够了；②主机字段允许多达 65536 个不同的主机被寻址，这对于任何给定的网络来说似乎都绰绰有余。

1977 年，美国国防部高级研究计划局与 BBN 公司、斯坦福大学和伦敦大学学院签订合同，在不同的硬件平台上开发协议的验证版本：TCPv1 和 TCPv2。在开发过程中，为了使网络不仅能够支持文件传输类的应用，还能够支持语音等对时延敏感但对丢包不敏感的特性，1978 年文顿 • 瑟夫、丹尼 • 科恩(Danny Cohen)和乔恩 • 波斯特尔(Jon Postel)将 TCP 的功能分为两个协议：TCP 和 IP，成为 TCPv3 和 IPv3，然后发展成稳定的 TCP/IPv4，最终形成著名的 TCP/IP 的沙漏模型，如图 1.4 所示[11]。

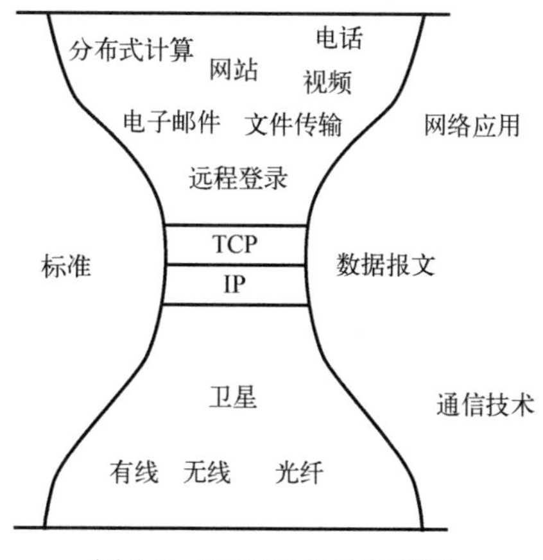

图 1.4 TCP/IP 的沙漏模型

从图 1.4 中可以看出：IP 是互联网的核心。需要传输的数据由发送节点拆成一定大小的数据报文(datagram)，每个数据报文均携带完整的目标地址和源地址，网络根据数据报文的目标地址，把数据报文从源节点送到目标节点。每一个数据报文都是独立传输的，网络中不需要设置中心控制点，网络设备(路由器)根据分布式的路由算法把数据报文送到下一个路由器，期待最终送到目标节点。

IP 最重要的功能是寻址。需要指出的是：为了可扩展性，当时确实考虑了可变长地址的可能性。但是实现网络设备的团队表示，处理可变长数据报头的开销不可接受，最终选择了32比特固定长度的地址[11]。32比特地址的原始结构是8比特用于网络标识，24比特用于主机地址(RFC760[14])。1981年RFC791[15]中定义了更灵活的分类结构，其中A类地址具有8比特网络标识、24比特主机地址。B类地址具有16比特网络标识、16比特主机地址。C类地址具有24比特网络标识、8比特主机地址。

回顾历史，当初TCP/IP设计团队的理念很超前，设计了“可变长度地址”方案和“源路由”方案[11]，受当时人们对于全世界信息网络规模大小理解的局限性，也受限于当时硬件设备和软件算法的能力，没有选择“可变长度地址”方案。由于使用IPv4数据报头中的选项(option)字段实现“源路由”，无法实现高性能，因此“源路由”也从来没有得到大规模的实际应用。

IP并不保证传输的质量，所能做的仅仅是“尽力而为”(best effort)。互联网使用端对端的TCP保证数据传输的正确性(重传机制)和带宽使用的公平性(流量控制算法)。对于音频或视频这样对数据丢失不敏感却对时延敏感的应用，互联网使用用户数据报协议(user datagram protocol，UDP)。

IP对于下层的通信线路的要求很低，所以可以运行在任何通信线路上。传输层协议TCP或UDP对上层提供通用的支持，因此可以开发任意应用。

1978～1983年，多个研究中心开发并实现了TCP/IP原型系统。1982年3月，美国国防部宣布TCP/IP成为军用计算机网络标准。

1.1.4 互联网的第一次过渡：NCP到TCP/IP

1981年11月发布的RFC801[16]给出了NCP到TCP的过渡方案，该过渡方案的内容如下。

1. 过渡的必要性

ARPANET从1969年启动到1971年开始正常运行，到了1980年已经运营服务了十余年。虽然ARPANET提供了可靠的服务、支持了各种研究活动，但是在此期间情况也发生了变化，需要持续改进ARPANET。

在过去的几年里，ARPA赞助了更多的计算机网络。这些网络使用不同的下层网络通信技术(无线广播数字分组网、卫星网络等)。显然，ARPANET当时使用的NCP不足以在这些网络中使用。于是，1973年ARPA开始支持研究新技术，产生了IP和TCP。美国国防部决定使用IP和TCP作为其管理范围内所有分组网络的标准协议，因此，ARPANET管理委员会决定尽快将这些协议用于运营中的ARPANET。

2. 过渡的可行性

当时 ARPANET 已经在若干台主机上实现了 TCP/IP，其部分服务已经能够正常使用。因此任何连接到 ARPANET 的新主机都应该只实现 TCP/IP 的服务。

由于不可能同时将所有主机转换到 TCP，因此有必要提供临时用于跨接 NCP 单栈和 TCP 单栈的双栈主机(中继主机)。这些中继主机(同时运行 NCP 和 TCP/IP)将支持 NCP 和 TCP 上的 Telnet、FTP 和邮件服务。这些中继主机于 1981 年 11 月提供服务，并于 1982 年 1 月开始保持稳定运行。

由于预计在过渡过程中，开始会有很多 NCP 单栈(NCP-only)主机和少量 TCP 单栈(TCP-only)主机，因此中继主机上的负载会比较轻。随着过渡的推进，会出现更多支持 TCP 的主机和更少的 NCP 单栈主机。因此当时 ARPANET 上绝大多数主机将会成为“双协议”主机(除了 NCP，还支持 TCP/IP)，从而中继主机上的负载也不会加重太多。

3. 过渡的总体规划

1982 年 1 月 1 日，每个与 ARPANET 联网的组织都开始在主机上部署 TCP/IP。1983 年 1 月 1 日完成了从 NCP 到 TCP/IP 的完全过渡。

仅实现 TCP/IP 中的 IP(RFC791[15])、互联网控制消息协议(internet control message protocol，ICMP)(RFC792[17])、TCP(RFC793[18])和地址分配(RFC790[19])是不够的。主要的服务也必须在此 TCP/IP 基础上可用。这些服务主要包括：远程登录(Telnet)(RFC764[20])、FTP(RFC765[21])和 SMTP(RFC788[22]、RFC780[23]和 RFC772[24])。

4. 里程碑

表 1.1 给出了互联网第一次过渡的里程碑事件。

表 1.1　NCP 到 TCP/IP 过渡的里程碑事件

历史事件	状态和时间
第一个 TCP/IP 服务	已完成
第一个 TCP 单栈服务	已完成
远程登录协议和文件传输协议	已完成
Ad Hoc 邮件传输协议(RFC780[23])	已完成
开始切换日	1982 年 1 月
SMTP (RFC788)[22]	1982 年 1 月
通用 TCP/IP 服务	1982 年 7 月
绝大多数主机支持 TCP，且使用 TCP 服务	1982 年 11 月
最后一个 NCP 单栈主机完成切换，全 TCP/IP 服务，结束中继服务	1983 年 1 月

5. 实施中的问题

实施中需要特别注意以下方面的问题。

(1) 名称地址映射表(hosts.txt)的技术细节。

(2) 邮件程序的技术细节。

(3) TCP/IP 的实现问题。

(4) 不要走“捷径”，即进行不规范的协议实现。这些不规范的协议实现包括但不局限于：①IP 层不做校验和验证，不处理分片，不处理重定向，不处理选项，不做出错处理等；②TCP 层不做校验和验证，不做重排序，不处理选项，不做出错处理；③主机不维护完整的映射表。

6. 中继服务

中继服务意味着部署“转发主机”，具有下述几种模式。

1) 远程登录

TCP 单栈主机使用 NCP 单栈主机的服务如图 1.5 所示。

图 1.5 TCP 单栈主机使用 NCP 单栈主机的服务

NCP 单栈主机使用 TCP 单栈主机的服务如图 1.6 所示。

图 1.6 NCP 单栈主机使用 TCP 单栈主机的服务

2) 文件传输协议

TCP 单栈主机从 NCP 单栈服务器复制文件。

(1) 远程登录转发主机，用转发主机做文件传输，如图 1.7 所示。

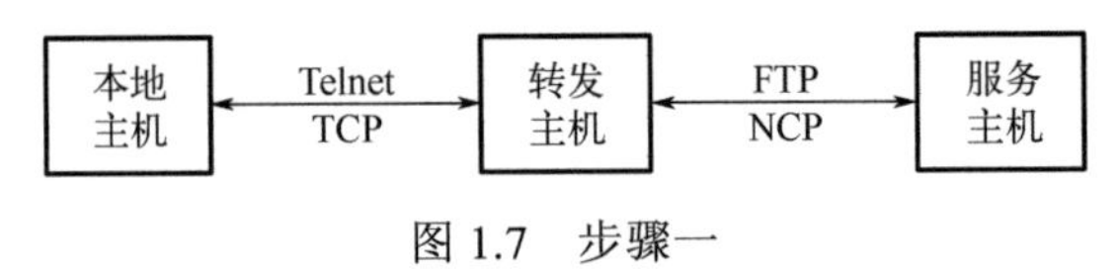

图 1.7 步骤一

(2) 本地主机与转发主机之间做文件传输，如图 1.8 所示。

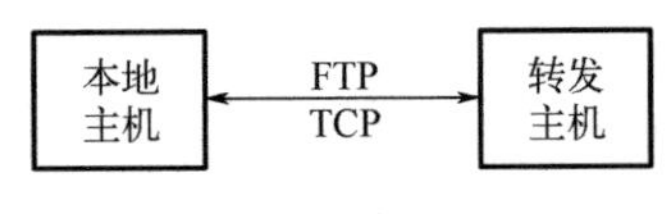

图 1.8 步骤二

3) SMTP

TCP 单栈主机向 NCP 单栈主机发送消息，如图 1.9 所示。

图 1.9 TCP 单栈主机向 NCP 单栈主机发送消息

TCP 单栈主机向 NCP 单栈主机发送消息，但 NCP 单栈主机并不支持 SMTP，则使用文件传输，如图 1.10 所示。

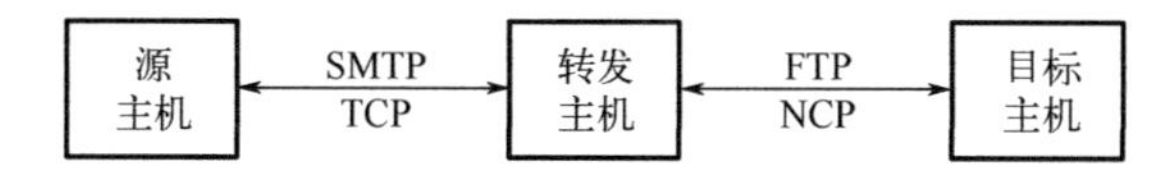

图 1.10 TCP 单栈主机向 NCP 单栈主机发送消息(第二种情况)

NCP 单栈主机向 TCP 单栈主机发送消息，但 NCP 单栈主机并不支持 SMTP，则使用文件传输，如图 1.11 所示。

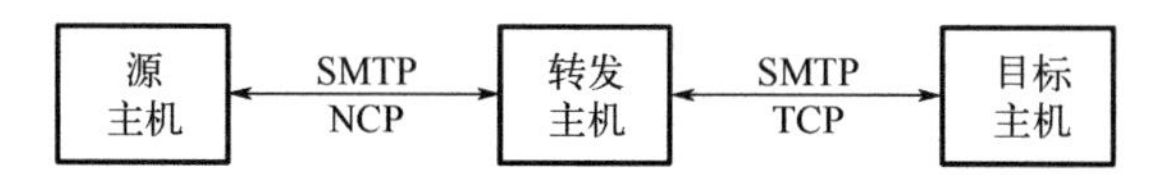

图 1.11 NCP 单栈主机向 TCP 单栈主机发送消息

7. 过渡的时间表

NCP 到 TCP/IP 过渡的时间表如表 1.2 所示。

表 1.2 NCP 到 TCP/IP 过渡的时间表

主机总数	双栈主机数	NCP 主机数	TCP 主机数	负载	日期
200	20	178	2	356	1982-01
210	40	158	12	1896	1982-03
220	60	135	25	3375	1982-05
225	95	90	40	3600	1982-07
230	100	85	45	3825	1982-09
240	125	55	60	3300	1982-11
245	155	20	70	1400	1982-12
250	170	0	80	0	1982-12-31
250	0	0	250	0	1983-01-01

1983 年 1 月 1 日，ARPANET 完成了从 NCP 过渡到 TCP/IP。这是一个“标志日”式的过渡，要求所有主机同时转换，由于上述完备的策划，过渡过程十分顺利[4]。

互联网的第一次过渡(从 NCP 到 TCP/IP)在一年之内取得了巨大的成功。总结其经验如下：

(1)虽然 TCP/IP 与 NCP 不兼容，但 TCP/IP 具有 NCP 所没有的互联功能，NCP 没有解决这个问题的变通方案。

(2)NCP 到 TCP/IP 的过渡是在单一的管理域(ARPANET)中实现的，可以强制实施，所涉及的网络规模不大，所需支持的应用(Telnet、FTP、SMTP 等)不多。

(3)明确设定了过渡期限为 1 年，在过渡期内为所有应用提供翻译服务功能(即 NCP 单栈主机和 TCP 单栈主机可以通过中继器进行通信)，同时已有 NCP 单栈主机必须升级成同时支持 NCP 和 TCP/IP 的双栈主机，新建主机必须是 TCP/IP 单栈。

(4)明确设定了“标志日”，过了“标志日”就停止对 NCP 的支持。

1983 年，美国国家科学基金网(National Science Foundation Network，NSFNET)决定使用 TCP/IP。同年，ARPANET 重组为两部分：民用 ARPANET 和军用网络(miliary network，MILNET)。1984 年，国际标准化组织(International Organization for Standardization，ISO)正式承认 TCP/IP 与开放系统互联(open system interconnection，OSI)原则相符，TCP/IP 成为事实上的国际标准。1985 年，TCP/IP 成为 UNIX 操作系统的组成部分。之后，几乎所有的操作系统都逐渐支持 TCP/IP。随着 NSFNET 等网络的规模扩大，1990 年 ARPANET 结束了运行。1995 年，面向科研的 NSFNET 也逐步退役，互联网进入了蓬勃发展的商业化发展阶段。

1.2　下一代互联网

1.2.1　IPv6

TCP/IP 最初只是为了实现 ARPANET 与美国军方其他有限的几个网络之间进行互联。当时设计的 IPv4 寻址范围为 2^{32}，理论值约为 40 亿个地址。

1991 年 1 月，互联网体系结构委员会(Internet Architecture Board，IAB)举行了一次务虚会，其结果记录在 RFC1287[25]中，其中包含以下声明。

(1)寻址和路由是最紧迫的体系结构问题，因为这直接关系到互联网继续扩大规模。

(2)互联网体系结构需要能够扩展到 10^9 个网络。

(3)不应该计划对体系结构进行一系列“小”的更改，而应该开始制订计划，以解决地址空间的枯竭问题。作为长期行动计划，应该替换 32 比特的地址空间。

(4)从源主机到目标主机需要支持多条路径，以满足不同服务类型(type of service，TOS)的需求。因此，源节点或中间节点必须能够控制路由选择。

其后 IETF 成立了路由选择和地址工作组(Routing and Addressing Group，

ROAD)，其主要结论见 RFC1380[26]。

ROAD 认为当时互联网面临的挑战如下：

(1)由于使用有分类的地址结构，超大规模的网络(最多 2400 万个主机)使用 A 类地址；小规模的网络(最多 256 个主机)使用 C 类地址；中等规模的网络(65000 多个主机)使用 B 类地址。

(2)由于 B 类地址耗尽，开始分配 C 类地址，如果某个网络需要 100 个 C 类地址，则全球路由表需要增加 100 项路由表。

(3)全世界大约有 70 亿人口，显然无法为每人分配一个 IPv4 地址(总寻址空间为 40 亿个)。

为了应对这些挑战，ROAD 分别提供了短期、中期和长期方案。

(1)短期方案用于解决 B 类地址耗尽的问题(短期方案不允许修改终端系统)。这个目标导致无分类寻址(classless inter domain routing，CIDR[27])技术的发明，同时也解决了路由表爆炸的问题。1993 年左右，IETF 发布了一系列有关 CIDR 的 RFC 标准，已成为互联网最核心的寻址机制。

(2)中期方案用于解决 IP 地址耗尽的问题(中期方案允许升级终端系统)。这个目标产生了两个子方案。

①本地地址方案：让具有多个内部主机的大型企业使用专用地址空间来对这些主机进行寻址，而不是使用全局地址。主机的域名是全局唯一的，但其 IP 地址仅在本地路由域中是唯一的。这导致网络地址转换设备(network address translator，NAT)的诞生，从而极大地改变了互联网最初设计的端对端的性质。专用地址空间参见 RFC1597[28]。

②下一代互联网协议(internet protocol next generation，IPng)方案：其实这就是长期方案。

(3)长期方案除了解决地址问题，还应解决服务质量(quality of service，QoS)控制、带宽预约和移动性等问题。这就是下一代互联网体系结构方案。

为了制定长期方案(IPng)，IAB 在 1992 年 6 月召开的日本神户会议上撰写了一份草案。该草案建议使用国际标准化组织 OSI 的 7 层模型中的无连接网络协议(connectionless network protocol，CLNP)作为 IPng 的寻址方案。IAB 自认为这是一条负责任的道路，因为 OSI 设计了具有变长寻址空间的 CLNP，从而可以解决地址耗尽问题。IAB 在不到两周的时间里对方案连续进行了 8 次修订。但是当 IETF 社区看到该草案后极其愤怒，认为 IAB 正在把互联网出售给 OSI，而 OSI 是 IETF 多年来一直与其战斗的敌人和手下败将。IETF 社区认为 IAB 无权做出这样的决定。此外，当时主要由学术和政府研究人员组成的 IETF 对复杂且昂贵的 OSI 系统感到不满。在 1992 年 7 月于马萨诸塞州剑桥举行的 IETF24 会议上，IETF 参与者向国际互联网协会抗议 IAB 的单方面决定。大约 700 名 IETF 参与者要求互联网协会进行干预，并确保 IETF 继续控制互联网标准指定的流程。在这种情况下，IAB 妥协了，重新开启了 IETF 对 IPng 的选择过程[29]，最后导致 IPv6 成为 IPng 的标准。

表 1.3 给出了 IP 版本号的情况。

表 1.3　IP 版本号一览

版本号	名称	说明	状态	RFC
0	TCPv0	1977-03 版	废止	
1	TCPv1	1978-01 版	废止	
2	TCPv2	1978-02 版 A	废止	
3	IPv3	1978-02 版 B	废止	
4	IPv4	1981-09 版	广泛使用	RFC791[15]（正式）
5	ST	流传输协议	很少使用	
6	IPv6	IPng 候选，原名 SIP、SIPP	正在过渡	RFC8507[30]（SIP） RFC1710[31]（SIPP） RFC8200[32]（正式） RFC4291[33]（正式）
7	CATNIP	IPng 候选，原名 TP/IX	废止	RFC1707[34]（试验）
8	PIP	IPng 候选	废止	RFC1621[35]（试验）
9	TUBA	IPng 候选	废止	RFC1347[36]（试验）
10～15	未使用			

IPv4 是目前广泛应用的互联网网络层协议，版本 5 是流传输协议，极少应用。

1992～1994 年，IETF 社区对 IPng 的需求进行了一系列分析，参见 RFC1498[37]、RFC1686[38]、RFC1679[39]、RFC1681[40]、RFC1667[41]、RFC1636[42]等。

在 IPng 的选择过程中，有 4 条技术路线。

(1) 用 OSI 的 CLNP 替代 IPv4，即 TUBA（RFC1347[36]）。TUBA 是在更大地址空间使用 TCP 或 UDP（TCP and UDP with bigger addresses）的缩写。

(2) 试图调和 TUBA 和 IPv4，即 CATNIP（RFC1707[34]）。CATNIP 是通用互联网体系结构（common architecture for the internet）的缩写。CATNIP 试图在网络层集成 CLNP、IP 和互联分组交换（internetwork packet exchange，IPX）协议。为 OSI 第 4 类传输协议（OSI transport protocol class 4，TP4）、CLTP、TCP、UDP、IPX 和序列分组交换协议（sequenced packet exchange protocol，SPX）等各种传输层提供服务。

(3) 激进的 IPv4 替代方案，即后互联网协议（post internet protocol，PIP）（RFC1621[35]）。

(4) 保守的 IPv4 替代方案，即简单互联网协议（simple internet protocol，SIP）（RFC8507[30]）和简单互联网协议+（simple internet protocol plus，SIPP）（RFC1710[31]）。

在上述4条技术路线中，TUBA和CATNIP由于几乎完全否定了TCP/IP的基本设计理念而被否定了。PIP和SIP成为现今IPv6的基础[11]。

PIP[35]代表了IP的重大转变，因为PIP使用源路由作为基本的转发机制。源路由中的地址不是全局地址，而是更紧凑的定位器，仅在网络的某个区域内是唯一的。为了实现这个方案，PIP将互联网的节点组织成一个层次结构，并在层次结构中定义节点名称。

SIP[30]是一种更保守的设计，包括源路由的概念，但对中间节点使用全局路由名称。

IPng社区内部对于IPng的讨论导致了称为SIPP的妥协，使用SIP的语法，但结合了PIP的一些高级语义。当然，地址范围的大小是取代IPv4的主要动机。SIP和SIPP使用的地址字节为64比特，是IPv4字节长度的2倍。IPv6的最终版本有一个更大的地址字节，为128比特。选择128比特不是由于2^{64}太小，无法对未来互联网上所有的节点进行寻址，而是为了试图更好地促进IPv6地址空间的管理。其思路为：128比特中高64比特进行网络寻址，低64比特作为接口的扩展唯一标识符[11]。

1.2.2 互联网的第二次过渡：IPv4到IPv6

从IPv4到IPv6的第二次互联网过渡已经超过10年，目前还没有完成。讨论IPv6过渡问题和解决方案正是本书的写作目的。

需要强调的是：新一代IPv6过渡技术的一个重要思路是在不同的网络层协议之间建立映射关系，或称为“可译性”。在上述的IPng预选方案中，SIP和SIPP是与IPv4最“可译的”（但不能做到100%可译，存在不可译的“角落”情况）。庆幸当时IPng选择了SIPP，使通过网络层翻译器实现IPv4/IPv6互联互通成为可能。

虽然历史不可能重演，但是如果当时设计的IPng与IPv4具有更加完备的“可译性”，同时把无状态翻译技术作为IPng部署的必选项，那么IPv6在部署之初就能够与IPv4互联互通，从而完全不存在过渡问题了。

1.3 未来互联网

1.3.1 未来互联网协议

从长远来看，IPv6不会是互联网协议（更一般的情况下：网络协议）的最终版。因此，未来网络协议的研究和开发必须考虑过渡问题。

美国的未来互联网设计（future internet network design，FIND）计划和网络科学与

工程(network science and engineering，NetSE)计划，以及世界其他国家相应的计划向网络研究界提出了挑战，要求他们设想 15 年或 20 年后的互联网可能是什么样子，而不受当今互联网的限制。

Clark 认为未来互联网架构的潜在需求应包括[11]以下几方面。

(1)身份和位置的分离。

(2)新的服务模型。

(3)重新塑造互联网服务提供商(internet service provider，ISP)，通常也称为网络运营商的角色。

(4)分析和控制网络体系结构中的功能依赖性。

(5)处理不同网络参与者等。

目前，全球对于如何设计未来互联网协议仍在探索之中。

1.3.2 互联网的第三次过渡：过渡到未来网络协议

本书第 16 章“未来网络协议的过渡”将总结从 NCP 到 TCP/IP，特别是从 IPv4 到 IPv6 过渡的经验教训，在此基础上对未来网络协议“可过渡性”的设计提出若干建议。

1.4 本章小结

本章简要地回顾了从 ARPANET 开始的互联网历史，介绍了互联网第一次成功的过渡(从 NCP 到 TCP/IP)，但是互联网的第二次过渡(从 IPv4 到 IPv6)至今还没有完成。本书的后续章节将讨论这个问题，给出作者亲自参与并已经成为 IETF 的新一代 IPv6 过渡系列 RFC 标准的技术方案。

参考文献

[1] APNIC. IPv4 exhaustion. [2022-02-18]. https://www.apnic.net/manage-ip/ipv4-exhaustion.

[2] Deering S, Hinden R. RFC1883: Internet protocol version 6 (IPv6) specification. IETF 1995-12.

[3] APNIC. IPv6@APNIC. [2022-02-18]. https://www.apnic.net/community/ipv6.

[4] Leiner B, Cerf V, Clark D, et al. A brief history of the internet. [2022-02-18]. https://www.internethalloffame.org/brief-history-internet.

[5] 李星, 包丛笑. 五十年互联网技术创新发展的回顾与思考.汕头大学学报(人文社会科学版), 2019, 35(12): 5-12.

[6] 李星, 包丛笑. 大道至简互联网技术的演进之路——纪念 ARPANET 诞生 50 周年. 中国教育网络, 2020, (1): 5.

[7] Baran P. On distributed communications networks. IEEE Transactions on Communications System, 1964, 12(1): 1-9.
[8] Lawrence R. Multiple computer networks and intercomputer communications. Proceedings of the first ACM Symposium on Operating System Principles, 1967: 3.1-3.6.
[9] Clark D. The design philosophy of the DARPA internet protocols. ACM SIGCOMM Computer Communication Review, 1988, 18(4): 106-114.
[10] NCP: Network Control Program. [2022-02-18]. https://baike.baidu.com/item/网络控制程序?fromModule=lemma_search-box.
[11] Clark D. Designing an Internet- Information Policy. Cambridge: The MIT Press, 2018.
[12] Malis A. RFC878: ARPANET 1822L host access protocol. IETF 1983-12.
[13] Cerf V, Kahn R. A protocol for packet network intercommunication. IEEE Transactions on Communications, 1974, 22(5): 637-648.
[14] Postel J. RFC760: DoD standard internet protocol. IETF 1980-01.
[15] Postel J. RFC791: Internet protocol. IETF 1981-09.
[16] Postel J. RFC801: NCP/TCP transition plan. IETF 1981-11.
[17] Postel J. RFC792: Internet control message protocol. IETF 1981-09.
[18] Postel J. RFC793: Transmission control protocol. IETF 1981-09.
[19] Postel J. RFC790: Assigned numbers. IETF 1981-09.
[20] Postel J. RFC764: Telnet protocol specification. IETF 1980-06.
[21] Postel J. RFC765: File transfer protocol specification. IETF 1980-06.
[22] Postel J. RFC788: Simple mail transfer protocol. IETF 1981-11.
[23] Sluizer S, Postel J. RFC780: Mail transfer protocol. IETF 1981-05.
[24] Sluizer S, Postel J. RFC772: Mail transfer protocol. IETF 1981-05.
[25] Clark D, Chapin L, Cerf V, el al. RFC1287: Towards the future internet architecture. IETF 1991-12.
[26] Gross P, Almquist P. RFC1380: IESG deliberations on routing and addressing. IETF 1992-11.
[27] Rekhter Y, Li T. RFC1518：An architecture for IP address allocation with CIDR. IETF 1993-09.
[28] Rekhter Y, Moskowitz B, Karrenberg D, et al. RFC1597: Address allocation for private internets. IETF 1994-03.
[29] Russell A. Rough consensus and running code and the internet-OSI standards war. IEEE Annals of the History of Computing, 2006, 28(3): 48-61.
[30] Deering S, Hinden R. RFC8507: Simple internet protocol（SIP）specification. IETF 2018-12.
[31] Hinden R. RFC1710: Simple internet protocol plus white paper. IETF 1994-10.
[32] Deering S, Hinden R. RFC8200: Internet protocol version 6（IPv6）specification. IETF 2017-07.
[33] Hinden R, Deering S. RFC4291: IP version 6 addressing architecture. IETF 2006-02.

[34] McGovern M, Ullmann R. RFC1707: CATNIP: Common architecture for the internet. IETF 1994-10.

[35] Francis P. RFC1621: Pip near-term architecture. IETF 1994-05.

[36] Callon R. RFC1347: TCP and UDP with bigger addresses（TUBA）, a simple proposal for internet addressing and routing. IETF 1992-06.

[37] Saltzer J. RFC1498: On the naming and binding of network destinations. IETF 1993-08.

[38] Vecchi M. RFC1686: IPng requirements: A cable television industry viewpoint. IETF 1994-08.

[39] Green D, Irey P, Marlow D, et al. RFC1679: HPN working group input to the IPng requirements solicitation. IETF 1994-08.

[40] Bellovin S. RFC1681: On many addresses per host. IETF 1994-08.

[41] Symington S, Wood D, Pullen J. RFC1667: Modelling and simulation requirements for IPng. IETF 1994-08.

[42] Internet Architecture Board. RFC1636: Report of the IAB workshop on security in the internet architecture. IETF 1994-06.

第 2 章　互联网设计原理

为了研究新一代 IPv6 过渡技术，必须回顾 IPv4 和 IPv6 的设计原理，这样才能够设计出符合互联网发展趋势，适应于各种主流场景，可以分布式、增量式部署的 IPv6 过渡技术。

和很多工程系统不同，互联网并没有设计蓝图，也不是个别天才人物想出来的，而是全世界千万名计算机和通信界的科学家与工程师在实践中试错、演进而来的。

但是，试错需要在某种设计原理的指导思想下进行，否则就会迷失方向。

2.1　互联网设计原理的概念

设计原理本质上是一种信念、一种想法、一个概念，是行动的支柱。不管是制定规范，还是制造一种有形的物品，或者编写软件、发明编程语言，都能在背后找到一个或者多个设计原理，多人协作的任何成果都是例证。纵观人类历史，像国家和社会这样大规模的构建活动背后，同样也有设计原理[1]。

下面举几个信息工程技术方面设计原理的例子。

万维网的发明人 Berners-Lee 总结了以下两点设计原理[2]。

(1) 对于软件，设计的核心原理是简洁化 (simplicity) 和模块化 (modularity)。

(2) 对于互联网，设计原理是去中心化 (decentralization) 和容错性 (tolerance)。

UNIX 操作系统的设计思想如下[3]：

(1) 让每个程序做好一件事，如果有新任务，就重新开始。

(2) 假定每个程序的输出都会成为另一个程序的输入，哪怕那个程序是未知的。

(3) 尽可能早地将设计和编译的软件投入使用，哪怕是操作系统也不例外，理想的情况下，应该是在一周之内。对于拙劣的代码，应该扔掉重写。

(4) 优先使用工具而不是“帮助文档”来减轻编程的负担。

第 5 版超文本描述语言的设计思想如下[4]：

(1) 避免不必要的复杂性。

(2) 支持已有的内容。

(3) 要严格按照标准发送消息，接收时要允许收到不规范的消息并能够正确处理。

(4) 解决现实的问题。

(5) 求真务实。

(6) 可以平稳退回到早期版本。

(7) 网络价值与网络用户数量的平方成正比。

(8) 最终用户优先。

(9) 基于共识和可以运行的程序。

2.2 IPv4 的设计原理

虽然互联网没有设计蓝图，但互联网有若干重要的设计原则。这些设计原则保证了互联网的巨大成功，使其有别于历史上其他的网络，如 OSI 的 CLNP 技术、国际电信联盟的综合业务数字网 (integrated services digital network，ISDN) 技术、异步传输模式 (asynchronous transfer mode，ATM) 技术等。

从互联网技术本身来看，也不是所有的协议都能得到成功。但是可以说，取得巨大成功的互联网协议基本上符合这些设计原则。IPv6 技术和 IPv6 过渡技术也不应该例外。

互联网的发明人之一文顿 • 瑟夫总结了互联网的设计原理[5]。

(1) 不为任何特定的应用设计，仅仅做到移动数据报文。

(2) 可以运行在任何通信技术之上。

(3) 允许边缘的任何创新。

(4) 可扩展性强。

(5) 对任何新协议、新技术、新应用开放。

互联网协议中最重要的是 IP/ICMP。RFC791[6]定义了 IPv4，并说明了其在分层模型中的位置，如图 2.1 所示。

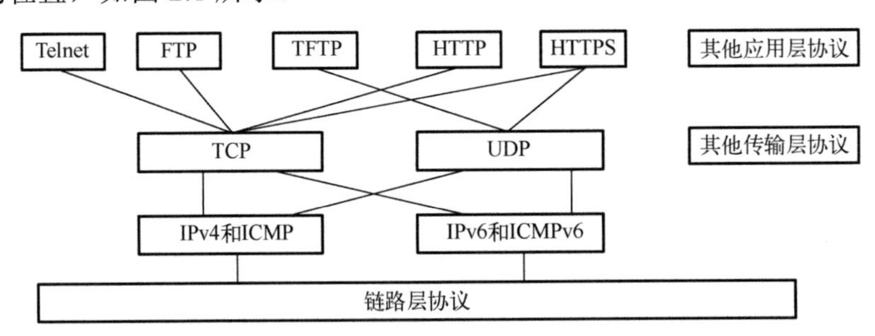

Telnet：远程登录协议
FTP：文件传输协议 (file transfer protocol)
TFTP：小文件传输协议 (trivial file transfer protocol)
HTTP：超文本传输协议 (hyper text transfer protocol)
HTTPS：安全超文本传输协议 (hyper text transfer protocol over secure socket layer)
TCP：传输控制协议 (transmission control protocol)
UDP：用户数据报协议 (user datagram protocol)
ICMP：互联网控制消息协议 (internet control message protocol)
ICMPv6：互联网控制消息协议版本 6 (internet control message protocol version 6)

图 2.1　IP 和 ICMP 在分层模型中的位置

2.2.1　基本设计原则

RFC1958[7]总结了互联网的 14 条基本设计原则如下：

(1)异构系统：互联网必须从设计上支持异构性。必须允许使用多种类型的硬件，例如，支持传输速度至少相差 7 个数量级的主机，支持各种计算机字长，既能支持微处理器也能支持超级计算机。必须支持多种类型的应用程序协议，从最简单的应用(如远程登录)到最复杂的应用(如分布式数据库)。

(2)选择一种方法：如果有多种方法可以完成同样的任务，则选择一种方法。如果以前的设计成功地解决了类似的问题，应该选择相同的解决方案。当然，不应该凭借这个论点拒绝进行协议的改进。

(3)可扩展性：所有设计必须能够很容易地扩展，支持百万级的网络，每个网络包含众多的节点。

(4)平衡：必须综合考虑功能、性能和成本。

(5)简单性：保持简单。如果在设计中存在疑问，则选择最简单的解决方案。

(6)模块化：模块化设计，模块间尽量解耦。

(7)不要追求完美：尽早采用基本能够工作的解决方案，而不应该等待找到完美的解决方案。

(8)避免选项：尽可能避免使用选项和参数。选项和参数都应该是动态生成的，而不是手工配置的。

(9)发送时要严格，接收时要宽容：即发送时必须严格地遵循网络规范，而接收时能够容忍来自网络的错误报文。除非规范要求必须发送，对于可疑的报文，应该静默丢弃，而不应该返回错误消息。

(10)简约处理：对于未经请求而得到的数据报文必须小心处理，特别是对于通过组播和广播收到的报文。

(11)避免循环依赖：必须避免循环依赖。例如，路由不得依赖于域名系统(domain name system，DNS)，因为 DNS 服务器的更新取决于成功的路由。

(12)自我描述：模块的类型和字节大小应该能够自我描述(包括类型和大小)。这些类型的定义必须使用 IANA 分配的参数。

(13)统一术语：所有规范应该使用相同的术语和符号，以及相同的比特和字节顺序。

(14)运行代码：当一个建议的技术具有多个运行程序的实例时，该技术才能成为互联网的 RFC 标准。

2.2.2　域名和地址问题

DNS 是互联网最重要的基础设施之一。在设计 DNS 和网络层协议时，必须注意[7]以下几点。

(1) 除了域名系统以外，应避免任何地址的硬编码设计。用户应用程序应使用域名而不是地址，应使用单一命名结构。

(2) 地址必须具有唯一性。上层协议必须能够明确识别端点，地址必须在传输的开始和结束保持不变，即端对端地址透明性。

2.2.3　端对端地址透明性

互联网非常重要的一个概念是“端对端地址透明性”（RFC2775[8]）。根据互联网的原始定义，端对端地址透明性意味着全球唯一编址，同时意味着数据报文的源地址和目标地址在从源到目标的整个传输过程中保持不变。

互联网“端对端”的本质在于：任何端对端的功能只能通过端系统来真正实现，其理由如下：

(1) 任何网络，无论经过多精心的设计，都会在某种情况下出现故障。因此，最好的应对方法应该是接受这一现实，通过端系统来解决问题。

(2) 端对端的安全性只能由端系统来实现。

(3) 网络系统不需要，也不可能具有完备的知识和能力来解决端对端通信的问题。因此，端对端的通信问题只能由端系统决定。当然，好的网络系统能够提高网络的传输性能。

这个“端对端”原则引出了互联网“无状态”的设计理念，即网络本身不应该维护状态，这些状态应该由端节点来维护。只有端系统出现故障时，网络功能才会失效。因此，无连接的数据报文比虚电路要优越。网络的作用是尽可能高效和灵活地传递数据报文，其他功能都应该在端系统完成。

当首次描述互联网时，Pouzin[9]和 Cerf [10]均明确地定义单个逻辑地址空间需要覆盖整个网络。这个概念导致了两个明显的后果。

(1) 数据报文在整个传输过程中没有改变。

(2) 源地址和目标地址可以作为端系统的唯一标识。

事实上，互联网数据报文(IP datagram)的报头在传输过程中肯定会发生变化，例如，数据报文存活时间(time to live，TTL)、校验和(checksum)、与分片相关的域都可能会发生变化。但在互联网运行的过程中，数据报文的源地址和目标地址是不变的。

随着互联网的普及、IPv4 地址的耗尽以及内联网(Intranet)概念的引进，动态主机配置协议(dynamic host configuration protocol，DHCP)、点对点协议(point-to-point protocol，PPP)、防火墙、支持会话安全穿越防火墙协议(protocol for sessions traversal across firewall securely，SOCKS)、网络地址翻译(network address translation，NAT)、应用层网关、代理和缓存、拆分域名系统和负载均衡等技术的使用，破坏了端对端地址的透明性。

在 20 世纪 90 年代初期，人们考虑 IPv4 向 IPng 的演进时，希望能够恢复端对端地址的透明性。

从端对端地址透明性的观点来看，可以得出以下结论。

(1)最初设计和运行的 IPv4 互联网(静态地址配置、无 NAT、无防火墙等)具有端对端地址透明性。

(2)把 NAT 等机制引入 IPv4 互联网破坏了端对端地址透明性。

(3)IPv6 设计的初衷是重新恢复端对端地址透明性。

问题是，当 IPv4 和 IPv6 共存时，是否仍然可以具有端对端地址透明性？可以这样考虑：

(1)在无 IPv4 NAT 的双栈的情况下，IPv4 主机之间的通信具有端对端地址透明性。IPv6 主机之间的通信具有端对端地址透明性(IPv6 没有 NAT)。但 IPv4 和 IPv6 主机之间的通信，显然不具有端对端地址透明性，因为在双栈的情况下，IPv4 主机和 IPv6 主机之间无法通信。

(2)在有 IPv4 NAT 的双栈的情况下，IPv4 主机之间的通信不具有端对端地址透明性。IPv6 主机之间的通信具有端对端地址透明性(IPv6 没有 NAT)。但 IPv4 和 IPv6 主机之间的通信，显然不具有端对端地址透明性，因为在双栈的情况下，IPv4 主机和 IPv6 主机之间无法通信。

(3)在 IPv4 单栈主机和 IPv6 单栈主机通过无状态翻译技术相互通信的情况下，从狭义上讲依然不具有端对端地址透明性，因为 IPv4 和 IPv6 不兼容。但是，如果在 IPv4 和 IPv6 地址之间建立双向的、基于算法的映射关系，则可以认为 IPv4 和 IPv6 之间具有广义端对端地址透明性。这就是无状态翻译技术的本质。

广义端对端地址透明性是无状态翻译技术设计的核心思想，将在后续章节展开。

2.3　IPv6 的设计原理

为了深刻理解 IPv6 的特性、尽可能好地实现 IPv4 和 IPv6 之间的协议翻译和地址映射，就必须回顾历史，研究当初设计 IPng 协议时 IETF 的考虑(RFC1726[11])。

2.3.1　基本设计原则

1. 体系结构的简洁性

IPng 体系结构的简洁性并不是该加的功能都增加了，而是没有任何功能可以去掉。IPng 继续保持 IPv4 的沙漏模型，任何能够通过高层协议实现的功能将继续由高层协议实现，同时 IPng 可以在任何通信协议上运行。

2. 全局的统一性

互联网的任务是提供全球 IP 层的连接。IP 层是互联网上所有节点的公因子，互联网的目的是为所有的人提供 IP 服务。

这并不是说互联网必须是运行单协议的互联网。互联网应该支持多协议，因为支持多协议才能够继续进行测试、实验和开发。例如，互联网运营商的客户希望能够通过互联网运行 CLNP、DECnet 和 Novell 等网络协议。

3. 长寿性

在网络层更新协议是一项极其困难的任务，甚至是无法做到的。因此，IPng 必须能够至少在二十年内不过期。

4. 新功能

只允许更大的地址空间和更高效的路由机制并不足以鼓励运营商、服务提供商和用户切换到 IPng。因为其他技术，如地址转换、高性能路由器等可以达到同样的目的。因此，IPng 必须具备 IPv4 不具备的其他革命性的功能，以支持新的应用。

5. 合作的无政府主义

互联网成功的一个主要因素是对于整个网络并没有单一的、集中式的控制点或政策颁布者。这允许网络的各个成员根据自己的需求来定制自己的网络、应用、环境和政策。这种分散和解耦的本质必须在 IPng 上得到保留，即应该尽量减小网络中各个成员之间的合作需求。换言之，整个互联网社区仅仅能够容忍最低程度的中心化和强迫合作。这个原则的好处如下：

(1) 更容易试验新的协议和服务。

(2) 能够消除单点故障点。

(3) 允许分布式管理。

2.3.2 IPv6 必须支持的功能

1. 超大规模

IPng 协议必须允许多于 10^{12} 个终端系统进行寻址，IPng 路由协议和架构必须允许对多于 10^9 个独立网络进行路由，路由机制应该能够支持以不高于平方根的速率增长。

2. 拓扑的灵活性

IPng 路由体系结构必须允许各种不同的网络拓扑，而不能只支持树状拓扑。

3. 高性能

现有商用级路由器必须能够支持 IPng 的高性能线速转发。现有主机硬件必须能够支持 IPng 具有与 IPv4 相当的数据传输速率和处理能力。

4. 服务的鲁棒性

IPng 的网络服务、路由和控制协议必须具有鲁棒性。换言之，IPng 应具有不亚于 IPv4 的抗毁性和抗攻击性。

5. 支持过渡

必须有一个从 IPv4 到 IPng 的简单、明确、平稳、有序的过渡计划。目前互联网的规模已经不可能存在“标志日”，因此过渡必须容忍 IPng 与 IPv4 共存。同时允许 IPv4 在一定范围的系统上永远运行下去。

6. 通信介质的独立性

IPng 必须支持多种局域网(local area network，LAN)、城域网(metropolitan area network，MAN)和广域网(wide area network，WAN)的通信介质和协议，速度范围从极低速(每秒数比特)到超高速(每秒数百吉比特)。必须支持多点对多点，以及点对点等各种通信介质和协议，必须支持动态交换电路和专线。

7. 支持不可靠数据报文

IPng 必须支持不可靠数据报文的传送服务。

8. 配置、管理和运行

IPng 必须允许简单的，并可以扩展到大规模的配置管理和运行机制。IPng 需要支持主机和路由器的自动配置(即插即用)。

9. 安全机制

IPng 必须在网络层提供安全机制。

10. 命名的唯一性

IPng 必须对网络层所有对象进行全局唯一的命名。这些名称必须与位置、拓扑和路由独立。

11. 标准必须公开发布

IPng 的基本协议(类似于 IPv4 中的地址解析协议(address resolution protocol，ARP)和 ICMP)和路由协议(类似于 IPv4 中的开放最短路径优先(open shortest path first，OSPF)和边界网关协议(border gateway protocol，BGP))，必须作为标准类 RFC 发布，并满足 RFC1310[12]中规定的要求。与 IPv4 相同，这些文件应该能够免费获取，也不允许收取任何与标准相关的使用费。

12. 支持组播

IPng 必须能够支持单播和组播。组播功能必须支持发送到“给定子网上所有的主机”。组播功能应该可以动态和自动配置。任何给定网络或子网都应能够支持 2^{16} 个“本地”组播组。必须支持大型(10^6 个参与者)、拓扑分散的组播组。

13. 协议的可演进性

IPng 必须是可演进的，才能满足互联网未来服务的需求。这种演进必须做到无须全网范围的软件升级即可实现，具体包括以下几点。

(1)算法可演进性：即算法应该与协议本身分离，在协议、数据结构或数据报头不更改的情况下，可以改变算法。

(2)数据报头可演进性：即存在有效扩展数据报头机制(IPv4 数据报头的选项(option)已经被实践证明是低效的)。

(3)数据结构的可演进性：即 IPng 的基本数据结构不应与协议的其他元素绑定(地址格式不应与路由和转发算法绑定)。

(4)数据报文的可演进性：即可以向 IPng 添加其他数据报文类型(如新的控制和/或监控功能)。

14. 支持特定网络服务

IPng 必须允许网络设备(路由器、主机等)将数据报文与特定的服务类型相关联，并为相关的设备提供该服务类型的服务。

15. 支持漫游

IPng 必须支持主机级、网络级和互联网级的漫游。

16. 支持控制协议

IPng 必须包含对网络测试和调试的基本支持(如 ICMP)。

17. 对专网的支持

IPng 必须允许用户构建虚拟专网(包括 IP 专网和非 IP 专网)。

2.3.3 IPv6 不需要考虑支持的功能

1. 分片处理

IPng 计划使用路径最大传输单元(maximum transmission unit，MTU)发现技术，因此 IPng 不提供类似于 IPv4 的分片处理功能。

2. IP 报头校验和

实践表明 IPv4 数据报头校验和并没有提供足够的出错保护，但却影响了转发性能。因此，IPng 不设置网络层校验和。出错保护的机制由链路层的“校验和”，即循环冗余校验和(cyclic redundancy check，CRC)和传输层(如 TCP)的校验和来保证。

3. 防火墙

IPng 不需要考虑对防火墙的支持。当然，IPng 也不会阻止防火墙的实施。

4. 网络管理

网络管理不是 IPng 协议的组成部分，而是一项需要额外执行的任务，如简单网络管理协议(simple network management protocol，SNMP)及管理信息库(management information base，MIB)。网络管理标准应该适应于 IPng 协议，而不是要求 IPng 协议适应于网络管理的需求。

5. 审计

审计不是 IPng 协议的组成部分。审计标准应该适应 IPng 协议，而不是要求 IPng 协议适应审计的需求。当然 IPng 的源地址不可否认性和全局统一命名的特性可以帮助审计。

2.3.4 IPv6 路由原则

IPng 路由体系结构是一个极其重要的问题，单独讨论如下。

1. 可扩展性

IPng 路由体系结构必须能够支持可扩展的互联网(10^9～10^{12} 个网络)。IPng 路由体系结构不能依赖于大规模的全局算法和全局数据库。因为这种算法或数据库实际上是单点故障点。同时，去中心化和松耦合的互联网连接与合作模式也不可能保持所需数据的一致性。

2. 对路由政策的支持

穿透或非穿透网络必须能够设置自己的路由政策。IPng 路由体系结构必须能够使路由政策全局可知。网络节点必须能够根据接收到的路由表决定数据报文传输的路径。

3. 服务质量控制

服务质量控制意味着提供不同等级的网络服务，这些服务质量信息必须能够通过网络进行传播。

4. 路由反馈

当用户选择特定路由时，必须能够从路由体系结构中得到反馈。这个反馈应该允许用户确定是否得到所需的服务。

5. 路由稳定性

在路由系统中添加额外的特性(如路由政策、服务质量控制等)可能会使路由稳定性受损。但是，IPng 的路由稳定性应该与 IPv4 保持一样，或更加稳定。

6. 组播

组播在 IPng 中会比在 IPv4 中更重要。IPng 的路由体系结构必须能够支持大规模、广分布、强动态的组播组。此外，IPng 的路由体系结构必须能够做到基于组内成员的资格、位置、需求和实际的网络服务质量动态地构建组播路由。

2.4 IPv6 设计原则的实践分析

从 IETF 的 IPv6 标准系列 RFC 发布到现在已经过去了二十余年，下面结合 IPv4 和 IPv6 的设计原理，特别是结合 IPv6 过渡技术的经验和教训，对以下问题进行反思。

2.4.1 IPv4 和 IPv6 的兼容性问题

1. 异构系统

RFC1958[7]中陈述 IPv4 设计原则的第 1 条“异构系统”指出：“互联网必须从设计上支持异构性。必须允许使用多种类型的硬件，例如，支持传输速度至少相差 7 个数量级的计算机，支持各种计算机字长，支持从微处理器到超级计算机。必须支持多种类型的应用程序协议，从最简单的应用(如远程登录)到最复杂的应用(如分布式数据库)。”

【点评：IPv4 和 IPv6 实现了这一原则，导致了互联网的巨大成功。既然互联网是使异构系统都能互联互通的网络，为什么不考虑两个协议之间的互通性？如果当初设计 IPv6 时充分考虑到了互联互通性，就不应该存在 IPv6 的过渡问题了。从另一个角度看，IPv4/IPv6 翻译技术，就是要使不兼容的 IPv4 和 IPv6 互联互通】

2. 平衡

RFC1958[7]中陈述的第 4 条“平衡”指出：“必须综合考虑功能、性能和成本。”

【点评：本书第 3 章“IPv6 过渡技术演进”比较了传统的 IPv6 过渡技术。显然，运行单栈的成本比运行双栈要低。按照“平衡”设计原则，应该优选部署 IPv6 单栈，并使用翻译技术与 IPv4 互联互通，而不是使用双栈技术进行 IPv6 过渡】

3. 不要追求完美

RFC1958[7]中陈述的第 7 条“不要追求完美”指出：“尽早采用基本能够工作的解决方案，而不应该等待找到完美的解决方案。”

【点评：由于 IPv6 和 IPv4 并不兼容，任何翻译技术都不可能做到十全十美，但是可以做到基本能够工作】

4. 多协议

RFC1726[11]中陈述的 IPv6 的设计原则第 1 条“一般原则”中第 2 子条“全局的统一性”指出：“这并不是说互联网必须是运行单协议的互联网。互联网应该支持多协议，因为支持多协议才能够继续进行测试、实验和开发。例如，互联网运营商的客户希望能够通过互联网运行 CLNP、DECnet 和 Novell 等网络协议。”

【点评：这就是 IPv6 与 IPv4 不兼容的根源。当时 IETF 的共识是，如果 IPng 协议与 IPv4 兼容，则会极大地限制 IPng 的新功能。同时，兼容性可能会带来复杂性，与保持“简单性”的设计原则相违背。其实，IPng 并不需要(也不可能)和 IPv4 完全兼容，但如果在 IPng 的设计过程中充分考虑到通过翻译器使 IPng 和 IPv4 互联互通，并把翻译器的部署作为 IPng 的必选项，则互联网从 IPv4 向 IPv6 过渡的过程一定比今天的情况好得多，或许已经完成。“亡羊补牢，犹未为晚”，本书介绍的新一代 IPv6 过渡技术可以看作对此的补救。网络层协议在 IPv6 之后还会演进，会有新的 IP 版本出现，在网络层通过无状态翻译技术互联互通应该是未来网络层协议的设计原则之一】

5. 长寿性

RFC1726[11]中陈述的第 1 条“一般原则”中第 3 子条“长寿性”指出：“在网络层更新协议是一项极其困难的任务，甚至是无法做到的。很难指望人们愿意每 10～15 年更新一次‘向后不兼容’的 IP 层协议。因此，IPng 必须能够至少在 20 年内不过期。”

【点评：这个判断是对的，但还是极大地低估了更新“向后不兼容”IP 层协议的困难性。IPng 设计准则 RFC1726[11]已经发布 20 多年了，全世界仍然努力使互联网从 IPv4 向 IPv6 过渡。按照 20 年的规划，这应该又是新一版 IP 的更新时间了。因此，在互联网这样规模的系统上，更新“向后不兼容”IP 层协议是极其困难的任务。因此，在网络层通过无状态翻译技术互联互通应该是未来网络层协议的设计原则之一】

6. 新功能

RFC1726[11]中陈述的第 1 条“一般原则”中第 4 子条“新功能”指出：“只允许更大的地址空间和更高效的路由机制并不足以鼓励运营商、服务提供商和用户切换到 IPng。因为其他技术，如地址转换、高性能路由器等可以达到同样的目的。因此 IPng 必须具备 IPv4 不具备的其他革命性的功能，以支持新的应用。”

【点评：20 多年来，除了解决地址空间的问题，IPng(IPv6)并没有提供比 IPv4 更多的功能。人们一直期望找到 IPv6 的杀手级应用(killer application)，开始是大规模的视频，然后是对等网络应用等，但这些新的应用均可以在 IPv4 上运行。IPv6 过渡的最大难点是与 IPv4 不兼容。如果 IPv6 能够在提供更大地址空间的基础上与 IPv4 互联互通，则不需要任何新的杀手级应用。换言之，IPng 的新功能应该是在扩大寻址空间的基础上，能够与 IPv4 互联互通，这才是 IPv6 现阶段真正的杀手级应用。不幸的是人们认识到这一点太晚了】

7. 过渡计划

RFC1726[11]中提到：“必须制定一个从 IPv4 到 IPng 的简单、明确、平稳、有序的过渡计划。目前互联网的规模已经不可能存在‘标志日’，因此过渡必须容忍 IPng 与 IPv4 共存。同时允许 IPv4 在一定范围的系统上永远运行下去。”

对比本书第 1 章中总结的互联网第一次过渡(从 NCP 到 TCP/IP)的经验，结合本书作者十余年来对 IPv4/IPv6 过渡技术的研究，我们认为 IPv4 向 IPv6 过渡具有与 NCP 向 TCP/IP 过渡完全不同的特性。

(1)虽然 TCP/IP 与 NCP 不兼容，但 TCP/IP 具有 NCP 所没有的互联功能，NCP 没有解决这个问题的变通方案。

【点评：IPv6 与 IPv4 是不兼容的，但 IPv6 除了地址空间极大(远远超出了当前的需求)，没有 IPv4 所没有的功能，IPv4 有解决地址问题的 NAT 等若干变通方案】

(2)NCP 到 TCP/IP 的过渡是在单一的管理域(ARPANET)中实现的，可以强制实施，所涉及的网络规模不大，所需支持的应用(Telnet、FTP、SMTP 等)不多。

【点评：IPv4 到 IPv6 的过渡需要在众多不同管理域中实现，无法强制实施，需要支持海量的应用】

(3)NCP 向 TCP/IP 明确设定了过渡期限为 1 年，在过渡期内为所有应用提供翻译服务功能(即 NCP 单栈主机和 TCP 单栈主机可以通过“中继器”进行通信)，同时已有 NCP 单栈主机必须升级成同时支持 NCP 和 TCP/IP 的“双栈”主机，新建主机必须是 TCP/IP 单栈。

【点评：传统的 IPv6 过渡技术没有把翻译技术提到日程上】

(4)明确设定了“标志日”，过了“标志日”就停止对 NCP 的支持。

【点评：IPv4 到 IPv6 的过渡没有“标志日”】

传统的 IPv6 过渡技术把“宝”押在双栈上，却没有规定完成过渡的“标志日”，从经济学的角度分析，谁愿意花费更高的成本率先部署双栈，而不在意部署双栈所增加的成本呢？

如上所述，二十年前人们对 IPv6 过渡的理解过于理想主义。目前的结论如下：

(1)只有网络层翻译技术才能真正实现过渡。

(2)IPv4 会在很长时间内存在，甚至在一定范围的系统上永远运行下去。

8. 安全机制

RFC1726[11]在“IPv6 必须支持的功能”中的第 9 子条“安全机制”指出：“IPng 必须在网络层提供安全机制。”

【点评：这是 IPv6 从协议上要求必须支持互联网安全协议(internet protocol security IPsec)的根源。二十余年的实践证明，大规模部署端对端的 IPsec 不可行。使用传输层安全协议(transport layer security，TLS)、HTTPS、域名系统安全扩展(domain name system security extensions，DNSSEC)等高层安全协议是更可行的安全机制。幸运的是，这使网络层的 IPv4/IPv6 翻译技术成为可能】

9. 分片处理

RFC1726[11]在“IPv6 不需要考虑支持的功能”中的第 1 子条“分片处理”指出：“IPng 计划使用最大传输单元(maximum transmission unit，MTU)路径发现技术，因此 IPng 不提供类似于 IPv4 的分片处理功能。”

【点评：IPv6 和 IPv4 的翻译技术最大的难点是分片处理，将在 5.7 节详细讨论】

2.4.2 无状态和有状态技术的选择

1. 可扩展性

RFC1958[7]中陈述的第 3 条“可扩展性”指出：“所有设计必须很容易地扩展，支持百万级的网络，每个网络包含众多的节点。”这条设计原理隐含着优选“无状态”技术，因为无状态才能充分保证可扩展性，无状态可以进行任意的分布式并行处理而不需要考虑状态同步问题。在无状态的情况下，如果一个翻译器不够，可以分布式地部署多个翻译器；如果一条链路的带宽不够，可以增加多条链路。

2. 保持简单

RFC1958[7]中陈述的第 5 条“保持简单”指出：“如果在设计中存在疑问，则选择最简单的解决方案。”第 6 条“模块化”指出：“模块化设计，模块间尽量解耦。”这两条设计原则也隐含着优选“无状态”技术。

3. 端对端地址透明性

RFC1958[7]指出：“地址必须具有唯一性。上层协议必须能够明确识别端点，地址必须在传输的开始和结束保持不变。”有状态技术使地址的唯一性失效，无状态技术可以保证端对端地址透明性。

2.4.3 其他问题

1. 应用层网关问题

RFC1958[7]指出：“除了域名系统以外，应避免任何地址的硬编码设计。用户应用程序应使用域名而不是地址，应使用单一命名结构。”不幸的是，若干应用系统把地址而不是域名写入了应用程序，从而不使用 DNS64 或 DNS46。这导致必须用双重翻译技术或应用层网关(application layer gateway，ALG)来保证 IPv4 和 IPv6 之间的互联互通。唯一的例外是在封闭系统的情况下(如苹果公司的 iOS 或 OSX)，可以使用前缀发现技术和专用应用编程接口(application programming interface，API)解决这类问题。

2. 主机地址配置问题

RFC1726[11]在“IPv6 必须支持的功能”中的第 8 子条“配置、管理和运行”指出：“IPng 必须允许简单的，并可以扩展到大规模的配置管理和运行机制。IPng 需要支持主机和路由器的自动配置(即插即用)。”这导致了无状态地址自动配置(stateless address autoconfiguration，SLAAC)技术的广泛应用，从而带来了无状态翻译技术与 SLAAC 不直接兼容的问题。

2.5 本章小结

本章介绍了互联网的设计原理，这个原理是互联网取得巨大成功的保障。可以说现今广泛使用的互联网协议标准都符合这些设计原理。值得指出的是，本章介绍的 IPv4 的设计原理，是 IPv4 已经取得极大成功后总结的，更具有指导意义。而 IPv6 的设计原理是在 IPv6 为“一张白纸”时的“思想试验”，从今天来看，并不完全正确。特别是有关 IPv6 过渡的考虑，几乎完全借鉴了从 NCP 到 TCP/IP 的经验，但却丢弃了第一次过渡最重要的“标志日”这一约束条件。总之，研究新一代 IPv6 过渡技术，是深刻领悟互联网设计原理，根据现实世界的需求，反复迭代、逐步深入的过程。

参考文献

[1] Keith J. The design of HTML5. [2022-02-23]. https://adactio.com/articles/1704.

[2] Berners-Lee T. Principles of design. [2022-02-23]. https://www.w3.org/ DesignIssues/Principles.html.

[3] Raymond E. UNIX 编程艺术. 姜宏, 何源, 蔡晓骏, 译. 北京: 电子工业出版社, 2011.

[4] Kesteren A V, Stachowiak M. HTML design principles. [2022-02-03]. https://www.w3.org/TR/html-design-principles/.

[5] 李星, 包丛笑. 大道至简互联网技术的演进之路——纪念 ARPANET 诞生 50 周年. 中国教育网络, 2020, (1): 5.

[6] Postel J. RFC791: Internet protocol. IETF 1981-09.

[7] Carpenter B. RFC1958: Architectural principles of the internet. IETF 1996-06.

[8] Carpenter B. RFC2775: Internet transparency. IETF 2000-02.

[9] Pouzin L. A proposal for interconnecting packet switching networks. Proceedings of EUROCOMP, London, 1974, 5:1023-1036.

[10] Cerf V. The catenet model for internetworking. Information Processing Techniques Office, Defense Advanced Research Projects Agency, IEN 48, Washington D.C., 1978: 7.

[11] Partridge C F, Kastenholz F. RFC1726: Technical criteria for choosing IP the next generation (IPng). IETF 1994-12.

[12] Chapin L. RFC1310: The internet standards process. IETF 1992-03.

第 3 章　IPv6 过渡技术演进

IPv6 的数据报头由 RFC8200[1]定义，地址结构由 RFC4291[2]定义。IPv4 的数据报头和地址结构均由 RFC791[3]定义。IPv6 与 IPv4 并不兼容，因此存在着从 IPv4 到 IPv6 的过渡问题。

IPv6 过渡技术的发展历程可以分为两个阶段，以 IETF 于 2008 年 11 月在加拿大的蒙特利尔召开的“IPv6 过渡与共存的专门会议”(RFC6127[4])为分界点。

(1) 该会议之前为传统 IPv6 过渡技术，以双栈技术为主，以隧道技术为辅。虽然当时也定义了 IPv4/IPv6 之间的翻译技术，但早期的翻译技术有技术缺陷，无法真正进行部署。

(2) 该会议之后为新一代 IPv6 过渡技术，把翻译技术提升到了重要的地位，制定了一系列以翻译技术为核心的标准。人们终于认识到：翻译技术是使互联网平稳过渡到 IPv6 单栈不可或缺的技术。

3.1　传统 IPv6 过渡技术和标准

按照数据通路的类型，IPv6 过渡技术可分为双栈、封装(隧道)和翻译三类，如图 3.1 所示。

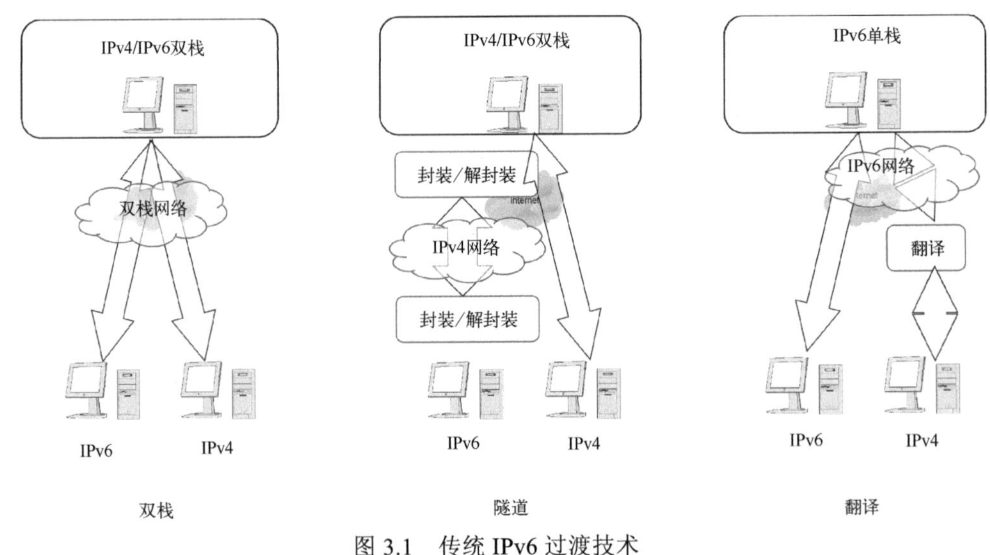

图 3.1　传统 IPv6 过渡技术

3.1.1　双栈技术

双栈技术(RFC4213[5])是最容易理解的过渡技术，也是 IETF 早期推荐使用的 IPv6 过渡技术。双栈技术要求通信链路之上的所有网络层(IP 层)以上的设备同时支持 IPv4 和 IPv6，这样 IPv4 用户就可以访问 IPv4 互联网的资源，同时 IPv6 用户可以访问 IPv6 互联网的资源。即升级后的网络和主机为双栈，如果通信的对端为 IPv6，则通过 IPv6 进行通信；如果通信的对端为 IPv4，则通过 IPv4 进行通信。

在双栈的情况下，网络节点和端系统同时运行 IPv4 和 IPv6 两种协议，从而形成了逻辑上相互独立的两张网络：IPv4 网络和 IPv6 网络。双栈网络的分层模型如图 3.2 所示。

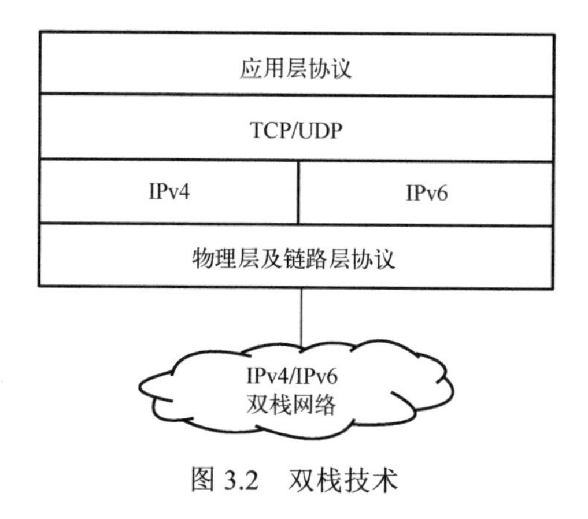

图 3.2　双栈技术

双栈技术在网络层有着完全独立的 IPv4 协议和 IPv6 协议，可以实现 IPv4 和 IPv6 网络的共存，但没有解决 IPv4 与 IPv6 的互联互通问题。

同时，双栈技术需要的 IPv4 地址量并没有减少，IPv4 地址耗尽的问题并没有真正得到解决。因为如果允许 IPv4 采用 NAT，则通过共享公有 IPv4 地址，可以在一定程度上缓解 IPv4 的紧缺问题。由于对 IPv4 信息资源的强烈依赖，运营商并没有动力关掉 IPv4 而只开 IPv6 服务，因此绝大多数用户还是 IPv4 用户，又使信息提供商缺乏部署 IPv6 信息资源的积极性。

在采用双栈技术时，若 IPv6 的网络通信失败，切换到 IPv4 的超时机制会产生十几毫秒甚至接近数秒的时延，极大地降低了用户对 IPv6 的使用体验。Happy Eyeballs (RFC6555[6]、RFC6556[7]、RFC8305[8]) 技术可以在某种程度上减轻这种问题，但也会带来稳定性差等其他问题。

根据“木桶效应”(木桶存水的多少由最短的木板长度决定)，同时部署 IPv4 和 IPv6 双栈时，网络系统的总体安全性是 IPv4 或 IPv6 安全性差的那一个的安全性，因此部署双栈比部署单栈会带来更大的安全风险。

所有这些因素造成了 IPv6 过渡进程非常缓慢。

3.1.2 封装(隧道)技术

封装(隧道)技术(RFC4213[5])在过渡的初期可以通过 IPv4 将 IPv6 孤岛连接起来，或在过渡的末期通过 IPv6 将 IPv4 孤岛连接起来。其基本思想是当一个协议的数据报文要穿越另一个协议的网络时，边缘网关将包含该协议数据报头的报文封装在另一个协议数据报文的载荷中，到了对端的边缘网关再进行解封装。当封装和解封装的外层协议的两个对应节点唯一确定时，称为“隧道”。否则，可统称为封装。

隧道技术采用报文的封装机制，能够利用 IPv4 网络传递 IPv6 报文或者利用 IPv6 网络传递 IPv4 报文，但是隧道技术仅支持跨越 IPv6 网络的 IPv4 到 IPv4 通信，或跨越 IPv4 网络的 IPv6 到 IPv6 通信，无法支持 IPv4 和 IPv6 的互访。

在 IPv6 开始部署的初期，主要的需求是通过 IPv4 互联网把 IPv6 的孤岛连起来。其模型如图 3.3 所示。

图 3.3 IPv6 over IPv4 隧道技术

在 IPv6 部署的中期，特别是后期，建设和运行纯 IPv6 成为目标，因此反过来，主要的需求是通过 IPv6 互联网把 IPv4 的孤岛连起来(RFC4925[9])。其模型如图 3.4 所示。

图 3.4 IPv4 over IPv6 隧道技术

隧道技术按照其部署的方式可以分为以下两种。

(1) 有状态隧道(早期称为“配置隧道”)，该技术手工或通过协议配置隧道端点。

(2) 无状态隧道(早期称为“自动隧道”)，该技术在 IPv6 地址和 IPv4 地址之间建立映射关系，通过算法确定隧道端点。

将“状态特征”作为横轴，将“协议内外关系”作为纵轴，我们可以画出一个四象限的分布图，把主流隧道技术的特点表示在不同的象限中，如图 3.5 所示。

1. 有状态 IPv6 over IPv4 隧道

有状态 IPv6 over IPv4 隧道解决在 IPv6 开始部署初期通过 IPv4 互联网把 IPv6 的孤岛连起来的需求，典型的标准介绍如下。

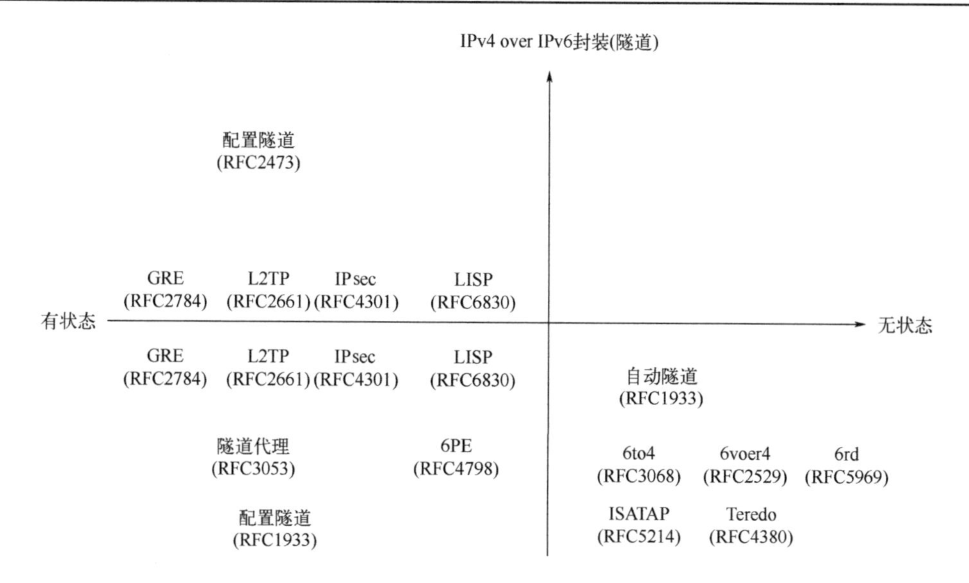

图 3.5　隧道技术的四个象限

1) 配置隧道(configured tunnels)

RFC1933[10]和 RFC2893[11]是早期通过静态配置建立 IPv6 over IPv4 隧道的标准。

2) 隧道代理(tunnel broker)

IPv6 隧道代理(IPv6 tunnel broker)通过隧道设置协议(tunnel setup protocol, TSP)(RFC5572[12])建立 IPv6 over IPv4 隧道。

3) 6PE 协议

IPv6 运营商边界路由器(IPv6 provider edge routers, 6PE)(RFC4798[13])通过运行多协议标签交换(multi-protocol label switching, MPLS)的 IPv4 主干网连接 IPv6 的边缘网络。6PE 使用 IPv4 上的多协议边界网关协议(multi-protocol border gateway protocol, MP-BGP)传递 MPLS 标签。

4) GRE 协议

通用路由封装(generic routing encapsulation, GRE)协议(RFC2784[14])定义在任意一个网络层协议之上，封装任意一个网络层协议。GRE 可以用于实现 IPv6 over IPv4 隧道。

5) L2TP

2 层隧道协议(layer two tunneling protocol, L2TP)(RFC2661[15])定义了一种使用点对点协议的封装格式。L2TP 可以用于实现 IPv6 over IPv4 隧道。

6) IPsec

IPsec 通过对 IP 数据报文进行加密和认证来保护 IP 的网络传输。其中，封装安全载荷(encapsulating security payload ESP)(RFC4301[16])报头提供机密性、数据源认证、完整性、防重放和有限的数据流机密性；认证报头(authentication header，AH)(RFC4302[17])，为 IP 数据报文提供无连接数据完整性、消息认证和重放攻击保护；互联网密钥交换(the internet key exchange，IKE)(RFC5996[18])协议，为 ESP 和 AH 操作所需的安全关联提供算法和密钥参数。AH 和 ESP 支持不同的协议类型，IPsec 可以用于实现 IPv6 over IPv4 隧道。

7) LISP

位置/标识分离协议(the locator/id separation protocol，LISP)(RFC6830[19])定义了一种基于网络层的协议，该协议允许将 IP 地址分成两个新的编号空间：端点标识符(endpoint identifiers，EID)和路由定位器(routing locators，RLOC)。LISP 可以用于实现 IPv6 over IPv4 隧道。

2. 无状态 IPv6 over IPv4 隧道

无状态 IPv6 over IPv4 隧道机制建立的一般性方法是定义 IPv6 前缀，并将 IPv4 地址嵌入 IPv6 前缀中，通过算法自动生成隧道端点。该隧道机制建立是基于地址映射算法，而不是通过静态配置或动态生成，因此是无状态的。其 IPv6 数据报文的封装模式可以是直接封装、通过 GRE 封装或通过 UDP 封装等。

1) 自动隧道(automatic tunnels)

自动隧道(RFC1933[10]、RFC2893[11])使用一种特殊类型的 IPv6 地址，称为 IPv4 兼容(IPv4-compatible)地址。IPv4 兼容地址有全 0 的 96 比特前缀标识，并以最低的 32 比特保存 IPv4 地址。IPv4 兼容地址的结构如图 3.6 所示。

96比特																								32比特							
0	4	8	12	16	20	24	28	32	36	40	44	48	52	56	60	64	68	72	76	80	84	88	92	96	100	104	108	112	116	120	124
0:0:0:0:0:0																								IPv4地址							

图 3.6 IPv4 兼容地址的结构

IPv4 兼容地址分配给支持自动隧道的 IPv4/IPv6 节点。配置了 IPv4 兼容地址的节点可以使用完整的 IPv6 地址与 IPv6 进行通信，使用嵌入的 IPv4 地址与 IPv4 进行通信。

2) 6to4 协议

6to4 协议(RFC3068[20])将 IPv6 的数据报文直接封装在IPv4的数据报文中，并通过 IPv6 地址内嵌的 IPv4 地址，实现无须配置隧道即可使 IPv6 在 IPv4 网络上传输，并可以通过中继路由与原生 IPv6 网络进行通信。6to4 的地址格式如图 3.7 所示。

由于大量主机配置错误和性能较差，2011 年 8 月 IETF 发布了部署 6to4 的具体方法建议。由于 6to4 定义的任播前缀具有重大缺陷，该标准已于 2015 年弃用(RFC7526[21])。

16比特	32比特	80比特
0 4 8 12	16 20 24 28 32 36 40 44	48 52 56 60 64 68 72 76 80 84 88 92 96 100 104 108 112 116 120 124
2002::	IPv4地址	子网

图 3.7　6to4 的地址格式

3) 6over4 协议

6over4 协议(RFC2529[22])通过支持组播的IPv4网络的双栈节点传输 IPv6 数据报文。6over4 将 IPv4 网络作为数据链路层。6over4 定义了使用 IPv4 生成 IPv6 链路本地地址的方法，以及在 IPv4 网络进行邻居发现的机制。任何使用 6over4 进行 IPv6 通信的主机，都需要在相应的 IPv4 接口创建一个对应的虚拟 IPv6 接口。使用 IPv6 本地链路网络前缀 fe80::/10，将 IPv4 地址加载到该网络前缀的低比特侧，成为该 6over4 的 IPv6 地址。6over4 的地址格式如图 3.8 所示。

10比特	86比特	32比特
0 4 8	12 16 20 24 28 32 36 40 44 48 52 56 60 64 68 72 76 80 84 88 92	96 100 104 108 112 116 120 124
fe80::	0	IPv4地址

图 3.8　6over4 的地址格式

为了使“ICMPv6邻居发现”机制可用，IPv4 网络必须能进行组播访问。IPv6 组播数据报文按照6in4进行封装后，其 IPv4 数据报文目标节点的地址为 239.192.*x*.*y*，*x* 和 *y* 值是 IPv6 组播目标节点的地址的倒数第二个和第一个字节值。例如，fe80::c000:28e → 239.192.2.142。

4) 6rd 协议

使用 IPv4 基础设施的快速 IPv6 部署方案(IPv6 rapid deployment on IPv4 infrastructures，6rd)(RFC5969[23])是一种互联网服务提供商通过 IPv4 为最终用户提供 IPv6 服务的技术。包括自动 IPv6 前缀分配、无状态资源调配和服务。6rd 的 IP 地址前缀使用运营商的前缀(6rd prefix)，格式如图 3.9 所示。

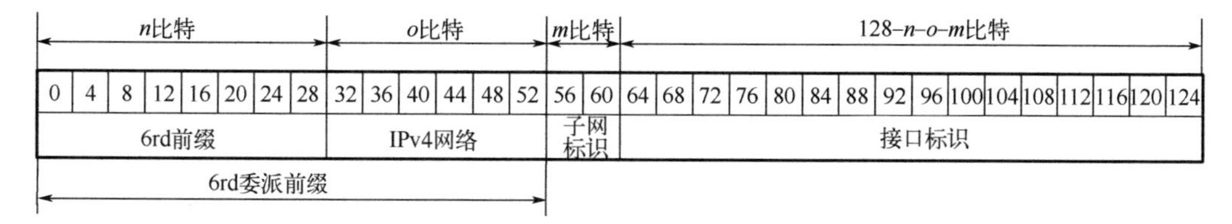

图 3.9　6rd 的地址格式

5) ISATAP

内网隧道地址自动配置协议(intra-site automatic tunnel addressing protocol,

ISATAP) (RFC5214[24]) 允许 IPv6 数据报文通过 IPv4 网络传输。不同于 6over4，ISATAP 视 IPv4 网络为一个非广播多路访问网络的数据链路层，因此它不需要使用 IPv4 组播。ISATAP 包含一种基于 IPv4 地址生成 IPv6 链路本地地址的方法和基于 IPv4 网络的邻居发现机制。任何一个希望通过特定 IPv4 网络使用 ISATAP 的主机都可以创建虚拟的 IPv6 网络接口。ISATAP 将主机的 IPv4 地址加上特定 IPv6 前缀作为接口的 IPv6 地址，对于全球单播地址使用 fe80::0200:5efe:，对于专用网络地址则使用 fe80::0000:5efe:。格式如图 3.10 所示。

IPv4公网地址

16比特				48比特												32比特								32比特							
0	4	8	12	16	20	24	28	32	36	40	44	48	52	56	60	64	68	72	76	80	84	88	92	96	100	104	108	112	116	120	124
fe80::				0												0200:5efe								IPv4地址(全球唯一)							

IPv4私网地址

16比特				48比特												32比特								32比特							
0	4	8	12	16	20	24	28	32	36	40	44	48	52	56	60	64	68	72	76	80	84	88	92	96	100	104	108	112	116	120	124
fe80::				0												0000:5efe								IPv4地址(不唯一)							

图 3.10　ISATAP 的地址格式

6) Teredo 协议

Teredo 协议 (RFC4380[25]) 可为运行在 IPv4 互联网上的 IPv6 的主机提供完全的 IPv6 连通性。Teredo 将 IPv6 数据报文封装在 UDP 数据报文内，因此可以穿透 NAT。每个 Teredo 客户端被分配一个公共 IPv6 地址，其构造如图 3.11 所示。

32比特								32比特								16比特				16比特				32比特							
0	4	8	12	16	20	24	28	32	36	40	44	48	52	56	60	64	68	72	76	80	84	88	92	96	100	104	108	112	116	120	124
2001:0000								服务器IPv4地址								旗标				UDP端口				客户机IPv4地址							

图 3.11　Teredo 的地址格式

3. 有状态 IPv4 over IPv6 隧道

1) IPv6 通用隧道

IPv6 通用隧道 (generic packet tunneling) (RFC2473[26]) 是 IPv6 的通用封装定义，在本书第 5 章有详细讨论。

2) DS-Lite 协议

轻型双栈 (dual-stack lite，DS-Lite) (RFC6333[27]) 是基于 RFC2473[26]封装和有状态复用公有 IPv4 地址的 IPv4 over IPv6 隧道技术，在本书第 11 章有详细讨论。

3) L2TP

在 IPv6 over IPv4 中已有讨论，不再赘述。

4) IPsec

在 IPv6 over IPv4 中已有讨论，不再赘述。

5) LISP

在 IPv6 over IPv4 中已有讨论，不再赘述。

4. 无状态 IPv4 over IPv6 隧道

传统 IPv6 过渡技术没有包含无状态 IPv4 over IPv6 隧道的技术和标准。

3.1.3 翻译技术

翻译技术能够使纯 IPv4 节点与纯 IPv6 节点之间进行通信。翻译技术可以分为无状态翻译(stateless translation)技术和有状态翻译(stateful translation)技术两种。有状态翻译需要静态配置或在翻译设备中动态产生并维护 IPv4 地址和 IPv6 地址之间的映射关系，而无状态翻译通过预先设定的算法建立 IPv4 地址和 IPv6 地址之间的映射关系。IETF 历史上早期的 IPv4/IPv6 翻译技术为 RFC2765[28]和 RFC2766[29]。

1. 无状态翻译技术

最早的无状态 IPv4/IPv6 翻译技术称为无状态 IP/ICMP 翻译(stateless IP/ICMP translation，SIIT)算法，由 RFC2765[28]定义，其基本思路是：网络中存在纯 IPv6 主机，这些主机没有被分配 IPv4 地址，或这些主机根本就不支持 IPv4。当时考虑了两种场景：子网模式和双栈模式，分别如图 3.12 和图 3.13 所示。

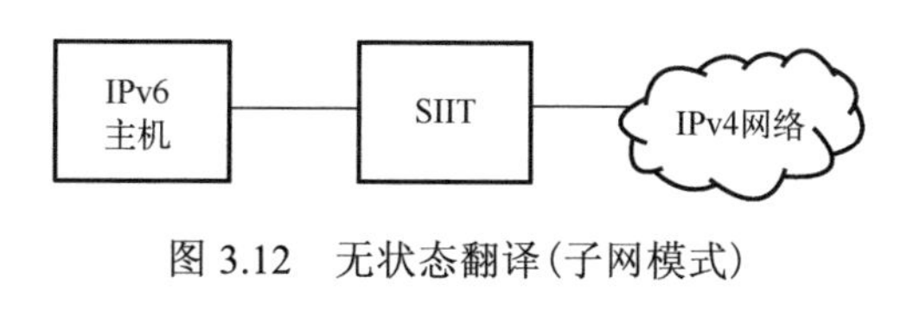

图 3.12　无状态翻译(子网模式)

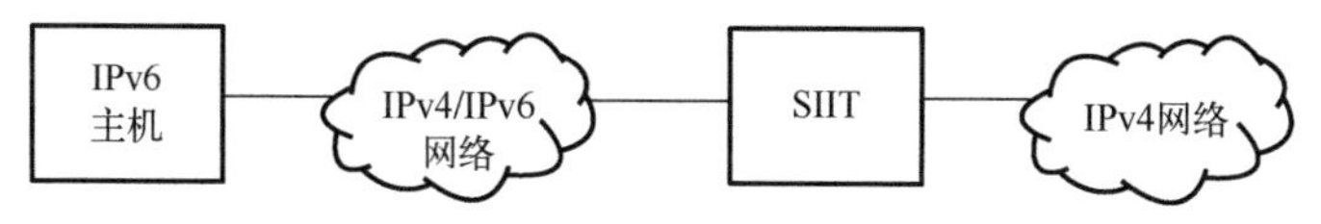

图 3.13　无状态翻译(双栈模式)

在这两种场景下，部署无状态翻译器，称为 SIIT。通过协议翻译，对数据报文的 IPv4 报头和 IPv6 报头进行一一对应的翻译。

SIIT 使用两种特殊的 IPv6 地址，称为 IPv4 映射地址(IPv4-mapped address)和 IPv4 翻译地址(IPv4-translated address)，分别如图 3.14 和图 3.15 所示。

<table>
<tr><td colspan="20">80比特</td><td colspan="4">16比特</td><td colspan="8">32比特</td></tr>
<tr><td>0</td><td>4</td><td>8</td><td>12</td><td>16</td><td>20</td><td>24</td><td>28</td><td>32</td><td>36</td><td>40</td><td>44</td><td>48</td><td>52</td><td>56</td><td>60</td><td>64</td><td>68</td><td>72</td><td>76</td><td>80</td><td>84</td><td>88</td><td>92</td><td>96</td><td>100</td><td>104</td><td>108</td><td>112</td><td>116</td><td>120</td><td>124</td></tr>
<tr><td colspan="20">0:0:0:0:0</td><td colspan="4">ffff</td><td colspan="8">IPv4地址</td></tr>
</table>

图 3.14　IPv4 映射地址格式

<table>
<tr><td colspan="16">64比特</td><td colspan="4">16比特</td><td colspan="4">16比特</td><td colspan="8">32比特</td></tr>
<tr><td>0</td><td>4</td><td>8</td><td>12</td><td>16</td><td>20</td><td>24</td><td>28</td><td>32</td><td>36</td><td>40</td><td>44</td><td>48</td><td>52</td><td>56</td><td>60</td><td>64</td><td>68</td><td>72</td><td>76</td><td>80</td><td>84</td><td>88</td><td>92</td><td>96</td><td>100</td><td>104</td><td>108</td><td>112</td><td>116</td><td>120</td><td>124</td></tr>
<tr><td colspan="16">0:0:0:0</td><td colspan="4">ffff</td><td colspan="4">0000</td><td colspan="8">IPv4地址</td></tr>
</table>

图 3.15　IPv4 翻译地址格式

其中 IPv6 主机配置 IPv4 翻译地址，与 IPv4 翻译地址通信的所有 IPv4 主机的地址转换成 IPv4 映射地址。IPv4 翻译地址对应的 IPv4 地址在 IPv4 网络中被路由到 SIIT 的 IPv4 网络接口，IPv4 映射地址在 IPv6 网络中被路由到 SIIT 的 IPv6 网络接口。SIIT 对数据报文的 IPv4 报头和 IPv6 报头进行协议翻译。

需要指出的是，在这种情况下，不能使用 IPv4 兼容地址，因为 IPv4 兼容地址是为自动隧道设计的，网络设备对这类目标地址格式进行“隧道封装”。IPv4 兼容地址、IPv4 映射地址和 IPv4 翻译地址的比较如图 3.16 所示。

IPv4兼容地址

<table>
<tr><td colspan="24">96比特</td><td colspan="8">32比特</td></tr>
<tr><td>0</td><td>4</td><td>8</td><td>12</td><td>16</td><td>20</td><td>24</td><td>28</td><td>32</td><td>36</td><td>40</td><td>44</td><td>48</td><td>52</td><td>56</td><td>60</td><td>64</td><td>68</td><td>72</td><td>76</td><td>80</td><td>84</td><td>88</td><td>92</td><td>96</td><td>100</td><td>104</td><td>108</td><td>112</td><td>116</td><td>120</td><td>124</td></tr>
<tr><td colspan="24">0:0:0:0:0:0</td><td colspan="8">IPv4地址</td></tr>
</table>

IPv4映射地址

<table>
<tr><td colspan="20">80比特</td><td colspan="4">16比特</td><td colspan="8">32比特</td></tr>
<tr><td>0</td><td>4</td><td>8</td><td>12</td><td>16</td><td>20</td><td>24</td><td>28</td><td>32</td><td>36</td><td>40</td><td>44</td><td>48</td><td>52</td><td>56</td><td>60</td><td>64</td><td>68</td><td>72</td><td>76</td><td>80</td><td>84</td><td>88</td><td>92</td><td>96</td><td>100</td><td>104</td><td>108</td><td>112</td><td>116</td><td>120</td><td>124</td></tr>
<tr><td colspan="20">0:0:0:0:0</td><td colspan="4">ffff</td><td colspan="8">IPv4地址</td></tr>
</table>

IPv4翻译地址

<table>
<tr><td colspan="16">64比特</td><td colspan="4">16比特</td><td colspan="4">16比特</td><td colspan="8">32比特</td></tr>
<tr><td>0</td><td>4</td><td>8</td><td>12</td><td>16</td><td>20</td><td>24</td><td>28</td><td>32</td><td>36</td><td>40</td><td>44</td><td>48</td><td>52</td><td>56</td><td>60</td><td>64</td><td>68</td><td>72</td><td>76</td><td>80</td><td>84</td><td>88</td><td>92</td><td>96</td><td>100</td><td>104</td><td>108</td><td>112</td><td>116</td><td>120</td><td>124</td></tr>
<tr><td colspan="16">0:0:0:0</td><td colspan="4">ffff</td><td colspan="4">0000</td><td colspan="8">IPv4地址</td></tr>
</table>

图 3.16　IPv4 兼容地址、IPv4 映射地址和 IPv4 翻译地址的比较

总之，这个版本的无状态翻译技术的地址定义是有严重的技术缺陷的，只能在子网内工作，其双栈模式的本质也是只能在子网内工作。其源地址(IPv4翻译地址)和目标地址(IPv4映射地址)的前缀不一致，且不能在网络上，更不能在互联网上进行路由和转发，因此没有实用价值。

2. 有状态翻译技术

早期的有状态IPv4/IPv6翻译技术称为网络地址翻译-协议翻译(network address translation-protocol translation，NAT-PT)，由RFC2766[29]定义。NAT-PT为网络上的纯IPv6主机动态绑定IPv4地址。通过翻译技术，对数据报文中的IPv4报头和IPv6报头进行翻译。为了复用IPv4地址，该动态绑定也可以扩展成基于五元组的绑定，即不同的纯IPv6主机可以通过使用传输层协议(TCP或UDP)的不同端口共享相同的IPv4地址。为了应对IPv4和IPv6地址空间的巨大差距，在很多情况下需要使用与IPv4/IPv6翻译器耦合的域名系统。NAT-PT如图3.17所示。

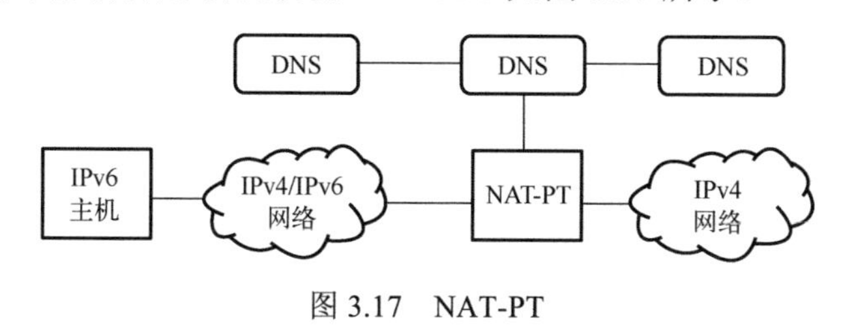

图3.17　NAT-PT

由于域名系统耦合等问题，RFC4966[30]废除了NAT-PT。

3.2　传统IPv6过渡技术的困境和反思

3.2.1　传统IPv6过渡技术的困境

IPv6与IPv4不兼容，因此使用IPv6的主机无法与原有使用IPv4的主机通信。在IPv6设计之时，人们对IPv4和IPv6之间的不兼容性并没有引起足够的重视，而且认为IPv6过渡并不困难。IETF最早推荐的IPv6过渡技术为“双栈技术”和“隧道技术”，可以称为传统IPv6过渡技术。全世界很多运营商在不同规模上通过“双栈技术”和“隧道技术”进行了IPv6的试验。但历经20多年的努力，IPv6的过渡成果仍然非常有限。虽然近年来各国政府推动、国际互联网协会发起的“世界IPv6日”，以及产业界的推动(如谷歌公司率先建立IPv6网站，苹果公司的AppStore要求应用必须支持IPv6等)导致全世界IPv6部署有了一定程度的增长，但总体而言，互联网的信息资源以及运营商对IPv6的支持率依然较低。

为了应对公有 IPv4 地址不足的问题，很多运营商采用了运营商级地址翻译(carrier grade NAT，CGN)技术，以动态分享公有 IPv4 地址的形式为用户提供互联网接入服务。IPv4 NAT 是公有 IPv4 地址与私有 IPv4 地址之间的有状态翻译技术，已经非常成熟，但其破坏了端到端特性，存在可扩展性、安全性和用户溯源困难等问题，且只能支持单向发起的通信。

从现实的角度看，由于 IPv4 地址的耗尽，已经无法为互联网用户静态分配公有 IPv4 地址，如果继续按双栈的方式推进 IPv6，则一定是使用 IPv6 加 IPv4 NAT 的技术。虽然可以提供 IPv6 服务，但同时保留了 IPv4 NAT 的所有缺点，也不能促进向 IPv6 过渡。

IPv6 过渡的难点在于互联网各方升级的动力不足，而动力不足的根本原因在于 IPv6 与 IPv4 不兼容，不能相互通信。事实上，整个互联网不可能在短时间内进行 IPv4 到 IPv6 的切换，不存在“标志日”。在长期的过渡过程中，大量的 IPv4 的应用业务仍将存在。双栈技术并不能使 IPv6 用户访问 IPv4 资源，也不能使 IPv4 用户访问 IPv6 资源，这给 IPv6 过渡带来巨大的困难。

3.2.2　IETF 关于新一代 IPv6 过渡技术的考虑

针对传统 IPv6 过渡技术的困境，IETF 于 2008 年 11 月在加拿大的蒙特利尔召开了 IPv6 过渡与共存的专门会议。会议组织了有关若干 IPv6 过渡场景和解决方案的报告，将其进行了深入的讨论，会后形成 RFC6127[4]。下面简述 RFC6127 的要点。

在最初设计 IPv6 时，建议采用双栈技术进行过渡。即在继续运行 IPv4 的同时，在部分网络节点和主机上启用 IPv6。双栈技术依然是 IETF 推动 IPv6 的流行方法。

经验表明，大规模部署 IPv6 需要时间、精力和大量投资。随着公有 IPv4 地址池的耗尽，网络运营商和互联网服务提供商被迫考虑不再大规模地支持使用公有 IPv4 地址的端对端服务。双栈并不能解决公有 IPv4 地址池耗尽的问题，因为 IPv4 的通信仍然是由双栈中的 IPv4 进行的。简而言之，以目前双栈的部署速率预测最终过渡到 IPv6 互联网的时间，与最初的预期完全不一致。

因此，现实情况要求重新考虑其他 IPv6 过渡技术。特别是需要考虑大规模、多层串联 IPv4 NAT 使用的实际情况给双栈部署带来的不利影响。现在要重新认识 IETF 以往并没有重视的地址和协议转换方法，以及通过纯 IPv6 支持 IPv4 的方法，以确保 IPv6 能与 IPv4 共存，并最终完成 IPv6 过渡。

新一代 IPv6 过渡技术主要考虑以下五个应用场景。

(1) 用户可以共享稀缺的公有 IPv4 地址访问 IPv4 互联网。

(2) 需要解决大型网络私有 IPv4 地址(RFC1918[31])的短缺问题。

(3) 建设和运行纯 IPv6 网络以减少复杂度和运行成本，但需要能够继续访问 IPv4 互联网。

(4)通过 IPv6 访问一个或多个纯 IPv4 的服务器。

(5)纯 IPv4 客户端访问纯 IPv6 服务器。

上述场景是 IETF 社区应该在短时间内解决的场景。通过综合考虑，显然这些场景需要不同的解决方案。有些解决方案可以依赖现有技术，而另一些则可能需要新的协议，甚至需要对网络体系结构进行适当的更改。这中间肯定存在矛盾的情况，需要让整个 IETF 社区权衡考虑。

具体来说，IETF 将对传输领域的 Behave 工作组和互联网领域的 Softwire 工作组进行重组，以承担新的 IPv6 过渡技术的标准化工作。其中 Behave 进行翻译方面的工作，而 Softwire 进行隧道方面的工作。同时还需要一些辅助工具，例如，定义第 6 版网络动态主机配置协议(dynamic host configuration protocol version 6，DHCPv6)选项来支持新的协议。

鉴于公有 IPv4 地址耗尽的紧急情况，不要以非主流问题拖延新技术的研究开发。综合衡量，我们并不期望任何解决方案能够做到完美。在寻找部署 IPv6 的机会时，太追求完美会失去这些机会。要支持开发各种工具，以帮助最大限度地减少目前的和预计的在 IPv6 过渡时遇到的切实问题，以期从这里引导互联网走上最佳的道路。

扩展互联网地址空间和实现 IPv4 和 IPv6 之间互联互通是 IPv6 过渡需要解决的最关键问题。应该能有一种网络设备使不兼容的 IPv6 和 IPv4 之间互联互通。有了这样的设备就可以做到以下两点。

(1)IPv6 单栈网络上的客户机可以访问 IPv4 互联网上的服务器。

(2)IPv6 单栈网络上的服务器可以为 IPv4 客户机提供服务。

在这种情况下，新建 IPv6 网络的纯 IPv6 用户不仅不损失与 IPv4 互联网的通信能力，还可以使用 IPv6 的新功能。在这种情况下，也不必像双栈网络那样纠结什么时候关闭 IPv4。

蒙特利尔召开的 IPv6 会议之后，新一代 IPv6 过渡技术和标准在 IETF 的 Behave 和 Softwire 工作组展开，取得了比 RFC6127[4]预期更多的成果。

3.3　新一代 IPv6 过渡技术和标准

3.3.1　新一代 IPv6 过渡技术发展历程

蒙特利尔会议之后，IETF 基于十余年 IPv6 的部署实践，重新整合并研究开发新一代 IPv6 过渡技术。重点是标准化能够使 IPv6 与 IPv4 互联互通的翻译技术和能够通过 IPv6 网络提供 IPv4 服务的“IPv4 即服务”技术。

由于 IPv6 在设计之初并没有考虑和 IPv4 兼容，IPv4 与 IPv6 的地址空间相差巨大(IPv4 为 2^{32}，IPv6 为 2^{128})，IPv4 与 IPv6 的协议中语义、语法、时序互不兼容，因此必须解决以下问题。

(1) 如何建立 IPv6 地址与 IPv4 地址，以及多个 IPv6 地址复用同一个 IPv4 地址的映射关系。

(2) 如何解决 IPv6 协议与 IPv4 协议的兼容性问题。

(3) 如何使各个网络可以独立、可管、可控、可溯源地增量部署 IPv6，而不会造成全球路由表爆炸。

(4) 如何同时支持已有的 IPv4 应用和新的 IPv6 应用，使用户对 IP 的变化无感知。

(5) 如何根据用户所持终端、所在网络的具体状况提供适用于各种不同场景的过渡技术解决方案。

解决以上诸多问题，涉及互联网体系结构、地址规划、路由系统、域名系统、应用程序、网络安全等多个重大领域，是一项复杂的系统工程。

人们对这一复杂的系统工程的理解也是逐步深入的，图 3.18 展示了 IPv6 过渡技术(含传统 IPv6 过渡技术和新一代 IPv6 过渡技术)演进的关键节点。

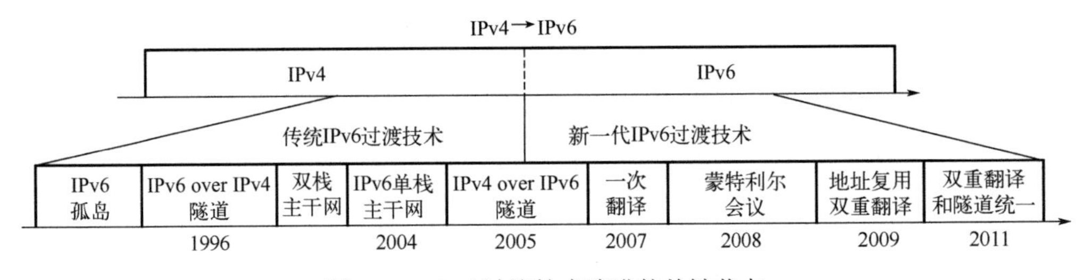

图 3.18　IPv6 过渡技术演进的关键节点

(1) 1996 年之前，IPv6 标准逐步建立并完善，全世界范围内已建立了若干 IPv6 试验网络(IPv6 孤岛)。

(2) 1996 年开始逐步建立 IPv6 over IPv4 隧道，其代表为 IETF 1996 年发布的 IPv6 骨干网(6bone)。6bone 被设计为一个类似于全球性的层次化的 IPv6 网络，包括 6bone 顶级转接提供商、6bone 次顶级转接提供商和 6bone 站点等组织机构。IPv6 over IPv4 隧道之间使用域间路由协议+(border gateway protocol plus，BGP+)互联。CERNET 于 1998 年加入 6bone。到 2009 年 6 月有 39 个国家的 260 个组织机构联入 6bone。

(3) 1996 年以后，随着 6bone 的发展和主流路由器对 IPv6 的支持，越来越多的运营商开始把主干网升级为双栈。

(4) 2004 年世界上首次出现了 IPv6 单栈主干网。在 CNGI 项目的支持下，CERNET2 建设成为一个多自治域的 IPv6 单栈主干网。

(5)2005 年 IETF 成立了 Softwire 工作组，开始了 IPv4 over IPv6 隧道的标准化工作。

(6)2007 年本书作者意识到，无论 IPv6 over IPv4 隧道还是 IPv4 over IPv6 隧道，都无法解决 IPv4 和 IPv6 之间的互联互通问题。因此，作者开始研发新一代 IPv4/IPv6 翻译过渡技术。

(7)2008 年，IETF 召开蒙特利尔会议，会上重新审视以往以双栈和隧道技术为主作为 IPv6 过渡技术存在的问题，正式全面启动新一代 IPv6 过渡技术的研究。确立由 IETF 传输领域的 Behave 工作组和 IETF 互联网领域的 Softwire 工作组共同完成相关任务。随后，IETF 的 Behave 工作组和 Softwire 工作组除了常规的 IETF 会议外，还召开了若干次中间会议，紧锣密鼓地推进相关技术的标准化进程。

(8)2009 年 9 月 17 日，Behave 工作组召开的线上会议梳理了翻译技术的框架、场景和技术模块，最终于 2011 年完成了新一代一次翻译技术的相关 RFC 的标准化进程[32]。

(9)2011 年 9 月 26 日，Softwire 工作组在清华大学召开的中间会议上，梳理并统一了无状态双重翻译技术与无状态封装技术的概念，最终于 2015 年完成了使用统一地址和端口映射技术的双重翻译技术(mapping of address and port using translation，MAP-T)和隧道技术(mapping of address and port with encapsulation，MAP-E)的 RFC 标准化进程[33]。

至此，新一代 IPv6 过渡技术解决了 IPv4 与 IPv6 互联互通、IPv4 地址复用、应用程序镶嵌 IP 地址、无状态双重翻译技术与无状态隧道技术统一等问题，形成了无状态/有状态翻译技术、无状态/有状态双重翻译技术、无状态/部分状态/有状态隧道(封装)技术等系列解决方案。

3.3.2 新一代 IPv6 过渡技术分类

随着全球互联网的发展、应用场景的完善和技术的演进，新一代 IPv6 过渡技术可以重整为翻译技术、双重翻译技术和封装技术，如图 3.19 所示。

1. 翻译技术(外特性为双栈)

由于 IPv4 和 IPv6 并不兼容，翻译技术的基本原理是在本协议空间内建立在另一个协议空间上的通信实体在本协议空间的镜像，在同一协议空间内完成实体与镜像两者之间的通信。

翻译技术包括一次翻译和双重翻译。当使用一次翻译时，网络内部为 IPv6 单栈，而通过翻译器，网络的外特性为双栈。

翻译技术适合 IPv4 与 IPv6 之间的通信。翻译技术可以分为无状态翻译技术和有状态翻译技术两种(RFC6144[34])。

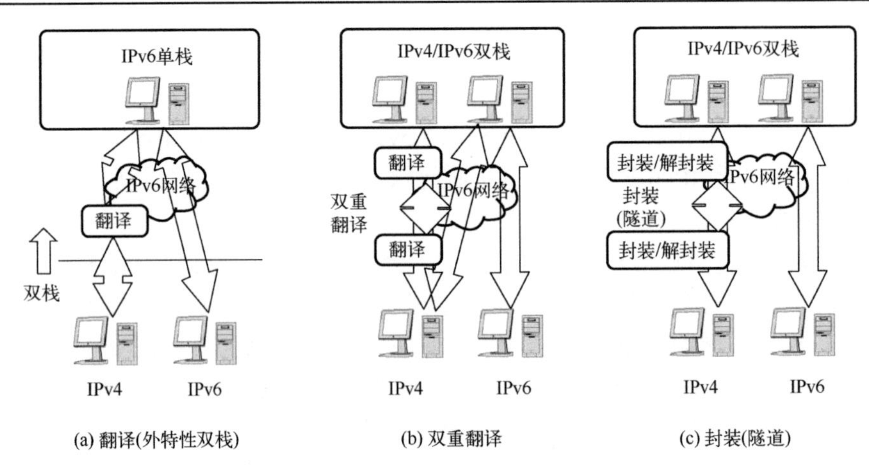

图 3.19　新一代 IPv6 过渡技术

无状态翻译技术是指 IPv4/IPv6 地址和传输层端口之间的映射关系由算法决定，设备不需要维护映射状态表。互联网的核心设备是路由器，路由器的基本功能是对每一个数据报文独立地进行转发，而不需要维护任何数据流的状态。因此路由器是“无状态”的。无状态的基本性质使互联网具有极大的可扩展性和抗毁性，导致了互联网的巨大成功。无状态翻译技术是新一代 IPv6 过渡技术的基础。

有状态翻译技术是指 IPv4/IPv6 地址和传输层端口之间的映射关系根据会话的五元组动态生成，设备需要维护动态生成的映射状态表。

翻译技术(外特性为双栈)实际包含两重意义。

1) 内网为 IPv6 单栈，外特性为双栈

在 IPv4 互联网和 IPv6 网络的边界部署 IPv4/IPv6 翻译器时，网络内部为 IPv6 单栈，而通过翻译器，网络的外特性为双栈，如图 3.20 所示。

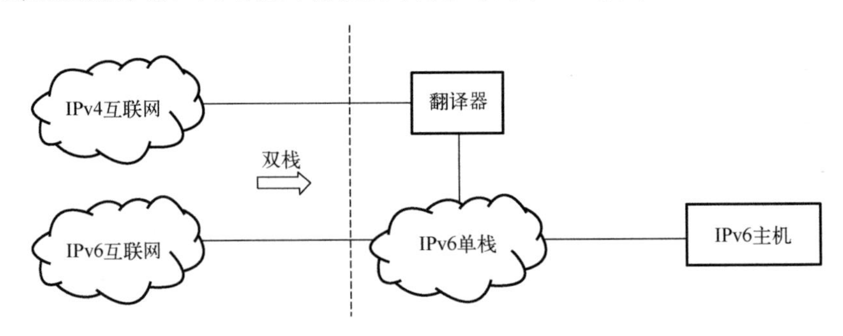

图 3.20　翻译技术的网络行为

2) 网络接口为 IPv6 单栈，应用系统 API 为双栈

当计算机的操作系统支持翻译功能时，网络接口为 IPv6 单栈，而应用系统的 API 是双栈，如图 3.21 所示。

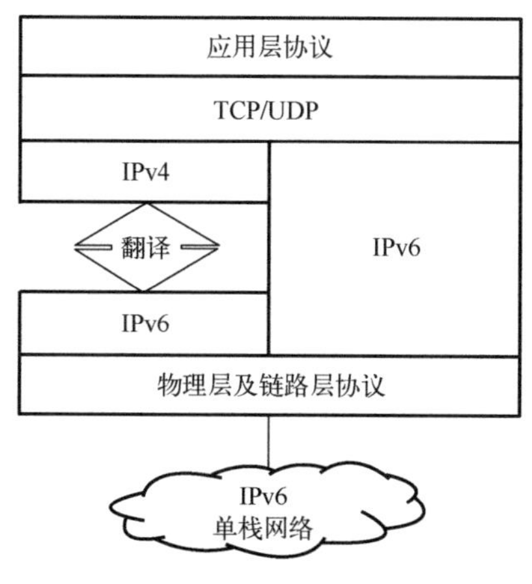

图 3.21　翻译技术的应用程序行为

2. 双重翻译技术和封装技术

当使用双重翻译技术或使用封装(隧道)技术时，IPv4 可以穿透 IPv6 单栈网络，也就是 IPv4 即服务(IPv4aaS 或 4aaS)。

双重翻译和封装(隧道)的区别有以下几点。

(1)允许的最大数据报文载荷大小不同，使用双重翻译技术的数据报文的报头开销小于使用封装(隧道)技术的开销。

(2)在 IPv6 网络上，使用双重翻译技术的 IPv6 数据报文的报头直接包含 IPv4 端系统的地址信息(以 IPv6 的形式出现)，而使用封装(隧道)技术的 IPv6 数据报文的报头是 IPv6 隧道端点的地址。

(3)封装(隧道)“保真性”更好，例如，可以保留 IPv4 报头中的选项(option)信息。

(4)双重翻译技术能够退化成一次翻译技术，实现 IPv4 和 IPv6 的互联互通，进而平滑地过渡到 IPv6 单栈。而封装(隧道)技术无法过渡到 IPv6 单栈。

3.3.3　新一代 IPv6 过渡技术标准

将“状态特征”作为横轴，将“报头处理算法”作为纵轴，我们可以画出一个四象限的分布图，把新一代 IPv6 过渡技术表示在不同的象限中。其中翻译又细分为一次翻译和双重翻译，如图 3.22 所示。

1. 无状态一次翻译

无状态翻译技术是所有新一代 IPv6 翻译技术的基础，包括：①IVI 技术，罗马数字采用“左减右加”的构造规则，因此Ⅳ代表 4，Ⅵ代表 6，IVI 是我们创造并得到网络界认可的专有名词。在互联网的语境中 IVI 表示无状态翻译技术

(RFC6052[35]、RFC6145[36]、RFC7915[37]、RFC6219[38])；②1∶N IVI 技术（RFC6219[38]、RFC7599[39]），实现基于复用公有 IPv4 地址的无状态翻译。

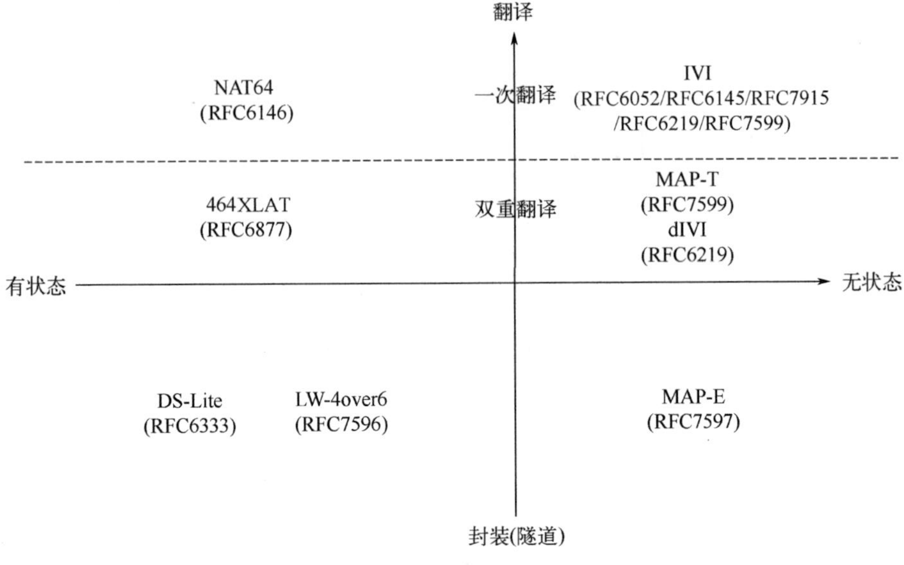

图 3.22　新一代统一的 IPv6 过渡技术

2. 有状态一次翻译

有状态 64 地址翻译（network address translation 64，NAT64）技术（RFC6146[40]），是在无状态翻译技术的基础上增加了基于会话的动态 IPv4 端口和 IPv6 地址的映射模块。该技术还必须由无状态翻译技术（RFC6052[35]、RFC6145[36]、RFC7915[37]）共同支持。

3. 无状态双重翻译

无状态双重翻译技术是在无状态翻译技术的基础上扩展成的双重翻译技术，同时增加无状态的地址和端口的映射模块。包括:①双重 IVI（double-IVI，dIVI）技术（RFC6219[38]）；②基于翻译技术的地址和端口映射（mapping of address and port using translation，MAP-T）技术（RFC7599[39]）。该技术还必须由无状态翻译技术（RFC6052[35]、RFC6145[36]、RFC7915[37]）共同支持。

4. 有状态双重翻译

有状态 464 翻译（464 translation，464XLAT）技术（RFC6877[41]）是在有状态翻译技术的基础上增加一级无状态翻译技术。该技术由无状态翻译技术（RFC6052[35]、RFC6145[36]、RFC7915[37]）和有状态复用公有 IPv4 地址翻译技术（RFC6146[40]）共同支持。

5. 无状态隧道

无状态隧道技术是在无状态双重翻译技术的基础上改用 IPv4 over IPv6 封装机制，包括：基于封装技术的地址和端口映射(mapping of address and port with encapsulation，MAP-E)技术(RFC7597[42])，是基于 RFC2473[26]封装和无状态复用公有 IPv4 地址的 IPv4 over IPv6 隧道技术。

6. 有状态隧道

有状态隧道技术是 IPv4 有状态 NAT 和 IPv4 over IPv6 组合的技术。包括：①轻型双栈(dual stack light，DS-Lite)协议(RFC6333[43])，是基于 RFC2473[26]封装和有状态复用公有 IPv4 地址的 IPv4 over IPv6 隧道技术；②轻型 4 over 6(lightweight 4 over 6，LW-4o6)协议(RFC7596[44])，是基于 RFC2473[26]封装，并且利用用户状态复用公有 IPv4 地址的 IPv4 over IPv6 隧道技术。

3.4 本章小结

本章介绍了传统 IPv6 过渡技术和新一代 IPv6 过渡技术，其分水岭为 IETF 于 2008 年 11 月在加拿大蒙特利尔召开的 IPv6 过渡与共存的专门会议[4]。传统的 IPv6 过渡技术以双栈为技术基础。但是经过二十余年的实践，其并没有在全球 IPv4 地址池耗尽之前完成向 IPv6 的过渡。新一代 IPv6 过渡技术以无状态翻译为技术基础，构成了解耦的、可分阶段独立部署的 IPv4 与 IPv6 互联互通的过渡机制，其外特性为双栈。同时辅以双重翻译和封装(隧道)技术。这些技术是本书后续章节详细讨论的重点。

参考文献

[1] Deering S, Hinden R. RFC8200: Internet protocol version 6 (IPv6) specification. IETF 2017-07.

[2] Hinden R, Deering S. RFC4291: IP version 6 addressing architecture. IETF 2006-02.

[3] Postel J. RFC791: Internet protocol. IETF 1981-09.

[4] Arkko J, Townsley M. RFC6127: IPv4 run-out and IPv4-IPv6 co-existence scenarios. IETF 2011-05.

[5] Nordmark E, Gilligan R. RFC4213: Basic transition mechanisms for IPv6 hosts and routers. IETF 2005-10.

[6] Wing D, Yourtchenko A. RFC6555: Happy eyeballs: Success with dual-stack hosts. IETF 2012-04.

[7] Baker F. RFC6556: Testing eyeball happiness. IETF 2021-04.

[8] Schinazi D, Pauly T. RFC8305: Happy eyeballs version 2: Better connectivity using concurrency. IETF 2017-12.

[9] Li X, Dawkins S, Ward D, et al. RFC4925：Softwire problem statement. IETF 2007-07.

[10] Gilligan R, Nordmark E. RFC1933: Transition mechanisms for IPv6 hosts and routers. IETF 1996-04.

[11] Gilligan R, Nordmark E. RFC2893: Transition mechanisms for IPv6 hosts and routers. IETF 2000-08.

[12] Blanchet M, Parent F. RFC5572: IPv6 tunnel broker with the tunnel setup protocol（TSP）. IETF 2010-02.

[13] De Clercq J, Ooms D, Prevost S, et al. RFC4798: Connecting IPv6 islands over IPv4 MPLS using IPv6 provider edge routers（6PE）. IETF 2007-02.

[14] Farinacci D, Li T, Hanks S, et al. RFC2784: Generic routing encapsulation（GRE）. IETF 2000-03.

[15] Townsley W, Valencia A, Rubens A, et al. RFC2661: Layer two tunneling protocol "L2TP". IETF 1999-08.

[16] Kent S, Seo K. FC4301: Security architecture for the internet protocol. IETF 2005-11.

[17] Kent S. RFC4302: IP authentication header. IETF 2005-12.

[18] Kaufman C, Hoffman P, Nir Y, P. et al. RFC5996: Internet key exchange protocol version 2（IKEv2）. IETF 2010-09.

[19] Farinacci D, Fuller V, Meyer D, et al. RFC6830: The locator/ID separation protocol（LISP）. IETF 2013-01.

[20] Huitema C. RFC3068: An anycast prefix for 6to4 relay routers. IETF 2001-06.

[21] Troan O, Carpenter B. RFC7526: Deprecating the anycast prefix for 6to4 relay routers. IETF 2015-05.

[22] Carpenter B, Jung C. RFC2529: Transmission of IPv6 over IPv4 domains without explicit tunnels. IETF 1999-03.

[23] Townsley W, Troan O. RFC5969: IPv6 rapid deployment on IPv4 infrastructures（6rd）-- protocol specification. IETF 2010-08.

[24] Templin F, Gleeson T, Thaler D. RFC5214: Intra-site automatic tunnel addressing protocol（ISATAP）. IETF 2008-03.

[25] Huitema C. RFC4380: Teredo: Tunneling IPv6 over UDP through network address translations（NATs）. IETF 2006-02.

[26] Conta A, Deering S. RFC2473: Generic packet tunneling in IPv6 specification. IETF 1998-12.

[27] Durand A, Droms R, Woodyatt J, et al. RFC6333: Dual-stack lite broadband deployments

following IPv4 exhaustion. IETF 2011-08.

[28] Nordmark E. RFC2765: Stateless IP/ICMP translation algorithm (SIIT). IETF 2000-02.

[29] Tsirtsis G, Srisuresh P. RFC2766: Network address translation - protocol translation (NAT-PT). IETF 2000-02.

[30] Aoun C E, Davies E. RFC4966: Reasons to move the network address translator - protocol translator (NAT-PT) to historic status. IETF 2007-07.

[31] Rekhter Y, Moskowitz B, Karrenberg D, et al. RFC1918: Address allocation for private Internets. IETF 1996-02.

[32] Behave W G. IETF Behave WG 2010 Interim Meeting. [2022-11-24]. https://datatracker.ietf.org/doc/minutes-interim-2010- behave-1/.

[33] Softwire W G. IETF Softwire WG 2011 Interim Meeting. [2022-11-24]. https://datatracker.ietf.org/doc/agenda-interim-2011- softwire-1/.

[34] Baker F, Li X, Bao C, et al. RFC6144: Framework for IPv4/IPv6 translation. IETF 2011-04.

[35] Bao C, Huitema C, Bagnulo M, et al. RFC6052: IPv6 addressing of IPv4/IPv6 translators. IETF 2010-10.

[36] Li X C, Bao C F, Baker F. RFC6145: IP/ICMP translation algorithm. IETF 2011-04.

[37] Bao C, Li X, Baker F, et al. RFC7915: IP/ICMP translation algorithm. IETF 2016-06.

[38] Li X, Bao C, Chen M, et al. RFC6219: The China Education and Research Network (CERNET) IVI translation design and deployment for the IPv4/IPv6 coexistence and transition. IETF 2011-05.

[39] Li X, Bao C, Dec W, et al. RFC7599: Mapping of address and port using translation (MAP-T). IETF 2015-07.

[40] Bagnulo M, Matthews P, Beijnum I. RFC6146: Stateful NAT64: Network address and protocol translation from IPv6 clients to IPv4 servers. IETF 2011-04.

[41] Mawatari M, Kawashima M, Byrne C. RFC 6877: 464XLAT: Combination of stateful and stateless translation. IETF 2013-04.

[42] Troan O, Dec W, Li X, et al. RFC7597: Mapping of address and port with encapsulation (MAP-E). IETF 2015-07.

[43] Durand A, Droms R, Woodyatt J, et al. RFC6333: Dual-stack lite broadband deployments following IPv4 exhaustion. IETF 2011-08.

[44] Cui Y, Sun Q, Boucadair M, et al. RFC7596: Lightweight 4over6: An extension to the dual-stack lite architecture. IETF 2015-07.

第 4 章　新一代 IPv6 过渡场景

IPv4 和 IPv6 的不兼容性使网络上的 IPv6 用户无法直接访问 IPv4 资源，网络上的 IPv4 用户也无法直接访问 IPv6 资源，给 IPv6 单栈网络的部署和应用带来了巨大的困难。IPv4/IPv6 翻译技术是实现 IPv4 网络和 IPv6 网络之间互联互通的关键技术。

由于 IPv6 地址空间与 IPv4 地址空间存在着巨大的差距，不可能做到一一对应，因此必须对 IPv6 过渡需求进行更加细化的区分。本章首先讨论 RFC6144[1]定义的基本应用场景，这些场景是理解 IPv4/IPv6 翻译技术的关键。然后通过引入 IPv4 地址复用技术和双重翻译技术/封装技术对其进行补充和扩展。在完备和清晰的场景定义下，读者就可以自然地根据需求选择：①无状态或有状态技术；②一次翻译技术、双重翻译技术或封装技术。

首先，介绍几个概念。

1. IPv4 和 IPv6

显然，翻译技术过渡场景必须区分两种协议：①IPv4；②IPv6。

2. 网络和互联网

翻译技术过渡场景必须区分网络和互联网。

(1) 网络是运营商、校园网、企业网、数据中心等自己的网络。在自己的网络中，其地址分配、域名系统等都是可以控制的。

(2) 互联网是连接网络的网络。在本书中，互联网是指非自己可控网络的集合。互联网的地址分配、域名系统等都是不可控的。

3. 客户机和服务器

翻译技术的过渡场景必须区分客户机和服务器。

客户机主动对服务器发起通信，服务器被动地等待接收客户机发起的通信。翻译技术的过渡场景可以归纳为：一个协议空间上的客户机通过翻译器对另一个协议空间上的服务器发起通信时，其情况分为两种。

(1) IPv6 客户机对 IPv4 服务器发起通信。

(2) IPv4 客户机对 IPv6 服务器发起通信。

4.1　翻译技术的基本应用场景

IPv4/IPv6 翻译技术的基本应用场景有 8 种 (RFC6144[1])。

4.1.1 场景 1：IPv6 网络(客户机)发起对 IPv4 互联网(服务器)的访问

IPv6 网络中的 IPv6 客户机访问全球 IPv4 互联网上的资源，这是称为绿色领域(green-field)的典型场景部署。例如，为了降低运行成本和复杂度，校园网或企业网仅部署 IPv6。另外，无线网络(Wi-Fi、4G/5G/6G)也可以看成这个场景。

本场景如图 4.1 所示。

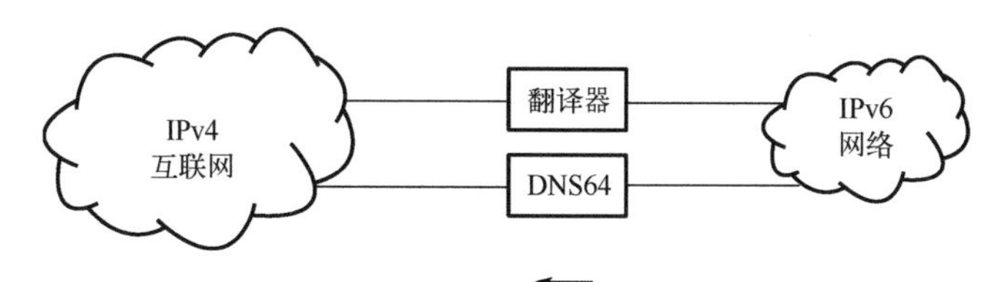

图 4.1 场景 1：IPv6 网络(客户机)发起对 IPv4 互联网(服务器)的访问

除了翻译器，本场景需要部署 DNS64。当纯 IPv6 客户机查询递归 DNS 时，如果目标域名只有 A 记录(IPv4 地址)，则 DNS64 把 A 记录(IPv4 地址)翻译成 AAAA 记录(IPv6 地址)。

支持这个场景的新一代 IPv6 过渡技术包括以下几种。

(1) 无状态一次翻译 IVI(RFC6052[2]、RFC7915[3]、RFC6219[4])。

(2) 无状态一次翻译 1：N IVI(RFC6219[4])。

(3) 有状态一次翻译 NAT64(RFC6146[5])。

4.1.2 场景 2：IPv4 互联网(客户机)发起对 IPv6 网络(服务器)的访问

IPv6 网络中的 IPv6 服务器被互联网上的 IPv4 客户机访问。在这种情况下，服务器可以率先过渡到 IPv6，同时可以通过翻译器继续为互联网上的 IPv4 用户提供服务。纯 IPv6 服务器对基于 IP 地址的访问控制、点击率(pageview)统计和地址溯源等功能的程序开发工作量和运行成本比双栈服务器达到同样的功能要小。同时根据“木桶效应”，纯 IPv6 服务器的安全性也比双栈服务器高。

本场景如图 4.2 所示。

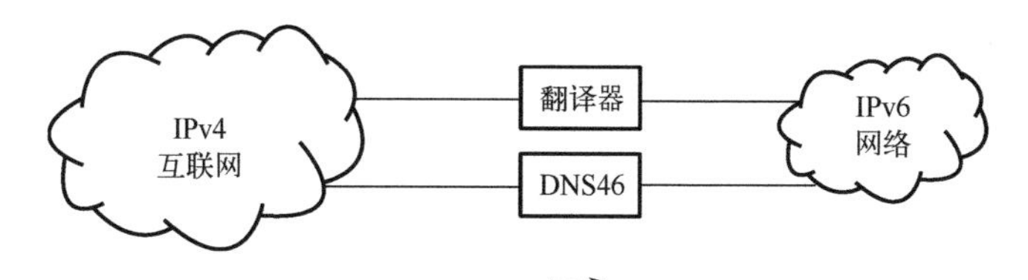

图 4.2 场景 2：IPv4 互联网(客户机)发起对 IPv6 网络(服务器)的访问

除了翻译器，本场景需要部署 DNS46。纯 IPv6 服务器的 AAAA 记录(IPv6 地址)通过 DNS46 翻译成 A 记录(IPv4 地址)。事实上，这一过程可以通过权威 DNS 的配置来实现。

支持这个场景的新一代 IPv6 过渡技术包括以下几种。

(1)无状态一次翻译 IVI(RFC6052[2]、RFC7915[3]、RFC6219[4])。

(2)无状态一次翻译 1∶N IVI(RFC6219[4])。

(3)有状态一次翻译 NAT64(RFC6146[5])。

4.1.3　场景 3：IPv6 互联网(客户机)发起对 IPv4 网络(服务器)的访问

IPv4 网络中的 IPv4 服务器支持全球互联网上 IPv6 客户机的访问。

本场景如图 4.3 所示。

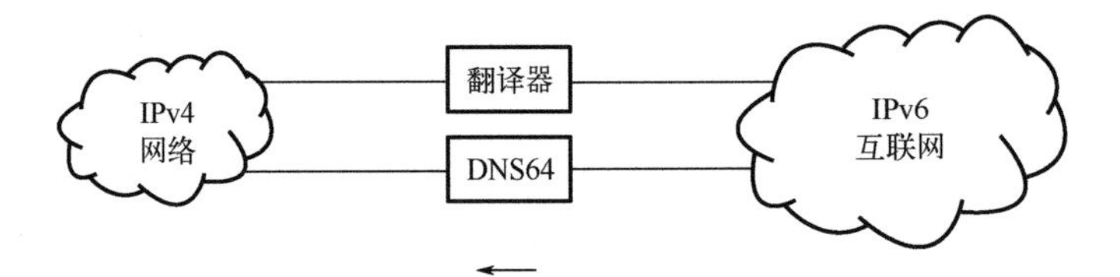

图 4.3　场景 3：IPv6 互联网(客户机)发起对 IPv4 网络(服务器)的访问

除了翻译器，本场景需要部署 DNS64。DNS64 把纯 IPv4 服务器的 A 记录(IPv4 地址)通过 DNS64 翻译成 AAAA 记录(IPv6 地址)。事实上，这一过程可以由权威 DNS 的静态配置来实现。

支持这个场景的新一代 IPv6 过渡技术有以下几种。

(1)无状态一次翻译 IVI(RFC6052[2]、RFC7915[3]、RFC6219[4])。

(2)有状态一次翻译 NAT64(RFC6146[5])。

4.1.4　场景 4：IPv4 网络(客户机)发起对 IPv6 互联网(服务器)的访问

IPv4 网络中的 IPv4 客户机访问全球 IPv6 互联网上的资源。

本场景如图 4.4 所示。

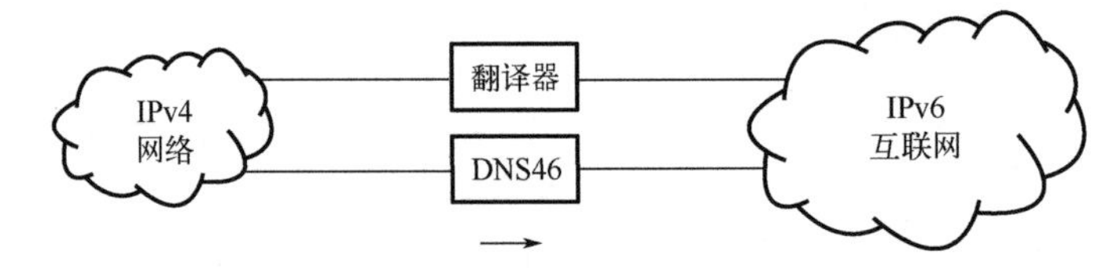

图 4.4　场景 4：IPv4 网络(客户机)发起对 IPv6 互联网(服务器)的访问

除了翻译器，本场景需要部署 DNS46。当纯 IPv4 客户机查询递归 DNS 时，如果目标域名只有 AAAA 记录(IPv6 地址)，则 DNS46 根据状态或规则，把 AAAA 记录(IPv6 地址)翻译成 A 记录(IPv4 地址)。注意，在这种情况下，DNS 的规则参数与翻译器的规则参数是耦合的。

支持这个场景的新一代 IPv6 过渡技术包括以下几种。

(1) 无状态一次翻译 IVI (RFC6052[2]、RFC7915[3]、RFC6219[4])。

(2) 有状态一次翻译 NAT64 (RFC6146[5])。

4.1.5 场景 5：IPv6 网络(客户机)发起对 IPv4 网络(服务器)的访问

本场景是场景 1 的简化版，在这种情况下，IPv4 网络和 IPv6 网络属于同一个管理域。

本场景如图 4.5 所示。

图 4.5　场景 5：IPv6 网络(客户机)发起对 IPv4 网络(服务器)的访问

除了翻译器，本场景需要部署 DNS64。当纯 IPv6 客户机查询递归 DNS 时，如果目标域名只有 A 记录(IPv4 地址)，则 DNS64 把 A 记录(IPv4 地址)翻译成 AAAA 记录(IPv6 地址)。因为 IPv4 网络和 IPv6 网络属于同一个管理域，这一过程也可以由权威 DNS 的静态配置来实现。

支持这个场景的新一代 IPv6 过渡技术包括以下几种。

(1) 无状态一次翻译 IVI (RFC6052[2]、RFC7915[3]、RFC6219[4])。

(2) 有状态一次翻译 NAT64 (RFC6146[5])。

4.1.6 场景 6：IPv4 网络(客户机)发起对 IPv6 网络(服务器)的访问

本场景是场景 2 的简化版，在这种情况下，IPv4 网络和 IPv6 网络属于同一个管理域。

本场景如图 4.6 所示。

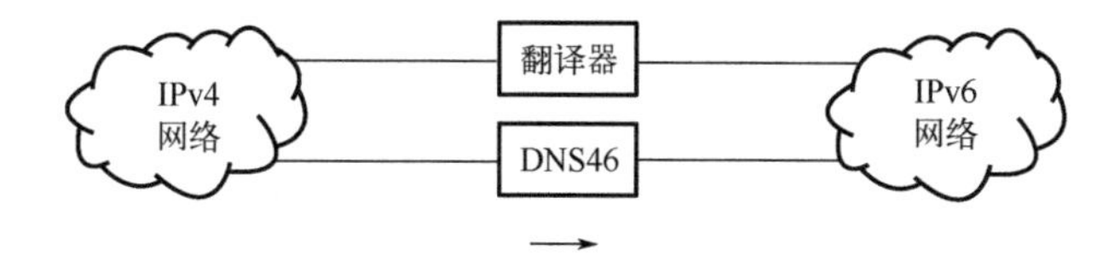

图 4.6　场景 6：IPv4 网络(客户机)发起对 IPv6 网络(服务器)的访问

除了翻译器，本场景需要部署 DNS46。当纯 IPv4 客户机查询递归 DNS 时，如果目标域名只有 AAAA 记录(IPv6 地址)，则 DNS46 把 AAAA 记录(IPv6 地址)翻译成 A 记录(IPv4 地址)。因为 IPv4 网络和 IPv6 网络都属于同一个组织，这一过程也可以由权威 DNS 的静态配置来实现。

支持这个场景的新一代 IPv6 过渡技术包括以下几种。

(1) 无状态一次翻译 IVI (RFC6052[2]、RFC7915[3]、RFC6219[4])。

(2) 有状态一次翻译 NAT64 (RFC6146[5])。

4.1.7 场景 7：IPv6 互联网(客户机)发起对 IPv4 互联网(服务器)的访问

这似乎是翻译技术的理想场景，全球互联网上任何纯 IPv6 客户机都可以通过翻译器发起对全球互联网上 IPv4 服务器的通信。

本场景如图 4.7 所示。

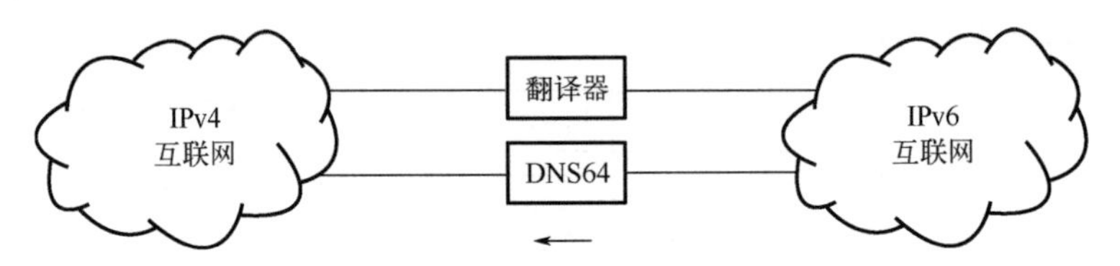

图 4.7 场景 7：IPv6 互联网(客户机)发起对 IPv4 互联网(服务器)的访问

由于 IPv4 与 IPv6 的地址空间存在巨大的差异，场景 7 不存在通用的解决方案。唯一的可能性是如果所有 IPv6 网络均部署场景 1 的翻译器，则可以实现场景 7。

4.1.8 场景 8：IPv4 互联网(客户机)发起对 IPv6 互联网(服务器)的访问

这似乎也是翻译技术的理想场景，全球互联网上任何纯 IPv4 客户机都可以通过翻译器发起对全球互联网上 IPv6 的服务器的通信。

本场景如图 4.8 所示。

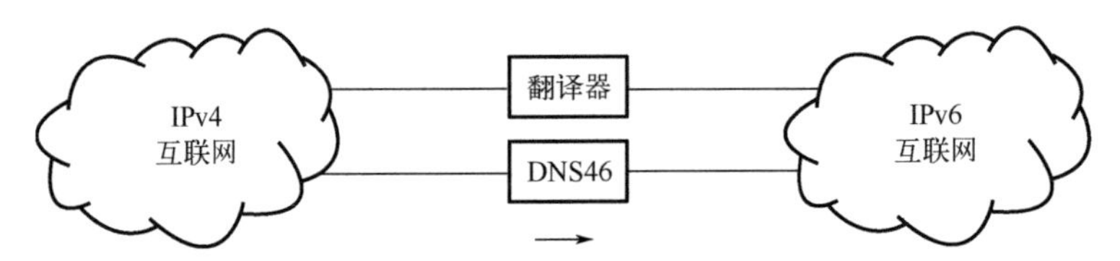

图 4.8 场景 8：IPv4 互联网(客户机)发起对 IPv6 互联网(服务器)的访问

由于 IPv4 与 IPv6 的地址空间存在巨大的差异，场景 8 不存在通用的解决方案。唯一的可能性是如果所有 IPv4 网络均部署场景 4 的翻译器，则可以实现场景 8。

4.2 翻译技术的扩展应用场景

4.2.1 场景 1 的 1∶1 双重翻译扩展

场景 1 是 IPv6 网络(客户机)发起对 IPv4 互联网(服务器)的访问。但是，当 IPv6

网络上的某些主机只支持 IPv4，或某些应用程序只有 IPv4 版本，或某些应用程序中嵌入了 IPv4 地址时，可以进行场景 1 的扩展，增添第二级翻译器，把 IPv6 重新翻译回 IPv4。注意：双重翻译可以退化成一次翻译(此时需要使用 DNS64)。因此，本场景可以退化成场景 1，最终可以平稳演化成 IPv6 单栈。

本场景如图 4.9 所示。

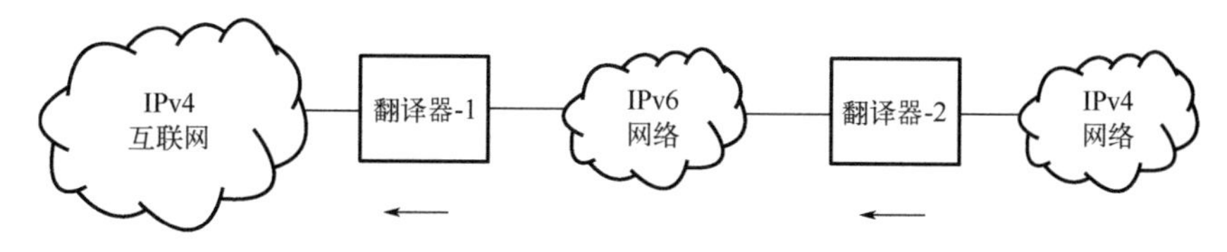

图 4.9　场景 1 的 1∶1 双重翻译扩展

支持这个场景的新一代 IPv6 过渡技术为级联无状态一次翻译 IVI(RFC6052[2]、RFC7915[3]、RFC6219[4])。

4.2.2　场景 1 的 1∶*N* 双重翻译扩展

场景 1 是 IPv6 网络(客户机)发起对 IPv4 互联网(服务器)的访问。但是，当 IPv6 网络上的某些主机只支持 IPv4，或某些应用程序只有 IPv4 版本，或某些应用程序中嵌入了 IPv4 地址时，可以进行场景 1 的扩展，增添第二级翻译器，把 IPv6 重新翻译回 IPv4。进一步考虑，可以把一个 IPv4 地址通过利用传输层(TCP 或 UDP)不同的端口映射到不同的 IPv6 地址，也就是 1∶*N* 扩展。在这种情况下，可以存在多个二级翻译器。注意：双重翻译可以退化成一次翻译(此时需要使用 DNS64)。因此，本场景可以退化成场景 1，最终可以平稳演化成 IPv6 单栈。

本场景如图 4.10 所示。

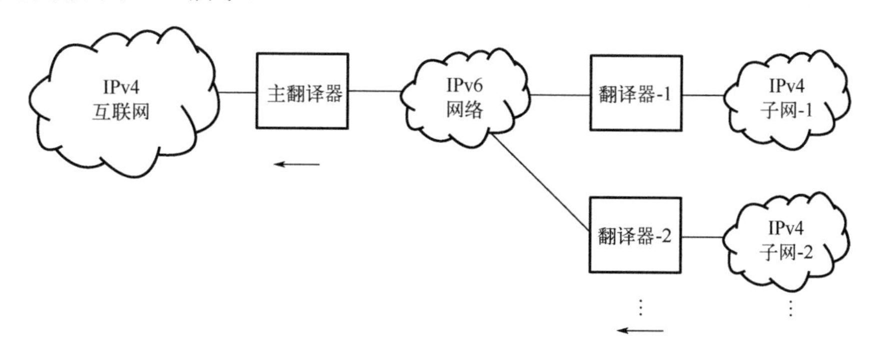

图 4.10　场景 1 的 1∶*N* 双重翻译扩展

支持这个场景的新一代 IPv6 过渡技术包括以下几种。

(1) 无状态双重翻译 MAP-T(RFC7599[6])。

(2) 无状态双重翻译 dIVI (RFC6219[4])。

(3) 有状态双重翻译 464XLAT (RFC6877[7])。

4.2.3 场景 1 的 1∶*N* 封装模式扩展

场景 1 是 IPv6 网络(客户机)发起对 IPv4 互联网(服务器)的访问。但是，当 IPv6 网络上的某些主机只支持 IPv4，或某些应用程序只有 IPv4 版本，或某些应用程序中嵌入了 IPv4 地址时，可以进行场景 1 的扩展，增添第二级翻译器，把 IPv6 重新翻译回 IPv4。进一步考虑，可以把一个 IPv4 地址通过利用传输层(TCP 或 UDP)不同的端口映射到不同的 IPv6 地址，也就是 1∶*N* 扩展。在这种情况下，可以存在多个二级翻译器。由于双重翻译是从 IPv4 到 IPv6 再到 IPv4，而 IPv4 over IPv6 封装技术也是从 IPv4 到 IPv6 再到 IPv4。因此，也可以使用封装(隧道)技术达到同样的功能。注意：封装模式无法退化成一次翻译，因此也无法演化成 IPv6 单栈。

本场景如图 4.11 所示。

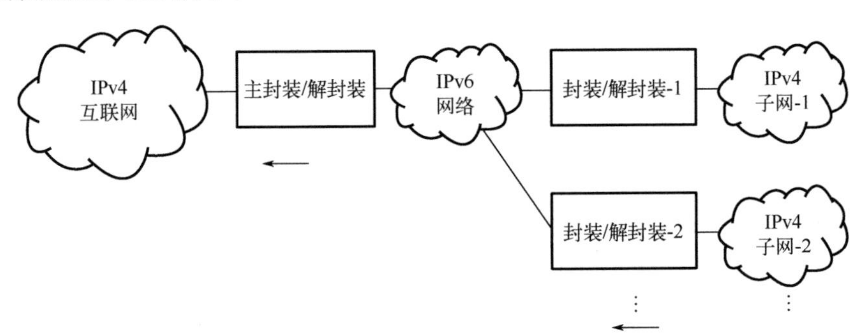

图 4.11 场景 1 的 1∶*N* 封装模式扩展

支持这个场景的新一代 IPv6 过渡技术包括以下几种。

(1) 无状态封装 MAP-E (RFC7597[8])。

(2) 有状态封装 DS-Lite (RFC6333[9])。

(3) 部分状态封装 LW-4o6 (RFC7596[10])。

4.2.4 场景 2 的 1∶1 双重翻译扩展

场景 2 是 IPv4 互联网(客户机)发起对 IPv6 网络(服务器)的访问。但是，当该 IPv6 网络上的某些主机只支持 IPv4 或某些应用程序只有 IPv4 版本时，可以进行场景 2 的扩展，增添第二级翻译器，把 IPv6 重新翻译回 IPv4。注意：双重翻译可以退化成一次翻译(此时需要使用 DNS64)。因此，本场景可以退化成基本应用场景 2，最终可以平稳演化成 IPv6 单栈。

本场景如图 4.12 所示。

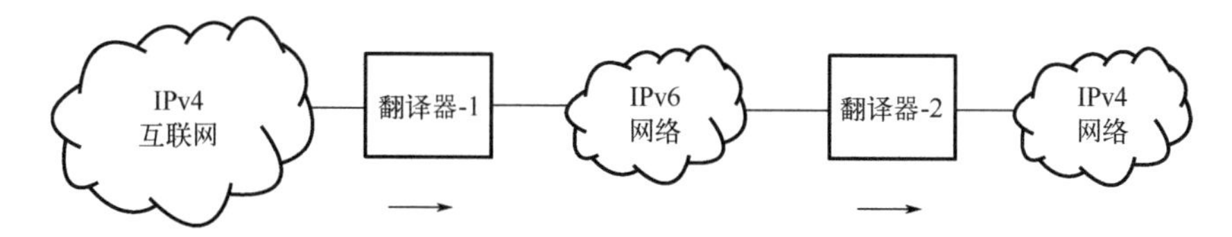

图4.12　场景2的1∶1双重翻译扩展

支持这个场景的新一代IPv6过渡技术为级联无状态双重翻译dIVI(RFC6219[4])。

4.2.5　场景2的1∶N双重翻译扩展

场景2是IPv4互联网(客户机)发起对IPv6网络(服务器)的访问。但是，当该IPv6网络上的某些主机只支持IPv4或某些应用程序只有IPv4版本时，可以进行场景2的扩展，增添第二级翻译器，把IPv6重新翻译回IPv4。进一步考虑，可以把一个IPv4地址通过利用传输层(TCP或UDP)不同的端口映射到不同的IPv6地址，也就是1∶N扩展。在这种情况下，可以存在多个二级翻译器。注意：双重翻译可以退化成一次翻译(此时需要使用DNS64)。因此，本场景可以退化成基本应用场景2，最终可以平稳演化成IPv6单栈。

本场景如图4.13所示。

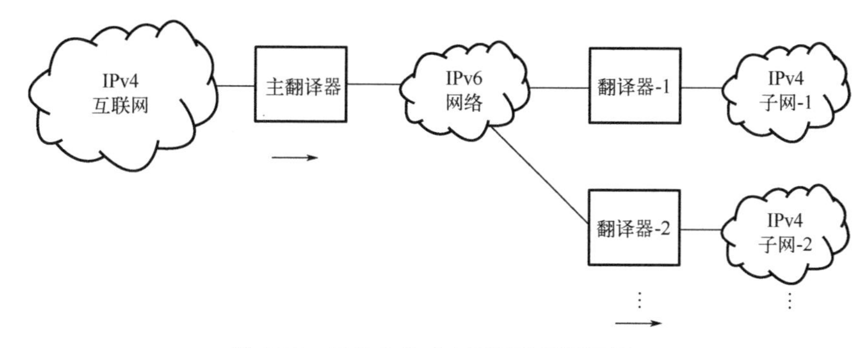

图4.13　场景2的1∶N双重翻译扩展

支持这个场景的新一代IPv6过渡技术包括以下几种。

(1)无状态双重翻译MAP-T(RFC7599[6])。

(2)级联无状态双重翻译dIVI(RFC6219[4])。

4.2.6　场景2的1∶N封装模式扩展

场景2是IPv4互联网(客户机)发起对IPv6网络(服务器)的访问。但是，当该IPv6网络上的某些主机只支持IPv4或某些应用程序只有IPv4版本时，可以进行场景2的扩展，增添第二级翻译器，把IPv6重新翻译回IPv4。进一步考虑，可以把一个IPv4地址通过利用传输层(TCP或UDP)不同的端口映射到不同的IPv6地址，也就是 1∶N 扩展。在这种情况下，可以存在多个二级翻译器。由于双重翻译是从 IPv4 到 IPv6 再到 IPv4，而 IPv4 over IPv6 封装技术也是从 IPv4 到 IPv6 再到 IPv4。因此，也可以使用封装(隧道)技术达到同样的功能。注意：封装模式无法退化成一次翻译，因此也无法演化成 IPv6 单栈。

本场景如图 4.14 所示。

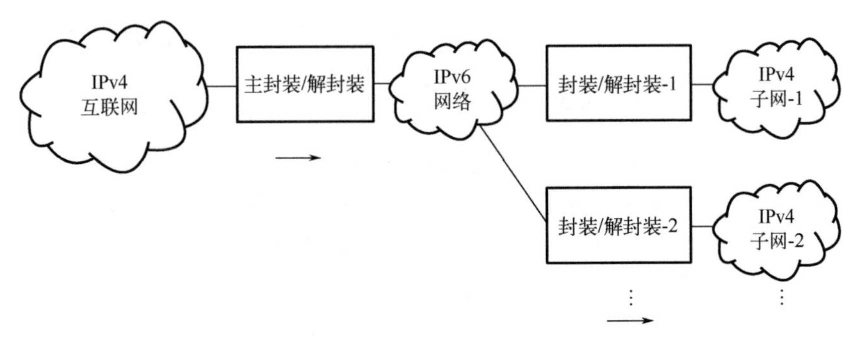

图 4.14　场景 2 的 1∶N 封装模式扩展

支持这个场景的新一代 IPv6 过渡技术为无状态封装 MAP-E(RFC7597[8])。

4.2.7　场景 5 的双重翻译 1∶1 扩展

场景 5 是 IPv6 网络(客户机)发起对 IPv4 网络(服务器)的访问。但是，当该 IPv6 网络上的某些主机只支持 IPv4，或某些应用程序只有 IPv4 版本，或某些应用程序中嵌入了 IPv4 地址时，可以进行基本应用场景 5 的扩展，增添第二个翻译器，把 IPv6 重新翻译回 IPv4。在这种情况下还可以进一步扩展，即双重翻译跨越的不仅可以是 IPv6 网络，也可以是 IPv6 互联网。注意：双重翻译可以退化成一次翻译(此时需要使用 DNS64)。因此，本场景可以退化成基本应用场景 5，最终可以平稳演化成 IPv6 单栈。

本场景如图 4.15 所示。

图 4.15　场景 5 的 1∶1 双重翻译扩展

支持这个场景的新一代 IPv6 过渡技术为级联无状态双重翻译 dIVI(RFC6219[4])。

4.2.8　场景 6 的双重翻译 1∶1 扩展

场景 6 是 IPv4 网络(客户机)发起对 IPv6 网络(服务器)的访问。但是，当该 IPv6

网络上的某些主机只支持 IPv4 或某些应用程序只有 IPv4 版本时，可以进行基本应用场景 6 的扩展，增添第二个翻译器，把 IPv6 重新翻译回 IPv4。在这种情况下可以进一步扩展，即双重翻译跨越的不仅可以是 IPv6 网络，也可以是 IPv6 互联网。注意：双重翻译可以退化成一次翻译(此时需要使用 DNS46)。因此，本场景可以退化成基本应用场景 6，最终可以平稳演化成 IPv6 单栈。

本场景如图 4.16 所示。

图 4.16　场景 6 的 1∶1 双重翻译扩展

支持这个场景的新一代 IPv6 过渡技术为级联无状态双重翻译 dIVI(RFC6219[4])。

4.3　翻译技术的框架和组件

为了实现上述的基本应用场景和扩展应用场景，需要有翻译器、域名系统、参数发现和配置，以及主机系统的支持。翻译技术的框架和组件如图 4.17 所示[1]。

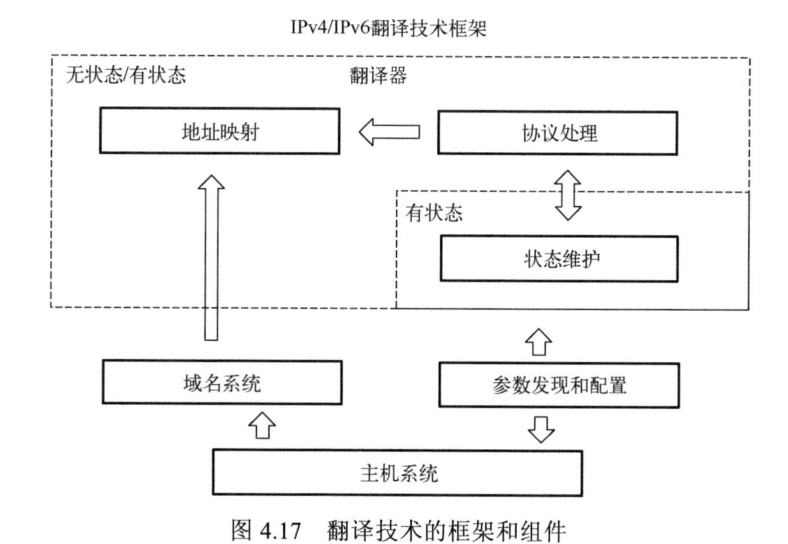

图 4.17　翻译技术的框架和组件

4.3.1　翻译器

翻译器分为无状态翻译器和有状态翻译器两种。其中，协议处理模块和地址映射模块是无状态翻译器和有状态翻译器共有的。除此之外，有状态翻译器还需要增加状态维护模块。

1. 协议处理模块

IPv4 和 IPv6 翻译互通算法包括 IPv4 和 IPv6 的数据报头处理，控制报文 ICMPv4 和 ICMPv6 协议的数据报头、报错报文 ICMPErrorv4 和 ICMPErrorv6 协议的数据报头的处理，以及 TCP、UDP 等传输层协议的数据报头中校验和的处理（RFC7915[3]）。IPv4 和 IPv6 互通最大的难点是数据报文的分片处理方法。由于 IPv4 协议头和 IPv6 协议头的基本长度不同，因此从 IPv4 到 IPv6 的翻译通常都会超过数据链路层的最大传输单元。同时，由于 IPv4、IPv6 处理分片的机制不同，可能会造成数据报文传输过程中的“黑洞”。协议处理模块在本书第 5 章中有详细讨论。

2. 地址映射模块

无状态翻译器的地址映射是基于算法的（RFC6052[2]），在本书第 6 章中有详细讨论，具体包括以下内容。

1）地址映射算法和地址格式

由于 IPv4 和 IPv6 地址空间的极大差异，用 IPv6 地址来表示 IPv4 地址很容易，但用 IPv4 地址表示 IPv6 地址就非常困难。无状态 IPv4/IPv6 地址映射技术的核心思路是构造单向函数，实现用 IPv4 地址表示 IPv6 地址。同时，利用运营商的 IPv6 前缀进行映射，从而解决了独立增量部署和潜在的路由表爆炸等问题。

2）后缀编码算法

传统公有 IPv4 地址复用方法是根据传输层协议（TCP/UDP 等）的端口号区分使用相同公有 IPv4 地址的不同主机系统。但是这种区分方法一般基于数据流五元组的状态，从而不支持双向发起的通信，也不具有可扩展性和安全性。通过把传输层端口标识（port set identifier，PSID）嵌入 IPv6 地址后缀，可以实现无状态 IPv4 地址复用。利用相同的 IPv4 地址和不同的端口范围，可以对 IPv4 和 IPv6 进行基于算法的双向寻址（RFC7597[8]、RFC7599[6]）。

3）前缀编码算法

为了解决家庭用户的前缀分配问题，可以使用 IPv6 地址前缀编码（embedded address bits，EA-bits）方法（RFC7597[8]、RFC7599[6]）。这个方法把公有 IPv4 地址的子网部分和 PSID 嵌入 IPv6 地址的前缀中，因此可以在高效利用 IPv6 地址有效长度的条件下，根据算法唯一地表示复用公有 IPv4 地址的家庭子网。

3. 状态维护模块

有状态地址映射技术是指 IPv4/IPv6 地址和传输层端口之间的映射关系是根据

数据流五元组动态生成的，设备需要维护动态生成的映射状态表（RFC6146[5]）。其原理与 IPv4 互联网中使用的地址转换技术一致，即源地址动态映射为公有 IPv4 地址和传输层（TCP/UDP）端口的组合。

4.3.2　域名系统

互联网应用程序的标准寻址方式是通过域名系统来进行寻址。域名和 IPv4 地址之间的关系用 A 记录表示，域名和 IPv6 地址之间的关系用 AAAA 记录表示。因此，当部署 IPv4/IPv6 翻译器时，需要使用 DNS64 进行 A 记录到 AAAA 记录的映射，使用 DNS46 进行 AAAA 记录到 A 记录的映射（RFC6147[11]）。

DNS64 和 DNS46 依赖地址映射组件的参数进行 A 记录和 AAAA 记录之间的映射。DNS64 和 DNS46 至少有两种可能的实现方式。

（1）静态配置：用地址映射算法静态配置 DNS 权威服务器的 AAAA 记录（DNS64）或 A 记录（DNS46）。

（2）动态映射：对于 DNS64，根据用户需要的 AAAA 记录，递归查询 DNS，若不存在 AAAA 记录，则根据地址映射算法用 A 记录生成 AAAA 记录，返回给用户。对于 DNS46，根据用户需要的 A 记录，递归查询 DNS，若不存在 A 记录，则根据地址映射算法用 AAAA 记录生成 A 记录，返回给用户。

域名系统在本书第 7 章中有详细讨论。

4.3.3　参数发现和配置

翻译技术需要有相关的参数，例如，地址映射时所需要的 IPv6 前缀，地址和端口映射时所需要的 IPv4 地址和端口范围等。这些参数的获取方法如下：

（1）静态配置各种参数。

（2）使用 DNS 发现 IPv6 前缀的机制（RFC7050[12]、RFC8880[13]）。

（3）使用 DHCPv6 配置 IPv6 前缀、IPv4 共享地址、传输层（TCP、UDP）端口范围等机制（RFC7598[14]）。

（4）使用路由器公告选项（router advertisement option，RA）配置域名解析服务器地址（RFC8106[15]）、IPv6 前缀（RFC8781[16]）的机制等。

具体见本书第 8 章的详细讨论。

4.3.4　主机系统

当主机本身做地址映射（而不是依赖于外部 DNS64 系统）时，或主机本身需要实现第二级翻译器的功能时，需要实现部分或全部上述组件的功能。

4.4　本 章 小 结

本章分析了 IPv6 翻译技术的应用场景，包括基本应用场景和扩展应用场景。由于 IPv4 与 IPv6 并不兼容，IPv6 地址空间与 IPv4 地址空间差距巨大，理解这些场景对于后续章节的学习，以及根据需求选择特定 IPv6 过渡技术至关重要。为了承前启下，本章对实现这些场景所需的技术框架和组件也进行了概要介绍。

参考文献

[1] Baker F, Li X, Bao C, et al. RFC6144: Framework for IPv4/IPv6 translation. IETF 2011-04.

[2] Bao C, Huitema C, Bagnulo M, et al. RFC6052: IPv6 addressing of IPv4/IPv6 translators. IETF 2010-10.

[3] Bao C, Li X, Baker F, et al. RFC7915: IP/ICMP translation algorithm. IETF 2016-06.

[4] Li X, Bao C, Chen M, et al. RFC6219: The China Education and Research Network（CERNET）IVI translation design and deployment for the IPv4/IPv6 transition. IETF 2011-05.

[5] Bagnulo M, Matthews P, Beijnum I. RFC6146: Stateful NAT64: Network address and protocol translation from IPv6 clients to IPv4 servers. IETF 2011-04.

[6] Li X, Bao C, Dec W, et al. RFC7599: Mapping of address and port using translation（MAP-T）. IETF 2015-07.

[7] Mawatari M, Kawashima M, Byrne C. RFC6877: 464XLAT: Combination of stateful and stateless translation. IETF 2013-04.

[8] Troan O, Dec W, Li X, et al. RFC7597: Mapping of address and port with encapsulation（MAP-E）. IETF 2015-07.

[9] Durand A, Droms R, Woodyatt J, et al. RFC6333: Dual-stack lite broadband deployments following IPv4 exhaustion. IETF 2011-08.

[10] Cui Y, Sun Q, Boucadair M, et al. RFC7596: Lightweight 4over6: An extension to the dual-stack lite architecture. IETF 2015-07.

[11] Bagnulo M, Sullivan A, Matthews P, et al. RFC6147: DNS64: DNS extensions for network address translation from IPv6 clients to IPv4 servers. IETF 2011-04.

[12] Savolainen T, Korhonen J, Wing D. RFC7050: Discovery of the IPv6 prefix used for IPv6 address synthesis. IETF 2013-11.

[13] Cheshire S, Schinazi D. RFC8880: Special use domain name ‘ipv4only.arpa’. IETF 2020-08.

[14] Mrugalski T, Troan O, Farrer I, et al. RFC7598: DHCPv6 options for configuration of softwire address and port-mapped clients. IETF 2015-07.

[15] Jeong J, Park S, Beloeil L, et al. RFC8106: IPv6 router advertisement options for DNS configuration. IETF 2017-03.

[16] Colitti L, Linkova J. RFC8781: Discovering PREF64 in router advertisements. IETF 2020-04.

第5章　协议处理技术

协议是互联网的核心，数据报头是协议的具体体现。本章详细分析 IPv4[1]和IPv6[2]所涉及的数据报头，从而引出在不兼容的IPv4和IPv6之间建立转换关系的处理技术。

5.1　IPv4

IPv4 由 RFC791[1]定义。IPv4 用于计算机通信网络系统的互联。IPv4 提供从源节点到目标节点数据报文的传输，源节点和目标节点用固定长度的地址来表示。IPv4在需要的情况下也提供对数据报文的分片和重组。

IPv4 本身并不保证数据传输的可靠性、流量控制和数据报文的顺序。如果应用程序有这样的要求，这些要求应由其他协议提供。

IPv4 仅实现以下两个基本功能。

(1) 寻址(addressing)。

(2) 分片(fragmentation)。

需要指出的是，由 RFC8200[2]定义的 IPv6 保留了与 IPv4 一致的寻址功能，但更改了分片的功能。IPv6 对分片功能的改变是实现 IPv4/IPv6 翻译技术最大的难点。

互联网协议使用互联网数据报文的数据报头(header)中携带的目标地址信息将数据报文送到目标节点。选择传输路径的过程称为路由(routing)。

当初 IPv4 设计时，存在着众多的链路层协议，这些链路层协议存在不同的最大报文长度限制，因此 IPv4 允许在传输过程中分片，即利用 IPv4 数据报头中的字段来标识分片，以便在端系统中重组。

互联网所有网络层及网络层以上的设备必须支持处理互联网协议，这些设备包括路由器、三层交换机、防火墙和所有的端系统(服务器、客户机和虚拟机)等。处理 IP 意味着能够对 IP 数据报头已定义的所有字段(包括寻址、分片等)进行读取和必要时的更新。同时，还必须支持 ICMP 数据报头的处理和 ICMP 出错报文的处理。

IP 将每个数据报文视为独立的、与任何其他数据报文无关的实体，数据报文的传输是无连接的，不需要存在任何实电路或虚电路。

IP 定义四种关键机制：服务类型、生存时间、报头校验和，以及选项。

(1) 服务类型：定义服务质量的期望，是一个抽象参数。路由器可以根据服务类型选择特定的路径(下一跳(next hop))。

(2)生存时间：表示数据报文生命周期的上限。由数据报文的发送者设置，数据报文沿着路径传输时，生存时间的数值逐步减小。如果数据报文在到达目标节点之前生存时间已经减小到 0，则丢弃数据报文。生存时间可以认为是一个自我毁灭的计数器。

(3)报头校验和：验证接收到的数据报文的正确性。数据在传输过程中可能遭到损坏，如果报头校验和验证失败，则应立即丢弃出错的数据报文。

(4)选项：提供了某些控制功能。选项包括时间戳、安全性和源路由。数据报文一般没有选项。

总之，IP 是一种不可靠的通信基础设施，既没有逐跳确认，也没有端对端的确认。数据报文的验证机制只有数据报头校验和，而没有出错控制，没有重传，也没有流量控制。

IP 可以通过 ICMP 报告检测错误，ICMP 是互联网协议中必须支持的模块。

5.1.1　IPv4 报头格式

IPv4 的报头结构如图 5.1 所示(RFC791[1])。

<table>
<tr><td colspan="10">0</td><td colspan="10">1</td><td colspan="10">2</td><td colspan="2">3</td></tr>
<tr><td>0</td><td>1</td><td>2</td><td>3</td><td>4</td><td>5</td><td>6</td><td>7</td><td>8</td><td>9</td><td>0</td><td>1</td><td>2</td><td>3</td><td>4</td><td>5</td><td>6</td><td>7</td><td>8</td><td>9</td><td>0</td><td>1</td><td>2</td><td>3</td><td>4</td><td>5</td><td>6</td><td>7</td><td>8</td><td>9</td><td>0</td><td>1</td></tr>
<tr><td colspan="4">版本号(Version)</td><td colspan="4">报头长度(IHL)</td><td colspan="8">服务类型(Type of Service)</td><td colspan="16">总长度(Total length)</td></tr>
<tr><td colspan="16">标识(Identification)</td><td colspan="3">标志(Flags)</td><td colspan="13">分片偏移(Fragment Offset)</td></tr>
<tr><td colspan="8">生存时间(Time to Live)</td><td colspan="8">协议(Protocol)</td><td colspan="16">报头校验和(Header　Checksum)</td></tr>
<tr><td colspan="32">源地址(Source Address)</td></tr>
<tr><td colspan="32">目标地址(Destination Address)</td></tr>
<tr><td colspan="24">选项(Options)</td><td colspan="8">填充(Padding)</td></tr>
</table>

图 5.1　IPv4 报头结构

(1)版本号(Version)：4 比特。IPv4 的版本号为 4。

(2)报头长度(Internet Header Length，IHL)：4 比特。报头长度以 32 比特为单位来表示。IPv4 报头长度的最小值为 5。

(3)服务类型(Type of Service)：8 比特。它用于定义服务质量的期望，是一个抽象参数。这些参数用于选择路径和链路层的服务参数。其选择准则是在低延迟、高可靠性和高吞吐量之间进行权衡(RFC1349[3]、RFC2474[4]、RFC2475[5])。

(4)总长度(Total length)：16 比特。总长度以 8 比特字节(octet)为单位来表示整个数据报文的长度(包括数据报头和数据载荷)。该字段允许数据报文的最大长度为 65535 个 8 比特字节。最大长度的数据报文对大多数主机和网络来说并不切实际。所有主机必须能够接受 576 个 8 比特字节的数据报文(无论是完整的数据报文，还是分片后的数据报文)。作为最保守的策略，建议主机仅在确认目标节点在可以接收更大长度的数据报文时，才发送大于 576 个 8 比特字节的数据报文。选择数字 576 的原因是除了需要传输合理大小的数据载荷之外，还需要传输数据报头。576 个 8 比特字节等于 512 个 8 比特字节的数据载荷加上 64 个 8 比特的数据报头(最大的 IP 数据报头是 60 个 8 比特字节，典型的传输层数据报头是 20 个 8 比特字节，并留有 4 个 8 比特字符的余量)。

(5)标识(Identification)：16 比特。发送节点指定的标识值，帮助正确地重新组装在传输过程中被分片的数据报文(RFC6864[6])。

(6)标志(Flags)：3 比特。标志取值如表 5.1 所示。

表 5.1　标志取值

比特	描述
bit 0	预留，必须为 0
bit 1(DF)	0：数据报文可以被分片 1：数据报文不可以被分片
bit 2(MF)	0：这个数据报文是最后一个分片 1：这个数据报文之后还有更多分片

(7)分片偏移(Fragment Offset)：13 比特。该字段指示该分片在数据报文中的位置。分片偏移以 64 字节为单位，第 1 个分片偏移值为 0。

(8)生存时间(Time to Live，TTL)：8 比特。该字段指示该数据报文在互联网系统中允许存在的最长时间。如果此字段为 0，则必须马上丢弃该数据报文。此字段在处理 IP 数据报头时必须更新。虽然 TTL 的时间以秒为单位，但处理数据报头的每个模块都必须使 TTL 减少 1，因此 TTL 仅是一个上界，目的是避免那些无法到达目标节点的数据报文在网络中无限循环。

(9)协议(Protocol)：8 比特。该字段指示数据中下一个互联网协议的类型。各种协议类型由 IANA 分配并注册，目前已经分配并注册的互联网协议类型的值在本书附录 A 中给出。在 IPv6 中这个协议字段重新命名为“下一个数据报头”(参见附录 A 中的表 A.1)。

(10)报头校验和(Header Checksum)：16 比特。它仅对报头计算校验和，由于某些报头字段在传输过程中被更改(例如，生存时间)，因此在每个处理 IP 数据报头的节点都必须校验和，然后重新计算校验和。计算校验和的算法为：校验和字段是该数据报头中所有 16 比特字符串补码的和。当计算校验和时，校验和字段的值设为 0。

(11)源地址(Source Address)：32 比特，数据报文发送节点的 IP 地址。

(12)目标地址(Destination Address)：32 比特，数据报文接收节点的 IP 地址。

(13)选项(Options)：变量，数据报文可能包含选项。所有能够处理 IP 的设备必须支持已经定义的选项。

(14) 填充(Padding)：变量，以 0 填充。

5.1.2 分片处理

IPv4 数据报文的分片处理功能是必选项(RFC791[1])。发送节点可以按照本地网络允许的 MTU(如 MTU=1500)发送数据报文，以提高传输效率，当这些数据报文传送到只允许较小 MTU(如 MTU=800)的网络时，只有通过分片，才能把数据报文传送到目标节点。

互联网分片和重组的机制能够将数据报文分解成任意的分片，并可在目标节点重新组装。

(1) IPv4 数据报文可以标记为“不允许分片(DF=1)”。这种不允许分片的数据报文在任何情况下都不能被分片。如果下一跳链路接口的 MTU 小于数据报文的大小，就会被丢弃。

(2) “分片偏移”字段告诉目标节点分片在原始数据报中的位置。“分片偏移”和“总长度”字段确定这个分片在原始数据报文中的位置。

(3) “更多分片”标志能够标识出最后一个分片。这些字段提供了重新组装数据报文所需的信息。

(4) “标识”字段用于区分来自不同数据报文的分片。数据报文的发送节点把“标识”设置成对，即“源地址-目标地址”对，这个“标识”在数据报文整个生命周期内具有唯一性。目标节点使用“标识”字段重新组装数据报文，以确保不同数据报文的分片没有被混合。

(5) 原始数据报文的“更多分片”值设为 0，“分片偏移”值设为 0。

当对一个原始数据报文进行分片时，路由器创建两个新的数据报文，并把原始数据报文的数据报头复制到两个新的数据报头中。原始数据报文在以 64 比特为单位的边界分成两部分(第二部分可能不是以 64 比特为单位的整数倍，但第一个必须是)。定义分片序号为 NFB(number of fragment blocks)。第一部分数据载荷放入第一个数据报文中，“总长度”设为第一个数据报文的长度；“更多分片”标志设为 1(MF=1)。第二部分数据载荷放入第二个数据报文中，“总长度”设为第二个数据报文的长度；“更多分片”与原始数据报文相同；“分片偏移”字段设置为原始数据报文的值加 NFB。

此过程也可以推广为 N 个分片，而不仅仅是所描述的两个分片。

当重新组装数据报文的分片时，目标节点组合“标识”“源地址”“目标地址”“协议”四个字段具有相同数值的数据报文。

对于每一个分片的数据载荷部分，根据该分片数据报头中的“分片偏移”数值，将该载荷放到重组后的数据报文的正确位置，从而完成重组。第一个分片的“分片偏移”值为 0，最后一个分片的“更多分片”值为 0。

5.1.3　IPv4 数据报文案例

1. 一个简单的完整报文

一个完整的 IPv4 数据报文的案例如图 5.2 所示。

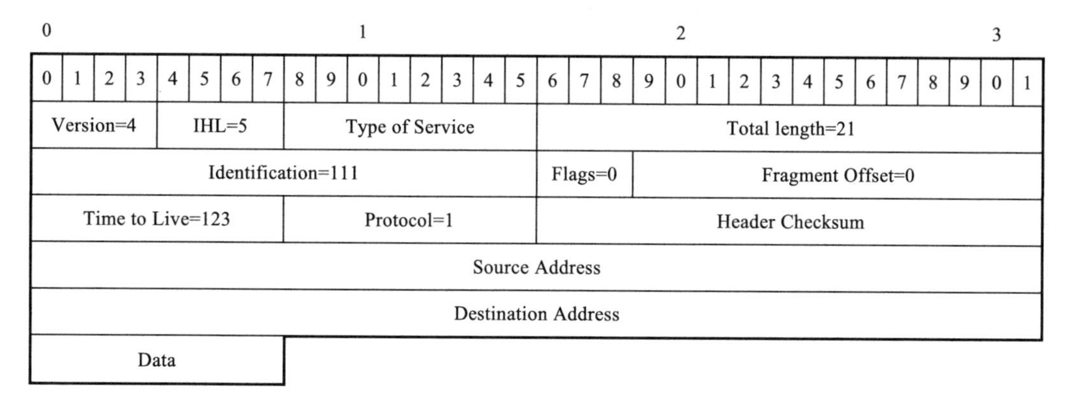

图 5.2　IPv4 数据报头

这是一个 IPv4 数据报文的案例；数据报头包含 5 个 32 比特字段，总长度为 21 个 8 比特字节。

2. 报文分片

在这个例子中，首先显示一个中等大小完整的 IPv4 数据报文(数据载荷为 452 个 8 比特字节)。当这个 IPv4 数据报文通过 MTU=280 的传输信道后，产生了分片数据报文。原始数据报文如图 5.3 所示。

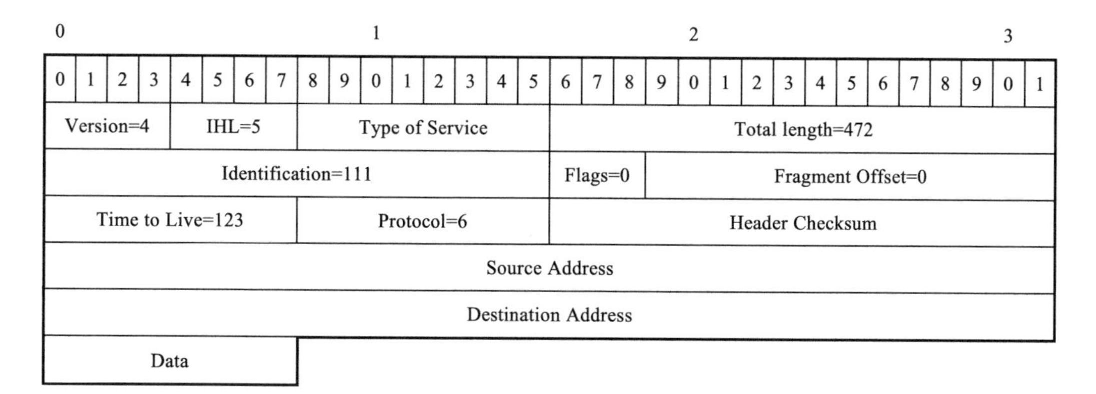

图 5.3　IPv4 未分片数据报头

分片后，第一个分片的数据载荷为 256 个 8 比特字节，如图 5.4 所示。

0–3	4–7	8–15	16–18	19–31
Version=4	IHL=5	Type of Service	Total length=276	
Identification=111			Flags=1	Fragment Offset=0
Time to Live=119		Protocol=6	Header Checksum	
Source Address				
Destination Address				
Data				
Data ⋮ Data				
Data				

图 5.4　IPv4 分片后的第一个分片的数据报头

第二个分片如图 5.5 所示。

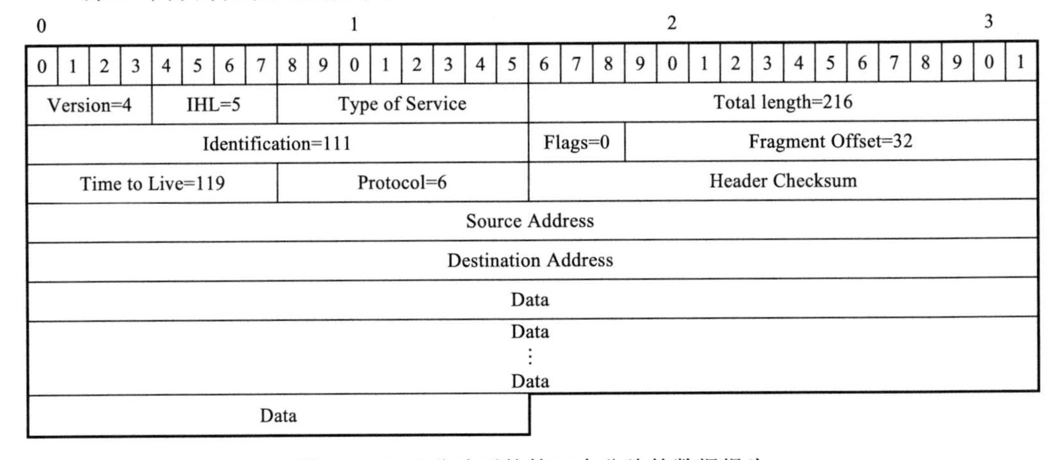

图 5.5　IPv4 分片后的第二个分片的数据报头

5.2　ICMP

RFC792[7]定义了 IPv4 的 ICMP，其协议值 Protocol=1。

5.2.1　IPv4 控制消息格式

IPv4 节点使用 ICMP 报告遇到的错误以便恰当地处理数据报文，以及执行其功能(如 ping)。ICMP 是 IPv4 的基本组成部分(消息定义和需要采取的行为)，所有 IPv4 节点必须完整地实现 ICMP。

ICMP 中与时间相关的协议常量见附录 H。

1. 消息一般格式

每个 ICMP 消息前面都有一个 IPv4 数据报头。ICMP 报头由 IPv4 数据报头的协议值 Protocol=1 来标识。

ICMP 消息具有一般格式，如图 5.6 所示。

图 5.6　ICMP 消息格式

(1)类型(Type)：8 比特。本字段表示消息的类型，它的值决定对应的数据格式。ICMP 消息类型如表 5.2 所示。

表 5.2　ICMP 消息类型

类型	描述
0	回声响应(echo reply)
3	目标节点无法到达
4	源端抑制(source quench，已被废弃，参见 RFC6633[8])
5	重定向(redirect)
8	回声请求(echo)
11	超过时间
12	参数问题
13	时间戳(timestamp)
14	时间戳响应(timestamp reply)
15	信息请求(information request，已被废弃，参见 RFC6918[9])
16	信息响应(information reply，已被废弃，参见 RFC6918[9])

(2)代码(Code)：8 比特。本字段取决于消息类型，它用于进一步描述消息。

(3)校验和(Checksum)：16 比特。本字段用于检测 ICMP 中 IPv4 报头和 ICMP 中数据的可用性。

2. 消息源地址和目标地址的确定

ICMP 数据报文的源地址是产生 ICMP 的路由器或主机的 IP 地址。除非特殊指定，可以是该路由器或主机的任意 IP 地址。

ICMP 数据报文的目标地址是期望把数据报文送达的路由器或主机的 IP 地址。

3. 消息校验和计算

校验和是以 ICMP 类型开头的 ICMP 消息总和的 16 比特补码。为了计算校验和，校验和字段预设为 0。

特别需要注意：ICMP 校验和的计算方法与 ICMPv6 校验和的计算方法不同，ICMPv6 的校验和包括 IPv6 报头的“伪报头”字段。

5.2.2 ICMP 消息定义

1. 目标地址不可达

“目标地址不可达”作为 IP 报头之后的数据部分，格式如图 5.7 所示。

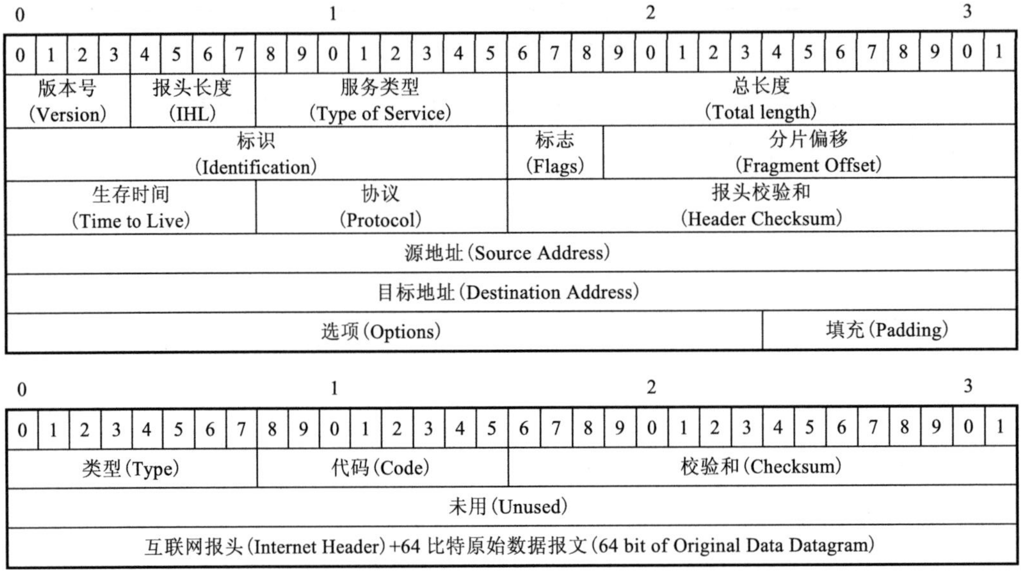

<table>
<tr><td colspan="10">0</td><td colspan="10">1</td><td colspan="10">2</td><td colspan="2">3</td></tr>
<tr><td>0</td><td>1</td><td>2</td><td>3</td><td>4</td><td>5</td><td>6</td><td>7</td><td>8</td><td>9</td><td>0</td><td>1</td><td>2</td><td>3</td><td>4</td><td>5</td><td>6</td><td>7</td><td>8</td><td>9</td><td>0</td><td>1</td><td>2</td><td>3</td><td>4</td><td>5</td><td>6</td><td>7</td><td>8</td><td>9</td><td>0</td><td>1</td></tr>
<tr><td colspan="4">版本号
(Version)</td><td colspan="4">报头长度
(IHL)</td><td colspan="8">服务类型
(Type of Service)</td><td colspan="16">总长度
(Total length)</td></tr>
<tr><td colspan="16">标识
(Identification)</td><td colspan="3">标志
(Flags)</td><td colspan="13">分片偏移
(Fragment Offset)</td></tr>
<tr><td colspan="8">生存时间
(Time to Live)</td><td colspan="8">协议
(Protocol)</td><td colspan="16">报头校验和
(Header Checksum)</td></tr>
<tr><td colspan="32">源地址(Source Address)</td></tr>
<tr><td colspan="32">目标地址(Destination Address)</td></tr>
<tr><td colspan="24">选项(Options)</td><td colspan="8">填充(Padding)</td></tr>
</table>

<table>
<tr><td colspan="10">0</td><td colspan="10">1</td><td colspan="10">2</td><td colspan="2">3</td></tr>
<tr><td>0</td><td>1</td><td>2</td><td>3</td><td>4</td><td>5</td><td>6</td><td>7</td><td>8</td><td>9</td><td>0</td><td>1</td><td>2</td><td>3</td><td>4</td><td>5</td><td>6</td><td>7</td><td>8</td><td>9</td><td>0</td><td>1</td><td>2</td><td>3</td><td>4</td><td>5</td><td>6</td><td>7</td><td>8</td><td>9</td><td>0</td><td>1</td></tr>
<tr><td colspan="8">类型(Type)</td><td colspan="8">代码(Code)</td><td colspan="16">校验和(Checksum)</td></tr>
<tr><td colspan="32">未用(Unused)</td></tr>
<tr><td colspan="32">互联网报头(Internet Header)+64 比特原始数据报文(64 bit of Original Data Datagram)</td></tr>
</table>

图 5.7　包含 IP 报头的“目标地址不可达”消息格式

(1) 目标地址(Destination Address)：目标地址从产生数据报文的 IP 报头的源地址字段复制。

(2) 类型(Type)：取值为 3。

(3) 代码(Code)：代码取值如表 5.3 所示。

表 5.3　目标地址不可达代码

代码	描述
0	网络不可达
1	主机不可达
2	协议不可达
3	端口不可达
4	DF=1，需要分片
5	源路由失败

(4) 未用 (Unused)：此字段未使用。发起者必须初始化为 0，接收者应忽略此字段的值。

例外的情况是“DF=1，需要分片”，这个字段的数值为到目标地址的链路的 MTU 值。

(5) 校验和 (Checksum)：校验和是以 ICMP 类型开头的 ICMP 消息总和的 16 比特补码。为了计算校验和，校验和字段预设为 0。

(6) 互联网报头 (Internet Header) + 64 比特原始数据报文 (64 bit of Original Data Datagram)：主机的处理进程可能使用此数据，为原始数据报文的前 64 比特。

如果路由器的路由表表明数据报文中目标地址的网络部分不可达 (RFC950[10])，路由器可以发送“网络不可达消息”到数据报文的源节点。

如果路由器能够确定数据报文中目标地址的主机部分不可达，路由器可以发送“主机不可达消息”到数据报文的源节点。

如果目标主机的协议模块未被激活，从而 IP 模块无法向高层协议传送数据报文，则目标主机可以发送“协议不可达”消息到数据报文的源节点。

如果目标主机的协议进程端口未被激活，从而 IP 模块无法传送数据报文，则目标主机可以发送“端口不可达”消息到数据报文的源节点。

2. 数据报文太大 (packet too big)

一种特殊情况是 DF=1，但下一跳链路接口的 MTU 小于数据报文的大小。在这种情况下，必须对数据报文进行分片。但由于数据报文指明 DF=1，不允许路由器分片，则路由器必须丢弃数据报文，并返回数据报文太大的消息。“数据报文太大”作为 IP 报头之后的数据部分，格式如图 5.8 所示。

<table>
<tr><td colspan="10">0</td><td colspan="10">1</td><td colspan="10">2</td><td colspan="2">3</td></tr>
<tr><td>0</td><td>1</td><td>2</td><td>3</td><td>4</td><td>5</td><td>6</td><td>7</td><td>8</td><td>9</td><td>0</td><td>1</td><td>2</td><td>3</td><td>4</td><td>5</td><td>6</td><td>7</td><td>8</td><td>9</td><td>0</td><td>1</td><td>2</td><td>3</td><td>4</td><td>5</td><td>6</td><td>7</td><td>8</td><td>9</td><td>0</td><td>1</td></tr>
<tr><td colspan="4">版本号
(Version)</td><td colspan="4">报头长度
(IHL)</td><td colspan="8">服务类型
(Type of Service)</td><td colspan="16">总长度
(Total length)</td></tr>
<tr><td colspan="16">标识
(Identification)</td><td colspan="3">标志
(Flags)</td><td colspan="13">分片偏移
(Fragment Offset)</td></tr>
<tr><td colspan="8">生存时间
(Time to Live)</td><td colspan="8">协议
(Protocol)</td><td colspan="16">报头校验和
(Header Checksum)</td></tr>
<tr><td colspan="32">源地址 (Source Address)</td></tr>
<tr><td colspan="32">目标地址 (Destination Address)</td></tr>
<tr><td colspan="24">选项 (Options)</td><td colspan="8">填充 (Padding)</td></tr>
</table>

<table>
<tr><td colspan="10">0</td><td colspan="10">1</td><td colspan="10">2</td><td colspan="2">3</td></tr>
<tr><td>0</td><td>1</td><td>2</td><td>3</td><td>4</td><td>5</td><td>6</td><td>7</td><td>8</td><td>9</td><td>0</td><td>1</td><td>2</td><td>3</td><td>4</td><td>5</td><td>6</td><td>7</td><td>8</td><td>9</td><td>0</td><td>1</td><td>2</td><td>3</td><td>4</td><td>5</td><td>6</td><td>7</td><td>8</td><td>9</td><td>0</td><td>1</td></tr>
<tr><td colspan="8">类型 (Type)</td><td colspan="8">代码 (Code)</td><td colspan="16">校验和 (Checksum)</td></tr>
<tr><td colspan="32">最大传输单元 (MTU)</td></tr>
<tr><td colspan="32">互联网报头 (Internet Header) +64 比特原始数据报文 (64 bit of Original Data Datagram)</td></tr>
</table>

图 5.8　包含 IP 报头的“数据报文太大”消息格式

(1) 目标地址(Destination Address)：目标地址从产生数据报文的 IP 报头的源地址字段复制。

(2) 类型(Type)：取值为 3。

(3) 代码(Code)：取值为 4。

(4) 最大传输单元(MTU)：下一跳链路接口的 MTU 的大小。

(5) 校验和(Checksum)：校验和是以 ICMP 类型开头的 ICMP 消息总和的 16 比特补码。为了计算校验和，校验和字段预设为 0。

(6) 互联网报头(Internet Header) + 64 比特原始数据报文(64 bit of Original Data Datagram)：主机的处理进程可能使用此数据，为原始数据报文的前 64 比特。

3. 超时消息

“超时”消息作为 IP 报头之后的数据部分，其格式如图 5.9 所示。

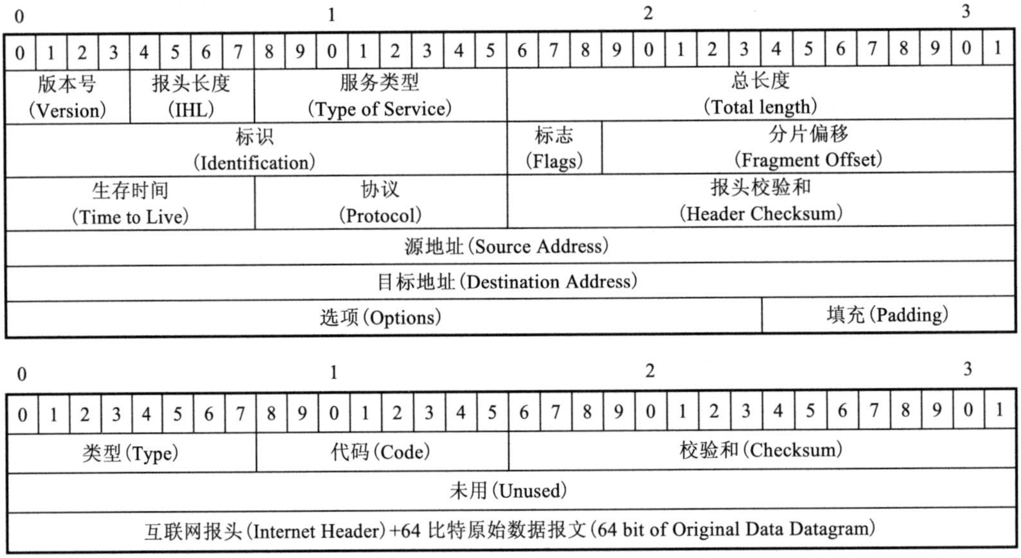

<table>
<tr><td colspan="10">0</td><td colspan="10">1</td><td colspan="10">2</td><td colspan="2">3</td></tr>
<tr><td>0</td><td>1</td><td>2</td><td>3</td><td>4</td><td>5</td><td>6</td><td>7</td><td>8</td><td>9</td><td>0</td><td>1</td><td>2</td><td>3</td><td>4</td><td>5</td><td>6</td><td>7</td><td>8</td><td>9</td><td>0</td><td>1</td><td>2</td><td>3</td><td>4</td><td>5</td><td>6</td><td>7</td><td>8</td><td>9</td><td>0</td><td>1</td></tr>
<tr><td colspan="4">版本号
(Version)</td><td colspan="4">报头长度
(IHL)</td><td colspan="8">服务类型
(Type of Service)</td><td colspan="16">总长度
(Total length)</td></tr>
<tr><td colspan="16">标识
(Identification)</td><td colspan="3">标志
(Flags)</td><td colspan="13">分片偏移
(Fragment Offset)</td></tr>
<tr><td colspan="8">生存时间
(Time to Live)</td><td colspan="8">协议
(Protocol)</td><td colspan="16">报头校验和
(Header Checksum)</td></tr>
<tr><td colspan="32">源地址(Source Address)</td></tr>
<tr><td colspan="32">目标地址(Destination Address)</td></tr>
<tr><td colspan="24">选项(Options)</td><td colspan="8">填充(Padding)</td></tr>
</table>

<table>
<tr><td colspan="10">0</td><td colspan="10">1</td><td colspan="10">2</td><td colspan="2">3</td></tr>
<tr><td>0</td><td>1</td><td>2</td><td>3</td><td>4</td><td>5</td><td>6</td><td>7</td><td>8</td><td>9</td><td>0</td><td>1</td><td>2</td><td>3</td><td>4</td><td>5</td><td>6</td><td>7</td><td>8</td><td>9</td><td>0</td><td>1</td><td>2</td><td>3</td><td>4</td><td>5</td><td>6</td><td>7</td><td>8</td><td>9</td><td>0</td><td>1</td></tr>
<tr><td colspan="8">类型(Type)</td><td colspan="8">代码(Code)</td><td colspan="16">校验和(Checksum)</td></tr>
<tr><td colspan="32">未用(Unused)</td></tr>
<tr><td colspan="32">互联网报头(Internet Header)+64 比特原始数据报文(64 bit of Original Data Datagram)</td></tr>
</table>

图 5.9　包含 IP 报头的“超时”消息格式

(1) 目标地址(Destination Address)：目标地址从产生数据报文的 IP 报头的源地址字段复制。

(2) 类型(Type)：取值为 11。

(3) 代码(Code)：代码取值如表 5.4 所示。

表 5.4　超时消息代码

代码	描述
0	超时限制
1	超出碎片重组时间

(4) 未用 (Unused)：此字段未使用。

(5) 校验和 (Checksum)：校验和是以 ICMP 类型开头的 ICMP 消息总和的 16 比特补码。为了计算校验和，校验和字段预设为 0。

(6) 互联网报头 (Internet Header) + 64 比特原始数据报文 (64 bit of Original Data Datagram)：主机的处理进程可能使用此数据，为原始数据报文的前 64 比特。

如果处理数据报文的路由器收到数据报文的“生存时间”字段为 0，则必须丢弃数据报文，并通过此超时消息通知源节点。

如果端系统在特定的时间内无法完成重新组装分片数据报文，则必须丢弃数据报文。主机可以通过此超时消息通知源节点。

如果第 0 片分片不可用，则不需要发送超时消息。

4. 参数问题消息

“参数问题”消息作为 IP 报头之后的数据部分，格式如图 5.10 所示。

<table>
<tr><td colspan="10">0</td><td colspan="10">1</td><td colspan="10">2</td><td colspan="2">3</td></tr>
<tr><td>0</td><td>1</td><td>2</td><td>3</td><td>4</td><td>5</td><td>6</td><td>7</td><td>8</td><td>9</td><td>0</td><td>1</td><td>2</td><td>3</td><td>4</td><td>5</td><td>6</td><td>7</td><td>8</td><td>9</td><td>0</td><td>1</td><td>2</td><td>3</td><td>4</td><td>5</td><td>6</td><td>7</td><td>8</td><td>9</td><td>0</td><td>1</td></tr>
<tr><td colspan="4">版本号
(Version)</td><td colspan="4">报头长度
(IHL)</td><td colspan="8">服务类型
(Type of Service)</td><td colspan="16">总长度
(Total length)</td></tr>
<tr><td colspan="16">标识
(Identification)</td><td colspan="3">标志
(Flags)</td><td colspan="13">分片偏移
(Fragment Offset)</td></tr>
<tr><td colspan="8">生存时间
(Time to Live)</td><td colspan="8">协议
(Protocol)</td><td colspan="16">报头校验和
(Header Checksum)</td></tr>
<tr><td colspan="32">源地址 (Source Address)</td></tr>
<tr><td colspan="32">目标地址 (Destination Address)</td></tr>
<tr><td colspan="24">选项 (Options)</td><td colspan="8">填充 (Padding)</td></tr>
</table>

<table>
<tr><td colspan="10">0</td><td colspan="10">1</td><td colspan="10">2</td><td colspan="2">3</td></tr>
<tr><td>0</td><td>1</td><td>2</td><td>3</td><td>4</td><td>5</td><td>6</td><td>7</td><td>8</td><td>9</td><td>0</td><td>1</td><td>2</td><td>3</td><td>4</td><td>5</td><td>6</td><td>7</td><td>8</td><td>9</td><td>0</td><td>1</td><td>2</td><td>3</td><td>4</td><td>5</td><td>6</td><td>7</td><td>8</td><td>9</td><td>0</td><td>1</td></tr>
<tr><td colspan="8">类型 (Type)</td><td colspan="8">代码 (Code)</td><td colspan="16">校验和 (Checksum)</td></tr>
<tr><td colspan="8">指针 (Pointer)</td><td colspan="24">未用 (Unused)</td></tr>
<tr><td colspan="32">互联网报头 (Internet Header) +64 比特原始数据报文 (64 bit of Original Data Datagram)</td></tr>
</table>

图 5.10　包含 IP 报头的“参数问题”消息格式

(1) 目标地址 (Destination Address)：目标地址从产生数据报文的 IP 报头的源地址字段复制。

(2) 类型 (Type)：取值为 12。

(3) 代码 (Code)：取值为 0 (指针错误)。

(4) 指针 (Pointer)：如果 Code = 0，用 8 比特字节为单位，标识检测到错误的位置。

(5) 校验和 (Checksum)：校验和是以 ICMP 类型开头的 ICMP 消息总和的 16 比特补码。为了计算校验和，校验和字段预设为 0。

(6) 互联网报头 (Internet Header) + 64 比特原始数据报文 (64 bit of Original Data Datagram)：主机的处理进程可能使用此数据，为原始数据报文的前 64 比特。

如果处理数据报文的路由器或主机发现数据报头出现参数问题，使数据报文处理无法完成，则必须丢弃数据报文。这时路由器或主机可以通过 ICMP 参数问题消息来通知源节点。注意：仅在错误严重到必须丢弃数据报文时才发送参数问题消息。

指针以 8 比特字节为单位标识在原始数据报文中检测到错误的位置。例如，指针为 1 表示服务类型出现问题，指针为 20 表示第一个选项的类型代码有问题。

为了传递更多的信息，RFC4884[11]定义了 ICMP 扩展。

5. 重定向消息

“重定向”消息作为 IP 报头之后的数据部分，格式如图 5.11 所示。

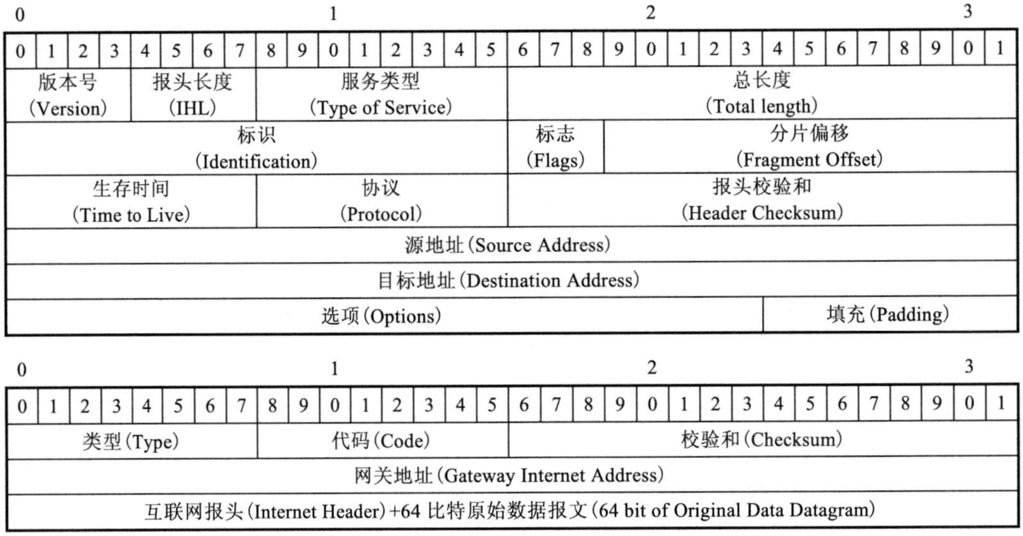

<table>
<tr><td colspan="8">0</td><td colspan="10">1</td><td colspan="10">2</td><td colspan="4">3</td></tr>
<tr><td>0</td><td>1</td><td>2</td><td>3</td><td>4</td><td>5</td><td>6</td><td>7</td><td>8</td><td>9</td><td>0</td><td>1</td><td>2</td><td>3</td><td>4</td><td>5</td><td>6</td><td>7</td><td>8</td><td>9</td><td>0</td><td>1</td><td>2</td><td>3</td><td>4</td><td>5</td><td>6</td><td>7</td><td>8</td><td>9</td><td>0</td><td>1</td></tr>
<tr><td colspan="4">版本号
(Version)</td><td colspan="4">报头长度
(IHL)</td><td colspan="8">服务类型
(Type of Service)</td><td colspan="16">总长度
(Total length)</td></tr>
<tr><td colspan="16">标识
(Identification)</td><td colspan="3">标志
(Flags)</td><td colspan="13">分片偏移
(Fragment Offset)</td></tr>
<tr><td colspan="8">生存时间
(Time to Live)</td><td colspan="8">协议
(Protocol)</td><td colspan="16">报头校验和
(Header Checksum)</td></tr>
<tr><td colspan="32">源地址 (Source Address)</td></tr>
<tr><td colspan="32">目标地址 (Destination Address)</td></tr>
<tr><td colspan="24">选项 (Options)</td><td colspan="8">填充 (Padding)</td></tr>
</table>

<table>
<tr><td colspan="8">0</td><td colspan="10">1</td><td colspan="10">2</td><td colspan="4">3</td></tr>
<tr><td>0</td><td>1</td><td>2</td><td>3</td><td>4</td><td>5</td><td>6</td><td>7</td><td>8</td><td>9</td><td>0</td><td>1</td><td>2</td><td>3</td><td>4</td><td>5</td><td>6</td><td>7</td><td>8</td><td>9</td><td>0</td><td>1</td><td>2</td><td>3</td><td>4</td><td>5</td><td>6</td><td>7</td><td>8</td><td>9</td><td>0</td><td>1</td></tr>
<tr><td colspan="8">类型 (Type)</td><td colspan="8">代码 (Code)</td><td colspan="16">校验和 (Checksum)</td></tr>
<tr><td colspan="32">网关地址 (Gateway Internet Address)</td></tr>
<tr><td colspan="32">互联网报头 (Internet Header) +64 比特原始数据报文 (64 bit of Original Data Datagram)</td></tr>
</table>

图 5.11　包含 IP 报头的“重定向”消息格式

(1) 目标地址 (Destination Address)：目标地址从产生数据报文的 IP 报头的源地址字段复制。

(2) 类型 (Type)：取值为 5。

(3) 代码 (Code)：代码取值如表 5.5 所示。

表 5.5　重定向消息代码

代码	描述
0	数据报文网络重定向
1	数据报文主机重定向
2	数据报文服务类型和网络重定向
3	数据报文服务类型和主机重定向

(4) 校验和(Checksum)：校验和是以 ICMP 类型开头的 ICMP 消息总和的 16 比特补码。为了计算校验和，校验和字段预设为 0。

(5) 网关地址(Gateway Internet Address)：指定重定向到达的新网关地址。

(6) 互联网报头(Internet Header) + 64 比特原始数据报文(64 bit of Original Data Datagram)：原始互联网报头，再加上原始数据报文的前 64 比特。

网关在以下情况下向主机发送重定向消息。网关 G1 接收来自网关所连接的子网上主机发送的数据报文。网关 G1 检查其路由表，并获取另一个网关 G2，其地址为 X，如果 G2 和主机发送的数据报文的源地址在同一子网，则向主机发送重定向消息。重定向消息建议主机将流量直接发送到网关 G2 的 X，因为这是到目标节点的较短路径。

如果带有 IP 源路由选项，同时网关在目标地址列表上，即使有更好的途径到达目标，也不应该发送重定向消息。

6. 回声请求和回声响应消息

“回声请求”和“回声响应”消息作为 IP 报头之后的数据部分，格式如图 5.12 所示。

<table>
<tr><td colspan="10">0</td><td colspan="10">1</td><td colspan="10">2</td><td colspan="2">3</td></tr>
<tr><td>0</td><td>1</td><td>2</td><td>3</td><td>4</td><td>5</td><td>6</td><td>7</td><td>8</td><td>9</td><td>0</td><td>1</td><td>2</td><td>3</td><td>4</td><td>5</td><td>6</td><td>7</td><td>8</td><td>9</td><td>0</td><td>1</td><td>2</td><td>3</td><td>4</td><td>5</td><td>6</td><td>7</td><td>8</td><td>9</td><td>0</td><td>1</td></tr>
<tr><td colspan="4">版本号
(Version)</td><td colspan="4">报头长度
(IHL)</td><td colspan="8">服务类型
(Type of Service)</td><td colspan="16">总长度
(Total length)</td></tr>
<tr><td colspan="16">标识
(Identification)</td><td colspan="3">标志
(Flags)</td><td colspan="13">分片偏移
(Fragment Offset)</td></tr>
<tr><td colspan="8">生存时间
(Time to Live)</td><td colspan="8">协议
(Protocol)</td><td colspan="16">报头校验和
(Header Checksum)</td></tr>
<tr><td colspan="32">源地址(Source Address)</td></tr>
<tr><td colspan="32">目标地址(Destination Address)</td></tr>
<tr><td colspan="24">选项(Options)</td><td colspan="8">填充(Padding)</td></tr>
</table>

<table>
<tr><td colspan="10">0</td><td colspan="10">1</td><td colspan="10">2</td><td colspan="2">3</td></tr>
<tr><td>0</td><td>1</td><td>2</td><td>3</td><td>4</td><td>5</td><td>6</td><td>7</td><td>8</td><td>9</td><td>0</td><td>1</td><td>2</td><td>3</td><td>4</td><td>5</td><td>6</td><td>7</td><td>8</td><td>9</td><td>0</td><td>1</td><td>2</td><td>3</td><td>4</td><td>5</td><td>6</td><td>7</td><td>8</td><td>9</td><td>0</td><td>1</td></tr>
<tr><td colspan="8">类型(Type)</td><td colspan="8">代码(Code)</td><td colspan="16">校验和(Checksum)</td></tr>
<tr><td colspan="16">标识(Indentification)</td><td colspan="16">序列号(Sequence Number)</td></tr>
<tr><td colspan="32">数据(Data)</td></tr>
</table>

图 5.12　包含 IP 报头的“回声请求”和“回声响应”消息格式

(1) 源地址和目标地址(Source Address and Destination Address)：“回声请求”消息中的源地址是“回声响应”消息的目标地址。“回声响应”消息是把“回声请求”消息的源地址和目标地址互换，类型代码更改为 0，重新计算校验和。

(2) 类型(Type)：类型取值如表 5.6 所示。

表 5.6　回声请求和回声响应消息类型

类型	描述
8	回声请求消息
0	回声响应消息

(3) 代码(Code)：取值为 0。

(4) 标识(Identification)：标识有助于回声响应消息匹配到对应的回声请求消息，其值可能为 0。

(5) 序列号(Sequence Number)：序列号也有助于回声响应消息匹配到对应的回声请求消息，其值可能为 0。

(6) 数据(Data)：0 个或多个 8 比特字节的任意数据。

如果在回声请求消息中收到了数据，则必须在回声响应消息中返回同样的数据。

使用标识和序列号有助于回声响应消息匹配到对应的回声请求消息。类似于 TCP 或 UDP 中的端口号，标识可以用来识别会话，在连续发送的回声请求中，每次序列号加 1，回声响应返回对应的序列号。

7. 时间戳请求和时间戳响应消息

“时间戳请求”和“时间戳响应”作为 IP 报头之后的数据部分，格式如图 5.13 所示。

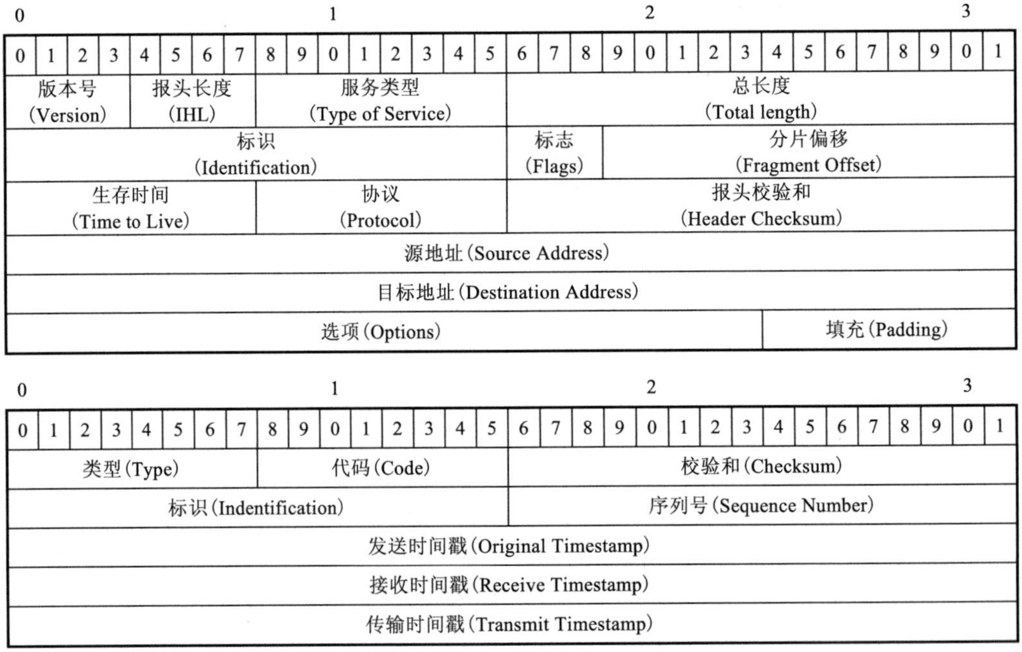

<table>
<tr><td colspan="10">0</td><td colspan="10">1</td><td colspan="10">2</td><td colspan="2">3</td></tr>
<tr><td>0</td><td>1</td><td>2</td><td>3</td><td>4</td><td>5</td><td>6</td><td>7</td><td>8</td><td>9</td><td>0</td><td>1</td><td>2</td><td>3</td><td>4</td><td>5</td><td>6</td><td>7</td><td>8</td><td>9</td><td>0</td><td>1</td><td>2</td><td>3</td><td>4</td><td>5</td><td>6</td><td>7</td><td>8</td><td>9</td><td>0</td><td>1</td></tr>
<tr><td colspan="4">版本号
(Version)</td><td colspan="4">报头长度
(IHL)</td><td colspan="8">服务类型
(Type of Service)</td><td colspan="16">总长度
(Total length)</td></tr>
<tr><td colspan="16">标识
(Identification)</td><td colspan="3">标志
(Flags)</td><td colspan="13">分片偏移
(Fragment Offset)</td></tr>
<tr><td colspan="8">生存时间
(Time to Live)</td><td colspan="8">协议
(Protocol)</td><td colspan="16">报头校验和
(Header Checksum)</td></tr>
<tr><td colspan="32">源地址(Source Address)</td></tr>
<tr><td colspan="32">目标地址(Destination Address)</td></tr>
<tr><td colspan="24">选项(Options)</td><td colspan="8">填充(Padding)</td></tr>
</table>

<table>
<tr><td colspan="10">0</td><td colspan="10">1</td><td colspan="10">2</td><td colspan="2">3</td></tr>
<tr><td>0</td><td>1</td><td>2</td><td>3</td><td>4</td><td>5</td><td>6</td><td>7</td><td>8</td><td>9</td><td>0</td><td>1</td><td>2</td><td>3</td><td>4</td><td>5</td><td>6</td><td>7</td><td>8</td><td>9</td><td>0</td><td>1</td><td>2</td><td>3</td><td>4</td><td>5</td><td>6</td><td>7</td><td>8</td><td>9</td><td>0</td><td>1</td></tr>
<tr><td colspan="8">类型(Type)</td><td colspan="8">代码(Code)</td><td colspan="16">校验和(Checksum)</td></tr>
<tr><td colspan="16">标识(Indentification)</td><td colspan="16">序列号(Sequence Number)</td></tr>
<tr><td colspan="32">发送时间戳(Original Timestamp)</td></tr>
<tr><td colspan="32">接收时间戳(Receive Timestamp)</td></tr>
<tr><td colspan="32">传输时间戳(Transmit Timestamp)</td></tr>
</table>

图 5.13　包含 IP 报头的“时间戳请求”和“时间戳响应”消息格式

(1)源地址和目标地址(Source Address and Destination Address)：“时间戳请求”消息中的源地址是“时间戳响应”消息的目标地址。“时间戳响应”消息是把“时间戳请求”消息的源地址和目标地址互换，类型代码更改为 14，重新计算校验和。

(2)类型(Type)：类型取值如表 5.7 所示。

表 5.7　时间戳请求和时间戳响应消息类型

类型	描述
13	时间戳请求消息
14	时间戳响应消息

(3)代码(Code)：取值为 0。

(4)标识(Identification)：标识有助于时间戳响应消息匹配到对应的时间戳请求消息，其值可能为 0。

(5)序列号(Sequence Number)：序列号有助于时间戳响应消息匹配到对应的时间戳请求消息，其值可能为 0。

消息中收到的数据(时间戳)将附加两个时间戳返回。时间戳为 32 比特，表示从格林尼治标准时午夜时刻开始的毫秒数。

(1)发送时间戳(Original Timestamp)：发送节点发送消息时的时间。

(2)接收时间戳(Receive Timestamp)：接收节点收到消息时的时间。

(3)传输时间戳(Transmit Timestamp)：接收节点发送回复消息时的时间。

如果时间无法用毫秒表示，或无法提供关于格林尼治标准时午夜的初始时间，时间戳可以使用其他时间单位，在这种情况下，时间戳的最高比特设置为 1 来表示时间戳采用非标准值。

使用标识和序列号有助于时间戳的匹配。类似于 TCP 或 UDP 中的端口号，标识可以用来识别会话，序列号可以进一步标注时间顺序。

5.3　IPv6

IPv6 是 IP 的新版本，旨在作为 IPv4 的后续版本。IPv6 数据报头由 RFC8200[2] 定义，从 IPv4 数据报头到 IPv6 数据报头的变化主要分为以下几类。

1. 扩展的寻址能力

IPv6 将 IP 地址从 32 比特增加到 128 比特，支持更多级别的寻址层次结构、更多可寻址节点，以及更简单的地址自动配置。通过向组播(multicast)地址添加“范围(scope)”字段，可以提高组播路由的可扩展性，并定义了一种称为“任播(anycast)”的新型地址，用于将数据报文发送到一组节点中的任何一个节点。

2. 报头格式简化

若干 IPv4 数据报头字段已被删除或作为可选项，以减少数据报文处理的开销，以及减少传输 IPv6 数据报头的带宽成本。

3. 改进了对扩展和选项的支持

IPv6 改变了 IP 数据报头的选项编码和扩展方式，以利于更有效地转发，新方式对选项长度不做严格限制，并为引入新选项提供了更大的灵活性。

4. 流标签功能

IPv6 添加了一项新功能，可以将发送节点的数据报文标记为单个流，根据流标签在网络中进行特定处理。

5. 身份验证和隐私功能

IPv6 支持身份验证、数据完整性和(可选)数据机密性的扩展。

5.3.1 IPv6 报头格式

IPv6 的报头结构如图 5.14 所示。

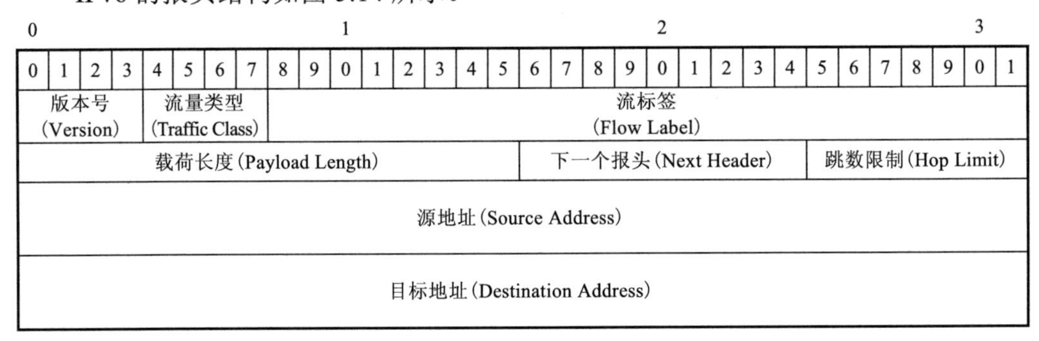

图 5.14　IPv6 的报头结构

(1) 版本号(Version)：4 比特。IPv6 的版本号为 6。

(2) 流量类型(Traffic Class)：8 比特。流量类型字段用于进行网络流量标识和管理。

(3) 流标签(Flow Label)：20 比特。流标签字段由发送端设置，可以对不同的数据报文进行“流”的标注。

(4) 载荷长度(Payload Length)：16 比特(无符号整数)。IPv6 总长度以 8 比特字节为单位来表示有效载荷的长度，指明该 IPv6 数据报头之后的其余数据报文长度(注意，任何扩展报头都被视为有效负载的一部分，需要包含在有效载荷长度中表示)。

(5) 下一个报头(Next Header)：8 比特。标识紧跟 IPv6 报头之后的报头类型，使用与 IPv4 字段相同的值(参见附录 A 中的表 A.1)。

(6)跳数限制(Hop Limit)：8 比特(无符号整数)。每个转发数据报文的节点将此值减 1，如收到的数据报文的跳数限制为 0，或减 1 为 0 时，则丢弃此数据报文。目标节点不应丢弃跳数限制等于 0 的数据报文，而应该按正常流程处理。

(7)源地址(Source Address)：128 比特。数据报文发起者的 IP 地址。

(8)目标地址(Destination Address)：128 比特。数据报文接收者的 IP 地址(注意：如果存在路由报头，则目标地址可能不是最终接收者的地址)。

5.3.2 IPv6 扩展报头

在 IPv6 报头中，网络层可选项在独立的数据报头中编码，这些报头放置在 IPv6 报头和高层报头之间。此类扩展报头数量不多，每个报头由不同的“下一个报头”的值来标识。

扩展报头根据 IANA 定义的 IP 协议号进行标识，不区分是 IPv4 还是 IPv6。IPv6 数据报文可以携带 0 个、一个或多个扩展报头，每一个扩展报头都由前一个报头的“下一个报头”字段标识。当最后一个“下一个报头”的值不是 IPv6 扩展报头时，则为传输层报头(如 TCP 或 UDP 等)或高层报头(如果是另一个网络层封装)。如果没有传输层报头或高层报头，则为“没有下一个报头(No Next Header)”。图 5.15 是扩展报头的例子。

IPv6 报头 Next Header=TCP	TCP 报头+数据

IPv6 报头 Next Header=路由	路由报头 Next Header=TCP	TCP 报头+数据

IPv6 报头 Next Header=路由	路由报头 Next Header=分片	分片报头 Next Header=TCP	分片之后的 TCP 报头+数据

图 5.15　扩展报头的例子

除了逐跳选项(hop-by-hop options)报头，扩展报头不会被数据报文传递路径上的任何节点处理(例如，进行修改、插入或删除)。扩展报头只在数据报文到达 IPv6 的目标地址的节点(或组播情况下的节点集合)后才会被处理。

如果存在逐跳选项报头，则必须紧跟在 IPv6 报头之后。其存在性由 IPv6 报头的“下一个报头”字段中的值为 0 来标识。

注意：虽然标准要求所有节点必须检查和处理逐跳选项报头，但目前的实际情况是只有明确配置要求，数据报文传递路径的沿途节点才会检查并处理“逐跳选项”。

在目标节点处，按常规处理 IPv6 报头的“下一个报头”，即调用相应模块处理第一个扩展报头，如果没有扩展报头，则处理高层报头。每个扩展报头的内容和语义决定是否继续处理下一个报头。因此，必须严格按照扩展报头在数据报文中出现的顺序处理扩展报头。接收节点不得通过扫描数据报文来寻找特定类型的扩展报头，试图进行优先处理。

如果目标节点需要处理下一个报头，但节点无法识别当前报头中“下一个报头”的数值，则节点应丢弃该数据报文，并向数据报文的源地址发送 ICMPv6 参数问题消息，这个参数问题消息的代码值为 1(无法识别的“下一个报头”类型)，ICMP 指针字段应包含指向原始数据报文中无法识别的“下一个报头”类型值的偏移量。如果节点在除 IPv6 报头之外的任何报头中遇到“下一个报头”的数值为 0，也应采取相同的操作。

每个扩展报头的长度均为 8 比特字节长的整数倍，以便后续报头对齐 8 比特字节边界。

完整的 IPv6 实现必须处理以下的扩展报头：

(1) 逐跳选项。

(2) 分片 (fragment)。

(3) 目标选项 (destination options)。

(4) 路由 (routing)。

(5) 认证 (authentication)。

(6) 封装安全有效载荷 (encapsulating security payload)。

前四个扩展报头在 RFC8200[2]中定义。认证报头在 RFC4302[12]中定义，封装安全有效载荷在 RFC4303[13]中定义。附录 A 列出了当前定义的 IPv6 扩展报头的数值。

1. 扩展报头排列顺序

当在同一个数据报文中使用多个扩展报头时，建议按以下顺序排列。

(1) IPv6 报头。

(2) 逐跳选项。

(3) 目标选项 (注 1)。

(4) 路由。

(5) 分片。

(6) 认证 (注 2)。

(7) 封装安全有效载荷 (注 2)。

(8) 目标选项 (注 3)。

(9) 高层报头 (如 TCP、UDP 等)。

注 1：对 IPv6 目标地址以及后续“路由”报头中的目标地址列表进行处理。

注 2：RFC4303[13]中给出了有关认证和封装安全有效载荷报头的相对顺序的其他建议。

注 3：对数据报文的最终目标进行处理。

除了“目标选项”报头，每个扩展报头最多只能出现一次。“目标选项”报头只能出现两次(一次出现在“路由”报头之前，一次出现在“高层报头”之前)。

如果“高层报头”是另一个 IPv6 报头(在 IPv6 over IPv6 的封装/隧道情况下)，则该 IPv6 数据报文可以包含自己的扩展报头，这些报头遵循相同的排序建议。

如果未来定义其他扩展报头，则必须指定新的扩展报头相对于上述扩展报头的位置和总体排列顺序。

IPv6 节点必须能够以任何顺序处理扩展报头，并考虑在同一数据报文中扩展报头重复出现的情况。但“逐跳选项”报头除外，该报头仅限于在 IPv6 报头之后出现。尽管如此，但我们仍强烈建议 IPv6 数据报文的发送节点遵循上述扩展报头排列顺序发送数据报文(除非后续规范对此进行了修改)。

2. 选项设计

“逐跳选项”报头和“目标选项”报头是变长的“选项”，格式如图 5.16 所示。

Option Type	Opt Data Length	Option Data

图 5.16　选项

(1) 选项类型(Option Type)：8 比特。此选项定义标识符选项的类型。

(2) 选项数据长度(Opt Data Length)：8 比特(无符号整数)。此选项定义“选项数据”字段的长度，以 8 比特字节为单位。

(3) 选项数据(Option Data)：可变长度字段。此选项定义该选项类型携带的数据。

选项序列必须严格按照扩展报头在数据报文中出现的顺序进行处理。接收节点不得通过扫描数据报文来寻找特定类型的扩展报头，试图进行优先处理。

“选项类型”标识符的最高 2 比特用来指定当 IPv6 节点无法识别“选项类型”时必须采取的操作，如表 5.8 所示。

表 5.8　选项类型(最高 2 比特)

最高 2 比特	处理方式
00	跳过此选项，继续处理报头
01	丢弃数据报文
10	丢弃数据报文，不论数据报文的目标地址是否为组播地址，都会向数据报文的源地址发送 ICMP 参数问题，消息代码 2，指向无法识别的选项类型
11	丢弃数据报文，仅当数据报文的目标地址不是组播地址时，才会向数据报文的源地址发送 ICMP 参数问题，消息代码 2，指向无法识别的选项类型

“选项类型”的第 3 比特用来标识该“选项数据”是否可以在到达数据报文最终

目标地址的途中予以改变。当“认证”报头出现在数据报文中，对于其任何数据可能在传输途中被改变的选项，在进行数据报文验证时，整个选项的数据域必须作为全“0”来处理，如表 5.9 所示。

表 5.9　选项类型(第 3 比特)

第 3 比特	定义
0	“选项数据”在传输途中不变
1	“选项数据”可能在传输途中发生变化

上述三个高阶比特将被视为“选项类型”的一部分，并不独立于“选项类型”。也就是说，特定选项由完整的 8 比特“选项类型”进行标识，而不仅仅是“选项类型”的低 5 比特。

“逐跳选项”报头和“目标选项”报头使用相同的选项类型编号空间。但是，特定选项的规范可能规定某些编号只能用于某种扩展报头。

某些选项可能需要特定的对齐要求，以确保“选项数据”字段中的多个 8 比特字节值落在自然边界上。如果 n 代表一个 8 比特字节，则可以使用 $xn + y$ 指定选项的对齐要求，这意味着“选项类型”必须出现在以报头开始的 x 个 8 比特字节整数倍，再加上 y 个 8 比特字节。例如，2n 表示从报头开始处偏移任何 2 个 8 比特字节。8n + 2 表示从报头开始处偏移任何 8 个 8 比特字节，加上 2 个 8 比特字节。有两个填充选项，用来对齐后续选项，并将包含的报头填充为长度为 8 比特字节的倍数。所有 IPv6 都必须能够识别这些填充选项。

Pad1 选项(对齐要求：无)，如图 5.17 所示。

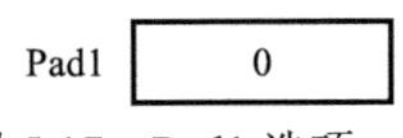

图 5.17　Pad1 选项

注意：Pad1 选项的格式是一种特殊情况——它没有长度和值字段。

Pad1 选项用于将一个 8 比特字节的填充插入报头的“选项”区域。如果需要填充多个 8 比特字节，则应使用下面描述的 PadN 选项，而不是多个 Pad1 选项。

PadN 选项(对齐要求：无)，如图 5.18 所示。

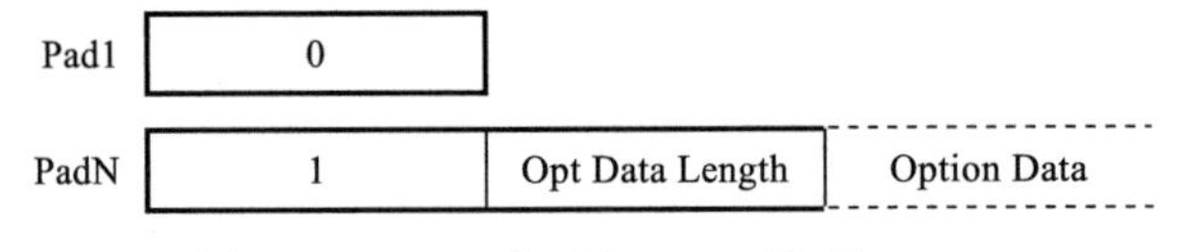

图 5.18　Pad1 选项和 PadN 选项

PadN 选项用于将两个或多个 8 比特字节插入报头的“选项”区域。

对于 N 个 8 比特字节的填充，“选项数据长度(Opt Data Length)”字段值为 $N-2$，即包含 $N-2$ 个填充 0 的 8 比特字节。

如果需要定义用于“逐跳选项”报头或“目标选项”报头的新“选项(Options)”，则需按如下原则进行。

(1) 选项的数据区域应按其自然边界对齐，即 n 个 8 比特的字段应位于“逐跳选项”报头开始后的 n 个 8 比特字段，$n=1$、2、4 或 8。

(2) 在满足报头必须为 8 比特整数倍字节长度的条件下，“逐跳选项”或“目标选项”占用的空间尽可能少。

(3) 当有选项时，选项的数量尽可能少，通常只有一个。

根据这些原则，建议采用以下方法来布局选项的字段。

(1) 按从小到大的顺序对字段进行排序，先不进行内部填充。

(2) 按最大字段的对齐要求(最多 8 个 8 比特字节)做出整个选项的对齐设计。

下面提供了几个案例进行说明。

案例 1：如果选项 X 需要两个数据字段，一个长度为 8 个 8 比特字节，一个长度为 4 个 8 比特字节，则其布局如图 5.19 所示。

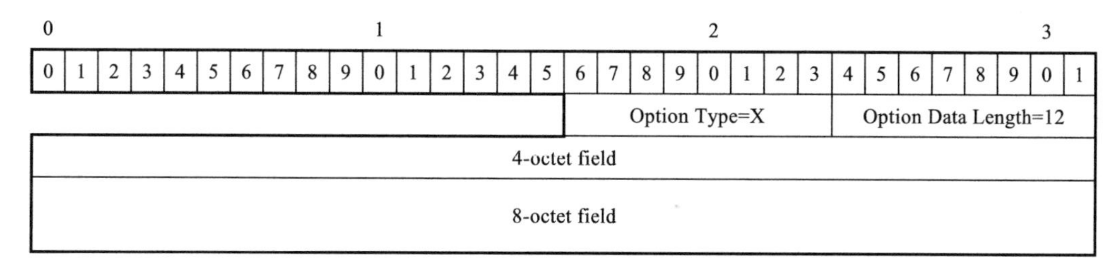

图 5.19　案例 1 需求

它的对齐要求是 8n + 2，以确保 8 个 8 比特字节从与报头的 8 倍偏移处开始。包含此选项的“逐跳选项”或“目标选项”报头如图 5.20 所示。

0–7	8–15	16–23	24–31
Next Header	Header Extension Length=1	Option Type=X	Option Data Length=12
4-octet field			
8-octet field			

图 5.20　案例 1 选项报头设计

案例 2：如果选项 Y 需要三个数据字段，长度分别为 4 个 8 比特字节、2 个 8 比特字节、1 个 8 比特字节，如图 5.21 所示。

它的对齐要求是 4n + 3，以确保 4 个 8 比特字节从与报头的 4 倍偏移处开始。包含此选项的“逐跳选项”或“目标选项”报头如图 5.22 所示。

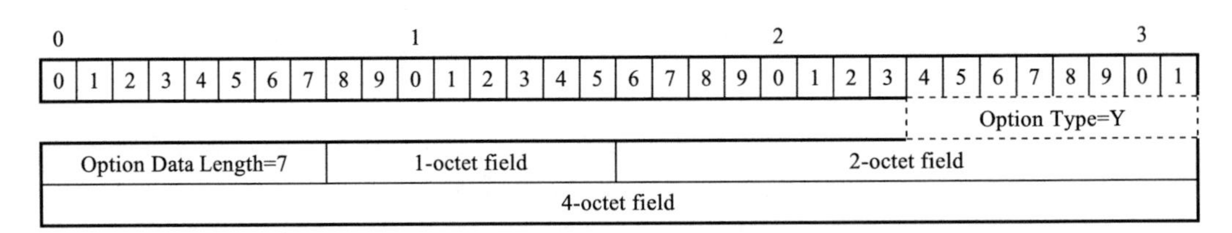

图 5.21　案例 2 需求

Next Header	Header Extension Length=1	Pad1 Option=0	Option Type=Y
Option Data Length=7	1-octet field	2-octet field	
4-octet field			
PadN Option=1	Option Data Length=2	0	0

图 5.22　案例 2 选项报头设计

案例 3：“逐跳选项”或“目标选项”报头，案例 3 是上述案例 1(X 选项)和案例 2(Y 选项)的组合。取决于 X 选项先出现，还是 Y 选项先出现，可以具有以下两种格式，分别如图 5.23 和图 5.24 所示。

Next Header	Header Extension Length=3	Option Type=X	Option Data Length=12
4-octet field			
8-octet field			
PadN Option=1	Option Data Length=1	0	Option Type=Y
Option Data Length=7	1-octet field	2-octet field	
4-octet field			
PadN Option=1	Option Data Length=2	0	0

图 5.23　案例 3 第一种选项报头设计

Next Header	Header Extension Length=3	Pad1 Option=0	Option Type=Y
Option Data Length=7	1-octet field	2-octet field	
4-octet field			
PadN Option=1	Option Data Length=4	0	0
0	0	Option Type=X	Option Data Length=12
4-octet field			
8-octet field			

图 5.24　案例 3 第二种选项报头设计

3. “逐跳选项”报头

“逐跳选项”报头用于携带数据报文传递路径上的每个节点都需要检查和处理的信息。“逐跳选项”报头由 IPv6 报头中的“下一个报头”值为 0 来标识，并具有以下格式，如图 5.25 所示。

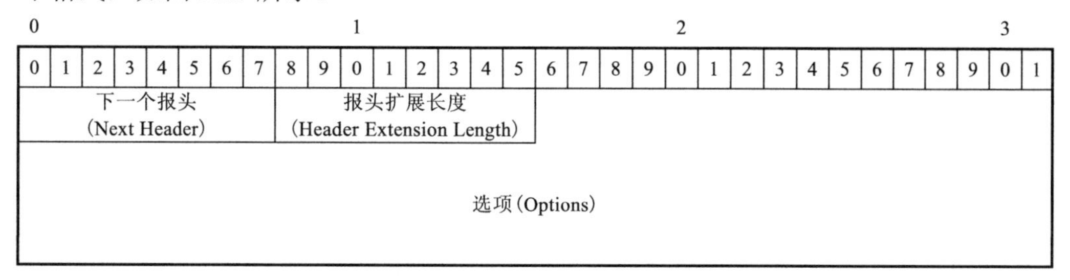

图 5.25　“逐跳选项”报头

(1) 下一个报头(Next Header)：8 比特；在“逐跳选项”报头之后标识报头的类型，使用与 IPv4 字段相同的值。

(2) 报头扩展长度(Header Extension Length)：8 比特(无符号整数)；以 8 比特字节为单位的“逐跳选项”报头的长度，不包括前 1 个 8 比特字节。

(3) 选项(Options)：可变长度字段。长度使完整的“逐跳选项”报头是 8 比特字节的整数倍，包含一个或多个“类型-长度-值”(type-length-value，TLV)编码选项。

目前定义的唯一“逐跳选项”是 Pad1 选项和 PadN 选项。

4. “路由”报头和 IPv6 分段路由(SRv6)

IPv6 报文的“源路由”功能使用“路由”报头。“路由”报头列出一个或多个数据报文在到达目标节点之前需要访问的中间节点。这个功能与 IPv4 的“松散源和记录路由选项(Loose Source and Record Route Option)”非常相似。“路由”报头由前一个报头中的“下一个报头”值 43 标识，并具有以下格式，如图 5.26 所示。

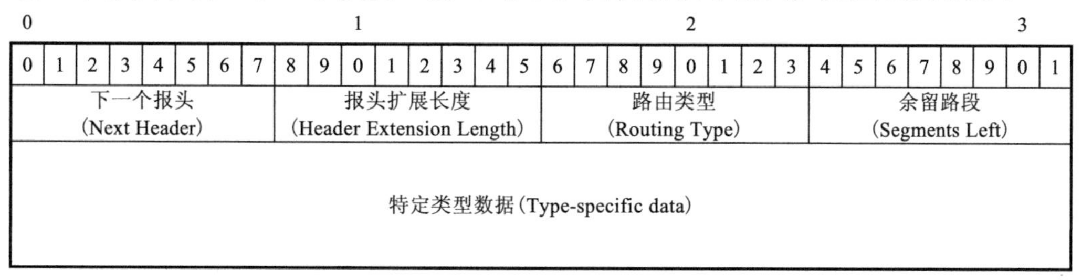

图 5.26　路由报头

(1) 下一个报头(Next Header)：8 比特；标识紧跟在“路由”报头之后的报头类型，参见本书附录 A 的协议类型定义。

(2) 报头扩展头长度(Header Extension Length)：8 比特(无符号整数)；以 8 比特字节为单位的“路由”报头长度，不包括前一个 8 比特字节。

(3) 路由类型(Routing Type)：8 比特标识符；标识特定路由的变量。

(4) 余留路段(Segment Left)：8 比特(无符号整数)；剩余的路段数量，即在到达最终目标节点之前仍要访问且明确列出的中间节点数量。这实际上是指向下一个地址的指针。

(5) 特定类型数据(Type-specific data)：可变长度字段；根据路由类型确定数据的格式以及长度，“路由”报头的长度必须为 8 比特字节的整数倍。

如果节点在处理所接收到的报文时遇到一个无法识别的“路由”报头，该节点的行为由“余留路段”的值决定，描述如下：

(1) 如果“余留路段”的值为 0，则节点必须忽略“路由”报头并继续处理数据报文中的下一个报头，其类型由“路由”报头中的“下一个报头”字段所标识。

(2) 如果“余留路段”的值不为 0，则节点必须丢弃该数据报文，并向数据报文的源地址发送 ICMP 参数问题，代码 0 消息，指针指向无法识别的路由类型。

(3) 如果在处理接收到的报文的“路由”报头之后，中间节点确定该报文将被转发到链路的 MTU 小于报文长度的链路上，则该节点必须丢弃该数据报文，并发送“报文太大的互联网控制”(ICMP Packet Too Big) 消息到数据报文的源地址。

可以在 RFC5871[14]中找到 IPv6“路由”报头的分配指南。

IPv6 分段路由报头(segment routing header，SRH)是一种路由扩展报头，参见 RFC8402[15]、RFC8754[16]、RFC8986[17]。

SRH 的定义如图 5.27 所示。

<table>
<tr><td colspan="10">0</td><td colspan="10">1</td><td colspan="10">2</td><td colspan="2">3</td></tr>
<tr><td>0</td><td>1</td><td>2</td><td>3</td><td>4</td><td>5</td><td>6</td><td>7</td><td>8</td><td>9</td><td>0</td><td>1</td><td>2</td><td>3</td><td>4</td><td>5</td><td>6</td><td>7</td><td>8</td><td>9</td><td>0</td><td>1</td><td>2</td><td>3</td><td>4</td><td>5</td><td>6</td><td>7</td><td>8</td><td>9</td><td>0</td><td>1</td></tr>
<tr><td colspan="8">Next Header</td><td colspan="8">Header Extension Length</td><td colspan="8">Routing Type</td><td colspan="8">Segments Left</td></tr>
<tr><td colspan="8">Last Entry</td><td colspan="8">Flags</td><td colspan="16">Tag</td></tr>
<tr><td colspan="32">Segment List[0] (128-bit IPv6 address)</td></tr>
<tr><td colspan="32">⋮</td></tr>
<tr><td colspan="32">Segment List[n] (128-bit IPv6 address)</td></tr>
<tr><td colspan="32">Optional Type Length Value objects (variable)</td></tr>
</table>

图 5.27　SRH

(1) 下一个报头(Next Header)：8 比特；标识紧跟在“路由”报头之后的报头类

型，参见本书附录 A 的协议类型定义。

(2)报头扩展长度(Header Extension Length)：8 比特；以 8 比特字节为单位的“路由”报头长度，不包括前一个 8 比特字节。

(3)路由类型(Routing Type)：8 比特；取值为 4。

(4)余留路段(Segment Left)：8 比特；使用“路由”报头的定义，如上。

(5)最后一个条目(Last Entry)：8 比特；从 0 开始的索引，指向分段路由的最后一个条目。

(6)旗标(Flags)：8 比特；目前定义的旗标如图 5.28 所示。

0	1	2	3	4	5	6	7
U	U	U	U	U	U	U	U

图 5.28　旗标

U：未使用，预留；
发送时必须为 0，接收时忽略

(7)标记(Tag)：16 比特；将数据报文标记为某一类，即共享相同属性集的数据报文。如果不使用标记，则发送端必须将标记设置为 0。如果在分段路由报头处理期间不使用标记，则应将其忽略。根据当前的标准处理分段标识(segment identifier，SID)时，不应使用标记(未来可能不同)。

(8)分段列表[0..n]：变长，每一个元素 128 比特，代表第 n 个 128 比特的 IPv6 地址。分段列表从最后一个 IPv6 地址开始。也就是说，分段列表的第一个元素(分段列表[0])为最后一个源路由策略，第二个元素(分段列表[1])为倒数第二个源路由策略，以此类推。

(9)类型-长度-值选项(Optional Type Length Value objects(varible))：变长；类型-长度-值提供用于分段处理的元数据。目前仅定义了的 TLV 是基于散列的消息验证代码(hash-based message authentication code，HMAC)和“填充 TLV”。在处理 SID 时，除非本地专门配置，否则应该忽略所有 TLV。因此，对于 TLV 和 HMAC 的支持是可选项。需要指出的是：路由器或计算机如果支持处理 TLV，则必须支持处理“填充 TLV”。在分段路由的端点处理 TLV 时，TLV 必须完全包含在由“扩展报头长度”所确定的 SRH 内容中。检测到超过 SRH 的“扩展报头长度”边界的 TLV 需要产生 ICMP 参数问题，代码 0。

5. “分片”报头

IPv6 报文的发起方使用“分片”报头将大于路径 MTU 的数据报文发送到其目标地址(注意：与 IPv4 不同，IPv6 仅允许源节点对数据报文进行分片，而不允许传送路径上的路由器对数据报文进行分片)。“分片”报头由前一个报头中的“下一个报头”值 44 标识，并具有以下格式，如图 5.29 所示。

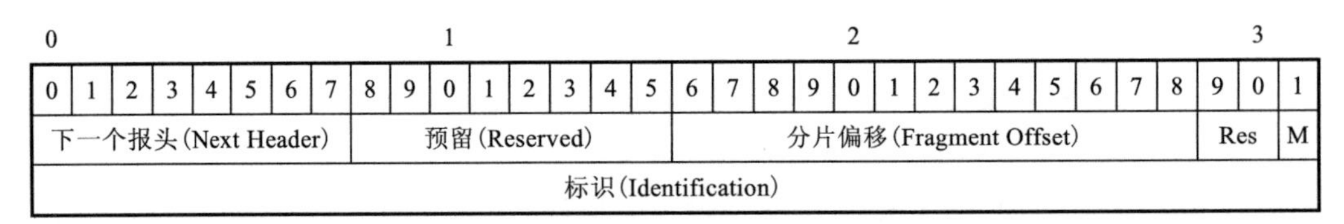

图 5.29　“分片”报头

(1) 下一个报头(Next Header)：8 比特；标识初始报头原始数据报文的可分片部分的类型，使用与 IPv4 字段相同的值。

(2) 预留(Reserved)：8 比特；保留字段，发送端初始化为 0，接收时忽略。

(3) 分片偏移(Fragment Offset)：13 比特(无符号整数)；偏移值以 8 比特字节为单位，标识相对于该报头起始的分片数据。

(4) 保留字段(Res)：2 比特；保留字段，发送端初始化为 0，接收时忽略。

(5) 更多分片标识(M)：1 比特；1 =更多分片，0 =最后一个分片。

(6) 标识(Identification)：32 比特；见下面的描述。

为了发送大于到其目标的路径上所允许 MTU 的数据报文，源节点可以对数据报文进行分片，将每个分片作为单独的数据报文发送，并在接收节点重新组装。

对于要分片的数据报文，源节点生成“标识”值。“标识”值必须与近期发送的具有相同源地址和目标地址的任何其他数据报文不同。如果存在“路由”报头，则此处的目标地址是最终目标节点的目标地址。若等待时间超出数据报文从源节点到目标节点的传输时间或数据报文进行重组的等待时间，则可以认为该等待时间不属于近期的范畴。事实上，源节点不需要知道最大数据报文的生存期，而可以通过使用具有低重用频率的算法来满足该要求(RFC7739[18])。

初始未分片的数据报文称为原始数据报文，由三部分组成，如图 5.30 所示。

Per-Fragment Headers	Extension & Upper-layer Headers	Fragmentable Part

图 5.30　原始数据报文

(1) 共同分片报头(Per-Fragment Headers)：“共同分片报头”必须包含 IPv6 报头以及到达目标节点路径上的各个节点必须处理的任何扩展报头，即包含“路由”报头(如果存在)、“逐跳选项”报头(如果存在)的相关报头，而不包括其他扩展报头。

(2) 扩展和高层报头(Extension & Upper-layer Headers)：“扩展和高层报头”是未包含在“共同分片报头”中的所有其他扩展报头。为了这个目的，封装安全有效载荷(ESP)不认为是扩展报头。高层报头包括 TCP、UDP、IPv4、IPv6、ICMPv6，以及 ESP 等。

(3) 分片部分(Fragmentable Part)：包括在高层报头之后，或任何“下一个报头”的值为“没有下一个报头”之后的部分。

原始数据报文的可分片部分会被分片。必须选择分片的长度，使得到的分片报文的长度适合到达目标节点的沿路的 MTU。除了最后一个(“最右边的”)之外，每个完整分片是 8 比特字节长的整数倍。分片在单独的分片报文中传输，原始数据报文如图 5.31 所示。

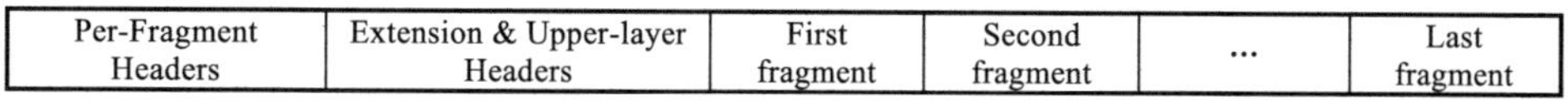

Per-Fragment Headers	Extension & Upper-layer Headers	First fragment	Second fragment	…	Last fragment

图 5.31　原始数据报文(细节)

分片后的数据报文，如图 5.32 所示。

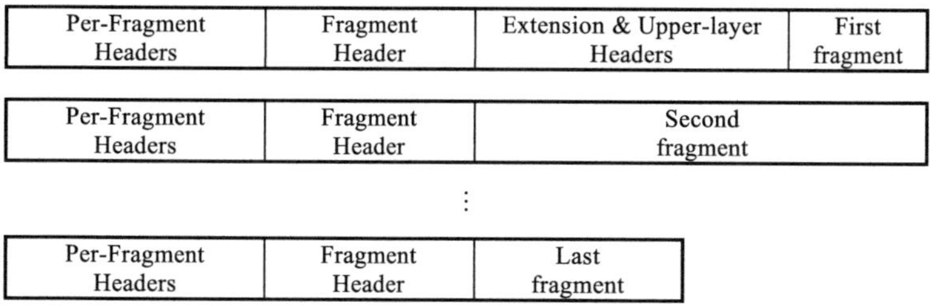

Per-Fragment Headers	Fragment Header	Extension & Upper-layer Headers	First fragment

Per-Fragment Headers	Fragment Header	Second fragment

⋮

Per-Fragment Headers	Fragment Header	Last fragment

图 5.32　分片后的数据报文(细节)

第一个分片报文由以下部分组成。

(1) 原始数据报文的“共同分片报头”：原始 IPv6 报头的“载荷长度”改为仅包含该分片报文长度(不包括 IPv6 报头本身的长度)，且“共同分片报头”的“下一个报头”字段更改为 44。

(2) 分片报头包含以下几部分。

①“下一个报头”值，用于标识原始数据报文的“共同分片报头”之后的第一个报头。

②“分片偏移”，这是相对于原始数据报文的第一个分片的偏移量，以 8 比特字节为单位，第一个(“最左边”)片段的分片偏移量为 0。

③M 标识=1，因为这是第一个分片。

④为原始数据报文生成的标识值。

(3) 扩展报头(如果有)和高层报头：这些报头必须位于第一个分片中。注意：这将会使高层报头的大小受限于传输路径上的最小 MTU。

(4) 第一个分片的载荷部分：第一个分片的数据载荷。

后续的分片报文由以下部分组成。

(1) 原始报文的“共同分片报头”：原始 IPv6 报头的“载荷长度”改变为仅包含该分片报文的长度(不包括 IPv6 报头本身的长度)，并且“共同分片报头”的“下一个报头”字段更改为 44。

(2) 分片报头包含以下几部分。

①“下一个报头”值，用于标识原始数据报文的“共同分片报头”之后的第一个报头。

②“分片偏移”，相对于原始数据报文，本分片开头的偏移量，以 8 比特字节为单位，第一个(“最左边”)片段的分片偏移量为 0。

③如果分片是最后一个(“最右边”)，则 M 标识=0，否则 M 标识=1。

④为原始数据报文生成的标识值。

(3)分片本身。

不得创建任何与从原始数据报文创建的其他分片相重叠的分片。在目标节点，分片数据报文将被重新组装成原始未分片的形式，如图 5.33 所示。

Per-Fragment Headers	Extension & Upper-layer Headers	First fragment	Second fragment	…	Last fragment

图 5.33　重新组装的原始数据报文(细节)

按以下规则控制重组：

(1)原始数据报文仅对具有相同源地址、目标地址和分片标识的分片数据报文进行重组。

(2)重组数据报文的“共同分片报头”进行以下两个更改。

①“共同分片报头”的最后一个报头的“下一个报头”字段从第一个分片的“分片报头”的“下一个报头”字段获得。

②重组数据报文的“有效载荷长度”是根据“共同分片报头”的长度以及最后一个分片的长度和“分片偏移量”计算的。用于计算重组原始数据报文有效载荷长度的公式为

$$PL.orig = PL.first - FL.first - 8 + (8 \times FO.last) + FL.last$$

其中，PL.orig 为重组数据报文的“有效载荷长度”字段；PL.first 为第一个分片报文的“有效载荷长度”字段；FL.first 为第一个分片报文的分片报头之后的分片长度；FO.last 为最后分片报文的分片报头的“分片偏移”字段；FL.last 为最后一个分片报文的分片报头之后的分片长度。

构造重组数据报文的“可分片部分”来自每个分片数据报文中分片报头之后的分片。通过从报文的“有效载荷长度”中减去 IPv6 报头和分片本身的报头长度来计算每个分片的长度；它们在“可分片部分”中的相对位置根据“分片偏移”的值来计算。

(1)分片报头不存在于重组数据报文中。

(2)如果分片是一个完整的数据报文(也就是“分片偏移”字段和 M 标志为 0)，那么它不需要做任何进一步的重组，应该作为完全重组的数据报文来进行处理(即更新“下一个报头”，调整“有效载荷长度”，删除“分片报头”等)。与该数据报文相

匹配的任何其他分片(即具有相同的 IPv6 源地址、IPv6 目标地址和分片标识)都应该独立进行处理。

重新组装分片数据报文时可能会出现以下错误情况。

(1)如果收到的分片数量不足以在收到第一个数据报文后的 60s 内完成数据报文的重组，必须放弃对该数据报文的重组，并且必须丢弃该报文所有的分片。如果已收到第一个分片(即分片偏移量为 0 的分片)，则应将 ICMP 的“超过分片重组时间”消息发送到该分片的源地址。

(2)如果从分片数据报文的“有效载荷长度”字段派生的分片长度不是 8 比特字节的整数倍，且该分片的 M 标志是 1，那么必须丢弃该分片，并且应该向发送该分片的源地址发送代码为 0 的“ICMP 参数问题”消息指向分片报文的“有效载荷长度”字段。

(3)如果根据分片长度和分片偏移量得到该分片重组后的数据报文“有效载荷长度”超过 65535 个 8 比特字节，则必须丢弃该分片，并且应该向发送该分片的源地址发送代码为 0 的“ICMP 参数问题”消息指向分片报文的“有效载荷长度”字段。

(4)如果第一个分片不包含直至“高层报头”的所有报头，则必须丢弃该分片，并且应该向发送该分片的源地址发送代码为 3 的“ICMP 参数问题”消息，这个信息中的“指针”值应设为 0。

(5)如果重组的任何分片与为同一个数据报文重新组合的任何其他分片重叠，则必须放弃对该数据报文的重组，丢弃该数据报文已收到的所有分片，并且不应发送 ICMP 错误消息。

(6)应该注意的是：网络有可能重复发送分片，因此不应将这些完全一样的分片报文看成重叠分片，在实现的过程中可以选择检测这种情况并丢弃完全一样的重复分片报文，同时保留其中的一个进行重组。

预期不会频繁发生以下情况，但如果发生则不应该视为错误。

(1)同一原始数据报文不同分片的分片报头之前的报头数量和内容可能不同。无论在每个分片中的分片报头之前存什么报头，都需要在进行重组之前处理完毕。只有分片偏移量为 0 的分片报文中的报头才会保留在重新组装的数据报文中。

(2)同一原始数据报文不同分片的分片报头中的“下一个报头”的值可能不同。只有分片偏移量为 0 的分片报文的报头才会保留在重新组装的数据报文中。

IPv6 报头中的其他字段也可能在重新组合时在不同分片之间变化。如果分片偏移量为 0 的分片提供的信息不充分，则这些字段可能会提供其他说明。例如，RFC3168[19]描述了如何组合来自不同分片的显式拥塞通知(explicit congestion notification，ECN)比特以导出重组数据报文的 ECN 比特。

6. “目标选项”报头

“目标选项”报头用于携带仅需要由数据报文的目标节点检查并处理的可选信息。如果当前报头中“下一个报头”的值为 60，则紧接着的是“目标选项”报头。“目标选项”报头具有以下格式，如图 5.34 所示。

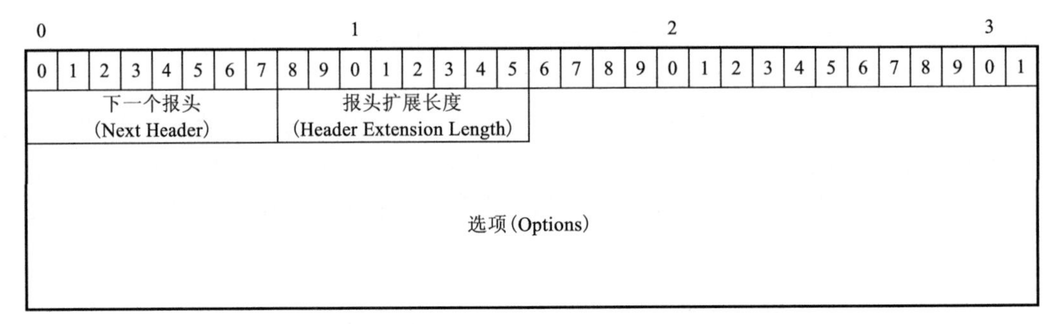

图 5.34　“目标选项”报头格式

(1) 下一个报头(Next Header)：8 比特；定义紧跟在“目标选项”报头之后的报头类型，使用与 IPv4 字段相同的值。

(2) 报头扩展长度(Header Extension Length)：8 比特(无符号整数)；“目标选项”报头的长度，以 8 比特字节为单位，不包括前一个 8 比特字节。

(3) 选项(Options)：变长；其长度使完整的“目标选项”报头是 8 比特字节长的整数倍，包含一个或多个 TLV 编码选项。

目前 IETF 仅定义 Pad1 和 PadN 这两个“目标选项”。

有两种方法可以对 IPv6 数据报文中的可选目标信息进行编码，选择使用哪种方法取决于目标节点在不理解可选信息时所需进行的操作。

(1) 作为单独的扩展报头。如果所需操作是目标节点丢弃该数据报文，且需要将“ICMP 无法识别”的类型消息发送到数据报文的源地址(数据报文的目标地址为组播地址时不能发送)，可选目标信息可以作为单独的扩展报头。“分片”报头和“认证”报头是单独的扩展报头的示例。

(2) 作为“目标选项”报头中的选项。如果所需操作是目标节点丢弃该数据报文，且需要将“ICMP 无法识别”的类型消息发送到数据报文的源地址(数据报文的目标地址为组播地址时不能发送)，可选目标信息也可以编码为“目标选项”报头。“目标选项”报头类型的编码在最高 2 比特为 11。其选择可能取决于这样的因素，即占用较少的 8 比特字节，或者产生更好的对齐或更有效的解析。注意：如果需要任何其他操作，则必须将可选目标信息作为“目标选项”报头进行编码，其选项类型(Option Type)在其第 1 比特和第 2 比特中用 00、01 或 10 来指定所需的操作。

7. 没有下一个报头

IPv6 报头或任何扩展报头的“下一个报头”字段中的值 59 表示该报头后面没有任何内容。如果 IPv6 报头的“有效载荷长度”字段指示在“下一个报头”字段为 59 的报头之后存在 8 比特字节，则必须忽略这些 8 比特字节，在转发该报文的情况下，则需要不改变地传递这些 8 比特字节。

8. 定义新的扩展报头和选项

当未来需要增加新功能时，应该在已有 IPv6 扩展报头中定义新的选项。如果必须定义新的 IPv6 扩展报头，则必须提供详细的技术说明，论证为什么已有的 IPv6 扩展报头不能实现所需的新功能。

不得为逐跳行为定义新的扩展报头，因为具有逐跳行为的唯一扩展报头是“逐跳选项”报头。不允许定义新的“逐跳选项”的原因是目前的 IPv6 标准要求路由节点可以：①忽略“逐跳选项”报头；②丢弃包含“逐跳选项”报头的数据报文；③不需要为包含“逐跳选项”报头的数据报文提供传输性能的保证。

因此，考虑定义新的“逐跳选项”时，必须意识到这些因素，定义任何新的“逐跳选项”都必须有非常明确的理由。

建议使用“目标选项”报头来携带仅由数据报文目标节点检查并处理的可选信息，而不是定义新的扩展报头，因为这样可以提供更好的处理机制和后向兼容性。

如果定义新的扩展报头，则需要使用以下格式，如图 5.35 所示。

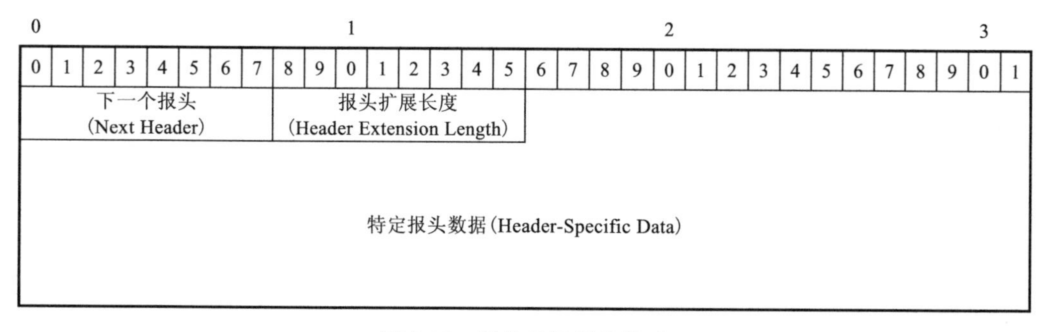

图 5.35　新的扩展报头格式

(1) 下一个报头(Next Header)：8 比特；定义紧跟在这个报头之后的报头类型，使用与 IPv4 字段相同的值。

(2) 报头扩展长度(Header Extension Length)：8 比特(无符号整数)；这个报头的长度以 8 比特字节为单位，不包括前一个 8 比特字节。

(3) 报头特定数据(Header-Specific Data)：可变长度字段，是特定于扩展报头的字段。

5.3.3 数据报文大小问题

IPv6 要求互联网中的每条链路都能支持 1280 个 8 比特字节或更大的 MTU，称为 IPv6 最小链路 MTU。在任何无法传输 1280 个 8 比特字节数据报文的链路上，必须在低于 IPv6 的层级上提供针对该特定链路的分片和重组。

具有可配置 MTU 的链路(例如，由 RFC1661[20]定义的 PPP 链路)必须配置能支持 1280 个 8 比特字节的 MTU，建议配置 1500 个 8 比特字节或更大 MTU，以适应可能的封装(即隧道)，而不会引起 IPv6 数据报文的分片。

IPv6 节点必须能够接收直接连到该节点的每条链路上传来的、与该链路允许的 MTU 一样大的数据报文。

强烈建议 IPv6 节点支持由 RFC8201[21]定义的路径 MTU 发现协议，以便发现并利用大于 1280 个 8 比特字节的路径 MTU。对于最小的 IPv6 实现(例如，在引导设备启动的只读存储器(read-only memory，ROM)中)，可以简单地将其自身限制为发送不大于 1280 个 8 比特字节的报文，并且省略路径 MTU 发现的功能。

为了发送大于路径 MTU 的数据报文，节点可以使用 IPv6 分片报头在发送端对数据报文进行分片，并在目标节点将其重新组合。然而对于任何能够调整其报文大小，以适合通过测量得到路径 MTU(即不小于 1280 个 8 比特字节)的应用程序，不鼓励使用这种分片技术。

IPv6 节点必须能够接收分片数据报文，这些报文在重组后能够达到的大小为 1500 个 8 比特字节。可以允许节点接收经重组后超过 1500 个 8 比特字节的分片数据报文。但是，除非能够确保目标节点具有重组更大数据报文的能力，否则路径 MTU 数据报文的分片不应大于 1500 个 8 比特字节。

5.3.4 流标签

IPv6 报头中的 20 比特“流标签”(Flow Label)字段由发送端使用，以便将需要在网络中处理的若干数据报文标记为单个流。

RFC6437[22]定义了当前 IPv6 流标签的使用规范。

5.3.5 流量类型

IPv6 报头中的 8 比特“流量类型”(Traffic Class)字段用于进行网络流量管理。注意：节点收到的数据报文或数据报文分片的流量类型值可能与数据报文发送端发送的值不同。

RFC2474[4]和 RFC3168[19]中规定了用于区分服务和显式拥塞通知的流量类字段的当前使用规范。

5.3.6　高层协议

1. 高层校验和

为了能够在 IPv6 上使用，任何包含计算 IP 地址校验和的传输协议或其他高层协议都必须进行修改，以便处理 128 比特的 IPv6 地址而不是 32 比特的 IPv4 地址。图 5.36 显示了包含 IPv6 地址的 TCP(RFC793[23]) 和 UDP(RFC768[24]) 的伪报头。

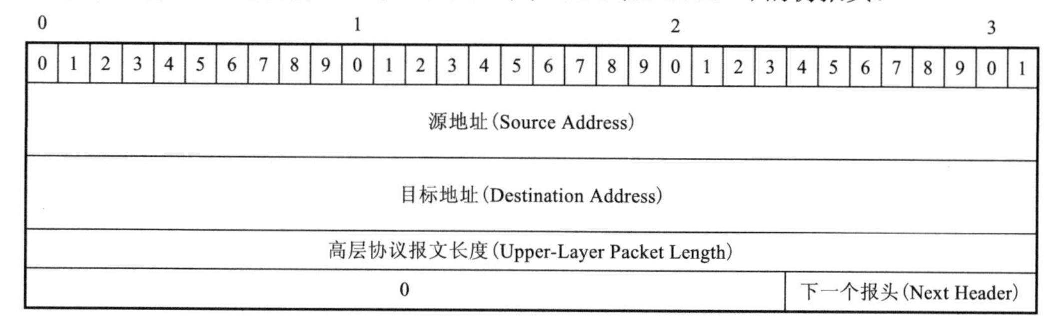

图 5.36　TCP 和 UDP 伪报头

TCP 和 UDP 中伪报头的处理方法如下：

(1) 如果 IPv6 数据报文包含路由报头，则伪报头中使用的目标地址是最终目标的目标地址。在初始发送节点，该地址将位于路由报头的最后一个元素中。在目标节点，该地址位于 IPv6 报头的“目标地址”字段。

(2) 伪报头中的“下一个报头”用于标识高层协议(例如，6 表示 TCP，17 表示 UDP)。但是，如果 IPv6 报头和高层报头之间存在扩展报头，则此值与 IPv6 报头中的“下一个报头”的值不相同。

(3) 伪报头中的高层报文的长度是高层报头和数据的长度之和(例如，TCP 报头加 TCP 数据)。一些高层协议携带它们自己的长度信息(例如，UDP 报头中的长度字段)。对于这样的协议，高层报文的长度即为伪报头中的长度。对于其他不携带自己的长度信息的协议(如 TCP)，在这种情况下，伪报头中使用的长度信息是来自 IPv6 报头的有效载荷长度减去 IPv6 报头和高层报头之间存在的任何扩展报头的长度。

(4) 与 IPv4 不同，由 IPv6 节点发起的 UDP 数据报文的默认行为是“UDP 校验和”为必选项。也就是说，无论何时发送 UDP 数据报文，IPv6 节点都必须在数据报文和伪报头上计算“UDP 校验和”。如果该计算产生的结果为 0，必须更改为 16 进制 FFFF 并放置在 UDP 报头中。IPv6 接收节点必须丢弃包含校验和为 0 的 UDP 数据报文，并记录该错误。

(5) 作为默认行为的例外，使用 UDP 作为隧道封装协议可以为特定端口(或端口集)启用“UDP 校验和”0 模式进行发送和/或接收。任何实现“UDP 校验和”0 模式的节点都必须遵循 RFC6936[25]定义的使用“UDP 校验和”0 模式的 IPv6 UDP 数据报文适用性声明所指定的要求。

IPv6 版本的 ICMP 在“校验和”的计算中包括上述伪报头。这是对于 IPv4 版本 ICMP 的更改，IPv4 版本 ICMP 在其“校验和”中不包含伪报头。IPv6 版本更改的原因是为了保护 ICMP 避免其所依赖的 IPv6 报头存在的传送错误或损坏带来的影响(这与 IPv4 不同)。ICMP 伪报头中的“下一个报头”字段的值为 58，以标识 IPv6 版本的 ICMP。

2. 最大数据报文生存时间

与 IPv4 不同，IPv6 节点不需要强制执行最大数据报文“生存时间”。这就是 IPv4“生存时间”字段在 IPv6 中重命名为“跳数限制”(Hop Limit)的原因。在实践中，很少有符合数据报文“生存时间”的 IPv4 报文出现，因此完全不影响实际使用。任何依赖互联网层(无论 IPv4 还是 IPv6)来限制数据报文“生存时间”的高层协议都应该升级，以提供自己的机制来检测和丢弃过时的数据报文。

3. 最大高层有效载荷大小

在计算可用于高层数据的最大有效载荷大小时，高层协议必须考虑相对于 IPv4 报头更大的 IPv6 报头。例如，在 IPv4 中，TCP 的“最大分片大小”(maximum segment size，MSS)选项被计算为最大数据报文大小(默认值或通过路径 MTU 发现获知的值)减去 40 个 8 比特字节(最小长度 IPv4 报头的 20 个 8 比特字节和最小长度 TCP 报头的 20 个 8 比特字节)。当使用 TCP over IPv6 时，必须将 MSS 计算为最大数据报文的值减去 60 个 8 比特字节，因为最小长度的 IPv6 报头(即没有扩展报头的 IPv6 报头)比最小长度的 IPv4 报头大了 20 个 8 比特字节。

4. 响应携带路由报头的数据报文

当高层协议响应包含路由报头的数据报文，且需要发送一个或多个报文时，响应的报文不得包括通过接收到的路由报头自动导出相应的路由报头。这种情况唯一的例外是：所接收报文的源地址和路由报头的完整性与真实性得到了验证(例如，通过使用认证报头验证了的接收报文)。换句话说，在响应带有路由报头的数据报文时，仅允许发送以下类型的报文。

(1) 不携带路由报头的响应报文。

(2) 带有并不是通过接收到的路由报头自动导出的路由报头(例如，本地配置提供的路由报头)的响应报文。

(3) 响应节点在验证了数据报文源地址和路由报头的完整性与真实性的情况下，才允许发送带有通过接收到的路由报头自动导出的路由报头的响应报文。

5.3.7　安全考虑因素

从数据报文的基本格式和传输的角度来看，IPv6 具有与 IPv4 类似的安全性。这些安全问题包括以下几个。

(1) 窃听，其中路径上的节点可以观察每个 IPv6 数据报文(包括内容和元数据)。

(2) 重放，攻击者从网络中记录一系列数据报文并将其发送到最初的接收节点。

(3) 数据报文插入，攻击者使用一些选定的属性伪造数据报文并将其注入网络。

(4) 数据报文删除，攻击者从网络中删除数据报文。

(5) 数据报文修改，攻击者从线路中删除数据报文、修改数据报文并将其重新注入网络。

(6) 中间人(man-in-the-middle，MITM) 攻击通信流，以便对于发送节点作为接收者，对于接收节点作为发送者。

(7) 拒绝服务(denial of service，DoS) 攻击，攻击者将大量合法流量发送到目标节点以便使其无法正常进行服务。

通过使用 RFC4301[26]定义的"用于互联网协议的安全体系结构"，可以保护 IPv6 数据报文免受窃听、重放、数据报文插入、数据报文修改和 MITM 攻击。此外，高层协议，如传输层安全协议(RFC8446[27]) 或者安全外壳(secure shell，SSH) 协议(RFC4251[28]) 可用来保护在 IPv6 上运行的应用。

在 IPv6 协议层没有任何机制可以防范 DoS 攻击。

IPv6 地址空间明显大于 IPv4 地址空间，这使得在互联网上甚至在单个网络链路(例如，局域网) 上扫描地址空间变得更加困难，参见 RFC7707[29]。

因为 IPv6 不允许使用地址转换技术，预计在互联网上可以看到比 IPv4 更多的 IPv6 节点，这会产生一些额外的隐私问题，例如，更容易区分端节点，参见 RFC7721[30]。

IPv6 扩展报头架构的设计虽然增加了灵活性，但也带来了新的安全挑战。对于任何新的扩展报头设计的安全问题都需要仔细研究，包括新的扩展报头如何工作，且与现有的扩展报头如何兼容，参见 RFC7045[31]。

5.4　ICMPv6

RFC4443[32]定义了 IPv6 的消息控制协议(ICMPv6)，其 IPv6 "下一个报头" 的值为 58。ICMPv6 是在由 RFC792[7]定义的 IPv4 消息控制协议的基础上进行的修改。

ICMPv6 中与时间相关的协议常量见附录 H。

5.4.1　IPv6 控制消息格式

IPv6 节点使用 ICMPv6 来报告处理数据报文遇到的错误，以及执行其他 IP 层功能，如诊断(ICMPv6“ping”)。ICMPv6 是 IPv6 基本协议的组成部分(定义消息和需要采取的行为)，所有 IPv6 节点都必须完整地实现 ICMPv6。

1. 消息一般格式

每个 ICMPv6 消息前面都有一个 IPv6 报头、0 个或多个 IPv6 扩展报头。ICMPv6 报头由前一个报头的“下一个报头”的值为 58 来标识(这与用于识别 IPv4 ICMP 的值不同)。

ICMPv6 消息具有以下一般格式，如图 5.37 所示。

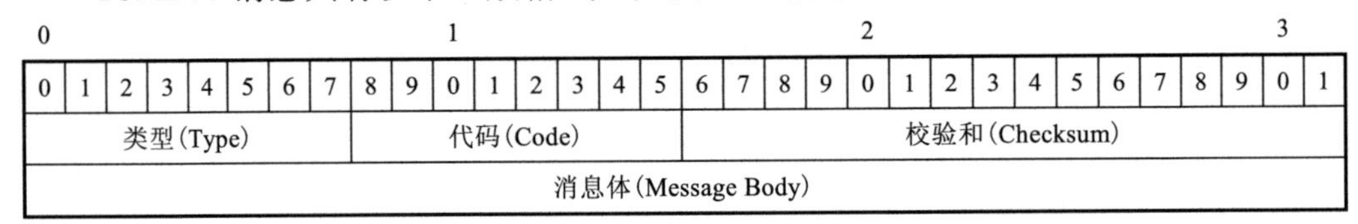

图 5.37　ICMPv6 消息格式

(1) 类型(Type)字段：8 比特；表示消息的类型，它的值确定对应数据的格式。

(2) 代码(Code)字段：8 比特；取决于消息类型，它用于进一步描述消息。

(3) 校验和(Checksum)字段：16 比特；用于检测 ICMPv6 中 IPv6 报头和 ICMPv6 中数据损坏的情况。

ICMPv6 消息分为两类：错误消息和信息性消息。错误消息由“类型”字段中第一比特为 0 来标识，因此错误消息的类型值为 0～127，而信息性消息的类型值为 128～255。

目前定义了以下 ICMPv6 的消息格式：ICMPv6 错误消息如表 5.10 所示。

表 5.10　ICMPv6 错误消息

类型	描述
1	目标节点无法到达
2	数据报文太大
3	超过时间
4	参数问题
100	内部实验用
101	内部实验用
127	保留用于扩展 ICMPv6 错误消息

ICMPv6 信息性消息如表 5.11 所示。

表 5.11　ICMPv6 信息性消息

类型	描述
128	回声请求
200	内部实验用
201	内部实验用
255	保留用于扩展 ICMPv6 信息性消息

类型字段的值 100、101、200 和 201 保留用于内部实验，而不适用于一般用途。任何大规模的部署都应该使用正式定义的数值。

类型字段的值 127 和 255 用于未来类型字段的扩展。目前对此字段为 127 和 255 的数据报文不需做特殊处理。

总之，发送 ICMPv6 错误消息的目的是帮助产生 ICMPv6 错误消息的原始报文的发送者的高层协议判断产生错误的原因。

2. 消息源地址确定

发出 ICMPv6 消息的节点必须在计算校验和之前确认 IPv6 报头中的源地址和目标地址。如果节点有多个单播地址，它必须根据以下要求选择消息的源地址。

(1) 如果消息是发送给响应节点的某一个单播地址，响应节点答复的源地址必须是那个地址。

(2) 如果消息是发送给任何其他地址，如组播地址、节点使用的任播地址、不属于该节点的单播地址，则节点发送的 ICMPv6 数据报文的源地址必须是属于该节点的单播地址。该源地址应该根据给定目标节点生成其他报文时同样的规则选择 ICMPv6 的源地址。但是，它也可以使用其他方法选择 ICMPv6 的源地址，如果这能够使 ICMPv6 的目标地址更好地与这个源地址通信。

3. 消息校验和计算

“校验和”使用含 ICMPv6 类型字段的整个 ICMPv6 消息，并通过 IPv6 报头中的“伪报头”字段计算，产生 16 比特补码。在伪报头中的“下一个报头”的值为 58。

为了计算校验和，“校验和”字段首先设置为 0。

4. 消息处理规则

必须遵守以下规则来处理 ICMPv6 消息。

(1) 如果目标节点收到未知类型的 ICMPv6 错误消息，该消息必须传递给发出导致错误的数据报文的高层协议，因为这是可以确定的。

(2) 如果目标节点收到未知类型的 ICMPv6 信息性消息，该消息必须被静默丢弃。

(3) 每个 ICMPv6 错误消息(类型字段的值<128)必须在不使错误消息报文超过

最小 IPv6 MTU 的情况下，包括尽可能多的引起错误的 IPv6 数据报文。

(4) 如果要求网络层协议通过 ICMPv6 错误消息传递给高层进程，则应该从原始数据报文中提取高层协议类型(包含在 ICMPv6 错误消息的正文中)并将此信息传递给对应的高层进程来处理相关错误。在无法从 ICMPv6 消息检测到高层协议类型的情况下，在 IPv6 层处理后应直接把 ICMPv6 消息静默丢弃。

①一个例子是在 ICMPv6 消息报文包含扩展报头的数量超出寻常情况时，为了满足最小 IPv6 路径 MTU 的要求而丢弃了高层协议。

②另一个例子是带有 ESP 扩展报头的 ICMPv6 消息，由于截断或解密数据报文所需的状态不可用，无法通过解密原始数据报文得到高层协议。

(5) 在收到以下情况的报文时，不允许生成 ICMPv6 错误消息。

①ICMPv6 错误消息。

②ICMPv6 重定向消息。

③发往 IPv6 组播地址的数据报文(此规则有两个例外：为了允许路径 MTU 发现适用于 IPv6 组播，当收到 Packet Too Big(报文太大)消息时；当收到的 ICMPv6 为参数问题消息，代码 2，其选项类型最高两比特设置为 10 时，报告了一个无法识别的 IPv6 选项)。

④作为链路层组播发送的数据报文(此规则有两个例外：为了允许路径 MTU 发现适用于 IPv6 组播，当收到 Packet Too Big 消息时；当收到的 ICMPv6 为参数问题消息，代码 2，其选项类型最高两比特设置为 10 时，报告了一个无法识别的 IPv6 选项)。

⑤作为链路层广播发送的数据报文(此规则有两个例外：为了允许路径 MTU 发现适用于 IPv6 组播，当收到 Packet Too Big 消息时；当收到的 ICMPv6 为参数问题消息，代码 2，其选项类型最高两比特设置为 10 时，报告了一个无法识别的 IPv6 选项)。

⑥源地址不能唯一标识的数据报文来自单个节点。例如，来自 IPv6 未定义的地址、IPv6 组播地址或 IPv6 任播地址。

(6) 为了限制由于发起 ICMPv6 错误消息而导致的带宽和转发成本的开销，IPv6 节点必须限制发起 ICMPv6 错误消息的速率。当错误数据消息的发起节点未能注意到会产生 ICMPv6 错误消息流时，可能会发生以下情况。

①推荐的实现速率限制功能的方法是使用令牌桶，以限制平均传输速率 N。根据具体要求，N 可以是“每秒数据报文数量”，也可以是“数据报文所占链路带宽的百分比”，还可以是“允许最多突发 B 个错误消息”。

②不推荐使用无法应对突发流量(例如，“路径跟踪”(traceroute))的速率限制机制。例如，仅仅使用一个简单的限制每 T 毫秒一个错误消息的计时器(即便 T 很小也不行)。

③速率限制参数应该是可配置的。在令牌桶实现的情况下，最佳默认值取决于

将要部署的设备(例如，究竟是高端路由器还是嵌入式主机)。例如，在小/中型设备的情况下，可能的默认值是 $B=10$，$N=$ 每秒 10 个数据报文。

5.4.2　ICMPv6 错误消息

1. “目标节点不可达”消息

“目标节点不可达”消息作为 IPv6 报头的数据部分，格式如图 5.38 所示。

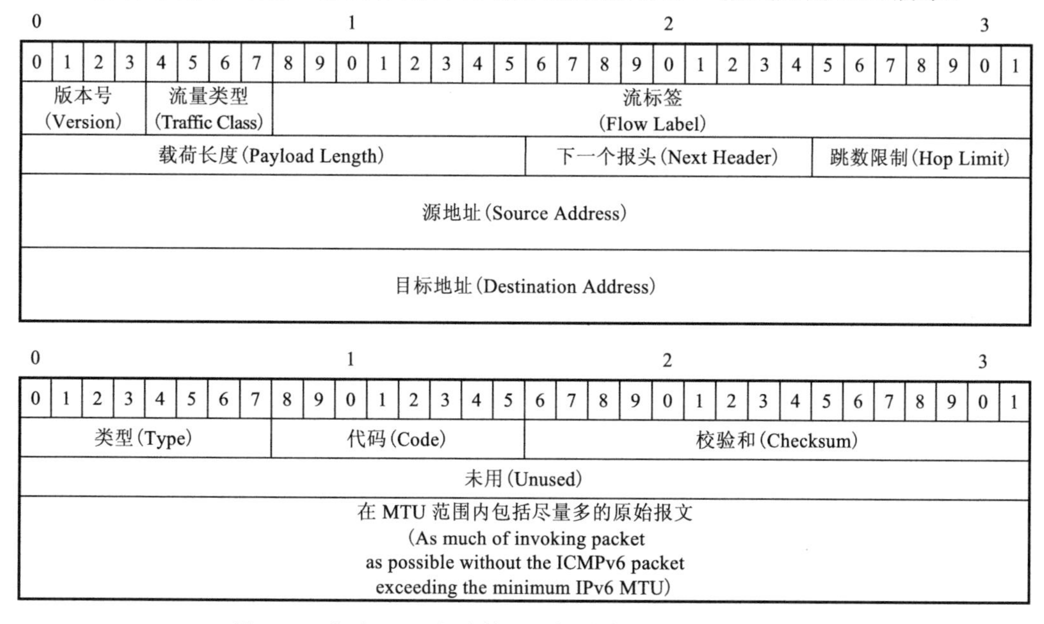

图 5.38　包含 IPv6 报头的“目标节点不可达”消息格式

(1) 目标地址(Destination Address)：128 比特；目标地址从调用报文的 IPv6 报头中的“源地址”字段复制。

(2) 类型(Type)：8 比特；取值为 1。

(3) 代码(Code)：8 比特；定义如表 5.12 所示。

表 5.12　代码的定义

代码	描述
0	目标节点不可达
1	从配置上禁止与目标节点的通信
2	超出源地址范围
3	地址无法访问
4	端口无法访问
5	源地址入口/出口策略失败
6	拒绝到目标节点的路径

(4) 未用(Unused)：32 比特；此字段未使用，发送端必须初始化为 0，并被接收端忽略。

1) 描述

“目标节点不可达”消息应该由路由器(或其他发送节点)在由于除了线路拥塞之外的其他原因而无法传递到目标节点时生成(如果由于线路拥塞产生数据报文丢弃，则不允许生成此种 ICMPv6 消息)。

如果“目标节点不可达”的原因是在转发节点的路由表中缺少匹配的条目(这个错误只能在节点的路由不包含“默认路由”的情况下发生)，则代码字段设置为 0。

如果“目标节点不可达”的原因是在配置上禁止与目标节点的通信(例如，防火墙过滤)，则代码字段设置为 1。

如果“目标节点不可达”的原因是超出源地址范围，则代码字段设置为 2。仅当源地址的范围小于目标地址的范围时，才会发生这种情况(例如，数据报文的源地址是链路本地地址，目标地址是全球单播地址)，这时数据报文无法在不离开源地址范围的情况下传送到目标节点。

如果“目标节点不可达”的原因是无法映射到链路层地址，则代码字段设置为 3。例如，无法将 IPv6 目标地址解析为相应的链接地址，或存在某种链接层特定的问题。

“目标节点不可达”代码字段设置为 3 的一个特例是路由器响应从点对点链路收到的数据报文，虽然该地址属于同一个子网，但不是该路由器的地址。在这种情况下，不允许把报文重新发送到该链路。

当目标节点收到数据报文，但传输层协议(如 UDP)并未监听，且该传输层协议没有替代方式通知发送节点时，目标节点应该发起“目标节点不可达”消息，代码字段设置为 4。

如果失败的原因是对该源地址进行了入口或出口过滤策略，则发送“目标节点不可达”，代码字段设置为 5。

如果失败的原因是目标节点拒收，则发送“目标节点不可达”，代码字段设置为 6。

代码 5 和代码 6 是代码 1 更细化的子集。

出于安全的原因，可以禁止某些链路接口发送 ICMP“目标节点不可达”消息。

2) 通知高层协议

接收到 ICMPv6“目标节点不可达”消息的节点，在高层协议信息可以得到的情况下，必须通知高层协议。

2. “数据报文太大”消息

“数据报文太大”消息作为 IPv6 报头之后的数据部分，格式如图 5.39 所示。

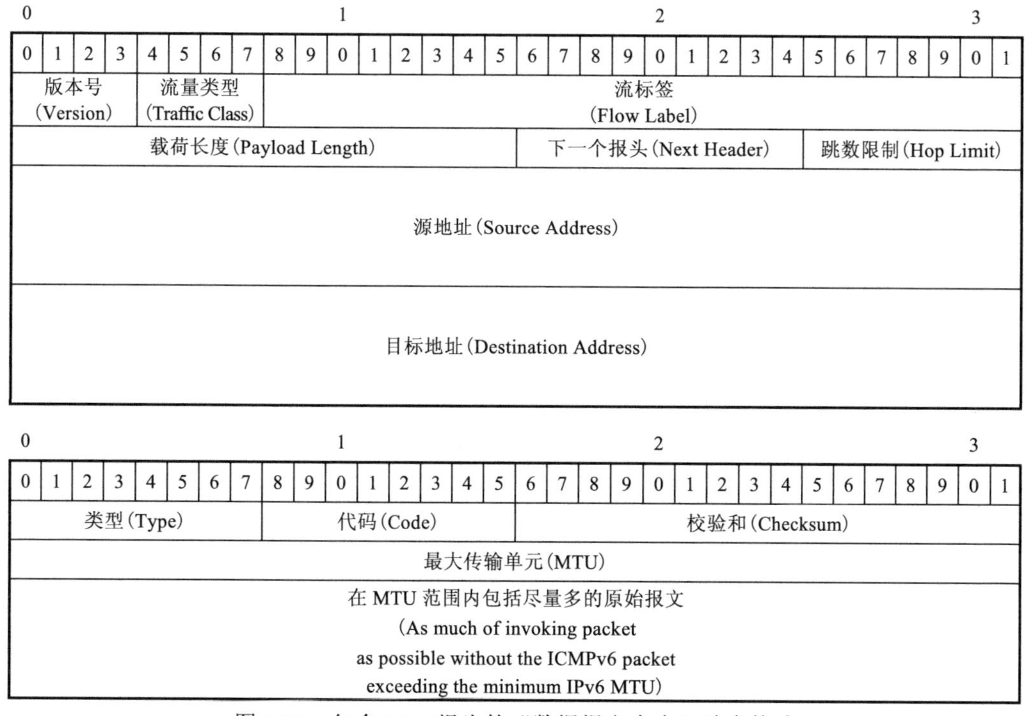

图 5.39　包含 IPv6 报头的“数据报文太大”消息格式

(1) 目标地址(Destination Address)：128 比特；目标地址从调用报文的 IPv6 报头中的“源地址”字段复制。

(2) 类型(Type)：8 比特；取值为 2。

(3) 代码(Code)：8 比特；代码由发送节点设置为 0，并被接收节点忽略。

(4) 最大传输单元(MTU)：32 比特；下一跳链路的最大传输单元。

1) 描述

当数据报文大小超过出口链路的 MTU 时，路由器必须发送一个“数据报文太大”消息，以响应该数据报文的发送节点。此消息用来实现路径 MTU 发现。

“数据报文太大”消息是发起 ICMPv6 错误消息规则的一个例外。“数据报文太大”消息对于接收到的数据报文的目标地址是组播地址，链路层组播或链路层广播地址均需要发送。

2) 通知高层协议

接收到 ICMPv6“数据报文太大”消息的节点在高层协议信息可以得到的情况下，必须通知高层协议。

3. “超时”消息

“超时”消息作为 IPv6 报头之后的数据部分，格式如图 5.40 所示。

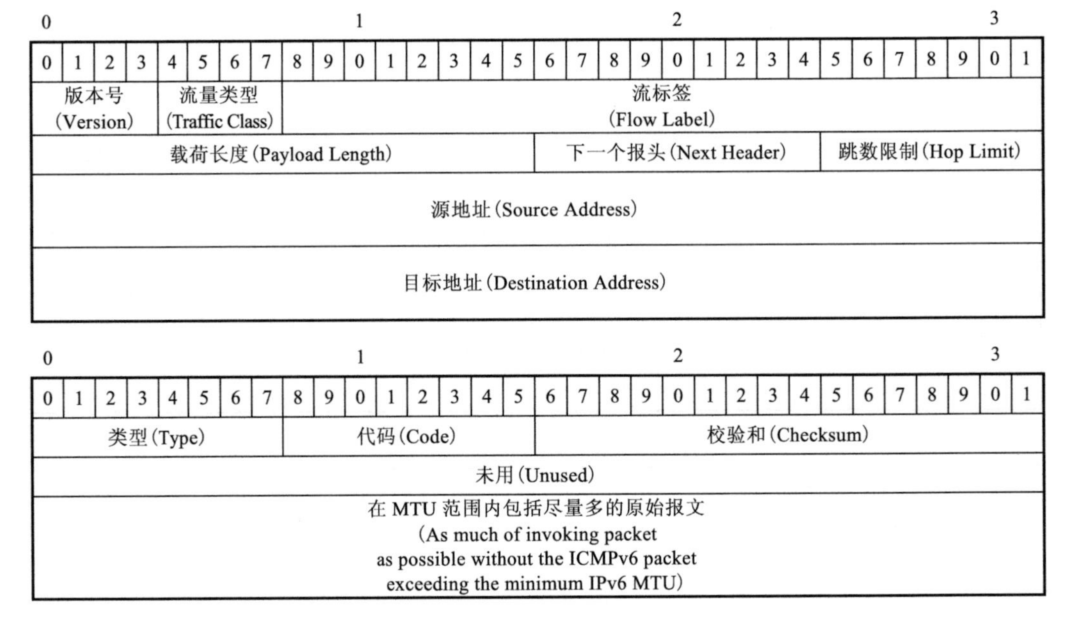

图 5.40　包含 IPv6 报头的“超时”消息格式

(1) 目标地址(Destination Address)：128 比特；目标地址从调用报文的 IPv6 报头中的“源地址”字段复制。

(2) 类型(Type)：8 比特；取值为 3。

(3) 代码(Code)：8 比特；代码定义如表 5.13 所示。

表 5.13　“超时”消息代码

代码	描述
0	超出跳数限制
1	超出碎片重组时间

(4) 未用(Unused)：32 比特；此字段未使用，代码由发送节点设置为 0，并被接收节点忽略。

1) 描述

如果路由器收到“跳数限制”为 0 的数据报文，或者路由器在将数据报文的“跳数限制”减 1 使得数为 0 时，必须丢弃数据报文，并向该数据报文的产生节点发出一个代码为 0 的 ICMPv6“超时”消息。这表示路由循环或初始“跳数限制”的值太小。

使用代码 1 的 ICMPv6“超时”消息标识“分片数据报文重组”超时。

2) 通知高层协议

接收到 ICMPv6“超过”消息的节点，在高层协议信息可以得到的情况下，必须通知高层协议。

4. “参数问题”消息

“参数问题”消息作为 IPv6 报头之后的数据部分，格式如图 5.41 所示。

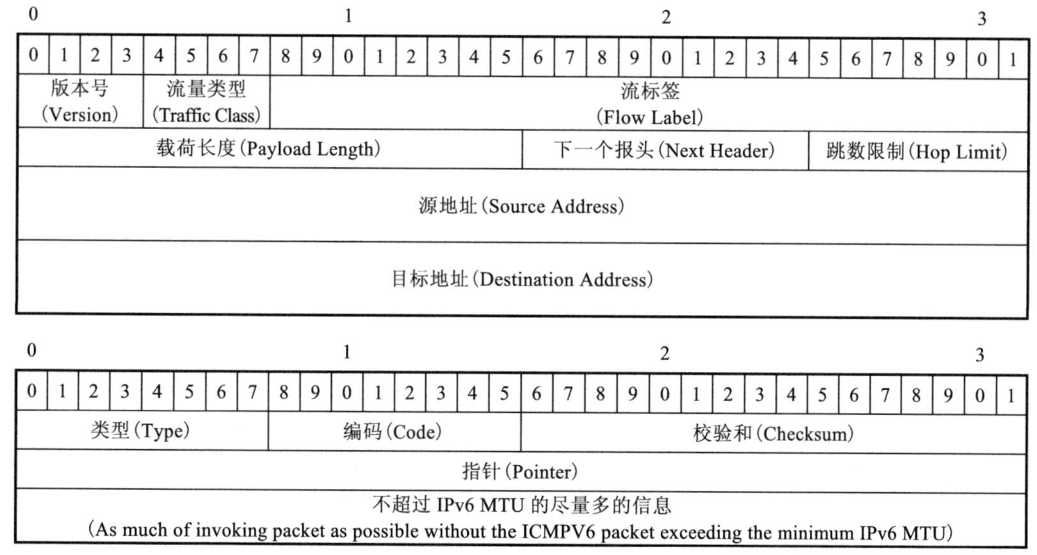

图 5.41　包含 IPv6 报头的“参数问题”消息格式

(1) 目标地址(Destination Address)：128 比特；目标地址从调用报文的 IPv6 报头中的源地址字段复制。

(2) 类型(Type)：8 比特；取值为 4。

(3) 代码(Code)：8 比特；代码定义如表 5.14 所示。

表 5.14　“参数问题”消息代码

代码	描述
0	遇到错误的报头字段
1	遇到无法识别的下一个报头类型
2	遇到无法识别的 IPv6 选项

(4) 指针(Pointer)：8 比特；用 8 比特字节偏移量标识检测的数据报文错误的位置。如果错误字段超出了 ICMPv6 错误消息的大小，指针指向 ICMPv6 数据报文的末尾。

1) 描述

如果处理数据报文的 IPv6 节点发现 IPv6 报头或扩展报头的某个字段存在问题，使 IPv6 节点无法处理数据报文，则必须丢弃该数据报文，并且应该向数据报文的发起节点发出 ICMPv6“参数问题”消息，指出问题的类型和位置。

代码 1 和代码 2 是代码 0 更细化的子集。

用 8 比特字节偏移量标识检测的原始数据报文错误的位置。

例如，“类型”字段为 4，“代码”字段为 1，“指针”字段为 40 的 ICMPv6 消息表示在原始数据 IPv6 报头后面的 IPv6 扩展报头报文含有无法识别的“下一个报头”的字段值。

2) 通知高层协议

接收到 ICMPv6“参数问题”消息的节点，在高层协议信息可以得到的情况下，必须通知高层协议。

5.4.3 ICMPv6 信息性消息

1. “回声请求”消息

“回声请求”消息作为 IPv6 报头之后的数据部分，格式如图 5.42 所示。

位 0–3	位 4–11	位 12–31
版本号 (Version)	流量类型 (Traffic Class)	流标签 (Flow Label)

位 0–15	位 16–23	位 24–31
载荷长度 (Payload Length)	下一个报头 (Next Header)	跳数限制 (Hop Limit)
源地址 (Source Address)		
目标地址 (Destination Address)		

位 0–7	位 8–15	位 16–31
类型 (Type)	代码 (Code)	校验和 (Checksum)
标识 (Identification)		序列号 (Sequence Number)
数据 (Data)		

图 5.42　包含 IPv6 报头的“回声请求”消息格式

(1) 目标地址 (Destination Address)：128 比特；目标地址可以是任何合法的 IPv6 地址。

(2) 类型 (Type)：8 比特；取值为 128。

(3) 代码 (Code)：8 比特；取值为 0。

(4) 标识 (Identification)：16 比特；标识有助于使“回声响应”匹配某个“回声请求”，其值可能为 0。

(5) 序列号 (Sequence Number)：16 比特；序列号有助于使“回声响应”匹配某个“回声请求”，其值可能为 0。

(6) 数据 (Data)：变长；0 个或多个 8 比特字节的任意数据。

1) 描述

每个节点必须实现一个接收“回声请求”并发起相应的“回声响应”的 ICMPv6 功能。每个节点应该实现一个用于诊断目的发起“回声请求”并接收“回声响应”

的应用层接口。

2）通知高层协议

“回声请求”消息可以传递给接收 ICMP 消息的进程。

2. “回声响应”消息

“回声响应”消息作为 IPv6 报头之后的数据部分，格式如图 5.43 所示。

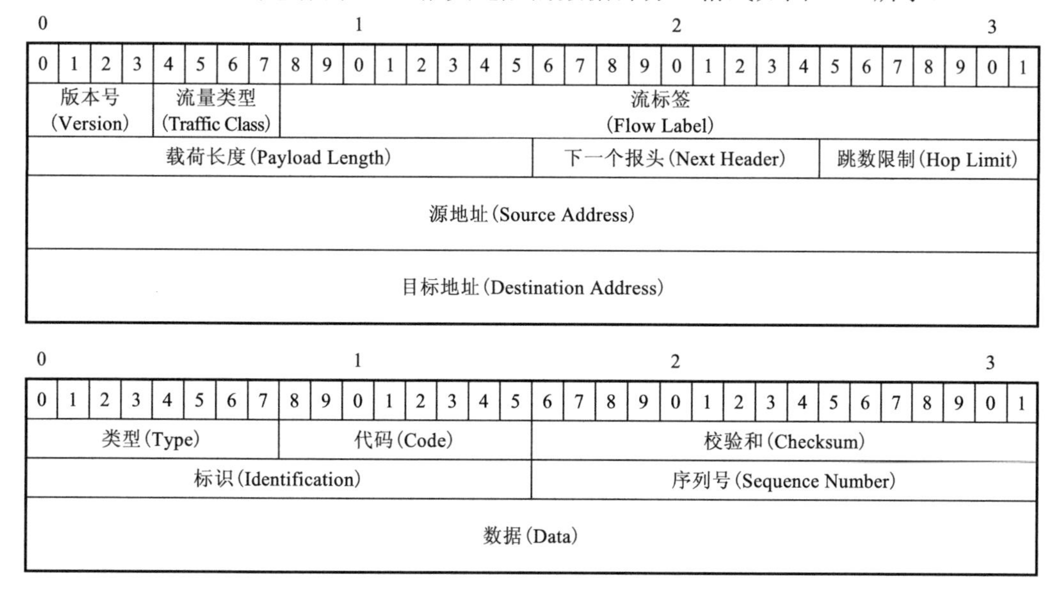

图 5.43　包含 IPv6 报头的“回声响应”消息格式

（1）目标地址（Destination Address）：128 比特；目标地址从发送“回声请求”消息的 IPv6 报头的“源地址”字段复制。

（2）类型（Type）：8 比特；取值为 129。

（3）代码（Code）：8 比特；取值为 0。

（4）标识（Identification）：16 比特；来自发送“回声请求”消息的标识符。

（5）序列号（Sequence Number）：16 比特；来自发送“回声请求”消息的序列号。

（6）数据（Data）：变长；来自发送“回声请求”消息的数据。

1）描述

每个节点必须实现接收“回声请求”并发起相应的“回声响应”的 ICMPv6 功能。每个节点应该实现一个用于诊断目的发起“回声请求”并接收“回声响应”的应用层接口。

响应单播地址发送的“回声请求”的“回声响应”消息的源地址必须与那个“回声请求”消息的目标地址相同。

响应组播地址或任播地址发送的“回声请求”的“回声响应”消息的源地址必

须是那个接收到该“回声请求”的链路接口的单播地址。

从 ICMPv6“回声请求”消息中收到的数据必须完整地、未修改地在“回声响应”中返回。

2) 通知高层协议

收到的每一个“回声响应”消息必须传递给发起该“回声请求”的进程。但要注意：也有可能在没有发起“回声请求”进程存在的情况下，收到“回声响应”消息。

注意：对于放入“回声请求”和“回声响应”消息中的数据量大小没有限制。

5.4.4 安全考虑

1. ICMP 消息的认证和机密性

ICMP 的可认证性由 IP 身份验证(authentication，AUTH)报头或 IP ESP 报头来保证。ICMP 的机密性可以使用 IP ESP 报头来保证。

2. ICMP 攻击

ICMP 消息可能受到各种攻击，这些攻击及其预防的简要讨论如下：

(1) ICMP 消息可能会受到误导，使接收节点认为消息的来源是不同于实际发送节点的另一个源地址。可以通过应用 IP AUTH 报头来解决这类问题。

(2) ICMP 消息或回应可能会受到误导，使发送节点把消息或回应发送到不同于实际需要发送的另一个目标地址。可以通过应用 IP AUTH 报头或 IP ESP 报头来解决这类问题。AUTH 提供对报文中改变源地址和目标地址的保护。ESP 并不能提供这种保护，但是 ICMP 的校验和的计算包括了源地址和目标地址，ESP 保护了校验和。因此，ICMP 校验和与 ESP 的组合可以提供这种保护。注意，ESP 提供的保护并没有像 AUTH 那样强。

(3) ICMP 消息可能会在消息字段中发生变化，AUTH 或 ESP 可以防止此类操作。

(4) 往复生成的大量的 ICMP 消息可能被用于进行拒绝服务攻击，正确地遵循流量控制规范来限制 ICMP 错误消息的机制可以解决此类问题。

(5) 恶意节点可以发送组播报文，该报文恶意地强制设置未知的目标选项，但使用一个有效组播源的 IPv6 源地址。这样一大批目标节点将发送“ICMP 参数问题”消息给组播源，导致拒绝服务攻击。路由器转发组播时要求节点在正确的组播路径上，即靠近组播源。注意：只能通过保护组播流量避免此类攻击。当组播源发送强制设置未知的目标选项时应当小心，因为如果该目标选项对于大量目标节点未知，组播源本身将成为拒绝服务攻击的目标。

(6) 当 ICMP 消息传递给高层进程时，有可能在高层协议(例如，TCP 与 UDP)上形成攻击。建议高层协议(使用包含在 ICMP 消息有效载荷中的信息)对 ICMP 消息进行某种形式的验证之后再进行响应。使用 IPsec 保护高层进程可以缓解这类攻击。

(7) ICMP 错误消息表示网络在处理互联网数据报文时出现了问题。注意：在不少情况下，不能指望该错误能够很快解决。因此，应对 ICMP 错误消息可能不仅要考虑收到的错误类型和代码，还需要考虑其他因素，如收到错误消息的时间、之前收到的网络错误报告，以及接收到错误消息节点的联网情况等。

5.5　UDP

UDP 是在 IP 层之上的传输层协议，提供数据报文服务，由 RFC768[24]定义。

该协议为应用程序提供了一个用最少的开销向其他程序发送消息的机制。UDP 是面向事务的，不能保证传输的可靠性和正确性。对于需要可靠传输数据流的应用程序应该使用传输控制协议。

UDP 的协议编号为 17，参见附录 A 中的表 A.1。

UDP 报头格式如图 5.44 所示。

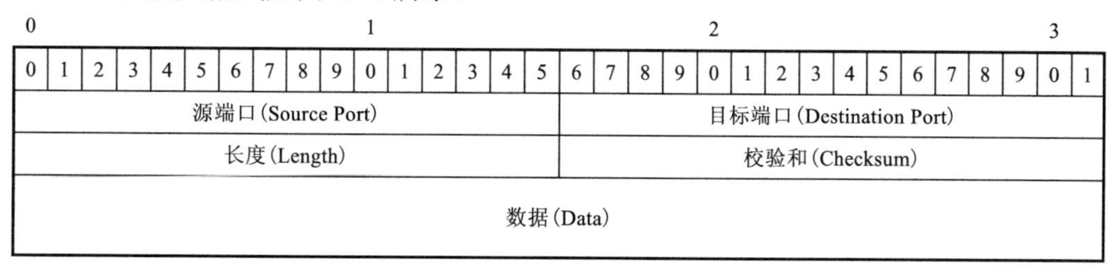

图 5.44　UDP 报头格式

(1) 源端口(Source Port)：16 比特；可选字段。当有意义时，表示发送过程的端口号。回复数据报文应该发送到该端口号。如果未使用，设为全 0。

(2) 目标端口(Destination Port)：16 比特；具有互联网目标地址的属性。

(3) 长度(Length)：16 比特；以 8 比特字节长度为单位的用户数据报文的长度，包括 UDP 报头和数据部分(这意味着长度的最小值是 8)。

(4) 校验和(Checksum)：16 比特；16 比特补码，由 IP 报头、UDP 报头和数据组成的伪报头加填充全 0 的 8 比特字节的“和”的补码组成(注意：在需要时必须进行填充，以组成偶数的 8 比特字节)。伪报头包含源地址、目标地址、协议和 UDP 长度。这些信息可防止错误路由的数据报文。此校验和过程与 TCP 中使用的过程相同。

(5) 数据(Data)：变长；UDP 承载的数据。

UDP 中的端口号(源端口或目标端口)在取值为 0～1023 时，称为服务端口，参见附录 G 中的表 G.1。

UDP 中与时间相关的协议常量见附录 H。

5.6　TCP

TCP 是在 IP 层之上的传输层协议，提供有正确序列的可靠传输数据流的服务，由 RFC793[23]和后续 RFC 定义。

TCP 的协议编号为 6，参见附录 A。

5.6.1　TCP 报头格式

TCP 报头格式如图 5.45 所示。

<table>
<tr><td colspan="10">0</td><td colspan="10">1</td><td colspan="10">2</td><td colspan="2">3</td></tr>
<tr><td>0</td><td>1</td><td>2</td><td>3</td><td>4</td><td>5</td><td>6</td><td>7</td><td>8</td><td>9</td><td>0</td><td>1</td><td>2</td><td>3</td><td>4</td><td>5</td><td>6</td><td>7</td><td>8</td><td>9</td><td>0</td><td>1</td><td>2</td><td>3</td><td>4</td><td>5</td><td>6</td><td>7</td><td>8</td><td>9</td><td>0</td><td>1</td></tr>
<tr><td colspan="16">源端口(Source Port)</td><td colspan="16">目标端口(Destination Port)</td></tr>
<tr><td colspan="32">序列号(Sequence Number)</td></tr>
<tr><td colspan="32">确认号(Acknowledgment Number)</td></tr>
<tr><td colspan="4">数据偏置
(Data Offset)</td><td colspan="6">保留
(Reversed)</td><td>U
R
G</td><td>A
C
K</td><td>P
S
H</td><td>R
S
T</td><td>S
Y
N</td><td>F
I
N</td><td colspan="16">窗口(Window)</td></tr>
<tr><td colspan="16">校验和(Checksum)</td><td colspan="16">紧急指针(Urgent Pointer)</td></tr>
<tr><td colspan="24">选项(Options)</td><td colspan="8">填充(Padding)</td></tr>
<tr><td colspan="32">数据(Data)</td></tr>
</table>

图 5.45　TCP 报头格式

(1) 源端口(Source Port)：16 比特；源端口号。

(2) 目标端口(Destination Port)：16 比特；目标端口号。

(3) 序列号(Sequence Number)：32 比特；如果 SYN 为 0，序列号是这个分段的第 1 个 8 比特字节。如果 SYN 为 1，则序列号就是初始的序列号(initial sequence number，ISN)，第 1 个 8 比特字节是 ISN+1。

(4) 确认号(Acknowledgement Number)：32 比特；如果 ACK 为 1，则该字段包含发送节点期望收到的下一个序列号。建立连接后，始终如此。

(5) 数据偏置(Data Offset)：4 比特；TCP 报头中 32 比特字段的数量，这表明数据从哪里开始。TCP 报头(可以包括选项)的长度都是 32 比特的整数。

(6) 保留(Reversed)：6 比特，保留供将来使用；必须为 0。

(7) 控制比特：6 比特(从左到右)。

①URG：紧急指针字段有效。

②ACK：确认字段有效。

③PSH：推送功能。

④RST：重置连接。

⑤SYN：同步序列号。

⑥FIN：没有来自发送节点更多的数据。

(8) 窗口(Window)：16 比特；窗口的大小定义为以 8 比特字节为单位，从“确认”字段中指示的数据初始点计算，发送端允许的本分组的数据量。

(9) 校验和(Checksum)：是一个 16 比特补码，由 IP 报头、TCP 报头和数据组成的伪报头加填充 0 的 8 比特字节的和的补码组成(注意：在需要时必须进行填充，以组成偶数的 8 比特字节)。当计算校验和时，“校验和”字段设置为 0。伪报头包含源地址、目标地址、协议和 TCP 长度。这些信息可防止错误路由的数据报文。TCP 长度是以 8 比特字节长度为单位的用户数据报文的长度，包括 TCP 报头和数据部分。

(10) 紧急指针(Urgent Pointer)：16 比特；该字段将紧急指针的当前值传递为该段中序列号的正偏移量。该紧急指针指向后面 8 比特字节的序列号紧急数据。此字段仅在分段中 URG 为 1 时有效。

(11) 选项(Options)：变长；选项可能占用 TCP 报头末尾的空间，并且是长度为 8 比特字节的整数倍。校验和的计算要包含选项。

(12) 填充(Padding)：变长；以 0 填充。

(13) 数据(Data)：变长；UDP 承载的数据。

TCP 中的端口号(源端口或目标端口)在取值为 0～1023 时，称为服务端口，参见附录 G 中的表 G.1。

TCP 中与时间相关的协议常量见附录 H。

5.6.2　TCP 状态

从理论上讲，TCP 是事件驱动有限状态机。事件包括：用户打开(OPEN)、发送(SEND)、接收(RECEIVE)、关闭(CLOSE)、中止(ABORT)；状态包括 ABORT，SYN、ACK、RST 和 FIN 标志，以及超时。

TCP 的状态转移如图 5.46 所示，注意，这个状态图只说明了状态更改，以及导致事件和结果的操作，既没有说明错误条件，也没有说明与状态更改无关的操作。在图中 TCB 为传输控制块(transmission control block)。

TCP 的有限状态机由端系统维护，因此路由器和无状态翻译器无须维护 TCP 状态。但有状态翻译器需要维护状态，以便根据 TCP 状态动态地生成和销毁 IPv4 和 IPv6 地址与 TCP 端口的映射关系。

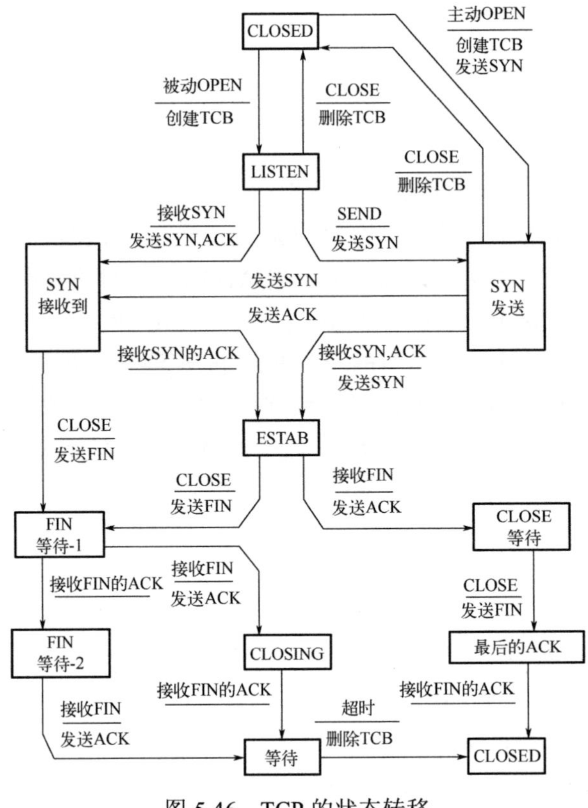

图 5.46　TCP 的状态转移

5.7　协 议 翻 译

RFC7915[33]定义了 IPv4/IPv6 翻译规则。

5.7.1　IPv4/IPv6 翻译模型

翻译模型包含两个或多个网络域，由至少一个翻译器连接不同协议的网络，如图 5.47 所示。

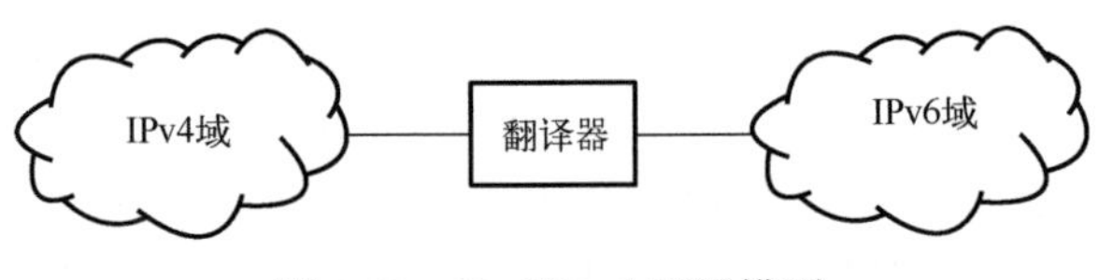

图 5.47　IPv4/IPv6 翻译模型

1. 翻译模型的适用性

翻译模型的预期行为如下：

(1)翻译器需要严格地遵循 IPv4 数据报文和 IPv6 数据报文之间的转换算法。

(2)转换算法不会翻译任何 IPv4 选项，也不会转换除分片报头之外的其他 IPv6 扩展报头。

(3)因为翻译器对于 IPv4 和 IPv6 的地址翻译通常并不满足校验和不变(checksum neutral)的条件，因此必须根据伪报头在传输层(TCP、UDP 等)重新计算校验和。有状态翻译器需要处理 TCP 状态，因此翻译器必须遵守 RFC5382[34]中规定的 TCP 数据报文处理算法。

(4)不包含 UDP 校验和(即 UDP 校验和字段为 0)的 IPv4 UDP 分片报文在互联网上并没有重要用途，在正常情况下不需要由翻译器进行翻译和转发。注意：根据网络运行的需求，可以对翻译器进行配置，实现对此类数据报文的翻译和转发。

(5)翻译器不会对分片的 ICMP/ICMPv6 数据报文进行翻译和转发。

(6)单播数据报头翻译规则也能用于组播数据报头的翻译和转发。然而，目前的地址映射标准(RFC6052[35])仅仅定义了单播地址映射规则，因此 RFC5771[36]定义的 IPv4 组播地址无法映射到由 RFC3307[37]定义的 IPv6 组播地址。如果有组播的翻译需求，RFC6219[38]给出了一个组播地址映射的实验示例。

2. 无状态与有状态模式

翻译器有两种运行模式：无状态翻译器和有状态翻译器。在这两种情况下，都假设一个系统(节点或应用程序)有 IPv4 地址，但没有 IPv6 地址，正在与另一个有 IPv6 地址但是没有 IPv4 地址的系统通信。

在无状态模式下，翻译器利用配置信息，基于数据报文本身对 IPv4 地址和 IPv6 地址进行基于确定算法的映射。在 RFC6052[35]中定义的默认行为如下：

(1)一个特定的 IPv6 地址范围(IPv4 转换 IPv6 地址)代表整个公有 IPv4 地址域。

(2)IPv6 系统的地址(IPv4 可译 IPv6 地址)是通过算法映射到运营商的公有 IPv4 地址的子集。

无状态翻译器不保留任何动态会话或绑定状态，因此不需要将属于单个数据流的所有报文与特定的翻译器耦合。

在有状态模式下，翻译器需要维护状态，在 RFC6052[35]中定义的默认行为如下：

(1)一个特定的 IPv6 地址范围(IPv4 转换 IPv4 地址)代表整个公有 IPv4 地址域。

(2)IPv6 节点使用除此范围以外的任何 IPv6 地址。

有状态翻译器需要维护绑定 IPv4 地址(可能包含传输层端口号)和 IPv6 地址的动态转换表。因此，属于特定数据流的所有数据报文必须由同一个翻译器处理。

3. 路径 MTU 发现和分片

由于 IPv4 报头是 20 个或略大于 20 个 8 比特字节构成的，而 IPv6 报头是 40 个 8 比特字节构成的，因此处理最大数据报文对于 IPv4/IPv6 翻译器的运行至关重要。在互联网标准中，有三种机制处理这个问题。

(1) 使用由 RFC4821[39] 定义的路径最大传输单元发现 (path maximum transmission unit discovery，PMTUD) 机制。

(2) 使用由 RFC791[1]和 RFC8200[2]分别定义的“IPv4 分片”和“IPv6 分片”机制。

(3) 使用由 RFC6691[40]定义的“传输层协商，如 TCP 最大分片大小 (maximum segment size，MSS) 选项”机制。

翻译器是一种特殊的路由器，即当翻译后数据报文的大小超过下一跳接口的 MTU 时，翻译器必须发送 Packet Too Big 错误消息给数据报文的发送节点，或对数据报文进行分片。

5.7.2 从 IPv4 转换为 IPv6

从 IPv4 转换为 IPv6，翻译器的处理步骤如下：

(1) 收到一个目标节点在 IPv6 地址域的 IPv4 数据报文。

(2) 把该数据报文的 IPv4 报头翻译成 IPv6 报头。

(3) 删除原始 IPv4 报头，替换为 IPv6 报头。

(4) 重新计算传输层校验和。

(5) 数据报文的数据部分保持不变。

(6) 根据 IPv6 目标地址转发数据报文。

其转换和封装方式如图 5.48 所示。

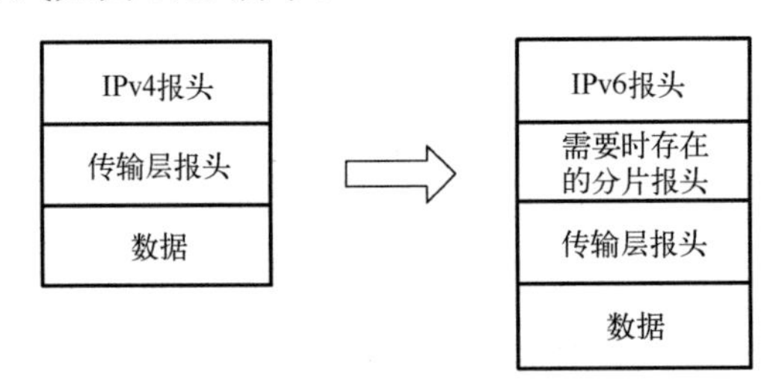

图 5.48　IPv4 到 IPv6 的翻译

IPv6 设备必须支持 PMTUD，但这在 IPv4 中是可选的。IPv6 路由器不允许对数据报文进行分片，只有发送节点才可以分片。

当 IPv4 节点选择路径 MTU 发现时 (通过设置“不允许分片比特”，即 DF=1)，可以实现跨越翻译器的端对端的路径 MTU 发现。在这种情况下，IPv4 或 IPv6 路由器 (包括翻译器) 可能会发回“数据报文太大”ICMP 消息给发送节点。当 IPv6 路由器发送 ICMPv6 错误消息时，翻译器将 ICMPv6 错误消息转换为 IPv4 能够理解的 ICMP 消息，因此，IPv6 分片扩展报头仅在 IPv4 报文已经分片的情况下存在。

但是，当 IPv4 发送节点未设置“不允许分片比特”，即 DF=0 时，翻译器必须确保数据报文的大小不超过 IPv6 侧所允许的路径 MTU。这是通过把 IPv4 数据报文分片(包含分片扩展报头)，使其符合最小的 IPv6 路径 MTU，也就是 1280 个 8 比特字节做到的。已经有案例表明，IPv6 分片扩展报头有可能无法通过功能不完备的防火墙。因此在网络和翻译器属于同一个运营者的情况下，翻译器必须提供配置功能，使系统管理员能够加大 MTU 的数值以符合网络环境的要求(大于 1280 个 8 比特字节)，这将有助于降低 IPv6 数据报文包含分片扩展报头的概率。

当 IPv4 发送节点未设置 DF 比特时，翻译器不得对未分片的数据报文插入分片扩展报头。

要确保无论发送节点还是 IPv4 路由器在产生数据报文分片时，低 16 比特的分片标识是端到端唯一的，以确保数据报文能够正确重组。

除了分片处理和路径 MTU 发现需要特殊的规则，为了翻译 ICMPv4 错误消息，以及增加 ICMPv6 伪报头的校验和，也需要对 ICMPv4 报文进行特殊处理。

翻译器应该确保属于相同流的数据报文离开翻译器的顺序与其到达的顺序相同。

数据报头的处理过程由下述规则定义。

1. 将 IPv4 报头转换为 IPv6 报头

如果未设置 DF 标志，且 IPv4 数据报文的大小将导致 IPv6 数据报文大于用户定义的长度(简称“low-ipv6-mtu”，默认为 1280 个 8 比特字节)，则应该对数据报文进行分片，以便生成的 IPv6 数据报文(包含加入的分片扩展报头)小于或等于 low-ipv6-mtu。例如，如果数据报文在翻译之前已经被分片，IPv6 数据报文应该被分片，以便它们除 IPv4 报头外，长度最多为 1232 个 8 比特字节(1280 个 8 比特字节减去 IPv6 报头的 40 个 8 比特字节和分片扩展报头的 8 个 8 比特字节)。翻译器必须提供配置功能，如果知道网络实际的最小 IPv6 MTU，则可以将最小 IPv6 MTU 的阈值调整为一个大于 1280 个 8 比特字节的值。这些分片之后的数据报文按以下的逻辑独立地翻译。

如果设置了 DF 标志(即 DF=1)，且下一跳链路接口的 MTU 小于 IPv4 数据报文的总长度加 20 个 8 比特字节，翻译器必须发送 ICMPv4“需要分片”(Fragmentation Needed)出错消息到 IPv4 的源地址。

这种情况涉及的报头转换如图 5.49 所示(参考图 5.1 和图 5.14 的详细说明)。

IPv6 报头字段设置如下：

(1)版本号(Version)：设为 6。

(2)流量类型(Traffic Class)：①默认情况下，复制 IP 服务类型(type of service，TOS)中 8 比特字节到流量类型，根据 RFC2474[4]，这个域的比特语义在 IPv4 和 IPv6

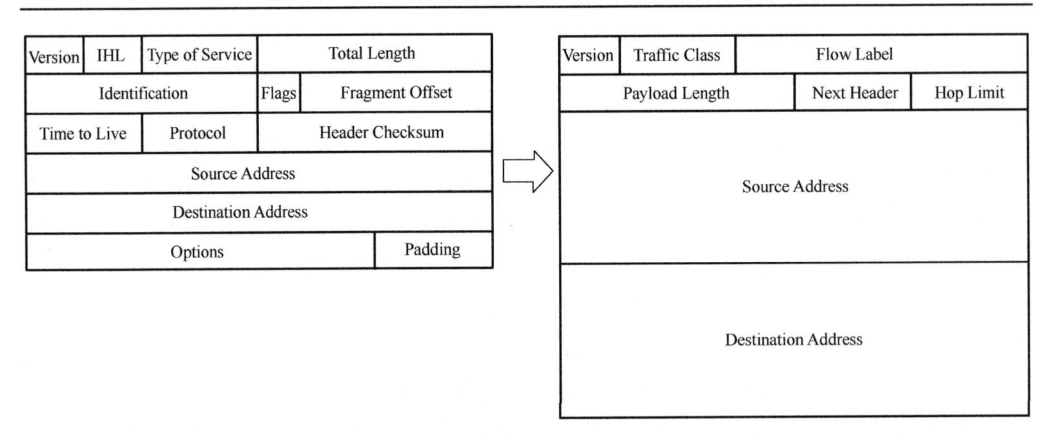

图 5.49　IPv4 报头到 IPv6 报头

中完全相同；②在某些 IPv4 环境中，这些字段可能使用服务类型和优先(type of service and precedence)的旧语义。翻译器的实现应该支持管理员配置，即忽略 IPv4 TOS 值并始终将 IPv6 流量类型设置为 0；③如果翻译器处于网络管理的边界，需参考由 RFC2475[5]定义的过滤和更新注意事项。

(3)流标签(Flow Label)：取值为 0(所有比特全为 0)。

(4)载荷长度(Payload Length)：IPv4 报头的总长度值减去 IPv4 报头和 IPv4 选项的大小(如果存在)。

(5)下一个报头(Next Header)：①对于 ICMPv4(取值为 1)，改为 ICMPv6(取值为 58)；②除此之外，复制 IPv4 报头中的协议(Protocol)字段。

(6)跳数限制(Hop Limit)：跳数限制源自 IPv4 报头中的 TTL 值。

①由于翻译器就是路由器，作为转发的一部分，翻译器需要递减 IPv4 报头中的 TTL(在数据报文翻译之前)，或 IPv6 报头中的 Hop Limit(在数据报文翻译后)。

②作为减少 TTL 或 Hop Limit 的一部分，翻译器(如同任何一个路由器)必须检查这个值，如果为 0，则发送 ICMPv4“TTL 超时”(TTL Exceeded)或 ICMPv6“跳数超限”(Hop Limit Exceeded)出错信息。

(7)源地址(Source Address)：根据算法把 IPv4 地址映射到 IPv6 地址。

①如果翻译器发现源地址为非法地址(例如，0.0.0.0、127.0.0.1 等)，翻译器应该静默地丢弃该数据报文(RFC1812[41])。

②当把 ICMPv4 出错消息翻译为 ICMPv6 出错消息时，需要翻译“非法”源地址以帮助排查错误。

(8)目标地址(Destination Address)：根据算法把 IPv4 地址映射到 IPv6 地址。

(9)如果存在未过期的源路由选项：丢弃数据报文，向数据报文的发送节点发送 ICMPv4“目标无法访问，源路由失败”(类型 3，代码 5)错误消息。

(10)如果 IPv4 数据报文中存在任何其他 IPv4 选项：忽略这些选项。

当数据报文本身是分片，或未设置 DF 比特(即 DF=0)，且数据报文的大小超过由翻译器配置的 low-ipv6-mtu 时，则需要增加分片扩展报头，如图 5.50 所示。

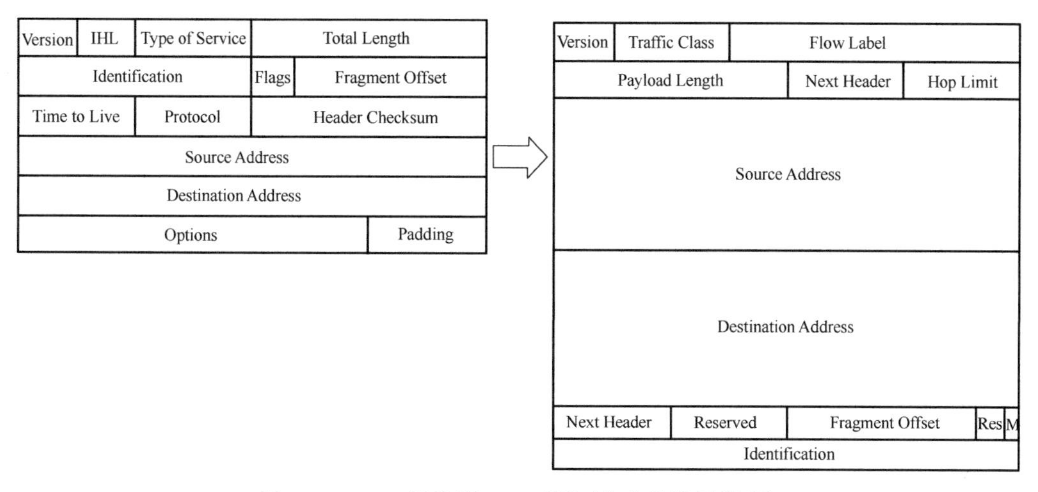

图 5.50　IPv4 报头到 IPv6 报头(含分片扩展报头)

仍然可以使用上述规则，但需要对以下 IPv6 字段进行特殊处理。

(1) IPv6 报头的载荷长度(Payload Length)：IPv4 报头的总长度值加分片扩展报头的值，减去 IPv4 报头的大小和 IPv4 选项(如果存在)。

(2) IPv6 报头的下一个报头(Next Header)：分片扩展报头(44)。

(3) 分片扩展报头的下一个报头(Next Header)：①对于 ICMPv4(取值为 1)，改为 ICMPv6(取值为 58)；②除此之外，复制 IPv4 报头中的协议(Protocol)字段。

(4) 分片扩展报头分片偏移(Fragment Offset)：复制 IPv4 报头中的“分片偏移”字段。

(5) 分片扩展报头的 M 标志(M)：复制 IPv4 报头中的“MF”比特。

(6) 分片扩展报头的标识(Identification)：复制 IPv4 报头中的“标识”字段的低 16 比特，高 16 比特设置为 0。

2. 将 ICMPv4 报头转换为 ICMPv6 报头

与 ICMPv4 不同，ICMPv6 具有类似于 UDP 和 TCP 的伪报头校验和。因此，所有需要翻译的 ICMPv4 消息在翻译过程中必须计算校验和。

此外，必须翻译所有 ICMPv4 数据报文的“类型”字段，并且翻译 ICMPv4 错误消息内包含的 IP 报头。

将 ICMPv4 报头转换为 ICMPv6 报头如图 5.51 所示。

ICMPv4 消息的翻译规则如下。

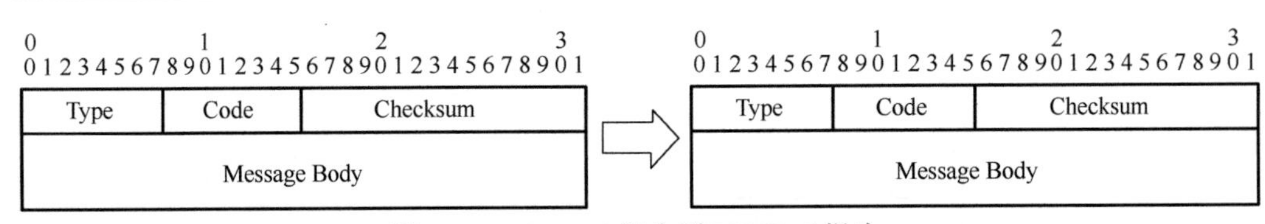

图 5.51　ICMPv4 报头到 ICMPv6 报头

ICMPv4 查询消息：

(1) 回声请求/回声响应(类型 8 和类型 0)：分别调整为 128 和 129，并根据类型更改，且包含 ICMPv6 伪报头，重新计算校验和。

(2) 信息请求/响应(类型 15 和类型 16)：在 ICMPv6 报头中已经废弃，应静默丢弃。

(3) 时间戳和时间戳响应(类型 13 和类型 14)：在 ICMPv6 报头中已经废弃，应静默丢弃。

(4) 地址掩码请求/答复(类型 17 和类型 18)：在 ICMPv6 报头中已经废弃，应静默丢弃。

(5) ICMP 路由器通告(类型 9)：单跳消息，应静默丢弃。

(6) ICMP 路由器请求(类型 10)：单跳消息，应静默丢弃。

(7) 未知的 ICMPv4 类型：应静默丢弃。

IGMP 消息：目前 IETF 标准的规定是(未来可能有变化)，虽然由 RFC2710[42]、RFC3590[43]和 RFC3810[44]定义的组播侦听发现(multicast listener discover，MLD)消息全部与由 RFC3376[45]定义的 IPv4 互联网组管理协议(internet group management protocol，IGMP)相对应，但所有“正常”的 IGMP 消息都是单跳消息，应该被静默丢弃。如果接收到其他类型的 IGMP 消息，则需要静默地丢弃，因为在绝大多数情况下这是由于配置错误产生的。

ICMPv4 错误消息：

(1) 目标无法访问(Destination Unreachable)(类型 3)：将类型(Type)设置为 1，并根据类型更改(包含 ICMPv6 伪报头)，调整 ICMP 校验和。代码(Code)翻译规则如下：

①代码 0，1(网络无法访问，主机无法访问)：设置代码为 0(没有到目标节点的路由)。

②代码 2(协议无法访问)：转换为 ICMPv6 参数问题(类型 4，代码 1)并生成指针，指向 IPv6 的下一个报头(Next Header)字段。

③代码 3(端口无法访问)：将代码设置为 4(端口无法访问)。

④代码 4(需要分片和设置 DF)：翻译为 ICMPv6 数据报文太大(Packet Too Big)消息(类型 2)，代码(Code)设置为 0。必须根据 IPv4 报头和 IPv6 报头之间大小的差异调整 MTU 字段，但绝不可以设置为小于最小 IPv6 MTU 的值(1280 字节)。也就是说，它应该设置为

```
max(1280, min(PTB+20, MTU_of_IPv6_nexthop, MTU_of_IPv4_nexthop+20))
```

注意：如果 IPv4 路由器将 MTU 字段设置为 0(路由器没有实现 RFC1191[46])，那么翻译必须使用 RFC1191[46]指定的数值，确定可能的路径 MTU 并在 ICMPv6 数据报文使用此值作为路径 MTU(使用最大的值，该值小于返回的总长度字段的值，但是大于或等于 1280)。

⑤代码 5(源路由失败)：将代码设置为 0(无路由到目标节点)。注意：此错误不太可能发生，因为源路由不会被翻译。

⑥代码 6，7，8：将代码设置为 0(没有到目标节点的路由)。

⑦代码 9，10(管理上不允许与目标主机通信)：将代码设置为 1(管理上不允许与目标主机通信)。

⑧代码 11，12：将代码设置为 0(没有到目标节点的路由)。

⑨代码 13(管理上禁止通信)：设置代码为 1(在管理上不允许与目标节点主机通信)。

⑩代码 14(主机优先权违规)：应静默丢弃。

⑪代码 15(截止优先权)：将代码设置为 1(在管理上不允许与目标节点主机通信)。

⑫其他代码值：应静默丢弃。

(2)重定向(Redirect)(类型 5)：单跳消息，应静默丢弃。

(3)备用主机地址(Alternative Host Address)(类型 6)：应静默丢弃。

(4)源端抑制(Source Quench)(类型 4)：在 ICMPv6 中废弃，应静默丢弃。

(5)超时(Time Exceeded)(类型 11)：将类型(Type)设置为 3，并根据类型更改(包含 ICMPv6 伪报头)，调整 ICMP 校验和。代码(Code)不变。

(6)参数问题(Parameter Problem)(类型 12)：将类型(Type)设置为 4，并根据类型更改(包含 ICMPv6 伪报头)，调整 ICMP 校验和。代码(Code)翻译规则如下。

①代码 0(指针指示错误)：将代码设置为 0(遇到错误的数据报头字段)并根据表 5.15 更新指针(如果是原始 IPv4 未列出指针值，或者已翻译的 IPv6 指针值列为“n/a”，应静默丢弃)。

表 5.15　指针更新

原始 IPv4 指针值		翻译后的 IPv6 指针值	
0	版本号/报头长度(Version/IHL)	0	版本号/流量类型(Version/Traffic Class)
1	服务类型(Type of Service)	1	流量类型/流标签(Traffic Class/Flow Label)
2，3	总长度(Total Length)	4	载荷长度(Payload Length)
4，5	标识(Identification)	未定义(n/a)	
6	旗标/分片偏移(Flags/Fragment Offset)	未定义(n/a)	
7	分片偏移(Fragment Offset)	未定义(n/a)	

续表

原始 IPv4 指针值		翻译后的 IPv6 指针值	
8	生存时间 (Time to Live)	7	跳数限制 (Hop Limit)
9	协议 (Protocol)	6	下一个报头 (Next Header)
10，11	报头校验和 (Header Checksum)	未定义 (n/a)	
12～15	源地址 (Source Address)	8	源地址 (Source Address)
16～19	目标地址 (Destination Address)	24	目标地址 (Destination Address)

②代码 1(缺少必需的选项)：应静默丢弃。

③代码 2(错误长度)：将代码设置为 0(遇到错误的报头字段)并根据图 5.52 更新指针(如果是原始 IPv4 未列出指针值，或者已翻译的 IPv6 指针值列为“n/a”，应静默丢弃)，如表 5.15 所示。

④其他代码值：应静默丢弃。

(7) 未知的 ICMPv4 类型：应静默丢弃。

ICMP 错误载荷：如果收到的 ICMPv4 数据报文包含 ICMPv4 扩展域(RFC4884[11])，翻译 ICMPv4 数据报文将导致 ICMPv6 数据报文改变长度。在这种情况发生时，ICMPv6 扩展长度属性必须进行相应的调整(例如，从 IPv4 地址到 IPv6 地址的翻译导致数据报文变长)。如果 ICMPv4 扩展翻译后的 ICMPv6 消息大小超过了下一跳链路接口的 MTU，ICMPv4 扩展应该被截断。

对于未在 RFC4884[11]中定义的扩展，翻译器应把扩展当成不透明的比特字符串，不需要翻译这些字符串中可能包含的 IPv4 地址信息，当然这会给 ICMP 扩展的后续处理带来问题。

3. 将 ICMPv4 错误消息转换为 ICMPv6

包含错误的数据报文的 ICMP 错误消息必须翻译成 IPv6 数据报文(内部 IPv4/IPv6 数据报文的 TTL 值除外)。如果对这个错误报文的翻译改变了数据报文的长度，必须更新外部 IPv6 报头的总长度字段。转换过程如图 5.52 所示。

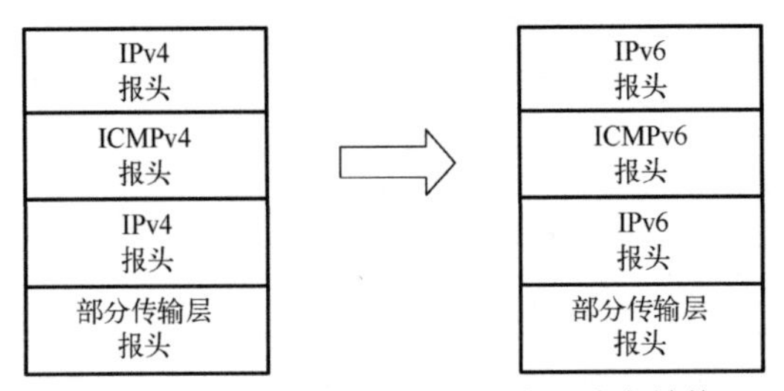

图 5.52　IPv4 到 IPv6 ICMP 错误消息转换

内部 IP 报头的翻译可以通过调用外部 IP 报头的翻译功能来完成，但仅限于第一个嵌入的 IP 报头，更多的嵌入报头必须丢弃。

4. 生成 ICMPv4 错误消息

如果翻译器丢弃 IPv4 数据报文，则应该将 ICMPv4 错误消息发送给数据报文的原始发送节点，除非丢弃的数据报文本身也是 ICMPv4 错误消息。

ICMPv4 消息格式中的“类型”必须为 3(目标无法访问)，“代码”必须为 13(管理上禁止发送)。翻译器应该允许通过配置决定：发送 ICMPv4 错误消息，以某种速率限制发送，或不发送。

5. 传输层报头翻译

如果地址翻译算法不是“校验和无关”，则必须重新计算并更新包含伪报头的传输层报头。翻译器必须为 TCP、ICMP 和含 UDP 校验和的 UDP(即 UDP“校验和”字段不为 0)的数据报文执行此操作。

对于不包含 UDP 校验和的 UDP(即 UDP“校验和”字段为 0)的数据报文，翻译器应该提供配置功能，允许以下操作。

(1) 丢弃数据报文并生成至少指定 IP 地址和端口号的系统管理事件。

(2) 计算 IPv6 校验和并转发数据报文(对性能有影响)。

无状态翻译器无法计算 UDP 分片报文的校验和，因此如果无状态翻译器接收到“校验和”字段为 0 的 IPv4 UDP 数据报文的第一个分片，则翻译器应该丢弃数据报文并生成至少指定 IP 地址和端口号的系统管理事件。

由状态翻译器处理接收到“校验和”字段为 0 的 IPv4 UDP 数据报文的方法参见 RFC6146[47]。

其他传输层协议，如数据报拥塞控制协议(datagram congestion control protocol, DCCP[48])翻译器可选择支持。为了方便调试和排除故障，翻译器必须转发所有的传输层协议。

6. 是否翻译

如果翻译器还提供正常路由转发功能，选择翻译或路由转发的规则如下：

(1) 若目标 IPv4 地址有“更长前缀匹配的 IPv4 路由”，则翻译器必须直接转发，而不是翻译该报文。

(2) 否则，若翻译器收到 IPv4 数据报文，其 IPv4 目标地址在 IPv6 域中，翻译器必须把数据报文翻译成 IPv6 数据报文。

5.7.3 从 IPv6 转换到 IPv4

从 IPv6 转换到 IPv4，翻译器的处理步骤如下：

(1) 收到一个目标节点在 IPv4 域的 IPv6 数据报文。

(2) 把该数据报文的 IPv6 报头翻译成 IPv4 报头。

(3) 删除原始 IPv6 报头，替换为 IPv4 报头。

(4) 由于 ICMPv6 (RFC4443[32])、TCP (RFC793[23])、UDP (RFC768[24]) 和 DCCP (RFC4340[48]) 报头包含覆盖 IP 报头的校验和，因此如果地址映射算法与校验和相关，则必须在翻译之前检查校验和，并必须在翻译过程中对 ICMP 和传输层报头进行更新。

(5) 数据报文的数据部分保持不变，根据 IPv6 目标地址转发数据报文。

其转换和封装方式如图 5.53 所示。

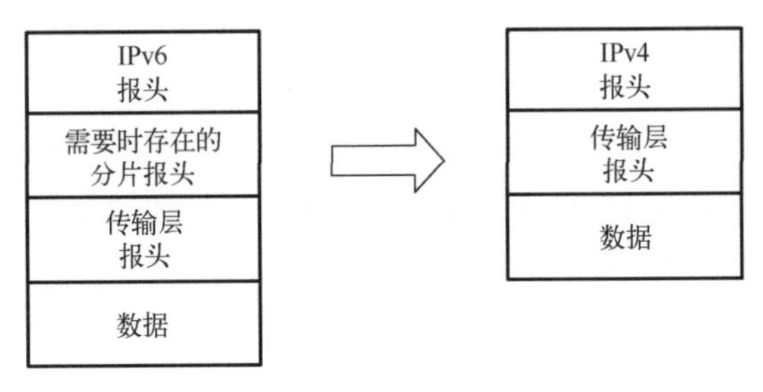

图 5.53　IPv6 到 IPv4 的翻译

翻译器对于分片和最小链路 MTU 处理必须充分考虑 IPv6 和 IPv4 之间的差异。IPv6 链路的 MTU 必须为 1280 个 8 比特字节或更大，而 IPv4 的限制是 68 个 8 比特字节。翻译器必须正确处理 IPv6 主机接收和处理收到的“报文太大”(Packet Too Big) ICMP 消息。

翻译器处理最小 MTU 的方法如下：

(1) 在翻译 ICMPv4 的“需要分片”数据报文时，要使在 ICMPv6 的“Packet Too Big”中标注的 MTU 不会低于 1280 个 8 比特字节。这确保了 IPv6 节点永远不会遇到或处理比最小 IPv6 链路 MTU (1280 个 8 比特字节) 更小的路径 MTU 值。

(2) 当生成的 IPv4 数据报文小于或等于 1260 个 8 比特字节时，翻译器必须对产生的报文设置 DF = 0；如果不是这种情况，翻译器必须对产生的报文设置 DF=1。

此方法允许对 MTU 不小于 1280 (最小 IPv6 MTU) 的路径 (对应于 IPv4 域中的 1260 个 8 比特字节的 MTU) 实现端到端的路径 MTU 发现。当在路径上有 MTU <1260 的 IPv4 链路时，连接到这些链路的 IPv4 路由器将按照 RFC791[1]的方法对数据报文进行分片处理。

除了分片处理和路径 MTU 发现需要特殊的规则，数据报头的实际处理过程由下述规则定义。此外，为了翻译 ICMPv4 错误消息，以及增加 ICMPv6 伪报头的校验和，也需要对 ICMPv4 报文进行特殊处理。

翻译器应该确保属于相同流的数据报文离开翻译器的顺序与其到达的顺序相同。

1. 将 IPv6 报头转换为 IPv4 报头

如果没有 IPv6 分片报头，数据报头转换如图 5.54 所示。

IPv4 报头字段设置如下：

(1) 版本号 (Version)：设为 4。

(2)IP 报头长度(IHL)：取值为 5(无 IPv4 选项)。

(3)服务类型(Type of Service)：①默认情况下，复制 IPv6 流量类型(Traffic Class)(全 8 比特)，根据 RFC2474[4]，这些比特在 IPv4 和 IPv6 中的语义是相同的；②翻译器的实现应该支持管理员配置，即忽略 IPv6 流量类型(Traffic Class)并始终将 IPv4 服务类型(Type of Service)设置为某个指定的值；③如果翻译器处于网络管理的边界，需参考由 RFC2475[5]定义的过滤和更新注意事项。

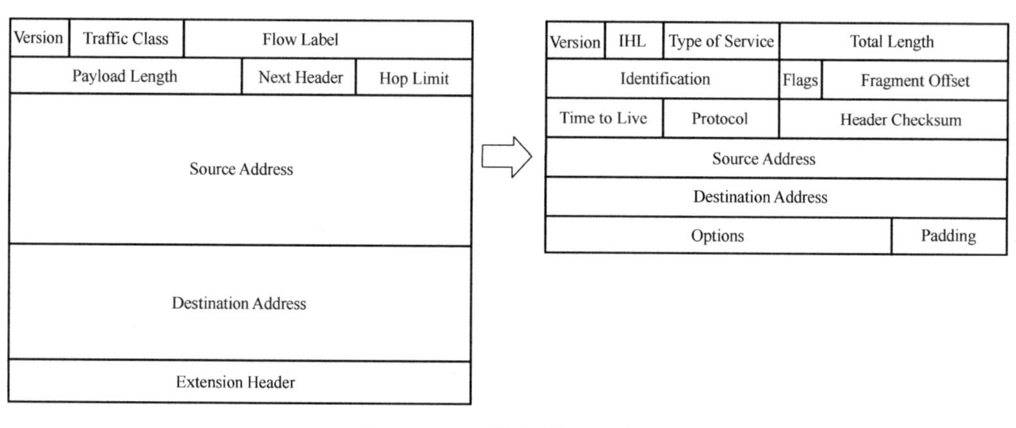

图 5.54 IPv6 报头到 IPv4 报头

(4)总长度(Total Length)：来自 IPv6 报头的有效负载长度值加上 IPv4 报头的大小。

(5)标识(Identification)：在翻译器中根据分片标识进行设置。

(6)标志(Flags)：①如果翻译后的 IPv4 报文小于或等于 1260 个 8 比特字节，DF 标志设置为 0；②其他情况下，DF 标志设置为 1。

(7)分片偏移(Fragment Offset)：设为全 0。

(8)生存时间(Time to Live)：生存时间源自 IPv6 报头中的跳数限制(Hop Limit)值。

①由于翻译器就是路由器，作为转发的一部分，翻译器需要递减 IPv6 报头中的“跳数限制”(在数据报文翻译之前)，或 IPv4 报头中的“生存时间”(在数据报文翻译后)。

②作为减少“生存时间”或“跳数限制”的一部分，翻译器(如同任何一个路由器)必须检查这个值，如果为 0，则发送 ICMPv4“TTL 超时”(TTL Exceeded)或 ICMPv6“跳数超限”(Hop Limit Exceeded)出错信息。

(9)协议(Protocol)：①IPv6-Frag(取值为 44)报头的处理方式单独讨论；② ICMPv6(取值为 58)改为 ICMPv4(取值为 1)，并且需要带有处理有效载荷的翻译；③IPv6 报头 HOPOPT(取值为 0)、IPv6-Route(取值为 43)和 IPv6-Opts(取值为 60)在处理期间略过，因为它们在 IPv4 中没有意义；④对于第一个不匹配上述情况的“下一个报头”，它的“下一个报头”的值(包含传输层协议号)被复制到 IPv4 中的“协议”字段。这意味着所有传输层协议将被翻译。注意：某些协议是无法被翻译的，例如，如果地址映射不是“与校验和无关”，IPsec 身份验证报头(取值为 51)和其他一些协议的“校验和”验证将无法通过。即对于这类协议，翻译器无法重新计算校验和。

(10)报头校验和(Header Checksum)：在创建 IPv4 报头之后计算。

(11)源地址(Source Address)：根据算法把 IPv6 地址映射到 IPv4 地址。如果翻译器得到的报文的源地址是非法地址，如“本机环回地址”(::1)等，翻译器应静默丢弃该数据报文。

(12)目标地址(Destination Address)：根据算法把 IPv6 地址映射到 IPv4 地址。

(13)扩展报头：①如果在 IPv6 数据报文中存在任何 IPv6“逐跳选项”扩展报头、“目标选项”扩展报头，或其中余留路段(Segments Left)字段等于 0 的“路由”扩展报头，则这些 IPv6 扩展报头必须被忽略(即不要试图翻译扩展报头)，按常规翻译数据报文。注意，“总长度”字段和“协议”字段要进行相应的调整，以“跳过”这些扩展报头；②如果存在余留路段(Segments Left)字段不等于 0 的“路由”扩展报头，则翻译器不翻译数据报文，而是发送 ICMPv6 参数遇到问题/错误的报文给这个数据报文的发送节点。其中“错误消息”为类型 4，代码 0，“指针”字段指向“余留路段”的第 1 个 8 比特字节的位置。

如果 IPv6 数据报文包含分片报头，这种情况涉及的报头转换如图 5.55 所示。

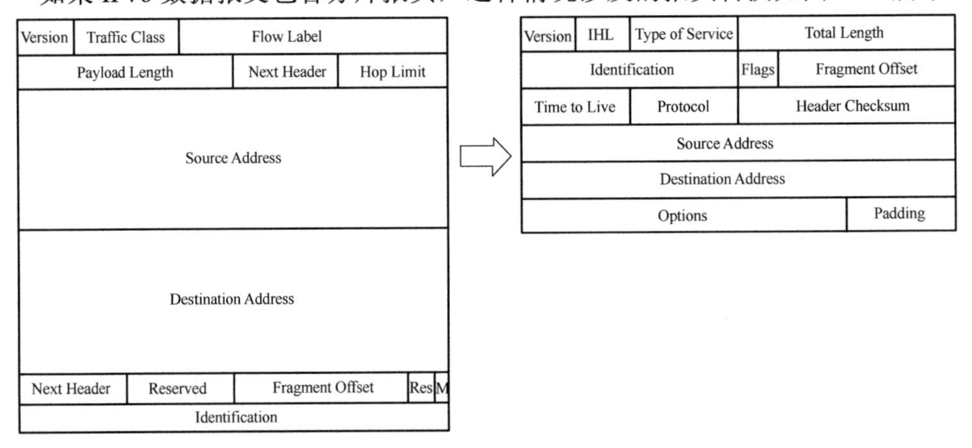

图 5.55 IPv6 报头(含分片扩展报头)到 IPv4 报头

如果 IPv6 数据报文包含分片报头，则下述域必须进行特殊处理。

(1)总长度(Total Length)：①如果分片报头的“下一个报头”字段是扩展报头(ESP 除外，但包括身份验证报头)，应该丢弃数据报文并进行记录；②对于其他情况，“总长度”必须设置为来自 IPv6 报头的“有效载荷长度”减去直至分片扩展报头的其他扩展报头的长度，再减去分片报头的大小(其值为 8)，最后加上 IPv4 报头的大小。

(2)标识(Identification)：从分片扩展报头中的“标识”字段的低 16 比特中复制。

(3)标志(Flags)：①IPv4 更多分片(MF)标志从 IPv6 分片扩展报头中的 M 标志复制；②IPv4 DF = 0，从而允许此数据报文被 IPv4 路由器更进一步分片。

(4)分片偏移(Fragment Offset)：①如果分片扩展报头的“下一个报头”字段不是扩展报头(ESP 除外)，那么“分片偏移”必须从 IPv6 分片扩展报头的“分片偏移”字段复制；②如果分片扩展报头的“下一个报头”字段是扩展报头，则应该丢弃数据报文，并记录。

(5)协议(Protocol)：①ICMPv6(取值为 58)改为 ICMPv4(取值为 1)；②除此以外，忽略扩展报头，并从最后一个 IPv6 扩展报头中复制“下一个报头”字段。

如果翻译后小于或等于 1280 个 8 比特字节的 IPv6 数据报文仍然大于 IPv4 数据报文的下一跳链路接口的 MTU，则翻译器必须对 IPv4 进行分片，使其能够在 MTU 受限的链路上传输。

2. 将 ICMPv6 报头转换为 ICMPv4 报头

如果不使用“与校验和无关”的映射地址，则 ICMPv4 应更新其“校验和”字段，注意 ICMPv4 没有伪报头。

翻译器必须对 ICMPv6 对应的 ICMP 数据报文进行翻译，即翻译器除了对报头进行翻译，也必须对报文中包含的 ICMP 错误消息中的 IPv4 报头进行翻译。

将 ICMPv6 报头转换为 ICMPv4 报头如图 5.56 所示。

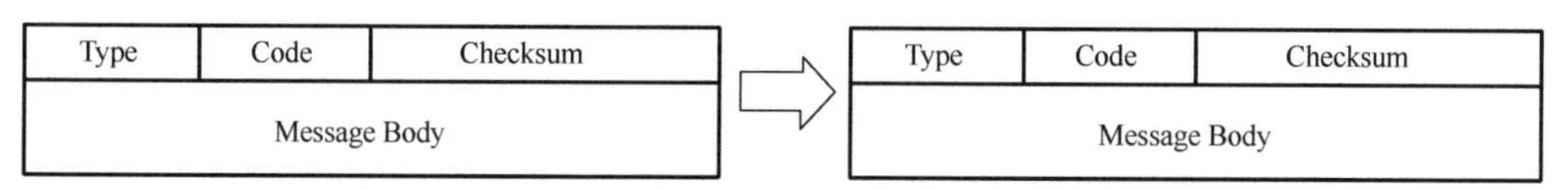

图 5.56　ICMPv6 报头到 ICMPv4 报头

翻译各种 ICMPv6 消息所需的操作如下。

ICMPv6 查询消息：

(1)回声请求/回声响应(类型 8 和类型 0)：调整类型值分别为 128 和 129，并根据类型更改，排除 ICMPv6 伪报头。

(2)MLD 组播侦听器查询/报告/完成(类型 130，131，132)：单跳消息，应静默丢弃。

(3)邻居发现消息(类型 133～137)：单跳信息，应静默丢弃。

(4)未知的信息性消息：应静默丢弃。

ICMPv6 错误消息：

(1)目标无法访问 (Destination Unreachable)(类型 1)：将类型(Type)设置为 3，然后排除 ICMPv6 伪报头，根据翻译后的“类型/代码”更新“校验和”。代码(Code)翻译规则如下：

①代码 0(没有到目标节点的路由)：将代码设置为 1(主机无法访问)。

②代码 1(管理上不允许与目标主机通信)：将代码设置为 10(管理上不允许与目标主机通信)。

③代码 2(超出源地址范围)：将代码设置为 1(主机无法访问)。注意：此错误不太可能发生，因为 IPv4 可译地址的源地址通常是全球范围的 IPv4 单播地址。

④代码 3(地址不可达)：将代码设置为 1(主机无法访问)。

⑤代码 4(端口不访问)：将代码设置为 3(端口无法访问)。

⑥其他代码值：应静默丢弃。

(2)数据报文太大(类型 2)：翻译为 ICMPv4 目标无法访问(类型 3)，代码 4，并根据类型进行更改，在排除 ICMPv6 伪报头后，重新计算 ICMPv4 校验和。其中 MTU 字段必须是根据 IPv4 和 IPv6 报头大小的不同，并考虑到出错的数据报文是否包括分片扩展报头进行计算，其计算公式为

```
MTU=min(PTB-20, MTU_of_IPv4_nexthop, MTU_of_IPv6_nexthop-20)
```

(3)超时(Time Exceeded)(类型 3)：将类型设置为 11，然后根据翻译后的“类型/代码”更新“校验和”(排除 ICMPv6 伪报头)，代码不变。

(4)参数问题(类型 4)：根据下面的规则翻译“类型/代码”，然后根据翻译后的“类型/代码”更新“校验和”(排除 ICMPv6 伪报头)。代码翻译规则如下：

①代码 0(遇到错误的报头字段)：设置类型为 12，代码为 0，并根据图 5.10 和图 5.41 更新指针，如果原始 IPv6 指针值没有列出，或翻译后的 IPv4 指针值为“n/a”，则静默丢弃报文，如表 5.16 所示。

表 5.16 指针更新

原始 IPv6 指针值		翻译后的 IPv4 指针值	
0	版本号/流量类型(Version/Traffic Class)	0	版本号/报头长度(Version/IHL)，服务类型(Type of Service)
1	流量类型/流标签(Traffic Class/Flow Label)	1	服务类型(Type of Service)
2，3	流标签(Flow Label)	未定义(n/a)	
4，5	载荷长度(Payload Length)	2	总长度(Total Length)
6	下一个报头(Next Header)	9	协议(Protocol)
7	跳数限制(Hop Limit)	8	生存时间(Time to Live)
8～23	源地址(Source Address)	12	源地址(Source Address)
24～39	目标地址(Destination Address)	6	目标地址(Destination Address)

②代码 1(遇到无法识别的“下一个报头”类型)：翻译为 ICMPv4 协议不可达(类型 3，代码 2)。

③代码 2(遇到无法识别的 IPv6 选项)：应静默丢弃报文。

④未知错误消息：应静默丢弃报文。

ICMP 错误载荷：如果收到的 ICMPv6 数据报文包含 ICMPv6 扩展域(RFC4884[11])，ICMPv6 的翻译将导致 ICMPv4 数据报文的长度更改。当发生这种情况时，ICMPv6 扩展长度属性必须进行相应的调整(例如，从 IPv6 地址到 IPv4 地址的翻译导致数据报文缩短)。

对于未在 RFC4884[11]中定义的扩展，翻译器把扩展当成不透明的比特字符串，因此不需要翻译这些字符串中可能包含的 IPv6 地址信息，当然这会给 ICMP 扩展的后续处理带来问题。

3. ICMPv6 错误消息转换为 ICMPv4

包含错误的数据报文的 ICMP 错误消息必须翻译成 IPv4 数据报文(内部 IPv4/IPv6 数据报文的“生存时间”/“跳数限制”值除外)。如果对这个“错误报文”的翻译改变了它的长度，外部 IPv6 报头中的“总长度”字段必须更新。

转换过程如图 5.57 所示。

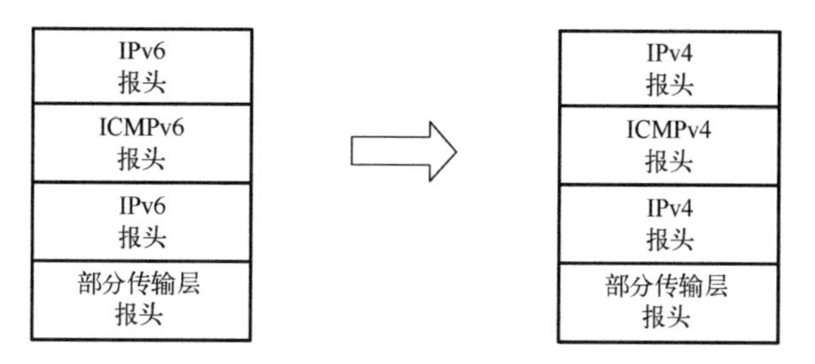

图 5.57　IPv6 到 IPv4 ICMP 错误消息转换

内部 IP 报头的翻译可以通过调用外部 IP 报头的翻译功能来完成，但仅限于第一个嵌入的 IP 报头，更多的嵌入报头必须丢弃。

4. 生成 ICMPv6 错误消息

如果翻译器丢弃了 IPv6 数据报文，则应该将 ICMPv6 错误消息发送给数据报文的原始发送节点，除非丢弃的数据报文本身也是 ICMPv6 错误信息。

ICMPv6 消息必须为类型 1(目标节点不可到达)和代码 1(管理上不允许与目标主机通信)。翻译器应该允许通过配置决定：发送 ICMPv4 错误消息，以某种速率限制发送，或不发送。

5. 传输层报头转换

如果地址翻译算法不是“与校验和无关”，则必须重新计算并更新包含伪报头的传输层报头。翻译器必须为 TCP、ICMP 和 UDP 的数据报文执行此操作。

其他传输层协议，如 DCCP[48]翻译器可选择支持。为了方便调试和排除故障，翻译器必须转发所有的传输层协议。

6. 是否翻译

如果翻译器还提供正常路由转发功能，翻译或路由转发的规则如下：

(1) 当目标 IPv6 地址有“更长前缀匹配的 IPv6 路由”时，翻译器必须直接转发，而不是翻译该报文。

(2) 否则，当翻译器收到 IPv6 数据报文，其 IPv6 目标地址在 IPv4 域中时，数据报文必须翻译成 IPv4。

7. ICMPv6 数据报文太大的特殊注意事项

研究表明，网络丢弃“ICMPv6 数据报文太大”错误消息的行为并不罕见。这种报文丢弃会引起 PMTUD 黑洞(RFC2923[49])，对于这个问题可以使用由 RFC4821[39]定义的分组层路径最大传输单元发现(packetization layer path MTU discovery，PLPMTUD)机制来解决。

5.7.4 IP 地址映射要点

翻译器必须支持在 RFC6052[35]中定义的无状态地址映射算法。注意：RFC7136[50]更新了 RFC4291[51]，允许不使用单播地址的 U-bit，只要它们不是从电气与电子工程师协会的媒体访问控制(media access control，MAC)子层协议的地址派生的。因此，RFC6219[38]中定义的地址映射算法也符合 IPv6 地址架构。

无状态翻译器应该支持显式地址映射 RFC7757[52]中定义的算法。

无状态翻译器应该支持 RFC6791[53]来处理 ICMP/ICMPv6 数据报文。

协议翻译器的具体实现可以支持无状态和有状态的翻译模式(例如，由 RFC6146[47]定义的 NAT64)。

协议翻译器的具体实现可以支持无状态 NAT64 功能(例如，由 RFC7599[54]定义的 MAP-T 客户边缘(customer edge，CE)或 MAP-T 边界中继(border relay，BR))。

5.7.5 安全考虑因素

无状态 IP/ICMP 翻译器不会带来新的任何超出了已经存在的 IPv4 和 IPv6 协议的安全问题。

从 IPv6 地址导出 IPv4 地址可能会产生潜在的安全问题(特别是广播等地址、环回地址或不符合第 6 章所定义的“IPv4 转换 IPv6 地址”)。

由 RFC4302[12]定义的 IPsec 身份验证报头不能用于 NAT44 或 NAT64。

与 IPv4 到 IPv4 的网络地址翻译一样，用隧道模式的 ESP 数据报文可以被翻译，因为隧道模式 ESP 不依赖于 ESP 报头封装前的报头字段。同样，除非使用与校验和无关的地址，传输模式 ESP 不能被翻译。在两种情况下，IPsec 的 ESP 端点通常会检测在路径中是否存在翻译器，并将 ESP 封装在 UDP 数据报文中(RFC3948[55])。

5.8　ICMP 源地址处理

由 RFC7915[33]定义的翻译算法指出："IPv6 报头中的 IPv6 地址可能不是'IPv4 可译 IPv6 地址'，无法直接翻译成 IPv4 地址。"在这种情况下，翻译可以使用有状态翻译，或使用由 RFC6791[53]定义的方法。

当无状态翻译器收到"Packet Too Big" ICMPv6 消息时，其目标地址一般来自"IPv4 可译 IPv6 地址"，但源地址可能是任意 IPv6 地址(非"IPv4 可译 IPv6 地址")，翻译器需要选择一个源地址生成 ICMP 消息。该源地址需要满足以下条件。

使用的源地址不应该导致 ICMP 数据报文丢弃，它不应该来自由 RFC1918[56]或 RFC6598[57]定义的地址空间，因为该地址空间很可能受到单播反向路径转发(unicast reverse path forwarding，uRPF)(RFC3704[58])的过滤。

IPv4/IPv6 翻译的目的之一是解决公有 IPv4 地址的稀缺性问题，因此为每个可能产生 ICMPv6 消息的节点配置公有 IPv4 地址是不现实的。

选择源地址的另一个考虑因素是应该允许 ICMP 消息的接收者在某种程度上可以区别不同 IPv6 网络节点产生的 ICMPv6 消息(例如，traceroute 诊断程序可以提供穿越 IPv4/IPv6 翻译器后的不同 IPv6 网络源地址)。这种考虑意味着 IPv4/IPv6 翻译器需要有一个 IPv4 地址池来映射从不同来源生成的 ICMPv6 数据报文的源地址。互联网运行实践表明，目前只有 traceroute 和 mtr 使用 ICMPv6 源地址进行路径跟踪。

目前推荐的源地址选择方法是使用一个公有 IPv4 地址(或一个小型公有 IPv4 地址池)作为源地址翻译 ICMP 消息，并利用由 RFC5837[59]定义的 ICMP 扩展，把 IPv6 地址作为接口 IP 地址子对象。

5.8.1　ICMP 扩展

对于一个公有 IPv4 地址(IPv4 接口地址或翻译器的环回地址)或公有 IPv4 地址池，翻译器应该实施由 RFC5837[59]定义的 ICMP 扩展。

ICMP 消息应该把原始 ICMPv6 中包括的 IPv6 源地址复制到 ICMP 扩展的接口 IP 地址子对象。作为 IPv4 报头之后的数据部分，其数据结构如图 5.58 所示。

由 RFC792[7]定义的参数如下：

(1) 目标地址(Destination Address)：32 比特；目标地址从调用报文的"源地址"字段复制。

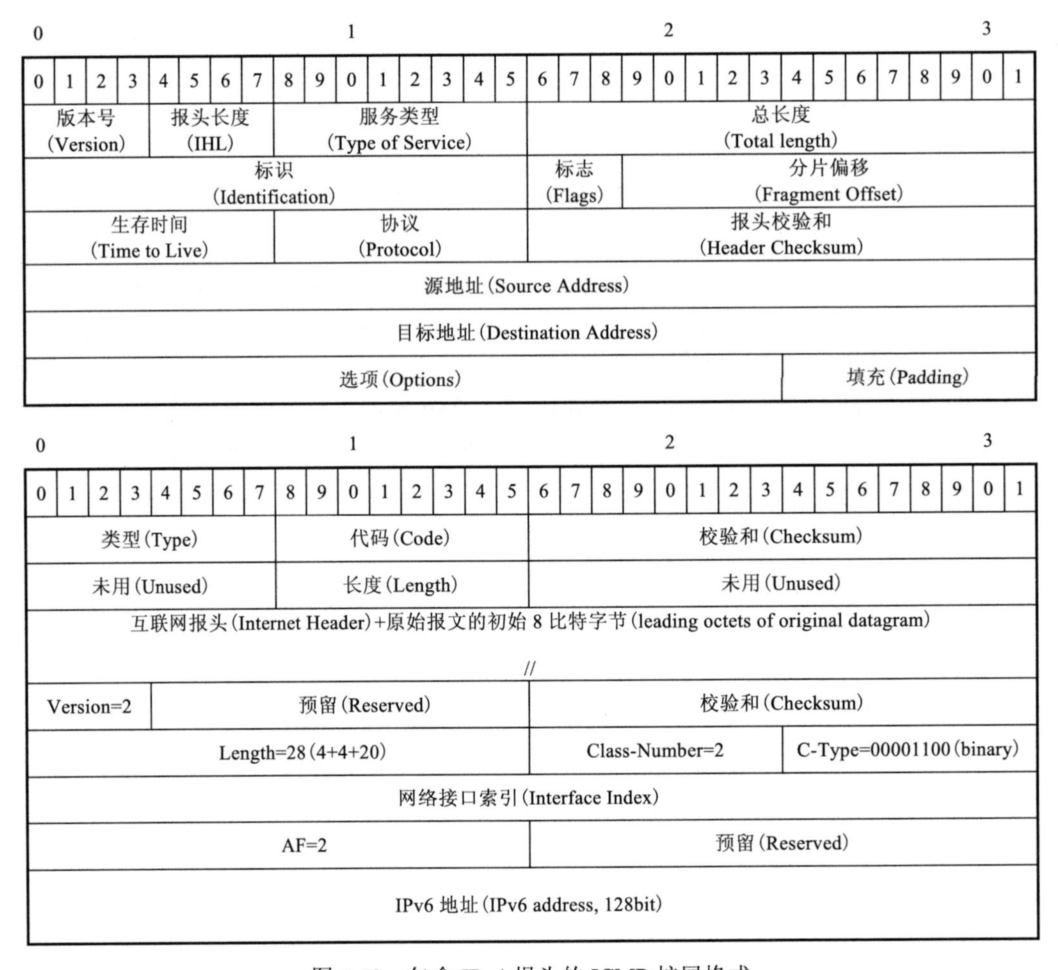

图 5.58　包含 IPv4 报头的 ICMP 扩展格式

(2) 类型 (Type)：取值为 11。

(3) 代码 (Code)：代码如表 5.17 所示。

(4) 未用 (Unused)：此字段未使用。

表 5.17　代码

代码	描述
0	超时限制
1	超出碎片重组时间

(5) 校验和 (Checksum)：校验和是以 ICMP 类型开头的 ICMP 消息总和的 16 比特补码。为了计算校验和，“校验和”字段首先设置为 0。

(6) 互联网报头 (Internet Header)+原始报文的初始 8 比特字节 (leading octets of

orginal datagram)：主机处理进程使用此数据。如果是更高级别的协议使用端口号，它们被假定位于原始数据报文的前 64 比特。

由 RFC4884[11]定义的参数如下：

(1)版本号(Version)：4 比特；取值为 2(ICMP 扩展)。

(2)预留(Reserved)：12 比特；代码由发送节点设置为 0，并被接收节点忽略。

(3)校验和(Checksum)：16 比特；全 0 值表示未传输校验和。

(4)长度(Length)：16 比特；取值为 28，对象的长度，以 8 比特字节为单位，包括对象报头和对象有效负载。

(5)分类号(Class-Number)：8 比特；取值为 2，标识对象类别。

(6)子分类号(C-Type)：8 比特；取值为 12，网络接口的描述。

由 RFC7915[33]定义的参数如下：

(1)网络接口索引(Interface Index)：32 比特；是由 RFC2863[60]定义的网络接口索引。

(2)网络族(AF)：16 比特；取值为 2(IPv6)。

(3)预留(Reserved)：16 比特；此字段未使用。代码由发送节点设置为 0，并被接收节点忽略。

(4)IPv6 地址(IPv6 address)：128 比特；该网络接口的 IPv6 地址。

当使用增强的 traceroute 应用程序时，就可以提取出 ICMPv6 消息中真实的 IPv6 源地址。因此，它可以提高 IPv6 网络的可见性。在未来可以考虑定义一个新的 ICMP 扩展，用来指示数据报文已被翻译，并且其源地址属于翻译器，不是发起节点。

5.8.2　无状态地址映射算法

如果在翻译器上配置了公有 IPv4 地址池，建议从中随机选择 IPv4 源地址。随机选择能够降低由同一 traceroute 应用程序收到两个具有相同源地址 ICMP 消息的概率，从而避免引起路由环的误解。支持 RFC5837[59]扩展增强的 traceroute 应用程序，将显示 ICMPv6 消息中真实的 IPv6 源地址。

5.9　协议封装

5.9.1　IPv6 隧道

RFC2473[61]定义了 IPv6 隧道，是一种在两个 IPv6 节点之间用于传输数据报文作为有效载荷而建立“虚拟链路”的技术。隧道的一个节点封装了从其他节点或从自身接收的数据报文并通过隧道转发数据报文。另一个节点解封装收到的数据报文并转发原始数据报文到达原始的目标地址。

双向隧道是通过合并两个单向隧道来实现的，即配置两条隧道，一条隧道的入口节点就是另一条隧道的出口节点，如图 5.59 所示。

图 5.59　双向隧道机制

1. IPv6 数据报文封装

IPv6 封装把原始数据报文封装到新的 IPv6 报头(包括 IPv6 扩展报头)，统称为隧道 IPv6 报头。当原始数据报文转发到虚拟链路的入口节点后，原始数据报文根据协议转发规则转发报文。例如，如果原始数据报文是：

(1) IPv6 数据报文，则 IPv6 原始报头“跳数限制”减 1。

(2) IPv4 数据报文，则 IPv4 原始报头“生存时间”减 1。

在封装时，隧道 IPv6 报头的源地址是隧道入口节点的 IPv6 地址，目标地址是隧道出口节点的 IPv6 地址。封装结构如图 5.60 所示。

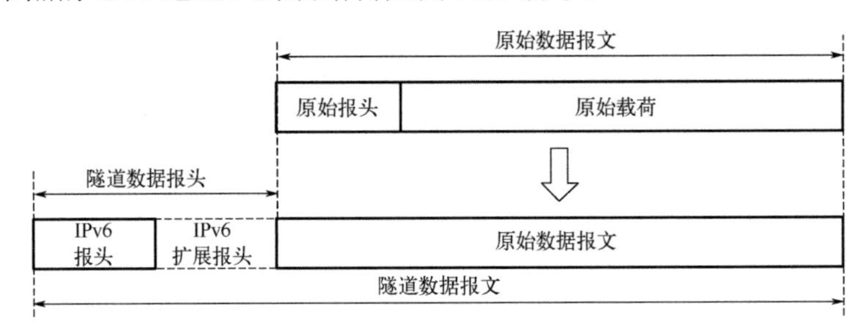

图 5.60　封装数据报文

隧道扩展报头应按 RFC8200[2]建议的扩展报头顺序进行。

作为进入该节点数据报文的前置信息，隧道入口节点可以(由配置决定)插入“隧道封装限制”选项。“隧道封装限制”选项使用“目标选项”扩展报头，位于封装 IPv6 报头和 IPv6 原始数据报文的报头之间(取决于信息隧道入口节点的配置，其他 IPv6 扩展报头可以在“目标选项”扩展报头之前或之后出现)。

隧道封装协议允许多重封装，因此需要定义“隧道封装限制”选项。这个选项指定(不包括这个“隧道封装限制”本身)该数据报文可以允许再进行封装的数量。例如，限制值为 0 的“隧道封装限制”扩展报头表示该数据报文不允许在退出目前隧道之前进一步封装。

“隧道封装限制”选项具有以下格式，如图 5.61 所示。

0	1	选项类型　2	3
下一个报头(Next Header)	扩展头长度(Hdr Ext Len)=0	0 0 0 0 0 1 0 0	选项数据长度(Opt Data Len)=1
封装限制(Tun Encap Lim)	填充 N 选项类型(Pad N Opt Type)=1	选项数据长度(Opt Data Len)=1	0

图 5.61　“隧道封装限制”选项

(1)选项类型(Option Type)：8 比特。

①取值为 4。

②最高 2 比特，设置为 00，表示“如果不理解这个选项，则跳过”。

③第 3 比特，设置为 0，表示此选项中的选项数据在转发途中不会改变目标节点。

(2)选项数据长度(Option Data Length)：8 比特；取值为 1。

(3)隧道封装限制(Tunnel Encapsulation Limit)：8 比特(无符号整数)；指定进一步允许封装的数量。

“隧道封装限制”选项仅仅对隧道入口节点有意义。隧道入口节点需要对进入该节点隧道的每个数据报文执行以下流程。

(1)检查数据报文，查看 IPv6 报头后面是否存在“隧道封装限制”选项。必须严格按照“从左到右”的顺序检查 IPv6 报头之后的内容，直至遇到下述任何一个报头之后停止。

①包含“隧道封装限制”选项。

②另一个 IPv6 报头。

③非 IP 扩展报头，如 TCP、UDP 或 ICMP。

④一个无法解析的报头，因为它是加密的或类型未知的。

注意：这个要求是“目标选项”扩展报头处理流程的一个例外，因为通常“目标选项”扩展报头仅仅需要在目标节点检查。一个变通的和更“规范”的方法是使用“逐跳选项”扩展报头，但这将在隧道路径上的每个 IPv6 节点增加额外的处理负担，并增加时延。

(2)如果进入隧道入口节点的数据报文包含“隧道封装限制”扩展报头，且限制值为 0，则丢弃数据报文并发送 ICMP 参数问题消息到上一个隧道入口节点。代码(Code)字段为 0(erroneous header field encountered)，指针(Pointer)字段指向“隧道封装限制”扩展报头的第 3 个 8 比特字节选项(即包含限制值为 0 的那个 8 比特字节)。

(3)如果进入隧道入口节点的数据报文包含“隧道封装限制”扩展报头，且限制值不为 0，作为在这个隧道入口节点添加封装报头的一部分，必须再增加一个“隧道封装限制”选项扩展报头。这个“隧道封装限制”的限制值为前一个“隧道封装限制”的限制值减 1。

(4) 如果进入隧道入口节点的数据报文不包含“隧道封装限制”扩展报头，但本隧道入口节点设置了“隧道封装限制”参数，作为在这个隧道入口节点添加封装报头的一部分，必须增加一个“隧道封装限制”扩展报头。这个“隧道封装限制”的限制值就是这个隧道入口节点设置的“隧道封装限制”参数。

(5) 如果进入隧道入口节点的数据报文不包含“隧道封装限制”扩展报头，且本隧道入口节点没有设置“隧道封装限制”参数，则不要插入“隧道封装限制”选项扩展报头。

隧道入口节点添加的“隧道封装限制”扩展报头，在隧道出口节点作为解封装过程的一部分将被移除。

原始数据报文的源节点和隧道入口封装该数据报文的节点可以是同一个节点。

2. IP 隧道中的 IPv6 数据报文处理

隧道中的节点根据 IPv6 处理 IPv6 隧道数据报文。

(1) 隧道“逐跳”(Hop by Hop) 扩展报头由隧道的每个接收节点处理。

(2) 隧道路由扩展报头用来标识隧道的中间处理节点，以更精细的粒度控制转发隧道数据报文通过隧道的路径。

(3) 隧道“目标选项”扩展报头在隧道的出口节点处理。

3. IPv6 数据报文解封装

隧道数据报文解封装如图 5.62 所示。

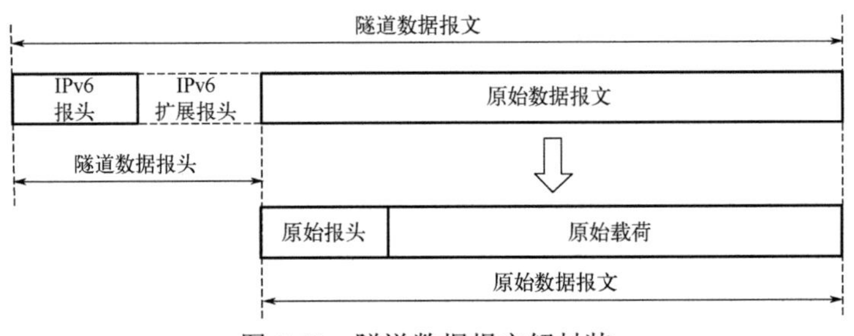

图 5.62　隧道数据报文解封装

当隧道出口节点收到目标地址为隧道出口节点的 IPv6 数据报文时，根据 IPv6 严格按照从左到右的处理规则处理隧道报头。当处理完成时，检查最后一个报头的“下一个报头”字段，如果这个字段为“隧道”标识，则丢弃隧道报头，对原始数据报文进行进一步处理。

如果在“下一个报头”字段仍然为 IPv6 隧道协议的数值，则需要将生成的原始数据报文继续由 IPv6 协议层进行处理。

隧道出口解封装数据报文的节点和目标节点可以是同一个节点。

5.9.2　隧道 IPv6 报头

隧道入口节点填写隧道 IPv6 主报头如下：

(1)版本号(Version)：4 比特；取值为 6。

(2)流量类型(Traffic Class)：8 比特；根据隧道入口节点的配置决定，流量类型可以设置为原始数据报文的流量类型或预先配置的值。

(3)流标签(Flow Label)：20 比特；根据隧道入口节点的配置决定，流标签可以设置为预先配置的值。典型的值为 0。

(4)载荷长度(Payload Length)：16 比特；原始数据报文长度，加上隧道封装的长度，以及 IPv6 扩展头的长度(如果有的话)。

(5)下一个报头(Next Header)：8 比特；根据正式的协议类型决定。

①如果原始数据报文是 IPv6 数据报文，则隧道入口节点设置此参数为 41。

②如果是“逐跳选项”扩展报头，则设置为 0。

③如果是“目标选项”扩展报头，则设置为 60。

(6)跳数限制(Hop Limit)：8 比特。

①隧道 IPv6 报文“跳数限制”设置为预配置值。

②主机的默认值是邻居发现协议宣告的“跳数限制”。

③路由器的默认值是默认的 IPv6 跳数限制值(64)。

(7)源地址(Source Address)：128 比特；配置为隧道入口节点的 IPv6 地址。

(8)目标地址(Destination Address)：128 比特；配置为隧道出口节点的 IPv6 地址。

取决于 IPv6 节点配置参数，隧道入口节点可以向隧道 IPv6 报头附加一个或多个 IPv6 扩展报头，例如，“逐跳选项”扩展报头、“路由”扩展报头或其他扩展报头。

为了限制数据报文的嵌套封装数量，可以配置隧道“目标选项”扩展报头。如果该选项是“目标选项”报头中唯一存在的选项，则具有以下内容格式，如图 5.63 所示。

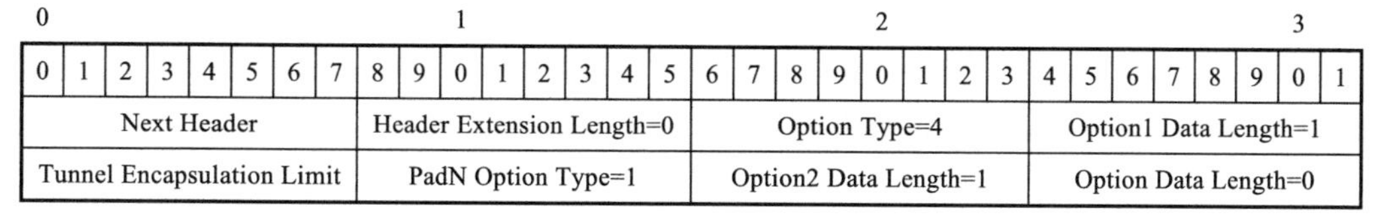

图 5.63　隧道 IPv6 扩展报头

(1)下一个报头(Next Header)：8 比特；标识原始数据报头的类型。如果原始数据报文是 IPv6 数据报文，则下一个报头协议值设置为 41。

(2) 扩展报头长度(Header Extension Length)：8 比特；扩展报头的长度单位是 8 比特字节，不包括第 1 个 8 比特字节，隧道入口节点需要将此域设置为 0。

(3) 选项类型(Option Type)：8 比特；设置为 4。

(4) 选项 1 数据长度(Option1 Data Length)：8 比特；设置为 1。

(5) 隧道封装限制(Tunnel Encapsulation Limit)：8 比特(无符号整数)；根据需求决定。

(6) PadN 选项类型(PadN Option Type)：8 比特；设置为 1，用于对齐这个报头。

(7) 选项 2 数据长度(Option2 Data Length)：8 比特；设置为 1(选项数据为一个 8 比特字节)。

(8) 选项数据长度(Option Data Length)：8 比特；设置为 0(全 0)。

5.9.3 隧道数据报文分片处理

1. IPv6 隧道数据报文分片

在 IPv6 原始数据报文进入隧道时，如果原始数据报文超过隧道 MTU(即隧道入口节点和出口节点之间路径的 MTU 减去隧道封装报头的大小)，则进行以下处理。

(1) 如果原始 IPv6 数据报文大于 IPv6 最小链路 MTU，隧道入口节点丢弃数据报文，并发送 ICMPv6“数据报文太长”(Packet Too Big)消息到原始数据报文的源地址，推荐的 MTU 大小的字段设置为隧道 MTU 或 IPv6 最小链路 MTU，以较大者为准，即

max(隧道 MTU，IPv6 最小链路 MTU)

(2) 如果原始 IPv6 数据报文等于或小于 IPv6 最小链路 MTU，隧道入口节点封装原始数据报文，然后将生成的 IPv6 隧道数据报文分成不超过隧道 MTU 路径的分片到 IPv6 隧道出口节点。

2. IPv4 隧道数据报文分片

当 IPv4 原始数据报文进入隧道时，如果原始数据报文超过隧道 MTU(即隧道入口节点和出口节点之间路径的 MTU 减去隧道封装报头的大小)，则进行以下处理。

(1) 如果原始 IPv4 数据报文中 DF=1，隧道入口节点丢弃数据报文，并发送 ICMP“数据报文太大”(Packet Too Big)消息到原始数据报文的源地址，ICMP 消息类型为“不可达”(unreachable)，代码为“数据报文太大”(Packet Too Big)，建议的 MTU 字段设置为隧道的 MTU 大小。

(2) 如果原始 IPv4 数据报文中 DF=0，隧道入口节点封装原始数据报文，然后将生成的 IPv6 隧道数据报文分成不超过隧道 MTU 路径的分片到 IPv6 隧道出口节点。

5.9.4 IPv6 隧道错误报告和处理

报告给原始数据报文的源节点的隧道 ICMP 消息如下：

(1)超出跳数限制(Hop Limit Exceeded)：①隧道具有错误配置的跳数限制，或包含一个路由环路，使数据报文没有到达隧道出口节点；②这个问题被报告给隧道入口节点，可以重新配置隧道跳数限制到更高的值；③这个问题将被进一步报告给原始数据报文的源节点。

(2)节点不可达(Unreachable Node)：①隧道中的一个节点不存在或不可达；② 这个问题被报告给隧道入口节点，应该重新配置隧道入口节点和出口节点之间的有效路径；③这个问题将被进一步报告给原始数据报文的源节点。

(3)参数问题(Parameter Problem)：①ICMP 参数问题消息指向“隧道封装限制”这个“目标选项”扩展报头，其中的“隧道封装限制”字段设置为 1，表明隧道报文超出了允许的最大封装数量；②这个问题将被进一步报告给原始数据报文的源节点。

上述三个问题是在隧道内检测到的，其原因是隧道配置和隧道拓扑问题，这个问题被报告给原始 IPv6 数据报文的源节点，作为隧道由于“链路故障”引起的“无法访问”的问题。

(4)数据报文太大(Packet Too Big)：隧道数据报文超过隧道路径 MTU。此类 ICMP 消息携带的信息处理方法如下：①隧道入口节点设置或调整隧道 MTU；②隧道入口节点将这个隧道的 MTU 大小通知给数据报文的源节点，使之以合适的大小向隧道入口节点发送 IPv6 数据报文。

1. IPv6 原始数据报文的 ICMPv6 消息

隧道入口节点发送给原始数据报文的源节点的 ICMP 消息如下：

(1)IPv6 报头的源地址(Source Address)：发送链路接口有效的 IPv6 单播地址。

(2)IPv6 报头的目标地址(Destination Address)：从原始 IPv6 报头复制源地址字段。

针对以下 ICMP 错误消息：①超出跳数限制(Hop Limit Exceeded)；②节点不可达(Unreachable Node)；③参数问题(Parameter Problem)，处理方法为针对这种情况，需要先把指针指向有效的“隧道封装限制”的“目标选项”扩展报头，并将“隧道封装限制”字段设置为 0。

(1)类型(Type)：取值为 1(无法访问的节点)。

(2)代码(Code)：取值为 3(地址无法访问)。

针对 ICMP 错误消息“数据报文太大”的处理方法为：

(1)类型(Type)：取值为 2(数据报文太大)。

(2)代码(Code)：取值为 0。

(3)隧道 MTU：ICMP 消息中的 MTU 字段减去隧道报头的长度。

只有当原始数据报文大于 IPv6 最小链路 MTU 时，才发送“数据报文太大”消息到原始数据报文的源节点。

2. IPv4 原始数据报文的 ICMP 消息

隧道入口节点发送给原始数据报文源节点的 ICMP 消息如下。

(1) IPv4 报头的源地址(Source Address)：发送链路接口有效的 IPv4 单播地址。

(2) IPv4 报头的目标地址(Destination Address)：从原始 IPv4 报头复制源地址字段。

针对以下 ICMP 错误消息：①超出跳数限制(Hop Limit Exceeded)；②节点不可达(Unreachable Node)；③参数问题(Parameter Problem)，处理方法为指向有效的“隧道封装限制”的“目标选项”扩展报头，并将“隧道封装限制”字段设置为 0。

(1) 类型(Type)：取值为 3(无法访问的节点)。

(2) 代码(Code)：取值为 1(主机无法访问)。

针对 ICMP 错误消息“数据报文太大”的处理方法为：

(1) 类型(Type)：取值为 3(数据报文太大)。

(2) 代码(Code)：取值为 4。

(3) 隧道 MTU：ICMP 消息中的 MTU 字段减去隧道报头的长度。

只有当原始数据报文 DF=1 时，才发送“数据报文太大”消息到原始数据报文的源节点。

5.9.5 安全考虑

可以通过保护 IPv6 隧道之间的 IPv6 路径来保护 IPv6 隧道入口节点和隧道出口节点的安全，即把符合 RFC4302[12]、RFC4303[13]、RFC4835[62]的一个或多个安全报头作为隧道的前置报头。在安全 IPv6 隧道的出口节点，利用符合 RFC4302[12]、RFC4303[13]、RFC4835[62]的安全性算法处理隧道安全报头。在处理完隧道报头后，丢弃隧道 IPv6 安全报头和其他隧道报头。

完整性、身份验证和保密性的强度，取决于安全报头的类型，如身份验证或加密 ESP 以及安全隧道配置的参数。原始数据报文的安全级别和安全 IPv6 隧道的安全级别没有直接的关系和交互性，因为原始数据报文仅仅是安全 IPv6 隧道的有效载荷。

5.10 本 章 小 结

协议是互联网的核心，数据报头是协议的具体体现。本章详细分析了 IPv4 和 IPv6 技术所涉及主要协议的数据报头，在此基础上给出了 IPv4 和 IPv6 数据报头之间的翻译算法和封装算法。

参 考 文 献

[1] Postel J. RFC791: Internet protocol. IETF 1981-09.

[2] Deering S, Hinden R. RFC8200: Internet protocol version 6 (IPv6) specification. IETF 2017-07.

[3] Almquist P. RFC1349: Type of service in the internet protocol suite. IETF 1992-07.

[4] Nichols K, Blake S, Baker F, et al. RFC2474: Definition of the differentiated services field（DS field）in the IPv4 and IPv6 headers. IETF 1998-12.

[5] Blake S, Black D, Carlson M, et al. RFC2475：An architecture for differentiated services. IETF 1998-12.

[6] Touch J. RFC6864: Updated specification of the IPv4 ID field. IETF 2013-02.

[7] Postel J. RFC792: Internet control message protocol. IETF 1981-09.

[8] Gont F. RFC6633: Deprecation of ICMP source quench messages. IETF 2015-10.

[9] Gont F, Pignataro C. RFC6918: Formally deprecating some ICMPv4 message types. IETF 2013-04.

[10] Mogul J, Postel J. RFC950: Internet standard subnetting procedure. IETF 1985-08.

[11] Bonica R, Gan D, Tappan D, et al. RFC4884: Extended ICMP to support multi-part messages. IETF 2007-04.

[12] Kent S. RFC4302：IP authentication header. IETF 2005-12.

[13] Kent S. RFC4303: IP encapsulating security payload（ESP）. IETF 2005-12.

[14] Arkko J, Bradner S. RFC5871: IANA allocation guidelines for the IPv6 routing header. IETF 2010-05.

[15] Filsfils C, Previdi S, Ginsberg L, et al. RFC8402: Segment routing architecture. IETF 2018-07.

[16] Filsfils C, Dukes D, Previdi S, et al. RFC8754: IPv6 segment routing header（SRH）. IETF 2020-03.

[17] Filsfils C, Camarillo P, Leddy J, et al. RFC8986: Segment routing over IPv6（SRv6）network programming. IETF 2021-02.

[18] Gont F. RFC7739: Security implications of predictable fragment identification values. IETF 2016-02.

[19] Ramakrishnan K, Floyd S, Black D. RFC3168: The addition of explicit congestion notification（ECN）to IP. IETF 2001-09.

[20] Simpson W. RFC1661: The point-to-point protocol（PPP）. IETF 1994-07.

[21] McCann J, Deering S, Mogul J, et al. RFC8201: Path MTU discovery for IP version 6. IETF 2017-07.

[22] Amante S, Carpenter B, Jiang S, et al. RFC6437: IPv6 flow label specification. IETF 2011-11.

[23] Postel J. RFC793: Transmission control protocol. IETF 1981-09.

[24] Postel J. RFC768: User datagram protocol. IETF 1980-08.

[25] Fairhurst G, Westerlund M. RFC6936：Applicability statement for the use of IPv6 UDP datagrams with zero checksums. IETF 2013-04.

[26] Kent S, Seo K. RFC4301: Security architecture for the internet protocol. IETF 2005-11.

[27] Rescorla E. RFC8446: The transport layer security（TLS）protocol version 1.3. IETF 2018-08.
[28] Ylonen T, Lonvick C. RFC4251: The secure shell（SSH）protocol architecture. IETF 2006-01.
[29] Gont F, Chown T. RFC7707：Network reconnaissance in IPv6 networks. IETF 2016-03.
[30] Cooper A, Gont F, Thaler D. RFC7721: Security and privacy considerations for IPv6 address generation mechanisms. IETF 2016-03.
[31] Carpenter B, Jiang S. RFC7045: Transmission and processing of IPv6 extension headers. IETF 2013-12.
[32] Conta A, Deering S, Gupta M. RFC4443: Internet control message protocol（ICMPv6）for the internet protocol version 6（IPv6）specification. IETF 2006-03.
[33] Bao C, Li X, Baker F, et al. RFC7915: IP/ICMP translation algorithm. IETF 2016-06.
[34] Guha S, Biswas B, Ford S, et al. RFC5382: NAT behavioral requirements for TCP. IETF 2008-10.
[35] Bao C, Huitema C, Bagnulo M, et al. RFC6052: IPv6 addressing of IPv4/IPv6 translators. IETF 2010-10.
[36] Cotton M, Vegoda L, Meyer D. RFC5771: IANA guidelines for IPv4 multicast address assignments. IETF 2010-03.
[37] Haberman B. RFC3307: Allocation guidelines for IPv6 multicast addresses. IETF 2002-08.
[38] Li X, Bao C, Chen M, et al. RFC6219: The China Education and Research Network（CERNET）IVI translation design and deployment for the IPv4/IPv6 coexistence and transition. IETF 2011-05.
[39] Mathis M, Heffner J. RFC4821：Packetization layer path MTU discovery. IETF 2007-03.
[40] Borman D. RFC6691：TCP options and maximum segment size（MSS）. IETF 2012-07.
[41] Baker F. RFC1812: Requirements for IP version 4 routers. IETF 1995-06.
[42] Deering S, Fenner W, Haberman B. RFC2710：Multicast listener discovery（MLD）for IPv6. IETF 1999-10.
[43] Haberman B. RFC3590：Source address selection for the multicast listener discovery（MLD）protocol. IETF 2003-09.
[44] Vida R, Costa L. RFC3810：Multicast listener discovery version 2（MLDv2）for IPv6. IETF 2004-06.
[45] Cain B, Deering S, Kouvelas I, et al. RFC3376：Internet group management protocol, version 3. IETF 2002-10.
[46] Mogul J, Deering S. RFC1191: Path MTU discovery. IETF 1990-11.
[47] Bagnulo M, Matthews P, Beijnum I. RFC6146: Stateful NAT64: Network address and protocol translation from IPv6 clients to IPv4 servers. IETF 2011-04.
[48] Kohler E, Handley M, Floyd S. RFC4340: Datagram congestion control protocol（DCCP）. IETF

2006-03.

[49] Lahey K. RFC2923: TCP problems with path MTU discovery. IETF 2000-09.

[50] Carpenter B, Jiang S. RFC7136: Significance of IPv6 interface identifiers. IETF 2014-02.

[51] Hinden R, Deering S. RFC4291: IP version 6 addressing architecture. IETF 2006-02.

[52] Anderson T, Popper A. RFC7757: Explicit address mappings for stateless IP/ICMP translation. IETF 2016-02.

[53] Li X, Bao X, Wing D, et al. RFC6791: Stateless source address mapping for ICMPv6 packets. IETF 2012-11.

[54] Li X, Bao C, Dec W, et al. RFC7599: Mapping of address and port using translation（MAP-T）. IETF 2015-07.

[55] Huttunen A, Swander B V, Volpe V, et al. RFC3948: UDP encapsulation of IPsec ESP packets. IETF 2005-01.

[56] Rekhter Y, Moskowitz B, arrenberg D, et al. RFC1918: Address allocation for private internets. IETF 1996-02.

[57] Weil J, Kuarsingh V, Donley C, et al. RFC6598: IANA-reserved IPv4 prefix for shared address space. IETF 2012-04.

[58] Baker F, Savola P. RFC3704: Ingress filtering for multihomed networks. IETF 2004-03.

[59] Atlas A, Bonica R, Pignataro C, et al. RFC5837：Extending ICMP for interface and next-hop identification. IETF 2010-04.

[60] McCloghrie K, Kastenholz F. RFC2863: The interfaces group MIB. IETF 2000-07.

[61] Conta A, Deering S. RFC2473: Generic packet tunneling in IPv6 specification. IETF 1998-12.

[62] Manral V. RFC4835: Cryptographic algorithm implementation requirements for encapsulating security payload（ESP）and authentication header（AH）. IETF 2007-04.

第 6 章　地址映射技术

地址(寻址)是互联网最核心的组件。本章详细分析比较 IPv4 和 IPv6 的地址结构，导出 IPv4 地址和 IPv6 地址之间的无状态映射算法。

6.1　IPv4 地址结构

IP 提供从源节点到目标节点的数据报文传输，源节点和目标节点由固定长度的地址表示。互联网协议使用数据报头中携带的地址将互联网数据报文传送到目标节点。选择传输路径的过程称为路由。互联网协议将每个数据报文视为独立的、与任何其他数据报文无关的实体。在网络层是无连接的，不需要存在实电路或虚电路。互联网数据报文中的地址是绝对地址，不论端系统(服务器、客户机)，还是链路(路由器)都采用统一编址(参见本书 2.2.3 节的内容)。但是，近年来，随着 IPv4 地址的耗尽和 IPv4 地址转换技术的引入，整个互联网的地址唯一性已经发生了变化。简而言之，互联网上公开服务器依然保持全网地址的唯一性，而绝大多数客户机均采用私有 IPv4 地址，并不具备全网地址的唯一性。

最初设计的 IPv4 地址采用有分类的模式，由 RFC791[1]定义。

假定世界上有三类网络。

(1) 为数不多的大型网络，每个大型网络有千万余台主机。

(2) 有一定数量的中型网络，每个中型网络有万余台主机。

(3) 众多的小型网络，每个小型网络有百余台主机。

大型、中型和小型网络由地址的前导比特来区分，如图 6.1 所示。

	0										1										2										3	
	0	1	2	3	4	5	6	7	8	9	0	1	2	3	4	5	6	7	8	9	0	1	2	3	4	5	6	7	8	9	0	1
A类	0	7比特网络							24比特主机																							
B类	1	0	14比特网络														16比特主机															
C类	1	1	0	21比特网络																					8比特主机							
D类	1	1	1	0	28比特组播地址																											
E类	1	1	1	1	0	27比特(未启用)																										

图 6.1　有分类 IPv4 地址

IPv4 地址的全部长度为 32 比特，表示为 4 段，每段为一个 8 比特字节，字节内用 0～255 的十进制表示，称为点分十进制，就是用 4 个 0～255 的数字来表示一个 IPv4 地址，如 192.168.1.1。

IPv4 的地址分类及网络号的范围如下。

(1) A 类地址。

①第 1 个 8 比特字节的第 1 比特为 0。

②第 1 个 8 比特字节为网络地址，其他 3 个 8 比特字节为主机地址。

③A 类地址范围：1.0.0.1～126.255.255.254。

④A 类地址中的 127.X.X.X 是环回地址(loopback address)。

⑤A 类地址是单播地址。

(2) B 类地址。

①第 1 个 8 比特字节的前两比特为 10。

②第 1 个和第 2 个 8 比特字节为网络地址，其他两个 8 比特字节为主机地址。

③B 类地址范围：128.0.0.1～191.255.255.254。

④B 类地址的 169.254.X.X 是保留地址。

⑤B 类地址是单播地址。

(3) C 类地址。

①第 1 个 8 比特字节的前 3 比特为 110。

②第 1 个、第 2 个和第 3 个 8 比特字节为网络地址，第 4 个 8 比特字节为主机地址。

③C 类地址范围：192.0.0.1～223.255.255.254。

④C 类地址是单播地址。

(4) D 类地址。

①第 1 个 8 比特字节的前 4 比特为 1110。

②不分网络地址和主机地址。

③D 类地址范围：224.0.0.1～239.255.255.254。

④D 类地址是组播地址。

(5) E 类地址。

①第 1 个 8 比特字节的前 5 比特为 11110。

②不分网络地址和主机地址。

③E 类地址范围：240.0.0.1～255.255.255.254。

④E 类地址定义为试验地址，但至今仍没有启用。

6.1.1　无分类 IPv4 地址结构

20 世纪 80 年代后期，研究型网络的扩张和互联网商业化导致了许多新组织加入互联网。每一个新的组织都需要根据 A/B/C 类地址规划进行地址分配，对网络地址的需求(尤其是在 B 类空间)具有指数级增长率。因此，网络运营领域和网络工程领域的研究人员开始考虑如何改进 A/B/C 类地址系统以满足长期可扩展性的需求。1991 年 11 月，IETF 创建了 ROAD 工作组。这个小组在 1992 年 1 月确定了三大问题。

(1) B 类网络地址耗尽问题：这个问题的一个根本原因是缺少适合中型组织的网络类别。C 类最多有 254 个主机地址，太少了。而 B 类最多允许 65534 个主机地址，对大多数组织来说又太多了。但是 B 类地址最适合分子网(subnet)，即 1 个 B 类地址可以分为 256 个具有 C 类地址大小的子网。

(2) 路由表爆炸问题：路由表的大小超出了当时硬件、软件和人员进行有效处理和管理的能力。

(3) 地址耗尽问题：最终耗尽 32 比特 IPv4 地址空间。

在 1993～1995 年期间，当时的互联网增长导致前两个问题变得至关重要。1990 年在 IETF 例会上展示了使用 OSI 的无连接网络服务寻址的工作，这引发了人们对如何重新构造 32 比特的 IPv4 地址空间，以延长其使用寿命的思考。随后，ROAD 工作组引入了“超网”(supernet)的概念(RFC1338[2])，后来又发布出版了 RFC1518[3]和 RFC1519[4]，开始引入无分类地址路由(classless inter-domain routing，CIDR)的概念。

RFC4632[5]定义了 CIDR，其设计和部署的目的是通过提供一种机制来减缓全球路由表的增长，并降低 IPv4 地址空间的消耗率。ROAD 工作组没有试图解决第三个问题，因为这是一个更长期的问题。相反，ROAD 工作组努力解决短期和中期面临的困难，使互联网继续有效运作，同时在一个更长期的解决方案上取得进展。

从那以后，IETF 不推荐使用 A/B/C 有类别地址分配系统，而是使用“无分类”的分级 IP 地址块，称为前缀(prefix)。前缀的分配旨在大致遵循实际的互联网拓扑结构，以便可以使用聚类地址来简化全球路由表的增长。此策略的一个含义是，前缀分配和地址聚类通常是根据“运营商-用户网络”(provider-subscriber)关系进行的，因为这是决定互联网拓扑结构的依据。

当最初在 RFC1338[2]和 RFC1519[4]中提出时，CIDR 是为了解决 3～5 年的短期问题。实际上，该地址分配机制已经远远超过了其预期寿命，并且已经成为上述问题的中期解决方案。

从最简单的意义上讲，从 A/B/C 类网络地址到无分类前缀的变化是，明确 32 比特 IPv4 地址中的哪些比特被解释为网络地址(前缀)，哪些比特用于对网络内各个主机进行寻址。在 CIDR 表示法中，前缀显示为“点分十进制”，就像传统的 IPv4 地址一样，后面跟着“/”(斜杠)字符，再后面跟着一个 0～32 的十进制值，该值描述有效比特的数量。

例如，具有隐含网络掩码 255.255.0.0 的传统 B 类网络 172.16.0.0 被定义为前缀 172.16.0.0/16，“/16”表示用于提取前缀的 32 比特掩码的网络部分(高 16 比特)为 1，主机部分(低 16 比特)为 0。类似地，传统的 C 类网络号 192.168.99.0 被定义为前缀 192.168.99.0/24；网络部分(高 24 比特)为 1，主机部分(低 8 比特)为 0。

使用具有显式前缀长度的无分类前缀可以根据实际需要更灵活地匹配地址空间。以前只有 A/B/C 类三种网络可以分配，新的无分类前缀地址模型可以灵活地定义 2 的 *n* 次方大小的地址空间，*n* 的取值为 0～32。

IPv4 地址池由 IANA 管理(参见附录 B 中的表 B.1、附录 C 中的表 C.1 和附录 D 中的表 D.1)。

IANA 从全球 IPv4 地址池向区域互联网注册中心(Regional Internet Registry，RIR)分配 IPv4 地址块。这些分配是在 2^{24} 个地址(即/8)的比特块中进行的。RIR 将较小的地址块分配给本地互联网注册中心(Local Internet Registry，LIR)或 ISP。这些实体可以直接使用上述 IPv4 地址块进行“分配”(allocation)(对于 ISP 来说通常是这样。目前对于 IPv4 分配的大小是/24 或更短的前缀长度，对于 IPv6 是/48 或更短的前缀长度)或进一步将地址“细分”(assignment)(这将由 ISP 内部的路由处理，不需要统一规定)给其客户。这些 RIR 地址分配根据每个 ISP 或 LIR 的需要而变化。例如，一个大的 ISP 可以被分配 2^{17} 个地址(/15 前缀)的地址块，而一个小的 ISP 可以被分配 2^{11} 个地址(/21 前缀)的地址块。

CIDR 表提供了所有 CIDR 前缀大小的信息，显示了每个前缀中可能的地址数以及可以在 32 位 IPv4 地址空间中该大小前缀的数量，如图 6.2 所示。

表示	地址数量/块	块数量	说明
n.n.n.n/32	1	4294967296	主机
n.n.n.x/31	2	2147483648	点对点链路
n.n.n.x/30	4	1073741824	
n.n.n.x/29	8	536870912	
n.n.n.x/28	16	268435456	
n.n.n.x/27	32	134217728	
n.n.n.x/26	64	67108864	
n.n.n.x/25	128	33554432	
n.n.n.0/24	256	16777216	C类地址
n.n.x.0/23	512	8388608	
n.n.x.0/22	1024	4194304	
n.n.x.0/21	2048	2097152	
n.n.x.0/20	4096	1048576	
n.n.x.0/19	8192	524288	
n.n.x.0/18	16384	262144	
n.n.x.0/17	32768	131072	
n.n.0.0/16	65536	65536	B类地址
n.x.0.0/15	131072	32768	
n.x.0.0/14	262144	16384	
n.x.0.0/13	524288	8192	
n.x.0.0/12	1048576	4096	
n.x.0.0/11	2097152	2048	
n.x.0.0/10	4194304	1024	
n.x.0.0/9	8388608	512	
n.0.0.0/8	16777216	256	A类地址
x.0.0.0/7	33554432	128	
x.0.0.0/6	67108864	64	
x.0.0.0/5	134217728	32	
x.0.0.0/4	268435456	16	
x.0.0.0/3	536870912	8	
x.0.0.0/2	1073741824	4	
x.0.0.0/1	2147483648	2	
0.0.0.0/0	4294967296	1	默认路由

图 6.2　CIDR 表

(1) n 是十进制表示的 8 比特字节值。

(2) x 是 1～7 比特的值，基于前缀长度，构成网络比特为“1”，非网络比特为“0”，与 IPv4 地址按比特“与”，并转换为十进制形式。

无分类地址最初的发展主要是为了改善全球互联网上路由的可扩展性。由于路由的可扩展性与地址的使用方式紧密耦合，CIDR 的部署对地址的分配方式具有很大影响。减少互联网上路由状态数量的唯一方法是通过地址聚类。一般来说，网络的拓扑结构是由构建网络的 ISP 决定的，因此具有拓扑意义的地址分配必然是面向 ISP 的。

对于连接到一个 ISP 的网络，聚类很简单：该网络使用由其 ISP 分配的地址空间，而该地址空间是分配给 ISP 中的一个子集。该网络不需要显式路由。ISP 为地址块播发单个地址聚类的路由。此路由宣告为该 ISP 所有客户提供路由可达性。但有三种情况会降低聚类效果。

(1) 多归属(multihoming)网络：由于多归属网络必须对每个 ISP 公布地址块，因此通常无法将其路由信息聚类到这些 ISP 中的任何一个地址空间(该网络仍然可以使用 ISP 地址空间的子集，但在最一般的情况下，到该网络的路由是所有 ISP 显式公布的。因此，多归属网络的全球路由成本与采用 CIDR 之前相同)。

(2) 更改 ISP 但不重新编址(renumbering)的网络：这就产生了在原始 ISP 的聚类路由宣告中“打孔”的效果。CIDR 通过要求新的 ISP 宣告特定地址块来处理这种情况。此宣告优先于聚类地址块，因为它是较长的匹配项。为了保持聚类的效率，建议更改 ISP 的网络最终使用从新的 ISP 地址空间获得的地址前缀。

(3) 流量工程：为了实施流量工程，通常需要在 ISP 的聚类路由宣告中“打孔”。此宣告优先于聚类地址块，因为它是较长的匹配项。因此，即便一个网络使用 ISP 的地址空间，但在实施流量工程的情况下，全球路由成本通常也逼近于与采用 CIDR 之前相同。

互联网上通过 BGP 的路由宣告规则如下：

(1) 规则一：在互联网上的转发是在“最长匹配”的基础上完成的。即多归属的地址前缀必须总是显式公布(不能被聚类)。如果一个网络多归属，那么进入网络层次结构中“较高”路由域的所有路径都必须为“较高”的网络所知。

(2) 规则二：为多个“更长前缀”路由生成聚类路由的路由器不能丢弃匹配任何更具体路由的数据报文。换句话说，聚类路由的“下一跳”应该是空目标节点。这是为了当无法访问聚类所覆盖的某些地址时，防止转发循环。

注意，在网络发生故障的期间，可能会发生将部分数据报文路由到某个网络的情况，该网络从一个 ISP 获取地址空间，但实际上只能通过另一个 ISP 才能访问互联网(即网络已更改 ISP)，在这种情况下，此类数据报文将沿着聚类路由公布的路径转发。规则二将使仅宣告聚类路由的 ISP 丢弃此类报文来防止错误传递。

所有路由目标节点都可以接受任意的网络地址和掩码，唯一的约束条件是掩码必须保持连续。注意，前缀为 0.0.0.0/0 的聚类路由被用作默认路由。为了防止通过域间协议对外播发默认路由，仅当路由器被显式配置时，才允许把此路由发布到另一个路由域，而不应将其作为“默认”选项。

CIDR 技术支持多级层次化的地址聚类，但到最终的子网级别，IPv4 地址的使用有以下限制。

(1) IPv4 子网中数值为 0 的第一个单播地址是该子网的网络标识，不能被该子网上的主机使用。

(2) IPv4 子网的最后一个地址是广播地址，不能被该子网上的主机使用。

(3) IPv4 子网能够分配给该子网上的主机地址的总地址数为该子网总地址数–3，因为作为默认路由的路由器也需要分配一个地址。

6.1.2　特殊 IPv4 地址

在网络中有一些预留的特殊地址举例如下，特殊 IPv4 单播地址如表 6.1 所示。

表 6.1　特殊 IPv4 单播地址

地址	用途
0.0.0.0	未定义地址
255.255.255.255	广播地址
127.x.x.x	环回地址，本机使用

特殊的 IPv4 组播地址如表 6.2 所示。

表 6.2　特殊 IPv4 组播地址

地址	用途
224.0.0.1	子网中所有主机
224.0.0.2	网络中每个具有组播功能的路由器
224.0.0.0～224.0.0.255	子网内使用
239.0.0.0～239.255.255.255	组织内使用

这些特殊地址在 IPv4/IPv6 的翻译过程中必须单独处理。

6.1.3　私有地址空间和共享地址空间

1. 私有地址空间

互联网的发展已经超出了所有人的期望，其持续的指数增长速率带来了新的挑战。

(1) 第一个挑战是全球 IPv4 地址空间耗尽。IPv4 地址已经耗尽，除了进行 IPv4 地址交易，几乎已经无法从地区互联网地址注册机构获取新的 IPv4 地址段。

(2) 另一个挑战是 IPv4 路由表爆炸。为了控制路由表的增长，ISP 从 RIR（例如亚太地区网络信息中心（Asia Pacific Network Information Center，APNIC）、中国网络信息中心（China Network Information Center，CNNIC）等）获得一段地址空间，然后根据需求情况，把这段地址空间的子集分配给客户。在这种情况下，通过地址聚类技术，该地址空间在全球路由表上仅出现在单一路由条目中（RFC1518[3]、RFC1519[4]）。但是基于互联网目前的规模和增长速率，为连接到互联网上的每一台主机分配全球唯一的公有 IPv4 地址并不现实。另外，利用通常的地址分配和配置技术，为组织中临时需要与互联网联网的主机动态分配地址也不现实。

基于上述理由，IETF 对一个企业内使用 TCP/IP 联网的设备进行了分类。

(1) 第一类。

①不需要访问其他企业的主机或全球互联网的主机。

②此类别的主机所使用的 IP 地址在企业内部是明确的，但对于其他企业没有意义。

(2) 第二类。

①需要部分访问（例如，电子邮件、FTP、网络新闻、远程登录）其他企业的服务器或全球互联网的主机。这些访问可以通过中间网关处理（例如，应用层网关）。对于这类主机，无限制的外部访问（通过 IP 连接）是不必要的，并且基于隐私/安全等原因，这是需要避免的。

②这些主机使用的 IP 地址在企业内部是明确的，但对于其他企业没有意义。

(3) 第三类。

①需要网络层（通过 IP 连接提供）访问其他企业的服务器或全球互联网的主机。自己企业的公开服务器，使其他企业的客户机或全球互联网的主机可以访问。

②这些主机需要通过全球唯一的公有 IP 地址访问其他企业的主机或全球互联网的主机，或被其访问。

因此，第一类和第二类主机称为“私有的”，而第三类主机称为“公有的”。

例如，出于安全考虑，许多企业使用应用层网关将其内部网络连接到互联网。内部网络通常并不直接访问互联网，因此只有一个或多个网关在互联网上可见。在这种情况下，内部网络的主机是“私有的”，可以使用非唯一的 IP 网络号，而在互联网上可见的网关是“公有的”，需要使用全球唯一的互联网公有地址。

IANA 保留了三个私有 IPv4 地址空间块（RFC1918[6]），如表 6.3 所示。

表 6.3　私有 IPv4 地址

地址范围	前缀	主机地址	有类标识
10.0.0.0～10.255.255.255	10/8 前缀	24 比特	1 个 A 类地址
172.16.0.0～172.31.255.255	172.16/12 前缀	20 比特	16 个连续 B 类地址
192.168.0.0～192.168.255.255	192.168/16 前缀	16 比特	256 个连续 C 类地址

企业使用上述地址块不需要得到 IANA 和 RIR 的批准，因此可以被任意多的企业使用。但是，这些私有地址空间只有在企业内(或在协调使用的企业之间)，才是确定的和唯一的。任何需要全球唯一地址空间的企业都需要从互联网地址注册机构获取公有 IPv4 地址。

使用私有地址空间时的注意事项如下：

(1) 根据上述企业内使用 TCP/IP 联网的设备的分类方法，对于第一类和第二类设备配置私有地址，对于第三类设备配置公有地址。对于第二类设备，通过网关提供对外部的有限访问。

(2) 将主机从第一类/第二类变动到第三类，涉及变更 IP 地址、变更相应 DNS 条目，以及对本机或相关设备的配置文件进行修改。反之也需要做同样的处理。

(3) 因为私有地址没有全局含义，所以私有地址的路由信息不得发布到域外。企业网的边界路由器，特别是 ISP 的边界路由器不应发布和接收包含私有地址的路由信息。

(4) 类似于企业网的边界路由器，ISP 的边界路由器不应发送和接收私有地址作为目标地址和作为源地址的数据报文。

(5) 对于此类地址的间接引用应限制在企业内部。这种引用的突出例子是 DNS 资源权威记录。ISP 应该采取防止这种企业内部信息泄露的措施。

(6) 使用私有地址可以极大地节省公有 IPv4 地址资源。

(7) 使用私有地址可以使企业获得网络设计的灵活性(包括地址分配、路由配置、安全管理和可持续发展性)。

(8) 使用私有地址空间的一个缺点是当企业合并时，可能将多个私有地址交织的内部网络互联，在这种情况下，需要对联网设备重新进行地址规划、地址分配和联网设备的参数配置。

2. 共享地址空间

仅仅定义私有 IPv4 地址空间是不够的，因为 IPv4 地址空间几乎耗尽。但是在 IPv6 过渡完成之前，ISP 必须继续支持 IPv4 的增长。为此，许多 ISP 部署在 RFC6264[7] 中描述的运营级 NAT(carrier grade NAT，CGN) 设备。由于 CGN 在 ISP 的网络侧部署，通常需要使用公有 IPv4 地址。在这种情况下，使用私有 IPv4 地址会导致运行故障，因此 ISP 需要获得新的 IPv4 地址块。这类地址块称为“共享 IPv4 地址”，用于连接 CGN 设备到客户端设备(customer premise equipment，CPE)。

共享 IPv4 地址类似于 RFC1918[6]定义的私有 IPv4 地址，而不是全局可路由的公有 IPv4 地址。但是，共享 IPv4 地址与 RFC1918[6]定义的私有 IPv4 地址不同，根据 RFC6598[8]的定义，共享地址空间只能用于 ISP 的网络和路由设备。

IANA 分配的共享 IPv4 地址范围如表 6.4 所示。

表 6.4　共享 IPv4 地址

地址范围	前缀	主机地址	传统命名方法
100.64.0.0～100.127.255.255	100.64/10 前缀	22 比特	64 个 B 类地址

共享 IPv4 地址主要用于 CGN 部署。共享 IPv4 地址也可以作为非全局可路由地址，在路由器不同的接口间对使用相同私有 IPv4 地址的数据报文进行转发(通过 NAT)。

使用共享 IPv4 地址作为目标地址或源地址的数据报文不能在 ISP 的边界路由器上进行转发。互联网运营商必须在入口链路上过滤此类数据报文，唯一的例外是进行 CGN 托管服务。

当运行单一 DNS 基础设施时，信息服务提供商(internet content provider，ICP)不得配置包含共享 IPv4 地址的 ZONE 文件。当运行混合 DNS 基础设施时，ICP 不得将包含共享 IPv4 地址的 ZONE 文件对外发布。

对于共享 IPv4 地址的反向 DNS 查询不允许被转发到全球 DNS(DNS 提供商应该过滤掉对共享 IPv4 地址空间进行反向 DNS 查询的递归请求)。在这样做的情况下，可以避免使用类似于 AS112.net 的机制(由 RFC6304[9]和 RFC1918[6]定义的私有 IPv4 地址空间的反向 DNS 查询)。

6.2　IPv6 地址结构

6.2.1　IPv6 地址

IPv6 地址由 RFC4291[10]定义，为 128 比特的接口/接口集合的标识符。有三种类型的 IPv6 地址。

(1) 单播(unicast)：单个接口标识符。发送到单播地址的数据报文传递到配置该单播地址的接口。

(2) 任播(anycast)：一组接口标识符(通常属于不同的节点)。发送到任播地址的数据报文传递到其中一个“最近的”配置该任播地址的接口(“最近”由路由协议的距离来度量)。

(3) 组播(multicast)：一组接口标识符(通常属于不同的节点)。发送到组播地址的数据报文传递到加入(join)该组播地址所有的接口。

IPv6 中没有广播(broadcast)地址，其功能被组播地址取代。

IPv6 地址的分配情况见附录 E 中的表 E.1 和附录 F 中的表 F.1。

1. 寻址模型

所有类型的 IPv6 地址都属于接口，而不是属于节点。IPv6 单播地址是指单个接口。接口属于单个节点，因此该节点的任何单播地址都可以作为该节点的标识符。

所有接口都必须至少具有一个本地链路(link local)类单播地址。单个接口也可以具有任何类型或范围的多个 IPv6 地址(单播、任播和组播)。

对于不需要发送或接收 IPv6 数据报文的接口，不需要配置超出本地链路范围的单播地址。这对于点对点的接口更方便。这种寻址模型有一个例外：如果在实现中使用多个物理接口作为一个逻辑接口，则可以分配一个(或一组)单播地址到多个物理接口。这对于多个物理接口的负载均衡很有用。

目前，IPv6 继续使用 IPv4 的寻址模型，即一个子网前缀与一个链路相关联。但可以分配多个子网前缀到同一个链路。

2. 地址的文字表示

IPv6 地址表示为三种类型的字符串。

(1)首选形式：x:x:x:x:x:x:x:x，其中“x”是 1～4 个 16 进制字符，即 1 个 IPv6 地址包含由“:”分开的 8 个 16 比特的地址。

举例：

2001:db8:0:0:8:800:200c:417a

注意，不需要在一个域中写入前导 0。

(2)压缩形式：可以使用“::”表示一组或多组 16 比特 0。“::”只能在地址中出现一次。“::”可以用于压缩地址中的前导或尾随的 0。

举例：

2001:db8::8:800:200c:417a	(单播地址)
ff01::101	(组播地址)
::1	(环回地址)
::	(未定义地址)

(3)IPv4 和 IPv6 组合形式：x:x:x:x:x:x:d.d.d.d，其中“x”是 6 个高比特 16 进制地址，“d”是 4 个低比特十进制地址(标准 IPv4 表示)。

举例：

::13.1.68.3

::ffff:129.144.52.38

3. 地址前缀的表示

类似于 IPv4 地址前缀的表示方式，IPv6 地址前缀表示为：IPv6 地址/前缀长度。

(1)IPv6 地址是上述合法的 IPv6 地址。

(2)前缀长度是一个十进制值，指定从最左边数包括前缀的连续比特。

举例：

2001:db8:0:cd30::/60

4. 地址类型识别

IPv6 地址的类型由高比特标识，如表 6.5 所示。

表 6.5　IPv6 地址类型

地址类型	二进制表示的前缀(binary prefix)	IPv6 表示
未定义	00...0(128 比特)	::/128
环回	00...1(128 比特)	::1/128
组播	11111111	ff00::/8
本地链路	1111111010	ff80::/10
全局单播	其他	2000::/3

任播地址取自单播地址空间(可以是任何单播地址)，在语义上任播地址无法与单播地址区分开来。

全局单播地址的一般格式如下所述。全局单播地址的一些特殊用途子类型包含嵌入 IPv4 地址的 IPv6 地址。未来的标准规范可能会重新定义一个或多个子范围全局单播空间。目前的 IPv6 实现必须使用上面列出的任意前缀作为全局单播地址。

5. 单播地址

IPv6 单播地址可以按任意前缀长度聚类，类似于 IPv4 的无类别域间路由。

IPv6 具有以下几种类型的单播地址。

(1) 全局单播。

(2) 节点本地单播(site-local unicast，已经废止，不建议使用)。

(3) 链路本地单播(link-local unicast)。

还有一些特殊用途的亚型全局单播地址，如嵌入 IPv4 的 IPv6 地址。未来还有可能定义其他单播地址类型或单播的子类型。

取决于节点所起的作用(例如，主机或路由器)，IPv6 节点可能对 IPv6 地址的内部结构有不同的理解。

(1) 节点可以认为单播地址(包括它自己的地址)是没有内部地址结构的，如图 6.3 所示。

128比特

0	4	8	12	16	20	24	28	32	36	40	44	48	52	56	60	64	68	72	76	80	84	88	92	96	100	104	108	112	116	120	124
节点地址																															

图 6.3　节点对 IPv6 地址结构的基本理解

(2)稍微复杂一点的主机(但仍然相当简单)可能理解自己联网的链路接口的子网前缀长度，其中不同的地址可能具有不同的 n，如图 6.4 所示。

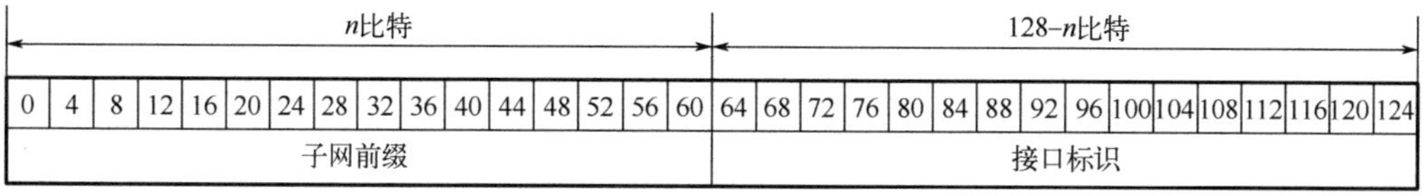

n比特																128−n比特															
0	4	8	12	16	20	24	28	32	36	40	44	48	52	56	60	64	68	72	76	80	84	88	92	96	100	104	108	112	116	120	124
子网前缀																接口标识															

图 6.4　节点对 IPv6 地址结构的深入理解

虽然路由器可能不需要解释 IPv6 单播地址的内部结构，但路由器为了运行路由协议，必须具有一个或多个层次化的网络前缀信息。由路由器在路由层次结构中的位置决定，各个路由器对于网络前缀信息的知识并不相同。

除了上述网络边界知识，节点不应该对 IPv6 地址结构做任何假设。

节点对于下述 IPv6 地址需要特殊对待。

1)未定义地址

地址 0:0:0:0:0:0:0:0 称为未定义地址，它绝不能分配给任何节点，它表明没有地址。IPv6 主机在地址初始化之前发送任意报文的“源地址”字段为 0:0:0:0:0:0:0:0。

未定义地址不允许作为 IPv6 数据报文的目标地址或 IPv6 路由报头中的地址。IPv6 路由器不允许转发其源地址为 0:0:0:0:0:0:0:0 的 IPv6 数据报文。

2)环回地址

单播地址 0:0:0:0:0:0:0:1 称为环回地址。节点可以使用这个地址来向自己发送 IPv6 数据报文。环回地址不能分配给任何物理接口。它具有本地链路范围，可以认为是本地链路虚拟接口(通常称为“环回”接口)的单播地址。

环回地址不能作为发送到本节点之外数据报文的源地址。具有环回地址作为目标地址的数据报文不能发送到本节点之外，IPv6 路由器不允许转发这些数据报文，而必须丢弃。

3)嵌入 IPv4 的 IPv6 地址

有三种在低 32 比特嵌入 IPv4 地址的 IPv6 地址，命名为“IPv4 兼容 IPv6 地址”(IPv4-compatible IPv6 address)、“IPv4 映射 IPv6 地址”(IPv4-mapped IPv6 address)和“IPv4 翻译 IPv6 地址”(IPv4-translated IPv6 address)。

“IPv4 兼容 IPv6 地址”如图 6.5 所示。

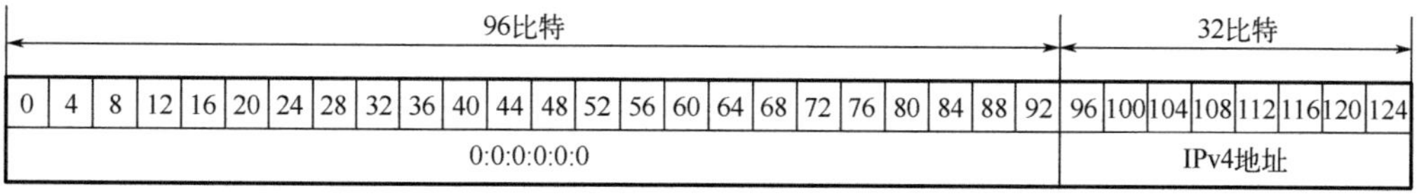

96比特																								32比特							
0	4	8	12	16	20	24	28	32	36	40	44	48	52	56	60	64	68	72	76	80	84	88	92	96	100	104	108	112	116	120	124
0:0:0:0:0:0																								IPv4地址							

图 6.5　IPv4 兼容 IPv6 地址

注意：“IPv4 兼容 IPv6 地址”中使用的 IPv4 地址必须是全局唯一的 IPv4 单播地址。

“IPv4 映射 IPv6 地址”如图 6.6 所示。

<table>
<tr><td colspan="20">80比特</td><td colspan="4">16比特</td><td colspan="8">32比特</td></tr>
<tr><td>0</td><td>4</td><td>8</td><td>12</td><td>16</td><td>20</td><td>24</td><td>28</td><td>32</td><td>36</td><td>40</td><td>44</td><td>48</td><td>52</td><td>56</td><td>60</td><td>64</td><td>68</td><td>72</td><td>76</td><td>80</td><td>84</td><td>88</td><td>92</td><td>96</td><td>100</td><td>104</td><td>108</td><td>112</td><td>116</td><td>120</td><td>124</td></tr>
<tr><td colspan="20">0:0:0:0:0</td><td colspan="4">ffff</td><td colspan="8">IPv4地址</td></tr>
</table>

图 6.6　IPv4 映射 IPv6 地址

“IPv4 翻译 IPv6 地址”如图 6.7 所示。

<table>
<tr><td colspan="16">64比特</td><td colspan="4">16比特</td><td colspan="4">16比特</td><td colspan="8">32 比特</td></tr>
<tr><td>0</td><td>4</td><td>8</td><td>12</td><td>16</td><td>20</td><td>24</td><td>28</td><td>32</td><td>36</td><td>40</td><td>44</td><td>48</td><td>52</td><td>56</td><td>60</td><td>64</td><td>68</td><td>72</td><td>76</td><td>80</td><td>84</td><td>88</td><td>92</td><td>96</td><td>100</td><td>104</td><td>108</td><td>112</td><td>116</td><td>120</td><td>124</td></tr>
<tr><td colspan="16">0:0:0:0</td><td colspan="4">ffff</td><td colspan="4">0000</td><td colspan="8">IPv4地址</td></tr>
</table>

图 6.7　IPv4 翻译 IPv6 地址

“IPv4 映射 IPv6 地址”和“IPv4 翻译 IPv6 地址”现已弃用，新的实现不需要支持这种地址类型。新一代 IPv6 过渡机制使用由 RFC6052[11]定义的嵌入 IPv4 地址的 IPv6 地址。

4) 链路本地地址

链路本地地址(link-local address)用于单个链路。链路本地地址具有以下格式，如图 6.8 所示。

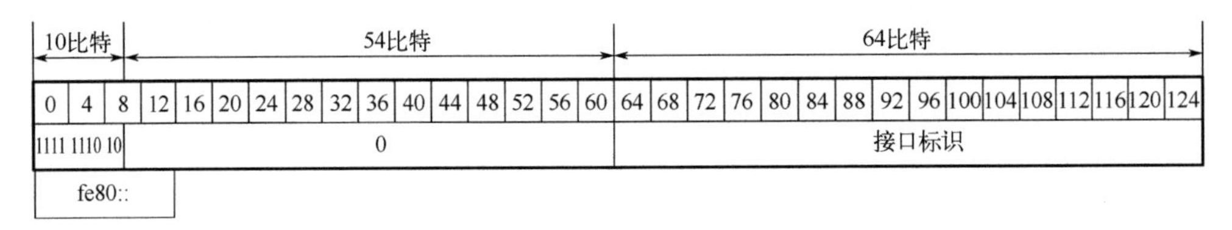

图 6.8　链路本地地址

链路本地地址用于单个链路上的地址自动配置、邻居发现等目的，或者在不存在路由器的情况下进行本链路节点之间的通信。

路由器不得在本链路之外的链路上转发包含链路本地地址作为源地址或目标地址的数据报文。

5) 节点本地地址

节点本地地址(site-local address)的最初考虑是在不需要全局前缀的情况下在站点内部进行寻址，IETF 已经废弃节点本地地址。

节点本地地址具有以下格式，如图 6.9 所示。

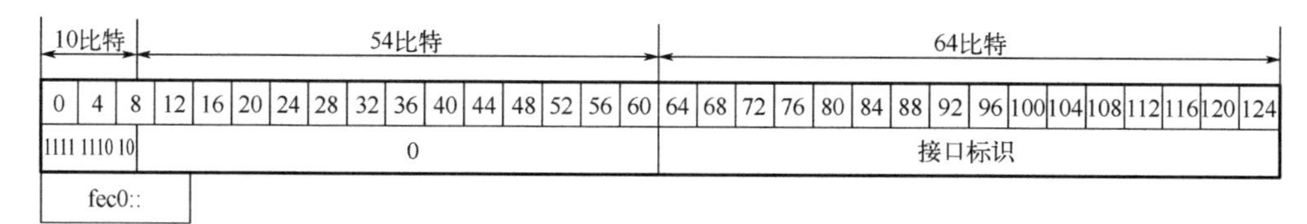

图 6.9　节点本地地址

在新的实现中不需要支持由 RFC3513[12]定义的此前缀的特殊行为(即新的实现必须将此前缀视为全局单播地址)。现有的实现和部署可以继续使用节点本地地址的前缀。

6)全局单播地址

全局路由前缀是具有层次化结构、分配给场所(子网/链路的集合)的 IPv6 地址和前缀长度的集合。子网 ID 是场所内的“链路标识符”，接口 ID 是“接口标识符”。

IPv6 全局单播地址的一般格式如图 6.10 所示。

图 6.10　全局单播地址

所有不是以二进制 000 开头的全局单播地址都需要具有 64 比特的“接口标识”字段，即

$$n + m = 64$$

以二进制 000 开头的全局单播地址对于“接口标识”字段没有这个限制。

6. 任播地址

IPv6 任播地址是分配给多个接口的地址(通常属于不同的节点)，发送到任播地址的数据报文传递到其中一个“最近的”配置该任播地址的接口(“最近的”由路由协议的距离来衡量)。

任播地址是从单播地址空间分配的，可以使用任意单播地址格式。因此，任播地址在语义上无法与单播地址区分。当一个单播地址被分配给多于一个接口时，这个地址就成为任播地址,地址所在的节点必须明确配置才能知道这是一个任播地址。

对于任意任播地址，有一个该任播地址所在的最长前缀 P，用来标识所提供服务的拓扑范围。在 P 标识的区域内，任播地址必须在路由表中作为单独的一条路由存在(通常称为“主机”路由)。在 P 标识的区域之外，任播地址可以被聚类到前缀 P 的路由条目中。

注意：任播地址的前缀 P 可以是一个空前缀，即被服务的成员可能没有拓扑局部性。在这种情况下，任播地址必须在整个互联网中保持单独的路由条目，这将导致可扩展性的问题，即最多允许多少这样的任播在全球互联网中出现。因此，全局性的任播并不具有可推广性。

使用任播地址的案例如下：

(1)标识一组提供互联网接入的路由器。这些地址可以作为 IPv6 的路由扩展报头的中间地址，标识使用某一个服务商或一组服务商。

(2)标识连接到特定子网的一组路由器，或提供进入特定路由域的一组路由器。

(3)标识各级域名服务器 DNS，特别是根服务器(DNS root)。

路由器子网前缀任播地址是预先定义的，格式如图 6.11 所示。

n比特																128-n比特															
0	4	8	12	16	20	24	28	32	36	40	44	48	52	56	60	64	68	72	76	80	84	88	92	96	100	104	108	112	116	120	124
子网前缀																0															

图 6.11　路由器子网前缀任播地址

子网前缀任播地址用来标识特定链路的前缀。这个任播地址在语义上与该链路接口子网前缀的数值为 0 的“接口标识符”相同。

发送到路由器子网前缀任播地址的数据报文将被传送到子网上的某一个路由器。所有路由器的链路接口都需要支持路由器子网前缀任播地址。路由器子网前缀任播地址旨在使应用程序能够与一组路由器中的某一个路由器通信。

因此，对于特定的 IPv6 子网，其数值为 0 的第一个单播地址为路由器接口的任播地址，不能被分配给该子网上的其他主机使用。

CIDR 技术支持多级层次化的地址聚类，但到最终的子网级别，IPv6 地址的使用有如下限制。

(1)IPv6 子网中数值为 0 的第一个单播地址为路由器子网任播地址，不能被分配给该子网上的主机使用。

(2)IPv6 没有广播的需求(用组播实现相应功能)，因此子网的最后一个地址可以被分配给该子网上的主机使用。

7. 组播地址

IPv6 组播地址是一组链路接口的标识符(通常在不同的节点上)。一个链路接口可以属于任何数量的组播组。二进制 11111111 开头的 IPv6 地址为组播地址。

由 RFC4291[10]定义的组播地址具有以下格式，如图 6.12 所示。

RFC3306[13]、RFC3956[14]和 RFC7371[15]扩展了组播格式的定义，如图 6.13 所示。

1)旗标 1(ff1)：4 比特

(1)高比特标志最初是保留的，必须初始化为 0。

(2)R 汇聚点(rendezvous)标志，由 RFC3956[14]定义。其中 R=0 表示未嵌入汇聚点地址；R=1 表示嵌入了汇聚点 IPv6 单播地址。

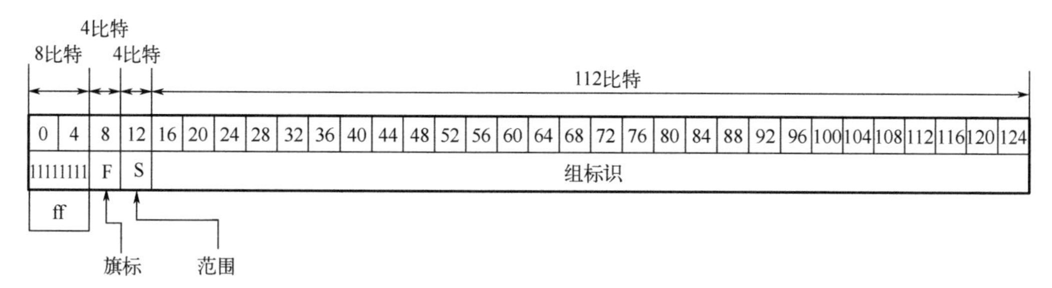

图 6.12　最初定义的组播地址格式

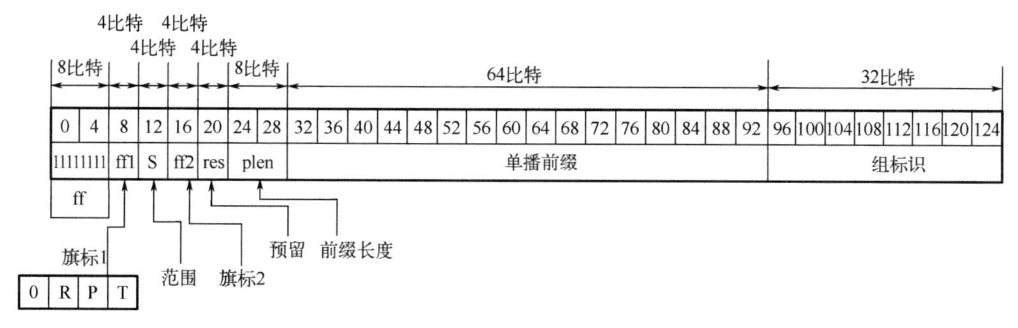

图 6.13　更新后的组播地址格式

(3) P 前缀(prefix)标志，由 RFC3306[13]定义。其中 P=0 表示无前缀信息；P=1 表示有前缀信息。

(4) T 短暂(transient)标志。T=0 表示永久分配的(“众知”)组播地址，由 IANA 分配。T = 1 表示非永久性(“暂态”或“动态”)分配的组播地址。

2) 范围(scop)：4 比特

组播作用范围：用于定义组播域，其取值如表 6.6 所示。

表 6.6　域的定义

值	定义	说明
0	保留	—
1	本地接口范围	本地接口范围仅限一个节点的单个接口，并且仅用于环回地址的组播传输
2	本地链接范围	本地链路范围与跨越相同拓扑区域的单播范围相同
3	保留	—
4	本管理地范围	本管理地范围必须是最小配置管理范围，不能由物理连接或非组播配置自动派生
5	本地站点范围	本地站点范围限于单个站点
6	(未分配)	可以供管理员定义其他组播区域使用
7	(未分配)	可以供管理员定义其他组播区域使用
8	本组织范围	限于属于一个组织的多个站点

续表

值	定义	说明
9	(未分配)	可以供管理员定义其他组播区域使用
A	(未分配)	可以供管理员定义其他组播区域使用
B	(未分配)	可以供管理员定义其他组播区域使用
C	(未分配)	可以供管理员定义其他组播区域使用
D	(未分配)	可以供管理员定义其他组播区域使用
E	全局范围	在整个互联网范围
F	保留	—

3) 旗标 2 (ff2)：4 比特

旗标预留，其值必须设置为全 0。

4) 预留 (reserve，res)：4 比特

预留用于未来的扩展，其值必须设置为全 0。

5) 嵌入的 IPv6 单播地址前缀长度 (plen)：8 比特

仅供在组播地址中嵌入了 IPv6 单播地址时使用，否则其值必须设为全 0。

6) 组标识 (group ID)：112 比特或 32 比特

“组标识”字段结构由 RFC3306[13]定义，包括在给定范围内的“永久”或“暂态”的组播组。

(1) 永久分配的组播地址独立于范围 (scope)。

(2) 例如，如果网络时间协议 (network time protocol，NTP) 组具有永久组播地址，其组 ID 为 101 (16 进制)，则 ff01:0:0:0:0:0:0:101 表示同一节点同一接口所有 NTP 服务器；ff02:0:0:0:0:0:0:101 表示同一链路上所有 NTP 服务器；ff05:0:0:0:0:0:0:101 表示同一站点中所有 NTP 服务器；ff0e:0:0:0:0:0:0:101 表示互联网中所有 NTP 服务器。

(3) 非永久分配的组播地址仅在给定范围内有意义。例如，由非永久分配的本站点组播地址 ff15:0:0:0:0:0:0:101 标识的组具有以下特点：①不同站点的组相互无关；②不同范围的组相互无关；③与永久分配的组相互无关。

组播地址不得用作 IPv6 数据报文中的源地址或出现在任何路由扩展报头中。

路由器不得转发超出组播地址中“范围”字段指示的任何组播数据报文。

节点不得将数据报文发送到其“范围”字段包含 0 值的组播地址，如果接收到这样的数据报文，则必须静默丢弃。

节点不应该将数据报文发送到其“范围”字段包含保留值 f 的组播地址，如果发送或接收此类数据报文，必须将其视为相同数据报文发往全局范围的组播地址。

以下众所周知的组播地址是预先定义的，具有显式范围意义。

当旗标 T 为 0 时，这些组 ID 不允许用于任何其他范围。

保留的组播地址如下：

ff00:0:0:0:0:0:0:0

ff01:0:0:0:0:0:0:0

ff02:0:0:0:0:0:0:0

ff03:0:0:0:0:0:0:0

ff04:0:0:0:0:0:0:0

ff05:0:0:0:0:0:0:0

ff06:0:0:0:0:0:0:0

ff07:0:0:0:0:0:0:0

ff08:0:0:0:0:0:0:0

ff09:0:0:0:0:0:0:0

ff0a:0:0:0:0:0:0:0

ff0b:0:0:0:0:0:0:0

ff0c:0:0:0:0:0:0:0

ff0d:0:0:0:0:0:0:0

ff0e:0:0:0:0:0:0:0

ff0f:0:0:0:0:0:0:0

上述组播地址是保留的，永远不会分配给任何组播组。

所有节点地址如下：

ff01:0:0:0:0:0:0:1

ff02:0:0:0:0:0:0:1

上述组播地址标识所有 IPv6 节点，其中：ff01 表示本地接口范围；ff02 表示本地链路范围。

所有路由器地址：

ff01:0:0:0:0:0:0:2

ff02:0:0:0:0:0:0:2

ff05:0:0:0:0:0:0:2

上述组播地址标识所有 IPv6 路由器，其中：ff01 表示本地接口范围；ff02 表示本地链路范围；ff05 表示本地站点范围。

请求节点地址：

ff02:0:0:0:0:1:ffXX:XXXX

“请求节点”(solicited-node) 组播地址作为一个节点的单播和任播地址的函数来计算。一个请求节点的组播地址通过获取地址(单播或任播)的低 24 比特来形成，附加到 ff02:0:0:0:0:1:ff00::/104 前缀之后，在 ff02:0:0:0:0:1:ff00:0000 和 ff02:0:0:0:0:1:ffff:ffff 之间。

例如，“请求节点”对应 IPv6 地址 4037::01:800:200e:8c6c 的组播地址为 ff02::1:ff0e:8c6c。其中配置有多个 IPv6 前缀的情况下，IPv6 地址仅在前缀部分(即高比特)中不同，这些不同 IPv6 前缀的地址可以映射到相同的“请求节点”组播地址，从而减少节点必须加入的组播地址数量。

联网节点需要计算出“请求节点”组播地址，并在对应的接口上加入所有在该节点(手工或自动配置)的单播和任播地址所对应的“请求节点”组播地址。

7) 几种特殊的组播地址

IPv6 组播扩展参见：RFC3306[13]、RFC3956[14]、RFC7371[15]、RFC7346[16]和 RFC4489[17]等。

(1) 基于单播前缀的 IPv6 组播地址格式。RFC3306[13]中规定了一种动态分配 IPv6 组播地址的方式——基于单播前缀的 IPv6 组播地址。这种 IPv6 组播地址中包含了其组播源网络的单播地址前缀，通过这种方式分配全局唯一的组播地址。其结构如图 6.14 所示。

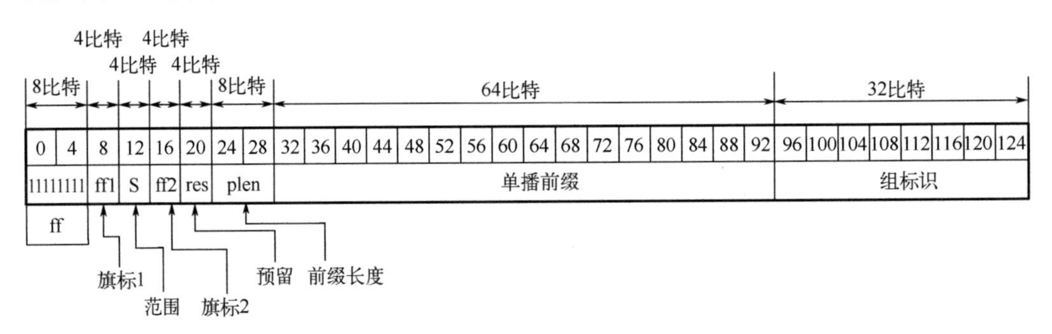

图 6.14　基于单播前缀的 IPv6 组播地址格式

其中，ff1 为 4 比特，其中，第 1 比特定义为 R 比特(R=0)，第 2 比特定义为 P 比特(P=1)，第 3 比特定义为 T 比特(T=1)，第 4 比特未定义。此处 4 比特的组合表示基于单播地址前缀的组播地址的标识；S 为 4 比特，根据范围确定；ff2 为 4 比特，保留字段，必须为 0；res 为 4 比特，保留字段，必须为 0；plen 为 8 比特，表示网络前缀的有效长度(单位为比特)；单播前缀为 64 比特，表示该组播地址所属子网的单播前缀。

例如，单播前缀为 3ffe:ffff:1::/48 的网络分配基于单播前缀的组播地址为 ff3X:30:3ffe:ffff:1::/96(X 表示任意合法的“范围”)。

(2) 嵌入汇聚点的 IPv6 组播地址格式。嵌入汇聚点(rendezvous point，RP)是 IPv6 与协议无关组播(IPv6 protocol independent multicast，PIM)中特有的 RP 发现机制，该机制使用内嵌 RP 地址的 IPv6 组播地址，使组播路由器可以直接从该地址中解析出 RP 的地址(RFC3956[14])，如图 6.15 所示。

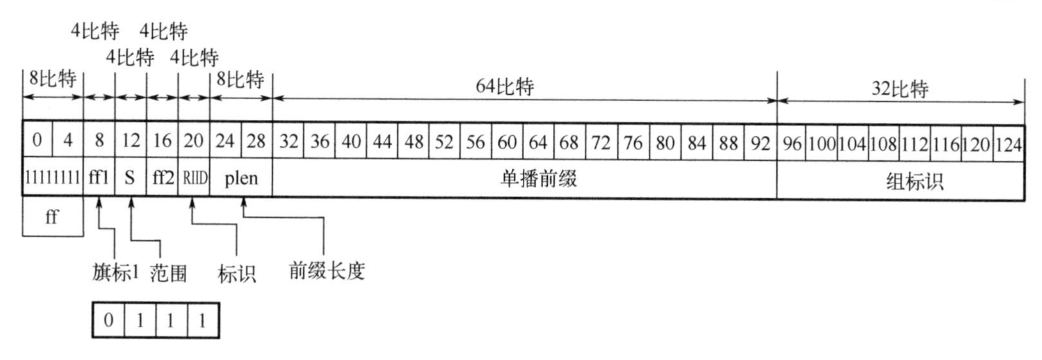

图 6.15　嵌入汇聚点的 IPv6 组播地址格式

其中，ff1 为 4 比特，其中第 1 比特定义为 R 比特(R=1)，第 2 比特定义为 P 比特(P=1)，第 3 比特定义为 T 比特(T=1)，第 4 比特未定义。此处 4 比特组合表示嵌入汇聚点(RP)的 IPv6 组播地址的标识；S 为 4 比特，根据范围确定；ff2 为 4 比特，保留字段，必须为 0；RIID 为 4 比特，表示 RP 地址的接口标识；plen 为 8 比特，表示网络前缀的有效长度(单位为比特)；单播前缀为 64 比特，表示该组播地址所属子网的单播前缀。

假设网络管理员想在 2001:db8:beef:feed::/64 网段中设置 RP，则内嵌 RP 地址的 IPv6 组播地址为 ff7X:Y40:2001:db8:beef:feed::/96，可分配 32 比特的组标识，内嵌于其中的 RP 地址为 2001:db8:beef:beed::Y/64。

(3) 特定源组播地址格式。RFC3306[13]也定义了 IPv6 特定源组播(source-specific multicast，SSM)，组播地址也使用基于单播前缀的 IPv6 组播地址格式，其中的 plen 字段和单播前缀字段均取 0。IPv6 SSM 组播地址范围为 FF3X::/32(X 表示任意合法的“范围”)。特定源组播地址格式如图 6.16 所示。

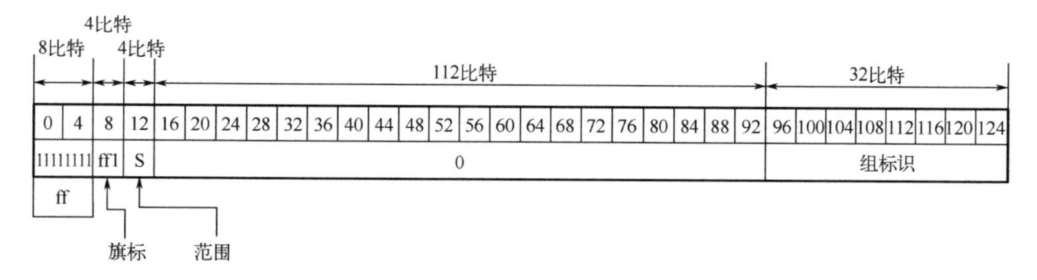

图 6.16　特定源组播地址格式

8. 接口标识符

IPv6 单播地址中的接口标识符用于标识链路接口，在子网内必须具有唯一性。建议不要给链路上的不同节点分配相同的接口标识符。当然，在更大的范围内，接口标识符也可能是唯一的。在某些情况下，接口标识符可以直接从该接口的链路层地址生成。相同的接口标识符可以在单个节点上连接到不同子网的多个接口使用。

注意：接口标识符的唯一性与 IPv6 地址的唯一性无关。例如，全局单播地址可以由本地接口标识符创建，链路本地地址也可以具有全局接口标识符。

除了以二进制开头的地址值 000，所有单播地址的接口标识符必须为 64 比特，由 64 比特扩展的唯一接口标识符(64-bit extended unique identifier，EUI-64)创建。

EUI-64 可以由通用令牌(例如，IEEE 802 的 48 比特 MAC 地址或 IEEE EUI-64)生成。当无全局令牌时(例如，串行链路、隧道端点等)，或当不希望使用全局令牌时(例如，隐私临时令牌)，也可以使用本地令牌。

EUI-64 通过反转 IEEE EUI-64 中的“u”比特产生。在 EUI-64 中，“u”比特为 1，表示全局唯一；“u”比特为 0，表示本地范围。IEEE EUI-64 的二进制前三个 8 比特字节标识符如图 6.17 所示。

0										1										2			
0	1	2	3	4	5	6	7	8	9	0	1	2	3	4	5	6	7	8	9	0	1	2	3
c	c	c	c	c	c	u	g	c	c	c	c	c	c	c	c	c	c	c	c	c	c	c	c

图 6.17　EUI-64 格式

以互联网标准比特顺序编写，其中“u”是“全局/本地”比特，“g”是“组标识”比特，“c”是“公司标识”比特。

创建修改后的 EUI-64 举例如下。

1) IEEE EUI-64

将 IEEE EUI-64 转换为接口标识符是将“u”比特取反。以下为 IEEE EUI-64，如图 6.18 所示。

0					1					2					3					4					5					6	
0	2	4	6	8	0	2	4	6	8	0	2	4	6	8	0	2	4	6	8	0	2	4	6	8	0	2	4	6	9	0	2
cc	cc	cc	0g	cc	cc	cc	cc	cc	cc	cc	cc	mm	mm	mm	mm	mm	mm	mm	mm	mm	mm	mm	mm	mm	mm	mm	mm	mm	mm	mm	mm

图 6.18　IEEE EUI-64

其中，“c”为“公司标识”(company_id)比特；“0”为“全局/本地”比特(u)；“g”为“组标识”比特(g)；“m”为“制造商扩展名标识”比特。

对应的 IPv6 接口标识符如图 6.19 所示。

0					1					2					3					4					5					6	
0	2	4	6	8	0	2	4	6	8	0	2	4	6	8	0	2	4	6	8	0	2	4	6	8	0	2	4	6	9	0	2
cc	cc	cc	1g	cc	cc	cc	cc	cc	cc	cc	cc	mm	mm	mm	mm	mm	mm	mm	mm	mm	mm	mm	mm	mm	mm	mm	mm	mm	mm	mm	mm

图 6.19　修改后的 EUI-64

唯一的变化是反转“全局/本地”比特(u)的值。

2) IEEE 802 的 48 比特 MAC 标识符

IEEE 802 的 48 比特 MAC 标识符需要在 48 比特 MAC 中间(company_id 和供应商自己分配的 ID 之间)插入两个 8 比特组(0xFF 和 0xFE)。由 IEEE 802 的 MAC 标识符生成的 IPv6 接口标识符如图 6.20 所示。

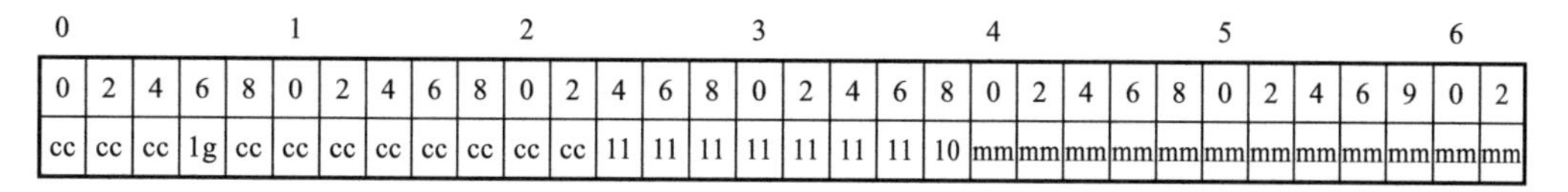

0					1					2					3					4					5					6	
0	2	4	6	8	0	2	4	6	8	0	2	4	6	8	0	2	4	6	8	0	2	4	6	8	0	2	4	6	9	0	2
cc	cc	cc	1g	cc	cc	cc	cc	cc	cc	cc	cc	11	11	11	11	11	11	11	10	mm	mm	mm	mm	mm	mm	mm	mm	mm	mm	mm	mm

图 6.20　修改后的 EUI-64(基于 IEEE 802 的 MAC 标识符)

当 IEEE 802 的 48 比特 MAC 标识符可用时(在接口或一个节点)，可以使用它们来创建全局唯一的接口标识符。

3) 其他种类的标识符

一个 LocalTalk 的 8 比特节点标识符(0x4F)可以生成以下接口标识符，如图 6.21 所示。

0					1					2					3					4					5					6	
0	2	4	6	8	0	2	4	6	8	0	2	4	6	8	0	2	4	6	8	0	2	4	6	8	0	2	4	6	9	0	2
00	00	00	00	00	00	00	00	00	00	00	00	00	00	00	00	00	00	00	00	00	00	00	00	00	00	00	00	01	00	11	11

图 6.21　LocalTalk 接口标识符

注意：“全局/本地”比特(u)为“0”，以指示本地范围。

反转 IEEE EUI-64 中“u”比特的动机是系统管理员在没有硬件令牌(例如，使用物理链路或隧道)时，可以方便地配置改进的 EUI-64。如果不反转，则符合标准的地址形式为 0200:0:0:1、0200:0:0:2，而不是更简单的 0:0:0:1、0:0:0:2 等。

IPv6 节点不需要验证当“u”比特为 1 时，改进的 EUI-64 在全局范围内的唯一性。

使用改进的 EUI-64 的“全局/本地”比特标识符是为了开发可以使用具有全局硬件令牌的 IPv6 地址格式，如图 6.22 所示。

n比特												m比特				128−n−m比特															
0	4	8	12	16	20	24	28	32	36	40	44	48	52	56	60	64	68	72	76	80	84	88	92	96	100	104	108	112	116	120	124
全局路由前缀												子网标识				cc cc	cc 1g	cc cc	cc cc	cc cc	cc cc	11 11	11 11	11 11	11 10	mm mm	mm mm	mm mm	mm mm	mm mm	mm mm
																						ff		fe							

图 6.22　修改后的 EUI-64 构成的 IPv6 地址

因为 MAC 地址是全局唯一的，从而修改后的 EUI-64 也是全局唯一的，这导致了严重的用户隐私泄露的问题。因此，RFC7136[18]更新了 RFC4291[10]，新的标准允许不是由 IEEE MAC 地址生成的 IPv6 地址不受“u”比特的约束。RFC3041[19]、RFC4941[20]、RFC8981[21]、RFC8064[22]引入并完善了地址的隐私机制，从而使接口标识符成为时间的变量。

接口标识符是 IPv6 最使人困惑的概念之一，以下是根据 IETF 的 RFC 标准总结出的一些要点(本身就存在矛盾)。

(1) 单播地址没有内部地址结构，因此不需要接口标识符。

(2) IPv6 路由的前缀长度可以是 0～128 比特，因此不需要接口标识符。

(3) 除了以二进制开头的地址值 000，所有单播地址的接口标识符必须为 64 比特(建议为 EUI-64)。

(4) EUI-64 通过反转 IEEE EUI-64 中的“u”比特而形成。“u”比特为 1 表示全局唯一；“u”比特为 0 表示本地范围。

(5) IPv6 节点不需要验证当“u”比特为 1 时接口标识符在全局范围内的唯一性。

(6) 不是由 IEEE MAC 地址生成的 IPv6 地址不受“u”比特的约束。

(7) 无状态地址配置 SLAAC，必须使用 64 比特的接口标识符。

(8) 隐私地址的引入，使接口标识符成为时间的变量。

虽然存在上述矛盾的要求，但对于新一代的 IPv6 过渡技术地址的语义共识为：

(1) 为了支持尽可能广泛的 IPv6 终端系统，应该采用 SLAAC 机制的 IPv6 配置技术，因此终端接入子网的前缀长度必须为 64 比特。

(2) 除此之外，IPv6 地址不需要考虑任何接口标识符的限制(即可以使用任意长度的前缀长度，“u”比特可以是任意值)。

(3) 为了支持目前主流操作系统通过 DNS 发现翻译器前缀的机制(RFC7050[23])，“IPv4 转换 IPv6 地址”的前缀长度建议为 96 比特(参见本书第 8 章)。

9. IPv6 节点所需的地址

IPv6 主机需要识别以下地址。

(1) 每个接口所需的链路本地地址。

(2) 节点接口任何已有的其他(手动或自动配置的)单播和任播地址。

(3) 环回地址。

(4) 所有节点组播地址。

(5) 节点的每个单播和任播地址对应的“节点请求”组播地址。

(6) 节点属于的其他组播地址。

IPv6 路由器需要识别主机所需要识别的所有地址，以及下述地址。

(1) 路由器所有路由接口的子网任播地址。

(2) 路由器配置的所有其他任播地址。

(3) 所有路由器组播地址。

6.2.2　唯一本地 IPv6 单播地址

类似于私有 IPv4 地址(RFC1918[6]地址)，RFC4193[24]定义了 IPv6 的“私有地址”。与私有 IPv4 地址不同的是，IPv6 的海量地址空间可以使各个组织定义互不交叠的“私有地址”(即不需要统一注册，但全局唯一的 IPv6 单播地址)，称为唯一本地地址(unique local address，ULA)。这些地址不期望在全球范围内可路由，而是在有限的区域内可路由，例如，在企业网内，甚至在有需求的企业网之间可路由、可通信。

唯一本地 IPv6 单播地址具有以下特征。

(1) 前缀全局唯一(具有非常低的冲突概率)。

(2) 具有众知前缀(well-known prefix)，以便于在网络边界进行过滤。

(3) 允许进行组合或私有互联，而不会产生地址冲突，因而不需要重新编号。

(4) 独立于 ISP，不需要与全球互联网相连。

(5) 即使意外地通过路由或域名泄露到外界，也不会与其他地址产生冲突。

(6) 应用程序可以将这些地址视为 IPv6 全局单播地址。

1. 格式

唯一本地 IPv6 单播地址使用伪随机数创立全局标识符(全局 ID)，具有以下格式，如图 6.23 所示。

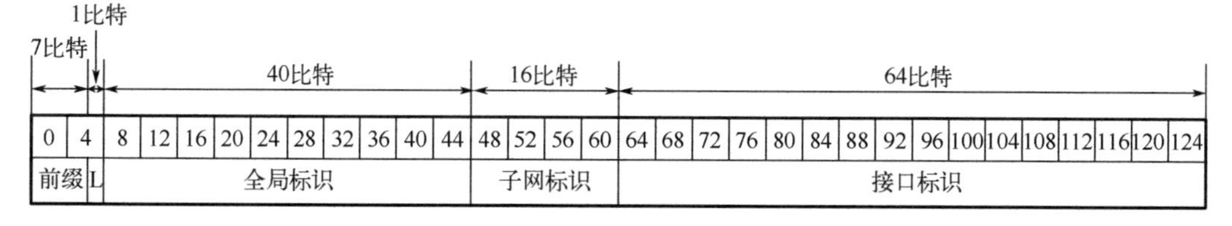

图 6.23　ULA 格式

(1) 前缀(prefix)：7 比特；fc00::/7 前缀用于标识唯一本地 IPv6 单播地址。

(2) L：1 比特；如果前缀是本地分配的，则设置为 1。将来可以定义 0 的使用场景。

(3) 全局标识(global ID)：40 比特；用于创建全局唯一前缀的全局标识符。

(4) 子网标识(subnet ID)：16 比特；站点内子网标识符。

(5) 接口标识(interface ID)：64 比特；接口 ID。

选择/7 的理由：前缀/7 对应于 41 比特的全局 ID 空间(包括 L 比特)，能提供 2.2 万亿的地址前缀分配，同时仅占 IPv6 总地址空间的 0.8%。

2. 伪随机全局 ID 算法

下面描述的算法用于在本地产生全局 ID。在每种情况下，产生的全局 ID 用于前缀生成。

(1) 以 64 比特 NTP 格式获取当前时间。

(2) 从运行此算法的系统中获取 EUI-64。如果 EUI-64 不存在，可以用 48 比特 MAC 地址创建。如果无法获取或创建 EUI-64，应该使用本节点的唯一标识符(例如，系统序列号)。

(3) 将时间与系统特定的标识符拼接起来创建一个密钥。

(4) 按照 SHA-1 算法计算摘要，结果值为 160 比特。

(5) 使用最低有效 40 比特作为全局 ID。

(6) 使用 fc00::/7 前缀，将 L 比特设置为 1，然后拼接上述 40 比特全局 ID，产生本地 IPv6 前缀(/48)。

该算法将产生唯一的全局 ID 并可用于创建本地 IPv6 前缀。

默认情况下，这些地址的范围是全局的。它的限制在于前缀的可路由性(仅限于一个网络，或与其他网络有明确的路由协议)。

3. 配置指南

唯一本地 IPv6 单播地址在站点内部路由与其他类型的单播地址相同，可以使用任何 IPv6 路由协议。

唯一本地 IPv6 单播地址将和全局单播 IPv6 地址共享相同的子网 ID。

网络管理域边界路由协议默认的配置应为不接收、不发送 fc00::/7 前缀范围内的路由。网络管理员可以在需要时配置允许接收、发送 fc00::/7 的更长前缀，以便在特定的网络之间通过 ULA 互联互通。

如果在与互联网提供商的边界使用 BGP，则默认的 BGP 配置必须过滤 fc00::/7 范围内前缀的发送和接收。如果需要互通，可以配置/48 或更长的路由前缀。

对于基于链路状态的内部路由协议(interior gateway protocol，IGP)，建议把使用唯一本地 IPv6 单播地址的前缀包含在 IGP 域或区域(areas)内，以便控制前缀的分发。

在站点中使用唯一本地 IPv6 单播地址进行通信，这样在更换 ISP 的情况下，不需要重新更换全局地址。

当合并多个站点时，使用唯一本地 IPv6 单播地址不太可能需要重新更换地址，因为所有的地址(几乎)是唯一的，因此，只需要配置相应的路由即可。

当使用唯一本地 IPv6 单播地址的主机需要与互联网通信时，有两种选择。

(1) 需要与互联网通信的主机在配置唯一本地 IPv6 单播地址的同时配置永久性或临时性的全局单播 IPv6 地址。

(2) 使用 NPTv6，参见本书第 12 章。

4. DNS 问题

建议不要在全局 DNS 中配置唯一本地 IPv6 单播地址。

对唯一本地 IPv6 单播地址进行反向域名查询不应发送到全球域名服务器。建议的方法是域名解析服务器收到此类查询时，假定有一个空的 d.f.ip6.arpa 域的权威服务器，返回 DNS 的错误编码“不存在的记录”(NXDOMAIN，CODE=3)。

5. 高层协议和应用程序

对于唯一本地 IPv6 单播地址，应用程序和其他高层协议可以使用与处理其他类型的全局单播 IPv6 地址的相同方式进行处理，无须特殊处理。

6.3 地址映射技术

6.3.1 IPv4 嵌入 IPv6 地址

1. 地址格式演进和设计需求

IPv4/IPv6 翻译技术的核心是制定 IPv4 报头和 IPv6 报头的翻译规则。IPv4 地址和 IPv6 地址的映射是报头翻译最主要的组件之一。

(1) 无状态翻译技术对于从 IPv4 地址到 IPv6 地址的映射和从 IPv6 地址到 IPv4 地址的映射都是基于算法的，无须通过客户机发起会话来动态建立映射表。

(2) 有状态翻译技术对于从 IPv4 地址到 IPv6 地址的映射依然是无状态的（从而也是基于算法的），但从 IPv6 地址到 IPv4 地址的映射是有状态的，需要通过客户机发起会话来动态建立映射表。

另外，翻译技术定义了两类 IPv6 地址，其用途如下：

(1)“IPv4 可译 IPv6 地址”(IPv4-translatable IPv6 address)：该地址是与 IPv4 地址具有映射关系的 IPv6 地址，用于配置给 IPv6 域内真实的 IPv6 主机。这个地址可以看作 RFC4291[10]定义的 IPv4 翻译地址 (IPv4-translated address) 的升级版。

(2)“IPv4 转换 IPv6 地址”(IPv4-converted IPv6 address)：用于在 IPv6 网络中以镜像的形式表示真实的 IPv4 主机。这个地址可以看作 RFC4291[10]定义的 IPv4 映射地址 (IPv4-mapped address) 的升级版。

传统 IPv6 过渡技术和新一代 IPv6 过渡技术的特殊 IPv6 地址汇总，如图 6.24 所示。

这些地址的用途如表 6.7 所示。

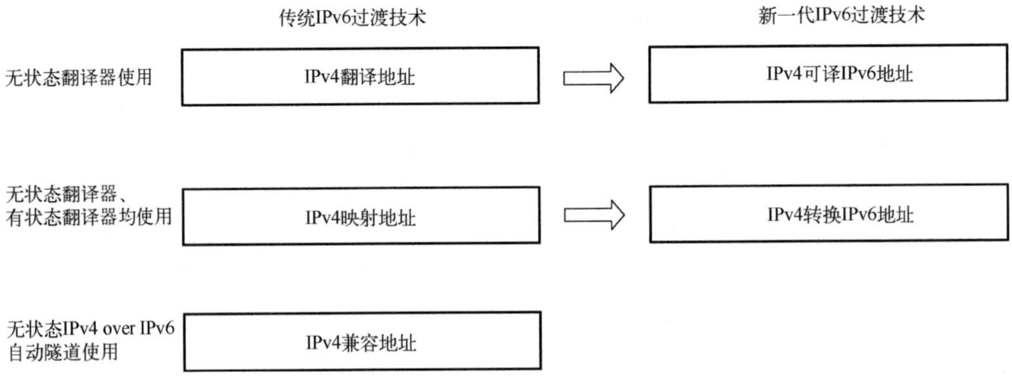

	传统IPv6过渡技术		新一代IPv6过渡技术
无状态翻译器使用	IPv4翻译地址	⇨	IPv4可译IPv6地址
无状态翻译器、有状态翻译器均使用	IPv4映射地址	⇨	IPv4转换IPv6地址
无状态IPv4 over IPv6自动隧道使用	IPv4兼容地址		

图 6.24　IPv6 过渡技术的特殊 IPv6 地址

表 6.7　用于过渡技术的 IPv6 地址

翻译机制	真实 IPv6 主机配置的 IPv6 地址	在 IPv6 网络中以镜像的形式表示真实 IPv4 主机
无状态翻译器(目前)	IPv4 可译 IPv6 地址	IPv4 转换 IPv6 地址
有状态翻译器(目前)	任意 IPv6 地址	
无状态翻译器(历史)	IPv4 翻译地址	IPv4 映射地址
有状态翻译器(历史)	任意 IPv6 地址	
自动隧道(历史)	IPv4 兼容地址	

新一代无状态 IPv4/IPv6 翻译技术涉及的 IPv6 地址(“IPv4 可译 IPv6 地址”和“IPv4 转换 IPv6 地址”)的设计需求如下：

(1) 在 IPv6 地址中嵌入 IPv4 地址。

(2) 在可能的情况下，统一“IPv4 可译 IPv6 地址”和“IPv4 转换 IPv6 地址”的格式与参数。

(3) 重新定义前缀性质，含运营商前缀(network specific prefix)和众知前缀。

(4) 引入前缀长度的灵活性。

(5) 在需要时，进行前缀和后缀(suffix)扩展。

2. “IPv4 嵌入 IPv6 地址”格式

RFC6052[11]定义了“IPv4 转换 IPv6 地址”和“IPv4 可译 IPv6 地址”，这两类地址遵循相同的格式，称为“IPv4 嵌入 IPv6 地址”(IPv4-embedded IPv6 address)格式。“IPv4 嵌入 IPv6 地址”由可变长度前缀、嵌入的 IPv4 地址和可变长度后缀组成。

“IPv4 嵌入 IPv6 地址”格式如图 6.25 所示，其中由 PL 指定前缀长度。

为了兼容 RFC4291[10]定义的 IPv6 寻址体系结构中的接口标识符，地址的第 64～71 比特必须设置为 0。使用/96 的“运营商前缀”时，管理员必须确保 64～71 比特

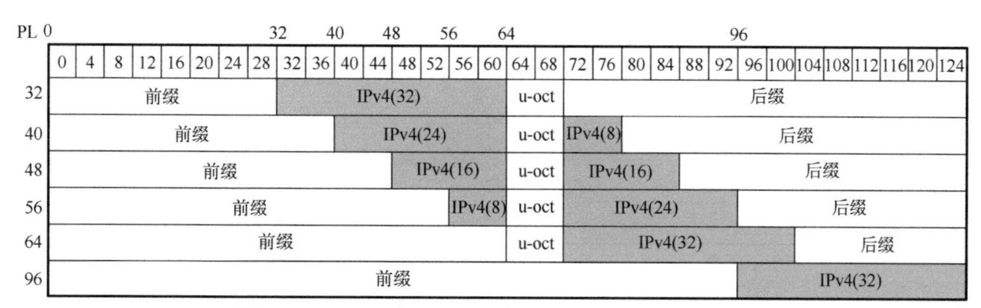

图 6.25　IPv4 嵌入 IPv6 地址(包含 u-oct)的格式
u-oct 称为唯一 8 比特字节(unique octet)

设置为 0。实现这个目标的简单方法是通过选择/64 前缀来构造/96 网络，然后添加 4 个 8 比特字节的全 0。

前缀之后是 IPv4 地址部分，高比特优先。根据不同的前缀长度，IPv4 的 4 个 8 比特字节可能会被全 0 的 8 比特“u”字节分开。特别是以下几种情况。

(1) 前缀长度为 32 比特，IPv4 地址编码位于 32～63 比特。

(2) 前缀长度为 40 比特，IPv4 地址的前 24 比特编码位于 40～63 比特，剩余的 8 比特位于第 72～79 比特。

(3) 前缀长度为 48 比特，IPv4 地址的前 16 比特编码位于 48～63 比特，剩余的 16 比特位于第 72～87 比特。

(4) 前缀长度为 56 比特，IPv4 地址的前 8 比特编码位于 56～63 比特，剩余的 24 比特位于第 72～95 比特。

(5) 前缀长度为 64 比特，IPv4 地址编码位于第 72～103 比特。

(6) 前缀长度为 96 比特，IPv4 地址编码位于第 96～127 比特。

如果前缀长度为 96 比特，则没有剩余比特，因此没有后缀。在其他情况下，地址的剩余比特构成后缀。这些比特保留用于扩展，且当前应该设置为 0。当翻译器接收到含有后缀不为 0 的“IPv4 嵌入 IPv6 地址”的报文时，应该忽略这些非 0 值并继续执行，就像这些比特为 0 一样(扩展后的行为不同)。

RFC7136[18]更新了 RFC4291[10]，对于非 IEEE MAC 层地址生成的 IPv6 地址允许忽略“u”比特。因此，新的“IPv4 嵌入 IPv6 地址”可以保持嵌入 IPv6 地址中的 IPv4 地址的连续性，如图 6.26 所示。

为了考虑兼容性，翻译器的实现必须支持不含 u-oct 和含 u-oct 这两种格式(由配置命令完成)，建议：

(1) 无 u-oct 格式为默认格式；

(2) 有 u-oct 格式由配置命令指定。

需要指出的是，RFC6219[25]定义的“IPv4 嵌入 IPv6 地址”是无 u-oct 的一个特例，对于具有 /32 或更大 IPv6 前缀的运营商，建议将其最后一个/40 作为 IPv4 翻译使用，它具有以下特点。

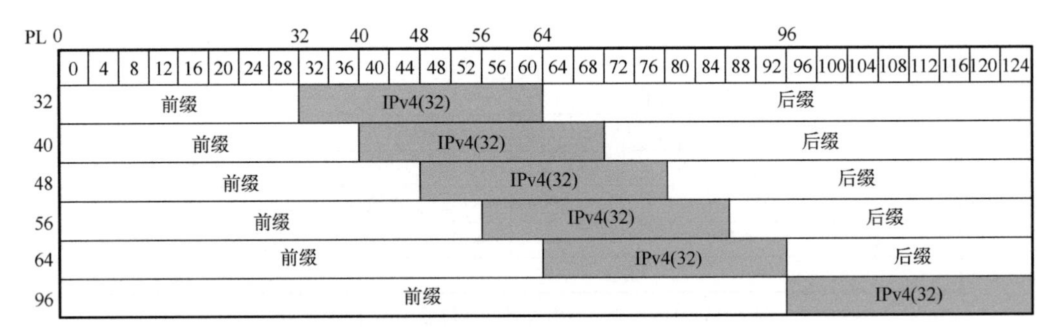

图 6.26　“IPv4 嵌入 IPv6 地址”(无 u-oct)的格式

(1) IPv6 地址具有显式翻译语义，由 32～39 比特的 ff 标识(例如，2001:db8:ff00::/40)。

(2) 传统 IPv4 的/24 子网与 IPv6 接口标识符长度 /64 对应。

(3) 单个 IPv4 地址 /32 与 IPv6 /72 对应。

RFC6219[25]定义的“IPv4 嵌入 IPv6 地址”如图 6.27 所示。

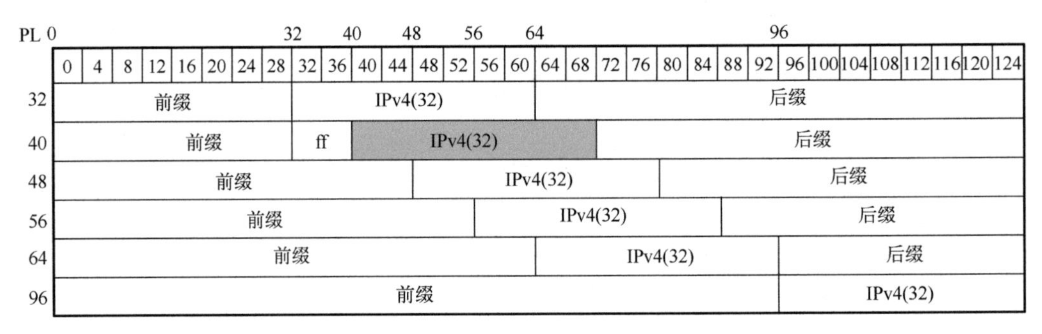

图 6.27　“IPv4 嵌入 IPv6 地址”(RFC6219)

3. 地址转换算法

根据以下算法生成“IPv4 嵌入 IPv6 地址”。

(1) 由 IPv6 前缀、IPv4 地址、后缀组合，生成 128 比特 IPv6 地址。

(2) 当配置含 u-oct 的格式时，如果前缀长度小于 96 比特，则在适当的位置(64～71 比特)插入全 0 的 8 比特“u”字节。

根据以下算法从“IPv4 嵌入 IPv6 地址”中提取 IPv4 地址。

(1) 当不配置 u-oct 时，根据 IPv6 前缀长度获取 32 比特 IPv4 地址和后缀。

(2) 当配置 u-oct 格式时，如果前缀长度为 96 比特，则从最后 32 比特中提取 IPv4 地址；对于其他前缀长度，删除 8 比特 u-oct 字节，获取一个 120 比特序列(将有效比特从 72～127 比特移到 64～119 比特)，然后提取 IPv6 前缀后的 32 比特 IPv4 地址和后缀。

6.3.2　IPv6 前缀类别

“IPv4 嵌入 IPv6 地址”需要 IPv6 前缀，分为两类。

(1)运营商前缀。

(2)众知前缀。

采用运营商前缀时的 IPv6 前缀长度为 32 比特、40 比特、48 比特、56 比特、64 比特或 96 比特。采用众知前缀时的 IPv6 前缀长度只能为 96 比特。

1. 运营商前缀

运营商前缀是运营商使用的整体 IPv6 前缀的一个子集，专门用于 IPv4/IPv6 翻译。运营商前缀可以直接聚类(aggregation)到运营商使用的整体 IPv6 前缀，不需要在运营商的网络之外单独发布路由信息(为流量工程的目的除外)。因此，可以按照标准的互联网路由原理，根据“最长匹配原则”进行路由策略配置，从而不会对全局路由表产生影响。

注意，当“IPv4 转换 IPv6 地址”和“IPv4 可译 IPv6 地址”使用相同的运营商前缀时，对于 IPv6：

(1)“IPv4 可译 IPv6 地址”是“IPv4 转换 IPv6 地址”的一个子集。

(2)“IPv4 转换 IPv6 地址”是运营商使用的整体 IPv6 前缀的一个子集。

(3)运营商使用的整体 IPv6 前缀是全局 IPv6 地址的一个子集。

对于 IPv4：

(1)“IPv4 可译 IPv6 地址”对应的 IPv4 地址是运营商用作翻译用途的 IPv4 地址，是运营商所有公有 IPv4 地址的一个子集。

(2)“IPv4 转换 IPv6 地址”对应的 IPv4 地址是全局公有 IPv4 地址。

这些关系如图 6.28 所示。

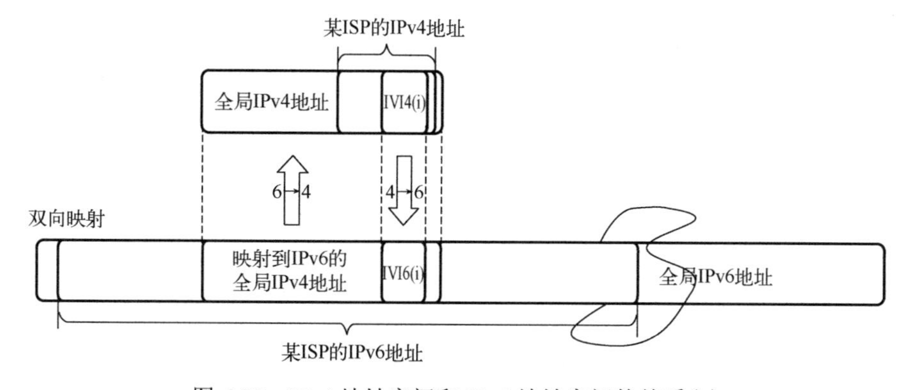

图 6.28　IPv4 地址空间和 IPv6 地址空间的关系(1)

注意：以下各种地址之间具有包含关系和对应关系。

(1) IPv4 地址最小集合：某 ISP 的“IPv4 可译 IPv6 地址”对应的 IPv4 地址 IVI4(i)。

(2) IPv4 地址中间集合：某 ISP 的 IPv4 地址。

(3) IPv4 地址最大集合：全局 IPv4 地址。

(4) IPv6 地址最小集合：某 ISP 的“IPv4 可译 IPv6 地址” IVI6(i)。

(5) IPv6 地址中间集合：某 ISP 的“IPv4 转换 IPv6 地址”。

(6) IPv6 地址较大集合：某 ISP 的 IPv6 地址。

(7) IPv6 地址最大集合：全局 IPv6 地址。

基于算法的映射关系(对应关系)如表 6.8 所示。

表 6.8　映射关系

IPv6	映射	IPv4
IVI6(i)	←→	IVI4(i)
某 ISP 的“IPv4 转换 IPv6 地址”	←→	全局 IPv4 地址

需要指出的是，不同的运营商一定会使用不同的运营商前缀，因此可得出以下结论。

(1) 各个运营商的“IPv4 转换 IPv6 地址”对应的 IPv4 地址空间是重叠的。

(2) 各个运营商的“IPv4 可译 IPv6 地址”对应的 IPv4 地址空间是不重叠的。

图 6.29 给出了两个运营商分别使用运营商前缀，其 IPv4 地址空间和 IPv6 地址空间的关系。

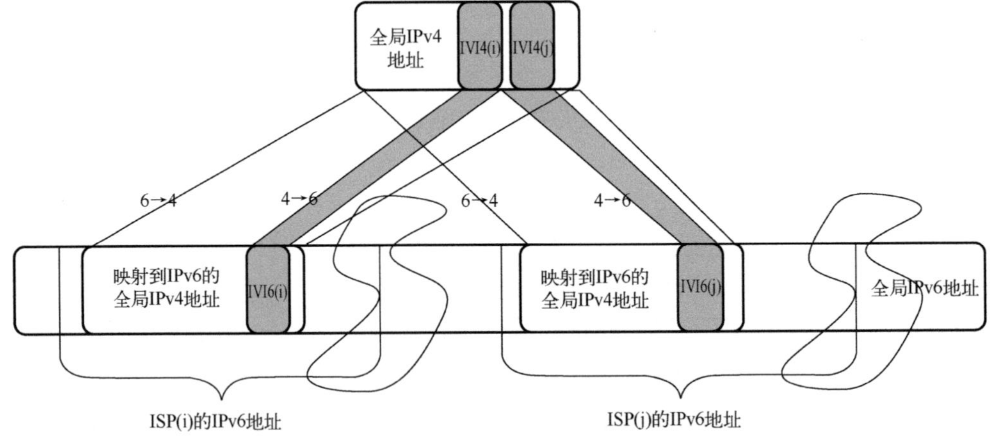

图 6.29　IPv4 地址空间和 IPv6 地址空间的关系(2)

注意下述各种地址的包含关系、互斥关系和映射关系。

(1) ISP(i) 的“IPv4 可译 IPv6 地址”对应的 IPv4 地址 IVI4(i)。

(2) ISP(i) 的 IPv4 地址。

(3) ISP(j) 的“IPv4 可译 IPv6 地址”对应的 IPv4 地址 IVI4(j)。

(4) ISP (j) 的 IPv4 地址。

(5) 全局 IPv4 地址。

(6) ISP (i) 的“IPv4 可译 IPv6 地址”IVI6 (i)。

(7) ISP (i) 的“IPv4 转换 IPv6 地址”。

(8) ISP (i) 的 IPv6 地址。

(9) ISP (j) 的“IPv4 可译 IPv6 地址”IVI6 (j)。

(10) ISP (j) 的“IPv4 转换 IPv6 地址”。

(11) ISP (j) 的 IPv6 地址。

(12) 全局 IPv6 地址。

基于算法的映射关系如表 6.9 所示。

表 6.9　映射关系

IPv6	映射	IPv4
IVI6 (i)	←→	IVI4 (i)
ISP (i) 的“IPv4 转换 IPv6 地址”	←→	全局 IPv4 地址
IVI6 (j)	←→	IVI4 (j)
ISP (j) 的“IPv4 转换 IPv6 地址”	←→	全局 IPv4 地址

综上所述，使用运营商前缀的网络可达性矩阵如图 6.30 所示。

使用运营商前缀的“IPv4 可译 IPv6 地址”(IVI 地址) 在 IPv4 和 IPv6 之间建立了基于算法的映射关系，可以实现互联互通。

使用运营商前缀的“IPv4 可译 IPv6 地址”(IVI 地址) 部署，可以分成 3 个阶段。

1) 单一部署

单一部署指只有一个运营商部署了“IPv4 可译 IPv6 地址”(IVI 地址) 和翻译器，如图 6.31 所示。

	全局 IPv4	IVI	全局 IPv6
全局 IPv4	通	通	不通
IVI	通	通	通
全局 IPv6	不通	通	通

图 6.30　可达性矩阵

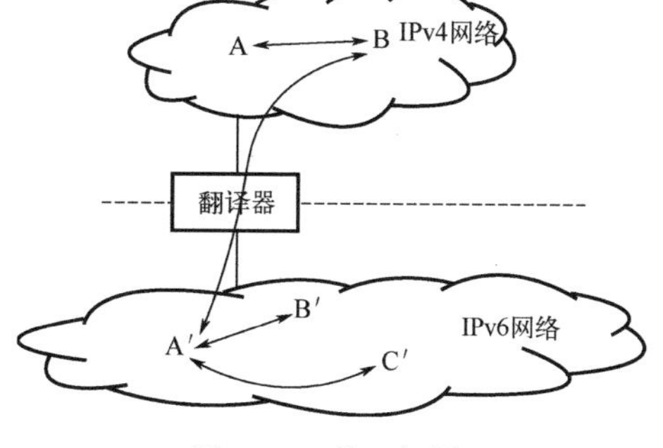

图 6.31　单一部署

(1) B 为真实的 IPv4 主机，B′为在 IPv6 网络中的“IPv4 转换 IPv6 地址”。

(2) A′为“IPv4 可译 IPv6 地址”，A 为对应的 IPv4 地址。

(3) IPv6 主机 A′既可以通过翻译器与整个 IPv4 互联网通信，又可以与整个 IPv6

互联网通信。

2) 分别独立部署

分别独立部署指有两个运营商分别独立部署了“IPv4 可译 IPv6 地址”(IVI 地址) 和翻译器(IVI gateway1 和 IVI gateway2)，如图 6.32 所示。

(1) A′为“IPv4 可译 IPv6 地址”，A 为对应的 IPv4 地址。

(2) B″为“IPv4 可译 IPv6 地址”，B 为对应的 IPv4 地址。

(3) 对于 A′，B′为“IPv4 转换 IPv6 地址”，但实际上它是 B″(IPv4 可译 IPv6 地址) 的镜像。

(4) 对于 B″，A″为“IPv4 转换 IPv6 地址”，但实际上它是 A′(IPv4 可译 IPv6 地址) 的镜像。

(5) 通过两次翻译，A′和 B″可以相互通信。

(6) IPv6 主机 A′和 B″既可以通过翻译器与整个 IPv4 互联网通信，又可以与整个 IPv6 互联网通信。

3) 直接通信

在上述案例中，可以不需要翻译器，A′和 B″直接通信，如图 6.33 所示。

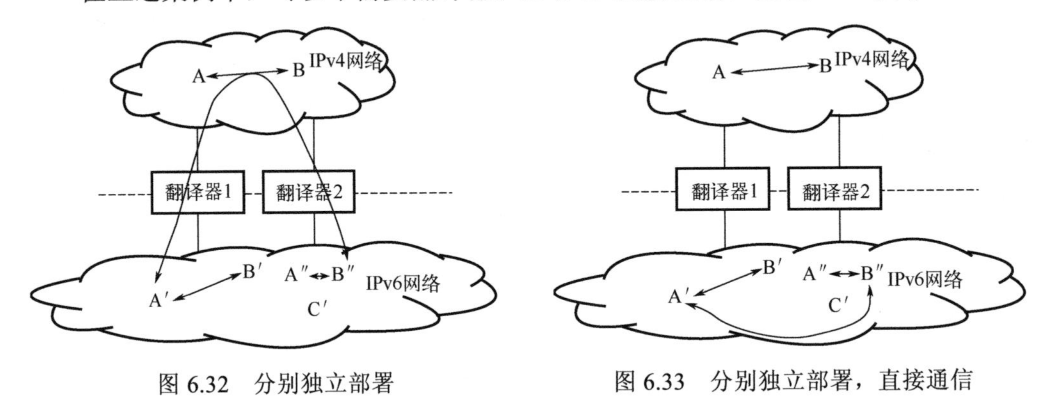

图 6.32　分别独立部署　　图 6.33　分别独立部署，直接通信

其中，“IPv4 可译 IPv6 地址” A′和“IPv4 可译 IPv6 地址” B″可以直接通信。

2. 众知前缀

众知前缀的优点是可以作为默认配置(default)，RFC2765[26]中定义的 IPv4 映射前缀为::ffff:0:0/96。但是，在若干版本的 Mac OS 和 Windows 系统中，IPv4 映射前缀用来生成 IPv4 数据报文，而不是发送 IPv6 数据报文。如果使用 IPv4 映射前缀，这些操作系统若不升级将无法支持翻译技术，因此新一代翻译过渡技术不能够使用::ffff:0:0/96。

考虑到 RFC4291[10]中定义的 IPv6 地址表示格式，点分十进制只能出现在最右侧。/96 前缀与该规范兼容。这个表示方法使地址格式更容易使用，日志文件更容易阅读。因此新的众知前缀应该为/96。

众知前缀最好具有“与校验和无关”的特性。16进制数0064和ff9b之和是ffff，即1的补码等于0的值。使用此前缀构造的“IPv4嵌入IPv6地址”将具有与嵌入的IPv4地址相同的补码校验和。

综合上述考虑，RFC6052[11]定义了用于映射算法的众知前缀。此IPv6前缀的值如图6.34所示。

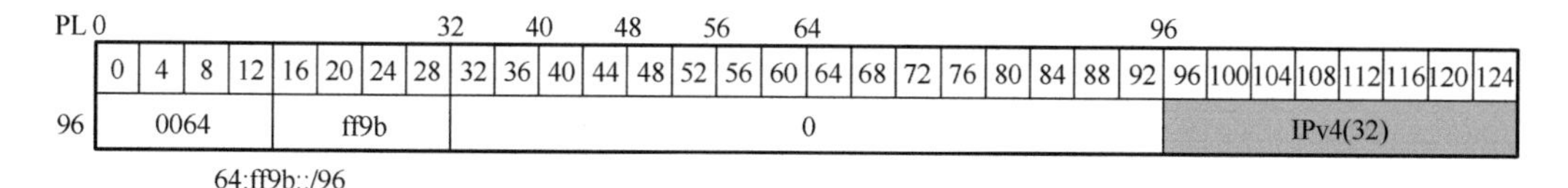

图6.34　众知前缀

3. 扩展众知前缀

RFC8215[27]扩展了众知前缀的范围，可以供域内的多个IPv4/IPv6翻译器使用。扩展众知前缀如图6.35所示。

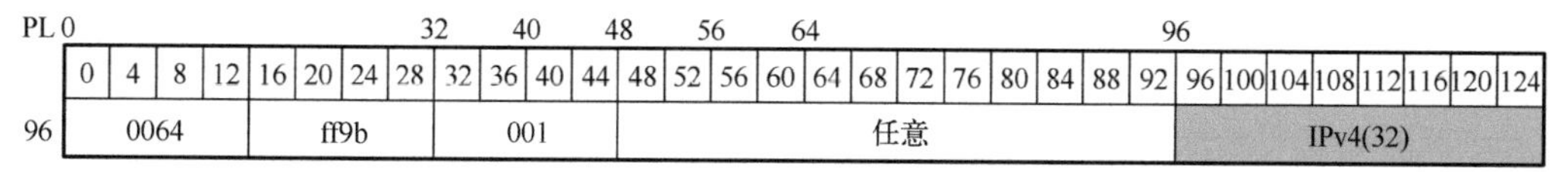

图6.35　扩展众知前缀

具体说明如下。

1) 扩展众知前缀长度

为了在域内部署多个不同的众知前缀，新的众知前缀的前缀长度必须能够包含多个/96。同时，为了清晰易懂，前缀长度应为16的整数倍，以便用“:”区分。RFC6052[11]中给定的其他最长前缀长度为64，为了满足16的整数倍要求，选择/48是合适的。

2) 扩展众知前缀值

为了最大限度地减少额外“污染”未分配的IPv6地址空间，工程师可以选择与已定义众知前缀64:ff9b::/96相邻的地址空间。鉴于已经决定使用前缀长度/48，只能选择64:ff9a:ffff::/48或64:ff9b:1::/48。64:ff9a:ffff::/48的好处是它完全与64:ff9b::/96相邻，而64:ff9b:1::/48不完全与64:ff9b::/96相邻。但是，如果选择64:ff9a:ffff::/48，将64:ff9a:ffff::/48和64:ff9b::/96聚类的地址空间为64:ff9a::/31，从而会浪费比较大的地址空间。另外，选择64:ff9b:1::/48时，由于与64:ff9b::/96不相邻而浪费的地址空间为64:ff9b::/47。因此，64:ff9b:1::/48是最少“污染”未分配IPv6

地址空间的选择。最后，64:ff9b:1::/48 比 64:ff9a:ffff::/48 的文本表示更短，因而更容易输入。

3) 扩展众知前缀部署注意事项

使用扩展众知前缀应注意以下几点。

(1) 64:ff9b:1::/48 是通用的预留地址范围，运营商可以在自己的管理域内自由地选择/48 中的任意一个或多个/96 用于不同的 IPv4/IPv6 翻译器。

(2) 默认情况下，IPv6 节点和应用程序应把 64:ff9b:1::/48 与其他全球范围内的单播地址同等对待。特别是，不得对地址的语法或属性(如嵌入式 IPv4 地址的存在和位置)或相关翻译机制的类型(如有状态或无状态)做出任何假设。

(3) 64:ff9b:1::/48 或任何更长的前缀只能用于域内路由。

(4) 注意 64:ff9b:1::/48(或任何更长的前缀)与 64:ff9b::/96 互不交叠。因此，可以有不同的限制范围。

(5) 如果运营商试图使用聚类前缀 64:ff9b::/47，则必须注意该聚类前缀包括未分配的地址范围，因此 IETF 未来可能把该地址范围用于其他完全不同的目的。

4) 与校验和无关

使用 64:ff9b:1::/48 本身不保证与校验和无关，有关校验和中立的讨论见 RFC6052[11]。

下面为若干校验和无关的前缀实例(非全集)：

64:ff9b:1:fffe::/96

64:ff9b:1:fffd:1::/96

64:ff9b:1:fffc:2::/96

64:ff9b:1:abcd:0:5431::/96

6.3.3 映射实例及其文本表示

“IPv4 嵌入 IPv6 地址”的映射实例和文本表示如下。根据 RFC4291[10]中的规定，使用众知前缀或/96 网络运营商前缀也可以使用嵌入的 IPv4 地址用点分十进制表示法。“IPv4 嵌入 IPv6 地址”的映射实例和文本表示如表 6.10 所示。

运营商前缀的示例源自 RFC3849[28]中保留的“文档 IPv6 前缀”。IPv4 地址 192.0.2.33 源自 RFC5735[29]中保留的“文档 192.0.2.0/24 子网”的一部分。IPv6 地址的表示与 RFC5952[30]中定义的标准兼容。

1. 使用运营商前缀举例

1) 无 u-oct 格式时使用运营商前缀举例

无 u-oct 格式时使用运营商前缀举例如表 6.10 所示。

表 6.10　无 u-oct 格式时使用运营商前缀举例

运营商前缀	IPv4 地址	“IPv4 嵌入 IPv6 地址”（无 u-oct）
2001:db8::/32	192.0.2.33	2001:db8:c000:221::
2001:db8:100::/40	192.0.2.33	2001:db8:1c0:2:2100::
2001:db8:122::/48	192.0.2.33	2001:db8:122:c000:221::
2001:db8:122:300::/56	192.0.2.33	2001:db8:122:3c0:2:2100::
2001:db8:122:344::/64	192.0.2.33	2001:db8:122:344:c000:221::
2001:db8:122:344::/96	192.0.2.33	2001:db8:122:344::192.0.2.33

2) 有 u-oct 格式时使用运营商前缀举例

有 u-oct 格式时使用运营商前缀举例如表 6.11 所示。

表 6.11　有 u-oct 格式时使用运营商前缀举例

运营商前缀	IPv4 地址	“IPv4 嵌入 IPv6 地址”（有 u-oct）
2001:db8::/32	192.0.2.33	2001:db8:c000:221::
2001:db8:100::/40	192.0.2.33	2001:db8:1c0:2:21::
2001:db8:122::/48	192.0.2.33	2001:db8:122:c000:2:2100::
2001:db8:122:300::/56	192.0.2.33	2001:db8:122:3c0:0:221::
2001:db8:122:344::/64	192.0.2.33	2001:db8:122:344:c0:2:2100::
2001:db8:122:344::/96	192.0.2.33	2001:db8:122:344::192.0.2.33

2. 众知前缀举例

1) 使用基本众知前缀举例

使用基本众知前缀举例如表 6.12 所示。

表 6.12　使用基本众知前缀举例

众知前缀	IPv4 地址	IPv4 嵌入 IPv6 地址
64:ff9b::/96	192.0.2.33	64:ff9b::192.0.2.33

2) 使用扩展众知前缀举例

使用扩展众知前缀举例如表 6.13 所示。

表 6.13　使用扩展众知前缀举例

扩展众知前缀	IPv4 地址	IPv4 嵌入 IPv6 地址
64:ff9b:1:fffe::/96	192.0.2.33	64:ff9b:1:fffe::192.0.2.33

6.3.4　部署指南

1. 无状态翻译器部署的前缀选择

运营商网络、校园网或企业网部署无状态翻译器时，网络内部的 IPv6 节点配置

“IPv4 可译 IPv6 地址”，使其能够被 IPv4 访问，外部互联网的 IPv4 地址表示为“IPv4 转换 IPv6 地址”。

具体建议如下：

(1) 部署无状态 IPv4/IPv6 翻译器的网络应该配置运营商前缀。

(2) “IPv4 可译 IPv6 地址”和“IPv4 转换 IPv6 地址”必须是按照“IPv4 嵌入 IPv6 地址”格式构造的。

(3) “IPv4 可译 IPv6 地址”必须使用运营商前缀。

(4) 若无特殊理由，“IPv4 可译 IPv6 地址”和“IPv4 转换 IPv6 地址”应该使用相同的 IPv6 前缀。

图 6.36 为一个路由配置案例。

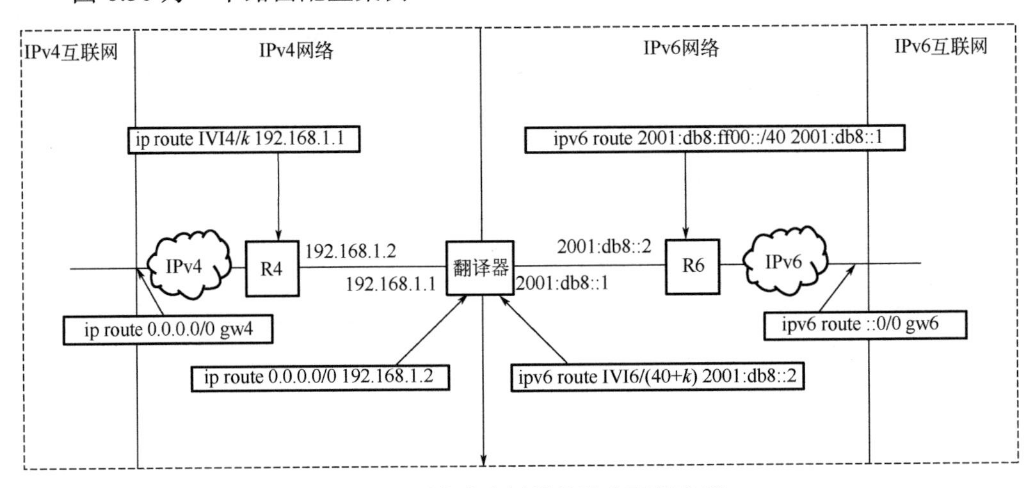

图 6.36　无状态翻译器的路由配置案例

其中：IPv4 网络和 IPv6 网络分别接入了 IPv4 互联网，无状态翻译器部署在 IPv4 网络和 IPv6 网络之间。

(1) IPv6 前缀为 2001:db8:ff00::/40。

(2) IPv6 网络上的主机配置“IPv4 可译 IPv6 地址”，其对应的公有 IPv4 地址前缀为 IVI4/k，前缀长度为 k，则“IPv4 可译 IPv6 地址”为 IVI6/(40+k)。

IPv4 网络需要配置的路由如下：

(1) 到 IPv4 互联网的默认路由 0.0.0.0/0。

(2) 到翻译器的“IPv4 可译 IPv6 地址”对应的 IPv4 路由 IVI4/k。

IPv6 网络需要配置的路由如下：

(1) 到 IPv6 互联网的默认路由::0/0。

(2) 到翻译器的 IPv4 互联网的路由“翻译器 IPv6 前缀”(2001:db8:f00::/40)。

翻译器需要配置的路由如下：

(1)到 IPv4 互联网的默认路由 0.0.0.0/0。

(2)到用户子网“IPv4 可译 IPv6 地址”的路由 IVI6/(40+k)。

1)“IPv4 可译 IPv6 地址”和“IPv4 转换 IPv6 地址”使用相同 IPv6 前缀问题

使用相同的 IPv6 前缀可确保“IPv4 可译 IPv6 地址”在网内具有最佳路由。具体来说，如果一个 IPv6 节点要访问另一个节点的 IPv4 地址，而使用这个 IPv4 地址的实际节点是 IPv6 节点，则使用同一个运营商前缀构造“IPv4 转换 IPv6 地址”和“IPv4 可译 IPv6 地址”就可以保证最优路由。互联网路由原理(即最长前缀匹配)能够确保两个节点之间直接通信，而不需要通过翻译器进行处理，如图 6.37 所示。

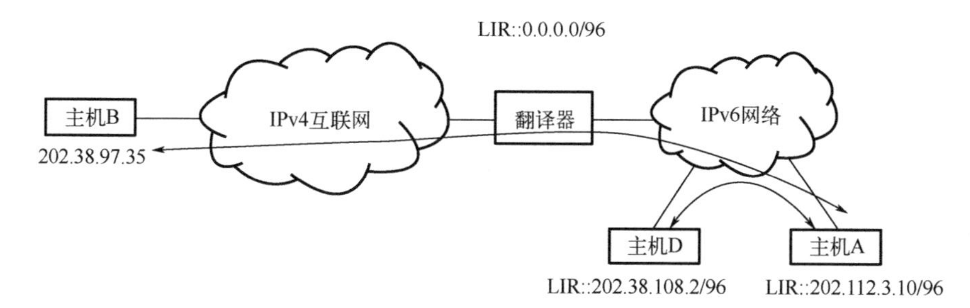

图 6.37　最优路由

假定翻译器位于 IPv6 网络和 IPv4 互联网之间，按上例的规则配置了相应的路由。其中：

(1)IPv6 前缀属于 LIR 前缀。

(2)主机 B 为实际的 IPv4 主机(地址为 202.38.97.35)。

(3)主机 A 和主机 D 分别为 IPv6 主机，分别配置位于不同 IPv6 子网上的“IPv4 可译 IPv6 地址”(LIR::202.112.3.10 和 LIR::202.38.108.2)。

在此情况下，主机 A 和主机 B 的通信需要通过翻译器，因为主机 A 位于 IPv6 网络，而主机 B 位于 IPv4 互联网。

但是，主机 A 和主机 D 的通信不需要通过翻译器，因为 IPv6 网内具有比到翻译器(LIR)更长的主机 A 和主机 D 所在子网的 IPv6 前缀。

需要指出的是，对于“IPv4 可译 IPv6 地址”和“IPv4 转换 IPv6 地址”配置相同的 IPv6 前缀的规则可以有例外。

(1)当跨域实施无状态双重翻译时，互联网路由政策通常不允许公布其他运营商的更长前缀。在此情况下，必须为“IPv4 可译 IPv6 地址”和“IPv4 转换 IPv6 地址”配置不同的 IPv6 前缀。

(2)在家庭网关共享 IPv4 地址的无状态双重翻译情况下，因为家庭网关的 IPv6 地址不仅要被“IPv4 可译 IPv6 地址”使用，也需要被家庭网关提供服务的其他 IPv6 主机使用，这样会与“IPv4 转换 IPv6 地址”产生交叠。在此情况下，必须为“IPv4

可译 IPv6 地址”和“IPv4 转换 IPv6 地址”配置不同的 IPv6 前缀。

2) 对“IPv4 可译 IPv6 地址”配置长于/64 接口标识符路由问题

域内路由协议必须能够将数据报文传送到由“IPv4 可译 IPv6 地址”服务的节点。这可能需要对“IPv4 嵌入 IPv6 地址”(通常会长于/64 接口标识符)进行路由。同时，为了安全起见，需要路由器使用某种形式的反向路径检查来验证“IPv4 可译 IPv6 地址”来源的有效性。

3) 后缀选择问题

(1) 与校验和无关。在无状态翻译的情况下，如果“IPv4 可译 IPv6 地址”和“IPv4 转换 IPv6 地址”均使用与校验和无关的方法构造，则不需要重新计算校验和(IPv6 地址具有与嵌入的 IPv4 地址相同的校验和)。在有状态翻译的情况下，与校验和无关性在翻译过程中无法避免，因为在两个地址中只有一个具有“与校验和无关”的性质。IETF 曾经考虑保留后缀中的 16 比特用于获得校验和无关性。但这个方法并未被采纳，因为这对有状态翻译依然无效。同时校验和无关性可以通过调整前缀来实现(即选择一个前缀的补码校验和等于 0 或 0xffff)。

(2) 端口范围编码。后缀的扩展可以用来表示无状态翻译的传输层端口编码，使多个 IPv6 主机共享 IPv4 地址，即每个 IPv6 主机使用不同的端口范围。

(3) 非 0 值。当使用/32 前缀时，全 0 后缀会导致全 0 接口标识符。这与 RFC4291[10] 的规定冲突，即全 0 接口标识符已经用于路由器任播地址。但在实际使用中，/64 子网中只包含一个“IPv4 可译 IPv6 地址”，语义不会造成混乱。因此本规范保留了全 0 后缀。这个问题对于大于 32 比特的前缀(例如，推荐的/40、/56、/64 和/96)并不存在。

4) 基于无状态地址映射配置实例的深入讨论

考虑一个具有前缀 2001:db8:122::/48 的 IPv6 网络，网络管理员选择运营商前缀 2001:db8:122:344::/64 来实施无状态翻译。IPv4 子网是 192.0.2.0/24，对应的“IPv4 可译 IPv6 地址”前缀为 2001:db8:122:344:c0:2::/96。在这个网络中，主机 A 被分配了“IPv4 可译 IPv6 地址”，是 2001:db8:122:344:c0:2:2100::，对应的 IPv4 地址是 192.0.2.33。主机 A 的地址由手工或 DHCPv6 配置。

在此示例中，主机 A 未直接连接到翻译器，而是通过路由器 R，该路由器 R 配置为转发 2001:db8:122:344:c0:2:2100::的数据报文到主机 A。同时路由器 R 使用域内路由协议发布 2001:db8:122:344:c0:2:2100::/104 的前缀，如果这个拓扑包含多个从同一个 IPv4 子网内导出的“IPv4 可译 IPv6 地址”，则可以发布更短的 IPv6 路由前缀。如果一个目标地址是 192.0.2.33 的数据报文到达翻译器，则目标地址将映射为 2001:db8:122:344:c0:2:2100::，该 IPv6 数据报文将路由到 R，并最终到达 A。

现在假设同一域的主机 B 得到主机 A 的 IPv4 地址(通过特定于应用程序的推荐)。如果 B 具有感知翻译器存在的能力，B 可以使用运营商前缀 2001:db8:122:344::/64 和

IPv4 地址 192.0.2.33 组成 IPv6 目标地址 2001:db8:122:344:c0:2:2100::。主机 B 发送的 IPv6 数据报文将转发到路由器 R，然后转发到主机 A，从而避免协议翻译。

转发和反向路径检查的效率依赖于 IPv6 前缀和 IPv4 地址的组合。从理论上讲，路由器能够对任意长度的 IPv6 前缀进行路由和转发，但是在实践中，路由器对于比 64 比特更长的 IPv6 前缀上的路由转发效率可能较低。但是，路由和转发效率并不是选择 IPv6 前缀长度唯一的考虑因素。使用无状态翻译器也需要考虑较短 IPv6 前缀的可获得性，以及全 0 标识符的影响。

如果使用/32 的 IPv6 前缀，则所有路由比特都包含在 IPv6 地址的前 64 比特内，导致出色的路由特性。然而，这些前缀可能难以获得，并且将一个/32 分配给小块的“IPv4 可译 IPv6 地址”可能被视为浪费。另外，/32 的 IPv6 前缀和一个为 0 的后缀会导致一个全 0 接口标识符，可能存在问题。

选择中等长度的前缀(例如，/40、/48 或/56)是一种妥协。在这种情况下，只有部分 IPv4 比特是/64 的一部分前缀。这对于反向路径检查有一定的效果，但仅限于对最高有效比特的 IPv4 地址进行反向路径检查。在这种情况下，可以减少对于外部 IPv4 地址的欺骗，但对于内部 IPv6 节点冒充“IPv4 可译 IPv6 地址”的欺骗无效。

一种妥协方案是，使用一个组织获得的不超过 1/256 的 IPv6 地址作为 IPv4/IPv6 翻译器的前缀。例如，对于获得/32 或更短的 IPv6 的运营商，可以选取一个/40 的前缀用于翻译服务。对于一个/48 的接入网络，可以选取一个/56 的前缀用于翻译服务，或者所有的“IPv4 可译 IPv6 地址”共享同一链路，使用一个/96 的前缀。

前缀长度的选择与部署的场景相关。无状态翻译可用于场景 1、场景 2、场景 5 和场景 6。对于不同的场景，前缀长度建议如下：

(1) 对于场景 1(IPv6 网络(客户机)发起到 IPv4 互联网(服务器)的访问)和场景 2(IPv4 互联网(客户机)发起到 IPv6 网络(服务器)的访问)，持有/32 前缀的运营商应该使用/40 前缀，持有/48 的节点应该使用/56 前缀。

(2) 对于场景 5(IPv6 网络(客户机)发起到 IPv4 网络(服务器)的访问)和场景 6(IPv4 网络(客户机)发起到 IPv6 网络(服务器)的访问)，应该使用/64 或/96 前缀。

当 IPv4/IPv6 翻译服务使用运营商前缀时，无状态翻译器使用的“IPv4 可译 IPv6 地址”的前缀必须聚类后发布到互联网。同样，如果翻译器配置了多个运营商前缀，这些前缀必须通过合适的聚类后发布到 IPv6 互联网。

2. *有状态翻译部署的前缀选择*

运营商网络、校园网或企业网部署有状态翻译器提供翻译服务。在这种部署中，可以使用运营商前缀，也可以使用众知前缀。使用这些服务时，IPv6 节点可以配置任意 IPv6 地址，而 IPv4 节点由“IPv4 转换 IPv6 地址”来表示。

当一个网络部署多个有状态翻译器时，可能产生稳定性问题。即如果几个翻译器使用相同的前缀，当内部路由状态变化时，会存在属于同一个会话的数据报文路由到不同翻译器的风险。这个问题可以通过为不同的翻译器配置不同的前缀或在翻译器之间同步状态来解决。

有状态翻译可用于场景 1（IPv6 网络（客户机）发起到 IPv4 互联网（服务器）的访问）、场景 3（IPv6 互联网（客户机）发起到 IPv4 网络（服务器）的访问）和场景 5（IPv6 网络（客户机）发起到 IPv4 网络（服务器）的访问）。通常应该使用众知前缀，但有两个例外。

(1) 在所有场景下，基于管理原因，可以使用运营商前缀。

(2) 众知前缀不得用于场景 3（IPv6 互联网（客户机）发起到 IPv4 网络（服务器）的访问），因为这将导致非全局 IPv4 地址嵌入众知前缀。在这种情况下，必须使用运营商前缀（例如，/96 前缀）。

众知前缀不得用于表示非全局 IPv4 地址，例如，RFC1918[6]和 RFC5735[29]中定义的地址。翻译器不应翻译由众知前缀和非全局 IPv4 地址构成的数据报文，而应该丢弃。众知前缀不应该用于构建“IPv4 可译 IPv6 地址”。配置“IPv4 可译 IPv6 地址”的节点应该直接能够与全球 IPv6 通信，而不需要通过任何协议转换装置。只有“IPv4 可译 IPv6 地址”可以用于域间路由，而众知前缀的更长前缀路由不允许用于域间路由，在这种情况下，只能使用运营商前缀。

众知前缀可以用来为企业网部署翻译服务。

如果运营商为其对等互联伙伴提供 IPv4/IPv6 翻译服务，则众知前缀可以出现在域间路由表中。公布众知前缀运营商的上游（和/或）下游运营商应该能够使用 BGP 策略（RFC4271[31]）来控制众知前缀在域间的发布。发布众知前缀的网络必须提供 IPv4/IPv6 翻译服务。

当 IPv4/IPv6 翻译器使用众知前缀时，超过众知前缀的“IPv4 嵌入 IPv6 地址”的前缀长度不得通过 BGP（特别不能通过 eBGP）发布（RFC4271[31]）。因为这会导致把 IPv4 路由表引入 IPv6 表，从而带来路由扩展性问题。BGP 节点的网络管理员应该配置 BGP 过滤策略，丢弃超过众知前缀的“IPv4 嵌入 IPv6 地址”长度的前缀。

6.3.5　安全考虑因素

1. 防止欺骗

IPv4/IPv6 翻译器可以认为是一个特殊的路由器，具有和路由器相同的安全风险，并可以实施相同的解决措施。其例外是来自嵌入 IPv4 地址的 IPv6 地址欺骗。

攻击者可以使用嵌入 IPv4 的 IPv6 地址作为恶意数据报文的源地址。翻译后，数据报文将显示为来自 IPv4 的源地址，可能很难继续跟踪。如果没有采取措施，恶意 IPv6 节点可能欺骗任意 IPv4 地址。

解决措施是实施反向路径检查，并使 IPv6 数据报文只能来自授权节点。

2. 安全配置

IPv6 节点使用地址映射前缀将数据报文发送到 IPv4/IPv6 翻译器。攻击者可以尝试干扰 IPv6 节点，DNS 网关和 IPv4/IPv6 翻译器使用错误的参数，从而导致网络中断、拒绝服务和可能的信息泄露。为了避免这种攻击，网络管理员需要确保前缀配置的安全。

3. 防火墙配置

防火墙和其他安全设备基于 IPv4 地址过滤流量。攻击者可能会试图利用最终通过翻译器翻译成 IPv4 的 IPv6 报文干扰防火墙的正常运行。如果这种尝试成功，则这类本来需要阻止的流量将通过防火墙。

在所有这些场景中，网络管理员应确保对发送或接收“IPv4 嵌入 IPv6 地址”的数据报文与发送或接收其原始 IPv4 的数据报文同等对待。

6.4　地址映射技术扩展

地址映射技术定义了“IPv4 可译 IPv6 地址”和“IPv4 转换 IPv6 地址”，在 IPv4 地址和 IPv6 地址之间建立一对一的映射关系。如果在 IPv6 定义之初就引入这种映射规则，IPv6 过渡技术的历史就会被改写。20 世纪 90 年代的公有 IPv4 地址池只分配了一半，如果当时要求新申请 IPv4 地址的网络必须承诺以“IPv4 可译 IPv6 地址”的形式使用公有 IPv4 地址(即通过无状态翻译器，使纯 IPv6 主机与 IPv4 互联网互联互通)，则当公有 IPv4 地址池分配完成后，全世界至少有一半的主机已经过渡到 IPv6，越过了 IPv6 的临界点(critical mass)。只要把已经使用的纯 IPv4 地址逐步切换成“IPv4 可译 IPv6 地址”，即可完成过渡。如果历史可以重演，则 IPv6 过渡的两个阶段如图 6.38 所示。

不幸的是，历史无法重演。新一代 IPv6 过渡技术是在全球 IPv4 地址池已经耗尽的情况下发明的。在这种情况下，在 IPv4 地址和 IPv6 地址之间建立一对一的映射关系已经无法大规模实施。因此，需要在 IPv4 地址和 IPv6 地址之间建立一对多的映射关系。与 IPv4 的 NAT 类似，IPv4 地址的复用技术需要使用传输层(TCP、UDP)的端口来标识不同的内部主机。有关地址共享的信息参见 RFC6269[32]。注意：与 IPv4 的 NAT 的区别有以下几点。

(1)绝大多数 IPv4 的 NAT 是有状态的，内网的私有 IPv4 地址加传输层端口与互联网的公有 IPv4 地址加传输层端口的映射关系是由发起会话的过程动态生成的。

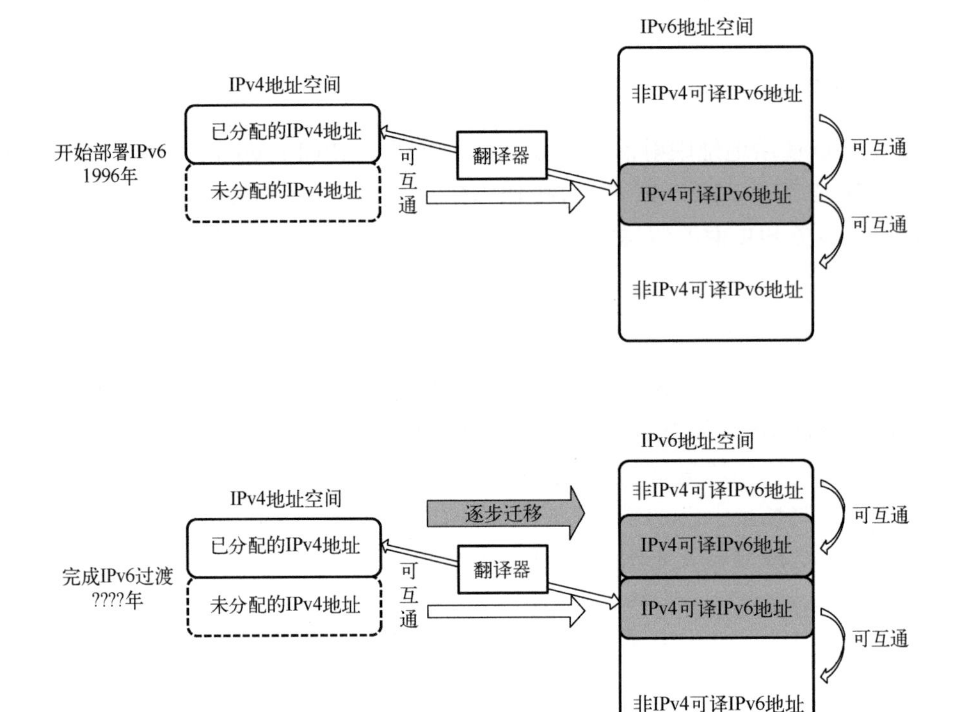

图 6.38　如果历史可以重演，IPv6 过渡的两个阶段

(2) IPv4/IPv6 翻译器可以是无状态的，IPv6 网络的 IPv6 地址加传输层端口与互联网的公有 IPv4 地址加传输层端口的映射可以是基于算法的。

例如，一个公有 IPv4 地址，当转换为“IPv4 可译 IPv6 地址”时，所有的奇数传输层端口给第 1 台 IPv6 主机使用，所有的偶数传输层端口给第 2 台 IPv6 主机使用。这样可以达到复用比为 2 的目的。

根据同样的思路，选用“模算子”，一个复用比为 4 的实例如图 6.39 所示。

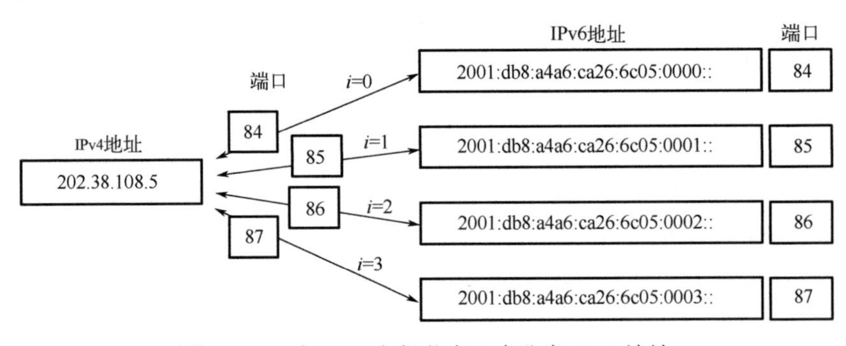

图 6.39　4 个 IPv6 主机共享 1 个公有 IPv4 地址

具体参数如下：

(1) IPv6 前缀：2001:db8:a4a6::/48。

(2) 公有 IPv4 地址：202.38.108.5。

(3) 聚类的“IPv4 可译 IPv6 地址”(无 u-oct)：2001:db8:a4a6:ca26:6c05::/80。

(4) 复用比：4。

(5) 端口编码比特：80～95。

则有以下结论。

(1) 第 1 台 IPv6 主机：2001:db8:a4a6:ca26:6c05:0000::。

可用端口为：0，4，8，12，…，84，…，65532。

(2) 第 2 台 IPv6 主机：2001:db8:a4a6:ca26:6c05:0001::。

可用端口为：1，5，9，13，…，85，…，65533。

第 3 台 IPv6 主机：2001:db8:a4a6:ca26:6c05:0002::。

可用端口为：2，6，10，14，…，84，…，65534。

(3) 第 4 台 IPv6 主机：2001:db8:a4a6:ca26:6c05:0003::。

可用端口为：3，7，11，15，…，84，…，65535。

对应的算法如下：

(1) 给定主机 k，该主机所允许使用的端口 P 的范围是

$$P = RJ + k, \quad j = 0, 2, \cdots, N-1$$

(2) 给定任意端口 P，对应的主机 k 是

$$k = P\%N$$

其中，%为模算符。

注意：① k 为传输层端口集标识符(port set identifier，PSID)，该标识符决定 16 比特的传输层端口号(含 ICMP、ICMPv6 的标识符)和给定主机之间的映射算法；② 如何把 PSID 嵌入 IPv6 地址中是与上述映射算法完全独立的另一个问题。

总之，“IPv4 嵌入 IPv6 地址”的后缀扩展可以用来表示无状态翻译的传输层端口编码，使多个 IPv6 主机共享 IPv4 地址(每个 IPv6 主机使用不同的端口范围)。

6.4.1　端口映射算法

1. 广义模算法的数学表示

传输层端口映射算法的本质是对 TCP 或 UDP(含 ICMP、ICMPv6 标识符)的 16 比特端口号进行编码。从理论上讲，最简单的算法是直接使用 16 比特的端口号，但这并不是一个好方法，因为一个 IP 地址通常使用多个并发的传输层端口。传输层端口映射算法的本质是对于一个 PSID，定义一组传输层端口。

可以设计不同的传输层端口映射算法，但是不同算法会具有不同的优点、缺点和最佳应用场景。由于不同的 PSID 必须具有非重叠的端口范围，存在两种极端情况。

(1) 模运算：对于每个 PSID，可以使用的传输层端口是不连续的，均匀分布在整个端口范围内 (0～65535)。

(2) 商运算：对于每个 PSID，可以使用的传输层端口是连续的，某些在传输层端口的低端，而某些在传输层端口的高端。

“广义模算法”是上述两种算法的统一，可以灵活地满足包括这两种情况的通用场景。

对于给定的共享率 (R：一组 IPv6 地址共享单一 IPv4 地址) 和某个 PSID 可以使用的最大连续端口 (M)，广义模算法定义如下。

(1) 当 PSID (k) 给定时，对应的端口号 (P) 由下式决定：

$$P = RMj + Mk + i$$

其中，k=0～R–1；$j = \frac{\frac{1024}{M}}{R},\cdots,\frac{\frac{65536}{M}}{R}-1$，为端口范围索引，众知端口 (0～1023) 排除在外；$i = 0,1,\cdots,M-1$，为端口连续性索引。

(2) 当端口号 (P) 给定时，PSID (k) 由下式确定：

$$k = \left(\text{floor}\left(\frac{P}{M}\right)\right)\%R$$

其中，%是模运算；floor (arg) 是一个“地板函数”，即返回大于 arg 的最小整数。

如果需要，也可以定义如何编码众知端口范围 (0～1023)。

2. 广义模算法的比特表示

广义模算法不仅可以用公式表示，也可以用比特表示。

广义模算法的比特表示称为“中缀”(infix) 编码算法。给定共享率 ($R = 2^k$) 和最大连续端口数 ($M = 2^m$)，对于任何传输层端口标识 PSID (k)，可用端口 (P) 表示为比特形式，如图 6.40 所示。

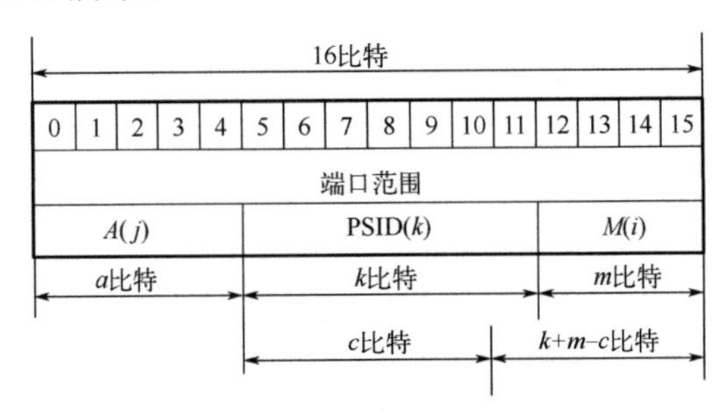

图 6.40　广义模算法的比特表示

其中，j 和 i 是上述端口映射算法中定义的端口范围索引和端口连续性索引。

称为“中缀”编码算法的原因是：PSID 在 16 比特的端口范围内具有固定的位置，换言之，PSID 作为“中缀”嵌入 16 比特端口范围。

(1) 虽然在广义模算法中引入了乘法运算和除法运算，但根据图 6.40，对于任何传输层端口值，可以通过对“中缀”的比特运算获得相应的 PSID。因此，广义模算法没有引入计算复杂性。

(2) 在图 6.40 中，存在 PSID“中缀”长度 (c)，因此 PSID 也具有 CIDR 的聚类特性，即如果恰当地定义格式，当某一个节点需要更大的传输层端口范围时，可以为该节点分配多个 PSID $(c<k)$。

(3) 当 $m=0$ 时，广义模算法退化为“模运算”。当 $a=0$ 时，广义模算法退化为“商运算”。

3. 算法示例

1) 具有固定前缀长度的 PSID 举例

对于 $R=128\,(k=7)$，$M=4\,(m=2)$，如图 6.41 所示。

	端口范围-1	端口范围-2	端口范围-3	……
PSID=0	1024,1025,1026,1027,	1536,1537,1538,1539,	2048	
PSID=1	1028,1029,1030,1031,	1540,1541,1542,1543,	…	
PSID=2	1032,1033,1034,1035,	1544,1545,1546,1547,	…	
PSID=3	1036,1037,1038,1039,	1548,1549,1550,1551,	…	
…				
PSID=127	1532,1533,1534,1535,	2044,2045,2046,2047,	…	

图 6.41　具有固定前缀长度的 PSID

2) 具有可变前缀长度的 PSID

具有不同的前缀长度 (c) 的 PSID，如图 6.42 所示。

主机	PSID 的(比特/长度)表达	端口数量
Host0	000/2	2×8192
Host1	010/3	1×8192
Host2	011/3	1×8192
Host3	100/1	4×8192

图 6.42　具有不同的前缀长度的 PSID

4. 广义模算法的特点

广义模算法具有以下特点。

(1) 除了众知端口范围 (0～1023) 以外，没有浪费传输层端口。

(2) 算法灵活，可以根据共享率 (R)、连续端口范围 (M) 和 PSID 前缀长度 (c)，灵活地使用。

(3) 没有引入算法复杂性。

(4) 允许运营商定义 IPv4 地址共享率，理论值从 1:1 到 1:65536。

(5) 对于不同的翻译器，支持差异化的端口范围部署。

(6) 对于同一个翻译器，支持不同节点使用不同大小的端口范围。

(7) 支持使用不同的算法分配众知端口范围 (0～1023)。

(8) 可以支持需要传输层端口具有连续性的协议，例如实时传输协议 (realtime transport protocol，RTP) /实时传输控制协议 (realtime transport control protocol，RTCP) 均需要使用相邻的传输层端口。

6.4.2　PSID 后缀编码格式

上述的广义模算法给出了传输层端口范围和 PSID 的关系。下面讨论 PSID 后缀编码格式。以“IPv4 嵌入 IPv6 地址”(无 u-oct 格式) 为例，如图 6.26 所示。

后缀编码中涉及广义模算法的两个重要参数：端口复用比 (*R*) 和端口连续性参数 (*M*)。

(1) 端口复用比 (*R*)：根据运营商公有 IPv4 地址的拥有量、对于用户的服务质量保证、安全溯源等需求决定，可以对不同情况进行调整。

(2) 端口连续性参数 (*M*)：根据最佳实践选定，一般不做特殊调整。

在实践中，曾经定义并使用了三种不同的 PSID 后缀编码格式，分别讨论如下。

1. 带复用比标识，定长 PSID 右对齐后缀编码

这是最初定义的无状态传输层端口映射算法的后缀格式，如图 6.43 所示。

*n*比特	32比特	4比特	12比特	128–*n*–32–16比特
0 4 8 12 16 20 24 28	32 36 40 44 48 52 56 60	64	68 72 76	80 84 88 92 96 100 104 108 112 116 120 124
前缀	IPv4(32)	*R*	PSID	0

图 6.43　带复用比标识，定长 PSID 右对齐后缀编码

(1) *R*：4 比特；表示复用比，为 1～4096。

(2) PSID：12 比特；表示端口集标识符。

这种后缀编码称为“带复用比标识，定长 PSID 右对齐”。图 6.44 给出了 PSID 比特、PSID 可取的数值、对应的复用比 (*R*) 和可用的并发端口数。

这种后缀编码的优点如下：

(1) 复用比 (*R*) 在地址中自我描述，直观。

(2) PSID 在地址中符合思维习惯，直观。

表示PSID的比特数	范围	复用比	可用端口数量
0	0000～0000	1	65536
1	1000～1001	2	32768
2	2000～2003	4	16384
3	3000～3007	8	8192
4	4000～400f	16	4096
5	5000～501f	32	2048
6	6000～603f	64	1024
7	7000～707f	128	512
8	8000～80ff	256	256
9	9000～91ff	512	128
10	a000～a3ff	1024	64
11	b000～b7ff	2048	32
12	c000～cfff	4096	16

图 6.44　编码列表(1)

其缺点如下：

(1)最大复用比(*R*)限制为 4096。

(2)PSID 编码含无效数值，不连续。

2. 定长 PSID 右对齐后缀编码

在无状态双重翻译(RFC7599[33])和无状态封装(RFC7597[34])的标准中，无状态传输层端口映射算法定义的后缀格式如图 6.45 所示。

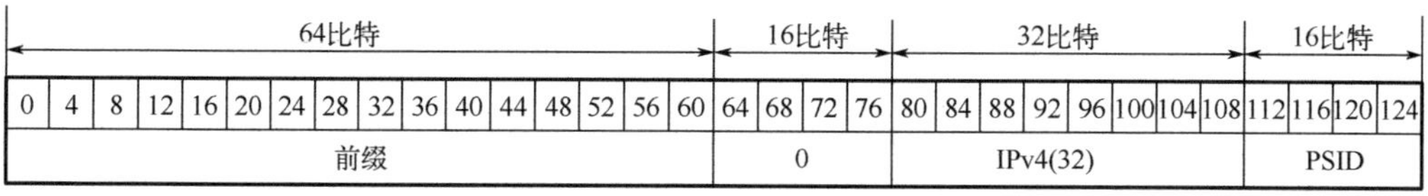

图 6.45　地址右对齐，定长 PSID 右对齐后缀编码

这种后缀编码称为“定长 PSID 右对齐”，图 6.46 给出了 PSID 比特、PSID 可取的数值、对应的复用比(*R*)和可用的并发端口数。

表示PSID的比特数	范围	复用比	可用端口数量
0	0000～0000	1	65536
1	0000～0001	2	32768
2	0000～0003	4	16384
3	0000～0007	8	8192
4	0000～000f	16	4096
5	0000～001f	32	2048
6	0000～003f	64	1024
7	0000～007f	128	512
8	0000～00ff	256	256
9	0000～01ff	512	128
10	0000～03ff	1024	64
11	0000～07ff	2048	32
12	0000～0fff	4096	16
13	0000～1fff	8192	8
14	0000～3fff	16384	4
15	0000～7fff	32768	2
16	0000～ffff	65536	1

图 6.46　编码列表(2)

这种后缀编码的优点如下：

(1) 最大复用比 (R) 可达理论值。

(2) PSID 在地址中符合思维习惯，直观。

其缺点为：PSID 编码含无效数值，不连续。

3. 变长 PSID 左对齐后缀编码

建议无状态传输层端口映射算法定义后缀格式如图 6.47 所示。

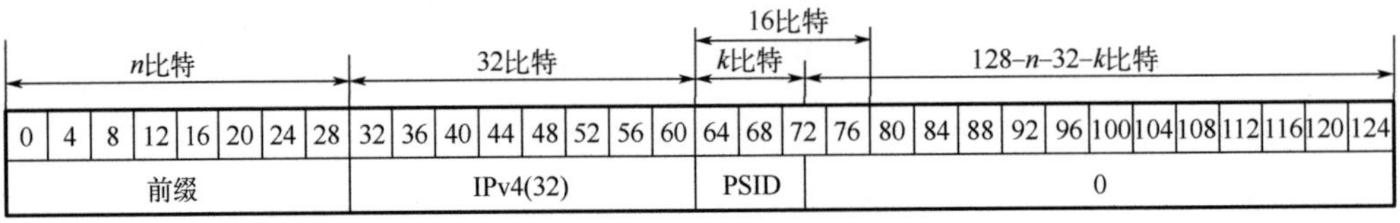

n比特								32比特								16比特 k比特			128−n−32−k比特												
0	4	8	12	16	20	24	28	32	36	40	44	48	52	56	60	64	68	72	76	80	84	88	92	96	100	104	108	112	116	120	124
前缀								IPv4(32)								PSID		0													

图 6.47　变长 PSID 左对齐后缀编码

这种后缀编码称为“变长 PSID 左对齐”，图 6.48 给出了 PSID 比特、PSID 可取的数值、对应的复用比 (R) 和可用的并发端口数。

表示PSID的比特数	范围	复用比	可用端口数量
0	–	1	65536
1	0000, 8000	2	32768
2	0000, 4000, 8000, c000	4	16384
3	0000, 2000, 4000, ⋯, e000	8	8192
4	0000, 1000, 2000, ⋯, f000	16	4096
5	0000, 0800, 1000, ⋯, f800	32	2048
6	0000, 0400, 0800, ⋯, fc00	64	1024
7	0000, 0200, 0400, ⋯, fe00	128	512
8	0000, 0100, 0200, ⋯, ff00	256	256
9	0000, 0080, 0100, ⋯, ff80	512	128
10	0000, 0040, 0080, ⋯, ffc0	1024	64
11	0000, 0020, 0040, ⋯, ffe0	2048	32
12	0000, 0010, 0020, ⋯, fff0	4096	16
13	0000, 0008, 0010, ⋯, fff8	8192	8
14	0000, 0004, 0008, ⋯, fffc	16384	4
15	0000, 0002, 0004, ⋯, fffe	32768	2
16	0000, 0001, 0002, ⋯, ffff	65536	1

图 6.48　编码列表 (3)

这种后缀编码的优点如下：

(1) 最大复用比 (R) 可达理论值。

(2) PSID 编码连续。

(3) 可以把 IPv4 地址用原来表示地址的 32 比特和表示传输层端口的 16 比特进行编码，扩展成最大 48 比特。

其缺点是：PSID 在地址中不直观。

为了适应用户对所需的并发端口数的不同需求，使用“统一地址和端口集标识前缀长度表示”对于灵活运维具有极大的优势。即扩展“IPv4 可译 IPv6 地址”至 48 比特(IPv4 地址 32 比特，端口复用比最大为 16 比特(65536))，则“扩展的 IPv4 可译 IPv6 地址”对应的 IPv4 地址可以表示为 u.v.w.x.y.z/*k* 其中，u.v.w.x 为 IPv4 地址；y、z 为 PSID；*k* 为 CIDR 表示的前缀长度。扩展的 IPv4 CIDR 表如图 6.49 所示。

表示	地址数量/块	块数量	说明/端口数量
n.n.n.n.y.z/48	1/65536	65536*4294967296	1
n.n.n.n.y.z/47	1/32768	32768*4294967296	2
n.n.n.n.y.z/46	1/16384	16384*4294967296	4
n.n.n.n.y.z/45	1/8192	8192*4294967296	8
n.n.n.n.y.z/44	1/4096	4096*4294967296	16
n.n.n.n.y.z/43	1/2048	2048*4294967296	32
n.n.n.n.y.z/42	1/1024	1024*4294967296	64
n.n.n.n.y.z/41	1/512	512*4294967296	128
n.n.n.n.y.z/40	1/256	256*4294967296	256
n.n.n.n.y.z/39	1/128	128*4294967296	512
n.n.n.n.y.z/38	1/64	64*4294967296	1024
n.n.n.n.y.z/37	1/32	32*4294967296	2048
n.n.n.n.y.z/36	1/16	16*4294967296	4096
n.n.n.n.y.z/35	1/8	8*4294967296	8192
n.n.n.n.y.z/34	1/8	4*4294967296	16384
n.n.n.n.y.z/33	1/2	2*4294967296	32786
n.n.n.n.y.z/32	1	1*4294967296	65536
n.n.n.n/32	1	4294967296	主机
n.n.n.x/31	2	2147483648	点对点链路
n.n.n.x/30	4	1073741824	
n.n.n.x/29	8	536870912	
n.n.n.x/28	16	268435456	
n.n.n.x/27	32	134217728	
n.n.n.x/26	64	67108864	
n.n.n.x/25	128	33554432	
n.n.n.0/24	256	16777216	C类地址
n.n.x.0/23	512	8388608	
n.n.x.0/22	1024	4194304	
n.n.x.0/21	2048	2097152	
n.n.x.0/20	4096	1048576	
n.n.x.0/19	8192	524288	
n.n.x.0/18	16384	262144	
n.n.x.0/17	32768	131072	
n.n.0.0/16	65536	65536	B类地址
n.x.0.0/15	131072	32768	
n.x.0.0/14	262144	16384	
n.x.0.0/13	524288	8192	
n.x.0.0/12	1048576	4096	
n.x.0.0/11	2097152	2048	
n.x.0.0/10	4194304	1024	
n.x.0.0/9	8388608	512	
n.0.0.0/8	16777216	256	A类地址
x.0.0.0/7	33554432	128	
x.0.0.0/6	67108864	64	
x.0.0.0/5	134217728	32	
x.0.0.0/4	268435456	16	
x.0.0.0/3	536870912	8	
x.0.0.0/2	1073741824	4	
x.0.0.0/1	2147483648	2	
0.0.0.0/0	4294967296	1	默认路由

图 6.49　扩展的 IPv4 CIDR 表

直接把对应的“IPv4 可译 IPv6 地址”嵌入 IPv6 前缀中，即可形成地址左对齐，变长 PSID 左对齐后缀编码。

下面是几个案例。

案例 1：IPv6 前缀为 2001:da8:ff00::/40，公有 IPv4 地址为 1.2.3.0/24，复用比为 R=1，则地址格式和可用端口数量如图 6.50 所示。

地址序号	IPv4前缀	IPv6前缀	端口数量
	1.2.3.0/24	2001:da8:ff01:0203::/64	
0	1.2.3.0/24	2001:da8:ff01:0203:0000::/64	65536
1	1.2.3.1/24	2001:da8:ff01:0203:0100::/64	65536
2	1.2.3.2/24	2001:da8:ff01:0203:0200::/64	65536
……			
255	1.2.3.255/24	2001:da8:ff01:0203:ff00::/64	65536

图 6.50　R=1

案例 2：IPv6 前缀为 2001:da8:ff00::/40，公有 IPv4 地址为 1.2.4.2/32，复用比为 R=256，则地址格式和可用端口数量如图 6.51 所示。

PSID	1.2.4.2.0.0/40	2001:da8:ff01:0204:0200:0000::/80	端口数量
0	1.2.4.2.0.0/40	2001:da8:ff01:0204:0200:0000::/80	256
1	1.2.4.2.1.0/40	2001:da8:ff01:0204:0200:0100::/80	256
2	1.2.4.2.2.0/40	2001:da8:ff01:0204:0200:0200::/80	256
	......		
255	1.2.4.2.255.0/40	2001:da8:ff01:0204:0200:ff00::/80	256

图 6.51　R=256

案例 3：IPv6 前缀为 2001:da8:ff00::/40，公有 IPv4 地址为 1.2.4.3/32，复用比为 R=2048，则地址格式和可用端口数量如图 6.52 所示。

PSID	1.2.4.3.0.0/43	2001:da8:ff01:0204:0300:0000::/83	端口数量
0	1.2.4.3.0.0/43	2001:da8:ff01:0204:0300:0000::/83	32
1	1.2.4.3.8.0/43	2001:da8:ff01:0204:0300:0800::/83	32
2	1.2.4.3.16.0/43	2001:da8:ff01:0204:0300:1000::/83	32
	......		
2047	1.2.4.3.255.248/43	2001:da8:ff01:0204:03ff:f800::/83	32

图 6.52　R=2048

案例 4：参数同案例 2，IPv6 前缀为 2001:da8:ff00::/40，公有 IPv4 地址为 1.2.4.3/32，复用比为 R=2048，但把 PSID=0 和 1 合并成(0+1)，则地址格式和可用端口数量如图 6.53 所示。

PSID	1.2.4.3.0.0/43	2001:da8:ff01:0204:0300:0000::/83	端口数量
(0+1)	1.2.4.3.0.0/42	2001:da8:ff01:0204:0300:0000::/82	64
2	1.2.4.3.16.0/43	2001:da8:ff01:0204:0300:1000::/83	32
	......		
2047	1.2.4.3.255.248/43	2001:da8:ff01:0204:03ff:f800::/83	32

图 6.53　R=2048，合并

案例 5：参数同案例 2，IPv6 前缀为 2001:da8:ff00::/40，公有 IPv4 地址为

1.2.4.3/32，复用比为 R=2048，但把 PSID=0 拆分成 00 和 01，则地址格式和可用端口数量如图 6.54 所示。

```
PSID 1.2.4.3.0.0/43        2001:da8:ff01:0204:0300:0000::/83        端口数量
--------------------------------------------------------------------
  00 1.2.4.3.0.0/44        2001:da8:ff01:0204:0300:0000::/83          16
  01 1.2.4.3.0.0/44        2001:da8:ff01:0204:0300:0400::/83          16
  1  1.2.4.3.8.0/43        2001:da8:ff01:0204:0300:0800::/83          32
  2  1.2.4.3.16.0/43       2001:da8:ff01:0204:0300:1000::/83          32
     ......
2047 1.2.4.3.255.248/43    2001:da8:ff01:0204:03ff:f800::/83          32
```

图 6.54　R=2048，拆分

6.4.3　EA-bits 前缀编码格式

下面考虑一个新的问题：为无状态共享公有 IPv4 地址的用户分配不同的 IPv6 前缀，即不仅需要把 IPv4 地址和 PSID 编码到 IPv6 的后缀中，也需要把 IPv4 地址和 PSID 编码到 IPv6 前缀中，这类编码用于 MAP-T(RFC7599[33])和 MAP-E(RFC7597[34])。

从理论上讲，可以把后缀的编码方式应用到 IPv6 前缀编码中，但在实际实施中，会遇到 IPv6 前缀比特数不够的问题。因为 IPv4 地址和 PSID 的最大长度可能会达到 48 比特，如果保留 IPv6 接口标识符的标准 64 比特，则符合条件的更大的前缀是 IPv6/16。显然为各个运营商分配 IPv6/16 是不现实的。

从另一个角度看，仅仅把 PSID 编码到 IPv6 前缀编码中也不能满足需求，因为对一个运营商的服务域，通常不会只共享一个公有 IPv4 地址，而是共享一段采用 CIDR 形式表示的公有 IPv4 地址池。因此，仅仅把 PSID 编码到 IPv6 前缀中无法区别该地址池中不同的公有 IPv4 地址。

综合考虑，定义“嵌入地址比特(EA-bits)”为：变长，标识 IPv4 前缀的子网部分(subnet)和 PSID。

1. EA-bits 映射算法

EA-bits 字段对应特定的 IPv4 地址池和端口信息，具有以下特性。

(1)EA-bits 字段对于给定的 IPv6 前缀是唯一的，包含完整或部分 IPv4 地址，在共享 IPv4 地址的情况下，还包含 PSID。

(2)IPv6 前缀长度加 EA-bits 长度必须小于或等于分配给最终用户的 IPv6 前缀长度。

(3)如果只是 IPv4 的一部分地址/前缀由 EA-bits 编码，则完整的 IPv4 地址/前缀必须通过其他方式配置。

图 6.55 表示含 EA-bits 的完整 IPv6 地址的结构。

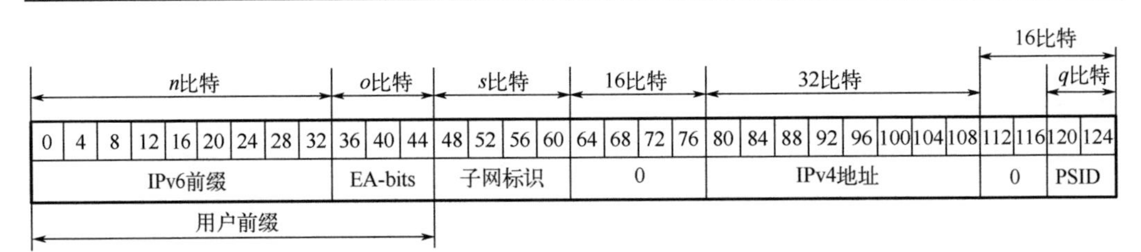

图 6.55　含 EA-bits 的 IPv6 地址格式

(1) r 为 IPv4 前缀长度(图 6.55 中不包括)。

(2) o 为 EA-bits 字段长度。

(3) p 为 EA-bits 中包含的 IPv4 后缀长度。

IPv6 地址中 EA-bits 字段的偏移量等于 IPv6 前缀长度(图 6.55 中包含在 0 比特中)。

EA-bits 字段(o)的长度可以为 0～48：①长度为 48 表示完整的 IPv4 地址和端口嵌入在最终用户 IPv6 前缀中(分配单个端口)；②长度为 0 表示 IPv4 地址或端口的任何部分都不是嵌入地址。

(1) $o+r<32$：分配 IPv4 前缀，如图 6.56 所示。

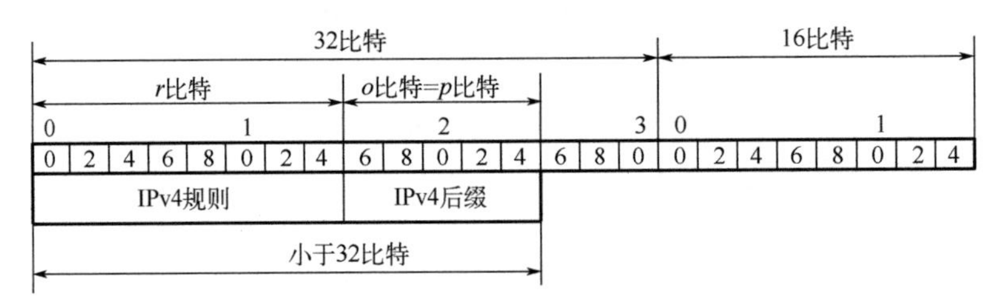

图 6.56　包含 IPv4 前缀($o+r<32$)

(2) $o+r=32$：分配完整的 IPv4 地址，如图 6.57 所示。

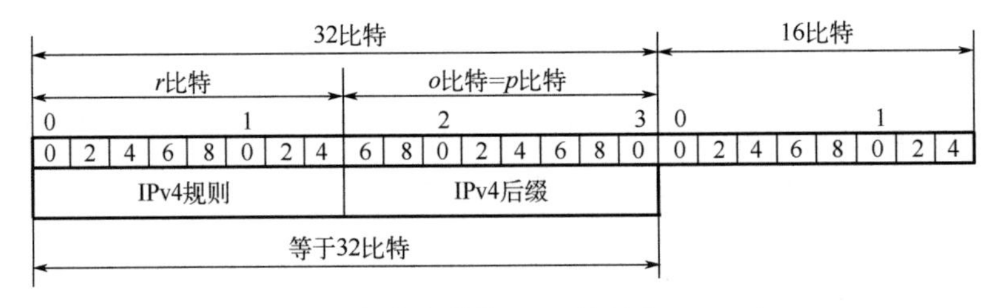

图 6.57　包含完整的 IPv4 地址($o+r=32$)

(3) $o+r>32$：分配共享的 IPv4 地址，如图 6.58 所示。

在分配共享的 IPv4 地址的情况下，由 32 比特 IPv4 地址和 16 比特端口号构造 EA-bits，如图 6.59 所示。

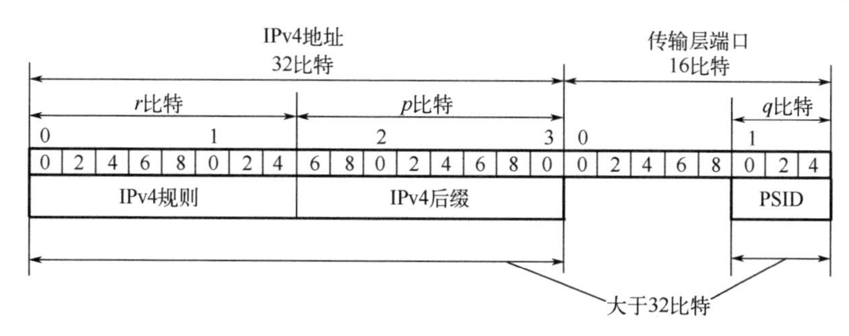

图 6.58　包含共享的 IPv4 地址($o + r > 32$)

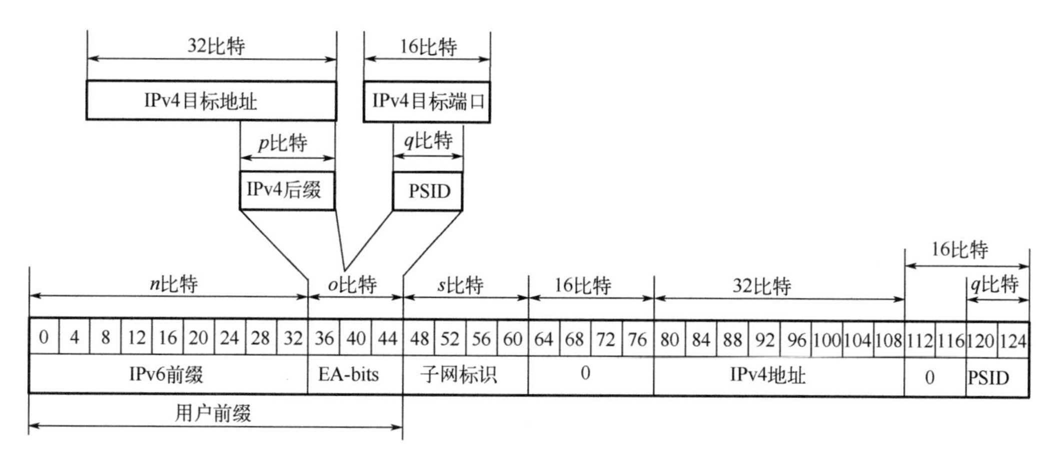

图 6.59　IPv6 地址的推导

EA-bits 由部分 IPv4 地址和 PSID 构成。

2. 含 EA-bits 的 IPv6 地址构造案例

下面是一个含 EA-bits 的 IPv6 地址的案例。

分配给最终用户的 IPv6 前缀为：2001:db8:0012:3400::/56。

运营商定义基本映射规则：{2001:db8:0000::/40(IPv6 前缀)，192.0.2.0/24(IPv4 前缀)，256(IPv4 地址共享率)，16(EA-bits 长度)}。

基于上述条件，可以计算出 PSID 偏移为 6(默认)；从而可以确定 IPv4 地址和端口集，如下所示：

EA-bits 偏移：40。

IPv4 后缀比特(p)：IPv4 地址长度(32) – IPv4 前缀长度(24) = 8。

IPv4 地址：192.0.2.18(0xc0000212)。

PSID 起始比特：$40 + p = 40 + 8 = 48$。

PSID 长度：$o - p = (56 - 40) - 8 = 8$。

PSID：0x34。

可用端口(63 个区域)：1232–1235，2256–2259，⋯，63696–63699，64720–64723。

最后得到 IPv6 地址：2001:db8:0012:3400:0000:c000:0212:0034。

IPv6 地址范围如表 6.14 所示。

表 6.14　IPv6 地址范围

序列	IPv4 地址	PSID	IPv6 地址
1	192.0.2.0	0	2001:db8:0000:3400:0000:c000:0200:0000
2	192.0.2.0	1	2001:db8:0000:3400:0000:c000:0200:0001
3	192.0.2.0	2	2001:db8:0000:3400:0000:c000:0200:0002
...	192.0.2.0	...	...
256	192.0.2.0	255	2001:db8:0001:3400:0000:c000:0200:00ff
257	192.0.2.1	0	2001:db8:0001:3400:0000:c000:0201:0000
258	192.0.2.1	1	2001:db8:0001:3400:0000:c000:0201:0001
259	192.0.2.1	2	2001:db8:0001:3400:0000:c000:0201:0002
...	192.0.2.1	...	...
512	192.0.2.1	255	2001:db8:0001:3400:0000:c000:0201:00ff
513	192.0.2.2	255	2001:db8:0002:3400:0000:c000:0202:0000
514	192.0.2.2	0	2001:db8:0002:3400:0000:c000:0202:0001
515	192.0.2.2	1	2001:db8:0002:3400:0000:c000:0202:0002
516	192.0.2.2	2	2001:db8:0002:3400:0000:c000:0202:0003
...	192.0.2.2	...	...
768	192.0.2.2	255	2001:db8:0002:3400:0000:c000:0202:00ff
...	...	...	...
65280	192.0.2.255	255	2001:db8:00ff:0000:0000:c000:02ff:0000
65281	192.0.2.255	0	2001:db8:00ff:0100:0000:c000:02ff:0001
65282	192.0.2.255	1	2001:db8:00ff:0200:0000:c000:02ff:0002
65283	192.0.2.255	2	2001:db8:00ff:0300:0000:c000:02ff:0003
...	192.0.2.255	...	...
65536	192.0.2.255	255	2001:db8:00ff:ff00:0000:c000:02ff:00ff

6.4.4　将扩展的“IPv4 可译 IPv6 地址”映射到 RFC1918 空间

通过前述 IPv4 公有地址的共享算法，IPv4 公有地址和 PSID 可以映射到扩展的“IPv4 可译 IPv6 地址”。进一步考虑，公有 IPv4 地址和 PSID 也可以部分地映射到私有 IPv4 地址空间(RFC1918[6]地址空间)。在这种情况下，一个公有 IPv4 地址基于算法可以映射到若干个私有 IPv4 地址，供 IPv4 节点使用。换言之，其外特性与 IPv4 NAT 类似，但其映射算法是无状态的，具有无状态的可扩展性、可溯源性和安全性。

上述案例 3 用私有 IPv4 地址 10.0.0.0/8 表示，第一段保留 10，第二段替换为公有 IPv4 地址 1.2.4.3 的第四段，私有 IPv4 地址的第三段和第四段即 10.3.PS.ID/16，如图 6.60 所示。

	1.2.4.3.0.0/43	10.3.0.0/27	端口数量
0	1.2.4.3.0.0/43	10.3.0.0/27	32
1	1.2.4.3.0.8/43	10.3.0.8/27	32
2	1.2.4.3.0.16/43	10.3.0.16/27	32
	……		
2047	1.2.4.3.255.248/43	10.3.255.248/27	32

图 6.60　R=2048，用 10.0.0.0/8 表示

6.5　显式地址映射扩展

6.5.1　显式地址映射

除了 RFC6052[11]定义的无状态 IPv4 和 IPv6 映射算法之外，RFC7757[35]定义了另一种无状态映射算法，称为显式地址映射扩展。

RFC7757 定义了显式地址映射(explicit address mapping translation，EAMT)，每行代表一个显式地址映射(explicit address mapping，EAM)。每个映射定义 IPv4 和 IPv6 前缀/地址的关系。

EAMT 包含以下列。

(1) IPv4 前缀。

(2) IPv6 前缀。

EAMT 还可以包括其他列，以支持未来的扩展。

在整个文件中，代表 EAMT 的数字包含一个索引列，使用“#”作为标题。这个列不是标准的必要部分，而仅为了方便阅读。

EAM 由 IPv4 前缀和 IPv6 前缀组成。前缀长度可以省略，在这种情况下必须假设 IPv4 的前缀长度为 32，IPv6 的前缀长度为 128。图 6.61 说明了 EAMT 包含有效 EAM 的示例。

#	IPv4前缀	IPv6前缀
1	192.0.2.1	2001:db8:aaaa::
2	192.0.2.2/32	2001:db8:bbbb::b/128
3	192.0.2.16/28	2001:db8:cccc::/124
4	192.0.2.128/26	2001:db8:dddd::/64
5	192.0.2.192/29	2001:db8:eeee:8::/62
6	192.0.2.224/31	64:ff9b::/127

图 6.61　EAMT 示例

当使用显式地址映射时，需注意以下情况。

(1) EAM 的 IPv4 前缀长度值必须使其后缀长度等于或小于对应的 IPv6 前缀产生的后缀值。

(2) 除非另有规定，否则无状态翻译必须映射数据报文中包括的每个 IP 报头中的地址(包括 ICMP 错误消息中的任何 IP 报头)。

(3) 当 IP/ICMP 数据报文中的字段是根据 EAM 算法翻译得到时，即使在“众知前缀”64:ff9b::/96 的情况下，也不能假定与校验和无关。

(4) 指定的算法依赖于查找 EAMT，以便找到与需要翻译地址匹配的最长前缀。网络运行者应该注意到如果在 EAMT 中配置重叠的或重复的 IPv4 或 IPv6 前缀，可能产生从 IPv4 到 IPv6 翻译和从 IPv6 到 IPv6 翻译的非对称性。在一些情况下，这会使双向通信失败。

6.5.2 IP 地址转换流程

IPv4 地址和 IPv6 地址之间的 EAMT 无状态映射实现方式如下。

1. 从 IPv4 到 IPv6

(1) 在 EAMT 中的 IPv4 前缀条目中搜索与需要映射的 IPv4 地址最长匹配的显式地址，然后映射成 IPv4(EAM4)条目。

(2) 如果未找到匹配的 EAM4 条目，则中止搜索算法。之后的映射算法使用 RFC7915[36]定义的标准决定。

(3) 从需要映射的 IPv4 地址中删除 EAM4 的前缀比特，IPv4 地址的剩余后缀比特存储在临时缓冲区中。

(4) EAM6 的前缀比特置于临时缓冲区的高比特。

(5) 如果此时临时缓冲区未充满 128 比特，其剩余部分填充 0，总长度为 128 比特。

(6) 临时缓冲区的内容是已映射的 IPv6 地址。

2. 从 IPv6 到 IPv4

IPv4 前缀映射条目和 IPv6 前缀映射条目分别定义为 EAM4 和 EAM6。

(1) 搜索 EAMT 的 IPv6 前缀列，以查找 EAM 条目共享 IPv6 地址最长的公共前缀翻译。

(2) 如果未找到匹配的 EAM6 条目，则中止 EAM 算法。之后的映射算法使用 RFC7915[36]定义的标准决定。

(3) 从需要映射的 IPv6 地址中删除 EAM6 的前缀比特。IPv6 地址中的后缀比特存储在临时缓冲区中。

(4) EAM4 的前缀比特置于临时缓冲区的高比特。

(5) 如果此时临时缓冲区不为 32 比特，则丢弃后续比特，使缓冲区减少到 32 比特长度。

(6) 临时缓冲区的内容是已映射的 IPv4 地址。

6.5.3 IPv6 流量发夹

在实际部署的场景中可能存在着两个都被 EAM 覆盖的 IPv6 节点试图通过无状态翻译器进行通信，而不是直接使用本机 IPv6 的情况。因此，显式地址映射和 RFC6052[11]的映射规则比起来不够优雅，需要 IPv6 流量发夹 (IPv6 traffic hairpin) 的支持。下面是一个例子。

假设无状态翻译器配置映射前缀 64:ff9b::/96 (根据 RFC6052[11]) 和上述映射表 (EAMT)，IPv6 节点 2001:db8:aaaa::发送 IPv6 数据报文到 64:ff9b::192.0.2.2，到达无状态翻译器后，翻译成 IPv4 数据报文，其源地址为 192.0.2.1，目标地址为 192.0.2.2。由于此目标地址也存在于映射表 (EAMT) 中。因此 IPv4 数据报文重新翻译成 IPv6 数据报文，其源地址为 2001:db8:aaaa::，目标地址为 2001:db8:bbbb::b。

虽然这个数据报文能够到达目标节点，但在节点 2001:db8:bbbb::b 响应时，其源地址为 2001:db8:bbbb::b，目标地址为 2001:db8:aaaa::，在这种情况下，数据报文将直达 2001:db8:aaaa::，而不会返回无状态翻译器。但是，返回报文的源地址是 2001:db8:bbbb::b，而不是发起报文的 64:ff9b::192.0.2.2，因而 2001:db8:aaaa::会丢弃返回报文，从而使双向通信失败。

这个问题可以用 IPv6 流量发夹解决。因此，支持显式地址映射扩展的无状态翻译器应该支持 IPv6 流量发夹。

1. *简单发夹*

启用简单发夹功能时，翻译器在从 IPv4 翻译为 IPv6 时采用以下规则。

(1) 如果数据报文不是 ICMPv4 错误消息：EAM 算法不得用于映射 IPv4 报头中的源地址。

(2) 如果数据报文是 ICMPv4 错误消息：EAM 算法绝不可以用来映射内嵌 IPv4 报头中的目标地址。

(3) 如果数据报文是 ICMPv4 错误消息，该外部 IPv4 源地址等于其内嵌 IPv4 目标地址：EAM 算法不能用于映射外部 IPv4 报头的源地址。

规则 (2) 和 (3) 是叠加的。

有问题的地址必须按照 RFC7915[36]进行处理，如同没有匹配任何 EAM。

2. *内在发夹*

启用内在发夹功能时，翻译器将 IPv6 数据报文翻译为 IPv4 报文之后，采用以下规则处理：如果以下两组中的任何一组中的所有条件都为真，那么数据报文需要进行发夹处理。该发夹处理必须立即实施(即在将其转发到 IPv4 网络之前实施)，重新翻译数据报文至 IPv6。在第二次翻译过程中，不更新“跳数”字段。

1) 条件集 A

(1) 数据报文不是 ICMPv4 错误消息。

(2) 目标地址是使用 RFC6052[11]算法转换的。

(3) 目标地址可在 EAMT 中找到。

2) 条件集 B

(1) 数据报文是 ICMPv4 错误消息。

(2) 内嵌源地址使用 RFC6052[11]算法。

(3) 内嵌源地址可在 EAMT 中找到。

6.6　组播地址映射

从原理上讲，无状态翻译技术不仅能够用于单播数据报文，也可以用于组播数据报文。组播的数据报文处理涉及三个部分。

(1) 数据报头翻译：与单播一致，用本书介绍的基于 RFC7915[36]的算法处理。

(2) 组播特殊协议的处理。

①互联网传统的组播协议为与协议无关组播-稀疏模式(protocol independent multicast-sparse mode，PIM-SM)，在 IPv4/IPv6 翻译器的两侧需要支持 PIM-SM 协议在翻译器中的穿透。此外，IPv6 中的源地址必须是“IPv4 可译 IPv6 地址”才能执行 PIM，因为 PIM-SM 要求支持反向路径转发(reverse path forwarding，RPF)。

②组播包括任意源组播(any source multicast，ASM)和特定源组播(source specific multicast，SSM)。其中 ASM 更加复杂，特别是在跨域的情况下，对于 IPv4 ASM 需要使用组播源发现协议(multicast source discovery protocol，MSDP)，对于 IPv6 ASM 需要使用嵌入汇集点(embedded rendezvous point，embedded-RP)等处理技术。因此，IPv4/IPv6 翻译器更适合处理 SSM。

③主机加入某一个“组播组”的协议对于 IPv4 为 IGMP，对于 IPv6 为组播侦听发现(multicast listener discover，MLD)，这两个协议一般用于子网内，因此不需要翻译。

(3) IPv4 和 IPv6 组播地址的翻译，如上所述，仅考虑 SSM 地址的翻译。IPv4 SSM 将有 2^{24} 个组地址。相应地可以定义 IPv6 PIM-SM 的 SSM 组地址(PIM-SSM)(RFC5771[37]、RFC3569[38]、RFC4607[39])，如图 6.62 所示。

IPv4组地址	IPv6组地址
232.0.0.0/8 232.255.255.255/8	ff3e:0:0:0:0:0:f000:0000/96 ff3e:0:0:0:0:0:f0ff:ffff/96

图 6.62　SSM 组播组地址映射

6.7 本 章 小 结

地址(寻址)是互联网最核心的组件。本章详细分析比较了 IPv4 和 IPv6 的地址结构，在此基础上给出了 IPv4 地址和 IPv6 地址之间的无状态映射算法。具体包括以下几点。

(1)“IPv4 嵌入 IPv6 地址”格式。

(2)广义模算法。

(3)IPv6 地址后缀编码。

(4)IPv6 地址前缀编码。

参 考 文 献

[1] Postel J. RFC791: Internet protocol. IETF 1981-09.

[2] Fuller V, Li T, Yu J, et al. RFC1338: Supernetting: An address assignment and aggregation strategy. IETF 1992-06.

[3] Rekhter Y, Li T. RFC1518：An architccture for IP address allocation with CIDR. IETF 1993-09.

[4] Fuller V, Li T, Yu J, et al. RFC1519: Classless inter-domain routing（CIDR）: An address assignment and aggregation strategy. IETF 1993-09.

[5] Fuller V, Li T. RFC4632: Classless inter-domain routing（CIDR）: The internet address assignment and aggregation. IETF 2006-08.

[6] Rekhter Y, Moskowitz B, Karrenberg D, et al. RFC1918: Address allocation for private internets. IETF 1996-02.

[7] Jiang S, Guo D, Carpenter B. RFC6264：An incremental carrier-grade NAT（CGN）for IPv6 transition. IETF 2011-06.

[8] Weil J, Kuarsingh V, Donley C, et al. RFC6598: IANA-reserved IPv4 prefix for shared address space. IETF 2012-04.

[9] Abley J, Maton W. RFC6304：AS112 nameserver operations. IETF 2011-07.

[10] Hinden R, Deering S. RFC4291: IP version 6 addressing architecture. IETF 2006-02.

[11] Bao C, Huitema C, Bagnulo M, et al. RFC6052: IPv6 addressing of IPv4/IPv6 translators. IETF 2010-10.

[12] Hinden R, Deering S. RFC3513: Internet protocol version 6（IPv6）addressing architecture. IETF 2003-04.

[13] Haberman B, Thaler D. RFC3306：Unicast-prefix-based IPv6 multicast addresses. IETF 2002-08.

[14] Savola P, Haberman B. RFC3956: Embedding the rendezvous point（RP）address in an IPv6 multicast address. IETF 2004-11.

[15] Boucadair M, Venaas S. RFC7371: Updates to the IPv6 multicast addressing architecture. IETF 2014-09.

[16] Droms R. RFC7346: IPv6 multicast address scopes. IETF 2014-08.

[17] Park J, Shin M, Kim H. RFC4489: A method for generating link-scoped IPv6 multicast addresses. IETF 2006-04.

[18] Carpenter B, Jiang S. RFC7136: Significance of IPv6 interface identifiers. IETF 2014-02.

[19] Narten T, Draves R. RFC3041：Privacy extensions for stateless address autoconfiguration in IPv6. IETF 2001-01.

[20] Narten T, Draves R, Krishnan S. RFC4941: Privacy extensions for stateless address autoconfiguration in IPv6. IETF 2007-09.

[21] Gont F, Krishnan S, Narten T, et al. RFC8981: Temporary address extensions for stateless address autoconfiguration in IPv6. IETF 2021-02.

[22] Gont F, Cooper A, Thaler D, et al. RFC8064: Recommendation on stable IPv6 interface identifiers. IETF 2017-02.

[23] Savolainen T, Korhonen J, Wing D. RFC7050: Discovery of the IPv6 prefix used for IPv6 address synthesis. IETF 2013-11.

[24] Hinden R, Haberman B. RFC4193: Unique local IPv6 unicast addresses. IETF 2005-10.

[25] Li X, Bao C, Chen M, et al. RFC6219: The China Education and Research Network（CERNET）IVI translation design and deployment for the IPv4/IPv6 coexistence and transition. IETF 2011-05.

[26] Nordmark E. RFC2765： Stateless IP/ICMP translation algorithm（SIIT）. IETF 2000-02.

[27] Anderson T. RFC8215: Local-use IPv4/IPv6 translation prefix. IETF 2017-08.

[28] Huston G, Lord A, Smith P. RFC3849: IPv6 address prefix reserved for documentation. IETF 2004-07.

[29] Cotton M, Vegoda L. RFC5735： Special use IPv4 addresses. IETF 2010-01.

[30] Kawamura S, Kawashima M. RFC5952: A recommendation for IPv6 address text representation. IETF 2010-08.

[31] Rekhter Y, Li T, Hares S. RFC4271： A border gateway protocol 4（BGP-4）. IETF 2006-01.

[32] Ford M, Boucadair M, Durand A, et al. RFC6269: Issues with IP address sharing. IETF 2011-06.

[33] Li X, Bao C, Dec W, et al. RFC7599: Mapping of address and port using translation（MAP-T）. IETF 2015-07.

[34] Troan O, Dec W, Li X, et al. RFC7597: Mapping of address and port with encapsulation（MAP-E）. IETF 2015-07.

[35] Anderson T, Popper A. RFC7757: Explicit address mappings for stateless IP/ICMP translation. IETF 2016-02.

[36] Bao C, Li X, Baker F, et al. RFC7915: IP/ICMP translation algorithm. IETF 2016-06.

[37] Cotton M, Vegoda L, Meyer D. RFC5771: IANA guidelines for IPv4 multicast address assignments. IETF 2010-03.

[38] Bhattacharyya S. RFC3569: An overview of source-specific multicast（SSM）. IETF 2003-07.

[39] Holbrook H B, Cain B. RFC4607: Source-specific multicast for IP. IETF 2006-08.

第 7 章　域名支撑技术

互联网应用程序通过 DNS 来进行寻址，是将域名和 IP 地址相互映射的分布式数据库，可以使人们通过“名称”而不是“IP 地址”更方便地访问互联网。域名和 IPv4 地址之间的关系用 A 记录表示，域名和 IPv6 地址之间的关系用 AAAA 记录表示。因此，当部署 IPv4/IPv6 翻译器时，需要使用 DNS64 进行 A 记录到 AAAA 记录的映射，使用 DNS46 进行 AAAA 记录到 A 记录的映射，如图 7.1 所示。

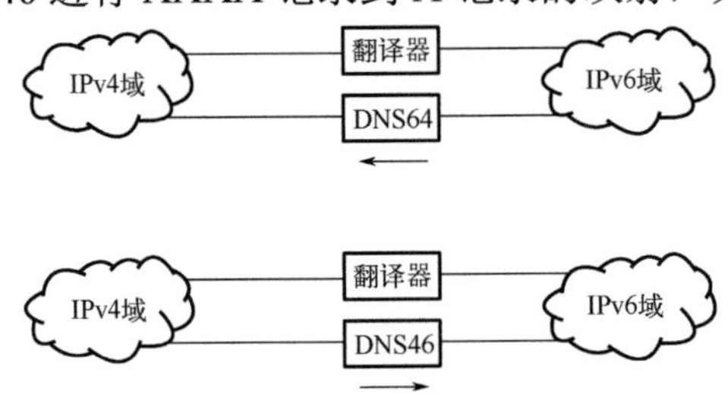

图 7.1　DNS64 和 DNS46 的应用场景

如果 DNS64 或 DNS46 的功能是用于本管理域的服务器，则一般在“域名权威服务器”上实施。如果 DNS64 或 DNS46 的功能是使客户机访问互联网，则必须在“域名解析服务器”上实施。权威服务器一般是使用基于算法的静态配置，而域名解析服务器是基于算法的动态映射。

根据 DNS 服务实现的是 IPv4 访问 IPv6 或 IPv6 访问 IPv4，同时考虑到 DNS 服务是基于权威服务器的还是解析服务器的，可以得到 4 种场景及解决方案，如图 7.2 所示。

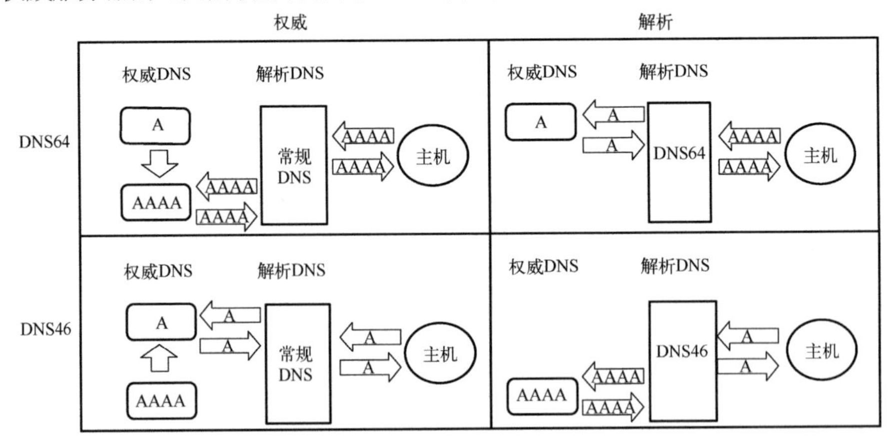

图 7.2　DNS64 和 DNS46 与权威服务器和解析服务器的关系

7.1　DNS64

7.1.1　DNS64 简介

DNS64 由 RFC6147[1]定义，是一种由 A 资源记录(resource records，RR)合成 AAAA 记录的机制。由 DNS64 创建的 AAAA 记录使用与 A 记录相同的名称，但映射为 IPv6 地址而不是 IPv4 地址。该 IPv6 地址是 DNS64 根据域名权威服务器的 A 记录，使用地址映射算法合成的。换言之，DNS64 根据域名的 A 记录，使用地址映射算法合成“IPv4 转换 IPv6 地址”或“IPv4 可译 IPv6 地址”，返还给用户。

DNS64 与 IPv4/IPv6 翻译器一起，使纯 IPv6 客户端基于服务器的完全限定域名(fully qualified domain name，FQDN)与纯 IPv4 服务器通信。这些机制在 IPv6 过渡与 IPv4 共存中发挥重要作用。由于 IPv4 地址耗尽，许多纯 IPv6 客户机需要与 IPv4 服务器进行通信。在配置有 IPv4/IPv6 翻译器的纯 IPv6 网络中，当 IPv6 客户机发起对 IPv4 服务器的访问时，需要 DNS64。

DNS64 用于由 A 记录(IPv4 地址)合成 AAAA 记录(IPv6 地址)。DNS64 首先尝试请求 AAAA 记录。如果对于目标节点没有发现 AAAA 记录，则 DNS64 执行 A 记录查询。对每个 A 记录，合成对应的 AAAA 记录。

DNS64 的配置需要有 IPv6 前缀的信息。IPv4/IPv6 翻译器和 DNS64 必须配置相同的 IPv6 前缀。该前缀是通过 IPv4 地址(A 记录)生成“IPv4 转换 IPv6 地址”(AAAA 记录)所必需的。该 IPv6 前缀表示为：Pref64::/*n*。

RFC6052[2]定义了 Pref64::/*n* 前缀及其使用场景，有两种类型的前缀。

(1)众知前缀 64:ff9b::/96。

(2)运营商前缀(network service provider prefix，NSP)。

这两种前缀的主要区别在于：NSP 是运营商自己分配的前缀，既可以表示“IPv4 可译 IPv6 地址”，也可以表示“IPv4 转换 IPv6 地址”，完全可控。而众知前缀是一个默认前缀，仅用于表示“IPv4 转换 IPv6 地址”。

DNS64 功能可以在以下三个地方执行。

(1)第一种选择是将 DNS64 功能定位于域名权威服务器。

①在这种情况下，域名权威服务器由 A 记录静态合成 AAAA 记录(IPv4 转换 IPv6 地址)。

②这种情况一般用于本书第 4 章中的基本应用场景 3“IPv6 互联网(客户机)发起对 IPv4 网络(服务器)的访问”，也可以用于场景 5“IPv6 网络(客户机)发起对 IPv4 网络(服务器)的访问”。

③在这种情况下，IPv4/IPv6 翻译器和 DNS64 部署在 IPv4 网络的边界。

(2) 第二种选择是将 DNS64 功能定位于域名解析服务器。

①在这种情况下，域名解析服务器动态合成 AAAA 记录。当某个 IPv6 主机向域名解析服务器查询域名时，如果该域名只有 A 记录，没有 AAAA 记录，则 DNS64 根据查询到的 A 记录，动态合成“IPv4 转换 IPv6 地址”。

②这种情况一般用于本书第 4 章中的基本应用场景 1“IPv6 网络(客户机)发起对 IPv4 互联网(服务器)的访问”，也可以用于场景 5“IPv6 网络(客户机)发起对 IPv4 网络(服务器)的访问”。

③在这种情况下，IPv4/IPv6 翻译器和 DNS64 部署在 IPv6 网络的边界。

④这种模式的好处是不需要对终端系统做任何修改和升级。

(3) 第三种选择是将 DNS64 功能放在终端主机中。

①在这种情况下，终端主机动态合成 AAAA 记录。只有当终端主机查询域名时，如果该域名只有 A 记录，没有 AAAA 记录，则 DNS64 根据查询到的 A 记录，动态合成“IPv4 转换 IPv6 地址”。

②这种情况一般用于本书第 4 章中的基本应用场景 1“IPv6 网络(客户机)发起对 IPv4 互联网(服务器)的访问”，也可以用于场景 5“IPv6 网络(客户机)发起对 IPv4 网络(服务器)的访问”。

③在这种情况下，IPv4/IPv6 翻译器部署在 IPv4 网络的边界。

④这种模式的最大好处是与域名系统安全扩展(domain name system security extensions，DNSSEC)兼容。

⑤这种模式的主要缺点是它的可部署性，因为需要对主机进行升级改造。

7.1.2 DNS64 规范

DNS64 是一个从 A 记录合成 AAAA 记录的映射函数。DNS64 功能可以在端系统、域名解析服务器或域名权威服务器中实现。除了从 A 记录合成 AAAA 记录的功能，DNS64 必须符合 RFC1034[3]和 RFC1035[4]定义的常规 DNS 服务器功能。

DNS64 应该支持将不同的 IPv4 地址范围映射到不同 IPv6 前缀。这个功能可以允许处理由 RFC5735[5]定义的特殊用途的 IPv4 地址。

DNS 消息包含几个部分，由 DNS64 更改的 DNS 消息是回答部分。这一部分与其他部分组合，创建 DNS 查询的返回响应。

DNS64 还需响应指针(pointer，PTR)查询，返回任何用于合成 AAAA 记录的 IPv6 前缀。

7.1.3 AAAA 查询和回答

当 DNS64 收到 AAAA 记录查询时，首先查询非合成记录，即直接执行查询(或者在域名权威服务器的情况下直接查询数据库)。如果由本地缓存，则其结果可以从本地获得。DNS64 必须具有通常 DNS 的功能和行为。

1. 有 AAAA 数据时的响应

如果域名查询结果存在一个或多个 AAAA 记录，则应直接把这些 AAAA 记录返回给查询域名的客户机，即 DNS64 在响应中不应包含合成的 AAAA 记录。唯一的例外是处理特殊 IPv4 地址，可以根据配置规则对特殊 IPv4 地址合成 AAAA 记录。默认情况下，当存在真实的 AAAA 记录时，DNS64 绝不能合成 AAAA 记录。

2. 出现错误时的响应

如果查询得到的响应编码(respond code，RCODE)不是 0(无错误条件)，那么有两种可能性。

(1) RCODE=3(域名错误)，这种情况需根据正常的 DNS 操作处理(通常将错误返回给客户端)。这个阶段在任何合成发生之前，所以返回给客户端的回应不需要进行任何特殊处理，与通常 DNS 的行为一致。

(2) 任何其他 RCODE 都应被视为 RCODE=0。这是因为目前已经部署的大量的域名服务器，当请求 AAAA 记录，但 AAAA 记录并不存在时，这些域名服务器有各种不同的行为。其中大量域名服务器在收到没有 AAAA 记录的 AAAA 查询时可用 RCODE=0 替代(RFC4074[6])。请注意，这意味着，从现实的角度看，若干种类型的 DNS 出错信息都是所查询的域名不存在 AAAA 记录导致的。

需要指出的是：目前仍存在一些域名服务器，在查询 AAAA 记录时，即使该域名的 A 记录存在，也会产生 RCODE=3 响应。这些服务器明显违反 RCODE=3 的定义，预计会随着 IPv6 的推广而越来越少。

3. 处理超时

如果查询在超时之前没有收到任何答案，它会被视为 RCODE=2(服务器故障)。

4. AAAA 记录的特殊排除集

某些 IPv6 地址实际上不能由纯 IPv6 主机使用。如果这类 IPv6 地址作为 AAAA 记录返回给纯 IPv6 主机，则会导致用户的通信出现故障。例如，AAAA 记录属于::ffff:0:0/96 地址范围。因此 DNS64 的实现应该提供一种对特殊 IPv6 前缀范围的排除机制(在这个范围内，应返回空回答)。例如，默认配置包括特殊处理::ffff/96 网络，否则当客户查询 DNS64 时，可能导致双栈主机无法和这些主机通信。

当 DNS64 执行其初始 AAAA 查询时，如果仅收到了包含上述排除地址范围的 AAAA 记录，则必须视为空回答，并据此进行之后的操作。如果收到了至少 1 个不包含排除地址范围之外的 AAAA 记录，则在默认情况下应该使用这个 AAAA 记录。DNS64 绝不能返回排除地址范围之内的 AAAA 记录。

5. 处理 CNAME 和 DNAME

如果响应包含规范名称(canonical name，CNAME)或非终端域名重定向(non-terminal DNS name redirection，DNAME)，则应沿着 CNAME 或 DNAME 的查询链，直到获得第一个 A 记录或 AAAA 记录为止。这可能需要 DNS64 请求 A 记录，以防对原始 AAAA 查询时，没有 AAAA 记录，而只有 CNAME 或 DNAME。处理得到的 AAAA 记录或 A 记录与处理任何其他途径得到的 AAAA 记录或 A 记录一样。

在汇总答案部分时，应把任何 CNAME 或 DNAME 的查询链，且包括合成的 AAAA 记录作为答案。

6. 合成所需数据

如果查询没有报错，但 AAAA 记录的查询结果为空，则 DNS64 应尝试查询域名中的 A 记录(执行另一个查询，或在域名权威服务器的情况下查询数据库)。如果这个新的 A 记录查询结果为空或出错，则应把空结果或出错代码返回给客户端。如果查询到一个或多个 A 记录，则 DNS64 应根据 A 记录合成 AAAA 记录。DNS64 在答案部分返回合成的 AAAA 记录，删除 A 记录。

7. 执行合成

从 A 记录合成 AAAA 记录的步骤如下：

(1) NAME 字段设置为 A 记录中的 NAME 字段。

(2) TYPE 字段设置为 28(AAAA)。

(3) CLASS 字段设置为 CLASS = 1。在此规范下，DNS64 未定义除 1 之外的任何 CLASS 字段。

(4) TTL 字段设置为查询域原始 A 记录和起始授权机构(start of authority，SOA)记录 TTL 之中更小的那一个值(注意：为了获得 SOA 记录的 TTL，DNS64 没有必要执行一个新的查询，而可以使用对 AAAA 查询时否定回答的 SOA 记录的 TTL 值。如果 SOA 记录未提供对 AAAA 查询的否定回答，则 DNS64 应该使用原始 A 记录的 TTL 或 600s 之中更小的那一个值。当然，也可以单独查询 SOA 记录并使用该查询结果，但这会增加查询负担)。

(5) RDLENGTH 字段设置为 16。

(6) RDATA 字段设置为来自 A 记录的 RDATA 字段的 IPv4 地址的 IPv6 表示形式。DNS64 必须根据配置的 IPv4 地址范围检查每个 A 记录并选择用于合成 AAAA 记录对应的 IPv6 前缀。

8. 并行查询

DNS64 可以执行 AAAA 记录和 A 记录的并行查询，以减少延迟。

注意：并行查询在不需要合成 AAAA 记录的情况下会导致执行不必要的 A 记录查询。一个可能的权衡是实施间隔很短的串行查询。

9. 生成 IPv4 地址的 IPv6 表示

DNS64 支持使用多种算法来生成“IPv4 转换 IPv6 地址”，但需要注意以下限制条件。

(1) DNS64 从 A 记录(IPv4 地址)合成 AAAA 记录(IPv4 转换 IPv6 地址)的算法必须与 IPv4/IPv6 翻译器的算法一致。

(2) 算法必须是可逆的，即必须能够从 IPv6 地址中导出原始的 IPv4 地址。

(3) 算法的输入必须仅依赖于 IPv4 地址、IPv6 前缀(表示为 Pref64::/*n*)和一组稳定的参数；对于 Pref64::/*n*，*n* 必须小于或等于 96。如果在 DNS64 中配置了一个或多个 Pref64::/*n*，默认算法必须使用这些前缀(而不是使用众知前缀)。如果没有可用的前缀，算法必须使用 RFC6052[2]中定义的众知前缀 64:ff9b::/96。

DNS64 必须支持由 RFC6052[2]定义的 IPv6 地址生成算法，作为 DNS64 的默认算法。

7.1.4 处理其他资源记录和附加资源

1. PTR 资源记录

如果 DNS64 服务器收到查询 IP6.ARPA 域中的 PTR 记录，它必须从 QNAME 中剥离 IP6.ARPA 标签，利用由 RFC3596[7]定义的编码方案对地址部分反向重组，检验重组后的地址的前缀是否为 Pref64::/*n* 或者默认的运营商前缀。DNS64 有两种方案响应此类 PTR 查询。DNS64 服务器必须提供其中一个响应，而不能同时提供两种响应，除非不同的 IP6.ARPA 域需要回答不同的类。

(1) 第一个选择是 DNS64 服务器作为权威服务器响应该前缀。如果地址前缀与该网络中使用的任何 Pref64::/*n* 相匹配，则无论 Pref64::/*n* 是运营商前缀还是众知前缀(64:ff9b::/96)，DNS 服务器都可以使用本地解析出的数据(resolved date，RDATA)来答复查询。注意：采用这个算法的前提是必须匹配网络中使用的任何 Pref64::/*n*，而不仅仅是本地配置的 Pref64::/*n*。这是因为终端用户可能查询任意地址(包括不是这一台 DNS64 返回的地址)的 PTR 记录，当这个策略生效时，这些查询不会被发送到全局 DNS。这个策略的优点是终端用户可以了解答案是由 DNS64 生成的；其缺点是 DNS64 无法提供全局域名的反向树信息。

(2) 第二个选择是 DNS64 服务器合成将 IP6.ARPA 命名空间映射到相应的

IN-ADDR.ARPA 名称的 CNAME 记录。在这种情况下，DNS64 应该确保 IN-ADDR.ARPA 名称能够对应 PTR 的 RDATA 记录，并且不存在重名的 CNAME。这是为了避免合成一个更长的 CNAME 或指向一个空集。其余的响应将是正常的 DNS 处理。如果需要，可以即时生成 CNAME。这个方法的优点是 DNS64 能够提供全局域名的反向树信息。其缺点是增加了 DNS64 的额外负载(因为必须为每个 PTR 查询合成匹配 Pref64::/n 的 CNAME)。

如果地址前缀与任何 Pref64::/n 均不匹配，则 DNS64 服务器必须像对待任意其他查询一样处理。即域名解析服务器必须尝试任何其他(非 A 记录/非 AAAA 记录)查询，并且必须以权威服务器的方式答复，或给出引用依据(referral)。

2. 处理附加部分

DNS64 绝不能对答案附加部分的任何记录进行合成。DNS64 必须保持附加部分不变。

注意：从表面上看，把答案的附加部分进行合成似乎可以减少重新进行 DNS 查询的次数。但由于附加部分的不确定性，这会带来潜在风险。

3. 其他资源记录

所有查询结果的其他记录必须保持不变，包括回复查询 A 记录。

7.1.5 将合成响应组装到 AAAA 查询的回答

DNS64 使用多个数据来构建返回给查询客户端的响应。

用于合成回复的查询结果包括出错、答案或者为空集等几种情况。如果是空集，则 DNS64 直接返回结果给查询终端；否则，组装回复响应如下。

取决于 DNS64 的角色，“报头”字段根据域名解析服务器或域名权威服务器通常的规则设置。“问题部分”从查询的原始数据复制。“答案部分”根据上述规则生成。“权威部分”和其他部分从 DNS64 的最终查询结果中复制，用作合成的基础。

DNS64 的最终响应将受到所有 DNS 标准规则的约束，包括截断(RFC1035[4])和 DNS 扩展机制版本 0(extension mechanisms for DNS version 0，EDNS0)处理(RFC2671[8])。

7.1.6 部署方案和示例

在下面的所有示例中，IPv4/IPv6 翻译器将 IPv4 网络和 IPv6 网络互联，DNS64 也同时接入 IPv4 网络和 IPv6 网络。此外，IPv4/IPv6 翻译器和 DNS64 配置同样的 IPv6 前缀。本节讨论以下场景。

1. IPv6 网络(客户机)发起对 IPv4 互联网(服务器)的访问

由于 IPv4 互联网上的服务器是不可控的，本场景只能使用由 A 记录动态生成 AAAA 记录的方法。

使用无状态翻译器时的逻辑拓扑如图 7.3 所示。

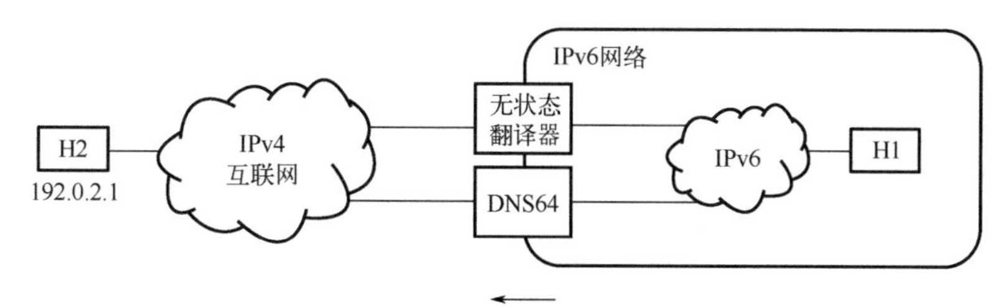

图 7.3　使用无状态翻译器

(1) IPv6 客户机：H1，配置“IPv4 可译 IPv6 地址”2001:da8::203.0.113.1。

(2) IPv4 服务器：H2，FQDN=h2.example.com，IPv4 地址=192.0.2.1。

(3) IPv6 前缀：使用运营商前缀 2001:db8::/96(DNS64 和 IPv4/IPv6 翻译器均配置)。

H1 与 H2 建立通信的步骤如下：

(1) H1 查询 h2.example.com 的 DNS 记录。H1 向具有 DNS64 功能的 DNS 域名解析服务器发送 AAAA 记录的请求。

(2) 域名解析服务器进行递归查询，发现 h2.example.com 没有 AAAA 记录。

(3) 域名解析服务器对 H2 进行 A 记录的递归查询，得到其 A 记录是单个 IPv4 地址 192.0.2.1。然后，该域名服务器合成 AAAA 记录。AAAA 记录中的 IPv6 地址包含 IPv6 前缀和 IPv4 地址 2001:db8::192.0.2.1。

(4) H1 接收合成的 AAAA 记录，向 H2 发送 IPv6 数据报文。IPv6 数据报文的源地址为 2001:da8::203.0.113.1，目标地址为 2001:db8::192.0.2.1。

(5) IPv6 数据报文被路由到 IPv4/IPv6 翻译器的 IPv6 接口地址，翻译成 IPv4 数据报文，IPv4 数据报文的源地址为 203.0.113.1(无状态翻译模式)，被发送到目标地址 192.0.2.1。

使用有状态翻译器时的逻辑拓扑如图 7.4 所示。

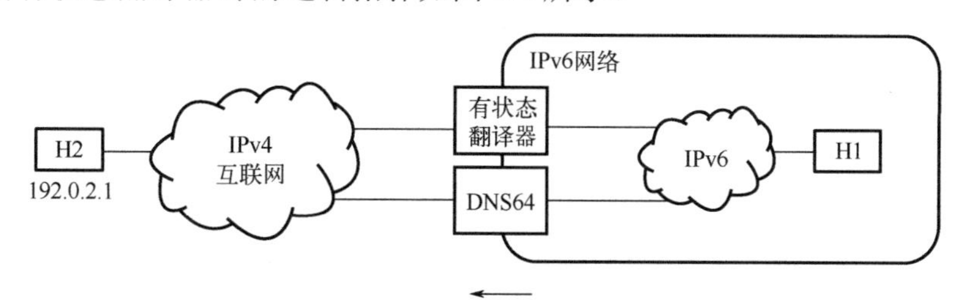

图 7.4　使用有状态翻译器

(1) IPv6 客户机：H1，IPv6 地址=3ffe:3200::1。

(2) IPv4 服务器：H2，FQDN=h2.example.com，IPv4 地址=192.0.2.1。

(3) IPv6 前缀：使用众知前缀 64:ff9b::/96(DNS64 和 IPv4/IPv6 翻译器均配置)。

(4) IPv4/IPv6 翻译器分配了 IPv4 地址 203.0.113.1。

H1 与 H2 建立通信的步骤如下：

(1) H1 查询 h2.example.com 的 DNS 记录。H1 向具有 DNS64 功能的 DNS 域名解析服务器发送 AAAA 记录的请求。

(2) 域名解析服务器进行递归查询，发现 h2.example.com 没有 AAAA 记录。

(3) 域名解析服务器为 H2 进行 A 记录的递归查询，得到其 A 记录是单个 IPv4 地址 192.0.2.1。然后，域名解析服务器合成 AAAA 记录。AAAA 记录中的 IPv6 地址包含 IPv6 前缀和 IPv4 地址 64:ff9b::192.0.2.1。

(4) H1 接收合成的 AAAA 记录，向 H2 发送 IPv6 数据报文。IPv6 数据报文的源地址为 3ffe:3200::1，目标地址为 64:ff9b::192.0.2.1。

(5) IPv6 数据报文被路由到 IPv4/IPv6 翻译器的 IPv6 接口地址，翻译成 IPv4 数据报文，IPv4 数据报文的源地址为 203.0.113.1(有状态翻译模式)，被发送到目标地址 192.0.2.1。

2. IPv6 互联网(客户机)发起对 IPv4 网络(服务器)的访问

由于 IPv4 网络上的服务器是可控的，本场景既可以直接在权威域名服务器上配置 AAAA 记录，也可以由权威域名服务器动态由 A 记录生成 AAAA 记录。

这个场景一般使用有状态翻译器。

首先讨论使用权威域名静态配置方法，如图 7.5 所示。

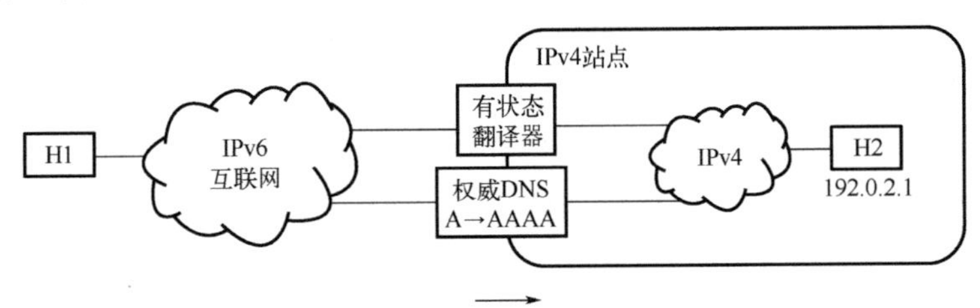

图 7.5　使用权威域名配置方法

(1) IPv6 客户机：H1，IPv6 地址=3ffe:3200::1。

(2) IPv4 服务器：H2，FQDN=h2.example.com，IPv4 地址=192.0.2.1。

(3) IPv6 前缀：使用运营商前缀 2001:db8::/96(IPv4/IPv6 翻译器配置)。

(4) 域名权威服务器配置：A=192.0.2.1，AAAA=2001:db8::192.0.2.1。

(5) IPv4/IPv6 翻译器配置了公有 IPv4 地址池：203.0.113.1。

在这种场景下，DNS64 的功能直接表现为域名权威服务器不仅配置纯 IPv4 服务器的 A 记录，也配置符合 IPv4/IPv6 翻译器规则的 AAAA 记录。注意：在这种情况下，IPv4 地址既可以是公有 IPv4 地址，也可以是私有 IPv4 地址，因为此时通过使用运营商 IPv6 前缀不会产生二义性。

H1 与 H2 建立通信的步骤如下：

(1) H1 查询 h2.example.com 的 DNS 记录。H1 向 DNS 域名解析服务器发送 AAAA 记录的请求，收到 AAAA=2001:db8::192.0.2.1。

(2) H1 向 H2 发送数据报文。IPv6 数据报文的源地址为 3ffe:3200::1，目标地址为 2001:db8::192.0.2.1。

(3) IPv6 数据报文被路由到 IPv4/IPv6 翻译器的 IPv6 接口地址，翻译成 IPv4 数据报文，IPv4 数据报文的源地址为 203.0.113.1(有状态翻译模式)，目标地址为 192.0.2.1。

下面讨论使用动态域名生成方法，如图 7.6 所示。

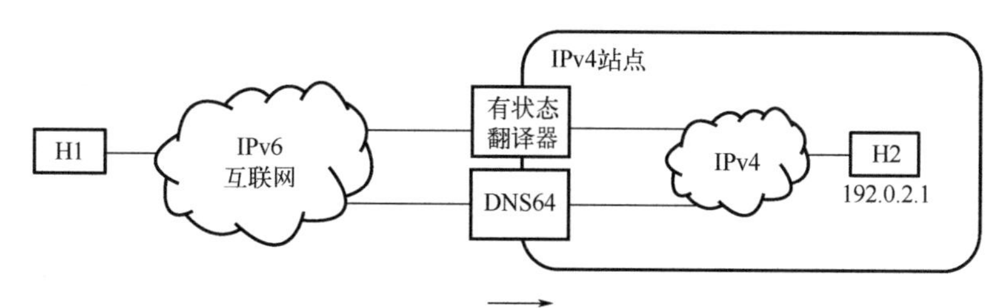

图 7.6　使用动态域名生成方法

(1) IPv6 客户机：H1，IPv6 地址=3ffe:3200::1。

(2) IPv4 服务器：H2，FQDN= h2.example.com，IP 地址=192.0.2.1。

(3) IPv6 前缀：使用运营商前缀 2001:db8::/96(DNS64 和 IPv4/IPv6 翻译器配置)。

(4) IPv4/IPv6 翻译器配置了公有 IPv4 地址池：203.0.113.1。

当使用由 RFC2136[9]定义的动态域名更新时，可以基于域名权威服务器的 A 记录，根据策略生成 AAAA 记录。

H1 与 H2 建立通信的步骤如下：

(1) H1 查询 h2.example.com 的 DNS 记录。H1 通过 DNS 域名解析服务器发送 AAAA 记录的请求。这个请求最终到达 h2.example.com 的域名权威服务器。

(2) 域名权威服务器的 h2.example.com 没有 AAAA 记录。

(3) 根据域名权威服务器的本地策略，在这种情况下应根据 A 记录生成 AAAA 记录，即根据 A=192.0.2.1，域名权威服务器合成 AAAA 记录。AAAA 记录中的 IPv6 地址包含 IPv6 前缀和 IPv4 地址 2001:db8::192.0.2.1。

(4) H1 接收合成的 AAAA 记录，向 H2 发送 IPv6 数据报文。IPv6 数据报文的源地址为 3ffe:3200::1，被发送到目标地址 2001:db8::192.0.2.1。

(5) IPv6 数据报文被路由到 IPv4/IPv6 翻译器的 IPv6 接口地址，翻译成 IPv4 数据报文，IPv4 数据报文的源地址为 203.0.113.1(有状态翻译模式)，目标地址为 192.0.2.1。

7.2　DNS46

7.2.1　DNS46 简介

DNS46 是一种由 AAAA 记录合成 A 记录的机制。由 DNS46 创建的 A 记录使用与原始 AAAA 记录相同的名称，但映射为 IPv4 地址而不是 IPv6 地址。该 IPv4 地址是 DNS46 根据域名权威服务器的 AAAA 记录使用地址映射算法合成的。换言之，DNS46 根据域名的 AAAA 记录，使用地址映射算法合成 IPv4 地址，返还给用户。

DNS46 与 IPv4/IPv6 翻译器一起，使纯 IPv4 客户端基于服务器的完全限定域名，与纯 IPv6 服务器通信。这些机制将在 IPv6 过渡与 IPv4 共存中发挥关键作用。由于 IPv4 地址耗尽，但是向 IPv6 的过渡过程是漫长的，纯 IPv6 服务器需要为 IPv4 用户提供服务。在配置有 IPv4/IPv6 翻译器的纯 IPv4 网络中，当 IPv4 客户机发起对 IPv6 服务器的访问时，需要 DNS46。

DNS46 用于由 AAAA 记录(IPv6 地址)合成 A 记录(IPv4 地址)。DNS46 首先尝试请求 A 记录。如果没有发现 A 记录，则 DNS46 执行 AAAA 记录查询。对每个 AAAA 记录，合成对应的 A 记录。

DNS46 的配置需要有 IPv6 前缀的信息。IPv4/IPv6 翻译器和 DNS46 必须配置相同的 IPv6 前缀。该 IPv6 前缀表示为 Pref64::/*n*。

RFC6052[2]定义了 Pref64::/*n* 前缀及其应用场景。对于 DNS46，只允许 Pref64::/*n* 使用运营商前缀。

执行 DNS46 功能可以有两个选择。

(1) 第一种选择是将 DNS46 功能定位于域名权威服务器。

①在这种情况下，域名权威服务器由 AAAA 记录静态合成 A 记录(“IPv4 可译 IPv6 地址”对应的 IPv4 地址)。

②这种情况一般用于本书第 4 章翻译技术基本应用场景 2“IPv4 互联网(客户机)发起对 IPv6 网络(服务器)的访问”，也可以用于场景 6“IPv4 网络(客户机)发起对 IPv6 网络(服务器)的访问”。

③在这种情况下，IPv4/IPv6 翻译器和 DNS46 部署在 IPv6 网络的边界。

(2) 第二种选择是将 DNS64 功能定位于域名解析服务器。

①在这种情况下，域名解析服务器动态合成 A 记录。当某个 IPv6 主机向域名

解析服务器查询域名时，如果该域名只有 AAAA 记录，没有 A 记录，则 DNS46 根据查询到的 AAAA 记录，动态合成 IPv4 地址。

②这种情况一般用于第 4 章翻译技术基本应用场景 4 “IPv4 网络(客户机)发起对 IPv6 互联网(服务器)的访问”，也可以用于场景 6“IPv4 网络(客户机)发起对 IPv6 网络(服务器)的访问”。

③在这种情况下，IPv4/IPv6 翻译器和 DNS46 部署在 IPv4 网络的边界。

7.2.2 DNS46 规范

DNS46 是一个从 AAAA 记录合成 A 记录的逻辑函数。DNS46 的功能可以在域名解析服务器或在域名权威服务器中实现。除了合成来自 AAAA 记录的 A 记录的功能，DNS46 必须符合 RFC1034[3]和 RFC1035[4]定义的常规 DNS 服务器的功能。

DNS 消息包含几个部分，由 DNS46 更改的 DNS 消息是回答部分。这一部分与其他部分组合，创建实际消息作为对 DNS 查询的响应返回。

7.2.3 A 查询和回答

当 DNS46 收到类型 A 记录的查询时，首先查询此类型的非合成记录，即直接执行查询(或者在域名权威服务器的情况下，查询数据库)。其答案可以从本地缓存(如果有)获得。DNS46 必须具有通常 DNS 的功能和行为。

1. 有 A 记录时的回答

如果域名查询结果存在一个或多个 A 记录，则应直接把这些 A 记录返回给查询域名的客户机，即 DNS46 在响应中不应包含合成的 A 记录。默认情况下，当存在真实 A 记录时，DNS46 绝不能合成 A 记录。

2. 出现错误时的回答

如果查询响应的 RCODE 不是 0(无错误条件)，则应设置 RCODE=3(域名错误)。这种情况是正常的 DNS 操作处理(通常将错误返回给客户端)。这个阶段在任何合成发生之前，所以返回给客户端的回应不需要进行任何特殊处理，与通常 DNS 的行为一致。

3. 处理超时

如果查询在超时之前没有收到任何答案，它将被视为 RCODE=2(服务器故障)。

4. 处理 CNAME 和 DNAME

如果响应包含 CNAME 或 DNAME，则应沿着 CNAME 或 DNAME 的查询链，直到获得第一个 A 记录或 AAAA 记录为止。这可能需要 DNS46 请求 A 记录，以防对原始 A 查询时，没有 A 记录，而只有 CNAME 或 DNAME。处理得到的 A 记录或 AAAA 记录与处理任何其他途径得到的 A 记录或 AAAA 记录一样。

在汇总答案部分时，应把任意 CNAME 或 DNAME 查询链作为答案的一部分，包括合成的 A 记录。

5. 合成所需数据

如果查询没有报错，但 A 记录的查询结果为空，则 DNS46 应尝试查询域名中的 AAAA 记录(通过执行另一个查询，或在域名权威服务器的情况下查询数据库)。如果这个新的 AAAA 记录查询结果为空，或出错，则应把空结果或出错代码返回给客户端。相反，如果查询到一个或多个 AAAA 记录，则 DNS46 应根据 AAAA 记录合成 A 记录。DNS46 在答案部分返回合成的 A 记录，删除 AAAA 记录。

6. 执行合成

从 AAAA 记录合成 A 记录的步骤如下：

(1) NAME 字段设置为 AAAA 记录中的 NAME 字段。

(2) TYPE 字段设置为 28(AAAA)。

(3) CLASS 字段设置为 CLASS = 1。在此规范下，DNS46 未定义除 1 之外的任何 CLASS 字段。

(4) TTL 字段设置为查询域原始 AAAA 记录和 SOA 记录 TTL 之中更小的那一个值(注意：为了获得 SOA 记录的 TTL，DNS46 没有必要执行一个新的查询，可以使用对 A 记录查询时得到否定回答的 SOA 记录的 TTL 值。如果 SOA 记录未提供对 A 记录查询的否定回答，则 DNS46 应该使用原始 AAAA 记录的 TTL 或 600s 中更小的那一个值。当然，也可以单独查询 SOA 记录并使用该查询的结果，但这会增加查询负担)。

(5) RDLENGTH 字段设置为 16。

(6) RDATA 字段设置为来自 AAAA 记录的 RDATA 字段的 IPv6 地址的 IPv4 表示形式。DNS46 必须根据配置的 IPv6 地址范围检查每个 AAAA 记录并合成对应的 A 记录。

7. 并行查询

DNS46 可以执行 A 记录和 AAAA 记录的并行查询，以尽量减少延迟。

注意：并行查询在不需要合成 A 记录的情况下会导致执行不必要的 AAAA 记录查询。一个可能的权衡是进行间隔很短的串行查询。

8. 生成 IPv6 地址的 IPv4 表示

DNS46 支持使用多种算法来生成 IPv4 地址。需要注意以下限制条件：DNS46

从 AAAA 记录的 IPv6 地址合成 IPv4 地址的 A 记录的算法必须与 IPv4/IPv6 翻译器的算法一致。

7.2.4　处理其他资源记录和附加资源

1. 处理附加部分

DNS46 绝不能对答案的附加部分的任何记录进行合成。DNS46 必须保持附加部分不变。

注意，从表面上看，将答案的附加部分进行合成似乎可以减少重新进行 DNS 查询的次数。但由于附加部分的不确定性，这会带来潜在的风险。

2. 其他资源记录

所有查询结果的其他记录必须保持不变，包括查询得到的 AAAA 记录。

7.2.5　将合成响应组装到 A 查询的回答

DNS46 使用多个数据来构建返回给查询客户端的响应。

用于合成回复的查询结果包括出错、答案或者空集等几种情况。如果是空集，则 DNS46 直接返回结果给查询终端；否则，合成的回复过程如下。

取决于 DNS46 的角色，“报头”字段根据域名解析服务器或域名权威服务器通常的规则设置。“问题部分”从查询的原始数据复制。“答案部分”根据上述规则生成。“权威部分”和其他部分从 DNS46 的最终查询结果中复制，用作合成的基础。

DNS46 的最终响应应该受到所有 DNS 标准规则的约束，包括截断(RFC1035[4])和 EDNS0 处理(RFC2671[8])。

7.2.6　部署方案和示例

在下面的所有示例中，IPv4/IPv6 翻译器将 IPv4 网络和 IPv6 网络互联，DNS46 也同时接入 IPv4 网络和 IPv6 网络。此外，IPv4/IPv6 翻译器和 DNS64 配置同样的 IPv6 前缀。

这里仅讨论本书第 4 章翻译技术基本应用场景 2：IPv4 互联网(客户机)发起对 IPv6 网络(服务器)的访问(无状态翻译)。

本案例实现 IPv4 互联网中的纯 IPv4 客户机发起对 IPv6 网络中的纯 IPv6 服务器的访问(权威域名配置)，如图 7.7 所示。

(1) IPv4 客户机：H1，IPv4 地址=1.2.3.4。

(2) IPv6 服务器：H2，FQDN=h2.example.com，地址=2001:db8::192.0.2.1。

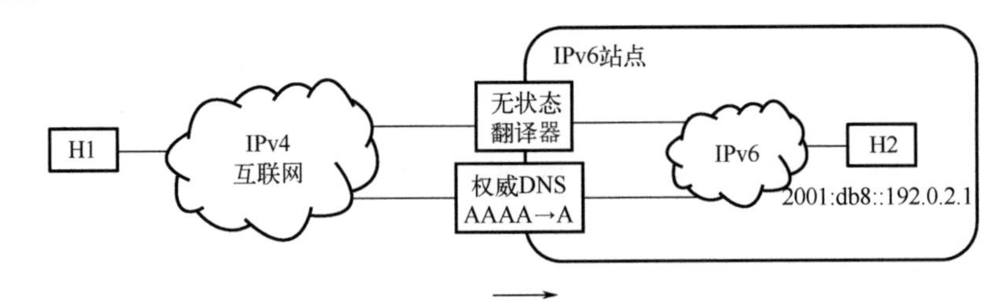

图 7.7　使用权威域名配置用于 IPv4 互联网发起对 IPv6 网络的访问场景

(3) IPv6 前缀：使用运营商前缀 2001:db8::/96 (IPv4/IPv6 翻译器配置)。

(4) 域名权威服务器：AAAA=2001:db8::192.0.2.1，A=192.0.2.1。

这种场景的域名服务器可以是域名权威服务器。DNS46 的功能直接表现为权威服务器不仅配置纯 IPv6 服务器的 AAAA 记录，也配置符合 IPv4/IPv6 翻译器和 DNS46 规则的 A 记录。

H1 与 H2 建立通信的步骤如下：

(1) H1 查询 h2.example.com 的 DNS 记录。H1 向 DNS 域名解析服务器发送 A 记录的请求，收到 A=192.0.2.1。

(2) H1 向 H2 发送数据报文。IPv4 数据报文的源地址为 1.2.3.4，目标地址为 2001:db8::192.0.2.1。

(3) IPv4 数据报文被路由到 IPv4/IPv6 翻译器的 IPv4 接口地址，翻译成 IPv6 数据报文，IPv6 数据报文的源地址为 2001:db8::1.2.3.4 (无状态翻译模式)，目标地址为 2001:db8::192.0.2.1。

7.3　DNSSEC 处理

DNSSEC (RFC4033[10]、RFC4034[11]、RFC4035[12]) 对 DNS64 或 DNS46 提出了一项特殊挑战，因为 DNSSEC 旨在检测 DNS 更改答案的安全问题，但 DNS64 或 DNS46 会改变来自域名权威服务器的答案。

7.3.1　DNSSEC 场景

递归解析器可以是安全感知的 (security-aware) 或安全无关的 (security-oblivious)。此外，安全感知递归解析器可以根据运营商政策，“验证”或“不验证”域名的安全性。在下面的情况中，域名解析服务器也在执行 DNS64 或 DNS46 的功能，并具有“验证安全性”的本地政策。这个一般情况称为 vDNS64 或 vDNS46。

DNSSEC 提供指标比特如下：

(1) 如果带有“DNSSEC 正常”(DNSSEC OK，DO) 比特的查询到达 vDNS64 或 vDNS46，表明查询发起者理解 DNSSEC。DO 比特并不表示查询发起者将验证响应，而只表示查询发起者可以理解包含 DNSSEC 数据的响应。相反，如果 DO 未设置，表示查询发起者不理解 DNSSEC。

(2)如果带有“检查禁用”(checking disabled，CD)比特的查询到达 vDNS64 或 vDNS46，表明查询发起者需要全部验证数据，以便他可以自己检查。根据本地政策，vDNS64 或 vDNS46 仍然可以验证，但无论验证结果如何，必须将所有数据返回给查询发起者。

以下是可能出现的各种情况。

(1)DNS64 或 DNS46 接收到 DO=0：在这种情况下，DNSSEC 不是一个问题，因为查询发起者不理解 DNSSEC。根据本地政策，DNS64 或 DNS46 可以对响应进行 DNSSEC 验证。

(2)不支持 DNSSEC 的 DNS64 或 DNS46 接收到 DO=1：在这种情况下，不支持 DNSSEC。

(3)“安全感知”且“不验证”的 DNS64 或 DNS46 接收到 DO=1，CD=0：在这种情况下，不需要验证 DNSSEC。

(4)“安全感知”且“不验证”的 DNS64 或 DNS46 接收到 DO=1，CD=1：在这种情况下，DNS64 或 DNS46 应该将所获取的所有数据传递给查询发起者。这种情况不适用于 DNS64 或 DNS46，除非查询发起者本身具有 DNS64 或 DNS46 的功能。如果 DNS64 或 DNS46 修改了记录，查询发起者将获得返回数据并尝试验证，并以验证失败结束。

(5)“安全感知”且“验证”的 DNS64 或 DNS46 接收到 DO=0，CD=0：在这种情况下，解析器验证数据。如果失败，则返回 RCODE 2(服务器故障)；否则，返回答案。这是 DNS64 或 DNS46 的理想情况，即解析器验证数据，然后合成新记录并将其传递给查询发起者。

(6)“安全感知”且“验证”的 DNS64 或 DNS46 接收到 DO=1，CD=0：在这种情况下，不需要验证 DNSSEC，但需要设置“真实数据”(authentic data，AD)比特，AD=1。

(7)“安全感知”且“验证”的 DNS64 或 DNS46 接收到 DO=1，CD=1：在这种情况下，DNS64 或 DNS46 应该将所获取的所有数据传递给查询发起者。这种情况不适用于 DNS64 或 DNS46，除非查询发起者本身具有 DNS64 或 DNS46 的功能。如果 DNS64 或 DNS46 修改了记录，查询发起者将获得返回数据并尝试验证，并以验证失败结束。

7.3.2　DNS64 或 DNS46 的 DNSSEC 行为

DNS64 或 DNS46 对需要支持 DNSSEC 的本地政策应做如下处理。

(1)如果 DO=0，CD=0，则 DNS64 应该执行验证，根据需要进行合成。在这种情况下，DNS64 绝不能在任何响应中设置 AD=1。

(2)如果 DO=1，CD=0，则 DNS64 或 DNS46 应该执行验证。当 DNS64 执行验证时，必须首先验证不存在合法的 AAAA 记录，然后再查询 A 记录并进行验证，并在此基础上实现 DNS64 的功能，合成 AAAA 记录。否则，攻击者就会用 DNS64 作为规避 DNSSEC 验证的工具。类似地，DNS46 也需要如此处理。注意：在验证成功的情况下，应该在回应中设置 AD=1 给查询发起者。这是可以接受的，因为 RFC4035[12]指出，当且仅当所有的记录都得到验证时，可以设置 AD=1。如果验证失败，则 DNS64 或 DNS46 必须响应 RCODE = 2(服务器故障)。

(3)如果 DO=1，CD=1，则 DNS64 或 DNS46 可以执行验证，但绝不能执行合成，而必须返回数据给查询发起者(如同常规域名解析服务器)，并依赖查询发起者本身进行验证和合成。这种方法意味着无法提供 DNS64 或 DNS46 的功能，但这是保证域名查询安全性的代价。

7.4 本章小结

域名是互联网关键基础设施，在 IPv4/IPv6 翻译过程中(一次翻译)具有重要的作用。本章详细讨论了 DNS64 和 DNS46 的应用场景、部署方案的技术细节和案例。DNSSEC 是保证互联网基础设施安全的重要措施，但 DNSSEC 与 DNS64 或 DNS46 的功能会有矛盾。本章给出了相关的权衡策略。

参考文献

[1] Bagnulo M, Sullivan A, Matthews P, et al. RFC6147: DNS64: DNS extensions for network address translation from IPv6 clients to IPv4 servers. IETF 2011-04.

[2] Bao C, Huitema C, Bagnulo M, et al. RFC6052: IPv6 addressing of IPv4/IPv6 translators. IETF 2010-10.

[3] Mockapetris P. RFC1034: Domain names - concepts and facilities. IETF 1987-11.

[4] Mockapetris P. RFC1035: Domain names - implementation and specification. IETF 1987-11.

[5] Cotton M, Vegoda L. RFC5735：Special use IPv4 addresses. IETF 2010-01.

[6] Morishita Y, Jinmei T. RFC4074: Common misbehavior against DNS queries for IPv6 addresses. IETF 2005-05.

[7] Thomson S, Huitema C, Ksinant V, et al. RFC3596: DNS extensions to support IP version 6. IETF 2003-10.

[8] Vixie P. RFC2671: Extension mechanisms for DNS (EDNS0). IETF 1999-08.

[9] Vixie P, Thomson S, Rekhter Y, et al. RFC2136: Dynamic updates in the domain name system (DNS UPDATE). IETF 1997-04.

[10] Arends R, Austein R, Larson M, et al. RFC4033: DNS security introduction and requirements. IETF 2005-03.

[11] Arends R, Austein R, Larson M, et al. RFC4034: Resource records for the DNS security extensions. IETF 2005-03.

[12] Arends R, Austein R, Larson M, et al. RFC4035: Protocol modifications for the DNS security extensions. IETF 2005-03.

第 8 章　参数发现和配置技术

采用新一代 IPv6 过渡技术时，除了需要配置协议翻译、地址映射和域名映射之外，还需要其他配套技术和标准。具体来说，对于 IPv6 单栈网络，在 IPv6 客户机发起对 IPv4 服务器访问的情况下，必须从 IPv4 地址合成 IPv6 地址。因此，需要 IPv6 前缀(RFC6052[1]、RFC7597[2])、公有 IPv4 地址复用比(RFC7597[2])等参数。本章讨论这些参数的发现和配置技术，具体包括以下几点。

(1) 基于“众知域名”的 IPv6 前缀发现方法。

(2) 基于 DHCPv6 扩展的 IPv6 前缀和其他参数的配置方法。

(3) 基于 RA 的域名解析服务器配置方法。

(4) 基于 RA 的 IPv6 前缀配置方法。

8.1　IPv6 前缀发现技术

在 IPv6 客户机发起对 IPv4 服务器访问的情况下，需要 IPv4/IPv6 翻译器和 DNS64 协同工作。DNS64 根据 IPv4 服务器的域名，利用 A 记录(IPv4 地址)和 IPv6 前缀，遵循地址映射算法(RFC6052[1])合成 AAAA 记录(即“IPv4 转换 IPv6 地址”)。IPv6 客户机对“IPv4 转换 IPv6 地址”发起访问，路由到 IPv4/IPv6 翻译器，翻译器把 IPv6 数据报文翻译成 IPv4 数据报文，达到通信的目的。

但是，DNS64 无法为不使用 DNS 的应用程序提供服务(例如，镶嵌了 IPv4 地址的应用程序)。如果有一种发现 IPv6 前缀的机制，则客户机可以在本机直接根据通信对端的 IPv4 地址，按照地址映射算法，合成“IPv4 转换 IPv6 地址”。

此外，DNS64 无法为启用了 DNSSEC 验证的客户机提供 DNS64 服务。对于启用了 DNSSEC 验证的这类主机，主机必须先对 A 记录进行 DNSSEC 验证，通过后再自己合成“IPv4 转换 IPv6 地址”。因此，主机必须能够发现 IPv6 前缀。

上述两种情况需要由主机(或应用系统)发现由 RFC6052[1]定义的 IPv6 前缀参数，表示为 Pref64::/*n*。

RFC7050[3]和 RFC8880[4]描述了一种主机使用“尽力而为”策略探测 DNS64 存在性的方法，并在 DNS64 存在的情况下，得到 IPv4/IPv6 翻译器配置的 IPv6 前缀，以便主机自己合成“IPv4 转换 IPv6 地址”，或进行 DNSSEC 验证。得到合成的“IPv4 转换 IPv6 地址”相关信息也可以帮助双栈网络或具有多网络接口的主机，这类主机可以自行选择直接通过 IPv4 通信还是通过 IPv4/IPv6 翻译器进行通信。注意：这是一种“尽力而为”的方法，与端对端 IPv6 单栈通信所具有的鲁棒性、安全性和良好行为均有差距。因此，这是一种过渡解决方案，强烈建议优选端对端的 IPv6 单栈通信。

8.1.1　前缀发现方法

RFC7050[3]定义了众知域名(well-known name，WKN)和与众知域名对应的众知地址(well-known address，WKA)。注意不要和 RFC6052[1]定义的众知前缀混淆。此外，需要注意这些定义与“IPv6 前缀(Pref64::/*n*)”的关系。

(1)众知域名：ipv4only.arpa(这个域名只有 A 记录：WKA)。

(2)众知地址：192.0.0.170/32 和 192.0.0.171/32。

(3)众知前缀：64:ff9b::/96。

(4)运营商前缀：/32、/40、/48、/56、/64、/96(运营商 IPv6 地址空间的一个子集)。

(5)IPv6 前缀：Pref64::/*n*(包括 WKP 和 NSP)。

当主机需要验证 IPv4/IPv6 翻译器是否存在，以及试图发现与翻译器对应的一个或多个 Pref64::/*n* 时，可以对纯 IPv4 众知域名 ipv4only.arpa 发送 AAAA 记录的 DNS 查询。主机的这个 DNS 查询可以在纯 IPv6 网络或在双栈网络中实施，如图 8.1 所示。

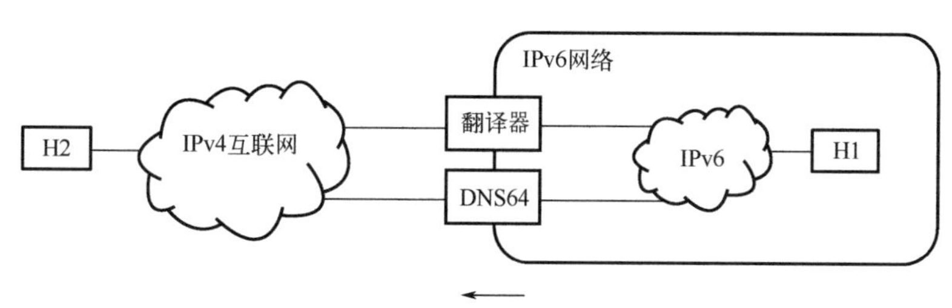

图 8.1　通过 DNS 发现 Pref64::/*n* 的原理

对 ipv4only.arpa 查询 AAAA 记录时，必须将 CD 比特设置为 0，否则 DNS64 将不执行 IPv6 地址合成，导致主机无法得到用于合成“IPv4 转换 IPv6 地址”的 IPv6 前缀 Pref64::/*n*。

如果主机收到具有一个或多个 AAAA 记录的 DNS 回复，则说明该接入网提供“IPv4 转换 IPv6 地址”的合成服务(具有 DNS64 功能)。但在一些场景下，例如，接入网存在“强制门户”(captive portals)、“域名不存在”(NXDOMAIN)劫持或“无数据”(NODATA)劫持时，可能导致误报。一种检测存在此类劫持的方法是查询一个可能不存在的域名(通常返回空响应或错误响应)，并查看它是否返回有效记录。其实，只要被劫持的域名不返回由 RFC6052[1]定义格式的 AAAA 记录，则并不影响

Pref64::/*n* 的发现过程。

主机必须验证所有返回的 AAAA 记录，以得到所有的 Pref64::/*n*。这些 Pref64::/*n* 可能包括众知前缀 64:ff9b::/96、一个或多个运营商前缀。主机应在 AAAA 记录中(IPv6 地址)搜索众知域名对应的 IPv4 地址。主机应该允许在 RFC6052[1]定义的所有可能的位置搜寻这些 IPv4 地址。主机必须检查 8 比特字节边界，以确保 32 比特的众知域名对应的 IPv4 地址仅在 IPv6 地址中出现一次。注意，苹果公司的 iOS 和 Mac OS 支持 RFC7050[3]，但目前的 iOS 和 Mac OS 操作系统仅支持 RFC6052[1]中长度为 /96 的 IPv6 前缀发现。

如果 DNS 响应中只存在一个 Pref64::/*n*，则主机应将这个 Pref64::/*n* 用于本地“IPv4 转换 IPv6 地址”的合成。

如果 DNS 响应中存在多个 Pref64::/*n*，则主机需要确定其他 IPv6 地址是否为合成的“IPv4 转换 IPv6 地址”，即遍历所有这些 Pref64::/*n*。主机必须以这些 Pref64::/*n* 接收到的顺序合成“IPv4 转换 IPv6 地址”。即当主机是向上层协议提供本地合成的“IPv4 转换 IPv6 地址”时，该列表必须按接收到的顺序，给出所有 Pref64::/*n* 合成的“IPv4 转换 IPv6 地址”。

如果在 RFC6052[1]定义的位置无法找到众知域名对应的 IPv4 地址，则表明该接入网在合成 AAAA 记录时，没有使用标准地址格式，或没有使用众知域名对应的 IPv4 地址，因而在这些情况下无法确定 Pref64::/*n*。

如果主机没有收到查询众知域名的 AAAA 记录，主机可以查询众知域名的 A 记录。收到这个 A 记录表明该域名解析服务器不具备 DNS64 功能。

如果主机接收到否定响应(NXDOMAIN、NODATA)或 DNS 查询超时，则意味着在接入网络上不存在 DNS64 服务，或安全政策过滤掉众知域名的查询，或者 DNS 解析出现故障。所有这些不成功的情况都会导致主机无法在本地合成“IPv4 转换 IPv6 地址”。在超时的情况下，主机应该像任何其他 DNS 一样重新传输 DNS 查询(RFC1035[5])。在否定响应的情况下(即 NXDOMAIN、NODATA 响应)，主机必须在服从 TTL 参数的条件下重新发送 AAAA 查询(RFC1035[5])。主机可以监测包含众知前缀 IPv6 地址的 DNS 回复，并使用该众知前缀进行“IPv4 转换 IPv6 地址”的合成。

要尽可能地减少消耗互联网资源，主机应该仅在需要时执行发现 Pref64::/*n* 的流程(例如，当需要本地合成“IPv4 转换 IPv6 地址”时、当启动新的网络接口时，等等)。主机应该缓存 Pref64::/*n*，并在众知域名的 TTL 到期的 10s 之前重复 Pref64::/*n* 发现流程。

1. 验证发现的 Pref64 :: / *n*

如果主机与 DNS64 服务器之间使用不安全的网络或 DNS64 服务器不可信，攻击者会介入 Pref64::/*n* 的发现过程，修改数据，从而导致拒绝服务攻击、重定向攻击、中间人攻击或其他攻击。为了避免攻击，主机应该通过安全通道与信任的 DNS64 服务器通信，或使用 DNSSEC。NAT64 的提供者对 Pref64::/*n* 的发现服务应该具有通过安全通道和/或使用 DNSSEC 保护的机制。

DNSSEC 只能验证所发现的 Pref64::/*n* 属于 IPv4/IPv6 翻译器所属的那个域。即 DNSSEC 验证无法确认该主机一定位于该 Pref64::/*n* 提供服务的网络之中。此外，DNSSEC 无法对众知前缀进行验证。

2. 网络的 DNSSEC 配置要求

如果运营商选择使用 DNSSEC 验证 Pref64::/*n*，则 IPv4/IPv6 翻译器的提供者必须进行如下配置。

(1)拥有一个或多个 IPv4/IPv6 翻译器所属的 FQDN(以下称为 NAT64 FQDN)。在一个网络具有多个 Pref64::/*n* 的情况下(如为了负载均衡)，由网络管理员选择单个 NAT64 FQDN 映射到多个 Pref64::/*n*，或每个 Pref64::/*n* 对应不同的 NAT64 FQDN。

(2)每个 NAT64 FQDN 必须配置一个或多个包含 Pref64::WKA (Pref64::/*n* 与 WKA 结合)的 AAAA 记录。

(3)每个 Pref64::WKA 必须有一个指向对应的 NAT64 FQDN 的 PTR 记录。

(4)使用 DNSSEC 签署 NAT64 FQDN 的 AAAA 记录(IPv4 转换 IPv6 地址)和 A 记录。

3. 主机的 DNSSEC 配置要求

在可能的情况下，主机应该使用安全通道与 DNS64 服务器进行通信。此外，支持 DNSSEC 的主机可以使用以下流程验证所发现的 Pref64::/*n*。

通过请求 ipv4only.arpa 的 AAAA 记录，发现 Pref64::/*n*，该 AAAA 记录的 IPv6 地址(IPv4 转换 IPv6 地址)由 Pref64::/*n* 与 WKA 组合而成，即 Pref64::WKA。对于主机希望验证的每个 Pref64::/*n*，主机执行以下步骤。

(1)对上述获得 AAAA 记录的 IPv6 地址(Pref64::WKA，即“IPv4 转换 IPv6 地址”)进行 PTR 记录查询(基于“.ip6.arpa.”树)。应按照 RFC1034[6]、RFC1035[5]和 RFC6672[7]规定的步骤，考虑 CNAME 和 DNAME 的情况，得到一个或多个 NAT64 FQDN。

(2)主机应该将查询到的 NAT64 FQDN 的域与一组主机的信任域的列表进行比较，并选择匹配的 NAT64 FQDN。这意味着主机在测试特定的域。如果不存在信任域，则 Pref64::/*n* 的发现过程不安全，不能继续执行以下步骤。

(3)查询 NAT64 FQDN 的 AAAA 记录。

(4) 验证 AAAA 记录是否包含 Pref64::WKA。NAT64 FQDN 可能存在多个 AAAA 记录，在这种情况下，主机必须检查是否与步骤(1)中获得的地址相匹配。主机必须忽略其他响应，不要将它们用于本地 IPv6 地址的合成。

(5) 执行收到的 AAAA 记录的 DNSSEC 验证。

主机成功地完成上述五个步骤后，即可认为 Pref64::/*n* 通过了验证。

8.1.2　连通性检查

在得到 Pref64::/*n* 之后，主机应该执行连通性检查，以确保该 Pref64::/*n* 正常运行。影响正常运行的原因包括：IPv4/IPv6 翻译器的 IPv6 路由不可达、翻译器停止运行、翻译器到 IPv4 的路由不可达等。

主要有两种方法检查该 Pref64::/*n* 的连通性。第一种方法是执行专用的连通性检查。第二种方法是简单地尝试使用得到的 Pref64::/*n*。两种方法各有优缺点，如带来额外的网络流量，或用户会感到明显的延迟。具体实施何种方法应根据不同应用及网络的情况，权衡利弊后再决定。

主机应该使用专门的服务器和特定的协议进行连通性测试。如果不可行，主机可以对 Pref64::WKA 做 PTR 记录查询以获取 NAT64 FQDN。然后主机对 NAT64 FQDN 做 A 记录查询，这将返回 0 个或多个 A 记录，指向运营商的连通性检查服务器。对 PTR 或 A 记录查询的否定响应意味着没有可用的连通性检查服务器。提供 IPv4/IPv6 翻译服务的运营商应该为 NAT64 FQDN 配置一个或多个 A 记录，指向连通性检查服务器。这个连通性检查方法仅适合 Pref64::/*n* 为运营商前缀的场景，因为不可能使用众知前缀为每个不同的域注册不同的 A 记录。

如果存在多个连通性检查服务器可供使用，则主机会选择第一个，因此建议优选特定协议的连通性检查服务器。

NAT64 FQDN 的 A 记录指向的连通性检查服务器的默认协议是 ICMPv6 (RFC4443[8])。因此，网络运营商必须对连通性检查消息禁用 ICMPv6 速率限制。

当主机进行连通性检查时，主机对 Pref64::/*n* 与 IPv4 地址合成的纯 IPv6 连通性检查服务器发送 ICMPv6 Echo Request 消息(其目标地址为“IPv4 转换 IPv6 地址”)。这将测试主机到 IPv4/IPv6 翻译器的 IPv6 路由、翻译器的运行情况，以及翻译器到连通性检查服务器的 IPv4 路由。如果主机没有收到 ICMPv6 Echo Request 的回复，主机应在 1s 后发送另一个 ICMPv6 Echo Request。如果仍然没有收到回复，则主机应在 2s 后发送第三个 ICMPv6 Echo Request。

如果收到了 ICMPv6 Echo Response 消息，可以确认主机到连通性检查服务器的通信正常。如果在三次测试后，并再等 3s 的超时后没有收到 ICMPv6 Echo Response，则该 Pref64::/*n* 可能无法正常运行。主机可以选择另一个不同的 Pref64::/*n*(如果可用)

进行测试。可以选择提醒用户，或仍然使用该 Pref64::/*n*(假设故障是暂时的，或是由于连通性测试服务器本身的故障造成的)。注意：未能收到 ICMPv6 响应不能因此认为网络无法传输 ICMPv6 消息以外的任何内容。

如果在本地“IPv4 转换 IPv6 地址”合成之前未执行单独的连通性检查，主机可以监视使用本地合成的“IPv4 转换 IPv6 地址”的连接状态。基于连接状态和可能收到的 ICMPv6 出错消息，例如目标不可达(Destination Unreachable)，主机可以暂停本地“IPv4 转换 IPv6 地址”的合成，并重启 Pref64::/*n* 的发现流程。

1. 对 ipv4only.arpa 的规定

主机不允许对查询 ipv4only.arpa 返回的 IPv4 地址进行连通性检查。这是因为按规定这个地址没有对应的服务器。同样，网络运营商不得对任何服务器配置这些 IPv4 地址。不能使用这个地址进行连通性检查的原因是：对于 IPv4/IPv6 翻译器工作正常，但没有配置连通性检查服务器的网络，应该能够正常提供 IPv6 客户机对 IPv4 服务器发起的访问服务。相反，查找额外的 DNS 记录用于连通性检查，可以保证数据报文不会不必要地泄露到互联网，并减少连通性检查出错导致的故障。

2. FQDN 的替代

某些应用程序、操作系统、设备或网络可能会运行自己的 DNS 基础设施来执行 ipv4only.arpa 的功能，但使用不同的 A 记录。这样做的主要优点是确保域名基础设施的可用性和可控性。例如，名为 Example 的公司可以运行自己特定的应用程序查询 ipv4only.example.com。在这种情况下，除了需要查询不同的 DNS 记录，其余步骤相同。

8.1.3 流程图

下面给出发现并验证 Pref64::/*n* 的流程图。在此示例中，DNS64 服务器提供了三个 Pref64::/*n* 前缀。

(1) 第一个 Pref64::/*n* 使用 NSP：2001:db8:42::/96；Pref64::WKA 为 2001:db8:42::192.0.0.170。

(2) 第二个 Pref64::/*n* 使用 NSP：2001:db8:43::/96；Pref64::WKA 为 2001:db8:43::192.0.0.170。

(3) 第三个 Pref64::/*n* 使用 WKP；Pref64::WKA 为 64:ff9b::192.0.0.170。

DNS64 服务器也可以返回包含 192.0.0.171 的合成地址。注意，根据 IETF 标准，不需要对 WKP 进行验证。

验证流程如图 8.2 所示。

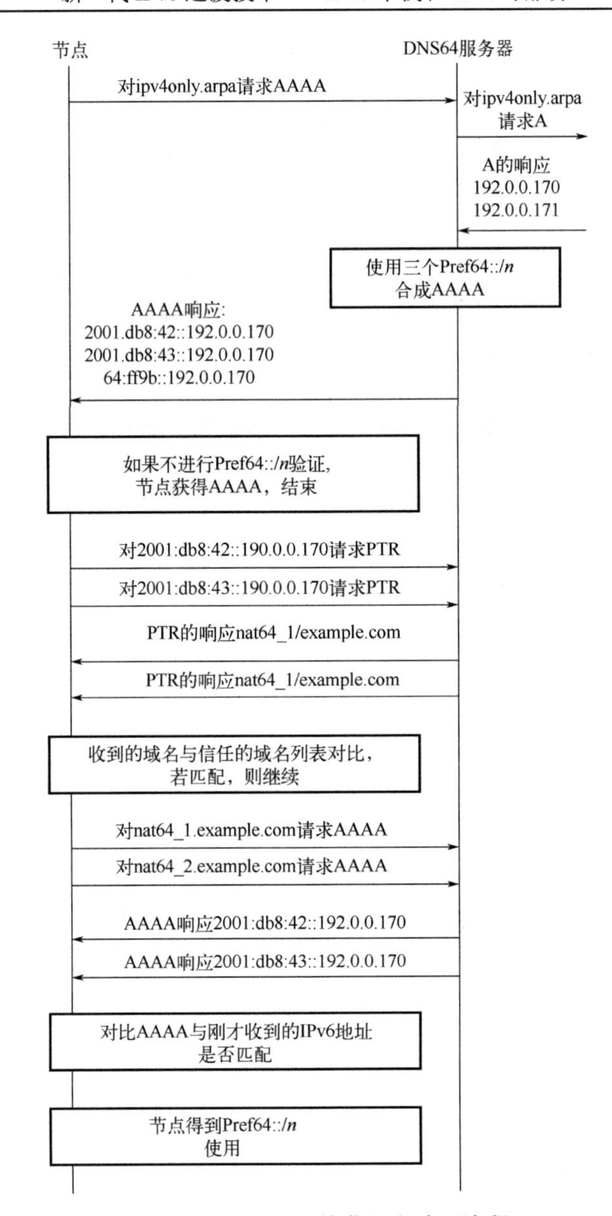

图 8.2　Pref64::/*n* 的发现和验证流程

8.1.4　众知域名的域名权威服务器配置参数

众知域名(ipv4only.arpa)的域名权威服务器应将 TTL 设置为至少 60min 以便改进 DNS 缓存的有效性。众知域名(ipv4only.arpa)的域名权威服务器必须使用 DNSSEC 签名。

8.1.5　DNS64 运营商的注意事项

DNS64 服务器的运营商可以通过管理 DNS64 的响应进行网络行为优化。

如果网络运营商希望主机使用多个 Pref64::/*n* 前缀，运营商需要使 DNS64 服务器给出合成的多个 AAAA 记录。

没有机制可以保证主机最终将使用哪个 Pref64::/*n*。因此，如果运营商出于负载平衡等原因希望主机仅使用特定的 Pref64::/*n* 或定期更改 Pref64::/*n*，唯一有保障的方法是使 DNS64 服务器只返回一个合成的 AAAA 记录并恰当地设置 TTL，以便主机定时重复 Pref64::/*n* 发现。除了设置 Pref64::/*n* 和 TTL，DNS64 服务器不得对众知域名执行任何其他操作。

8.1.6　IANA 注意事项

1. 众知域名

纯 IPv4 众知域名为：ipv4only.arpa。

2. 众知域名对应的 IPv4 地址

众知域名需要映射到两个不同的全局 IPv4 地址，分配情况如表 8.1 所示。

表 8.1　众知域名对应的 IPv4 地址

属性	取值
地址块(address block)	192.0.0.170/32 192.0.0.171/32
名称(name)	NAT64/DNS64 发现
分配时间	2013 年 2 月
使用期限	长期
作为源地址	否
作为目标地址	否
全局性	否
用途	为互联网协议预留

8.2　DHCPv6 参数配置技术

包含一次翻译技术、双重翻译技术和隧道技术的新一代 IPv6 过渡技术具有能够共享公有 IPv4 地址的特点。为了运营自动化，以 DHCPv6 系列技术为代表的参数配置方法(分配 IPv6 地址、前缀长度和域名解析服务器等)需要进行扩展。

DHCPv6 的结构如图 8.3 所示。

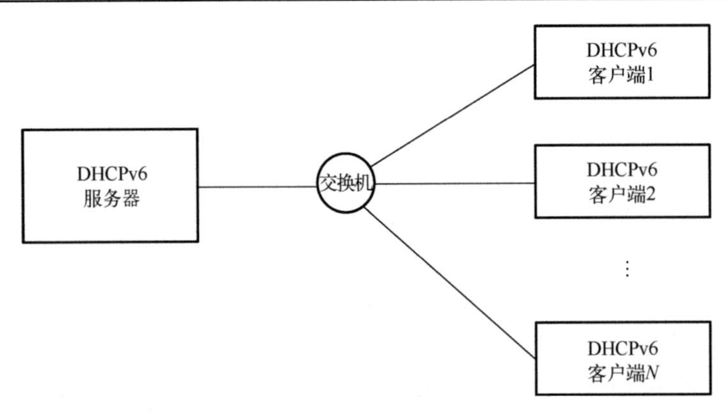

图 8.3　DHCPv6

其工作流程为：DHCPv6 客户端发送报文，请求 DHCPv6 服务器为其分配 IPv6 地址和网络配置参数。DHCPv6 服务器回复报文，通知客户端可以为其分配的地址和网络配置参数。

本章以 RFC7598[9]为例，讨论 MAP 系列过渡技术，包括无状态双重翻译(MAP-T)、无状态封装(MAP-E)和轻型 4over6(LW-4o6)的 DHCPv6 扩展技术。其中 MAP-T 和 MAP-E 技术参见本书第 10 章，LW-4o6 技术参见本书第 11 章。

MAP 系列技术解决方案是由一个或多个 MAP 中继路由器(border router，BR)负责在 MAP IPv6 域和 IPv4 互联网之间进行无状态转发。同时，配置一个或多个 MAP 客户端边缘(customer edge，CE)设备负责在 MAP IPv6 网络域和用户的 IPv4/IPv6 网络之间转发，如图 8.4 所示。

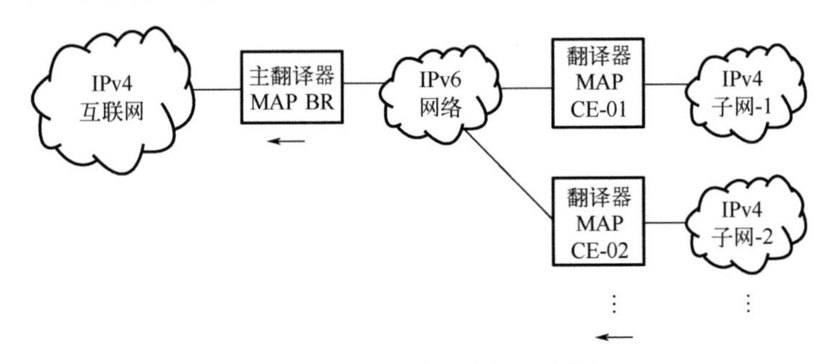

图 8.4　MAP 系列技术示意图

总的来说，同一个 MAP 域的 MAP BR 和 MAP CE 都需要配置相关参数(称为 Softwire46 参数)，因此可以形成统一的 DHCPv6 参数配置扩展机制。这些参数主要包括以下几个。

(1)公有 IPv4 地址。

(2)传输层端口范围。

(3)运行模式(翻译或封装)。

这些参数的配置由 RFC7598[9]定义，通过由 RFC3315[10]定义的 DHCPv6 选项来实现。这种方法既可以为家庭网关配置参数，也可以直接为端系统配置参数。

8.2.1　Softwire46 概述

MAP 系列过渡技术通过纯 IPv6 接入网络为 CE 路由器提供 IPv4 服务。MAP-T[11]和 MAP-E[2]可以在 IPv6 前缀中嵌入部分 IPv4 地址，从而支持为众多用户配置参数，并支持网格(Mesh：直接 CE 到 CE)模式。MAP-T CE 和 MAP-E CE 也支持辐轮(hub-and-spoke)模式，以及不共享公有 IPv4 地址(没有嵌入地址比特)的模式。MAP-T 和 MAP-E 的区别在于 MAP-T 为双重翻译(RFC7915[12])，而 MAP-E 为封装(RFC2473[13])。LW-4o6[14]是一个辐轮模式的 IPv4-over-IPv6 隧道机制(RFC2473[13])，具有完全独立的 IPv4 和 IPv6 寻址(零嵌入地址比特)。

DHCPv6 选项(Softwire46)将 MAP 系列的相关配置参数(含 IPv4 服务)与用户被分配的 IPv6 前缀进行全生命周期的绑定。即 Softwire46 的 IPv4 地址或 IPv4 前缀或共享的 IPv4 地址、传输层端口范围，以及任何与授权和审计相关的参数，均与用户 IPv6 前缀的全生命周期绑定。

为了同时支持多种机制和在机制之间的切换，使用由 RFC3315[10]定义的 DHCPv6 选项请求选项(option request option，ORO)。每个机制都有一个对应的 DHCPv6 容器选项。DHCPv6 客户端可以使用特定的 ORO 容器选项代码请求所需参数。该机制的参数可以通过在选项格式中嵌入各自的容器选项来完成。

这个方法意味着只有在容器选项中才能包含配置选项。如果 Softwire46 DHCPv6 客户端接收到未封装在容器中的配置选项，必须忽略这些选项。

8.2.2　常见的 Softwire46 DHCPv6 选项

Softwire46 CE 使用 DHCPv6 协议配置参数。MAP CE 是 DHCPv6 客户端，DHCPv6 服务器根据服务器端策略提供 DHCPv6 选项。

每个 CE 都需要配置足够的信息来计算其 IPv4 地址、IPv4 前缀或共享的 IPv4 地址。此外，CE 还需要得到 BR 的 IPv6 地址或 IPv6 前缀。在需要共享 IPv4 公有地址的情况下，CE 还需要得到端口范围算法的参数和端口集。这些参数的集合如下：

(1)MAP-E 和 MAP-T 使用 OPTION_S46_RULE 选项。

(2)LW-4o6 使用 OPTION_S46_V4V6BIND 选项。CE 还需要 BR 的 IPv6 地址或 IPv6 前缀。

(3)MAP-E 和 LW-4o6 使用 OPTION_S46_BR 选项。

(4)MAP-T 使用 OPTION_S46_DMR 选项。CE 还需要端口范围算法的参数和端口集。

(5)所有机制都可以包含 OPTION_S46_PORTPARAMS 选项。

Softwire46 选项使用地址而不是使用 FQDN。

1. OPTION_S46_RULE 选项

图 8.5 显示了 OPTION_S46_RULE 选项，用于配置基本映射规则(basic mapping rule，BMR)和转发映射规则(forwarding mapping rule，FMR)。

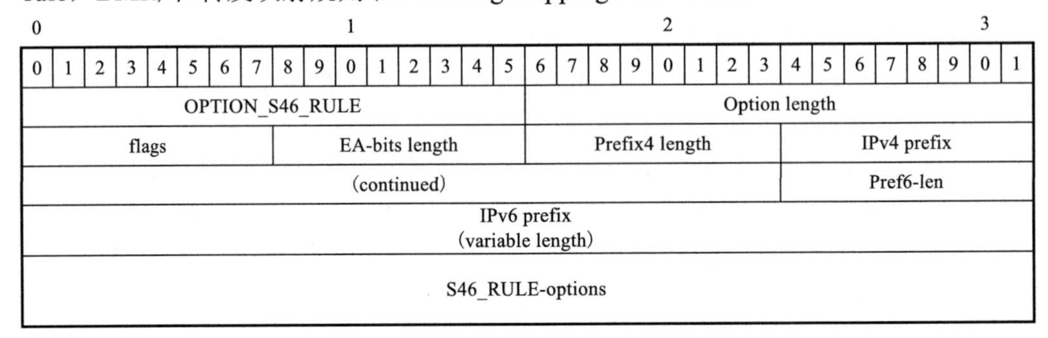

图 8.5　OPTION_S46_RULE 选项

此规则的行为由 RFC3315[10]描述。客户端可以发送封装在相应的容器选项中、携带特定值的选项，作为给 DHCPv6 服务器的“提示”(hints)。根据 DHCPv6 服务器的策略配置，这些“提示”可以被接受或者被忽略。客户端必须能够处理与客户端之前发送的“提示”值不同的接收值。

(1) 选项代码(OPTION_S46_RULE)：16 比特；设为 89。

(2) 选项长度(Option length)：16 比特；这个长度不包括选项代码和选项长度字段，包括所有封装长度，以 8 比特字节为单位表示。

(3) 标志(flags)：8 比特；适用于该规则的标志。

(4) 嵌入字节长度(EA-bit length)：8 比特；嵌入式地址(EA)比特长度，允许范围为 0～48。

(5) IPv4 前缀长度(Prefix4 length)：8 比特；IPv4 prefix 字段中指定的 IPv4 前缀，允许范围为 0～32。

(6) IPv4 前缀(IPv4 prefix)：32 比特；IPv4S46 规则的前缀。Prefix4 length 之后的前缀中的比特为预留比特。发送节点必须把预留比特设置为 0，接收节点必须忽略预留比特。

(7) IPv6 前缀长度(Pref6-len)：8 比特；IPv6 prefix 字段中指定的 IPv6 前缀，允许范围为 0～128。

(8) IPv6 前缀(IPv6 prefix)：变长；S46 规则域的 IPv6 前缀。如果 Pref6-len 不是 8 比特的整数倍，则该字段需要右填充 0。

(9) 规则选项(S46_RULE-options)：变长；S46_RULE-options 扩展，可以包含 0 个或更多选项。目前定义了 OPTION_S46_PORTPARAMS 选项。

S46 Rule Flags 字段的格式如图 8.6 所示。

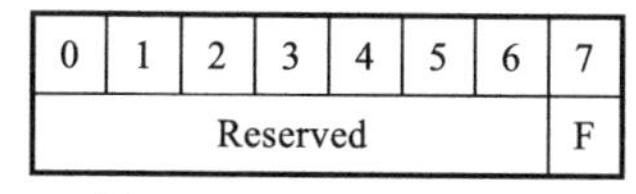

图 8.6　S46 Rule Flags

(1) 保留 (Reserved)：7 比特；预留。

(2) F：1 比特；如果设置，则此规则也用作转发规则，在比较用户 (IPv6 前缀/长度) 和 (IPv6 prefix/Pref6-len) 的基础上，根据最长前缀匹配原则进行。如果不设置，此规则仅作为 BMR，不得用于转发。

在典型的网状 (mesh) 部署场景中可设置单一的 BMR，通过设置 F=1，BMR 也可起到 FMR 的作用。

2. OPTION_S46_BR 选项

图 8.7 显示了 OPTION_S46_BR 选项，用于配置 BR 的 IPv6 地址。

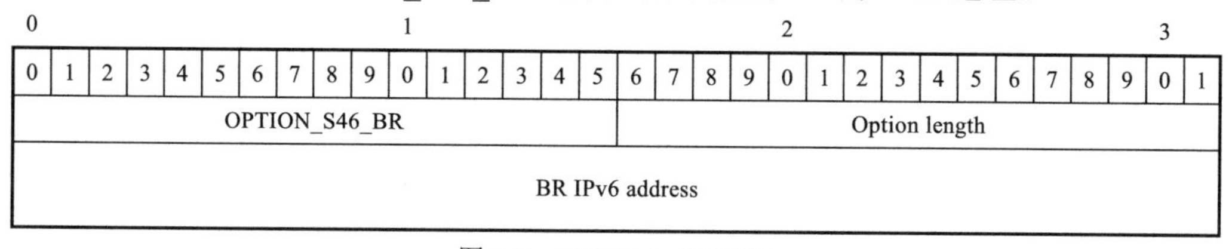

图 8.7　OPTION_S46_BR

(1) 选项代码 (OPTION_S46_BR)：16 比特；设为 90。

(2) 选项长度 (Option length)：16 比特；以 8 比特字节为单位表示。

(3) BR 的 IPv6 地址 (BR IPv6 address)：128 比特；S46 BR 的 IPv6 地址。

BR 的冗余可以通过把 BR IPv6 地址作为任播地址来实现。当然，也可以包含多个 OPTION_S46_BR 选项容器。

3. OPTION_S46_DMR 选项

图 8.8 显示了 OPTION_S46_DMR 选项，用于配置默认映射规则 (default mapping rule，DMR)。

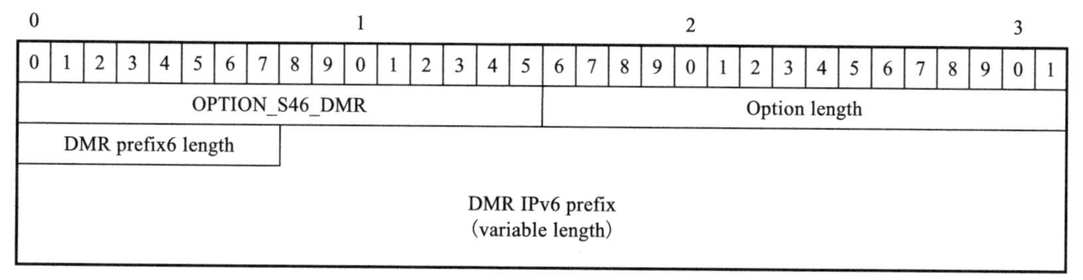

图 8.8　OPTION_S46_DMR 选项

(1) 选项代码(OPTION_S46_DMR)：16 比特；设为 91。

(2) 选项长度(Option length)：16 比特；以 8 比特为单位，1+DMR IPv6 prefix 的长度。

(3) DMR 的 IPv6 前缀长度(DMR prefix6 length)：8 比特；DMR IPv6 prefix 的 IPv6 前缀长度，允许范围为 0～128。

(4) DMR 的 IPv6 前缀(DMR IPv6 prefix)：变长；DMR 的 IPv6 前缀。如果 DMR prefix6 length 不是 8 比特的整数倍，则该字段需要右填充 0。

4. OPTION_S46_V4V6BIND 选项

图 8.9 显示了 OPTION_S46_V4V6BIND 选项，用于配置 CE 的完整 IPv4 地址或共享的 IPv4 地址。其中 IPv6 前缀字段用于 CE 作为隧道源。

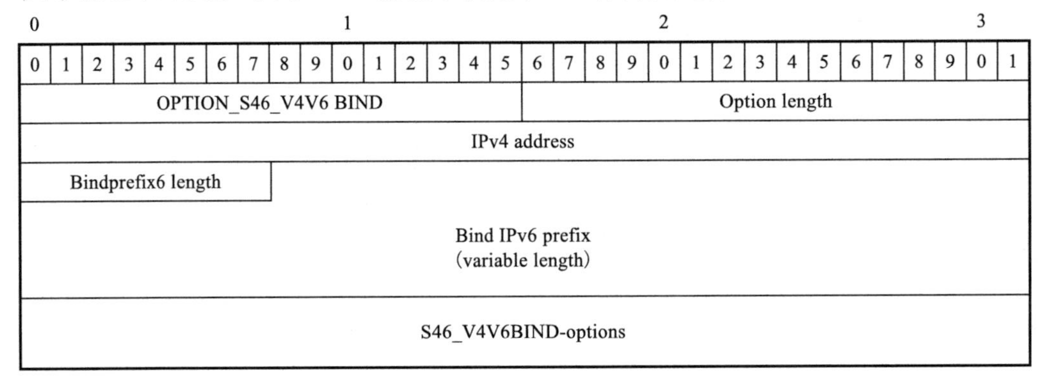

图 8.9　OPTION_S46_V4V6BIND 选项

(1) 选项代码(OPTION_S46_V4V6BIND)：16 比特；设为 92。

(2) 选项长度(Option length)：16 比特；包括所有封装长度，以 8 比特字节为单位表示(此处不需要包括选项代码和选项长度字段的长度)。

(3) IPv4 地址(IPv4 address)：32 比特；IPv4 地址。

(4) 绑定 IPv6 前缀长度(Bindprefix6 length)：8 比特；Bind IPv6 prefix 字段中的 IPv6 前缀长度，允许范围为 0～128。

(5) 绑定 IPv6 前缀(Bind IPv6 prefix)：变长；绑定 IPv6 前缀或 IPv6 地址。如果 Bindprefix6 length 不是 8 比特的整数倍，则该字段需要右填充 0。

(6) S46_V4V6BIND 选项(S46_V4V6BIND-options)：变长；OPTION_S46_V4V6BIND 扩展，可以包含 0 个或更多选项。目前定义了 OPTION_S46_PORTPARAMS。

5. OPTION_S46_PORTPARAMS 选项

图 8.10 显示了 OPTION_S46_PORTPARAMS 选项，用于配置 CE 的传输层端口集的信息(RFC7597[2])。

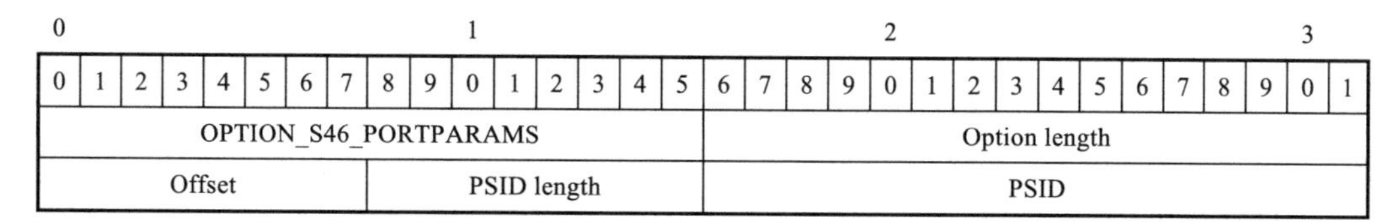

图 8.10　OPTION_S46_PORTPARAMS 选项

(1) 选项代码(OPTION_S46_PORTPARAMS)：16 比特；设为 93。

(2) 选项长度(Option length)：16 比特；取值为 4。

(3) 偏移量(Offset)：8 比特；定义 S46 算法排除端口范围的偏移比特数(a-bits)，根据 RFC7597[2]，允许范围为 0～15。

(4) 端口集标识长度(PSID length)：8 比特；定义 PSID 的有效比特(“k”值)。当设置为 0 时，PSID 字段将被忽略。在“a”字段之后，存在 k 比特表示该 PSID 值的端口号。地址共享率为 2^k 。

(5) 端口集标识(PSID)：16 比特；PSID 定义分配给 CE 的传输层端口集合(端口范围)。这个字段左边的前 k 比特包含 PSID 的二进制值。右边剩下的 $16-k$ 比特填充 0。

注意：

①当 S46 CE 接收到 OPTION_S46_PORTPARAMS 选项定义的 PSID 时，必须使用这个显式 PSID 所定义的传输层端口范围。

②当 S46 CE 接收到 IPv4 前缀(IPv4 prefix)，而不是完整的 IPv4 地址时，必须丢弃这个显式 PSID 所定义的传输层端口范围。

此外，OPTION_S46_PORTPARAMS 选项必须包含在 OPTION_S46_RULE 选项或 OPTION_S46_V4V6BIND 选项中。

8.2.3　Softwire46 容器

1. S46 MAP-E 容器选项

S46 MAP-E 容器选项(OPTION_S46_CONT_MAPE)用于对特定服务域封装所有 MAP-E 的相关规则和端口参数选项，如图 8.11 所示。

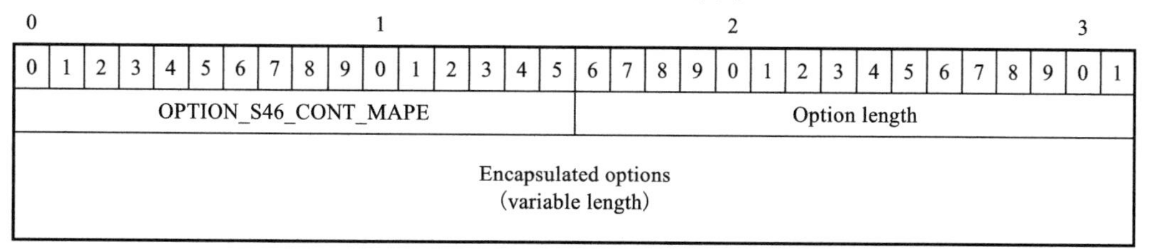

图 8.11　S46 MAP-E 容器选项

(1) 选项代码 (OPTION_S46_CONT_MAPE)：16 比特；设为 94。

(2) 选项长度 (Option length)：16 比特；以 8 比特字节为单位表示。

(3) 封装选项 (Encapsulated options)：变长；MAP-E 域的 Softwire46 选项。

封装选项 (Encapsulated options) 字段包含 OPTION_S46_CONT_MAPE 特定的选项。目前，有两个封装选项：①OPTION_S46_RULE；②OPTION_S46_BR。

必须至少有一个 OPTION_S46_RULE 选项和至少一个 OPTION_S46_BR 选项。

注意：

①未来可能定义其他封装选项。

②一个 DHCPv6 消息可能包含多个 OPTION_S46_CONT_MAPE 选项 (代表多个域)。

2. S46 MAP-T 容器选项

S46 MAP-T 容器选项 (OPTION_S46_CONT_MAPT) 用于对特定服务域封装所有 MAP-T 的相关规则和端口参数选项，如图 8.12 所示。

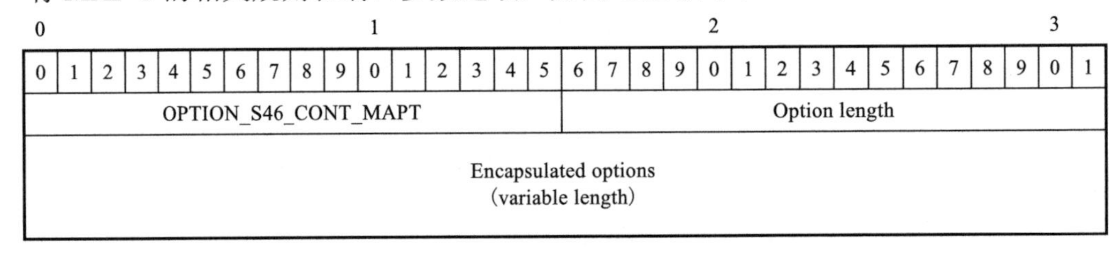

图 8.12　S46 MAP-T 容器选项

(1) 选项代码 (OPTION_S46_CONT_MAPT)：16 比特；设为 95。

(2) 选项长度 (Option length)：16 比特；以 8 比特字节为单位表示。

(3) 封装选项 (Encapsulated options)：变长；MAP-T 域的 Softwire46 选项。

封装选项 (Encapsulated options) 字段包含 OPTION_S46_CONT_MAPT 特定的选项。目前有两个封装选项：①OPTION_S46_RULE；②OPTION_S46_DMR。

必须至少有一个 OPTION_S46_RULE 选项，而且只有一个 OPTION_S46_DMR 选项。

3. S46 LW-4o6 容器选项

S46 LW-4o6 容器选项 (OPTION_S46_CONT_LW) 用于对特定服务域封装所有 LW-4o6 的相关规则和端口参数选项，如图 8.13 所示。

(1) 选项代码 (OPTION_S46_CONT_LW)：16 比特；设为 96。

(2) 选项长度 (Option length)：16 比特；以 8 比特字节为单位表示。

(3) 封装选项 (Encapsulated options)：变长；LW-4o6 域的 Softwire46 选项。

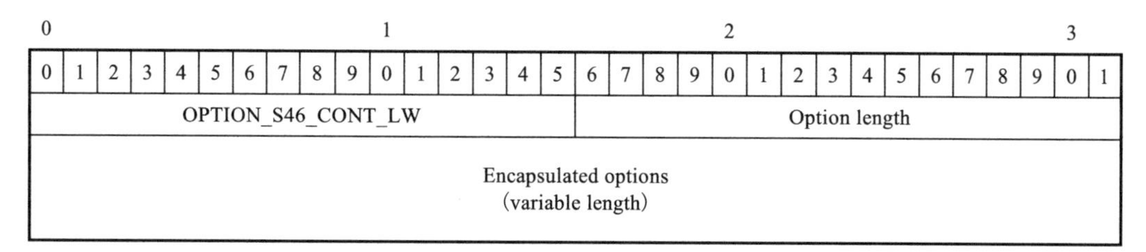

图 8.13　OPTION_S46_CONT_LW 容器选项

封装选项(Encapsulated options)字段包含 OPTION_S46_CONT_LW 特定的选项。目前有两个封装选项：①OPTION_S46_V4V6BIND；②OPTION_S46_BR。

必须至多有一个 OPTION_S46_V4V6BIND 选项，至少有一个 OPTION_S46_BR 选项。

8.2.4　Softwire46 选项封装

表 8.2 显示了对不同定义的容器选项，哪些封装选项是必需的，哪些是可选的，哪些是不允许的。

表 8.2　容器选项

选项	MAP-E	MAP-T	LW-4o6
OPTION_S46_RULE	必选	必选	不允许
OPTION_S46_BR	必选	不允许	必选
OPTION_S46_PORTPARAMS	任选	任选	任选
OPTION_S46_DMR	不允许	必选	不允许
OPTION_S46_V4V6BIND	不允许	不允许	任选

当接到违反上述规则的容器时，相应的 Softwire46 DHCPv6 客户端必须忽略这些容器选项。

8.2.5　DHCPv6 服务器行为

RFC3315[10]描述了 DHCPv6 客户端和服务器使用 ORO 协商配置的方式。即在默认情况下，如果客户端没有在 ORO 中显式请求某个 Softwire46 容器选项，则服务器不会主动给出。

CE 路由器可以支持为 Softwire46 定义的某几个(或所有)机制。当客户端通过 ORO 请求多个机制时，服务器应回复该服务器具有配置信息的相应 Softwire46 容器选项。

8.2.6　DHCPv6 客户端行为

作为 DHCPv6 客户端的 S46 CE 将向位于 IPv6 网络中的 DHCPv6 服务器发送请

求。S46 CE 使用下述 DHCPv6 消息，利用 ORO 机制，请求 S46 容器选项。

(1) SOLICIT。

(2) REQUEST。

(3) RENEW。

(4) REBIND。

(5) INFORMATION-REQUEST。

在处理收到的 S46 容器选项时，客户端应具有下述行为。

(1) 客户端必须支持处理在 OPTION_S46_CONT_MAPE 或 OPTION_S46_CONT_MAPT 容器中收到的多个 OPTION_S46_RULE。

(2) 当客户端收到不受支持的 S46 选项或无效参数值时，应该丢弃相关的 S46 容器，同时计入日志(log)。

(3) 与所有 DHCPv6 派生的配置状态一样，在实际运行的过程中有可能发生中间人攻击(man in the middle attack)。因此，必须配置 IPv6 防火墙等安全设施。

8.2.7　IANA 参数

IANA 已分配以下 DHCPv6 选项代码，如表 8.3 所示。

表 8.3　使用基本众知前缀举例

代码	描述
89	OPTION_S46_RULE
90	OPTION_S46_BR
91	OPTION_S46_DMR
92	OPTION_S46_V4V6BIND
93	OPTION_S46_PORTPARAMS
94	OPTION_S46_CONT_MAPE
95	OPTION_S46_CONT_MAPT
96	OPTION_S46_CONT_LW

8.3　RA 的 DNS 解析服务器配置技术

IPv6 的地址配置模式包括使用 SLAAC 的“无状态地址分配”和使用 DHCPv6 技术的“有状态地址分配”。只有 SLAAC 对各种操作系统均支持，因此在纯 IPv6 的情况下，为了支持所有的操作系统，必须对 IPv6 路由器公告(router advertisement，RA)选项进行扩展(DNS RA 选项)。其目的是允许 IPv6 路由器通告域名解析服务器地址和 IPv6 的 DNS 主机搜索列表(DNS search list，DNSSL)。这个扩展由 RFC8106[15]定义。

8.3.1　技术背景

IPv6 邻居发现(neighbor discovery，ND)协议和 IPv6 SLAAC 提供了配置固定或具有一个或多个 IPv6 地址、默认路由器和其他参数(RFC4861[16]、RFC4862[17])的机制。其核心组件之一是 RA，其结构如图 8.14 所示。

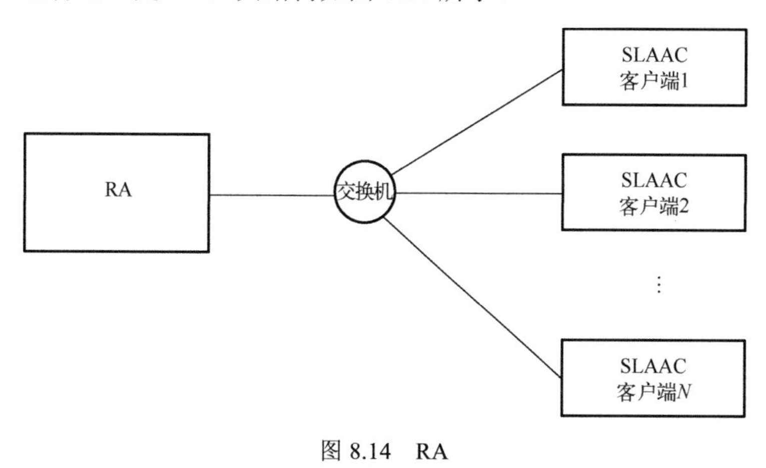

图 8.14　RA

RA——周期性发送或对请求进行应答。路由器报告它们的存在，并提供节点配置自己所需要的信息。

当移动主机(如笔记本电脑)连入一个子网时，不可能每次都进行手工配置。虽然一次性的静态配置是可能的，但实际使用时并不可行。

DNS 信息可以通过 DHCPv6 提供(RFC3315[10]、RFC3736[18]、RFC3646[19])。但是，当主机仅使用 SLAAC 时，也必须能够得到 DNS 域名解析服务。这个问题在双栈网络中并不紧迫，因为 IPv4 可以通过 DHCP 获得域名解析服务器的 IPv4 地址，通过 IPv4 递归解析服务器进行 AAAA 记录的解析。

RFC8106[15]定义了 DNS RA 选项的机制，因此可用于仅支持 SLAAC 的纯 IPv6 主机自动配置 DNS 解析服务器的地址。

当纯 IPv6 主机地址通过 IPv6 SLAAC 进行自动配置时，可以使用 RA 的 DNS 配置。具体情况包括：网络没有部署 DHCPv6 基础设施或某些主机没有 DHCPv6 客户端。

RA 的 DNS 配置可以使主机在 SLAAC 的状态下获得完整的上网参数配置，而无须使用 DHCPv6。但是，对于需要 DHCPv6 获得更多参数的情况，建议仍然通过 DHCPv6 获得 DNS 参数，而不使用基于 RA 的 DNS 配置。

基于 RA 的 DNS 配置允许 IPv6 主机直接通过联网接口获取 DNS 配置(即域名解析服务器地址和 DNSSL)。注意：在这种情况下，该主机从同一个 RA 来源获得 IPv6 前缀、默认网关和 DNS 的信息。

RFC4339[20]讨论了通过 DHCPv6，通过“众知任播地址”和基于 RA 获得 DNS 参数的优缺点。

8.3.2 DNS 的 RA 选项与 DHCP 选项的共存

目前已经存在两种协议来配置主机的 DNS 参数，即 RA 选项和 DHCPv6 选项(RFC3646[19])，这两种机制可以一起使用。RFC4861[16]规定了主机有状态配置机制的选择机制。符合本规范的主机必须从 RA 消息中提取 DNS 信息，除非用户指定了静态 DNS 配置。如果主机多个 RA(和/或) DHCPv6 获得了 DNS 参数，则主机必须维护这些信息的使用顺序的列表。

8.3.3 RA 的邻居发现扩展

DNS 的 RA 选项是称为“RDNSS 选项”的 ND 选项，其中包含 RDNSSes 的地址。此外，还存在“DNSSL 选项”的 ND 选项，其中包含 DNSSL。这是为了与 DHCPv6 选项保持一致，以确保有能力确定搜索域。

DNS 的 RA 选项使用现有的 ND 消息(即 RA)来携带。一台 IPv6 主机可以通过 RA 消息配置一个或多个 RDNSS 的 IPv6 地址。在使用 ND 协议的前缀信息选项(RFC4861[16]、RFC4862[17])时，通过 RDNSS 和 DNSSL 选项，IPv6 主机可以配置网络 IPv6 地址和 DNS 信息，而完全不需要 DHCPv6。

注意，这种方法需要手动配置或通过自动配置机制(如 DHCPv6 或供应商专有的配置机制)，为提供 RA 功能的路由器配置 DNS 信息。

1. 域名解析服务器选项

RDNSS 选项包含一个或多个 RDNSSes 的 IPv6 地址，所有这些地址共享相同的生命周期(lifetime)。如果不同的地址需要具有不同的生命周期值，则可以使用多个 RDNSS 选项。图 8.15 显示了 RDNSS 选项的格式。

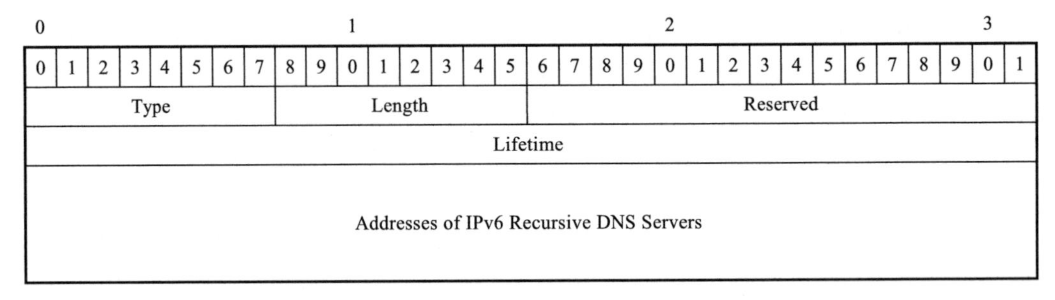

图 8.15　RDNSS 选项

（1）类型（Type）：8 比特；IANA 分配值为 25（分配给 RDNSS 选项类型）。

（2）长度（Length）：8 比特（无符号整数）；选项的长度（包括“类型”和“长度”字段）为 8 个 8 比特字节。如果只有一个 IPv6 地址，则最小值为 3。每个额外的 RDNSS 地址将使长度增加 2。接收节点通过长度确定此选项包含的 IPv6 地址的个数。

（3）预留（Reserved）：16 比特；为将来的扩展使用，目前可以填充全 0。

（4）生命周期（Lifetime）：32 比特（无符号整数）。生命周期（以秒为单位）对应于接收到数据报文的时间。这些 RDNSS 的 IPv6 地址是域名解析服务器的地址。在默认情况下，生命周期的值应该至少为 3×MaxRtrAdvInterval，其中 MaxRtrAdvInterval 是 RFC4861[16]定义的最大 RA 间隔。注意：全 1（0xffffffff）代表无穷大，全 0 代表 RDNSS 地址必须不再使用。

（5）IPv6 域名解析服务器的地址（Addresses of IPv6 Recursive DNS Servers）：变长；RDNSSes 的一个或多个 128 比特 IPv6 地址。这些地址的数量由长度字段决定。也就是说，地址的数量=（长度−1）/2。

注意：RDNSS 选项中 RDNSSes 的地址可以是链路本地地址。这时，该链路本地地址应该与网络接口域（link zone）一起注册在解析存储库中，以标注接收到 RDNSS 选项的网络接口（RFC4007[21]）。当解析器将 DNS 查询消息发送到链路本地地址时，则必须使用相应的网络接口。

生命周期字段默认值选择的基本原理如下：路由器生命周期字段，由 AdvDefaultLifetime 设置，具有 3×MaxRtrAdvInterval 中所指定的默认值（RFC4861[16]），其原因在于即便在网络接口具有较大丢包率的情况下，这样或更大的默认值可以允许在 RA 丢失的情况下仍可以进行 DNS 解析。注意：AdvDefaultLifetime 与 MaxRtrAdvInterval 的比率是路由器发送的未经请求的 RA 组播报文的数量。由于 DNS 选项条目允许最多连续三个 RA 数据报文丢失，默认生命周期的值可以使 DNS 选项对于丢包环境具有可生存性。

2. DNSSL 选项

DNSSL 选项包含一个或多个 DNS 域名后缀，所有这些域名共享相同的生命周期。如果需要具有不同的生命周期值，则可以使用多个 DNSSL 选项。图 8.16 显示了 DNSSL 选项的格式。

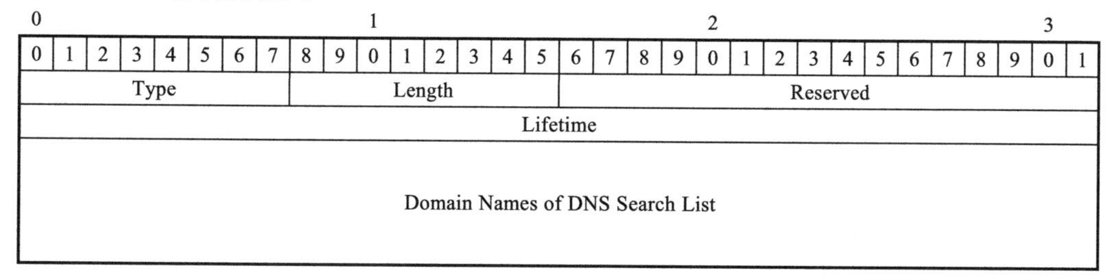

图 8.16　DNSSL 选项

(1) 类型(Type)：8 比特；IANA 分配值为 31(分配给 DNSSL 选项类型)。

(2) 长度(Length)：8 比特(无符号整数)；选项的长度(包括“类型”和“长度”字段)以 8 个 8 比特字节为单位。如果只有一个域名，则最小值为 2。“长度”字段设置到 8 个 8 比特字节的整数倍以容纳所有“DNS 搜索列表的域名”(Domain Names of DNS Search List)字段中的名称。

(3) 预留(Reserved)：16 比特；为将来的扩展使用，目前可以填充全 0。

(4) 生命周期(Lifetime)：32 比特(无符号整数)。生命周期(以秒为单位)对应于接收到数据报文的时间。这些 DNSSL 域名可以用于名称解析。在默认情况下，生命周期的值应该至少为 3×MaxRtrAdvInterval，其中 MaxRtrAdvInterval 是 RFC4861[16]定义的最大 RA 间隔。注意：全 1(0xffffffff)代表无穷大，全 0 代表 RDNSS 地址必须不再使用。

(5) DNS 搜索列表的域名(Domain Names of DNS Search List)：变长。DNSSL 包含一个或多个域名，这些域名必须按照 RFC1035[5]的描述进行编码，其要点是：每个域名以全 0 的 8 比特字节结尾。字节结尾的标签序列定义为域名标识。对于多个域名，按上述编码进行级联。注意域名不得使用 RFC1035[5]定义的压缩格式。同时，由于这个字段的大小必须是 8 个 8 比特字节，因此在需要时必须以全 0 填充。

8.3.4 DNS 配置顺序

根据 RFC4861[16]定义的 ND 选项配置方法进行 RDNSS 和 DNSSL 选项的配置。

1. IPv6 主机的配置过程

当 IPv6 主机通过 RA 消息收到 DNS 选项(RDNSS 选项、DNSSL 选项)时，其处理流程如下：

(1) 使用“长度”字段检查 DNS 选项的有效性，即 RDNSS 选项中“长度”字段的值为大于或等于最小值(为 3)并满足要求(长度−1)%2 == 0。DNSSL 选项中“长度”字段的值大于或等于最小值(为 2)。此外，RDNSS 选项的有效性检查还应包括“IPv6 域名解析服务器的地址”字段的 IPv6 地址是单播地址。

(2) 如果 DNS 选项有效，主机应该一次复制相关信息到 DNS 存储库和解析器存储库。否则，主机必须丢弃这些选项。

当 RDNSS 和 DNSSL 的 DNS 信息从多个来源取得时(如 RA 和 DHCPv6)，IPv6 主机应该保留一些来自所有来源的 DNS 选项。除非其发现机制明确规定，所需保留的 IPv6 地址和保留域名的确切数量属于本地配置政策。然而，在具有多个来源的情况下，推荐至少存储三个 RDNSS 地址(或 DNSSL 域名)。来自 RA 和 DHCPv6 的 DNS 选项应该是存储在 DNS 存储库和解析器存储库中，其顺序是 DHCPv6 优先，即来自 DHCPv6 的 DNS 信息优先于来自 RA 的 DNS 信息。另外，对于 RA 公布的 DNS 选项，使用安全邻居发现(secure neighbor discovery，SEND)协议 (RFC3971[22])

得到的 RA 公布的 DNS 信息优先于不使用 SEND 的 RA 公布的 DNS 信息。此外，RA 通过 SEND 公布的 DNS 选项必须优先于那些由未经身份验证的 DHCPv6 公布的 DNS 选项(RFC3118[23])。

2. DNS 选项配置警告

DNS 选项配置有两种警告。

(1) DNS 选项来自多个来源。

(2) DNS 选项来自多个网络接口。

在 DNS 选项有多个来源的情况下(例如，RA 和 DHCPv6)，IPv6 主机可以从这些来源配置其 IPv6 地址。但是在这种情况下，无法控制主机如何使用 DNS 信息。因此，网络管理员需要在多种机制中仔细配置不同的 DNS 选项，以尽量减少此类影响产生的问题。如果不同的网络接口提供不同的 DNS 信息，也可能导致不一致的行为。其解决方案参见 RFC6418[24]、RFC6419[25]和 RFC6731[26]。

8.3.5　实施注意事项

在实施时需要注意以下问题。

(1) DNS 存储库管理。

(2) RDNSS 服务器列表和解析器存储库之间同步。

(3) DNSSL 和解析器存储库之间同步。

1. DNS 存储库管理

对于 DNS 存储库管理，以下两种数据结构应该与解析器存储库同步。

(1) 保存 RDNSS 地址列表。

(2) 保存 DNSSL 搜索域名列表。

两个列表中的每个条目由 RDNSS 地址(或 DNSSL 域名)和到期时间构成。

(1) DNS 服务器列表的 RDNSS 地址：RDNSS 的 IPv6 地址用于在网络中通过 RDNSS 选项通告域名解析服务器的地址。

(2) DNSSL 域名：使用由 DNSSL 提供的 DNS 域名后缀，对短的、不合格的域名执行 DNS 查询搜索。

(3) DNS 服务器列表(或 DNSSL)到期时间：此时间之后对应的 RDNSS(或 DNSSL)信息无效。到期时间设置为 RDNSS 选项或 DNSSL 选项的“生存时间”字段加上当前时间。当相同的网络接口收到具有相同地址的新的 RDNSS 选项(或具有相同域名的新的 DNSSL 选项)时，则更新为新的到期时间。若当前时间大于失效时间(expiration-time)，则此条目被视为已过期，因此不应继续使用。请注意，DNS 不需要删除生命周期到期 RDNSS 和 DNSSL 选项的信息，这是因为这些选项有终身使用价值。

2. RDNSS 服务器列表和解析器存储库之间同步

当 IPv6 主机在网络内(如校园网和公司网)通过带有 RDNSS 选项的 RA 消息收到多个 RDNSS 信息时，需要按顺序存储 RDNSS 地址到 DNS 服务器列表和解析器存储库。RDNSS 的处理包括以下两项。

(1)处理 RA 消息中包含的 RDNSS 选项。

(2)处理过期的 RDNSS 选项。

其处理流程如下：

(1)接收并解析 RDNSS 选项。对每个 RDNSS 选项中的 RDNSS 地址，执行步骤(2)～(4)。

(2)对于每个 RDNSS 地址，检查以下内容：如果 RDNSS 地址已存在于 DNS 服务器列表中，同时 RDNSS 选项的“生存时间”字段为 0，则从 DNS 服务器列表和解析器存储库中删除相应的 RDNSS 条目，以防止由于网络管理中的某些原因(如 RDNSS 终止服务或重新规划 IPv6 地址)，误用该 RDNSS 条目。即当运行 RDNSS 的机器有意或无意地停止 RDNSS 服务时，可以退出。此外，在重新规划 IPv6 地址时，RDNSS 的 IPv6 地址已经更改，因此不应继续使用任何先前的 RDNSS 地址。在这种情况下，结束处理 RDNSS。否则，转到步骤(3)。

(3)对于每个 RDNSS 地址，如果它已经存在于 DNS 服务器列表中，同时 RDNSS 选项的“生命周期”字段不为 0，则更新“到期时间”字段。否则，转到步骤(4)。

(4)对于每个 RDNSS 地址，如果其在 DNS 服务器列表中不存在，则向 DNS 服务器列表注册该 RDNSS 地址和对应的生存时间，然后作为第一个 RDNSS 地址插入解析器存储库。如果此 DNS 服务器列表已满，则从 DNS 服务器列表中删除生存时间最短的条目。相应的 RDNSS 地址也需要从解析器存储库中删除。注意：应该将 RDNSS 选项中的第一个 RDNSS 地址定位为解析器存储库中的第一个地址，第二个 RDNSS 地址作为存储库中的第二个地址，并以此类推。此排序允许 RDNSS 选项中的 RDNSS 地址根据它们在 DNS 的 RDNSS 选项中的顺序排出优先级。

过期 RDNSS 的处理如下：每当一个条目在 DNS 服务器列表中过期时，过期的条目将从 DNS 服务器列表，以及从解析器存储库中删除对应的 RDNSS 地址条目。

3. DNSSL 和解析器存储库之间同步

当 IPv6 主机通过带有 RDNSS 选项的 RA 消息收到多个 DNSSL 信息时，需要按顺序存储 DNSSL 地址到 DNS 服务器列表和解析器存储库中。DNSSL 的处理包括以下几点。

(1)处理 RA 消息中包含的 DNSSL 选项。

(2)处理过期的 DNSSL 选项。

DNSSL 选项的处理与 RDNSS 选项的处理方法相同。

8.3.6 安全考虑

攻击者可以通过发送带有非法 RDNSS 地址的欺诈性 RA 消息，误导 IPv6 主机使用非法的 DNS 服务器。类似地，攻击者可以使用非法 DNSSL 选项，让 IPv6 主机使用欺诈性的 DNSSL 来解析没有 DNS 后缀的主机名。这些攻击类似于 RFC4861[16]中描述的 ND 攻击，即使用重定向或邻居通告消息，将流量重定向到恶意的地址。

建议使用由 RFC3971[22]定义的 SEND 协议作为 ND 的安全机制。在这种情况下，ND 可以使用 SEND 对所有 ND 选项(包括 RDNSS 和 DNSSL 选项)进行数字签名。

类似于配置网络设备接口以阻止未经授权的 DHCPv6 服务(RFC7610[27])，也可以通过配置网络设备接口以阻止未经授权的 RA 服务来增强安全性。具体方法为阻止未经授权的主机发送 RDNSS 和 DNSSL 选项(RFC6105[28]、RFC6104[29])。

攻击者可能会提供伪造的 DNSSL 选项，以造成受害者查询非完全限定域名时，使用非法域名后缀。对于这类攻击，IPv6 主机中的 DNS 解析程序可以通过实施由 RFC1535[30]、RFC1536[31]和 RFC3646[19]定义的方法进行处理。

8.4 RA 的 IPv6 翻译前缀配置技术

当 IPv6 单栈主机通过 IPv4/IPv6 翻译器访问 IPv4 互联网时，需要把 IPv4 地址通过 RFC6052[1]定义的机制映射成 IPv6 地址(IPv4 转换 IPv6 地址)。在这种情况下，可以使用以下几种方法。

(1) 由 RFC6147[32]定义的 DNS64。

(2) 由 RFC7050[3]定义的 IPv6 前缀发现机制。

(3) 由 RFC8781[33]定义的 RA Pref64 扩展。

DNS64 通常使用手工配置 IPv6 前缀(称为 NAT64 Prefix)，而 RFC7050[3]和 RFC8781[33]是 NAT64 Prefix 的自动发现和自动配置机制。注意，如果在 IPv6 主机上使用 DNS64，也需要 IPv6 前缀的自动配置机制。

使用 RFC8781[33]定义的 RA Pref64 扩展的优点如下：

(1) 支持 DNSSEC。

(2) 支持基于 TLS 的 DNS(DNS over TLS，DOT)和基于 HTTPS 的 DNS(DNS over HTTPS，DOH)。

(3) 支持应用程序直接镶嵌 IPv4 地址。

(4) 支持“命运共享”，即通过 RA 宣告，IPv6 单栈主机通过网络接口可以直接获得联网的 IPv6 前缀、默认网关、域名解析服务器的地址(RFC8106[15])和用于

IPv4/IPv6 翻译的 IPv6 前缀。

(5) 支持“原子配置”，即通过一个数据报文(RA)完成网络所有配置参数，消除不完整性。

(6) 支持可更新性，即可以随时更改。

(7) 支持可部署性，所有 IPv6 主机和网络都需要支持由 RFC4861[16]定义的邻居发现协议。

8.4.1　扩展格式

图 8.17 显示了 NAT64 Prefix 选项格式。

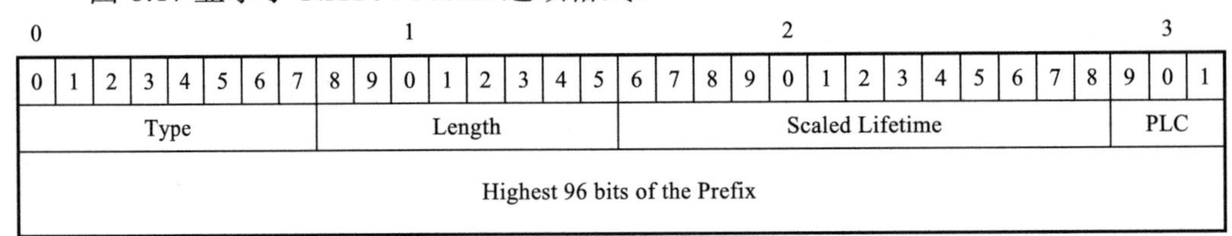

图 8.17　NAT64 Prefix 选项格式

(1) 类型(Type)：8 比特；IANA 赋值为 38(Pref64 选项类型)。

(2) 长度(Length)：8 比特(无符号整数)；选项的长度(包括“类型”和“长度”字段)以 8 个 8 比特字节为单位。发送者必须将长度设置为 2。如果“长度”字段值不为 2，接收者必须忽略 Pref64 选项。

(3) 缩放生存期(Scaled Lifetime)：13 比特(无符号整数)；以 8s 为单位的最长存活时间，在这个时间内可以使用此 NAT64 Prefix。

(4) 前缀长度代码(PLC)：3 比特(无符号整数)；此字段对 RFC6052[1]中定义的 NAT64 Prefix 长度进行编码。字段允许的数值为 0、1、2、3、4 和 5，对应 NAT64 Prefix 长度分别为 96 比特、64 比特、56 比特、48 比特、40 比特和 32 比特。如果 PLC 字段为其他数值，则接收者必须忽略 Pref64 选项。

(5) 前缀的最高 96 比特(Highest 96 bits of the Prefix)：96 比特(无符号整数)；包含 0～95 比特的 NAT64 前缀。

8.4.2　扩展的生存时间处理

强烈建议 NAT64 前缀的生存时间不要短于由 RFC4861[16]定义的路由器生存时间(用 16 比特无符号整数表示)，否则会导致在下一个未请求 RA 到来之前 NAT64 前缀已经失效。因此，本扩展的缩放生存期以 8s 为单位对 NAT64 前缀生存期进行编码。接收者必须将缩放生存期值乘以 8(通过逻辑左移)来计算最大 NAT64 前缀的可用时间(单位：s)。因此，NAT64 前缀的最长使用寿命为 65528s。这可以确保 NAT64 前缀在默认路由器生存时间之前不过期。当使用此选项时，不建议默认路由器生存时间大于 65528s。生存时间为 0 表示 NAT 前缀不再使用。

在默认情况下，“缩放生存期”字段的值应设置为 3×MaxRtrAdvInterval 除以 8 或 8191 中的较小者(RFC4861[16])。

路由器供应商应允许管理员指定非 0 的不能被 8 整除的生存时间值。在这种情况下，路由器应将提供的值舍入到最接近的可被 8 整除且小于 65536 的整数，然后将结果除以 8(或逻辑右移 3 比特)并据此设置“缩放生存期”字段。如果非 0 生存期值除以 8 之后小于 8，则“缩放生存期”字段应设置为 1。这能确保将 8s 以下的生存时间编码为非 0 的扩展生存时间。

8.4.3 配置指南

此选项为所有 IPv4 目标节点指定同一个 NAT64 前缀。如果网络运营商想要路由不同的 IPv4 地址空间到不同的 NAT64 设备，可以通过路由更长的子前缀来实现。例如，假设网络操作员使用由 RFC1918[34]定义的内部地址空间 10.0.0.0/8。该操作员想要通过 NAT64 设备 A 翻译 10.0.0.0/8 地址段，通过 NAT64 设备 B 翻译其余的 IPv4 地址空间。如果操作员的 NAT64 前缀为 2001:db8:a:b::/96，则操作员可以路由 2001:db8:a:b:a00:0/104 到 NAT64 A，2001:db8:a:b:/96 到 NAT64 B。

此选项在 RA 中可能出现多次(例如，当将网络从一个 NAT64 前缀重新编址为另一个 NAT64 前缀时)。

注意，此选项只应该用于 IPv6 单栈网络，而对于双栈网络不适用。

在某些情况下，主机可能会从不同的来源接收多个 NAT64 前缀。可能的情况包括但不限于以下几种。

(1)主机可以使用多种机制来发现 Pref64 前缀。目前包括由 RFC7225[35]定义的端口控制协议(port control protocol，PCP)、由 RFC7050[3]定义的通过纯 IPv4 域名，以及由 RFC8781[33]定义的 Pref64 RA 选项等。

(2)Pref64 选项在单个 RA 中可多次出现。

(3)主机在给定网络接口上接收具有不同 Pref64 前缀的多个 RA。

当主机通过 RA Pref64 选项得到多个 Pref64 时(在单个 RA 中多次出现或接收到多个 RA)，主机应遵循 RFC7050[3]中给出的建议来合成 IPv6 地址。

当使用多种机制发现不同的 Pref64 时，主机应仅选择一个信息源。推荐优先级为以下几种。

(1)通过 PCP[35]发现的前缀(如果支持)。

(2)通过 RA[33]选项发现的 Pref64。

(3)通过 RFC7050[3]生成的 Pref64。

建议使用 RFC4861[16]定义的方法检查 RA 消息，以确保所有路由器在链路上通告一致的信息。若不一致，路由器应进行记录。

8.4.4 安全注意事项

由于所有 IPv6 主机自动配置方案都需要 RA，因此 RA 必须受到保护。例如，部署 RA 防护(RFC6105[28])。

如果为主机提供了不正确的 NAT64 前缀，则 IPv6 主机将无法与 IPv4 目标地址通信。如果攻击者能够发送恶意 RA，可能会产生拒绝服务攻击或中间人攻击(RFC6104[29])。

8.5 本 章 小 结

本章讨论几种翻译技术所需参数的自动发现和配置方法。包括使用 DNS 发现 IPv6 前缀，使用 DHCPv6 配置 IPv6 前缀，IPv4 共有地址和共享 IPv4 地址时的传输层(TCP、UDP)端口范围等，以及使用 RA 配置域名解析服务器地址和 IPv6 前缀。

参 考 文 献

[1] Bao C, Huitema C, Bagnulo M, et al. RFC6052: IPv6 addressing of IPv4/IPv6 translators. IETF 2010-10.

[2] Troan O, Dec W, Li X, et al. RFC7597: Mapping of address and port with encapsulation (MAP-E). IETF 2015-07.

[3] Savolainen T, Korhonen J, Wing D. RFC7050: Discovery of the IPv6 prefix used for IPv6 address synthesis. IETF 2013-11.

[4] Cheshire S, Schinazi D. RFC8880: Special use domain name ‘ipv4only.arpa’. IETF 2020-08.

[5] Mockapetris P. RFC1035: Domain names - implementation and specification. IETF 1987-11.

[6] Mockapetris P. RFC1034: Domain names - concepts and facilities. IETF 1987-11.

[7] Rose S, Wijngaards W. RFC6672: DNAME redirection in the DNS. IETF 2012-06.

[8] Conta A, Deering S, Gupta M. RFC4443: Internet control message protocol (ICMPv6) for the internet protocol version 6 (IPv6) specification. IETF 2006-03.

[9] Mrugalski T, Troan O, Farrer I, et al. RFC7598: DHCPv6 options for configuration of softwire address and port-mapped clients. IETF 2015-07.

[10] Droms R, Bound J, Volz B, et al. RFC3315: Dynamic host configuration protocol for IPv6 (DHCPv6). IETF 2003-07.

[11] Li X, Bao C, Dec W, et al. RFC7599: Mapping of address and port using translation (MAP-T). IETF 2015-07.

[12] Bao C, Li X, Baker F, et al. RFC7915: IP/ICMP translation algorithm. IETF 2016-06.

[13] Conta A, Deering S. RFC2473: Generic packet tunneling in IPv6 specification. IETF 1998-12.

[14] Cui Y, Sun Q, Boucadair M, et al. RFC7596: Lightweight 4over6: An extension to the dual-stack lite architecture. IETF 2015-07.

[15] Jeong J, Park S, Beloeil L S, et al. RFC8106: IPv6 router advertisement options for DNS configuration. IETF 2017-03.

[16] Narten T, Nordmark E, Simpson W, et al. RFC4861: Neighbor discovery for IP version 6（IPv6）. IETF 2007-09.

[17] Thomson S, Narten T, Jinmei T. RFC4862: IPv6 stateless address autoconfiguration. IETF 2007-09.

[18] Droms R. RFC3736: Stateless dynamic host configuration protocol（DHCP）service for IPv6. IETF 2004-04.

[19] Droms R. RFC3646: DNS configuration options for dynamic host configuration protocol for IPv6（DHCPv6）. IETF 2003-12.

[20] Jeong J. RFC4339: IPv6 host configuration of DNS server information approaches. IETF 2006-02.

[21] Deering S, Haberman B, Jinmci T, et al. RFC4007: IPv6 scoped address architecture. IETF 2005-03.

[22] Arkko J, Kempf J, Zill B, et al. RFC3971: Secure neighbor discovery（SEND）. IETF 2005-03.

[23] Droms R, Arbaugh W. RFC3118: Authentication for DHCP messages. IETF 2001-06.

[24] Blanchet M, Seite P. RFC6418: Multiple interfaces and provisioning domains problem statement. IETF 2011-11.

[25] Wasserman M, Seite P. RFC6419: Current practices for multiple-interface hosts. IETF 2011-11.

[26] Savolainen T, Kato J, Lemon T. RFC6731: Improved recursive DNS server selection for multi-interfaced nodes. IETF 2012-12.

[27] Gont F, Liu W, Velde G. RFC7610: DHCPv6-shield: Protecting against rogue DHCPv6 servers. IETF 2015-08.

[28] Abegnoli E, Velde G, Popoviciu C, et al. RFC6105: IPv6 router advertisement guard. IETF 2011-02.

[29] Chown T, Venaas S. RFC6104: Rogue IPv6 router advertisement problem statement. IETF 2011-02.

[30] Gavron E. RFC1535: A security problem and proposed correction with widely deployed DNS software. IETF 1993-10.

[31] Kumar A, Postel J, Neuman C, et al. RFC1536: Common DNS implementation errors and suggested fixes. IETF 1993-10.

[32] Bagnulo M, Sullivan A, Matthews P, et al. RFC6147: DNS64: DNS extensions for network address translation from IPv6 clients to IPv4 servers. IETF 2011-04.

[33] Colitti L, Linkova J. RFC8781: Discovering PREF64 in router advertisements. IETF 2020-04.

[34] Rekhter Y, Moskowitz B, Karrenberg D G, et al. RFC1918: Address allocation for private internets. IETF 1996-02.

[35] Boucadair M. RFC7225: Discovering NAT64 IPv6 prefixes using the port control protocol (PCP). IETF 2014-05.

第 9 章　一次翻译技术

一次翻译技术包括无状态一次翻译技术(1∶1 IVI)、无状态一次翻译技术 1∶*N* 扩展(1∶*N* IVI)和有状态一次翻译技术(NAT64)。

本章从研发思路、基本原理、部署配置、安全考虑和案例分析等方面详细讨论分析这些技术。

9.1　无状态一次翻译技术

无状态一次翻译技术(1∶1 IVI)采用基于运营商前缀的 IPv4/IPv6 地址映射算法来进行 IPv4/IPv6 翻译(RFC6052[1]、RFC7915[2]和 RFC6219[3])。同时，部署具有 DNS64 和 DNS46 功能的域名服务器。1∶1 IVI 通常简称为 IVI(在罗马数字中,“Ⅳ”代表 4,“Ⅵ”代表 6，所以“IVI”代表 IPv4/IPv6 转换)。1∶1 IVI 的拓扑结构如图 9.1 所示。

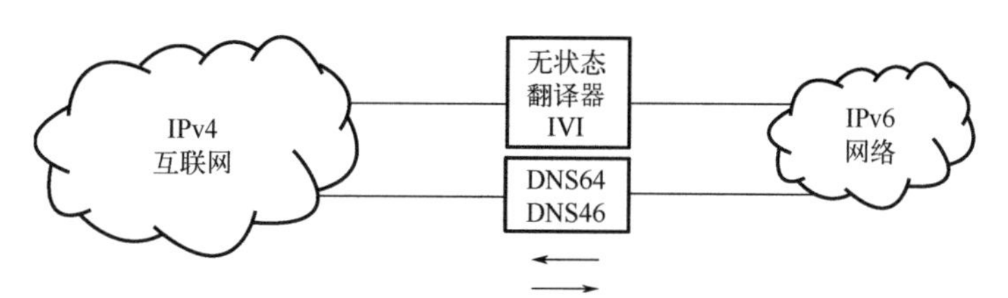

图 9.1　1∶1 IVI 的拓扑结构

9.1.1　IVI 思路溯源

过去 20 余年的 IPv6 的部署经验表明，支持 IPv4 主机和 IPv6 主机之间的通信是一个重要的需求。但是第一代 IPv6 过渡技术无法有效地对此进行支持(RFC4213[4])。例如，双栈主机可以分别与 IPv4 主机和 IPv6 主机通信，但单栈主机只能与属于同一协议的主机通信。在公有 IPv4 地址耗尽的情况下，需要有一种使纯 IPv4 主机和纯 IPv6 主机互联互通的技术和设备。IPv4 over IPv6 隧道技术(RFC3056[5]、RFC5214[6]、RFC4380[7])可以通过 IPv4 网络连接 IPv6 孤岛，但却无法提供纯 IPv4 主机和 IPv6 主机之间的通信。由 RFC2765[8]、RFC2766[9]、RFC3142[10]和 RFC2775[11]定义的翻译技术可以使位于 IPv4 网络和 IPv6 网络中的主机互通，但当时的设计存在着可扩展性和安全性问题，也不能支持互联网的“端对端地址透明性”。

由于 IPv4 和 IPv6 并不兼容，有着不同的地址空间和不同结构的数据报头，本身无法直接互通，必须通过翻译技术。IETF 曾经定义了几种实现翻译的方法。

(1) 由 RFC2765[8]定义的 IP/ICMP 转换算法(SIIT)。SIIT 提供了一种 IPv4 和 IPv6 数据报头(包括 ICMP 报头)之间的转换机制，不需要保持连接状态。但是，SIIT 未指定地址分配和路由方案(RFC2766[9])。例如，SIIT 使用“IPv4 映射 IPv6 地址”(::ffff:ipv4-addr/96)和“IPv4 翻译 IPv6 地址”(::ffff:0:ipv4-address/96)进行地址映射，但这些地址违反了 IPv6 路由的聚类原理(RFC4291[12])。

(2) 由 RFC2766[9]定义的网络地址转换-协议翻译(NAT-PT)。NAT-PT 是与 DNS 耦合的有状态翻译技术，其主要问题如下[13]：

①NAT-PT 不支持嵌入 IP 地址的应用层协议。

②NAT-PT 的机制导致失去“端对端地址透明性”。“端对端地址透明性”意味着具有全局地址空间的寻址能力，在整个网络传输过程中保持数据报文端对端地址的唯一性，以及将源地址和目标地址作为唯一标识的能力(RFC2775[11])。

③IPv4 报头与 IPv6 报头之间语义的不兼容性可能会导致信息丢失。

④NAT-PT 技术中 DNS 与翻译器紧密耦合，缺乏地址映射的持久性(RFC4966[13])。

⑤NAT-PT 很难支持“推介”(referrals)，因为 NAT-PT 之外的主机没有 NAT-PT 内部处理的信息，因此可能无法理解“推介”地址所代表的含义。

⑥有状态的翻译技术会导致可扩展性、多归属和负载均衡等问题。

由于 NAT-PT 存在严重的技术和运行问题，IETF 已将其废弃(RFC4966[13])。

基于以上分析，无状态 IPv4/IPv6 翻译技术 IVI 的设计思路如下：

(1) 对于纯 IPv6 网络中的客户机和服务器，应该分别支持纯 IPv6 网络中的 IPv6 客户机发起对 IPv4 互联网上服务器的通信，以及 IPv4 互联网上的客户机发起对纯 IPv6 网络中的 IPv6 服务器的通信。

(2) 应该遵循当前的 IPv4 和 IPv6 路由最佳实践，不能增加 IPv4 和 IPv6 全局路由表的规模。

(3) 支持增量部署。

(4) 应该能够高效地使用 IPv4 地址，以应对 IPv4 地址耗尽问题。

(5) 为了实现可扩展性，翻译器应该是无状态的。

(6) DNS 功能应与翻译器解耦。

9.1.2 IVI 基本原理

IVI 是基于运营商前缀的无状态翻译技术，可以由各个运营商独立实施。IVI 设计的核心思想是把运营商某个 IPv4 前缀的子集嵌入该 ISP 某个 IPv6 前缀之中，这类地址在 RFC6052[1]中定义为“IPv4 可译 IPv6 地址”。同时把互联网公有 IPv4 地址嵌入上述同一个 IPv6 前缀之中，这类地址在 RFC6052[1]中定义为“IPv4 转换 IPv6 地址”。这样，该 ISP 使用“IPv4 可译 IPv6 地址”的主机既可以直接与全球 IPv6 互联网通信，也可以通过无状态翻译器与全球 IPv4 互联网通信。这些通信既可以是 IPv6 发起的，也可以是 IPv4 发起的。包含纯 IPv6 网络与 IPv6 互联网互联关系的 IVI 无状态 IPv4/IPv6 翻译技术的实施拓扑如图 9.2 所示。

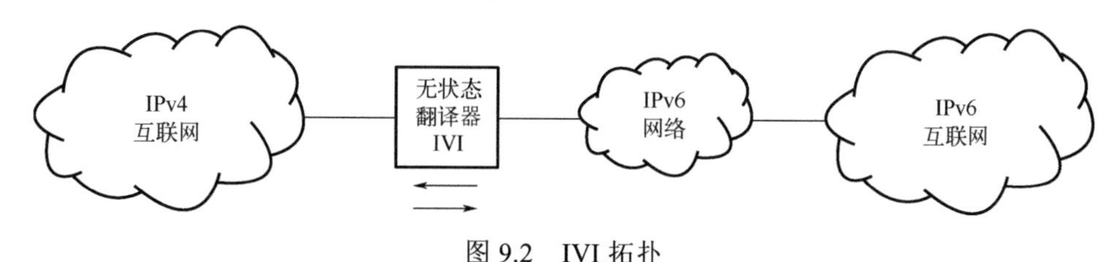

图 9.2　IVI 拓扑

为了实现 IPv4 和 IPv6 之间的翻译，IVI 翻译器需要用某一段 IPv6 地址表示 IPv4 主机使用的 IPv4 地址，用某一段 IPv4 地址表示 IPv6 主机使用的 IPv6 地址。

1. 以 IPv6 表示 IPv4 地址

IPv4 地址为 32 比特，IPv6 地址为 128 比特，因此在运营商的 IPv6 前缀中可以选择任何一个长度短于 96 比特(/96)的 IPv6 前缀来表示整个 IPv4 互联网，如图 9.3 所示。

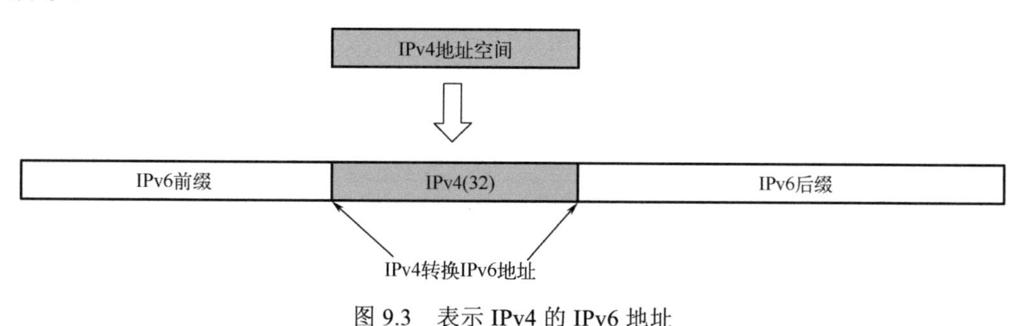

图 9.3　表示 IPv4 的 IPv6 地址

(1) Prefix：运营商前缀(必须短于/96)。
(2) IPv4 地址：全局 IPv4 地址空间。
(3) Suffix：后缀全 0。
这类地址在 RFC6052[1]中定义为“IPv4 转换 IPv6 地址”。

2. 在 IPv4 中表示 IPv6 地址

要在 IPv4 中表示 IPv6 地址，每个运营商可以“借用”自己的某一部分公有 IPv4 地址，将这些 IPv4 地址嵌入自己的(如上所选择的)一个短于/96 的 IPv6 前缀之中，形成 IPv6 地址用于自己的 IPv6 主机，如图 9.4 所示。

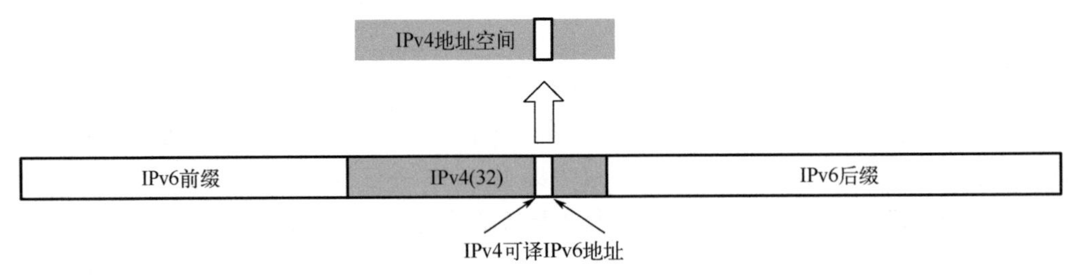

图 9.4　表示 IPv6 的 IPv4 地址

(1) Prefix：运营商前缀(必须短于/96)。

(2) IPv4 可译 IPv6 地址：运营商自己的某一部分公有 IPv4 地址，是全局 IPv4 地址空间的子集。

(3) Suffix：后缀全 0(未来可扩展)。

这类地址在 RFC6052[1]中定义为“IPv4 可译 IPv6 地址”。

3. 地址格式

“以 IPv6 表示 IPv4 地址(IPv4 转换 IPv6 地址)”和“在 IPv4 中表示 IPv6 地址(IPv4 可译 IPv6 地址)”均需要使用某种地址格式表示，统称为“IPv4 嵌入 IPv6 地址”。作为无状态 IPv4/IPv6 翻译技术，IVI 可以使用三种 RFC 定义的地址格式。

1) RFC6219 定义的地址格式

这是 IVI 最初设计时定义的地址格式(RFC6219[3])，如图 9.5 所示。

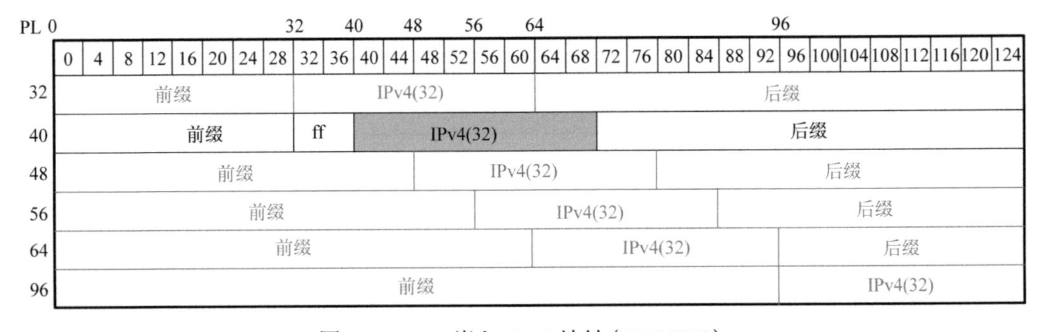

图 9.5　IPv4 嵌入 IPv6 地址(RFC6219)

其中，在网络运营商前缀(通常为/32 或更短)中选择其后的一个/40 作为无状态翻译器的 IPv6 前缀。其优点如下：

(1) 其前缀中有显式标识 ff，容易区分这是与 IPv4 翻译互通的 IPv6 前缀。

(2) IPv4 传统意义上的子网长度为/24，正好对应于 IPv6 的标准子网长度/64。

但这要求网络运营商至少有/32 的 IPv6 前缀。对于只有/48 的网络运行实体无法使用。

2) RFC6052 定义的地址格式

这是 RFC6052[1]定义的地址格式，其主要特点是和 IETF 最初规定的 u 比特(第 72 比特)要求完全兼容，如图 9.6 所示。

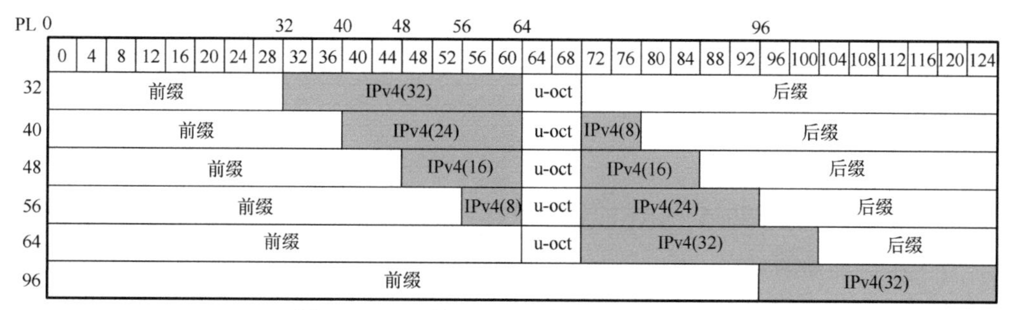

图 9.6　IPv4 嵌入 IPv6 地址(u-oct 格式)

比起上述地址格式，这种格式可以支持多种前缀长度，非常灵活。其缺点是为了兼容 u 比特，在使用中比较复杂。

3) RFC7915 更新的地址格式

RFC7136[14]更新了 RFC4291[12]，允许对非 IEEE MAC 层地址派生的单播地址不定义 u 比特。因此，新的“IPv4 嵌入 IPv6 地址”可以忽略 u 比特格式，以保证嵌入 IPv6 地址中 IPv4 地址的连续性，如图 6.26 所示。

综上所述，实施无状态 IPv4/IPv6 翻译技术，建议使用 RFC7915[2]更新的地址格式。

4. 前缀长度选择

根据 RFC6052[1]，可以选择的 IPv6 前缀如下：

(1) /32：一个公有 IPv4 地址对应于一个 IPv6/64 子网。有 Suffix 空间，支持通过后缀编码复用公有 IPv4 地址。

(2) /40：一个 IPv4 /24 子网对应于一个 IPv6/64 子网。有 Suffix 空间，支持通过后缀编码复用公有 IPv4 地址。

(3) /48：有 Suffix 空间，支持通过后缀编码复用公有 IPv4 地址。

(4) /56：有 Suffix 空间，支持通过后缀编码复用公有 IPv4 地址。

(5) /64：有 Suffix 空间，支持通过后缀编码复用公有 IPv4 地址。

(6) /96：无 Suffix 空间，不支持通过后缀编码复用公有 IPv4 地址，支持 IPv4 地址的直观表示(如 2001:db8::192.2.3.4)。

具体部署实施时，可以根据上述特点选择适合的 IPv6 前缀长度。

5. “IPv4 转换 IPv6 地址”和“IPv4 可译 IPv6 地址”使用相同或不同的 IPv6 前缀

根据 RFC6052[1]，“IPv4 转换 IPv6 地址”和“IPv4 可译 IPv6 地址”应该使用相

同的 IPv6 前缀。使用相同的 IPv6 前缀可确保“IPv4 可译 IPv6 地址”在网内具有最佳路由。具体来说，如果一个 IPv6 节点要访问另一个节点的 IPv4 地址，而使用这个 IPv4 地址的实际节点是 IPv6 节点，则使用同一个“运营商前缀”构造“IPv4 转换 IPv6 地址”和“IPv4 可译 IPv6 地址”可以保证最优路由，因为互联网路由原理(即“最长匹配获胜”)能够确保两个节点之间直接通信，而不需要通过翻译器进行处理(发夹功能)。

6. 协议翻译

协议翻译由 RFC7915[2]定义的规则进行。

7. 组播翻译功能

IVI 机制可以支持 IPv4/IPv6 之间特定源协议独立组播(PIM-SSM：RFC5771[15]、RFC3569[16]、RFC4607[17])的翻译和通信。IPv4 SSM 有 2^{24} 个组地址。相应的 IPv6 SSM 组地址的定义如图 9.7 所示。

IPv4组地址	IPv6组地址
232.0.0.0/8	ff3e:0:0:0:0:0:f000:0000/96
232.255.255.255/8	ff3e:0:0:0:0:0:f0ff:ffff/96

图 9.7　IPv4 和 IPv6 SSM 组地址映射表

注意：在 IPv6 网络中，PIM-SSM 组播数据报文的 IPv6 源地址必须是“IPv4 可译 IPv6 地址”，这样才能完成 PIM-SSM 中要求的反向路径转发(RPF)。

IPv4 的 PIM-SM 组播协议和 IPv6 的 PIM-SM 组播协议的互操作可以通过应用层网关(application layer gateway，ALG)实现，或者分别在 IPv4 网络和 IPv6 网络中通过静态加入相应的组来实现。在 IPv4 中为互联网组管理协议版本 3(internet group management protocol version 3，IGMPv3)，在 IPv6 中为组播侦听发现版本 2(multicast listener discover version 2，MLDv2)协议(RFC4604[18])。

9.1.3　IVI 配置讨论

1. 路由和转发

无状态一次翻译技术 IVI 的路由配置如图 6.36 所示。

(1) 无状态翻译器(IVI)可以看作一种特殊的双栈路由器，有两个链路接口(IPv4 和 IPv6)。其路由配置可以通过静态配置，也可以通过动态路由协议配置。

(2) 以静态配置为例，路由器 R4 把网络运营商的“IPv4 可译 IPv6 地址”对应的原始 IPv4 前缀配置 IPv4 静态路由指向 192.0.2.1。此 IPv4 前缀的路由通过网络运营商更大的 IPv4 前缀聚类后，发布到 IPv4 互联网。

(3) 路由器 R6 将无状态翻译器使用的 IPv6 前缀(RFC6219[3]、RFC6052[1]、

RFC7915[2]）配置IPv6静态路由指向2001:db8::1。此IPv6前缀的路由通过网络运营商更大的IPv6前缀聚类后，发布到IPv6互联网。

（4）无状态翻译器（IVI）把“IPv4可译IPv6地址”对应的IPv6前缀配置IPv6静态路由指向2001:db8::2。

（5）无状态翻译器（IVI）把IPv4默认路由（0.0.0.0/0）配置IPv4静态路由指向192.0.2.2。

无状态翻译器（IVI）也可以通过对R4或/和R6运行动态路由协议（IGP或BGP）学习/发布上述路由。

用于无状态翻译技术的IPv4前缀和IPv6前缀分别通过网络运营商更大的IPv4前缀和IPv6前缀聚类后，发布到互联网。因此，不会对IPv4和IPv6全局路由表产生影响（RFC4632[19]）。

由于IVI技术的无状态特性，它可以支持多归属、多线路和多翻译器的负载均衡。

由于IVI翻译技术可以由各个网络运营商使用自己的IPv4前缀和IPv6前缀，根据需要独立部署，因此可以使全球互联网透明、平滑地逐步部署到IPv6。

2. *应用层网关*

由于无状态一次翻译技术在IPv4地址和某个IPv6地址子集之间建立可逆的、一一对应的映射关系，因此可以支持绝大多数现有的应用协议。但是有些应用协议使用IP地址识别应用层实体（如FTP、H.323等）。在这些情况下，应该使用应用层网关。通常无状态翻译器可以根据需求集成常用的应用层网关。

但是应用层网关是与特定应用层协议绑定的，不具备通用性。因此，双重翻译技术DIVI、MAP-T和464XLAT是更好的选择。目前苹果公司的iOS和Mac OS系统，谷歌公司的安卓（Android）和微软公司的Windows 10企业版已经把RFC6052[1]和RFC7915[2]定义的无状态翻译技术，加上RFC7050[20]定义的前缀发现技术集成到了这些操作系统本身，因此这些操作系统可以支持任意应用程序。

3. *主机地址配置*

由于“IPv4可译IPv6地址”具有特殊的地址格式。例如，192.0.2.1/32对应于2001:db8:ffc0:2:100::/72。因此无法使用无状态地址配置技术，而必须通过手工配置，或通过有状态DHCPv6配置主机的IPv6地址。

（1）主机可以手工配置：“IPv4可译IPv6地址”、该子网的IPv6前缀长度、IPv6默认网关地址以及DNS64域名解析服务器的IPv6地址。

（2）主机可以通过有状态DHCPv6配置：DHCPv6对主机配置“IPv4可译IPv6地址”以及DNS64域名解析服务器的IPv6地址。注意：在这种情况下，主机必须通过路由器的路由器通告协议得到IPv6默认网关地址。

每个 IPv6 主机可能有多个地址，但主机通过翻译器与 IPv4 主机通信时，必须使用“IPv4 可译 IPv6 地址”作为 IPv6 源地址(RFC6724[21])。

4. IPv6 服务器的 DNS 配置

当纯 IPv6 主机作为服务器时，该服务器使用“IPv4 可译 IPv6 地址”作为权威服务器的 AAAA 记录。无状态 IPv4/IPv6 翻译器提供了使 IPv4 用户访问该 IPv6 服务器的能力。但为了支持通过 DNS 域名访问该服务器，必须提供 DNS46 的功能。在这种情况下，最直接的方法是为该域名的权威服务器配置 A 记录(“IPv4 可译 IPv6 地址”对应的原始 IPv4 地址)。

5. IPv6 客户机的 DNS 解析服务配置

当纯 IPv6 主机作为客户机时，为了访问 IPv4 互联网，该客户机使用的 DNS 解析服务器必须具有 DNS64 的功能(RFC6147[22])。当 IPv6 客户机查询某个域名时，DNS64 首先查询 AAAA 记录。如果 AAAA 记录不存在，则查询 A 记录并根据翻译器的 IPv6 前缀，将其映射成 AAAA 记录，返回给纯 IPv6 客户机。注意，DNS64 服务器必须接入双栈环境(与 IPv4 互联网和 IPv6 互联网互通)，才能保证 DNS 递归解析链的完备性。

9.1.4 未来纯 IPv6 网络中的 IPv4/IPv6 翻译过渡技术

从无状态 IPv4/IPv6 翻译过渡技术的视角考虑问题，则 IPv4 互联网仅仅是 IPv6 互联网的一个子集。预计在未来互联网上的任何一台 IPv4/IPv6 双栈路由器都应该具有由 RFC6052[1]和 RFC7915[2]定义的无状态 IPv4/IPv6 翻译功能。在这种情况下，无状态 IPv4/IPv6 翻译过渡技术在 IPv4 地址和某个 IPv6 地址子集之间建立可逆的、一一对应的映射关系，保持了地址的端对端透明性。因此，可以根据需求在任意一台路由器上配置和使用 IPv4/IPv6 翻译功能。

未来的互联网是纯 IPv6 的，但其中某些部分仍然运行 IPv4，如图 9.8 所示。

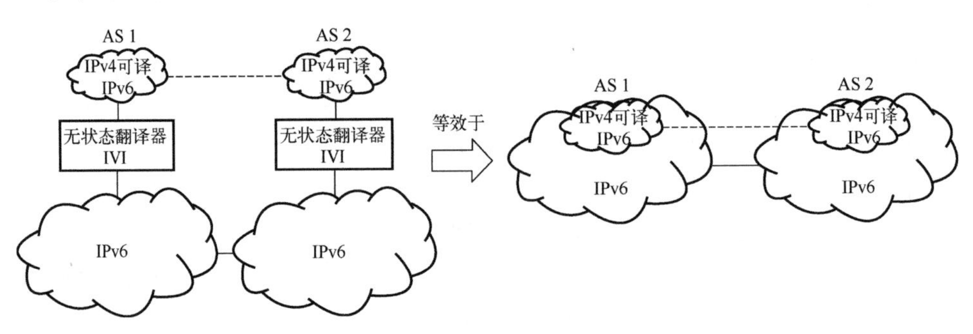

图 9.8　包含 IPv4 的 IPv6 网络

9.1.5　安全考虑

1. IPsec 及其 NAT 穿透技术

IVI 技术保持了地址的端对端透明性，在使用或不使用 NAT 遍历技术的情况下，可以支持 IPsec。

2. DNSSEC

对于 IPv6 服务器，权威 DNS 的 AAAA 记录和 A 记录均可进行 DNSSEC 签署，因此不存在 DNSSEC 问题。

对于 IPv6 客户机：

(1) IPv6 客户机本身无法对 DNS64 根据翻译规则合成的 AAAA 记录实施 DNSSEC 验证。在这种情况下，主机可以根据翻译规则自己对 A 记录进行 DNSSEC 验证。相关讨论见 RFC6147[22]。

(2) 如果用户与 DNS 解析服务器之间运行安全的 DNS 协议，则也不存在安全问题，因为 DNS64 可以对 AAAA 记录和 A 记录实施 DNSSEC 验证。

3. 防火墙过滤规则

由于 IVI 技术是无状态的，在 IPv4 地址和某个 IPv6 地址子集之间建立可逆的、一一对应的映射关系，可以保持地址的端对端透明性。因此，防火墙过滤规则同样可以通过地址映射算法，在一个地址域内实施或映射到另一个地址域并在该地址域实施。

9.1.6　IVI 示例

IVI 示例的拓扑和数据流如图 9.9 所示。图中，左侧为拓扑，右侧为在该链路上数据报文的源地址和目标地址。

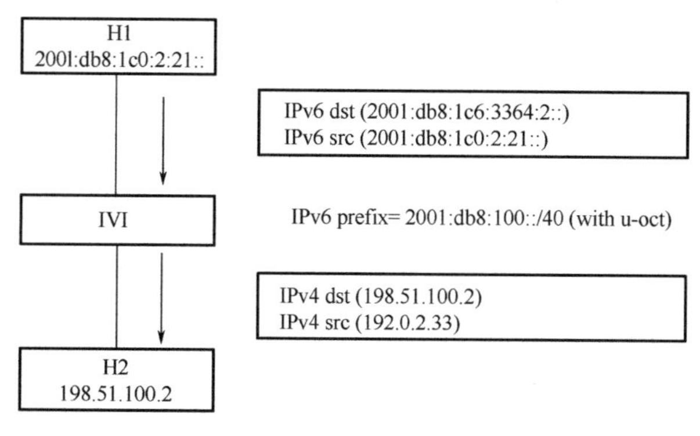

图 9.9　IVI 示例

1. 场景

(1) IPv6 网络(客户机 H1)发起对 IPv4 互联网(服务器 H2)的访问。

(2) IPv4 互联网(客户机 H2)发起对 IPv6 网络(服务器 H1)的访问。

2. IVI 参数

(1) IPv6 prefix：2001:db8:100::/40。

(2) IPv6 地址格式：有 u-oct(RFC6052[1])。

3. 主机地址

(1) H1：IPv6 网络中的一台 IPv6 主机使用"IPv4 可译 IPv6 地址"，即 2001:db8:1c0:2:21::。

(2) H2：IPv4 互联网中的一台 IPv4 主机，即 198.51.100.2。

4. 地址映射关系注释

(1)"IPv4 可译 IPv6 地址"：

(192.0.2.33)　←→　(2001:db8:1c0:2:21::)

(2)"IPv4 转换 IPv6 地址"：

(198.51.100.2)　←→　(2001:db8:1c6:3364:2::)

9.2　无状态一次翻译技术 1∶N 扩展

无状态一次翻译技术 1∶*N* 扩展(1∶*N* IVI)也采用基于运营商前缀的 IPv4/IPv6 地址映射算法来进行 IPv4/IPv6 翻译(RFC6052[1]、RFC7915[2]和 RFC6219[3])。同时，通过复用传输层端口高效地使用稀缺的公有 IPv4 地址资源。扩展的无状态一次翻译技术需要 DNS64/DNS46 技术的支持。1∶*N* IVI 的拓扑结构如图 9.10 所示。

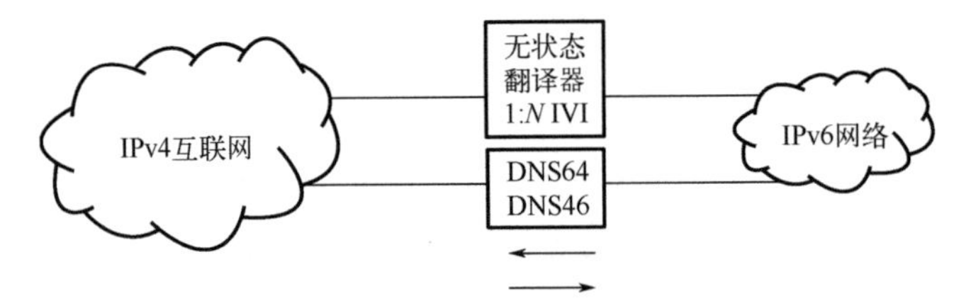

图 9.10　1∶*N* IVI 的拓扑结构

9.2.1　1∶*N* IVI 思路溯源

1∶1 IVI 可扩展性好、安全性好、可以保持端对端的地址透明性、支持双向发起的通信(纯 IPv6 网络中的 IPv6 客户机发起对 IPv4 互联网上服务器的通信，以及

IPv4 互联网上的客户机发起对纯 IPv6 网络中的 IPv6 服务器的通信)，但要求 IPv4 地址和 IPv6 地址一一对应，无法解决公有 IPv4 地址耗尽的问题。

面对全球公有 IPv4 地址耗尽的问题，非常自然的想法是：能否发明一种扩展机制，既保持无状态 IPv4/IPv6 翻译技术(1∶1 IVI)的上述特性，又可以复用稀缺的公有 IPv4 地址资源呢？这就是 1∶*N* IVI 技术。其核心思想是利用传输层协议(TCP、UDP)的端口号在一个公有 IPv4 地址和一组(个)IPv6 地址之间建立一一对应的映射关系。但与通常的 NAT 技术不同，上述映射不是动态生成的，而是基于算法的。该算法通过后缀编码技术，把 PSID[23,24]嵌入 IPv6 地址之中。

需要指出的是：

(1)当 1∶*N* IVI 的机制用于纯 IPv6 服务器时，复用同一个公有 IPv4 地址的每台服务器只能服务于一组由 PSID 定义的特定服务端口，整个过程是无状态的。

(2)当 1∶*N* IVI 的机制用于纯 IPv6 客户机时，客户机发起通信的数据报文的传输层源端口是由操作系统随机产生的，因此需要把随机产生的传输层源端口映射到一个 PSID 定义的端口范围。对于同一个会话的返回报文，需要把目标端口映射回原始的随机端口。在这种情况下，IPv4 地址和 IPv6 地址之间的映射是无状态的，但传输层端口的映射需要维护状态，也可以称为部分状态。这个状态维护需要在下述三种设备的其中的某一个上实现。

①客户机操作系统。即客户机按给定的 IPv6 地址规定的范围随机产生传输层的源端口。在这种情况下，1∶*N* IVI 翻译器是无状态的。

②家庭网关。即家庭网关保持 IPv6 源地址和 IPv6 目标地址不变，但根据分配给客户机的 IPv6 地址，把客户机随机产生的传输层源端口映射到 PSID 定义的端口范围。对于同一个会话的返回报文，把目标端口映射回原始的随机端口。在这种情况下，1∶*N* IVI 翻译器是无状态的。

③1∶*N* IVI 翻译器。即 1∶*N* IVI 翻译器根据分配给客户机的 IPv6 地址，把随机产生的传输层源端口映射到该 PSID 定义的端口范围。对于同一个会话的返回报文，把目标端口映射回原始的随机端口。在这种情况下，1∶*N* IVI 翻译器是部分状态的。

1∶*N* IVI 具有以下优点。

(1)可以复用稀缺的公有 IPv4 地址，与 NAT64 相比可以极大地降低维护状态的复杂性。

(2)支持双向发起的通信(纯 IPv6 网络中的 IPv6 客户机发起对 IPv4 互联网上服务器的通信，以及 IPv4 互联网上的客户机发起对纯 IPv6 网络中的 IPv6 服务器的通信)。

(3)可以极大地减少对于溯源等管理需求带来的存储和管理日志的成本。

9.2.2　1∶*N* IVI 基本原理

为了使 N 个 IPv6 主机共享一个 IPv4 地址，采用传输层端口复用技术，即这 N 个纯 IPv6 主机只能并发使用传输层端口空间(2^{16}=65536)的一个子集。在平均分配的情况下，对于复用比 N，可使用的端口的数量为

$$S=\frac{65536}{N}$$

例如，端口复用比 N 为 128，每个 IPv6 主机在通过 TCP 和 UDP 与 IPv4 互联网通信时，可以并发使用 512 个端口。注意：这些 IPv6 主机在与 IPv6 互联网中的其他 IPv6 主机通信时没有端口限制，可以并发使用 65536 个端口。

1∶*N* IVI 拓扑如图 9.11 所示。

在图 9.11 中，主机-0、主机-1 等共享相同的 IPv4 地址，但不同主机具有不重叠的传输层端口号。因此，当这些 IPv6 主机通过 1∶*N* IVI 与 IPv4 互联网进行通信时，看起来像具有一个 IPv4 地址的主机与 IPv4 互联网通信。

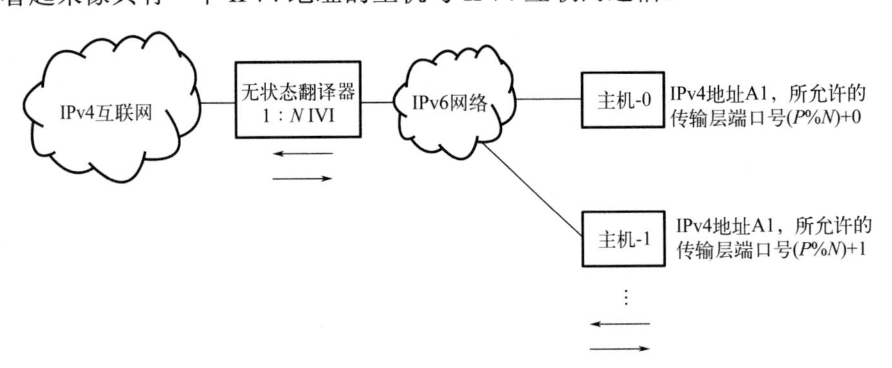

图 9.11　1∶*N* IVI 拓扑

这里使用模运算符来定义端口号范围。如果复用比为 N，则：

(1) 对于 PSID=k 的主机，允许的端口号(P)是

$$P=jN+k,\quad j=0,1,\cdots,N-1$$

(2) 对于目标端口号(P)，数据报文将发送到主机(k)：

$$k=P\%N,\quad \%是模算子$$

例如，如果 $N=256$，则主机 $k=5$ 允许使用的传输层端口为 5，261，517，773，…，65285，而这些端口值作为目标端口的数据报文将被发送给主机 $k=5$。

1. 传输层端口映射算法建议——广义模算法

上述模算法仅仅是一个例子，建议使用广义模算法来复用公有 IPv4 地址。

对于给定的共享率(R：一组 IPv6 地址共享单一 IPv4 地址)和某个 PSID 可以使

用的最大连续端口(M)，广义模算法定义如下。

(1)当 PSID(k)给定时，对应的端口号(P)由下式确定：

$$P = RMj + Mk + i$$

其中，k=0～R−1； $j = \frac{\frac{1024}{M}}{R},\cdots,\left(\frac{\frac{65536}{M}}{R}\right)-1$，众知端口(0～1023)排除在外；$i = 0,1,\cdots,M-1$。

(2)当端口号(P)给定时，PSID(k)由下式确定：

$$k = \left(\text{floor}\left(\frac{P}{M}\right)\right)\%R$$

其中，%是模算子；floor(arg)是一个“地板函数”，即返回大于 arg 的最小整数。

广义模算法仅仅使用于“IPv4 可译 IPv6 地址”，“IPv4 转换 IPv6 地址”没有这个需求。

2. “IPv4 可译 IPv6 地址”格式建议——无 u-oct 格式

建议采用无 u-oct 格式进行编码，如图 6.26 所示。

3. PSID 格式建议——变长 PSID 左对齐后缀编码

建议采用变长 PSID 左对齐后缀编码，如图 6.47 所示。

这种后缀编码称为“变长 PSID 左对齐”，图 6.49 表示了 PSID 比特、PSID 可取的数值、对应的复用比(R)和可用的并发端口数。

这种后缀编码的优点如下：

(1)最大复用比(R)可达理论值。

(2)PSID 编码连续。

(3)可以统一地址和端口集标识的前缀长度表示。

4. 地址和传输层端口映射算法

对于 1∶N IVI，使用“IPv4 可译 IPv6 地址”的纯 IPv6 主机需要遵循算法规定的传输层端口范围发送和接收数据报文。

1)无状态 1∶N IVI

无状态 1∶N IVI 对于 IPv4(地址/端口)和 IPv6(地址/端口)的处理算法如下：

(1)从 IPv6 到 IPv4：检查 IPv6 数据报文的源(地址和端口)，若符合 1∶N“IPv4 可译 IPv6 地址”的 PSID 定义的端口范围，则映射成“IPv4 可译 IPv6 地址”对应的 IPv4 地址，源端口不变；目标地址映射成“IPv4 转换 IPv6 地址”，目标端口不变。

若不符合 1∶N“IPv4 可译 IPv6 地址”的 PSID 定义的端口范围，则丢弃数据报文。

(2) 从 IPv4 到 IPv6：数据报文的 IPv4 源地址映射成为“IPv4 转换 IPv6 地址”，源端口不变；数据报文的 IPv4 目标地址根据映射算法和目标端口的范围，计算 PSID，合成 1∶N“IPv4 可译 IPv6 地址”，目标端口不变。

1∶N IVI 的 IPv6 主机作为服务器：如果将 1∶N IVI 的 IPv6 主机作为服务器，则众知端口(如 80、443 等)将由对应的 PSID 的 IPv6 主机提供。

1∶N IVI 的 IPv6 主机作为客户机：无状态 1∶N IVI 要求 IPv6 主机发出的 IPv6 数据报文的源端口必须符合所使用的 1∶N“IPv4 可译 IPv6 地址”规定的端口范围。通过修改操作系统，可以满足这个需求。在这种情况下，可以完全保持无状态的特性。其拓扑如图 9.12 所示。

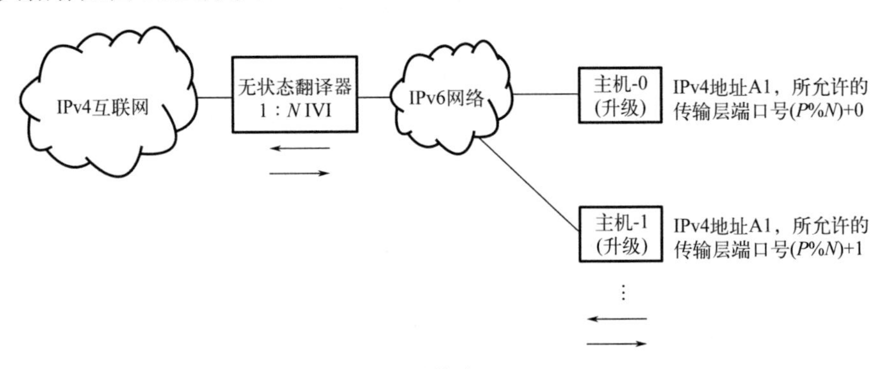

图 9.12　无状态 1∶N IVI

2) 部分状态 1∶N IVI

部分状态 1∶N IVI 对于 IPv4(地址/端口)和 IPv6(地址/端口)的处理算法如下：

(1) 从 IPv6 到 IPv4：检查 IPv6 数据报文的源(地址和端口)，若符合 1∶N“IPv4 可译 IPv6 地址”的 PSID 定义的端口范围，则映射成“IPv4 可译 IPv6 地址”对应的 IPv4 地址，源端口不变；目标地址映射成“IPv4 转换 IPv6 地址”，目标端口不变。若不符合 1∶N“IPv4 可译 IPv6 地址”的 PSID 定义的端口范围，把不符合规定的 IPv6 数据报文的源端口映射到 PSID 规定的端口范围，维护映射表。

(2) 从 IPv4 到 IPv6：数据报文的 IPv4 源地址映射成为“IPv4 转换 IPv6 地址”，源端口不变；IPv4 目标地址根据映射表、映射算法和目标端口的范围计算 PSID，合成 1∶N“IPv4 可译 IPv6 地址”，根据映射表把目标端口映射回原来的端口。

1∶N 部分状态翻译器需要维护三个会话表：TCP、UDP 和 ICMP。TCP 和 UDP 会话表包含地址和传输层端口。ICMP 会话表包含地址和标识符，每个会话表中的条目保存各个会话的状态。

(1) TCP 会话表基于端口映射算法和 TCP 有限状态机。当有限状态机到达终止状态时，TCP 会话将被删除。

(2) UDP 会话表基于端口映射算法和 UDP 会话生命周期计时器。当计时器到期时，UDP 会话将被删除。

(3) ICMP 会话表基于标识映射算法和 ICMP 会话生命周期计时器。当计时器到期时，ICMP 会话将被删除。

称它为部分状态的原因如下：

(1) 地址映射完全基于算法，无须维护任何状态。

(2) 若 IPv6 到 IPv4 数据报文的源端口在"IPv4 可译 IPv6 地址"规定的范围内，则无须创建会话表。

部署部分状态 1∶N IVI 可以使用未修改操作系统的 IPv6 客户机，如图 9.13 所示。

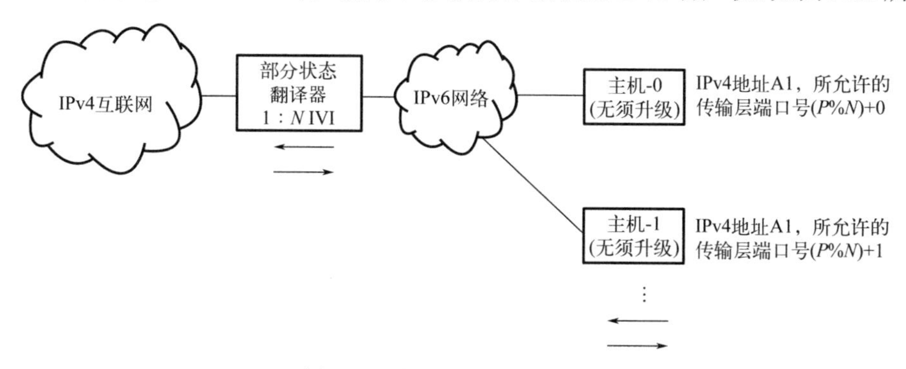

图 9.13　部分状态 1∶N IVI

可以混合部署修改了操作系统和未修改操作系统的 IPv6 主机。在这种情况下，如果 IPv6 数据报文包含不符合规定的源地址，则建立会话状态。否则，无须建立会话状态。

5. "IPv4 转换 IPv6 地址"和"IPv4 可译 IPv6 地址"使用相同或不同的 IPv6 前缀

根据 RFC6052[1]，"IPv4 转换 IPv6 地址"和"IPv4 可译 IPv6 地址"应该使用相同的 IPv6 前缀。使用相同的 IPv6 前缀可确保"IPv4 可译 IPv6 地址"在网内具有最佳路由。具体来说，如果一个 IPv6 节点要访问另一个节点的 IPv4 地址，而使用这个 IPv4 地址的实际节点是 IPv6 节点，则使用同一个"运营商前缀"构造"IPv4 转换 IPv6 地址"和"IPv4 可译 IPv6 地址"可以保证最优路由，因为互联网路由原理(即"最长匹配获胜")能够确保两个节点之间直接通信，而不需要通过翻译器进行处理(发夹功能)。

6. 协议翻译

协议翻译由 RFC7915[2]定义的规则进行。

9.2.3　1∶N IVI 配置讨论

1. 路由和转发

1∶N IVI 与 1∶1 IVI 的路由配置原理一致。

2. 应用层网关

1∶N IVI 与 1∶1 IVI 的应用层网关需求一致。

3. 主机地址配置

1∶N IVI 与 1∶1 IVI 的主机地址配置方法相同。

4. IPv6 服务器的 DNS 配置

1∶N IVI 与 1∶1 IVI 的 IPv6 服务器 DNS 配置方法相同。

5. IPv6 客户机的 DNS 解析服务配置

1∶N IVI 与 1∶1 IVI 的 IPv6 客户机 DNS 配置方法相同。

9.2.4　1∶N IVI 级联部署

1∶N IVI 也可以采用级联模式部署，即第一级部署 1∶1 IVI，第二级部署从 1∶1 “IPv4 可译 IPv6 地址”到 1∶N“IPv4 可译 IPv6 地址”的 IPv6 无状态或部分状态翻译，如图 9.14 所示。

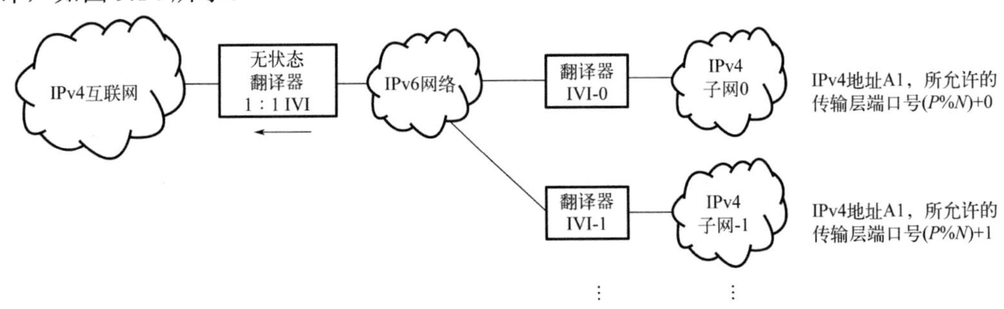

图 9.14　1∶N IVI 级联部署

9.2.5　1∶N IVI 示例

1∶N IVI 示例的拓扑和数据流如图 9.15 所示。其中左侧为拓扑，右侧为在该链路上数据报文的源地址和目标地址。

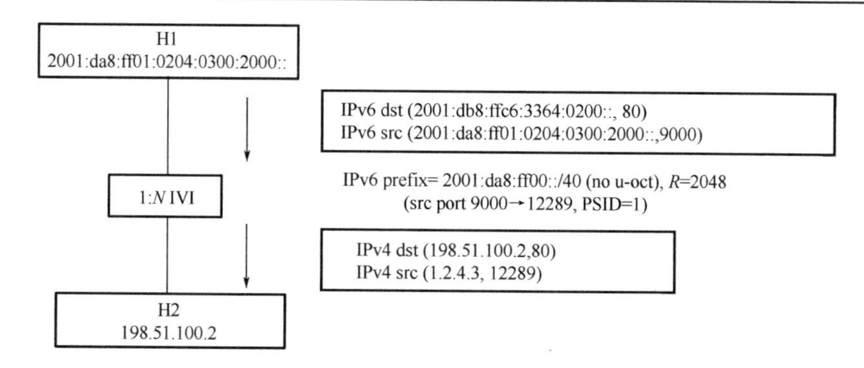

图 9.15　1：N IVI 示例

1. 场景

(1) IPv6 网络(客户机 H1)发起对 IPv4 互联网(服务器 H2)的访问。

(2) IPv4 互联网(客户机 H2)发起对 IPv6 网络(服务器 H1)的访问。

2. 1：N IVI 参数

(1) IPv6 prefix：2001:db8:100::/40。

(2) IPv6 地址格式：无 u-oct(RFC7915[2]更新 RFC6052[1])。

(3) IPv4 地址复用比：2048。

3. 主机地址

(1) H1：IPv6 网络中的一台 IPv6 主机使用“IPv4 可译 IPv6 地址”，即 2001:da8:ff01:0204:0300:2000::。

(2) H2：IPv4 互联网中的一台 IPv4 主机，即 198.51.100.2。

4. 地址和端口映射关系注释

由于是 1：N 映射，复用比 R=2048，本例中的 IPv4=1.2.3.4，PSID=1，因此本台 IPv6 主机可用的端口范围是

$$kR + \text{PSID} \quad (k = 0,1,\cdots,31)$$
$$= 2048k + 1 \quad (k = 0,1,\cdots,31)$$

即可用端口为 1，2049，6144，8192，10241，12289，…，63488。

由于 H1 发出的源端口(9000)不在该 PSID=1 允许的范围内，因此 1：N IVI 翻译器建立会话表(TCP、UDP 或 ICMP)，把 9000 映射成 12289。

虽然是 1：N 映射，但只要是该 PSID 允许的范围，就具有端对端地址透明性，支持双向发起的通信。

(1)“IPv4 可译 IPv6 地址”:

(1.2.4.3，9000)　　←→　　(2001:da8:ff01:0204:0300:2000::，12289)

（2）“IPv4 转换 IPv6 地址”：

（198.51.100.2，80）　←→　（2001:db8:ffc6:3364:0200::，80）

9.3　有状态一次翻译技术

目前 IPv4 大量采用 NAT 技术，该技术根据客户机发起通信的需求，动态把内部不同主机的网络地址(和传输层端口)映射到公有 IPv4 地址池内某个地址的不同端口进行复用。把类似的原理应用到 IPv4 和 IPv6 之间，产生了有状态一次翻译技术(NAT64[25])。NAT64 利用 RFC6052[1]、RFC7915[2]和 RFC6219[3]定义的协议翻译规则，需要 DNS64/DNS46 技术的支持。NAT64 与无状态翻译技术的区别在于地址映射，其具体技术描述如下。NAT64 的拓扑结构如图 9.16 和图 9.17 所示，分为两种场景。

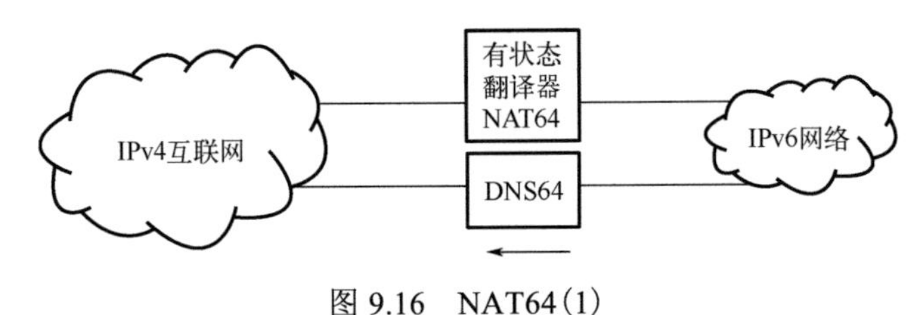

图 9.16　NAT64(1)

(1) IPv6 网络发起对 IPv4 互联网的通信。

(2) IPv6 互联网发起对 IPv4 网络的通信。

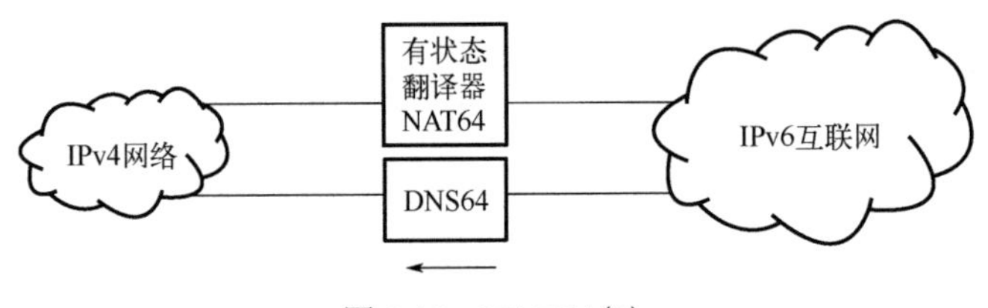

图 9.17　NAT64(2)

9.3.1　NAT64 思路溯源

NAT64 由 RFC6146[25]定义。NAT64 是一种有状态 IPv4/IPv6 过渡和并存的机制。NAT64 与 DNS64(RFC6147[22])协同使用时，允许纯 IPv6 客户端发起与 IPv4 服务器的通信。当使用交互连接建立(interactive connectivity establishment，ICE)(RFC5245[26])等 NAT 穿透技术时，NAT64 也可以支持客户端之间的通信(peer-to-peer)。有状态的 NAT64 也支持 IPv4 客户机发起的与静态配置绑定的纯 IPv6 服务器的通信。IPv4 和 IPv6 之间的转换由 RFC7915[2]定义，IPv4 服务器的 IPv4 地址到 IPv6 地址(IPv4 转换 IPv6 地址)的翻译由 RFC6052[1]定义。IPv6 客户机的 IPv6 地址通过网络地址和协议翻译(network address and protocol translation，NAPT)方式(RFC3022[27])转换成共享的公有 IPv4 地址(其共享机制通过传输层端口映射实现)。当前标准仅定义了通过有状态 NAT64 转换 TCP、UDP 和 ICMP 的单播数据报文。

DNS64 是一种由 DNS 的 A 记录合成 AAAA 记录的机制，其合成算法由 RFC6052[1]定义。

要实现基本 NAT64 功能，需要在纯 IPv4 网络和 IPv6 网络之间部署有状态 NAT64，以及部署具有 DNS64 功能的域名解析服务器。相关场景由 RFC6144[28]定义。有状态 IPv4/IPv6 翻译技术(NAT64)可以在 IPv6 主机之间高效地共享公有 IPv4 地址，但只支持 IPv6 发起的通信。同时，还存在扩展性和安全性等问题。

NAT64 具有以下功能。

(1) NAT64 仅处理 TCP、UDP 和 ICMP，应该具有与 NAT44 类似的特性(UDP：RFC4787[29]，TCP：RFC5382[30]和 ICMP：RFC5508[31])。因此，NAT64 仅支持与端点无关的映射(endpoint-independent mappings)和支持与端点无关且与地址相关的过滤(endpoint-independent and address-dependent filtering)。由于符合上述要求，NAT64 与当前的 NAT 穿透技术兼容(ICE：RFC5245[26]等)。

(2) 与 NAT44 类似，NAT64 中没有预先存在的状态，因此只支持纯 IPv6 客户机发起对纯 IPv4 服务器的通信。

(3) 根据使用的过滤策略(与端点无关，或与地址相关)，NAT64 可以支持有限的纯 IPv4 客户机发起对纯 IPv6 服务器的通信。包括以下两种情况：①IPv6 节点最近已发起了到相同或另一个 IPv4 节点的会话(NAT 穿透技术)；②IPv6 节点进行映射的静态配置。

(4) 公有 IPv4 地址共享：NAT64 支持多个纯 IPv6 节点共享公有 IPv4 地址访问 IPv4 互联网。

(5) 目前 NAT64 标准仅支持 TCP、UDP 和 ICMP。

9.3.2 NAT64 基本原理

在 NAT64 的机制中，IPv6 数据报文输入 NAT64，转换成 IPv4 数据报文。IPv4 数据报文输入 NAT64，转换成 IPv6 数据报文。NAT64 的转换是不对称的。为了能够执行从 IPv6 数据报文到 IPv4 数据报文的转换，NAT64 需要维护状态。状态包含 IPv6 地址和 TCP/UDP 端口对 IPv4 地址和 TCP/UDP 端口的绑定。

这种绑定状态可以采用静态配置，或者是动态生成(第一个 IPv6 数据报文建立会话状态)。在绑定状态创建之后，从 IPv6 到 IPv4 和从 IPv4 到 IPv6 双向的数据报文可以通过 NAT64 得到转换。因此，在一般情况下，NAT64 仅支持纯 IPv6 客户机发起对 IPv4 服务器的访问。静态配置或 ICE 可以支持由纯 IPv4 节点发起对纯 IPv6

节点的通信。

NAT64 的主要组成部分包括地址翻译和协议转换。协议转换由 RFC7915[2] 定义。

NAT64 有两个地址池：代表 IPv6 网络中 IPv4 地址的“IPv6 地址池”和代表 IPv4 网络中的 IPv6 地址的“IPv4 地址池”。

IPv6 地址池是分配给 NAT64 的一个或多个 IPv6 前缀，表示为 Pref64::/n。NAT64 将使用 Pref64::/n 构建由 RFC6052[1]定义的“IPv4 转换 IPv6 地址”。由于海量的 IPv6 地址空间，每个 Pref64::/n 都可以包含整个 IPv4 地址空间。因此，允许每个 IPv4 地址映射到一个 IPv6 地址(RFC6052[1])。

IPv4 地址池是一组由本地管理员分配的公有 IPv4 地址。由于 IPv4 地址空间是稀缺资源，通常 IPv4 地址池很小，无法与 IPv6 地址建立永久的一对一映射。因此，除了静态创建的特定 IPv4 地址和 IPv6 地址之间的映射之外，只能根据需求动态创建使用和释放 IPv4 地址池。因此，与 NAT44 类似，NAT64 共享 IPv4 地址(利用传输层端口)，而不是将 IPv6 地址直接映射成 IPv4 地址。这意味着 NAT64 需要执行地址和端口翻译。

由于从 IPv6 地址到 IPv4 地址的映射是动态的，而从 IPv4 地址到 IPv6 地址的映射是静态的，因此 IPv6 节点发起对 IPv4 节点的通信基于 RFC6052[1]定义的算法。但 IPv4 节点发起对 IPv6 节点的通信相对复杂(如通过静态配置或必须由 IPv6 节点动态发起)。

使用 DNS64 机制，纯 IPv6 客户端获得由纯 IPv4 服务器的 IPv4 地址映射成的 IPv6 地址。纯 IPv6 客户端发送 IPv6 数据报文到该 IPv6 地址。当数据报文路由到 NAT64 设备时，其 IPv6 源地址和传输层源端口关联到公有 IPv4 地址池中的某个地址的某个端口，创建绑定状态，从而同一个会话的返回数据报文可以映射回数据报文的原始发起客户机。当该会话进行时，该映射保持绑定。一旦会话停止或计时器超时，该公有 IPv4 地址和绑定的传输层端口退回到 IPv4 地址池，以便可以被重用于其他会话。

上述 DNS64 功能由 RFC6147[22]定义，用于从 DNS 的 A 记录合成 AAAA 记录。合成的 AAAA 记录包含分配给 NAT64 的 Pref64::/n 和纯 IPv4 服务器的 A 记录。合成后的 AAAA 记录返回纯 IPv6 客户机，以便发送以 AAAA 记录作为目标地址的 IPv6 数据报文。

为了保证安全性，NAT64 可以根据管理需要创建规则来过滤 IPv6 数据报文、绑定表和会话表。通过过滤可以避免 IPv4 地址、端口、内存和 CPU 资源耗尽的拒绝服务攻击。

IPv4 数据报文的过滤与 NAT64 的状态紧密耦合，应遵循 RFC4787[29]和 RFC5382[30]的建议。因此，NAT64 支持对于 TCP、UDP 及 ICMP 的“端点独立过滤”

和“地址相关过滤”。

如果 NAT64 对输入的 IPv4 数据报文实施 “端点独立过滤”，则除非 NAT64 存在目标地址的地址和端口绑定表，否则将丢弃该 IPv4 数据报文。

如果 NAT64 对输入的 IPv4 数据报文实施“地址相关过滤”，则除非 NAT64 存在目标地址的地址和端口绑定表，且具有相同的源地址，否则将丢弃该 IPv4 数据报文。

9.3.3　NAT64 算法

NAT64 设备需要配置 IPv6 链路接口和 IPv4 链路接口。每个 NAT64 设备必须至少有一个 IPv6 前缀，表示为 Pref64::/*n*。NAT64 必须维护公有 IPv4 地址池。

NAT64 包含以下数据结构。

(1) UDP 绑定信息库。

(2) UDP 会话表。

(3) TCP 绑定信息库。

(4) TCP 会话表。

(5) ICMP 查询绑定信息库。

(6) ICMP 查询会话表。

表示法如下：大写字母为 IPv4 地址，带有“'”的大写字母为 IPv6 地址，小写字母是传输层端口。IPv6 前缀表示为“Pref::/*n*”。 映射表示为“(X，x)←→(Y′，y)”。

NAT64 有三个绑定信息库(binding information bases，BIB)：TCP、UDP 和 ICMP。在 UDP 和 TCP 的情况下，每个 BIB 的条目描述下述映射：

(X′，x)←→(T，t)

其中，X′是某个 IPv6 地址；T 是 IPv4 地址；x 和 t 是传输层端口。T 是分配给 NAT64 的 IPv4 地址池的某个地址。BIB 有两列：(X′，x)，(T，t)。给定的 IPv6(地址/端口)或 IPv4(地址/端口)最多可出现在 BIB 中的一个条目中。例如，(2001:db8::17，49832)最多只能在 TCP 中出现一次。注意：TCP 和 UDP 具有独立的 BIB，因为 TCP 和 UDP 端口空间不重叠。

在 ICMP BIB 的情况下，每个 ICMP BIB 条目指定(IPv6 地址，ICMPv6 标识符)和(IPv4 地址，ICMPv4 标识符)之间的映射。

(X′，i1)←→(T，i2)

其中，X′是某个 IPv6 地址；T 是 IPv4 地址；i1 和 i2 分别是 ICMPv6 和 ICMPv4 的标识符。T 是分配给 NAT64 的 IPv4 地址池的某个地址。BIB 有两列：(X'，i1)，(T，i2)。给定的 IPv6(地址/标识符)或 IPv4(地址/标识符)最多可出现在 ICMP BIB 中的一个条目中。

三个 BIB 中的任何一个条目都可以由数据报文动态创建，也可以由管理员手工创建。NAT64 设备应该支持手动配置三个 BIB 中的任何一个条目。当会话表结束时，与之相关联的 BIB 表也应该删除。动态创建的条目将删除最后一个会话与 BIB 关联时的相应会话表的 BIB 条目。手动配置的 BIB 不管有没有对应的会话表，不会自动删除相关条目，而只能由管理员手工删除。

NAT64 还有三个会话表：TCP、UDP 和 ICMP。每个条目都保留会话状态，在 UDP 和 TCP 的情况下，每个会话表的条目描述下述映射：

$$(X', x), (Y', y) \longleftrightarrow (T, t), (Z, z)$$

其中，X′和 Y′是 IPv6 地址；T 和 Z 是 IPv4 地址；x、y、z 和 t 是传输层端口。T 是分配给 NAT64 的 IPv4 地址池的某个地址。Y'是 IPv4 地址 Z 的“IPv4 转换 IPv6 地址”。y 永远等于 z。

每个 TCP 或 UDP 会话表的条目(session table entry，STE)有五列，表示输入的 IPv6 数据报文被转换为输出的 IPv4 数据报文。

(1) STE 的 IPv6 源(地址/端口)：(X′，x)。

(2) STE 的 IPv6 目标(地址/端口)：(Y′，y)。

(3) STE 的 IPv4 源(地址/端口)：(T，t)。

(4) STE 的 IPv4 目标(地址/端口)：(Z，z)。

(5) STE 的生命周期。

在 ICMP 会话表的情况下，每个 ICMP 会话的条目指定(IPv6 源地址，IPv6 目标地址，ICMPv6 标识符)三元组和(IPv4 源地址，IPv4 目标地址，ICMPv4 标识符)三元组之间的映射。

$$(X', Y', i1) \longleftrightarrow (T, Z, i2)$$

其中，X′和 Y′是 IPv6 地址；T 和 Z 是 IPv4 地址；i1 是 ICMPv6 标识符；i2 是 ICMPv4 标识符。T 是分配给 NAT64 的 IPv4 地址池的某个地址。Y'是 IPv4 地址 Z 的“IPv4 转换 IPv6 地址”。

每个 ICMP 会话表条目有七个。

(1) STE 的 IPv6 源地址：X′。

(2) STE 的 IPv6 目标地址：Y′。

(3) STE 的 ICMPv6 标识符：i1。

(4) STE 的 IPv4 源地址：T。

(5) STE 的 IPv4 目标地址：Z。

(6) STE 的 ICMPv4 标识符：i2。

(7) STE 的生命周期。

NAT64 使用“会话状态信息”来确定会话是否已经完成，进行“地址相关过滤”。会话可以由输入或输出的元组唯一标识。

对于每个TCP或UDP会话，存在相应的BIB条目，由IPv6源(地址/端口)(IPv6到IPv4方向)或IPv4目标(地址/端口)(IPv4到IPv6方向)唯一指定。对于每个ICMP，存在相应的BIB条目，由IPv6源地址和ICMPv6标识符(IPv6到IPv4方向)或IPv4目标地址和ICMPv4标识符(IPv4到IPv6方向)唯一指定。对于所有BIB，单个BIB条目可以对应多个会话。如果BIB条目是动态创建的，当最后一个会话删除时，删除该BIB条目。

NAT64处理输入的数据报文时执行以下步骤。

(1)确定输入元组。

(2)过滤和更新绑定及会话信息。

(3)计算输出元组。

(4)转换数据报文。

(5)处理发夹。

1. 确定输入元组

在TCP、UDP的情况下，数据报文为五元组：源地址、源端口、目标地址、目标端口和协议。在ICMP的情况下，数据报文为三元组：源地址、目标地址和ICMP标识符。

如果输入的IP数据报文为完整(未分片)的UDP或TCP报文，则从数据报文中提取五元组。

如果输入的数据报文是完整(未分段)的ICMP消息(ICMPv4或ICMPv6)，则从数据报文中提取三元组。

如果输入的数据报文包含完整(未分段)的包含UDP或TCP数据报文的ICMP出错消息，则从ICMP出错消息的TCP或UDP数据报文中提取五元组。注意：此时应交换源和目标，即嵌入的源(地址/端口)转为目标(地址/端口)，嵌入的目标(地址/端口)转为源(地址/端口)。如果无法确定五元组，则必须丢弃该数据报文。

如果输入的数据报文包含完整(未分段的)ICMP出错消息，其内部镶嵌出错消息，则必须丢弃该数据报文。

如果输入的数据报文包含完整(未分段的)ICMP出错消息，其内部镶嵌ICMP消息，则从ICMP出错消息的ICMP报文中提取三元组。注意：此时应交换源和目标，即嵌入的源(地址/端口)转为目标(地址/端口)，嵌入的目标(地址/端口)转为源(地址/端口)。如果无法确定三元组，则必须丢弃该数据报文。

如果输入的数据报文包含片段，则必须进行进一步的处理。NAT64必须能够处理分片。特别是，NAT64必须能够处理错序的分片。

(1)NAT64必须能够限制用于存储分片的设备资源，以防止DoS攻击。

(2)只要NAT64有可用的设备资源，NAT64必须允许分片在一段时间内到达。

时间区间应该是可配置的，默认值必须至少是 FRAGMENT_MIN。

(3) NAT64 要求 UDP、TCP 或 ICMP 报头完全包含在偏移量等于 0 的分片中(第一个分片)。

对于携带 TCP 或 UDP 分片且校验和不为 0 的输入数据报文，NAT64 可以选择在分片到达时对分片进行缓存，再翻译所有分片。在这种情况下，输入数据报文的五元组或三元组的分片处理与上述不分片数据报文的处理方法一致。NAT64 也可以在分片到达时根据第一个分片提取的五元组或三元组信息对后续分片进行实时处理。注意：第二种情况，必须考虑到后续分片可能在第一个分片之前到达的情况。

对于输入 IPv4 携带 0 校验的 UDP 数据报文，如果 NAT64 有足够的设备资源，则必须重新组装数据报文并计算校验和。如果 NAT64 没有足够的资源，则必须丢弃数据报文(RFC7915[2])。

为了提高网络的安全性，部署 NAT64 时应该理解 RFC1858[32]和 RFC3128[33]中讨论的数据报文分片的攻击，并采取相应措施。此外，还应该理解 RFC4963[34]中讨论的高速重组数据报文带来的问题。

若输入 IPv6 数据报文的最后一个“下一个报头”的数值不是 TCP、UDP 或 ICMPv6，则应丢弃该 IPv6 数据报文。如果安全策略允许，则 NAT64 在丢弃该 IPv6 数据报文时应该发送 ICMPv6“目标无法访问错误消息”，具体参数为“代码 4：端口不可达”(Code 4：Port Unreachable)到该 IPv6 数据报文的源地址。注意：未来除了 TCP、UDP 和 ICMPv6，还可能包含流控制传输协议(stream control transmission protocol，SCTP)或数据拥塞控制协议(datagram congestion control protocol，DCCP)。

如果输入 IPv4 数据报文的“协议”的数值不是 TCP、UDP 或 ICMP，则应丢弃该 IPv4 数据报文。如果安全策略允许，则 NAT64 在丢弃该 IPv4 数据报文时应该发送 ICMP“目标无法访问错误消息”，具体参数为“代码 2：协议不可达”(Code 2：Protocol Unreachable)到该 IPv4 数据报文的源地址。注意：未来除了 TCP、UDP 和 ICMPv6，还可能包含 SCTP 或 DCCP。

2. 过滤和更新绑定及会话信息

NAT64 的过滤和更新与协议(UDP、TCP 或 ICMP)相关。注意：ICMP 出错消息不应改变 BIB 或会话表。

无论使用何种传输协议，NAT64 都必须丢弃源地址包含 Pref64::/*n* 的输入 IPv6 数据报文，以防止发夹循环。此外，NAT64 必须只处理目标地址包含 Pref64::/*n* 的输入 IPv6 数据报文。同样，NAT64 必须只处理目标地址包含 NAT64 的 IPv4 池的输入 IPv4 数据报文。

1) UDP 会话处理

为 UDP 会话存储以下状态信息。

(1)绑定关系：

$$(X', x), (Y', y) \leftarrow\rightarrow (T, t), (Z, z)$$

(2)生命周期：设置计时器跟踪 UDP 会话剩余的生命周期。当计时器到期时，将删除 UDP 会话。如果动态创建的所有 UDP 会话都被删除，则删除 UDP BIB 的该条目。

UDP 的 BIB 和会话的处理依赖于计数器，具体细节见 RFC6146[25]，概要如下：NAT64 搜索 UDP BIB，查找与 IPv6 源(地址/端口)匹配的条目。如果这样的条目不存在，NAT64 会尝试创建一个新条目。NAT64 搜索会话表查找输入数据报文的五元组。如果未找到此类条目，则 NAT64 会尝试创建新条目。NAT64 将会话表条目中的计时器设置(或重置)为最长会话生命周期。最长会话生命周期可以手工配置，默认情况下应该至少是 UDP_DEFAULT。该最长会话生命周期不得小于 UDP_MIN。如果无法分配适当的 IPv4(地址/端口)或创建 BIB 条目，则丢弃该数据报文。NAT64 应该发送 ICMPv6“目标无法访问错误消息”(代码 3：地址无法访问)。

2) TCP 会话处理

NAT64 对于 TCP 的处理基于有限状态机，为 TCP 会话存储以下状态信息。

(1)绑定关系：

$$(X', x), (Y', y) \leftarrow\rightarrow (T, t), (Z, z)$$

(2)生命周期：设置计时器跟踪 TCP 会话剩余的生命周期。当计时器到期时，将删除 TCP 会话。如果动态创建的所有 TCP 会话都被删除，则删除 TCP BIB 的该条目。

根据 RFC5382[30]，TCP 会话非活动生存期的设置应该至少为 124 min，因此每个 TCP 会话表的条目都对应于现有的 TCP 会话。为此，需要利用有限状态机跟踪所有 TCP 会话。

各状态定义如下：

(1) CLOSED：类似于 RFC793[35]的定义，CLOSED 是一个虚构的状态，代表某个五元组不存在，因此没有连接。

(2) V4 INIT：NAT64 收到了一个包含 TCP SYN 的 IPv4 数据报文，暗示正在从 IPv4 方面试图建立 TCP 连接。NAT64 正在等待匹配从相反方向发送的包含 TCP SYN 的 IPv6 数据报文。

(3) V6 INIT：NAT64 收到、翻译并转发包含 TCP SYN 的 IPv6 数据报文，暗示 TCP 正在从 IPv6 端发起连接。NAT64 正在等待匹配从相反方向发送的包含 TCP SYN 的 IPv4 数据报文。

(4) ESTABLISHED：表示一个正在工作的连接，数据能够在两个方向上传输。

(5) V4 FIN RCV：NAT64 收到包含 TCP FIN 的 IPv4 数据报文，数据仍然可以

在连接中传输。NAT64 正在等待匹配从相反方向发送的包含 TCP SYN 的 IPv6 数据报文。

(6) V6 FIN RCV：NAT64 收到包含 TCP FIN 的 IPv6 数据报文，数据仍然可以在连接中传输。NAT64 正在等待匹配从相反方向发送的包含 TCP SYN 的 IPv4 数据报文。

(7) V6 FIN + V4 FIN RCV：NAT64 收到同一个连接的包含 TCP FIN 的 IPv4 数据报文和 IPv6 数据报文。NAT64 在短时内仍然保持连接状态，以便在两个方向上转发剩余的数据报文(特别是 ACK)。

(8) TRANS：NAT64 收到了 TCP RST 的数据报文或由于连接的生命周期递减到还剩 TCP_TRANS 分钟。在这种情况下，连接状态的生命周期设置为 TCP_TRANS 分钟。如果没有新的数据报文，NAT64 将保持该连接 TCP_TRANS 分钟，然后终止。

NAT64 用有限状态机处理 TCP 会话。TCP 有限状态机的状态的改变由 NAT64 从 IPv6 和 IPv4 链路接口接收到的数据报文驱动。每一个 TCP 会话(TCP 的五元组)都有一个对应的 TCP 有限状态机。当 NAT64 初始化时，所有的 TCP 有限状态机的状态均为 CLOSED。NAT64 对 TCP 的处理细节见 RFC6146[25]。简化的 TCP 有限状态机的状态转移如图 9.18 所示。

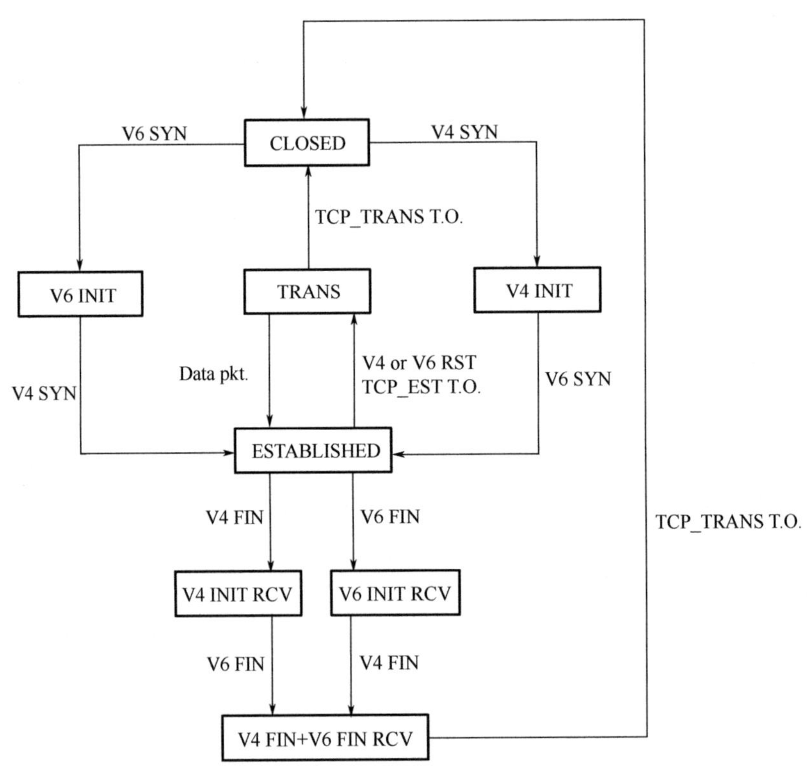

图 9.18　NAT64 的 TCP 有限状态机

3) ICMP 会话处理

为 ICMP 会话存储以下状态信息。

(1) 绑定关系：

$$(X', Y', i1) \leftarrow\rightarrow (T, Z, i2)$$

(2) 生命周期：设置计时器跟踪 ICMP 会话剩余的生命周期。当计时器到期时，将删除 ICMP 会话。如果动态创建的所有 ICMP 会话都被删除，则删除 ICMP BIB 的该条目。

ICMP 的 BIB 和会话的处理依赖于计数器，具体细节见 RFC6146[25]。概要如下：NAT64 搜索 ICMP BIB，查找与 IPv6 源(地址/端口)匹配的条目。如果这样的条目不存在，NAT64 会尝试创建一个新条目。NAT64 搜索会话表，查找输入数据报文的三元组。如果未找到此类条目，则 NAT64 会尝试创建新条目。NAT64 将会话表条目中的计时器设置(或重置)为最长会话生命周期。最长会话生命周期可以手工配置。如果无法分配适当的 IPv4(地址/端口)或创建 BIB 条目，则丢弃该数据报文。若丢弃该数据报文，NAT64 应该发送 ICMP 错误消息，具有类型 3(目标节点不可到达)和代码 13(管理上禁止通信)。

3. 计算输出五元组或三元组

此步骤通过利用 BIB 转换输入数据报文的五元组(或三元组)生成输出数据报文的五元组(或三元组)。注意：并不是所有的(地址和端口)都使用 BIB 进行转换。BIB 条目用于将 IPv6 源(地址和端口)转换为 IPv4 源(地址和端口)，以及将 IPv4 目标(地址和端口)转换为 IPv6 目标(地址和端口)。计算输出五元组(或三元组)的具体细节见 RFC6146[25]。

4. 转换数据报文

数据报文的协议转换按照 RFC7915[2]定义的算法进行。

5. 处理发夹

如果已转换数据报文的目标地址属于 NAT64 的 IPv4 地址池，则该数据报文是发夹数据报文，处理方法如下：

(1) 输出五元组改为输入五元组。

(2) 数据报文被视为输出链路接口收到的数据报文。

然后按上述“过滤和更新绑定及会话信息”处理此数据报文。

9.3.4 安全考虑

任何依赖于 IP 报头信息的协议都与 NAT64 不兼容。这意味着端对端的 IPsec 的 AH 验证失败(隧道模式和传输模式)以及 ESP 验证失败(传输模式)。使用 UDP

封装可以恢复端到端 IPsec 的传输，参见 RFC3948[36]。

使用 NAT64 时应参照 RFC4787[29]配置安全过滤规则。

另外，NAT64 设备本身可能成为网络攻击的受害者，特别是 DoS 攻击的受害者。具体包括有限公有 IPv4 地址池耗尽、分片重组资源耗尽、绑定表资源耗尽等。

9.3.5 NAT64 示例

NAT64 示例的拓扑和数据流如图 9.19 所示。其中左侧为拓扑，右侧为在该链路上数据报文的源地址和目标地址。

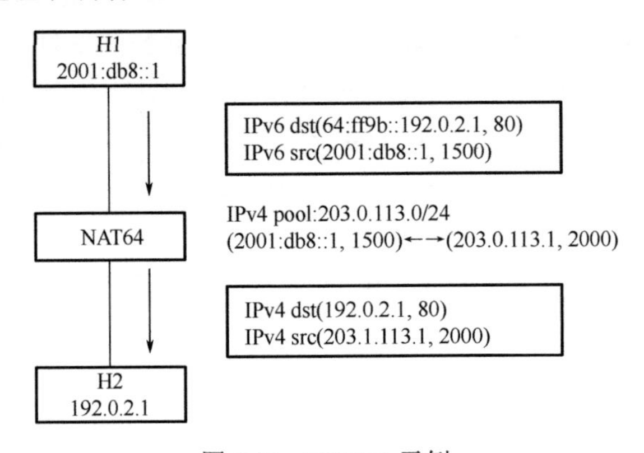

图 9.19　NAT64 示例

1. 场景

IPv6 网络(客户机 H1)发起对 IPv4 互联网(服务器 H2)的访问。

2. NAT64 参数

(1) IPv6 prefix：64:ff9b::/96(众知前缀)。

(2) IPv4 地址池：203.0.113.0/24。

3. 主机地址

(1) H1：IPv6 网络中的一台 IPv6 主机(2001:db8::1)。

(2) H2：IPv4 互联网中的一台 IPv4 主机(192.0.2.1)。

4. 地址和端口映射关系注释

(1) 建立会话表(TCP 或 UDP 或 ICMP)：

(203.0.113.1，2000)　←→　(2001:db8::1，1500)

(2) “IPv4 转换 IPv6 地址”：

(192.0.2.1，80)　←→　(64:ff9b::192.0.2.1，80)

9.4 本章小结

本章系统介绍了实现 IPv4 和 IPv6 互通的翻译核心技术，包括无状态一次翻译技术(IVI)、无状态一次翻译技术 1：N扩展(1：N IVI)和有状态一次翻译技术(NAT64)。

参考文献

[1] Bao C, Huitema C, Bagnulo M, et al. RFC6052: IPv6 addressing of IPv4/IPv6 translators. IETF 2010-10.
[2] Bao C, Li X, Baker F, et al. RFC7915: IP/ICMP translation algorithm. IETF 2016-06.
[3] Li X, Bao C, Chen M, et al. RFC6219: The China Education and Research Network (CERNET) IVI translation design and deployment for the IPv4/IPv6 coexistence and transition. IETF 2011-05.
[4] Nordmark E, Gilligan R. RFC4213: Basic transition mechanisms for IPv6 hosts and routers. IETF 2005-10.
[5] Carpenter B, Moore K. RFC3056: Connection of IPv6 domains via IPv4 clouds. IETF 2001-02.
[6] Templin F, Gleeson T, Thaler D. RFC5214: Intra-site automatic tunnel addressing protocol (ISATAP). IETF 2008-03.
[7] Huitema C. RFC4380: Teredo: Tunneling IPv6 over UDP through network address translations (NATs). IETF 2006-02.
[8] Nordmark E. RFC2765：Stateless IP/ICMP translation algorithm (SIIT). IETF 2000-02.
[9] Tsirtsis G, Srisuresh P. RFC2766: Network address translation - protocol translation (NAT-PT). IETF 2000-02.
[10] Hagino J, Yamamoto K. RFC3142: An IPv6-to-IPv4 transport relay translator. IETF 2001-01.
[11] Carpenter B. RFC2775：Internet transparency. IETF 2000-02.
[12] Hinden R, Deering S. RFC4291: IP version 6 addressing architecture. IETF 2006-02.
[13] Aoun C, Davies E. RFC4966: Reasons to move the network address translator - protocol translator (NAT-PT) to historic status. IETF 2007-07.
[14] Carpenter B, Jiang S. RFC7136: Significance of IPv6 interface identifiers. IETF 2014-02.
[15] Cotton M, Vegoda L, Meyer D. RFC5771: IANA guidelines for IPv4 multicast address assignments. IETF 2010-03.
[16] Bhattacharyya S. RFC3569: An overview of source-specific multicast (SSM). IETF 2003-07.
[17] Holbrook H, Cain B. RFC4607: Source-specific multicast for IP. IETF 2006-08.
[18] Holbrook H, Cain B, Haberman B. RFC4604: Using internet group management protocol version

3（IGMPv3）and multicast listener discovery protocol version 2（MLDv2）for source-specific multicast. IETF 2006-08.

[19] Fuller V, Li T. RFC4632: Classless inter-domain routing（CIDR）: The internet address assignment and aggregation. IETF 2006-08.

[20] Savolainen T, Korhonen J, Wing D. RFC7050: Discovery of the IPv6 prefix used for IPv6 address synthesis. IETF 2013-11.

[21] Thaler D, Draves R, Matsumoto A, et al. RFC6724: Default address selection for internet protocol version 6（IPv6）. IETF 2012-09.

[22] Bagnulo M, Sullivan A, Matthews P, et al. RFC6147: DNS64: DNS extensions for network address translation from IPv6 clients to IPv4 servers. IETF 2011-04.

[23] Troan O, Dec W, Li X, et al. RFC7597: Mapping of address and port with encapsulation（MAP-E）. IETF 2015-07.

[24] Li X, Bao C, Dec W, et al. RFC7599: Mapping of address and port using translation（MAP-T）. 2015-07.

[25] Bagnulo M, Matthews P, Beijnum I. RFC6146: Stateful NAT64: Network address and protocol translation from IPv6 clients to IPv4 servers. IETF 2011-04.

[26] Rosenberg J. RFC5245: Interactive connectivity establishment（ICE）: A protocol for network address translator（NAT）traversal for offer/answer protocols. IETF 2010-04.

[27] Srisuresh P, Egevang K. RFC3022: Traditional IP network address translator. IETF 2001-01.

[28] Baker F, Li X, Bao C, et al. RFC6144: Framework for IPv4/IPv6 translation. IETF 2011-04.

[29] Audet F, Jennings C. RFC4787: Network address translation（NAT）behavioral requirements for unicast UDP. IETF 2007-01.

[30] Guha S, Biswas K, Ford B, et al. RFC5382：NAT behavioral requirements for TCP. IETF 2008-10.

[31] Srisuresh P, Ford B, Sivakumar S, et al. RFC5508: NAT behavioral requirements for ICMP. IETF 2009-04.

[32] Ziemba G, Reed D, Traina P. RFC1858: Security considerations for IP fragment filtering. IETF 1995-10.

[33] Miller I. RFC3128: Protection against a variant of the tiny fragment attack（RFC 1858）. IETF 2001-06.

[34] Heffner J, Mathis M, Chandler B. RFC4963: IPv4 reassembly errors at high data rates. IETF 2007-07.

[35] Postel J. RFC793: Transmission control protocol. IETF 1981-09.

[36] Huttunen A, Swander B, Volpe V, et al. RFC3948: UDP encapsulation of IPsec ESP packets. IETF 2005-01.

第 10 章　无状态双重翻译及封装技术

为了尽可能地保持与 IPv4 互联网的互联互通，同时解决应用层镶嵌 IP 地址等问题，可以使用双重翻译技术。由于无状态双重翻译及封装技术地址格式是统一的，仅仅是数据平面的处理机制不同(翻译或封装)，因此，本章一起讨论无状态双重翻译和封装技术的解决方案，包括主要用于校园网、企业网和主干网的无状态双重翻译技术(dIVI)、适用于城域网宽带接入的 MAP-T 无状态双重翻译技术和 MAP-E 无状态封装技术。

本章从研发思路、基本原理、部署配置、安全考虑和案例分析等方面详细讨论分析这些技术。

10.1　无状态双重翻译技术

无状态双重翻译技术在从源到目标的数据报文传输过程中，实施从 IPv4 到 IPv6，再从 IPv6 到 IPv4 的两级一次翻译技术。采用由 RFC6219[1]、RFC6052[2]、RFC7915[3]定义的协议翻译和地址映射，无须 DNS64 和 DNS46 域名扩展，拓扑结构如图 10.1 所示。

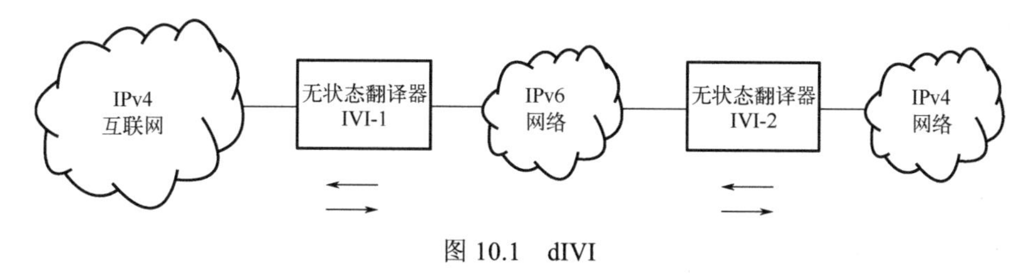

图 10.1　dIVI

10.1.1　dIVI 思路溯源

无状态 IPv4/IPv6 翻译技术可扩展性好、安全性好，可以保持端对端的地址透明性，支持双向发起的通信(纯 IPv6 网络中的 IPv6 客户机发起对 IPv4 互联网上服务器的通信，以及 IPv4 互联网上的客户机发起对纯 IPv6 网络中的 IPv6 服务器的通信)。由于基本的 IVI 技术是无状态的，在 IPv4 地址和某个 IPv6 地址子集之间建立可逆的、一一对应的映射关系，因此可以支持绝大多数的应用层协议。但是有些应用层协议使用 IP 地址识别应用层实体(如 FTP、H.323 等)。在这些情况下，需要应用层网关。但应用层网关是与特定应用层协议绑定的，对于不同的应用，必须开发不同的应用层网关。对于私有应用层协议，无法开发相应的应用层网关。对于加密协议，更无法开发相应的应用层网关。

为了解决面向各种应用的通用性应用层网关的问题，考虑采用双重翻译技术。在第一级翻译器把 IPv4 数据报文翻译成 IPv6 数据报文的基础上，通过第二级翻译器，重新翻译成 IPv4 数据报文。因此可以支持任何可以穿透 IPv4 NAT 的应用层协议。另外，当应用程序不支持 IPv6 时，也可以使用双重翻译技术。

虽然双重翻译技术实现了 IPv4 到 IPv6 又到 IPv4 的通信，与 IPv4 over IPv6 隧道技术在外特性上有相似之处。但是，双重翻译技术的数据报文跨越 IPv6 互联网时，在网络层没有增加封装，依然是纯 IPv6 报文，可以直接根据 IPv6 五元组对不同的 IPv4 中的主机根据需求分别保证服务质量(而不需要解封装)。同时无状态双重翻译技术可以退化成无状态一次翻译技术，实现 IPv4 与 IPv6 之间的互通。

双重翻译的特点总结如下：

(1) 既可以支持跨越 IPv6 网络的 IPv4 服务，也可以支持 IPv4 和 IPv6 之间的互联互通。

(2) 可以直接根据 IPv6 五元组对数据报文进行访问控制表和流量控制。

(3) 不需要 DNS64 和 DNS46 的支持。

10.1.2　dIVI 基本原理

dIVI 可以简单地认为是两个 IVI 翻译器的串接，但是由于引入了双重翻译技术，对地址的使用具有更大的灵活性。

1. 地址格式

dIVI 作为无状态 IPv4/IPv6 双重翻译技术，建议采用无 u-oct 地址格式，如图 6.26 所示。

2. 前缀长度选择

根据 RFC6052[2]，可以选择的 IPv6 前缀如下：

(1) /32：一个公有 IPv4 地址对应于一个 IPv6/64 子网，有 Suffix 空间，支持通过后缀编码复用公有 IPv4 地址。

(2) /40：一个 IPv4/24 子网对应于一个 IPv6/64 子网，有 Suffix 空间，支持通过后缀编码复用公有 IPv4 地址。

(3) /48：有 Suffix 空间，支持通过后缀编码复用公有 IPv4 地址。

(4) /56：有 Suffix 空间，支持通过后缀编码复用公有 IPv4 地址。

(5) /64：有 Suffix 空间，支持通过后缀编码复用公有 IPv4 地址。

(6)/96：无 Suffix 空间，不支持通过后缀编码复用公有 IPv4 地址，支持 IPv4 地址的直观表示(如 2001:db8::192.2.3.4)。

具体部署实施时，可以根据上述特点选择适合的 IPv6 前缀长度。

3. “IPv4 转换 IPv6 地址”和“IPv4 可译 IPv6 地址”使用相同或不同的 IPv6 前缀

根据 RFC6052[2]，“IPv4 转换 IPv6 地址”和“IPv4 可译 IPv6 地址”应该使用相同的 IPv6 前缀。使用相同的 IPv6 前缀可确保“IPv4 可译 IPv6 地址”在网内具有最佳路由。具体来说，如果一个 IPv6 节点要访问另一个节点的 IPv4 地址，而使用这个 IPv4 地址的实际节点是 IPv6 节点，则使用同一个“运营商前缀”构造“IPv4 转换 IPv6 地址”和“IPv4 可译 IPv6 地址”可以保证最优路由，因为互联网路由原理(即“最长匹配获胜”)能够确保两个节点之间直接通信，而不需要通过翻译器进行处理(发夹功能)。

但是，对于“IPv4 可译 IPv6 地址”和“IPv4 转换 IPv6 地址”配置相同 IPv6 前缀的规则是有例外的，包括以下两种情况。

(1) 当实施跨域无状态双重翻译时，互联网路由政策通常不允许公布其他运营商的更长前缀，在此情况下，必须对“IPv4 可译 IPv6 地址”和“IPv4 转换 IPv6 地址”配置不同的 IPv6 前缀。

(2) 在共享 IPv4 地址的无状态双重翻译情况下，因为家庭网关的 IPv6 地址不仅要为“IPv4 可译 IPv6 地址”使用，也需要为家庭网关连接的其他 IPv6 主机使用，可能会与“IPv4 转换 IPv6 地址”产生交叠，在此情况下，必须对“IPv4 可译 IPv6 地址”和“IPv4 转换 IPv6 地址”配置不同的 IPv6 前缀。

4. 协议翻译

协议翻译由 RFC7915[3]定义的规则进行。

5. 464 虚拟专网(464VPN)

对于双重翻译技术，一个重要的应用场景是通过 IPv6 互联网组建使用私有 IPv4 地址的虚拟专用网(464VPN)，如图 10.2 所示。

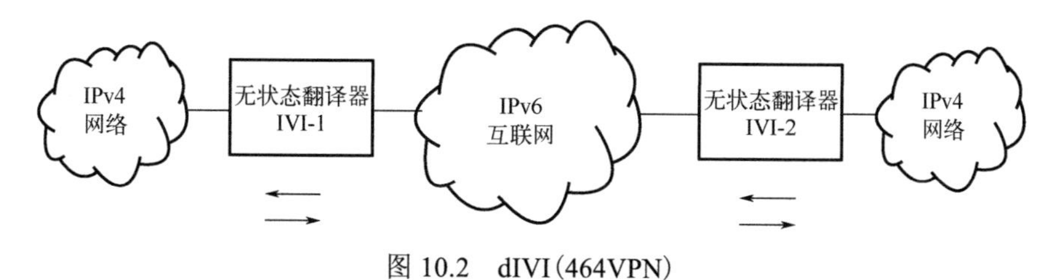

图 10.2　dIVI(464VPN)

当建设跨越 IPv6 互联网的虚拟专网(464VPN)时，必须对“IPv4 可译 IPv6 地址”和“IPv4 转换 IPv6 地址”配置不同的 IPv6 前缀。

在这种情况下，IPv4 地址可以使用 RFC1918[4]定义的私有 IPv4 地址，即使用私有 IPv4 地址产生“IPv4 嵌入 IPv6 地址”(“IPv4 可译 IPv6 地址”和“IPv4 转换 IPv6 地址”)。由于如图 10.2 所示，双侧均为 IPv4 网络，所以也可以认为，在这种情况下通信双方(可以扩展成多方)均为“IPv4 可译 IPv6 地址”。换言之，可以认为 dIVI 技术通过 IPv4 互联网，把 IPv4 专网延伸到任何 IPv6 互联网可达的地方。

当“IPv4 可译 IPv6 地址”采用由 RFC1918[4]定义的私有 IPv4 地址生成时，也可以在 IPv4 网络处部署 IPv4 NAT，进行公有 IPv4 地址到私有 IPv4 地址的转换，因此具有与部署传统 IPv4 NAT 类似的特性。

采用 dIVI 技术实现 464VPN 的特点如下：

(1) 应用程序无须升级到 IPv6，保持与原有系统完全一致。

(2) 可以继续使用原有的 IPv4 安全设备、安全机制和安全策略。

(3) 对于 IPv6 互联网，传输的是标准的 IPv6 数据报文(而不是任何封装或隧道)，因此可以使用标准的网络层访问控制表进行流量控制等，而不需要进行任何解封装。

(4) 在需要时，可以退化成一次翻译，但仍然保存“专网”的特性，即只有“IPv4 可译 IPv6 地址”之间才能实现相互通信。

(5) 与高层安全协议兼容。

10.1.3　dIVI 配置讨论

1. 路由和转发

dIVI 与 IVI 的路由配置原理一致。

当采用静态配置或动态路由协议时，在 IPv4 域内，按 IPv4 的路由原理进行配置，在 IPv6 域内，按 IPv6 的路由原理进行配置，对连接 IPv4 网络和 IPv6 网络的翻译器，按无状态一次翻译的路由原理进行配置。

注意：可以配置动态路由协议(如 BGP)，使 IPv4 路由跨越 IPv6 网络，称为 464BGP。

2. 应用层网关

由于是双重翻译技术，因此不需要应用层网关的支持。换言之，任何可以穿透 IPv4 NAT 的应用层协议，均可以穿透 dIVI。

3. DNS 配置

由于是双重翻译技术，直接配置常规的 DNS 服务即可，不需要 DNS64 和 DNS46 的支持。

10.1.4　dIVI 示例

dIVI 示例的拓扑和数据流如图 10.3 所示。其中左侧为拓扑，右侧为在该链路上数据报文的源地址和目标地址。

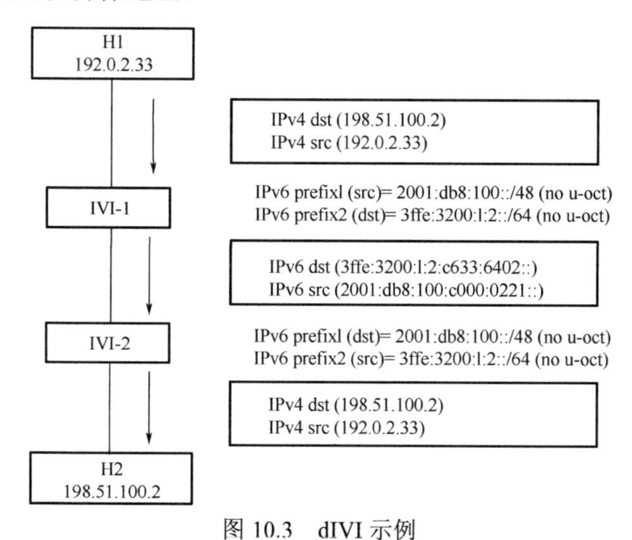

图 10.3　dIVI 示例

1. 场景

(1) IPv4 网络(客户机 H1)通过 IPv6 网络发起对 IPv4 互联网(服务器 H2)的访问。
(2) IPv4 互联网(客户机 H2)通过 IPv6 网络发起对 IPv4 网络(服务器 H1)的访问。

2. IVI 参数

(1) 翻译器 IVI-1 的源 IPv6 prefix：2001:db8:100::/48。
(2) 翻译器 IVI-1 的目标 IPv6 prefix：3ffe:3200:1:2::/64。
(3) 翻译器 IVI-2 的目标 IPv6 prefix：2001:db8:100::/48。
(4) 翻译器 IVI-2 的源 IPv6 prefix：3ffe:3200:1:2::/64。
(5) IPv6 地址格式：无 u-oct (RFC7915[3]更新 RFC6052[2])。

3. 主机地址

(1) H1：IPv4 网络中的一台 IPv4 主机(192.0.2.33)。
(2) H2：IPv4 互联网中的一台 IPv4 主机(198.51.100.2)。

4. 地址映射关系注释

(1)“IPv4 可译 IPv6 地址”：
(192.0.2.33)　　←→　　(2001:db8:100:c000:0221::)

(2)“IPv4 转换 IPv6 地址”：

(198.51.100.2)　←→　(3ffe:3200:1:2:c633:6402::)

10.2　无状态双重翻译技术 1∶N 扩展

无状态双重翻译技术在从源到目标的数据报文传输过程中，实施从 IPv4 到 IPv6，再从 IPv6 到 IPv4，具有地址和端口映射的“双重”一次翻译技术，由 RFC7599[5] 定义。MAP-T 无须 DNS64 和 DNS46 域名扩展，拓扑结构如图 10.4 所示。

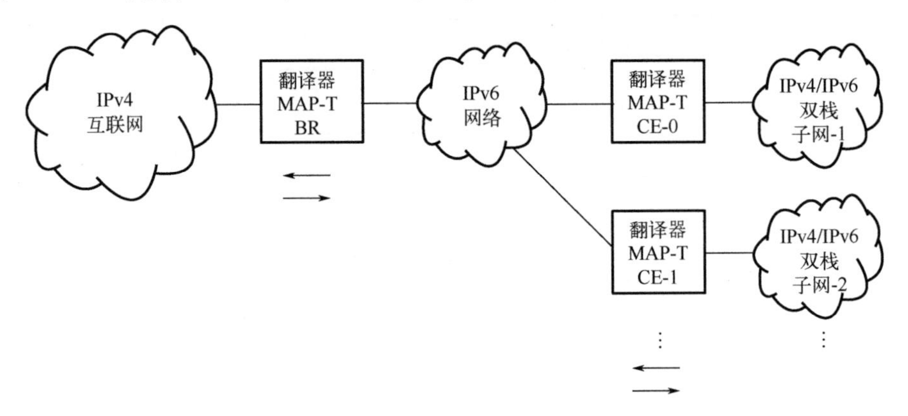

图 10.4　MAP-T

10.2.1　MPA-T 思路溯源

互联网运营商近年来提供了新的基于无状态 IPv4/IPv6 翻译技术的部署经验(如 RFC6219[1])，表明在不需要部署端对端 IPv4/IPv6 双栈的情况下，也可以保证能够与原有的 IPv4 用户继续通信，并率先过渡到纯 IPv6。但是，由于公有 IPv4 地址耗尽，需要扩展 RFC6052[2]和 RFC7915[3]以支持共享 IPv4 地址。同时，为了解决应用层网关的问题，建议使用双重 IPv4/IPv6 翻译技术。

与此同时，为了达到更好的可扩展性和安全性的目标，研究人员考虑在 IPv4 over IPv6 隧道中引入无状态技术。最终导致了 IETF 统一的无状态 464 技术，包括由 RFC7599[5]定义的 MAP-T 无状态双重翻译技术和由 RFC7597[6]定义的使用封装技术 RFC2473[7]的 MAP-E 无状态封装技术。这两种技术均支持网状拓扑和中心辐射拓扑结构。

翻译技术的优点如下：

(1) 节省了封装的报头开销。

(2) 可以使用标准的 IPv6 处理技术进行访问控制和流量控制。

(3) 可以使纯 IPv4 客户机与纯 IPv6 服务器通信。

(4) 在 IPv4 到 IPv6 迁移的后期阶段，IPv6 网络将是很普遍的，但用户仍然需要访问 IPv4。因此 MAP-T 可以从双重翻译技术退化成一次翻译技术，实现 IPv4 和 IPv6 的互联互通。

RFC7598[8]定义了用于配置 MAP-T 参数的 DHCPv6 选项，其技术细节参见本书第 8 章。

有状态双重翻译技术称为 464XLAT，由 RFC8683[1, 9]定义，其技术细节参见本书第 11 章。

10.2.2　MAP-T 基本原理

MAP-T 基于 IPv6 单栈网络，提供 IPv4/IPv6 双栈接入服务。这样运营商可以率先过渡到 IPv6，而与用户是否关掉 IPv4 无关。此外，新建的 IPv6 单栈网络可以使用 MAP-T 技术继续提供 IPv4 服务(IPv4aaS)。

根据上述要求，MAP-T 机制支持用户使用共享的 IPv4 地址、完整 IPv4 地址或 IPv4 前缀。

MAP-T 使用已有的标准组件构造。

(1) 在 CE 上使用由 RFC2663[10]定义的 NAPT 功能，来限制使用传输层端口号、ICMP 标识号和分片标识号的范围。对于从私有 IPv4 网络发出的数据报文，CE 内置的 NAPT 功能必须转换传输层端口号(例如，TCP 和 UDP 端口号)，使其置于该 CE 被指定的端口范围内。这个过程与由 RFC7597[6]定义的 MAP-E 一致。

(2) NAPT 必须与 CE 的 IPv4/IPv6 无状态翻译功能相连，使用由 RFC7915[3]定义的功能对数据报文进行翻译(包括 IPv4/IPv6 地址和传输层端口)。

MAP-T 架构要求共享的 IPv4 地址只能用作 CE 上运行的 NAPT 的外部全局地址，而绝不能用于标识网络接口。虽然从理论上讲，如果操作系统的协议栈和应用系统支持使用受限传输层端口，则共享的 IPv4 地址也可以为主机接口地址。但是这将给由 RFC6250[11]定义的 IP 模型带来巨大的变化并有潜在的风险，因此目前不应做这样的处理。

对于完整的 IPv4 地址或 IPv4 前缀，由 RFC6250[11]定义的 IP 模型不变。在这种情况下，完整的 IPv4 地址或者 IPv4 前缀可以像现在一样使用(例如，用于识别网络接口或作为 DHCP 的 IPv4 地址池)。此外，在这种情况下，不需要使用 NAPT 来限制(通过映射获得的)数据报文的传输层端口。

互联网运营商为每个 MAP-T CE 分配了一个常规的 IPv6 前缀。基于 MAP-T 域的配置规则，可以计算 MAP-T IPv6 地址和相应的 IPv4 地址。为了共享 IPv4 地址，必须使用传输层协议(TCP、UDP)的端口号，因此 MAP-T CE 也需要配置 PSID。每个 MAP-T CE 负责为用户的私有 IPv4 地址产生的数据报文和 MAP-T 域的 IPv6 地址产生的数据报文之间转发流量。这个转发基于无状态翻译技术(RFC7915[3])。

MAP-T BR 将一个或多个 MAP-T 域连接到外部的 IPv4 互联网，即在 MAP-T 域的 IPv6 数据报文和 IPv4 数据报文间转发流量。这个转发基于无状态翻译技术(RFC7915[3])。

与使用 IPv4 over IPv6 的封装技术 MAP-E 相比，MAP-T 使用翻译技术出于两个目的：首先，可以减少封装开销，并允许使用常规 IPv6 网络工具，例如，使用 ACL、"流控"(rate-limit)等来控制 IPv4 流量；其次，允许纯 IPv4 节点直接与 MAP-T 域中的纯 IPv6 服务器(使用 RFC6052[2]定义的"IPv4 可译 IPv6 地址")通信。

10.2.3　MAP-T 映射算法

MAP-T 节点配置有一个或多个映射规则。

根据需要实现的功能，MAP-T 可以配置不同的映射规则。每个 MAP-T 节点必须配置基本映射规则，还可以配置附加映射规则。基本映射规则用于配置 IPv4 地址、IPv4 前缀或共享 IPv4 地址。基本映射规则也可以用于转发，即把 IPv4 目标地址和(可选)目标端口映射到 IPv6 地址。附加转发映射规则允许在一个 MAP-T 域内的多个不同的 IPv4 子网之间直接通信。如果其 IPv4 目标地址与上述"基本映射规则"和"附加映射规则"均不匹配(使用最长前缀匹配算法)，则为 MAP-T 域外流量，默认转发给 MAP-T 的 BR。

MAP-T 定义了两种类型的映射规则。

(1) 基本映射规则(BMR)：强制性，用于地址映射和转发。一个 CE 可以配置多个最终用户的 IPv6 前缀。每个最终用户的 IPv6 前缀只能配置一个基本映射规则。但是，该 CE 的所有最终用户聚类后具有相同映射规则的 IPv6 前缀可以共享相同的基本映射规则。与最终用户的 IPv6 前缀相组合，基本映射规则用于导出分配给该 CE 的 IPv4 前缀、IPv4 地址或共享 IPv4 地址和 PSID。

(2) 转发映射规则(FMR)：可选，用于转发。基本映射规则也可以作为转发映射规则。每个转发映射规则将为该 IPv4 前缀规则在规则库中建立一个条目。给定在 MAP-T 域内的 IPv4 目标地址和传输层端口，MAP-T 节点根据匹配的 FMR 把数据报文路由，并转发到该 IPv4 目标地址和传输层端口对应的目标网络。在轮辐模式下不需要 FMR。

BMR 和 FMR 这两个映射规则共享相同的参数。

(1) IPv6 前缀(含前缀长度)。

(2) IPv4 前缀(含前缀长度)。

(3) EA-bits 长度 (比特数)。

MAP-T 节点通过执行最长匹配算法在 BMR 中查找最终用户的 IPv6 前缀，其结果用于 IPv4 前缀、IPv4 地址或共享 IPv4 地址的分配。MAP-T 的 IPv6 地址是由 BMR 定义的 IPv6 前缀生成的。这个 IPv6 地址必须分配给 MAP-T 节点的网络接口，作为

MAP-T 流量的 IPv4/IPv6 翻译节点。端口限制的 IPv4 路由也存在于所有的 FMR 中，默认路由存在于 MAP-T BR 中。

FMR 用于 MAP-T CE 之间的直接通信，称为网格模式。在轮辐模式中，不需要独立的 FMR，所有流量必须直接发给 MAP-T BR。虽然 FMR 是可选的，即 MAP CE 可以配置 0 个或多个 FMR，但是所有 MAP-T CE 必须实现对 BMR 和 FMR 的支持。

1. 端口映射算法

端口映射算法用于共享 IPv4 地址的 MAP-T 域。

表示端口范围的最简单方法是使用由 RFC4632[12]定义、类似于无类别域间路由的方法。例如，把前 256 个端口表示为端口前缀 0.0/8，把最后 256 个端口表示为端口后缀 255.0/8。在十六进制中，表示为 0x0000/8(PSID = 0)和 0xFF00/8(PSID = 0xFF)。运用这种技术，可以方便地避免给用户分配由 RFC6335[13]定义的系统端口(例如，排除 PSID=0，PSID=1，PSID=2，PSID=3)。

当把 PSID 嵌入最终用户 IPv6 前缀中时，希望尽可能地减少最终用户 IPv6 前缀和限制 PSID 范围的耦合关系。需要指出的是：可以通过使用“中缀”对 PSID 进行编码，在这种情况下，“众知传输层端口”(well-known ports)可以通过高比特字节(A)而自动地得到排除。

“中缀”编码算法将传输层端口按规则分配给某一个 MAP-T CE。每一个 MAP-T CE 获得由该 PSID 编码的若干段连续的传输层端口范围，如图 10.5 所示。

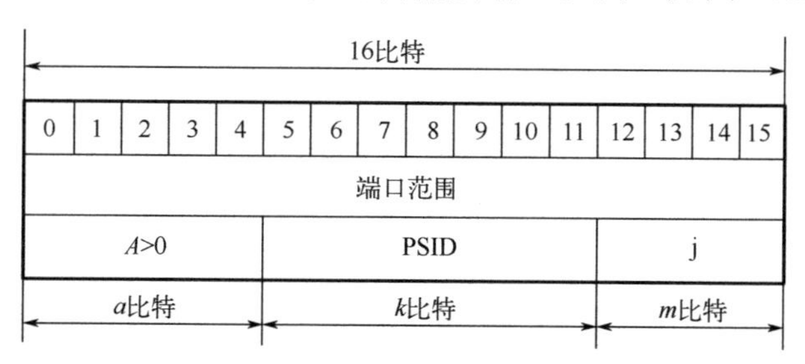

图 10.5　PSID 与传输层端口的关系

(1) a 比特：偏移比特数；默认值为 6，这样可以排除系统端口(0～1023)。为了保证传输层端口不出现重叠，共享同一个 IPv4 地址的所有 MAP-T CE 的偏移量“a”必须相同。

(2) A：排除范围；对于 a=6，排除范围为 0～1023；对于 a=4，排除范围为 0～4095；用户连续传输层端口之间的间隔为 2^{16-a}。

(3) k 比特：PSID 字段的比特数；为了保证传输层端口不出现重叠，共享同一个 IPv4 地址的所有 MAP-T CE 的 PSID 字段的比特数“k”必须相同。分配给某个

用户的端口数量为 $2^{16-k}-2^m$（排除端口）。

(4) PSID：端口集标识符；上述对于 a 和 k 的限制使传输层端口不出现重叠，即 PSID 始终占用 16 比特端口号中相同的比特位置。

(5) m 比特：连续端口；连续端口的数量为 2^m。

(6) j：特定端口，表示特定传输层端口范围内的特定端口。

2. 基本映射规则

基本映射规则是强制性的，MAP-T BR 和 MAP-T CE 的配置如下：

(1) IPv6 前缀（含前缀长度）。

(2) IPv4 前缀（含前缀长度）。

(3) EA-bits 长度（比特数）。

MAP-T CE 还需配置 IPv4 地址或共享 IPv4 地址。

图 6.55 显示了完整的 MAP-T IPv6 地址格式。

使用相同 BMR 的所有 CE 需要配置相同的 IPv6 前缀。

(1) EA-bits 字段表示该 MAP-T CE 对应的 IPv4 地址和传输层端口的参数。

(2) EA-bits 字段对于 IPv6 前缀是唯一的，可以包含完整的 IPv4 地址或部分 IPv4 地址，在共享 IPv4 地址的情况下，还包含 PSID。

(3) EA-bits 字段长度为 0 表示所有相关的 MAP-E 的 IPv4 地址信息直接在 BMR 中传递，而不是由最终用户 IPv6 前缀中的 EA-bits 字段导出。

MAP-T 的 IPv6 地址是通过组合最终用户 IPv6 前缀（end-user IPv6 prefix）、MAP-T 子网标识（subnet ID）和指定的接口标识符（interface ID）而构成的。

MAP 子网标识符定义为第一个子网，即 s=0。

定义：r = BMR 给出的 IPv4 前缀长度；o = BMR 给出的 EA-bits 字段长度；p = EA-bits 字段中包含的 IPv4 后缀长度，$p = o-q$。

如果 r 的长度为 0，则完整的 IPv4 地址或前缀将以 EA-bits 编码。如果 EA-bits 只包含 IPv4 地址的一部分，则 IPv4 前缀通过其他方式（如 DHCPv6 选项）提供给 CE。IPv4 前缀（r）和 EA-bits 中的 IPv4 后缀（p）拼接成 IPv4 地址或 IPv4 前缀。

IPv6 地址中 EA-bits 字段的偏移量等于 BMR 中 IPv6 的前缀长度。EA-bits 字段（o）的长度是由 BMR 中 EA-bits 的长度给出的，取值为 0～48。长度为 48 表示最终用户 IPv6 前缀中嵌入了完整的 IPv4 地址和传输层端口（仅分配了单个端口）。长度为 0 表示最终用户 IPv6 前缀中没有嵌入任何 IPv4 地址或传输层端口。IPv6 前缀长度与 EA-bits 长度之和必须小于或等于最终用户 IPv6 前缀长度。

(1) 如果 $o + r$ <32（以比特为单位的 IPv4 地址长度），则意味着分配了 IPv4 前缀，如图 6.56 所示。

(2) 如果 $o + r$ = 32，则意味着分配了完整的 IPv4 地址。该地址是通过组合 IPv4

前缀和 EA-bits 构成的，如图 6.57 所示。

(3) 如果 $o + r > 32$，则意味着分配了共享 IPv4 地址。该 EA-bits 中的 IPv4 地址后缀比特数 p=32−r。PSID 比特字段用于创建端口集。EA-bits 内的 PSID 比特字段的长度为 $q = o - p$，如图 6.58 所示。

r 的长度可以是 32，意味着在 EA-bits 中不嵌入 IPv4 地址。这意味着 IPv4 地址和 IPv6 地址之间没有依赖关系。另外，o 的长度可以为 0(最终用户 IPv6 前缀中没有嵌入 EA-bits)，这意味着需要使用其他机制(如 DHCPv6)来配置 PSID。

3. 转发映射规则

转发映射规则是可选的，仅在网格模式下使用，实现 CE 到 CE 的直接通信。添加转发映射规则，会在规则表中的 IPv4 前缀中增加 IPv4 路由，如图 6.59 所示。

4. 默认路由

默认路由指其数据报文的目标地址是 MAP-T 域以外的整个互联网。

MAP-T 节点发送的 IPv4 流量在 MAP-T 域内转换为 IPv6 流量，IPv6 数据报文的源地址为通过基本映射规则导出的发送节点的 MAP-T IPv6 地址，IPv6 数据报文的目标地址为通过转发映射规则导出的接收节点的 MAP-T IPv6 地址。

MAP-T 域外的 IPv4 目标地址是根据 RFC6052[2]和 MAP-T BR IPv6 前缀导出的"IPv4 转换 IPv6 地址"。MAP-T CE 向任何这类目标地址发送流量，IPv6 数据报文的源地址是 MAP-T 的 IPv6 地址，目标地址是"IPv4 转换 IPv6 地址"。注意，这个地址映射遵循 MAP-T DMR，其 IPv6 前缀为 MAP-T BR 的 IPv6 前缀。典型的 MAP-T CE 将配置一个使用 DMR 的 IPv4 默认路由。MAP-T BR 将具有外部 IPv4 源地址的数据报文转换到 MAP-T 的 IPv6 域。

默认情况下，DMR IPv6 前缀长度应该是 64 比特，并在任何情况下都不得超过 96 比特。"IPv4 转换 IPv6 地址"的映射规则默认遵循 RFC6052[2]定义的/64 后缀应为 0x0。建议的 DMR 地址格式(可以选择含 u-oct 的 64 比特前缀长度或 96 比特前缀长度)如图 10.6 所示。

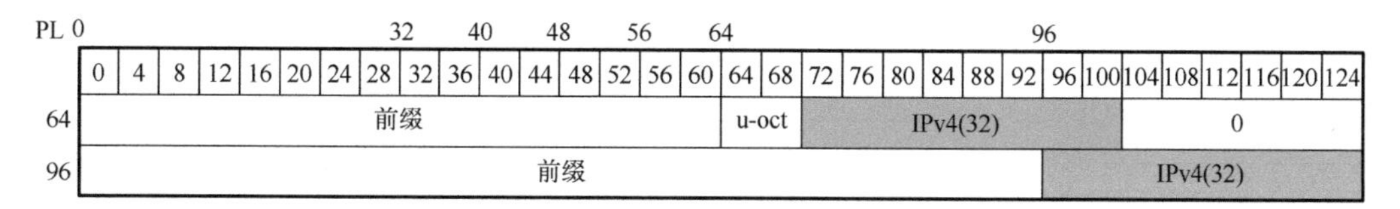

图 10.6　DMR 地址格式(含 u-oct)

考虑到 RFC7915[3]对于 RFC6052[2]的更新，建议的 DMR 地址格式(可以选择不含 u-oct 的 64 比特前缀长度或 96 比特前缀长度)如图 10.7 所示。

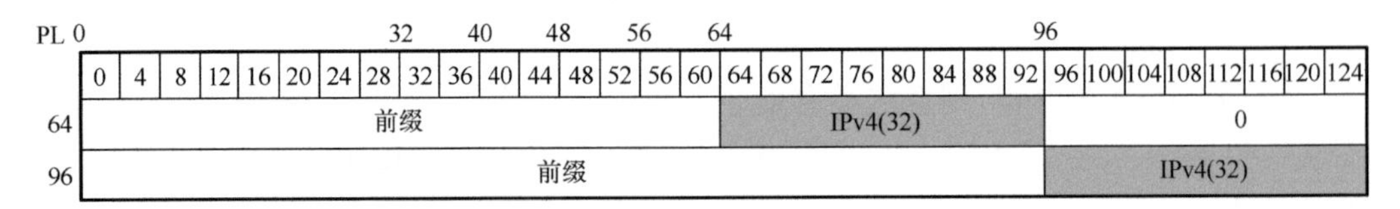

图 10.7　DMR 地址格式(不含 u-oct)

5. IPv6 接口标识符

MAP-T 节点的接口标识符格式如图 10.8 所示。

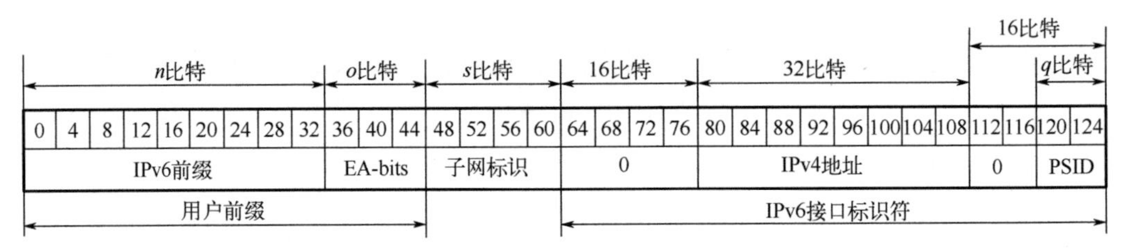

图 10.8　IPv6 接口标识符

对于 IPv4 前缀,IPv4 地址字段是右填充 0(共 32 比特),PSID 字段是左填充 0(共 16 比特)。对于 IPv4 前缀或完整的 IPv4 地址，PSID 字段为 0。

如果最终用户 IPv6 前缀长度大于 64 比特，则接口标识符的左侧将被 IPv6 前缀超出 64 比特的部分覆盖。

10.2.4　MAP-T 配置

对于给定的 MAP-T 域，BR 和 CE 必须配置这个 MAP-T 域统一规定的参数。

(1) 基本映射规则和(可选)转发映射规则，包括 IPv6 前缀规则、IPv4 前缀规则和 EA-bits 长度。

(2) 选择使用辐轮(hub-and-spoke)模式(所有流量都发送到 BR)或网格(mesh)模式(支持 CE 到 CE 的直接通信)。

(3) 使用 IPv4/IPv6 无状态翻译技术(RFC7915[3])。

(4) 配置 DMR 中使用的 BR 的 IPv6 前缀。

1. MAP-T CE

在同一个 MAP-T 域中，所有 CE 的参数配置必须一致。目前存在若干种参数配置方式。

(1) 通过 IPv6 DHCPv6 选项扩展(RFC7598[8])。

(2) 基于宽带论坛的“TR-69”标准。

(3) 建立 IPv6 连接后检索的基于 XML 的对象。

(4) 管理员手动配置。

(5) 其他。

除了 MAP-T 配置参数，MAP-T CE 还需要 IPv6 前缀。这是最终用户的 IPv6 前缀，用于访问 IPv6 互联网。这个 IPv6 前缀的配置也应使用上述的方法。

MAP-T 的相关配置参数(含 IPv4 服务)需要与用户被分配的 IPv6 前缀进行全生命周期的绑定。即 MAP-T 的 IPv4 地址，或 IPv4 前缀，或共享的 IPv4 地址；传输层端口范围；以及任何与授权和审计相关的参数，均与用户 IPv6 前缀的全生命周期绑定。

单个 MAP-T CE 也可以连接到多个 MAP-T 域，就像任何路由器可能有多个上级 IPv4 服务提供商一样(每个网络接口的 IPv4 地址分别由各自的 DHCP 分配)。每个 MAP-T 域都需要特定的最终用户 IPv6 前缀。CE 对应的网络接口对应于不同的 MAP-T 域，得到对应的 MAP-T 参数，生成对应的 IPv4 前缀、IPv4 地址或共享 IPv4 地址。

2. MAP-T BR

MAP-T BR 必须配置该 MAP-T 域的映射规则。

为了提高可靠性和实现负载均衡，MAP-T BR IPv6 地址可以是在给定 MAP-T 域内共享的任播地址。基于 MAP-T 的无状态特性，MAP-T CE 可以在任何时间使用任播 IPv6 地址的 MAP-T BR。如果 MAP-T BR IPv6 地址是任播地址，则 MAP-T BR 必须使用此任播 IPv6 地址作为发给 MAP-T CE 数据报文的源地址。

由于 MAP-T 使用网络运营商的地址空间，因此不需要对外部网络通过 BGP 发布 IPv6 或 IPv4 的细化路由。注意，如果 MAP-E BR 采用任播 IPv6 地址，则对应的任播地址必须在网络运营商的 IGP 中公布。

10.2.5 数据平面处理的注意事项

MAP-T 中的端到端的数据报文的转发涉及 MAP-T CE 和 MAP-T BR，从 IPv4 到 IPv6 或从 IPv6 到 IPv4，下面分别讨论。

1. MAP-T CE 的 IPv4 到 IPv6

MAP-T CE 接收到 IPv4 数据报文，应该执行网络地址端口转换 44(network address and port translation 44，NAPT44)，创建 NAPT44 绑定。其中由 NAPT44 处理产生的数据报文的源地址和传输层源端口范围，必须与 MAP-T 基本映射规则分配给该 MAP-T CE 的源地址和传输层源端口一致。

IPv4 数据报文根据 MAP-T 规则和最长前缀匹配原则(匹配 IPv4 目标地址加端口集标识符)来确定 IPv4/IPv6 无状态翻译功能的参数。在默认情况下，所有流量都与 DMR 匹配，并根据 DMR 参数进行 IPv4/IPv6 无状态翻译。数据报文可能会匹配到(可选的)转发映射规则并根据 FMR 参数进行 IPv4/IPv6 无状态翻译。在所有情况下，MAP-T CE 的 IPv6 地址是数据报文的源地址。

MAP-T CE 必须支持基本映射规则，并且应该支持一个或更多个转发映射规则。

2. MAP-T CE 的 IPv6 到 IPv4

MAP-T CE 接收到 IPv6 数据报文，执行其常规 IPv6 操作(过滤、预路由等)。只有目标地址是 MAP-T CE 的 IPv6 地址数据，并且其源地址基于最长前缀匹配原则匹配 DMR 或 FMR 的 IPv6 数据报文才被 MAP-T CE 处理。MAP-T CE 必须检查每个接收到的数据报文的传输层目标端口号，看其是否在 BMR 配置允许的范围内。MAP-T CE 必须丢弃任何不合格的数据报文，并进行计数。当 MAP-T CE 接收到源地址基于最长前缀匹配原则匹配 FMR 的 IPv6 数据报文时，MAP-T CE 必须检查传输层源端口号，如果不在允许范围内则丢弃该数据报文，并回复 ICMPv6 目标不可达(Destination Unreachable)，表明源地址不符合入口/出口策略，具体参数为：类型 1，代码 5(Type=1,Code=5)。

对于每个 MAP-T 处理的数据报文，MAP-T CE 的 IPv4/IPv6 翻译功能必须计算相应的 IPv4 目标地址和 IPv4 源地址。IPv4 目标地址通过 BMR 参数，从 IPv6 地址中提取相关信息。IPv4 源地址是通过最长前缀匹配原则，匹配 DMR 或 FMR，从 IPv6 地址中提取相关信息。然后使用 IPv4/IPv6 翻译技术处理数据报文。

然后将生成的 IPv4 数据报文转发到 MAP-T CE 的 NAPT44 功能，IPv4 目标地址和传输层目标端口号必须映射到该数据流的原始值。

3. MAP-T BR 的 IPv6 到 IPv4

MAP-T BR 接收到 IPv6 数据报文，必须对其源地址根据最长前缀匹配原则选择 MAP-T BR 上的一条匹配规则。基于从源地址中获取的传输层端口集标识，选中的匹配规则能够使 MAP-T BR 检查其 IPv4 地址和传输层端口是否合法。因此，MAP-T BR 必须检查数据报文源地址的合法性，如果数据报文的传输层源端口不在允许范围内，MAP-T BR 必须丢弃数据报文，计数，并回复 ICMPv6 目标不可达(Destination Unreachable)，表明“源地址不符合入口/出口策略”，具体参数为：类型 1，代码 5(Type=1,Code=5)。

当构建 IPv4 数据报文时，MAP-T BR 必须产生 IPv4 源地址和 IPv4 目标地址，根据 RFC7915[3]翻译报头，所得结果进行常规 IPv4 转发。

4. MAP-T BR 的 IPv4 到 IPv6

MAP-T BR 接收到 IPv4 数据报文，使用最长前缀匹配方法，对目标 IPv4 地址和传输层端口进行匹配，找到这个 MAP-T 域对应的 FMR 和 DMR。MAP-T BR 必须根据所选的 FMR，由 IPv4 目标地址和传输层端口计算出 IPv6 目标地址和传输层端口。MAP-T BR 也必须根据 IPv4 数据报文的源地址和 MAP-T BR 的 IPv6 前缀计算出 IPv6 数据报文的源地址(IPv4 转换 IPv6 地址)。当构建 IPv6 数据报文时，MAP-T BR 必须产生 IPv6 源地址和 IPv6 目标地址，根据 RFC7915[3]翻译报头，所得结果进行常规 IPv6 转发。

注意：当不存在 IPv4 地址共享时，MAP-T 就是普通的无状态 IPv4/IPv6 翻译器。

5. ICMP 处理

MAP-T CE 和 MAP-T BR 必须遵循由 RFC7915[3]定义的 ICMP/ICMPv6 翻译规则。与 TCP 和 UDP 协议端口(有两个 16 比特的字段分别标识源端口和目标端口)不同，分别由 RFC792[14]和 RFC4443[15]定义的 ICMP 和 ICMPv6 的报头只有一个 16 比特标识字段。因此，当接收到 IPv4 ICMP 消息后，MAP-T CE 必须重写由传输层端口集标识计算出的 ICMP 标识字段。

MAP-T BR 接收到共享 IPv4 地址的 ICMP 报文，必须使用其标识，代替传输层目标端口号，用以决定 IPv6 目标地址。在所有其他情况下，MAP-T BR 在计算目标 IPv6 地址时，不需要标识信息。

6. 分片处理和路径 MTU 发现

由于 IPv4 报头和 IPv6 报头的大小不同，任何安装在 IPv4 网络和 IPv6 网络之间的设备必须具有处理 MTU 的功能。有以下三种机制可以处理此问题。

(1) 路径 MTU 发现(PMTUD)。

(2) 分片。

(3) 传输层协商，如由 RFC879[16]定义的 TCP MSS 选项。

MAP-T 使用上述三种机制来处理以下不同的情况。

注意：由 RFC7915[3]定义的协议翻译机制不是完全无损的。例如，当 IPv4 发起的通信遍历双重翻译时，任何源自 IPv4 的 ICMP 独立路径 MTU 发现(RFC4821[17])，将并不完全可靠。这是因为在 RFC4821[17]中定义的 DF=1/MF=1 的组合在双重翻译后，将得到 DF=0/MF=1。

(1) MAP-T 域内的分片处理。在 MAP-T 域中封装 IPv4 数据报文将增加其大小(通常为 20 个 8 比特字节)。因此强烈建议在 MAP-T 域中妥善管理 MTU，即通过配置使 MAP-T CE 广域网接口不会分片。

对于进入 MAP-T 域的 IPv4 分组，根据 RFC7915[3]的规则进行分片处理。

(2) 在 MAP-T 域边界上接收到 IPv4 分片。从 MAP-T 域外部接收到的 IPv4 数据报文需要 IPv4 目标地址和传输层目标端口。但传输层协议信息仅在收到的数据报文的第一个分片中可得，因此如同 RFC6346[18]所述，MAP-T 节点在接收来自外部的 IPv4 数据报文分片时，必须在将数据报文发送到 MAP-T 链路之前进行重新组装。如果 MAP-T 节点接收到的第一个数据报文分片包含传输层协议信息，则可以使用缓存，并根据缓存的信息转发同一数据报文的后续分片。MAP-T 的使用者应该意识到存在针对数据报文分片攻击的事实（RFC1858[19]、RFC3128[20]）。MAP-T 的使用者也应知道高速重组数据报文的其他问题（RFC4963[21]）。

(3)将 IPv4 分片发送到外部。如果分别位于具有相同 IPv4 地址的两个不同 MAP-T CE 内部的 IPv4 主机将数据报文分片发送给外部的同一个 IPv4 目标主机，这些主机可能使用相同的 IPv4 分片标识符，从而导致 IPv4 目标主机的分片重组错误。鉴于 IPv4 分片标识符也是一个 16 比特字段，可以类比于传输层端口范围。因此，与发送分片的速率相比，如果分片标识符空间足够大，则 MAP-T CE 可以将 IPv4 分片标识符重写为 PSID 定义的数值范围。然而，这种方式会增加重组分片时的冲突概率（RFC6864[22]）。

10.2.6 NAT44 注意事项

在 MAP-T CE 中实现的 NAT44 应该符合 RFC4787[23]、RFC5508[24]、RFC5382[25] 定义的行为。在 MAP-T 的 IPv4 地址共享模式中，NAT44 必须根据基本映射规则限制传输层端口号范围。

10.2.7 其他注意事项

1. EA-bits 长度为 0

MAP-T解决方案支持EA-bits长度为0的配置，这意味着用户的IPv6前缀和IPv4地址（或/和）传输层端口范围是相互独立的。在这种情况下，PSID的信息可以从BMR中获得。这种使用场景的约束条件是每个 MAP-T 域只能有一个 MAP-T CE。该 MAP-T BR 为多个 MAP-T 域提供服务，每个 MAP-T 域只有一个 MAP-T CE。注意：MAP-T BR 必须为每一个 MAP-T CE 配置 FMR，以便对给定 MAP-T CE 的 IPv6 前缀和 IPv4 地址+可选的 PSID 进行关联。

2. 网格和轮辐模式

在辐轮模式下，MAP-T CE 发送的所有流量均通过 MAP-T BR 转发；而在网格模式下，MAP-T CE 可以直接把流量转发到另一个 MAP-T CE。默认情况下，MAP-T CE 只有 BMR，因此仅支持辐轮模式。为了支持网格模式，需要配置相应的 FMR。

3. 与 MAP-T 域中的纯 IPv6 服务器通信

默认情况下，MAP-T 支持任何 IPv4 和 IPv4 之间的通信，以及 IPv6 和 IPv6 之间的通信，同时还支持“特定情况”下 IPv4 和 IPv6 之间的通信。此处的“特定情况”指 IPv6 服务器配置了“IPv4 可译 IPv6 地址”。此地址使用 MAP-T 域 DMR 的 IPv6 前缀。这样的纯 IPv6 服务器(例如，HTTP 服务器或 Web 内容缓存设备)能够同时为纯 IPv6 用户和本 MAP-T 域的纯 IPv4 用户提供服务。这类纯 IPv6 服务器不仅应该在权威 DNS 中配置 AAAA 记录，也应该配置 A 记录。当这类纯 IPv6 服务器需要和 IPv4 互联网通信时，需要使用 DNS64(RFC6147[26])。

4. 与其他 IPv4/IPv6 翻译技术的兼容性

MAP-T CE 中 IPv4/IPv6 翻译器与在网络运营商中部署有状态 IPv4/IPv6 翻译器(NAT64：RFC6146[27])可以互联互通。在这种情况下，MAP-T CE 的 DMR 前缀即为对应的 NAT64 设备前缀。这实际上允许 MAP-T CE 可以同时利用 NAT64 设备，起到 RFC6877[28]定义的客户端翻译(client translation，CLAT)作用。换言之，MAP-T CE 的默认模式是与 MAP-T BR 进行通信，但在需要的情况下，可以切换成 NAT64 的 IPv6 前缀，使用 NAT64 与 IPv4 设备进行通信。

10.2.8　安全考虑

欺骗攻击：通过在 MAP-T 节点对 IPv4 和 IPv6 数据源之间的一致性检查，MAP-T 不会引入新的欺骗攻击。

拒绝服务攻击：任何 IPv4 地址共享机制都存在拒绝服务攻击的风险。建议加速 IPv6 的部署，以减少 IPv4 地址共享机制的使用。

路由环路攻击：路由环路攻击可能存在于“自动隧道”机制(RFC6324[29])之中，但 MAP-T 可以避免路由环路攻击，因为每个 MAP-T BR 都会根据“转发规则”检查收到的 IPv6 数据报文的源地址。

限制端口集攻击：对于没有进行输入过滤的主机(RFC2827[30])，攻击者可以利用当前存在的对外连接的传输层端口对该主机注入欺骗数据报文(RFC4953[31]、RFC5961[32]、RFC6056[33])。攻击的成功与否取决于攻击者可否猜测到目前主机使用哪些传输层端口。为了减少这类攻击，MAP-T CE 的 NAT44 可以配置“地址相关过滤”(RFC4787[1])。此外，建议 MAP-T CE 使用 DNS 传输代理(RFC5625[34])来处理 DNS 查询，即通过纯 IPv6，而不是通过 MAP-T 域限制传输层端口的 IPv4 来进行 DNS 查询。RFC6269[35]概述了 IPv4 地址共享的其他问题和注意事项。

10.2.9　MAP-T 示例

MAP-T 示例的拓扑和数据流如图 10.9 所示。其中左侧为拓扑，右侧为在该链路上数据报文的源地址和目标地址。

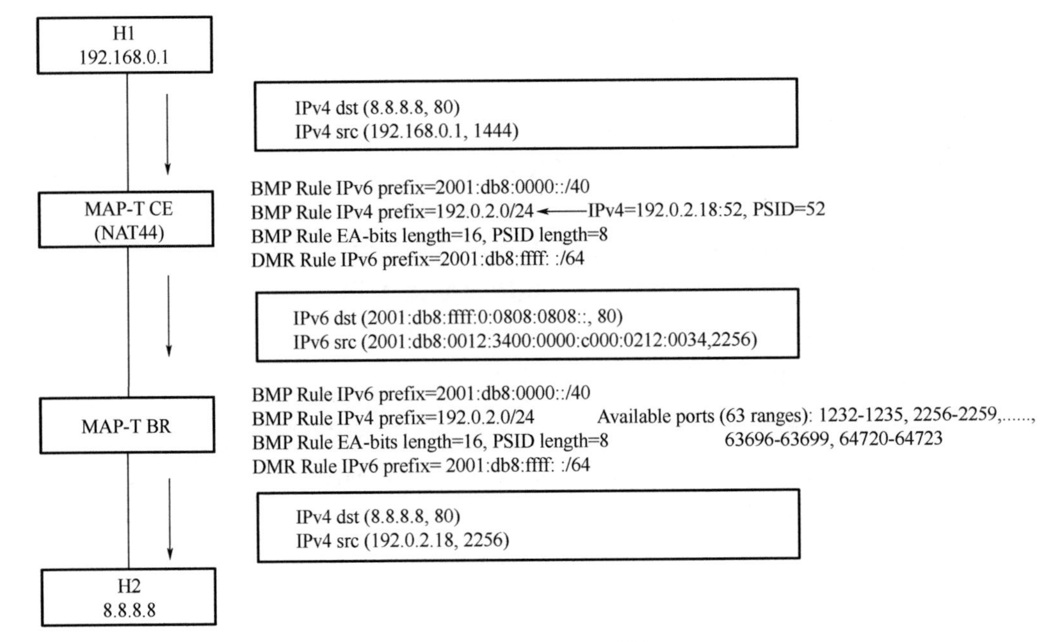

图 10.9　MAP-T 示例

1. 场景

IPv4 网络(客户机 H1)通过 IPv6 网络，发起对 IPv4 互联网(服务器 H2)的访问。

2. MAP-T 参数

(1)基本映射规则。

①规则 IPv6 前缀：2001:db8:0000::/40。

②规则 IPv4 前缀：192.0.2.0/24。

③规则 EA 比特长度：16。

④PSID 长度：8(复用比为 256)；PSID 偏移：6(默认)。

(2)默认映射规则：2001:db8:ffff::/64。

3. 主机地址

(1)H1：IPv4 网络中的一台 IPv4 主机(192.168.0.1)。

(2)H2：IPv4 互联网中的一台 IPv4 主机(8.8.8.8)。

4. 地址映射关系注释

(1)EA-bits 偏移：40。

(2)IPv4 后缀比特(p)：IPv4 地址长度(32) − IPv4 前缀长度(24) = 8。

(3)PSID 开始：$40 + p = 40 + 8 = 48$。

(4) PSID 长度(q)：(用户前缀长度–规则 IPv6 前缀长度) $-p=(56-40)-8=8$。

(5) 可用端口范围(63 个)：1232～1235，2256～2259，…，63696～63699，64720～64723。

本例 IPv4 地址：192.0.2.18(0xc0000212)。

本例 PSID：0x34。

(6) 用户 IPv6 前缀：2001:db8:0012:3400::/56。

(7) MAP CE IPv6 地址：2001:db8:0012:3400:0000:c000:0212:0034。

10.3　无状态隧道技术

无状态隧道(封装)技术在从源到目标的数据报文传输过程中，实施 IPv4 over IPv6 封装和解封装，并具有地址和端口映射，由 RFC7597[6]定义。MAP-E 无须域名扩展，拓扑结构如图 10.10 所示。

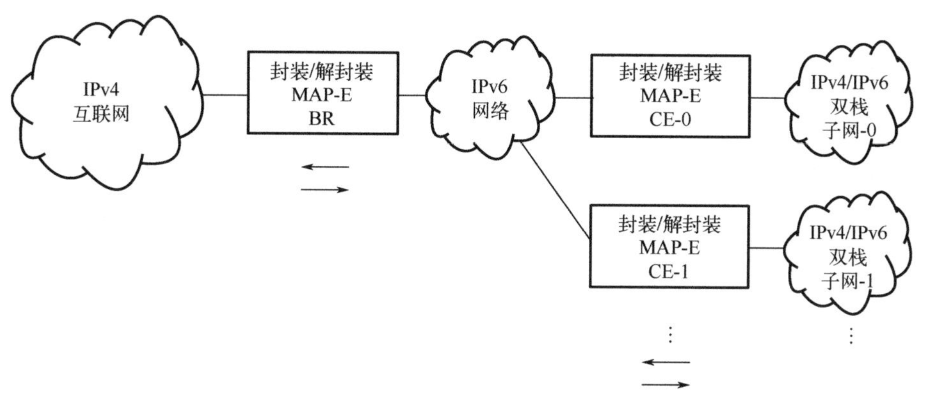

图 10.10　MAP-E

10.3.1　MAP-E 思路溯源

MAP-E 所使用的机制可以追溯到 20 世纪 90 年代中期(RFC1933[36]、RFC4213[37])。RFC1933[36]中首次描述了“自动隧道”的机制，这个机制为主机分配了一个由 IPv6“众知前缀”和嵌入的主机 IPv4 地址构成的 IPv6 地址。由于 IPv6 目标地址中嵌有 IPv4 地址，任何节点都可以通过提取 IPv4 地址来自动建立 IPv6 over IPv4 隧道，以传输 IPv6 数据报文到 IPv4 隧道端点。

这种想法带来了很多不同的技术，例如，由 RFC2529[38]定义的 6over4、由 RFC3056[39]定义的 6to4、由 RFC5214[40]定义的 ISATAP，以及由 RFC5969[41]定义的 6rd。

这些 IPv6 over IPv4 的机制均具有以下特性。

(1) 自动为主机或站点配置 IPv6 地址或前缀。

(2) 自动地或隐性地为隧道端点配置 IPv4 地址。给定 IPv6 目标地址，可以计算出 IPv4 隧道端点的地址。

(3) 将 IPv4 地址的全部或部分嵌入 IPv6 地址。

对于 IPv4 over IPv6，也可以采用类似的方法，即在 IPv4 前缀、完整的 IPv4 地址或共享的 IPv4 地址和 IPv6 地址之间建立基于算法的映射关系。

有趣的是，无状态双重翻译技术的外特性也是 IPv4 跨越 IPv6 网络，这最终导致 IETF 发布了统一的无状态 464 技术，包括由 RFC7599[5]定义的 MAP-T 无状态双重翻译技术和由 RFC7597[6]定义的 MAP-E 无状态封装技术。这两种技术均支持网状拓扑和中心辐射拓扑结构。

封装技术的优点为可以完整地传输 IPv4 报头中的特殊信息，例如，IPv4 选项 (IPv4 Option)。但封装技术比双重翻译具有更大的报头开销，同时无法使用标准的 IPv6 处理技术进行访问控制和流量控制，也无法退化成一次翻译技术，从而无法实现 IPv4 和 IPv6 的互联互通。

RFC7598[8]定义了用于配置 MAP-E 参数的 DHCPv6 选项，技术细节参见本书第 8 章。

有状态隧道技术称为 DS-Lite，由 RFC6333[42]定义，技术细节参见本书第 11 章。

10.3.2　MAP-E 基本原理

MAP-E 基于 IPv6 单栈网络，提供 IPv4/IPv6 双栈接入服务。这样运营商可以率先过渡到 IPv6，而与用户是否关掉 IPv4 无关。此外，新建的 IPv6 单栈网络可以使用 MAP-E 技术继续提供 IPv4 服务 (IPv4aaS)。

根据上述要求，MAP-E 机制支持用户使用共享的 IPv4 地址、完整 IPv4 地址或 IPv4 前缀。

MAP-E 使用已有的标准组件构造。

(1) 在 CE 上使用由 RFC2663[10]定义的 NAPT 功能，来限制传输层端口号、ICMP 标识号和分片标识号。对于从私有 IPv4 网络发出的数据报文，CE 内置的 NAPT 功能必须转换传输层端口号 (例如，TCP 和 UDP 端口号)，使其落在该 CE 被指定的端口范围内。

(2) NAPT 必须与 CE 的 IPv4 over IPv6 的转发功能相连，使用由 RFC2473[7, 43]定义的功能对数据报文进行封装/解封装。

MAP-E 架构要求共享的 IPv4 地址只能用作 CE 上运行的 NAPT 的外部全局地址，而绝不能用于标识网络接口。虽然从理论上讲，如果操作系统的协议栈和应用系统支持使用受限传输层端口，共享的 IPv4 地址也可以为主机接口地址。但这是对由 RFC6250[11]定义的 IP 模型的重大改变，具有潜在的风险，因此目前不应做这样的处理。

对于完整的 IPv4 地址或 IPv4 前缀，由 RFC6250[11]定义的 IP 模型不变。在这种情况下，完整的 IPv4 地址或者 IPv4 前缀可以像现在一样使用(例如，用于识别网络接口或作为 DHCP 的 IPv4 地址池)。此外，在这种情况下，不需要使用 NAPT 来限制(通过映射获得的)数据报文的传输层端口。

互联网运营商为每个 MAP-E CE 分配了一个常规的 IPv6 前缀。基于 MAP-E 域的配置规则，可以计算 MAP-E IPv6 地址和相应的 IPv4 地址。为了共享 IPv4 地址，必须使用传输层协议(TCP、UDP)的端口号，因此 MAP-E CE 也需要配置 PSID。每个 MAP-E CE 负责在用户的私有 IPv4 地址产生的数据报文和 MAP-E 域的 IPv6 地址产生的数据报文之间转发流量。这个转发基于 IPv4 over IPv6 封装(RFC2473[7])。

MAP-E BR 将一个或多个 MAP-E 域连接到外部的 IPv4 互联网，即在 MAP-E 域的 IPv6 数据报文和 IPv4 数据报文间转发流量。这个转发基于 IPv4 over IPv6 封装(RFC2473[7])。

10.3.3 MAP-E 映射算法

MAP-E 节点配置了一个或多个映射规则。

取决于需要实现的功能，MAP-E 可以配置不同的映射规则。每个 MAP-E 节点必须配置基本映射规则，还可以配置附加映射规则。基本映射规则用于配置 IPv4 地址、IPv4 前缀或共享 IPv4 地址。基本映射规则也可以用于转发，即把 IPv4 目标地址和(可选)目标端口映射到 IPv6 地址。附加映射规则允许在一个 MAP-E 域内存在多个不同的 IPv4 子网，根据附加映射规则可以优化这些 IPv4 子网之间流量的转发。如果其 IPv4 目标地址与上述基本映射规则和附加映射规则均不匹配(使用最长前缀匹配算法)，则为 MAP-E 域外流量，默认转发给 MAP-E 的 BR。

MAP-E 定义了以下两种类型的映射规则。

(1)基本映射规则：强制性，用于地址映射和转发。一个 CE 可以配置多个最终用户的 IPv6 前缀。每个最终用户的 IPv6 前缀只能配置一个基本映射规则。但是，该 CE 的所有最终用户聚类后具有相同映射规则的 IPv6 前缀可以共享相同的基本映射规则。与最终用户的 IPv6 前缀相组合，基本映射规则用于导出分配给该 CE 的 IPv4 前缀、IPv4 地址或共享 IPv4 地址和 PSID。

(2)转发映射规则：可选，用于转发。基本映射规则也可以作为转发映射规则。每个转发映射规则将为该 IPv4 前缀规则在规则库中建立一个条目。给定在 MAP-E 域内的 IPv4 目标地址和传输层端口，MAP-E 节点根据匹配的 FMR 把数据报文路由并转发到该 IPv4 目标地址和传输层端口对应的网络目标。在轮辐模式下不需要 FMR。

BMR 和 FMR 这两个映射规则共享相同的参数：①IPv6 前缀(含前缀长度)；② IPv4 前缀(含前缀长度)；③EA-bits 长度(比特数)。

MAP-E 节点通过执行最长匹配算法在 BMR 中查找最终用户的 IPv6 前缀，其结果用于 IPv4 前缀、完整的 IPv4 地址或共享的 IPv4 地址的分配。MAP-E 的 IPv6 地址是由 BMR 定义的 IPv6 前缀生成的。这个 IPv6 地址必须分配给 MAP-E 节点的网络接口，作为 MAP-E 流量的封装/解封装节点。端口限制 IPv4 路由存在于所有的 FMR 中，默认路由存在于 MAP-E BR 中。

FMR 用于 MAP-E CE 之间的直接通信，称为网格模式。在轮辐模式中，不需要独立的 FMR，所有流量必须直接发给 MAP-E BR。虽然 FMR 是可选的，即 MAP CE 可以配置 0 个或多个 FMR，但所有 MAP-E CE 必须实现对 BMR 和 FMR 的支持。

1. 端口映射算法

MAP-E 的端口映射算法与 MAP-T 完全一致，参见 10.2.3 节。

2. 基本映射规则

MAP-E 的基本映射规则与 MAP-T 完全一致，参见 10.2.3 节。

3. 转发映射规则

MAP-E 的转发映射规则与 MAP-T 完全一致，参见 10.2.3 节。

4. 默认路由

MAP-E 的默认路由与 MAP-T 不同。

在一个 MAP-E 域内，节点之间的 IPv4 流量都封装在 IPv6 数据报文之中，发送节点的 MAP-E 节点的 IPv6 地址作为源地址，接收节点的 MAP-E 节点的 IPv6 地址为目标地址。MAP-E 域以外的 IPv4 目标地址，其流量也封装在 IPv6 数据报文之中，在这种情况下，MAP-E BR 的 IPv6 地址为目标地址。

在 MAP-E CE 上，BR 的路径可以表示为由 RFC2473[7]定义的点对点 IPv4 over IPv6 隧道，隧道的源地址为 MAP-E CE 的 IPv6 地址，隧道的对端地址为 BR 的 IPv6 地址。启用 MAP-E 时，典型的 CE 路由器将自动配置到 BR 的 IPv4 默认路由。BR 将从 MAP-E 域外部接收到的 IPv4 流量根据 MAP-E 转发规则发送给指定的 CE。

5. IPv6 接口标识符

MAP-E 节点的接口标识符与 MAP-T 完全一致，参见 10.2.3 节。

10.3.4 MAP-E 配置

对于给定的 MAP-E 域，BR 和 CE 必须配置这个 MAP-E 域统一规定的参数。

(1) 基本映射规则和(可选)转发映射规则，包括 IPv6 前缀规则、IPv4 前缀规则和 EA-bits 长度。

(2) 辐轮模式(所有流量都发送到 BR)或网格模式(支持 CE 到 CE 的直接通信)。

(3) 所有 MAP-E CE 必须配置 MAP-E BR 的 IPv6 地址。

1. MAP-E CE

在同一个 MAP-E 域中，所有 CE 的参数配置必须一致。目前存在若干参数配置方式。

(1) 通过 IPv6 DHCPv6 选项扩展(RFC7598[8])。

(2) 基于宽带论坛的“TR-69”标准。

(3) 建立 IPv6 连接后检索的基于 XML 的对象。

(4) 管理员手动配置。

(5) 其他。

除了 MAP-E 配置参数，MAP-E CE 还需要 IPv6 前缀。这是最终用户的 IPv6 前缀，用于访问 IPv6 互联网。这个 IPv6 前缀的配置也应使用上述的方法。

MAP-E 的相关配置参数(含 IPv4 服务)需要与用户被分配的 IPv6 前缀进行全生命周期的绑定。即 MAP-E 的 IPv4 地址或 IPv4 前缀或共享的 IPv4 地址、传输层端口范围，以及任何与授权和审计相关的参数，均与用户 IPv6 前缀的全生命周期绑定。

单个 MAP-E CE 也可以连接到多个 MAP-E 域，就像任何路由器可能有多个上级 IPv4 服务提供商一样(每个网络接口的 IPv4 地址分别由各自的 DHCP 分配)。每个 MAP-E 域都需要特定的最终用户 IPv6 前缀。CE 对应网络接口对应于不同的 MAP-E 域，得到对应的 MAP-E 参数，生成对应的 IPv4 前缀、IPv4 地址或共享 IPv4 地址。

2. MAP-E BR

MAP-E BR 必须配置该 MAP-E 域的映射规则。

为了提高可靠性和实现负载均衡，MAP-E BR IPv6 地址可以是在给定 MAP-E 域内的任播地址。基于 MAP-E 的无状态特性，MAP-E CE 可以在任何时间使用任意一个任播 IPv6 地址的 MAP-E BR。如果 MAP-E BR IPv6 地址是任播地址，则 MAP-E BR 必须使用此任播 IPv6 地址作为发给 MAP-E CE 数据报文的源地址。

由于 MAP-E 使用网络运营商的地址空间，因此不需要对外部网络通过 BGP 发布 IPv6 或 IPv4 的细化路由。注意，如果 MAP-E BR 采用任播 IPv6 地址，则对应的任播地址必须在网络运营商的 IGP 中公布。

10.3.5　数据平面处理的注意事项

MAP-E 使用 RFC2473[7,43]定义的封装模式。

1. 发送规则

对于共享 IPv4 地址，MAP-E CE 对于从 LAN 收到的 IPv4 数据报文首先执行 NAT44 功能，并创建适当的 NAT44 绑定。该绑定生成的 IPv4 数据报文必须包含由这个 MAP-E CE 参数配置所指定的 IPv4 源地址和传输层端口标识符指定的源端口范围。MAP-E CE 对 IPv4 数据报文进行 IPv4 over IPv6 封装，IPv6 数据报文的源地址和目标地址必须按照 MAP-E 地址映射规则定义的方法产生。

2. 接收规则

MAP-E CE 对于接收到的 IPv6 数据报文首先进行解封装，并把生成的 IPv4 数据报文转发到 MAP-E CE 的 NAT44 功能，根据 NAT44 的转换表处理。

MAP-E BR 对于接收到的 IPv6 数据报文首先根据最长匹配算法对于该数据报文的 IPv6 源地址和 MAP-E 域内的规则，以及对于 IPv6 目标地址和 MAP-E BR 的 IPv6 地址进行比较和选择。根据所选择的 MAP-E 映射规则从源 IPv6 地址中确定 EA-bits。

为了防止欺骗 IPv4 地址，任何 MAP-E 节点(CE 和 BR)都必须对收到的数据报文执行以下验证。

(1)必须从 IPv6 数据报文的源地址中根据 MAP-E 规则提取嵌入的 IPv4 地址或 IPv4 前缀，以及 PSID(如果有的话)，这些参数确定了 IPv4 数据报文合法的源地址和源端口范围。

(2)节点提取封装在 IPv6 数据报文内的 IPv4 数据报文的源 IPv4 地址和端口。如果发现它们超出了上述合法的范围，则必须丢弃该数据报文，并且递增计数器以指示潜在的欺骗攻击可能正在进行中。对于源 IPv6 地址是 MAP-E BR 的 IPv6 地址的数据报文，不执行这个源地址验证。

默认情况下，MAP-E CE 路由器必须丢弃 MAP-E 虚拟接口(即在 IPv6 数据报文解封装之后)产生的，目标节点不是本 MAP-E CE 定义的共享 IPv4 地址、完整 IPv4 地址或 IPv4 前缀。

3. ICMP 处理

MAP-E 域中应支持 ICMP 消息。因此，在 MAP-E CE 中的 NAT44 功能必须具有 RFC5508[24]定义的对 ICMP 的处理方法。

如果 MAP-E CE 收到在 ICMP 报头中具有“标识符”字段的 ICMP 消息，MAP -E CE 中的 NAT44 必须根据 MAP-E 映射规则使用端口集允许的特定值重写该字段。MAP-E BR 和其他 MAP-E CE 收到 ICMP 消息后，必须以类似于处理 TCP/UDP 报头中端口的方式处理 ICMP 标识符字段。

如果 MAP-E 节点收到在 IPv6 隧道内检测到的 ICMP 错误消息，该 ICMP 错误消息没有 ICMP 标识符字段，MAP-E 节点应将 ICMP 错误消息中继到原始源(RFC2473[7])。

4. 分片处理和路径 MTU 发现

由于 IPv4 报头和 IPv6 报头的大小不同，任何安装在 IPv4 网络和 IPv6 网络之间的设备必须具有处理 MTU 的功能。有三种机制可以处理此问题。

(1)路径 MTU 发现(PMTUD)。

(2)分片。

(3)传输层协商，如由 RFC879[16]定义的 TCP MSS 选项。

MAP-E 使用三种机制来处理以下不同的情况。

1)MAP-E 域内的分片处理

在 MAP-E 域中封装 IPv4 数据报文将增加其大小(通常为 40 个 8 比特字节)。因此强烈建议在 MAP-E 域中妥善管理 MTU，即通过配置，使 MAP-E CE 广域网接口不会分片。

对于进入 MAP-E 域的 IPv4 分组，根据 RFC2473[7]的规则进行分片处理。

使用任播源地址可能会导致在传输路径上生成的 ICMP 错误消息发给不同的 MAP-E BR，这意味着可能会导致 IPv6 路径上最大传输信元发现(path MTU discovery，PMTUD)黑洞(RFC2473[7])。因此，当 MAP-E BR 使用任播 IPv6 源地址时，不应该启用跨 MAP-E 域的 PMTUD。

使用相同任播源地址的多个 MAP-E BR 可以同时发送数据报文分片到同一个 MAP-E CE。如果来自不同 MAP-E BR 的数据报文分片碰巧使用相同的数据报文分片 ID，可能会发生重组错误(RFC4459[44])。

2)在 MAP-E 域边界上接收到 IPv4 分片

从 MAP-E 域外部接收到的 IPv4 数据报文需要 IPv4 目标地址和传输层目标端口。但传输层协议信息仅在收到的数据报文的第一个分片中可得，因此如同 RFC6346[18]所述，MAP-E 节点在接收来自外部的 IPv4 数据报文分片时，必须在将数据报文发送到 MAP-E 链路之前进行重新组装。如果 MAP-E 节点接收到的第一个数据报文分片包含传输层协议信息，则可以通过使用缓存，并根据缓存的信息转发同一数据报文的后续分片。应该意识到 MAP-E 存在针对数据报文分片攻击的事实(RFC1858[19]、RFC3128[20])，也应知道高速重组数据报文的其他问题(RFC4963[21])。

3)将 IPv4 分片发送到外部

如果分别位于具有相同 IPv4 地址的两个不同 MAP-E CE 内部的 IPv4 主机将数据报文分片发送给外部的同一个 IPv4 目标主机，这些主机可能使用相同的 IPv4 分片标识符，从而导致 IPv4 目标主机的分片重组错误。鉴于 IPv4 分片标识符也是一个 16 比特字段，可以类比于传输层端口范围。因此，与发送分片的速率相比，如果分片标识符空间足够大，则 MAP-E CE 可以将 IPv4 分片标识符重写为 PSID 定义的数值范围。然而，这种方式会增加重组分片时的冲突概率(RFC6864[22])。

10.3.6　NAT44 注意事项

在 MAP-E CE 中实现的 NAT44 应该符合 RFC4787[23]、RFC5508[24]和 RFC5382[25]定义的行为。在 MAP-E 的 IPv4 地址共享模式中，NAT44 必须根据基本映射规则限制传输层端口号范围。

10.3.7　安全考虑

欺骗攻击：通过在 MAP-E 节点对 IPv4 和 IPv6 数据源之间的一致性检查，MAP-E 不会引入新的欺骗攻击。

拒绝服务攻击：任何 IPv4 地址共享机制都存在拒绝服务攻击的风险。建议加速 IPv6 的部署，以减少 IPv4 地址共享机制的使用。

路由环路攻击：虽然路由环路攻击可能存在于“自动隧道”机制(RFC6324[29])之中，但 MAP-E 可以避免。因为每个 MAP-E BR 都会根据“转发规则”检查收到的 IPv6 数据报文的源地址。

限制端口集攻击：对于没有进行输入过滤的主机(RFC2827[30])，攻击者可以利用当前存在的对外连接的传输层端口对该主机注入欺骗数据报文(RFC4953[31]、RFC5961[32]、RFC6056[33])。攻击的成功与否取决于攻击者可否猜测到目前主机使用哪些传输层端口。为了减少这类攻击，MAP-E CE 的 NAT44 可以配置“地址相关过滤”(RFC4787[23])。此外，建议 MAP-E CE 使用 DNS 传输代理(RFC5625[34])处理 DNS 查询，即通过纯 IPv6，而不是通过 MAP-E 域限制传输层端口的 IPv4 来进行 DNS 查询。RFC6269[35]概述了 IPv4 地址共享的其他问题和注意事项。

10.3.8　MAP-E 示例

MAP-E 示例的拓扑和数据流如图 10.11 所示。其中左侧为拓扑，右侧为在该链路上数据报文的源地址和目标地址。

1. 场景

IPv4 网络(客户机 H1)通过 IPv6 网络，发起对 IPv4 互联网(服务器 H2)的访问。

2. MAP-E 参数

(1)基本映射规则。

①规则 IPv6 前缀：2001:db8:0000::/40。

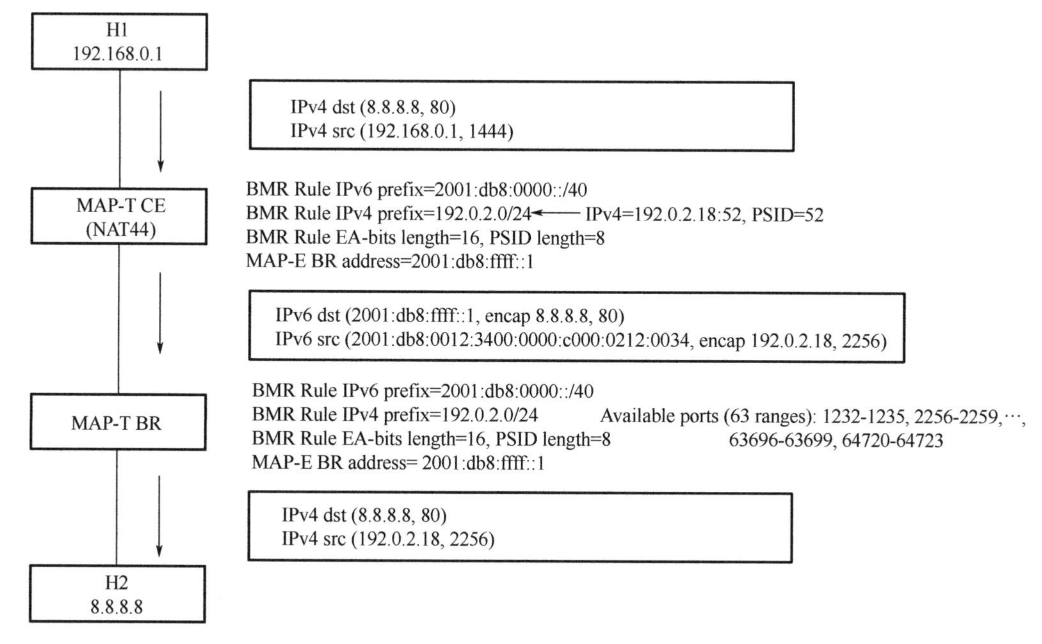

图 10.11　MAP-E 示例

②规则 IPv4 前缀：192.0.2.0/24。

③规则 EA-bits 长度：16。

④PSID 长度：8(复用比为 256)；PSID 偏移：6(默认)。

(2) MAP-E BR IPv6 地址：2001:db8:ffff::1。

3. 主机地址

(1) H1：IPv4 网络中的一台 IPv4 主机(192.168.0.1)。

(2) H2：IPv4 互联网中的一台 IPv4 主机(8.8.8.8)。

4. 地址映射关系注释

(1) EA-bits 偏移：40。

(2) IPv4 后缀比特(p)：IPv4 地址长度(32) − IPv4 前缀长度(24) = 8。

(3) PSID 开始：$40 + p = 40 + 8 = 48$。

(4) PSID 长度(q)：(用户前缀长度–规则 IPv6 前缀长度)$-p$=(56–40)–8=8。

(5) 可用端口范围(63 个)：1232～1235，2256～2259，⋯，63696～63699，64720～64723。

本例 IPv4 地址：192.0.2.18(0xc0000212)。

本例 PSID：0x34。

(6) 用户 IPv6 前缀：2001:db8:0012:3400::/56。

(7) MAP CE IPv6 地址：2001:db8:0012:3400:0000:c000:0212:0034。

10.4　本 章 小 结

本章系统地介绍了无状态双重翻译(dIVI 与 MAP-T)和无状态封装(MAP-E)技术。其中 dIVI 和 MAP-T 在 IPv4 向 IPv6 过渡的中后期，可以根据需要灵活地退化到一次翻译技术应用的场景。

dIVI 适用于校园网和企业网的部署环境，而 MAP-T 适用于家庭宽带的部署环境。从另一个角度看，MAP-E 也适用于家庭宽带的部署环境。MAP-E 具有保留所有 IPv4 数据报头信息的优点，但无法平滑地过渡到 IPv6 单栈。

参 考 文 献

[1] Li X, Bao C, Chen M, et al. RFC6219: The China Education and Research Network (CERNET) IVI translation design and deployment for the IPv4/IPv6 coexistence and transition. IETF 2011-05.

[2] Bao C, Huitema C, Bagnulo M, et al. RFC6052: IPv6 addressing of IPv4/IPv6 translators. IETF 2010-10.

[3] Bao C, Li X, Baker F T, et al. RFC7915: IP/ICMP translation algorithm. IETF 2016-06.

[4] Rekhter Y, Moskowitz B, Karrenberg D, et al. RFC1918: Address allocation for private internets. IETF 1996-02.

[5] Li X, Bao C, Dec W, et al. RFC7599: Mapping of address and port using translation (MAP-T). IETF 2015-07.

[6] Troan O, Dec W, Li X, et al. RFC7597: Mapping of address and port with encapsulation (MAP-E). IETF 2015-07.

[7] Conta A, Deering S. RFC2473: Generic packet tunneling in IPv6 specification. IETF 1998-12.

[8] Mrugalski T, Troan O, Farrer I, et al. RFC7598: DHCPv6 options for configuration of softwire address and port-mapped clients. IETF 2015-07.

[9] Martinez J. RFC8683: Additional deployment guidelines for NAT64/464XLAT in operator and enterprise networks. IETF 2019-11.

[10] Srisuresh P, Holdrege M. RFC2663: IP network address translator (NAT) terminology and considerations. IETF 1999-08.

[11] Thaler D. RFC6250: Evolution of the IP model. IETF 2011-05.

[12] Fuller V, Li T. RFC4632: Classless inter-domain routing (CIDR): The internet address assignment and aggregation. IETF 2006-08.

[13] Cotton M, Eggert L, Touch J, et al. RFC6335: Internet assigned numbers authority（IANA）procedures for the management of the service name and transport protocol port number registry. IETF 2011-08.
[14] Postel J. RFC792: Internet control message protocol. IETF 1981-09.
[15] Conta A, Deering S, Gupta M. RFC4443: Internet control message protocol（ICMPv6）for the internet protocol version 6（IPv6）specification. IETF 2006-03.
[16] Postel J. RFC879: The TCP maximum segment size and related topics. IETF 1983-11.
[17] Mathis M, Heffner J. RFC4821：Packetization layer path MTU discovery. IETF 2007-03.
[18] Bush R. RFC6346: The address plus port（A+P）approach to the IPv4 address shortage. IETF 2011-08.
[19] Ziemba G, Reed D, Traina P. RFC1858: Security considerations for IP fragment filtering. IETF 1995-10.
[20] Miller I. RFC3128: Protection against a variant of the tiny fragment attack（RFC1858）. IETF 2001-06.
[21] Heffner J, Mathis M, Chandler B. RFC4963: IPv4 reassembly errors at high data rates. IETF 2007-07.
[22] Touch J. RFC6864: Updated specification of the IPv4 ID field. IETF 2013-02.
[23] Audet F, Jennings C. RFC4787: Network address translation（NAT）behavioral requirements for unicast UDP. IETF 2007-01.
[24] Srisuresh P, Ford B, Sivakumar S, et al. RFC5508: NAT behavioral requirements for ICMP. IETF 2009-04.
[25] Guha S, Biswas K, Ford B, et al. RFC5382：NAT behavioral requirements for TCP. IETF 2008-10.
[26] Bagnulo M, Sullivan A, Matthews P, et al. RFC6147: DNS64: DNS extensions for network address translation from IPv6 clients to IPv4 servers. IETF 2011-04.
[27] Bagnulo M, Matthews P, Beijnum I. RFC6146: Stateful NAT64: Network address and protocol translation from IPv6 clients to IPv4 servers. IETF 2011-04.
[28] Mawatari M, Kawashima M, Byrne C. RFC6877: 464XLAT: Combination of stateful and stateless translation. IETF 2013-04.
[29] Nakibly G, Templin F. RFC6324: Routing loop attack using IPv6 automatic tunnels: Problem statement and proposed mitigations. IETF 2011-08.
[30] Ferguson P, Senie D. RFC2827: Network ingress filtering: Defeating denial of service attacks which employ IP source address spoofing. IETF 2000-05.
[31] Touch J. RFC4953: Defending TCP against spoofing attacks. IETF 2007-07.
[32] Ramaiah A, Stewart R, Dalal M. RFC5961: Improving TCP's robustness to blind in-window

attacks. IETF 2010-08.

[33] Larsen M, Gont F. RFC6056: Recommendations for transport-protocol port randomization. IETF 2011-01.

[34] Bellis R. RFC5625：DNS proxy implementation guidelines. IETF 2009-08.

[35] Ford M, Boucadair M, Durand A, et al. RFC6269: Issues with IP address sharing. IETF 2011-06.

[36] Gilligan R, Nordmark E. RFC1933: Transition mechanisms for IPv6 hosts and routers. IETF 1996-04.

[37] Nordmark E, Gilligan R. RFC4213: Basic transition mechanisms for IPv6 hosts and routers. IETF 2005-10.

[38] Carpenter B, Jung C. RFC2529: Transmission of IPv6 over IPv4 domains without explicit tunnels. IETF 1999-03.

[39] Carpenter B, Moore K. RFC3056: Connection of IPv6 domains via IPv4 clouds. IETF 2001-02.

[40] Templin F, Gleeson T, Thaler D. RFC5214: Intra-site automatic tunnel addressing protocol（ISATAP）. IETF 2008-03.

[41] Townsley W, Troan O. RFC5969: IPv6 rapid deployment on IPv4 infrastructures（6rd）-- Protocol specification. IETF 2010-08.

[42] Durand A, Droms R, Woodyatt J, et al. RFC6333: Dual-stack lite broadband deployments following IPv4 exhaustion. IETF 2011-08.

[43] Nichols K, Blake S, Baker F, et al. RFC2474: Definition of the differentiated services field（DS Field）in the IPv4 and IPv6 headers. IETF 1998-12.

[44] Savola P. RFC4459: MTU and fragmentation issues with in-the-network tunneling. IETF 2006-04.

第 11 章　有状态双重翻译及封装技术

本章讨论有状态双重翻译和有状态封装技术的解决方案，包括基于双重翻译技术，用户通过无线局域网和通过移动通信系统（3G、4G 和 5G）上网的 464XLAT，以及基于隧道技术，适应于城域网宽带接入的 DS-Lite 和 LW-4o6。

本章从研发思路、基本原理、部署配置、安全考虑和案例分析等方面详细讨论分析这些技术。

11.1　有状态双重翻译技术

有状态双重翻译技术是在无状态一次翻译技术的基础上，增加有状态地址映射、双重翻译技术构成的。有状态双重翻译技术称为 464XLAT，由 RFC6877[1]定义，如图 11.1 所示。

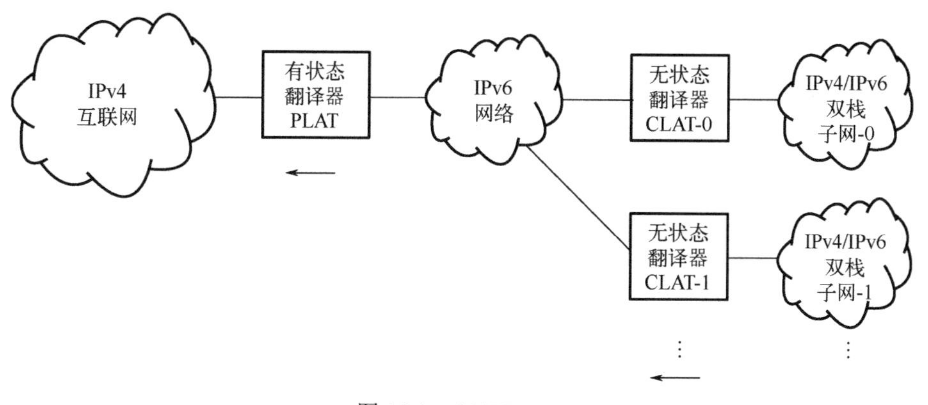

图 11.1　464XLAT

11.1.1　464XLAT 思路溯源

采用无状态双重翻译技术的思路是保持核心网设备无状态，在复用公有 IPv4 地址时，用户家庭网关（第二级翻译器）进行传输层端口映射。自然地，研究人员也考虑在核心网部署有状态翻译器（NAT64），在用户设备上部署第二级无状态翻译器。其好处是用户设备实现相对简单，维护状态的复杂度由核心设备承担。464XLAT 仅支持 IPv4 客户端/服务器模型，其中服务器需要具有公有

IPv4 地址。这意味着 464XLAT 不适合用于 IPv4 点对点通信或作为服务器端的解决方案。

464XLAT 的主要特点如下：

(1) 464XLAT 仅需要最小的公有 IPv4 地址池，因此可更灵活地复用公有 IPv4 地址(但失去了双向发起通信的能力，增大了溯源的开销)。

(2) 不需要新协议，可以快速部署。

(3) 纯 IPv6 网络比双栈网络更简单、更便宜、易于运行。

(4) 464XLAT 可以直接使用标准的 IP 监控和流量工程工具，而不存在使用隧道时的解封装过程。

11.1.2 464XLAT 基本原理

464XLAT 组合使用由 RFC6146[2]定义的有状态 IPv4/IPv6 翻译技术和由 RFC7915[3]定义的无状态 IPv4/IPv6 翻译技术标准。464XLAT 不需要由 RFC6147[4]定义的 DNS64，因为 IPv4 客户机发送包含 DNS 请求的 IPv4 数据报文，这些 IPv4 数据报文由客户侧翻译器(client XALT，CLIT)翻译成 IPv6 数据报文，并由运营商侧翻译器(provider XLAT，PLAT)重新翻译成 IPv4 数据报文。当然，464XLAT 也可以使用 DNS64，从而支持直接使用由 RFC6146[2]定义的有状态 IPv4/IPv6 一次翻译，而不是双重翻译。

464XLAT 架构有以下两种形式。

(1) 有线网络架构存在独立的 CLAT。典型的例子包括：光纤到户(fiber to the home，FTTH)、数据有线服务接口规范(data over cable service interface specifications，DOCSIS)或无线局域网(wireless fidelity，Wi-Fi)。

(2) 第三代合作伙伴计划(3rd Generation Partnership Project，3GPP)网络架构不需要独立的 CLAT。用户无线终端实现 CLAT 的功能，为用户终端的应用程序使用或提供无线热点服务。

1. 有线网络架构

有线网络架构如图 11.2 所示。

图 11.2 中配置私有 IPv4 地址的主机可以通过双重翻译(CLAT 和 PLAT)访问全局 IPv4 主机。配置 IPv6 地址的主机可以直接访问全局 IPv6 主机。这意味着客户端设备(CPE)/CLAT 不仅可以具有 CLAT 的功能，还具有 IPv6 路由功能。注意：CLAT 后面的 IPv4 主机配置私有 IPv4 地址(RFC1918[5])。

2. 无线局域网和移动通信网架构

无线网络架构如图 11.3 所示。

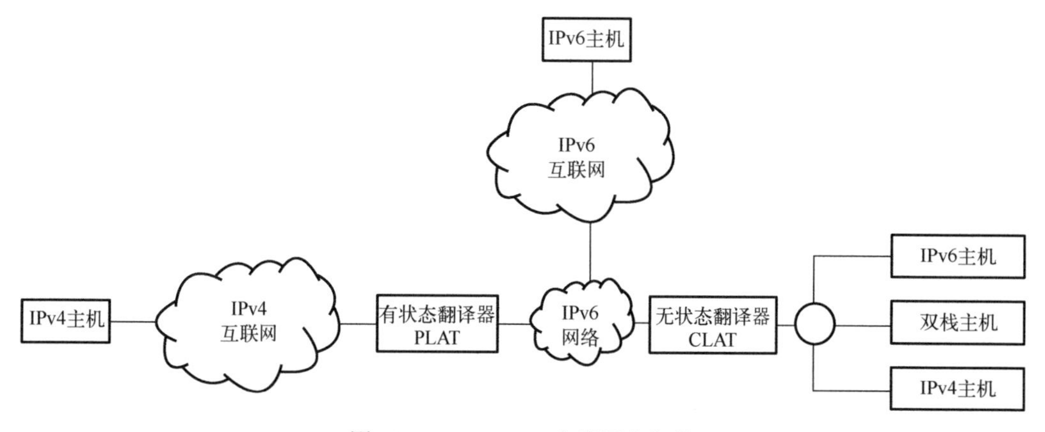

图 11.2　464XLAT 有线网络架构

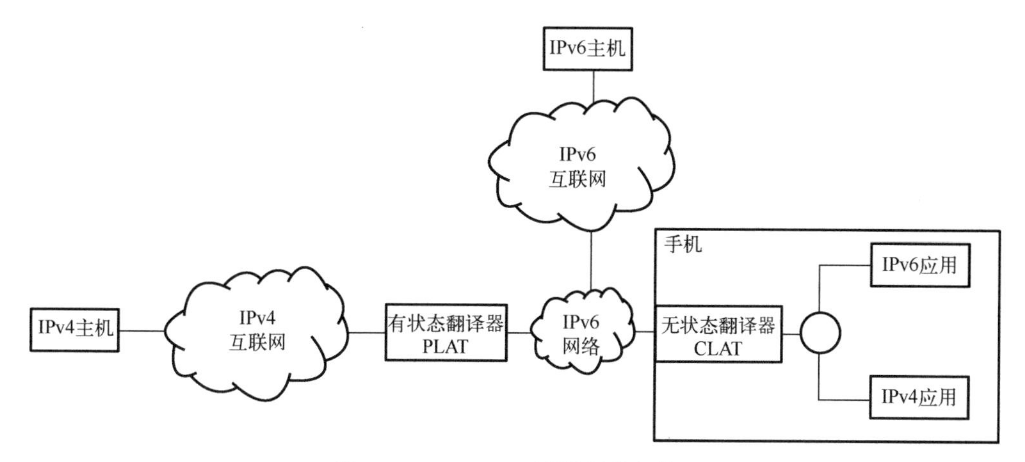

图 11.3　464XLAT 无线网络架构

用户设备(user equipment，UE)上的 CLAT 功能为本机操作系统的网络协议栈提供 RFC1918[5]定义的私有 IPv4 地址和 IPv4 默认路由。UE 上的应用程序从而可以使用私有 IPv4 地址通过双重翻译(CLAT 和 PLAT)与全球 IPv4 互联网上的主机通信。另外，UE(包括通过 DNS64 解析的“IPv4 转换 IPv6 地址”)可以在不需要 CLAT 功能参与的情况下直接与全球 IPv6 互联网(包括通过 PLAT 翻译的全球 IPv4 互联网)上的主机通信。注意：当 UE 作为热点时，与有线网络架构模式类似，即通过 NAT44 提供私有 IPv4 地址为热点网络上的主机提供接入服务。

11.1.3　464XLAT 算法

1. IPv6 地址格式

464XLAT 中的 IPv6 地址格式由 RFC6052[6]定义。

2. IPv4/IPv6 地址转换流程

464XLAT（RFC6877[1]）由 PLAT 和 CLAT 组成。其中，PLAT 是有状态的 IPv4/IPv6 翻译，而 CLAT 是无状态的 IPv4/IPv6 翻译。客户机通过 IPv6 前缀分配机制（如由 RFC3633[7]定义的具有前缀分配功能的 IPv6 动态主机配置协议（dynamic host configuration protocol IPv6 with prefix delegation，DHCPv6-PD））获得 IPv6 前缀，因此拥有一个专用的 IPv6 前缀用于翻译。

IPv4 客户机发起的通信，其 IPv4 源地址和 IPv4 目标地址由 CLAT 通过无状态翻译技术（RFC6052[6]、RFC7915[3]）转换成“IPv4 可译 IPv6 地址”和“IPv4 转换 IPv6 地址”，然后通过 IPv6 单栈网络到达 PLAT。PLAT 通过有状态翻译技术（RFC6146[2]）把“IPv4 可译 IPv6 地址”转换成公有 IPv4 地址池中的地址（共享），把“IPv4 转换 IPv6 地址”转换成原始 IPv4 目标地址。对于返回的数据报文，进行对应的处理。

3. IPv6 前缀处理

在默认状态下，CLAT 需要使用到两个 IPv6 前缀。

首先，CLAT 必须知道自己的 IPv6 前缀，CLAT 应该获得自己上行 IPv6 链路接口的/64 前缀、所有下行链路接口的 IPv6/64 前缀，以及一个专门用于发送和接收无状态翻译数据报文的 IPv6 的/64 前缀。当没有由 RFC3633[7]定义的 DHCPv6-PD 运行时，无法获得专门用于发送和接收无状态翻译数据报文的 IPv6 的/64 前缀。在这种情况下，CLAT 可以为所有 IPv4 局域网的数据报文执行 NAT44，以便所有局域网发起的 IPv4 数据报文都从单个 IPv4 地址发起，然后把这个 IPv4 地址通过无状态翻译技术（RFC6052[6]）利用 IPv6 接口地址的前缀转换成“IPv4 可译 IPv6 地址”，该 IPv6 地址由 CLAT 通过邻居发现协议（neighbor discovery protocol，NDP）生成，并由重复地址检测（duplicate address detection，DAD）确认。

其次，CLAT 必须知晓 PLAT 端使用的 IPv6 前缀。CLAT 将使用此 IPv6 前缀生成“IPv4 转换 IPv6 地址”，以通过 PLAT 把数据报文翻译成 IPv4 数据报文，以访问 IPv4 互联网。可以使用 RFC7050[8]的前缀发现技术或使用其他机制发现 PLAT 端使用的 IPv6 前缀，例如使用 DHCPv6 选项等。

4. DNS 代理实现

CLAT 应该实现由 RFC5625[9]定义的 DNS 代理。应该避免接在 CLAT 后面的纯 IPv4 节点查询 IPv4 DNS 服务器，因为在这种情况下每个 DNS 查询都要通过 CLAT 和 PLAT 的双重翻译。CLAT 应该将自己设置为 DNS 解析服务器，以便为局域网内的 IPv4/IPv6 的客户机提供 DNS 查询服务。使用支持 CLAT 的家庭路由器或 UE 作为 DNS 代理可以通过纯 IPv6 查询 DNS 服务，从而不需要通过翻译器。注意：应当允许纯 IPv4 客户机通过 CLAT 和 PLAT 查询 IPv4 DNS 服务器。

5. 网关中的 CLAT

CLAT 功能可以在通用的家庭网关或具有网络共享功能的移动设备(手机)中实现。具有 CLAT 功能的路由器还应提供通用的路由器服务，例如，通过 DHCP 分配私有 IPv4 地址(RFC1918[5])、DHCPv6、带路由器通告的 NDP 和 DNS 服务。

6. CLAT-to-CLAT 通信

464XLAT 是一种通过纯 IPv6 网络对 IPv4 服务提供支持的辐轮架构。交互式地建立由 RFC5245[10]定义的交互连接建立(interactive connectivity establishment，ICE)协议，可以用于支持 464XLAT 网络内部的点对点通信。

7. 464XLAT 架构中的处理模式

表 11.1 概述了 464XLAT 架构中的处理模式。

表 11.1　464XALT 架构中的处理模式

服务器	客户机或应用程序	类型	翻译器位置
IPv6	IPv6	IPv6 端到端	无
IPv4	IPv6	有状态 NAT64	PLAT
IPv4	IPv4	464XLAT	PLAT/CLAT

11.1.4　部署注意事项

即使最终用户的网络运营商与 PLAT 提供商不同(例如，另一个网络运营商)，仍然可以实现独立于 PLAT 提供商的流量工程。

(1) 最终用户的网络运营商可以从 IPv6 报头直接得知 IPv4 目标地址，所以可以通过 IPv6 已有的工具(监测、访问控制表、流量限速等)实现基于 IPv4 目标地址的流量工程(例如，对不同的 IPv4 目标地址进行数据报文的流量监控、过滤、限速等)。任何基于封装(隧道)的方法都没有这样的优势，因为如果要达到同样的功能，必须进行解封装操作。

(2) 如果网络运营商可以为每个最终用户分配大于 /64 的 IPv6 前缀，则 464XLAT 架构可以使用一个/64 以支持对 IPv6 数据报文的直接通信，而使用另一个/64 以支持对 IPv4 数据报文，使用 464XLAT 双重翻译的通信。因此，可以识别“本机 IPv6 数据报文”和“IPv4/IPv6 翻译数据报文”，通过对不同的 IPv6 前缀进行差别化处理，实现区别 IPv6 和 IPv4 的流量工程。

11.1.5　安全考虑

部署 464XLAT 应考虑 RFC6052[6]、RFC7915[3]和 RFC6146[2]中讨论的安全考虑，采取相应的措施。

11.1.6　464XLAT 示例

464XLAT 示例的拓扑和数据流如图 11.4 所示。其中左侧为拓扑，右侧为在该链路上数据报文的源地址和目标地址。

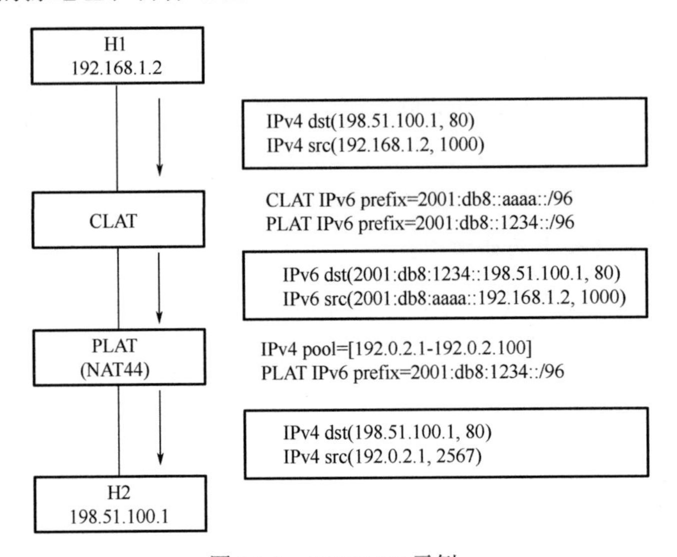

图 11.4　464XLAT 示例

1. 场景

IPv4 网络(客户机 H1)通过 IPv6 网络发起对 IPv4 互联网(服务器 H2)的访问。

2. 464XLAT 参数

(1) CLAT IPv6 prefix：2001:db8:aaaa::/96。
(2) PLAT IPv6 prefix：2001:db8:1234::/96。
(3) IPv4 地址池：192.0.2.1～192.0.2.100。

3. 主机地址

(1) H1：IPv4 网络中的一台 IPv4 主机(192.168.1.2)。
(2) H2：IPv4 互联网中的一台 IPv4 主机(198.51.100.1)。

4. 地址和端口映射关系注释

CLAT 为无状态翻译：
(1)“IPv4 可译 IPv6 地址”：
(192.168.1.2，1000)　←→　(2001:db8:aaaa::192.168.1.2，1000)
(2)“IPv4 转换 IPv6 地址”：

(198.51.100.1，80)　←→　(2001:db8:1234::198.51.100.1，80)

PLAT 为有状态翻译：

(1) 建立会话表(TCP 或 UDP 或 ICMP)：

(192.0.2.1，2567)　←→　(2001:db8:aaaa::192.168.1.2，1000)

(2) “IPv4 转换 IPv6 地址”：

(198.51.100.1，80)　←→　(2001:db8:1234::198.51.100.1，80)

11.2　有状态隧道技术

有状态隧道技术称为 DS-Lite(RFC6333[11])，由有状态 IPv4/IPv6 地址及传输层端口映射和 IPv4 over IPv6 协议封装技术构成，如图 11.5 所示。

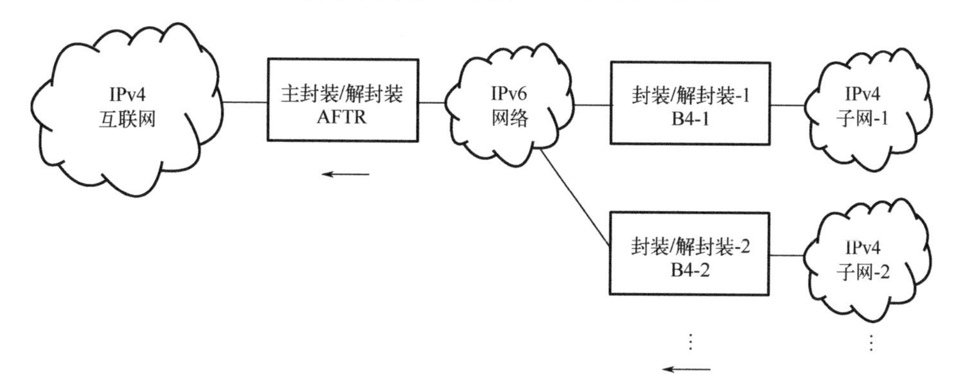

图 11.5　DS-Lite

11.2.1　DS-Lite 思路溯源

RFC6333[11]提出了轻型双栈(DS-Lite)技术。该技术旨在为网络服务商在向 IPv6 过渡时，优化收益成本率。DS-Lite 使用两种成熟的技术(IPv4 over IPv6 技术和 NAT 技术)来共享公有 IPv4 地址，并通过纯 IPv6 接入网提供服务。在一个 DS-Lite 的服务域中，包括一台地址转换路由器(address family transition router，AFTR)设备和众多的基本宽带桥接(basic bridging broad band，B4)设备，即家庭网关。

DS-Lite 不依赖于级联的 IPv4 NAT，而是使用 IPv4 over IPv6 隧道跨越网络运营商的纯 IPv6 接入网，使用户可以通过运营商级 IPv4-IPv4 NAT(AFTR)网络共享公有 IPv4 地址。这种方法有若干好处。

(1) 网络运营商可以率先在接入网(直至客户端设备或 CPE)过渡到纯 IPv6，以降低成本。

(2) 网络运营商使用具有海量地址的纯 IPv6 建设和运行管理接入网，为众多的用户提供 IPv4 接入服务，比运行管理使用重叠的私有 IPv4 地址空间为同样数量的用户提供 IPv4 接入服务具有更高的性价比。

(3) 由于隧道可以在网络运营商网络中的任何地方终止，因此有助于横向扩展和提供流量负载的灵活性。

(4) 由于隧道提供核心设备 AFTR 和接入设备 B4 之间的直接连接，因此在需要的时候可以实现用户及其应用程序控制 AFTR 的 NAT 功能。

由于 DS-Lite 技术使用了隧道，因此从本质上仍然是双栈的运行模式，即 IPv4 和 IPv6 各自独立运行。其优点是两个协议之间互不影响，但其缺点是无法做到 IPv4 和 IPv6 之间互联互通。因此，很难过渡到纯 IPv6。

11.2.2 DS-Lite 基本原理

DS-Lite 的典型部署的方案为 CPE 的上联链路(B4 设备 WAN 接口)为纯 IPv6，下联链路为 IPv4 或双栈，为局域网的主机提供服务。

DS-Lite CPE 不应该在 B4 设备 WAN 接口和下联链路之间提供 NAT 功能，其 IPv4 的 NAT 功能由网络运营商运行的核心设备(AFTR)提供。即应该避免运行双重 IPv4 NAT 功能。

DS-Lite CPE 应该运行 DHCP 服务器，以便向家庭中的主机分发 RFC1918[5]地址(例如，192.168.0.0/16)。DS-Lite CPE 应该是 IPv4 默认网关和 DNS 服务器。此外，作为 DNS 服务器需要运行 DNS 代理，以便家庭中的主机接受 IPv4 数据报文的 DNS 请求，并使用 IPv6 数据报文发送到互联网运营商的域名解析服务器。注意：如果家庭中的主机决定使用其他 IPv4 DNS 服务器，DS-Lite CPE 将通过 B4 接口转发这些 DNS 请求。但是，每个 DNS 请求将在 AFTR 中创建 NAT 绑定。大量的 DNS 请求可能会对 AFTR 的 NAT 产生直接影响。

DS-Lite CPE 也支持通过 IPv6 的 RA 功能，并具有 IPv6 路由功能。因此家庭中支持 IPv6 的主机可以直接访问 IPv6 互联网。不会通过隧道，也不会对数据报文进行翻译。

DS-Lite 架构有两种具体实现方式：基于家庭网关架构和基于主机架构[12]。

1. 基于家庭网关架构

基于家庭网关架构如图 11.6 所示。

该架构针对家庭用户的宽带部署，但也适应其他用户设备为纯 IPv4 时的情况。

基于家庭网关架构的 DS-Lite 部署场景如下：

(1) CPE 的广域网接口使用纯 IPv6。

(2) CPE 为局域网通过 DHCP 分配 RFC1918[5]定义的 IPv4 地址(纯 IPv4 或双栈用户主机)。通过 RA 或 DHCPv6 分配全局 IPv6 单播地址(双栈用户主机)。

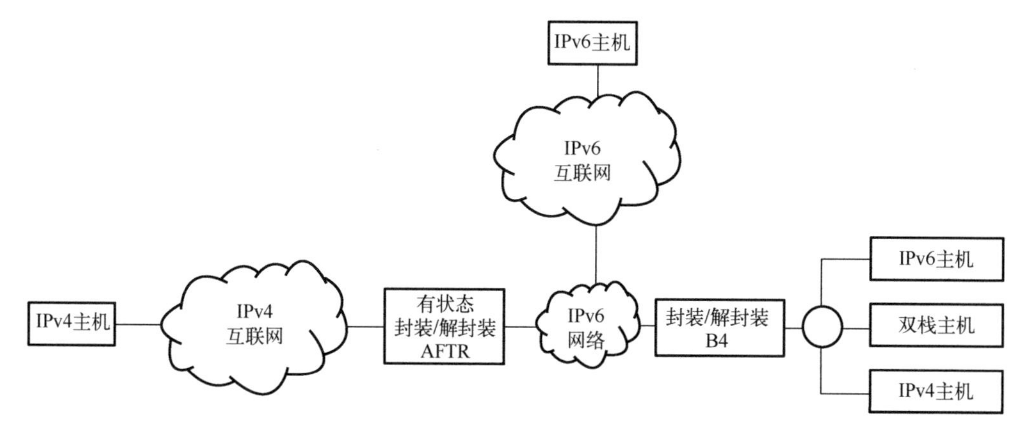

图 11.6　基于家庭网关架构

(3) CPE 为局域网提供 DNS 解析服务。

当用户主机访问 IPv6 互联网时，用户主机将以从 CPE 获取的全局 IPv6 地址作为源地址，发送 IPv6 数据报文到 CPE。CPE 把 IPv6 数据报文路由转发到网络运营商的 IPv6 默认网关。

当用户主机访问 IPv4 互联网时，用户主机将以从 CPE 获取的 RFC1918[5]定义的私有 IPv4 地址作为源地址，发送 IPv4 数据报文到 CPE。CPE 将 IPv4 数据报文封装在 IPv4 over IPv6 的软线隧道，转发到 AFTR。注意：与目前通常 CPE 的做法相反，此时 CPE 直接转发由 RFC1918[5]定义的私有 IPv4 地址作为源地址的数据报文到核心设备(AFTR)，而通常的情况是，CPE 通过 NAT 把由 RFC1918[5]定义的私有 IPv4 地址转换为公有 IPv4 地址再转发到核心设备。当 AFTR 收到 IPv6 数据报文时，对 IPv6 数据报文进行解封装，AFTR 配置 IPv4 公有地址池，把由 RFC1918[5]定义的私有 IPv4 地址转换为公有 IPv4 地址。

由于使用了 IPv4 over IPv6 的软线隧道，因此不需要为各个 CPE 规划 RFC1918[5]地址空间的使用。重叠的地址空间通过 IPv4 over IPv6 软线隧道端点的 IPv6 地址，可以唯一地标识来自不同 CPE 的数据报文。

2. 基于主机架构

基于主机架构如图 11.7 所示。

该架构的目标是为新的主机系统定义 DS-Lite 接口。

基于主机架构的 DS-Lite 部署场景如下：

(1) 支持 DS-Lite 的主机设备直接连到网络运营商的 IPv6 接入网络。

(2) 主机设备具有双栈功能，但只配置了 IPv6 全局地址。

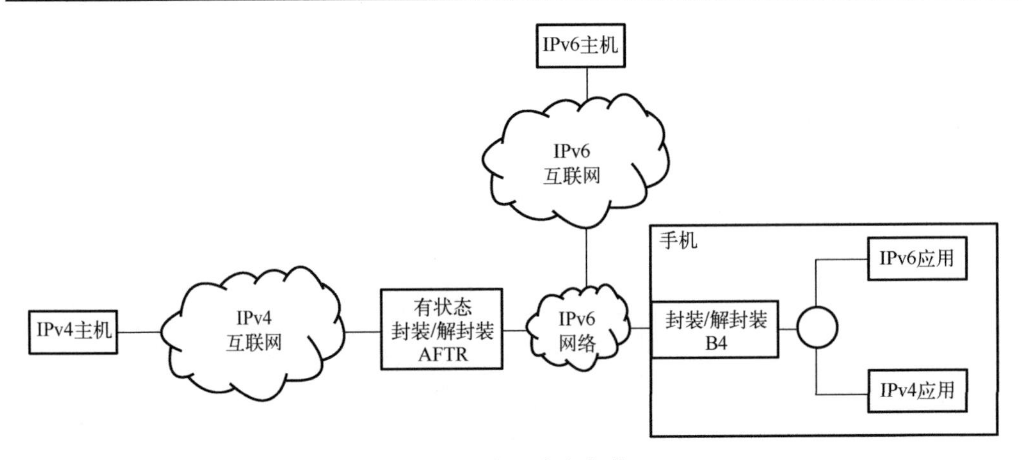

图 11.7　基于主机架构

(3) 主机设备预先配置“众知 IPv4 不可路由地址”(192.0.0.1)。这个“众知 IPv4 不可路由地址”类似于 127.0.0.1 环回地址。每个实现 DS-Lite 的主机设备预先配置相同的 192.0.0.1。这个地址将用于在设备访问 IPv4 服务时获取 IPv4 数据报文。

(4) 主机设备创建 IPv4 over IPv6 软线隧道到 AFTR。运营商级 NAT 驻留在 AFTR 中，提供 RFC1918[5]定义的私有 IPv4 地址到公有 IPv4 地址的翻译服务。

当设备访问 IPv6 互联网时，把 IPv6 数据报文发送到网络运营商的 IPv6 默认网关。

当设备访问 IPv4 互联网时，设备将以 192.0.0.1 作为源地址，将 IPv4 数据报文封装在 IPv4 over IPv6 的软线隧道，转发到 AFTR。当 AFTR 收到 IPv6 数据报文时，对 IPv6 数据报文进行解封装，AFTR 配置公有 IPv4 地址池，把由 RFC1918[5]定义的私有 IPv4 地址转换为公有 IPv4 地址。

由于使用了 IPv4 over IPv6 的软线隧道，因此重叠的 192.0.0.1 地址空间通过 IPv4 over IPv6 软线隧道端点的 IPv6 地址，可以唯一地标识来自不同设备的数据报文。实际的配置方法如下：

(1) DS-Lite 主机在 B4 接口配置 192.0.0.2/29。

(2) DS-Lite 主机配置默认网关 192.0.0.1。

11.2.3　DS-Lite 配置

1. 核心设备 AFTR

核心设备 AFTR 提供 IPv4 over IPv6 隧道以及 IPv4 NAT。其中隧道是点(AFTR)到多点(B4)的 IPv4 over IPv6 隧道，终结于 B4。

具体实现技术细节如下。

1) 分片和重组

如果下层链路的 MTU 不能支持封装对于数据报文的开销，则 AFTR 必须执行分片和重组的工作。分片必须在 IPv6 数据报文封装之后执行，重组必须在 IPv6 数据报文解封装之前执行，详见 RFC2473[13]。

隧道入口处的分片是轻量级操作。相比之下，隧道出口处的重组是重量级操作。例如，存在两个分片，当隧道出口处收到第一个分片时，必须等待第二个分片到达才能组装 IPv6 数据报文，然后再进行解封装。因此要求隧道出口处能够缓存并跟踪分片。因为 AFTR 是多个隧道的集中点，在大量分片存在的情况下，要求 AFTR 消耗大量资源在此缓存并跟踪流量，从而影响 AFTR 的性能。当 AFTR 设备的硬件资源低于预定阈值时，AFTR 应该向管理员发出通知。

2) 扩展绑定表

AFTR 的 NAT 绑定表在基本五元组的基础上，扩展为还包括 IPv6 数据报文的 IPv6 源地址和用于支持 B4 设备使用的(重叠的) RFC1918[5]私有 IPv4 地址。通过扩展的绑定表进行反向查找，AFTR 可以将从 IPv4 互联网上返回的 IPv4 数据报文正确地封装成 IPv6 数据报文，返回到对应的 B4 设备，而对每个隧道保持一个静态配置。

3) 众知 IPv4 地址(192.0.0.1)

AFTR 应该使用 IANA 定义的众知 IPv4 地址(192.0.0.1)配置 IPv4 over IPv6 隧道，并用于 ICMP 问题(如 traceroute 的输出)。

2. 边缘设备(B4)

B4 设备创建了一个通往 AFTR 的隧道。具体实现技术细节如下。

1) 分片和重组

使用封装技术(IPv4 over IPv6 或其他任何方式)来承载 IPv4 over IPv6 流量会减少可用 MTU。不幸的是，路径 MTU 发现(RFC1191[14])并不是一种可靠的方法。处理此问题的解决方案是网络运营商通过配置增加 B4 设备和 AFTR 设备之间所有 IPv6 链路的 MTU(增加至少 40 个 8 比特字节，以容纳增加的 IPv6 报头)。但是，并非所有网络运营商都能增加 IPv6 链路 MTU，B4 设备必须执行分片和重组。分片必须在 IPv6 数据报文封装之后执行，重组必须在 IPv6 数据报文解封装之前执行，详见 RFC2473[13]。

2) AFTR 发现

为了配置 IPv4 over IPv6 隧道，B4 设备需要知道 AFTR 设备的 IPv6 地址。这个 IPv6 地址可以使用各种方法配置，包括带外机制、手动配置或 DHCPv6 选项。为了保证互操作性，B4 设备应该实现 RFC6334[15]中定义的 DHCPv6 选项。

3) DNS

B4 设备通常由网络运营商配置，且其上行接口为纯 IPv6。因此其上行域名解析服务器需要通过 IPv6 进行查询。域名解析服务器的 IPv6 地址通过 DHCPv6(或其他类似的 IPv6 方法)获得。B4 设备可以将此 IPv6 地址直接传递给用户 IPv6 主机，但是 B4 设备必须支持 DNS 代理功能(RFC5625[9])，以便支持 IPv4 主机。B4 设备需要支持的 DNS 安全功能参见 RFC4033[16]。

4)接口初始化

注意：B4 设备可以是主机或 CPE。主机或 CPE 可能还支持传统的双栈运营模式。因此，必须选择在初始化期间启动某一种模式：双栈或 DS-Lite。

5)众知 IPv4 地址(192.0.0.1)

可以在 IPv4 over IPv6 隧道的端点上配置任何本地唯一的 IPv4 地址以代表 B4 设备。为了避免和其他地址冲突，IANA 为 DS-Lite 定义了一个“众知 IPv4 前缀”(192.0.0.0/29)。

(1) 192.0.0.0 是保留的子网标识。

(2) 192.0.0.1 保留用于 AFTR。

(3) 192.0.0.2 保留用于 B4。

如果一个网络运营商基于某种原因，禁止 B4 使用 192.0.0.2，则 B4 可以使用 192.0.0.0/29 范围内的其他地址。

11.2.4　部署注意事项

1. 隧道

隧道必须按照 RFC2473[13]和 RFC4213[17]进行配置，必须把 IPv4 报头的流量类别编码(RFC2474[18])复制到 IPv6 报头，反之亦然。

2. NAT

AFTR 可以为 NAT 功能配置多个 IPv4 地址池。其 IPv4 地址的范围可以不相交，但不可以重叠。网络运营商可以在 AFTR 中设置 IPv4 地址池策略。例如，AFTR 可以有两个链路接口。每个链路接口使用不同的 IPv4 地址池。另一个例子是，AFTR 为第一组 B4 分配使用第一个 IPv4 地址池，而另一组 B4 使用第二个 IPv4 地址池。

AFTR 必须提供符合 RFC4787[19]、RFC5508[20]和 RFC5382[21]的运营商的 NAT 行为。

3. 应用层网关

为了共享公有 IPv4 地址，AFTR 必须执行 NAT 功能，所以会带来 NAT 的问题。例如，主动 FTP(active FTP)需要 ALG 才能正常工作。由于 AFTR 是一种支持大量 B4 的核心设备，不可能大规模地支持 ALG。

4. 共享公有 IPv4 地址

AFTR 使多个用户共享一个 IPv4 地址，因此可以解决地址稀缺的问题。但也带来了一些地址溯源和地址阻断的问题(RFC6269[22])。

5. AFTR 水平扩展和高可靠性

DS-Lite 是基于隧道的解决方案。因此，隧道端点可以设置在网络运营商接入网络的任何地方。

使用 DHCPv6 隧道端点选项(RFC6334[15])，可以创建共享相同 AFTR 的用户组。因此在开始可以使用几个集中式 AFTR。当需要更多容量时，可以添加更多 AFTR，更靠近接入网络的边缘。同样地，这个方法也可以提高可靠性。

11.2.5 安全考虑

与 NAT 相关的安全问题参见 RFC2663[23]和 RFC2993[24]。

但是，将 NAT 功能从 CPE 移到网络运营商的核心设备 AFTR 会带来新的问题。为了避免恶意用户滥用端口资源和实施地址溯源，AFTR 应该具有记录“隧道 ID，协议，端口/IP 地址”，以及对应的创建时间和会话长度的能力。

由于多个用户共享 IPv4 地址，传输层端口成为至关重要的资源。因此，AFTR 要有每个用户并发使用的最大传输层端口数量的限制(RFC6269[22])。

AFTR 应该在隧道接口上配置 IPv6 入口过滤器，仅接受合法的 B4 设备的 IPv6 地址。

11.2.6 DS-Lite 示例

DS-Lite 示例的拓扑和数据流如图 11.8 所示。其中左侧为拓扑，右侧为在该链路上数据报文的源地址和目标地址。

1. 场景

IPv4 网络(客户机 H1)通过 IPv6 网络发起对 IPv4 互联网(服务器 H2)的访问。

2. DS-Lite 参数

(1) B4 隧道端点：2001:db8:0:1::1。

(2) AFTR 隧道端点：2001:db8:0:2::1。

(3) IPv4 地址池：[192.0.2.1～192.0.2.100]。

3. 主机地址

(1) H1：IPv4 网络中的一台 IPv4 主机(10.0.0.1)。

(2) H2：IPv4 互联网中的一台 IPv4 主机(198.51.100.1)。

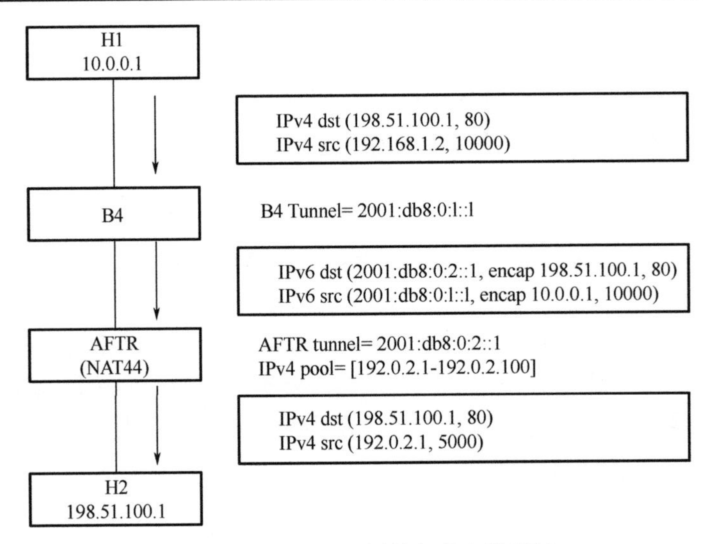

图 11.8　DS-Lite 示例的拓扑和数据流

4. 地址和端口映射关系注释

AFTR: 建立会话表以表示特定 IPv6 地址所确定的外部和内部 IPv4 地址与端口的映射关系(TCP 或 UDP 或 ICMP)：

{2001:db8:0:1::1}:

(10.0.0.1，10000) ←→ (192.0.2.1，5000)

11.3　用户状态隧道技术

LW-4o6 是另一种通过 IPv6 网络传输 IPv4 数据报文的架构，由 RFC7596[25]定义。LW-4o6 可以看成 DS-Lite(RFC6333[11])的演进。LW-4o6 把 NAPT 的部分功能从 DS-Lite 的集中式变成分布式，转移到 CPE 中进行。中心设备仅需维护用户级别的状态。LW-4o6 的拓扑结构如图 11.9 所示。

11.3.1　LW-4o6 思路溯源

由于 AFTR 动态地执行集中式 NAT44 功能(如 RFC3022[26]中所述，将公有 IPv4 地址和端口分配给请求的主机)，为了实现这一目标，AFTR 的 NAT44 功能必须动态维护每个流的会话状态。对于拥有大量 B4 客户端的网络运营商来说，存在着可扩展性和可维护性的问题。同时，根据运营商所在国家的法律，按需求保存 NAPT 每个会话状态的日志也带来了巨大的运行开销。

LW-4o6 把 NAPT 功能从集中式的 AFTR 转移到分布式的 B4，具有以下优点。

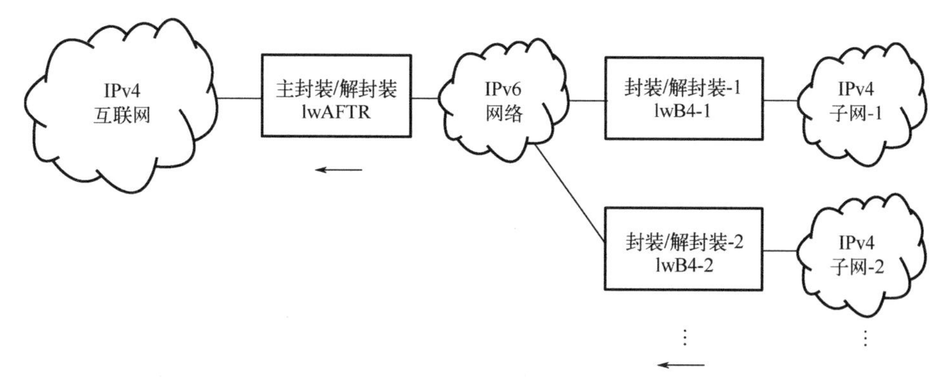

图 11.9　LW-4o6 的拓扑结构

(1) 现代的 CPE 已得到广泛支持并使用 NAT44 功能，因此 LW-4o6 使用 CPE 提供私有 IPv4 地址到公有 IPv4 地址的转换，即网络运营商不需要运行集中式 NAT44。

(2) AFTR 集中维护的状态从每单位流(per-flow)减少到每单位用户(per-subscriber)。这极大地减少了 AFTR 所需维护的资源(内存和处理能力)。

(3) 由国家法律要求记录的日志开销也得到极大减少。

(4) 网络运营商的 IPv6 和 IPv4 地址分配可以保持完全独立。

注意：MAP-E 和 LW-4o6 的区别在于，MAP-E 在 IPv4 地址和 IPv6 地址之间建立了基于算法的关系，因而是无状态的。LW-4o6 在 IPv4 地址和 IPv6 地址之间不是基于算法的关系，而引入用户状态的概念，因此是介乎无状态隧道技术(MAP-E)和有状态隧道技术(DS-Lite)之间的技术，称为用户状态。

11.3.2　LW-4o6 基本原理

DS-Lite(RFC6333[11])定义了一种通过纯 IPv6 网络提供 IPv4 服务的解决方案。其使用的核心技术为：IPv4 over IPv6 (RFC2473[13])和 NAT。DS-Lite 架构定义了如下功能。

(1) 轻量级基本宽带桥接(light weight basic bridging broad band，lwB4)设备，下连双栈主机，上连纯 IPv6 接入网，创建到 AFTR 的 IPv4 over IPv6 隧道。

(2) 轻量级地址族转换路由器(light weight address family transition router，lwAFTR)设备，下连纯 IPv6 接入网，上连双栈互联网，同时也是该域所有 B4 设备所创建的 IPv4 over IPv6 隧道的汇聚点，同时实现运营商级网络地址转换功能。

LW-4o6 在功能上类似于 DS-Lite。在 lwB4 和 lwAFTR 之间运行纯 IPv6 接入网。这两种方法都使用 IPv4 over IPv6 隧道提供 IPv4 服务。LW-4o6 数据平面主要功能如图 11.10 所示。

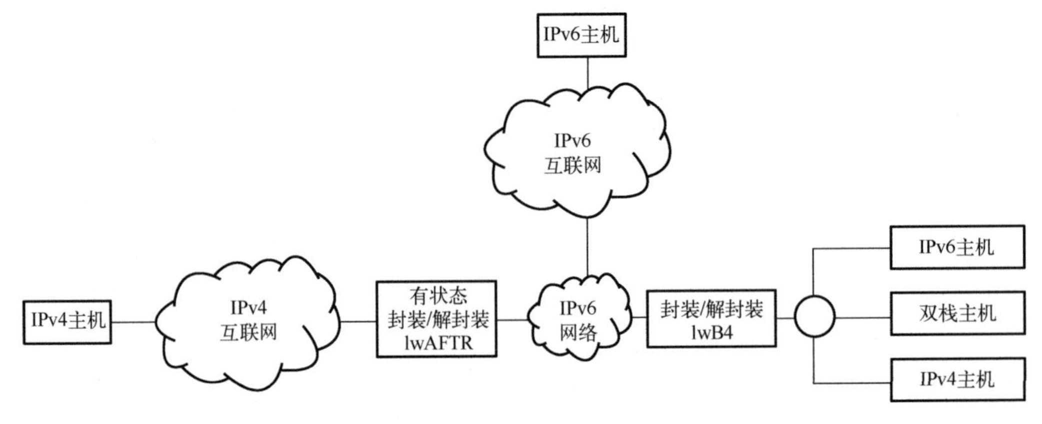

图 11.10　LW-4o6 数据平面主要功能

LW-4o6 包含以下三个组件。

(1) lwB4：执行 NAPT 和 IPv4/IPv6 的封装/解封装。

(2) lwAFTR：执行 IPv4/IPv6 的封装/解封装。

(3) 配置系统：通知 lwB4 可以使用的公有 IPv4 地址和传输层端口集。

lwB4 (LW-4o6) 与 B4 (DS-Lite) 的不同之处在于 lwB4 执行 NAPT 功能。这意味着需要配置系统以通知 lwB4 可以使用的公有 IPv4 地址和传输层端口集。这个信息可以通过 DHCPv6 扩展 (RFC7598[27]) 或通过端口控制协议 (PCP，RFC6887[1])，也可以通过宽带论坛的 TR-69 规范获得。

lwAFTR 需要知道为每一个 lwB4 分配的 IPv6 地址，以及为每个 lwB4 分配的公有 IPv4 地址和端口集。该信息用于执行入口上行的数据报文过滤和下行的 IPv4 over IPv6 封装。注意：lwAFTR 维护的是与每一个用户 (lwB4) 绑定的状态，而不是每一个会话的状态。因此 lwAFTR 和 lwB4 的配置参数必须同步，如图 11.11 所示。

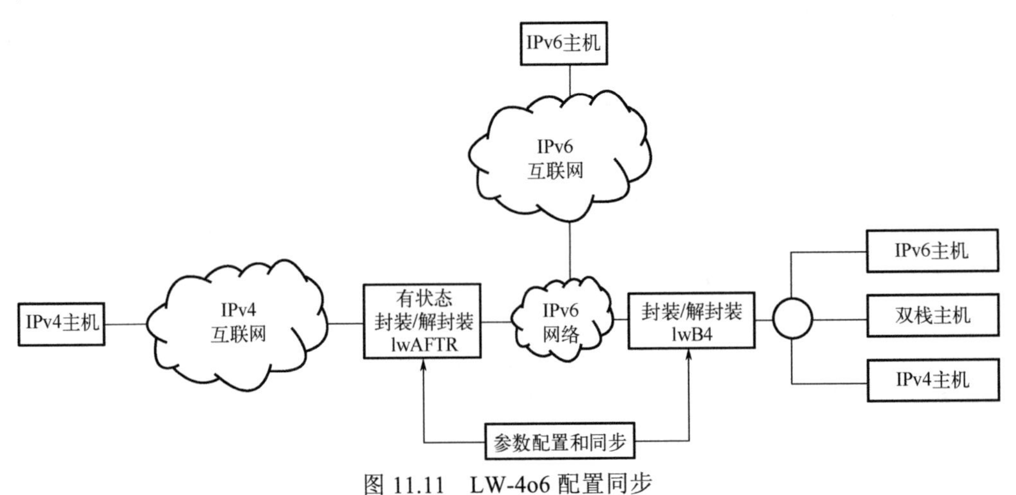

图 11.11　LW-4o6 配置同步

11.3.3 LW-4o6 配置

1. 核心设备(lwAFTR)

与 DS-Lite 的绑定表(NAPT 的五元组)不同，LW-4o6 的绑定表为三元组，包括以下几部分。

(1) lwB4 的 IPv6 地址。

(2) lwB4 使用的公有 IPv4 地址。

(3) lwB4 使用的传输层端口集。

lwAFTR 具有两个功能：对于从互联网接收到的 IPv4 数据报文进行 IPv4 over IPv6 封装，对于从 lwB4 接收到的 IPv6 数据报文进行合法性验证和解封装。

lwAFTR 不需要执行 NAPT，因此不需要维护会话状态。

lwAFTR 必须在服务的整个过程中，对每一个 lwB4 维护三元组绑定表。如果 lwAFTR 自身参与公有 IPv4 地址和传输层端口的配置过程，则必须通过带外机制保持同步。因此，绑定表条目的生命周期必须与地址分配的生命周期同步。

由于 LW-4o6 的 lwAFTR 与 DS-Lite 的 AFTR 的相似性，lwAFTR 必须严格遵循 RFC6333[11]定义的 AFTR 数据平面的行为，包括以下几方面。

(1) 封装和解封装(RFC6333[11])。

(2) 分片和重组(RFC6333[11]、RFC2473[13])。

(3) 隧道(RFC6333[11]、RFC2473[13]、RFC2983[28])。

当 lwAFTR 从 lwB4 接收到 IPv6 数据报文时，lwAFTR 解封装该 IPv6 报头并验证源地址和绑定表中的传输层端口。如果 IPv6 源地址、解封装后的 IPv4 源地址和传输层源端口与绑定表中的条目匹配，则 lwAFTR 转发数据报文到 IPv4 目标节点。

如果未找到匹配项(例如，没有匹配的 IPv4 地址条目、传输层端口超出规定的范围)，则 lwAFTR 必须丢弃该数据报文或执行某种策略(如数据报文重定向)。lwAFTR 可以向对应的 lwB4 发送 ICMPv6 类型 1，代码 5(目标无法访问，源地址失败入口/出口策略)出错消息。注意：ICMP 政策应该是可配置的。

当 lwAFTR 从互联网接收到 IPv4 数据报文时，lwAFTR 使用 IPv4 目标地址和传输层目标端口在绑定表中查找对应的 IPv6 目标地址(目标 lwB4)。如果找到匹配的条目，则 lwAFTR 对 IPv4 数据报文进行封装。封装后的 IPv6 数据报文的源地址是 lwAFTR 的 IPv6 地址，目标地址是绑定表中匹配的 IPv6 地址(对应的 lwB4 的 IPv6 地址)。然后，lwAFTR 将数据报文通过纯 IPv6 接入网转发到对应的 lwB4。

如果未找到匹配项，则 lwAFTR 必须丢弃该数据报文。lwAFTR 可以发回 ICMPv4 类型 3，代码 1(目标无法到达，主机无法访问)的出错消息。注意：ICMP 策略应该是可配置的。

lwAFTR 必须支持两个 lwB4 之间的流量发夹，完成对从一个 lwB4 发送到本域的另一个 lwB4 的数据报文的解封装，并进行新的封装。注意：流量发夹策略必须是可配置的。

2. 边缘设备(lwB4)

当使用 DS-Lite 时，B4 只需配置单个的 DS-Lite 参数，以便它可以设置隧道(AFTR 的 IPv6 地址)。其 IPv4 地址可以从众知 IPv4 前缀(192.0.0.0/29)中获取。但是，当使用 LW-4o6 时必须为 lwB4 配置以下更多的参数。

(1) lwAFTR 的 IPv6 地址。

(2) NAPT44 所使用的公有 IPv4 地址。

(3) NAPT44 所使用的传输层端口。

(4) 用户侧 IPv6 前缀。

lwB4 必须使用 DHCPv6 参数扩展 OPTION_S46_CONT_LW(RFC7598[27])。注意，需要保护隧道生命周期以及相应的配置信息(例如，IPv4 共享地址、IPv4 地址)与 DHCPv6 租约的生命周期一致。

为了正确标识用户端设备，需要利用用户侧 IPv6 前缀构造 lwB4 的 IPv6 地址(/128)作为 lwB4 隧道的源地址。其构造方法与 MAP-E(RFC7597[29])一致，如图 11.12 所示。

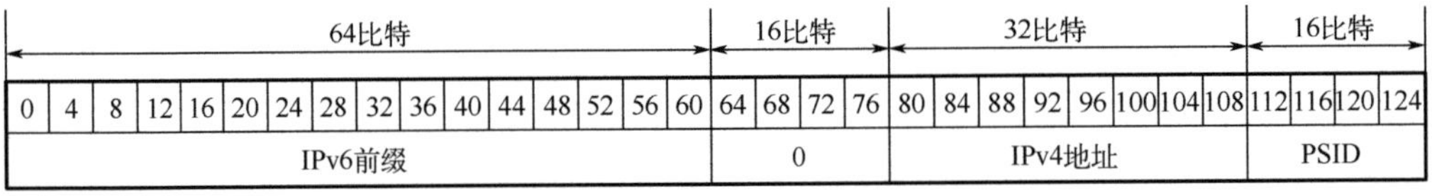

<table>
<tr><td colspan="16">64比特</td><td colspan="4">16比特</td><td colspan="8">32比特</td><td colspan="4">16比特</td></tr>
<tr><td>0</td><td>4</td><td>8</td><td>12</td><td>16</td><td>20</td><td>24</td><td>28</td><td>32</td><td>36</td><td>40</td><td>44</td><td>48</td><td>52</td><td>56</td><td>60</td><td>64</td><td>68</td><td>72</td><td>76</td><td>80</td><td>84</td><td>88</td><td>92</td><td>96</td><td>100</td><td>104</td><td>108</td><td>112</td><td>116</td><td>120</td><td>124</td></tr>
<tr><td colspan="16">IPv6前缀</td><td colspan="4">0</td><td colspan="8">IPv4地址</td><td colspan="4">PSID</td></tr>
</table>

图 11.12　LW-4o6/128 前缀的构造

(1) 运营商分配的前缀：分配给客户端的 IPv6 前缀。如果前缀长度小于 64 比特，则右填充 0。

(2) 填充：填充(0)。

(3) IPv4 地址：分配给客户端的公有 IPv4 地址。

(4) PSID：分配给用户的传输层端口集(左填充 0)。如果没有配置 PSID，则这个域全部填充 0。

如果由于任何原因(如 DHCPv6 的租约到期)，lwB4 的 IPv6 源地址发生了改变，则必须重新启动 lwB4 的动态配置过程。如果由于任何原因，lwB4 的公有 IPv4 地址或传输层端口集发生了改变，lwB4 必须刷新 NAPT 表。

lwB4 必须支持公有 IPv4 地址和传输层端口集的动态配置。其传输层端口集由 RFC7597[29]定义。注意，对 LW-4o6，a-bits 应设为 0，因此可以为每个 lwB4 分配连续的端口集。

DHCPv6 只能给单个 lwB4 分配单个的 PSID。如果客户端同时使用了所有分配给该 lwB4 的传输层端口，则可能无法启动任何更多的 IPv4 连接。目前的 DHCPv6 没有根据请求提供更多传输层端口号的机制。若有这种需求，应使用其他机制(例如，PCP，RFC7753[30])。RFC6269[22]更详细地讨论了 IP 地址共享问题。

在共享公有 IPv4 地址的情况下，建议分配给 lwB4 的传输层端口范围不包含系统端口(0～1023)。系统端口通常保留为“中间件”使用。RFC6269[22]分析了具有 IPv4 地址共享的传输层端口使用方法。

如果 lwB4 收到源自 lwAFTR 的 ICMPv6 出错消息(类型 1，代码 5)，lwB4 可以理解为 lwAFTR 的绑定表中没有找到所匹配的条目，因此 lwAFTR 无法转发 IPv4 数据报文。在这种情况下，lwB4 应重新启动 DHCPv6 的配置过程。注意：lwB4 的这种“重新启动策略”应该是可配置的。

收到这类 ICMP 出错消息后，lwB4 必须验证其源地址是否与 lwAFTR 的地址相同。如果不相同，则 lwB4 必须丢弃 ICMP 出错消息。

为了防止使用欺骗的 lwAFTR 地址作为源地址发送 ICMP 消息到 lwB4，网络运营商应配置由 RFC2827[31]定义的网络入口过滤机制。

此外，LW-4o6 也应该根据 RFC6333[11]定义的 DNS 注意事项配置 lwB4。

由于 LW-4o6 的 lwB4 与 DS-Lite 的 B4 的相似性，lwB4 必须严格遵循 RFC6333[11]定义的 B4 数据平面的行为，包括以下几点。

(1) 封装和解封装(RFC6333[11])。

(2) 分片和重组(RFC6333[11]、RFC2473[13])。

(3) 隧道(RFC6333[11]、RFC2473[13]、RFC2983[28])。

lwB4 在封装和解封装时，也需要执行 IPv4 地址转换(NAPT44)。该 NAPT44 的地址池提供该 lwB4 公有 IPv4 地址和传输层端口范围(RFC3022[26])。

lwB4 的工作流程为：lwB4 的下行接口连接的子网为主机分配 RFC1918[5]定义的私有 IPv4 地址。当 lwB4 收到这些主机发送的 IPv4 数据报文时，lwB4 对数据报文的源地址执行 NAPT44，其地址为 lwB4 获得的公有 IPv4 地址，其传输层端口为指定的端口范围。然后把 IPv4 数据报文封装成 IPv6 数据报文，其 IPv6 目标地址是 lwAFTR 的 IPv6 地址，IPv6 源地址是 lwB4 的 IPv6 隧道端点地址。最后，lwB4 将封装的 IPv6 数据报文通过纯 IPv6 接入网转发给 lwAFTR。

当 lwB4 从 lwAFTR 接收到 IPv6 数据报文时，lwB4 对 IPv6 数据报文进行解封装，然后通过 NAPT44 状态映射表，把 IPv4 数据报文的目标地址转换成原始的 RFC1918[5]地址和传输层端口。

如果 lwB4 接收到的 IPv6 数据报文的源地址与 lwAFTR 的 IPv6 地址不匹配，则必须丢弃该数据报文。如果解封装后的 IPv4 数据报文与 lwB4 的配置不匹配(即 IPv4 目标地址或端口不是 lwB4 所拥有的公有 IPv4 地址和所允许的传输层端口范围)，则必须丢弃该数据报文。lwB4 可以向 lwAFTR 发送 ICMP 出错消息(类型 3，代码 13——目标无法访问，管理上禁止通信)。注意：ICMP 策略应该是可配置的。

lwB4 应该具有应用层网关功能(例如，SIP、FTP)和其他 NAPT 穿透机制(例如，通用即插即用(universal plug and play，UPnP)协议等)。

lwB4 也可以在主机内实现。在这种情况下，主机应具有 NAPT44 功能和封装/解封装功能。

lwB4 中的 NAPT44 对于 TCP 和 UDP，必须符合 RFC4787[19]、RFC5508[20]和 RFC5382[21]定义的行为，如支持 DCCP，必须符合 RFC5597[32]定义的行为。

lwB4 中的 NAPT44 对于 ICMP，必须符合 RFC5508[20]定义的行为。

如果 lwB4 收到 ICMP 出错消息(IPv6 隧道内检测到的错误)，节点需要将 ICMP 出错消息中继到原始节点来源(lwAFTR)，必须符合 RFC2473[13]定义的行为。

如果两个共享相同公有 IPv4 地址、位于 lwB4 内部的不同 IPv4 主机将数据报文分片发送给外部的同一个 IPv4 目标主机，这些主机可能使用相同的 IPv4 分片标识符，从而导致 IPv4 目标主机的分片重组错误。鉴于 IPv4 分片标识符也是一个 16 比特字段，可以类比于传输层端口范围。因此，与发送分片的速率相比，如果分片标识符空间足够大，则 lwB4 可以将 IPv4 分片标识符重写为 PSID 定义的数值范围。然而，这种方式会增加重组分片时的冲突概率(RFC6864[33])。

11.3.4 部署注意事项

1. 参数配置

在 LW-4o6 中，绑定信息必须在 lwB4、lwAFTR 和注册服务器中同步。

除了 DHCPv6 机制，也可以使用下述协议实现参数配置功能。

(1) DHCPv4 over DHCPv6 (RFC7341[34])。

(2) PCP (RFC6887[35])。

为了防止互通复杂性，建议网络运营商使用单一的参数配置机制。如果需要使用多种配置机制(例如，需要在不同机制之间切换)，则应该确保每个配置机制具有独立的资源(例如，公有 IPv4 地址/PSID 池、lwAFTR 隧道地址和绑定表等)。

2. ICMP 处理

对于 lwAFTR 和 lwB4，必须按照 RFC2473[13]处理 ICMPv6。

在地址共享环境中必须按 RFC6269[22]对 ICMPv4 进行特殊处理。LW-4o6 的 ICMP 消息处理如下。

1) lwAFTR 处理 ICMPv4

对于接收到的 ICMP 消息，lwAFTR 应该实现以下功能。

(1) 检查 ICMP“类型”字段。

①如果 ICMP“类型”(Type)字段为 0(回声响应)或 8(回声请求)，则 lwAFTR 必须使用 ICMP“标识”(Identification)字段的值作为源端口，查找绑定表。如果在绑定表找到对应值，则 lwAFTR 将 ICMP 数据报文封装并转发到对应的 IPv6 地址。否则，必须丢弃该数据报文。

②如果 ICMP“类型”字段为任何其他值，则 lwAFTR 必须使用 RFC5508[20]定义的在 ICMP 报文中包含的传输层报头，确定其源端口。然后利用 IPv4 目标地址和从 ICMP 数据报文中获取的源端口查找绑定表。如果在绑定表找到对应值，则 lwAFTR 将 ICMP 数据报文封装并转发到对应的 IPv6 地址。否则，必须丢弃该数据报文。

(2) 注意，上述这些 ICMP 策略应该可以根据需要在设备中进行配置。

2) lwB4 处理 ICMPv4

lwB4 必须实现由 RFC5508[20]定义的 ICMP 转发。对于 IPv4 源地址为 RFC1918[5]定义的私有地址的 ICMP 回声请求，lwB4 应该实现 RFC6346[36]所定义的方法，使用 PSID 定义的传输层端口集作为 ICMP 标识符。

11.3.5　安全考虑

LW-4o6 采用地址共享导致用户可以使用的传输层端口空间缩小，随机性显著降低。这意味着攻击者更容易猜测使用的端口号，这可能导致拒绝服务类攻击事件的发生。

为用户设置的传输层端口可以是一组连续端口或不连续端口。使用连续端口集不会减少威胁，但是使用非连续端口集(RFC6346[36])，只要攻击者不知道传输层端口集生成算法，就可以提高随机性，从而提高安全性。

lwAFTR 必须对 ICMPv6 错误消息进行速率限制，以防止 DoS 攻击。

IP 地址共享的安全风险参阅 RFC6269[22]。

11.3.6　LW-4o6 示例

LW-4o6 示例的拓扑和数据流如图 11.13 所示。其中左侧为拓扑，右侧为在该链路上数据报文的源地址和目标地址。

1. 场景

IPv4 网络(客户机 H1)通过 IPv6 网络发起对 IPv4 互联网(服务器 H2)的访问。

2. DS-Lite 参数

(1) lwB4 隧道地址：2001:db8:abcd:ef00::c000:0212:0034。

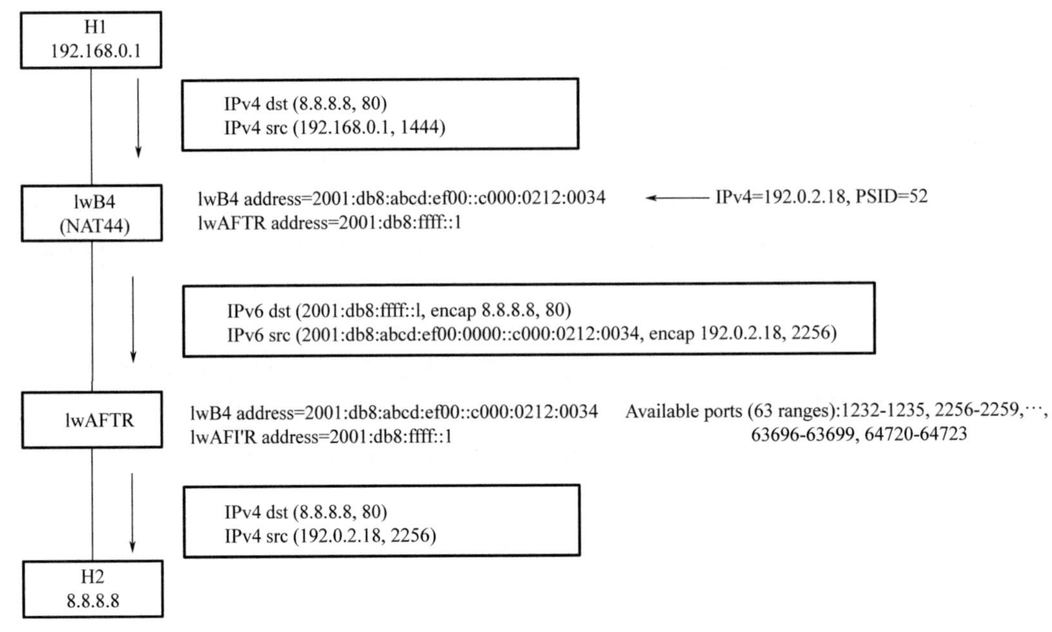

图 11.13　LW-4o6 示例的拓扑和数据流

(2) lwAFTR 隧道地址：2001:db8:ffff::1。

(3) 本案例 IPv4 地址：192.0.2.18，PSID=52。

3. 主机地址

(1) H1：IPv4 网络中的一台 IPv4 主机(192.168.0.1)。

(2) H2：IPv4 互联网中的一台 IPv4 主机(8.8.8.8)。

4. 地址和端口映射关系注释

lwB4：建立会话表(TCP 或 UDP 或 ICMP)：

{ 2001:db8:abcd:ef00:0000::c000:0212:0034}

(192.168.0.1，1444) ←→ (192.0.2.18，2256)

11.4 本章小结

本章系统地介绍了有状态双重翻译(464XLAT)、有状态封装(DS-Lite)和用户状态封装(LW-4o6)技术。有状态机制的特点是在核心网设备上维护状态，而在用户侧设备保持无状态。这种机制的好处是对于用户侧设备的改动较小，因此容易推广应用。但是，在核心设备维护状态不利于网络的可扩展性和安全性。因此，建议优先选择无状态机制。在必须使用有状态机制时，保证核心设备部署的规模不要太大。

参 考 文 献

[1] Mawatari M, Kawashima M, Byrne C. RFC6877: 464XLAT: Combination of stateful and stateless translation. IETF 2013-04.

[2] Bagnulo M, Matthews P, Beijnum I. RFC6146: Stateful NAT64: Network address and protocol translation from IPv6 clients to IPv4 servers. IETF 2011-04.

[3] Bao C, Li X, Baker F, et al. RFC7915: IP/ICMP translation algorithm. IETF 2016-06.

[4] Bagnulo M, Sullivan A, Matthews P, et al. RFC6147: DNS64: DNS extensions for network address translation from IPv6 clients to IPv4 servers. IETF 2011-04.

[5] Rekhter Y, Moskowitz B, Karrenberg D, et al. RFC1918: Address allocation for private internets. IETF 1996-02.

[6] Bao C, Huitema C, Bagnulo M, et al. RFC6052: IPv6 addressing of IPv4/IPv6 translators. IETF 2010-10.

[7] Troan O, Droms R. RFC3633: IPv6 prefix options for dynamic host configuration protocol（DHCP）version 6. IETF 2003-12.

[8] Savolainen T, Korhonen J, Wing D. RFC7050: Discovery of the IPv6 prefix used for IPv6 address synthesis. IETF 2013-11.

[9] Bellis R. RFC5625: DNS proxy implementation guidelines. IETF 2009-08.

[10] Rosenberg J. RFC5245: Interactive connectivity establishment（ICE）: A protocol for network address translator（NAT）traversal for offer/answer protocols. IETF 2010-04.

[11] Durand A, Droms R, Woodyatt J, et al. RFC6333: Dual-stack lite broadband deployments following IPv4 exhaustion. IETF 2011-08.

[12] Storer B, Pignataro C, Santos M, et al. RFC5571: Softwire hub and spoke deployment framework with layer two tunneling protocol version 2（L2TPv2）. IETF 2009-06.

[13] Conta A, Deering S. RFC2473: Generic packet tunneling in IPv6 specification. IETF 1998-12.

[14] Mogul J, Deering S. RFC1191: Path MTU discovery. IETF 1990-11.

[15] Hankins D, Mrugalski T. RFC6334: Dynamic host configuration protocol for IPv6（DHCPv6）option for dual-stack lite. IETF 2011-08.

[16] Arends R, Austein R, Larson M, et al. RFC4033: DNS security introduction and requirements. IETF 2005-03.

[17] Nordmark E, Gilligan R. RFC4213: Basic transition mechanisms for IPv6 hosts and routers. IETF 2005-10.

[18] Nichols K, Blake S, Baker F, et al. RFC2474: Definition of the differentiated services field（DS Field）in the IPv4 and IPv6 headers. IETF 1998-12.

[19] Audet F, Jennings C. RFC4787: Network address translation（NAT）behavioral requirements for unicast UDP. IETF 2007-01.

[20] Srisuresh P, Ford B, Sivakumar S, et al. RFC5508: NAT behavioral requirements for ICMP. IETF 2009-04.

[21] Guha S, Biswas K, Ford B S, et al. RFC5382：NAT behavioral requirements for TCP. IETF 2008-10.

[22] Ford M, Boucadair M, Durand A, et al. RFC6269: Issues with IP address sharing. IETF 2011-06.

[23] Srisuresh P, Holdrege M. RFC2663: IP network address translator（NAT）terminology and considerations. IETF 1999-08.

[24] Hain T. RFC2993: Architectural implications of NAT. IETF 2000-11.

[25] Cui Y, Sun Q, Boucadair M, et al. RFC7596: Lightweight 4over6: An extension to the dual-stack lite architecture. IETF 2015-07.

[26] Srisuresh P, Egevang K. RFC3022: Traditional IP network address translator. IETF 2001-01.

[27] Mrugalski T, Troan O, Farrer I, et al. RFC7598: DHCPv6 options for configuration of softwire address and port-mapped clients. IETF 2015-07.

[28] Black D. RFC2983: Differentiated services and tunnels. IETF 2000-10.

[29] Troan O, Dec W, Li X, et al. RFC7597: Mapping of address and port with encapsulation（MAP-E）. IETF 2015-07.

[30] Sun Q, Boucadair M, Sivakumar S, et al. RFC7753: Port control protocol（PCP）extension for port-set allocation. IETF 2016-02.

[31] Ferguson P, Senie D. RFC2827: Network ingress filtering: Defeating denial of service attacks which employ IP source address spoofing. IETF 2000-05.

[32] Denis-Courmont R. RFC5597: Network address translation（NAT）behavioral requirements for the datagram congestion control protocol. IETF 2009-09.

[33] Touch J. RFC6864: Updated specification of the IPv4 ID field. IETF 2013-02.

[34] Sun Q, Cui Y, Siodelski M, et al. RFC7341: DHCPv4-over-DHCPv6（DHCP 4o6）transport. IETF 2014-08.

[35] Wing D, Cheshire S, Boucadair M, et al. RFC6887: Port control protocol（PCP）. IETF 2013-04.

[36] Bush R. RFC6346: The address plus port（A+P）approach to the IPv4 address shortage. IETF 2011-08.

第 12 章　无状态 IPv6 前缀翻译技术

无状态翻译技术在 IPv4 和 IPv6 之间建立了基于算法的变换关系。很自然地，在 IPv6 地址之间也可以这样做，而不会破坏端对端地址透明性。同样地，也可以引入 IPv6/IPv6 双重翻译技术。本章介绍无状态 IPv6 前缀翻译(IPv6 network prefix translation，NPTv6)技术和无状态 IPv6 双重前缀翻译(double IPv6 network prefix translation，dNPTv6)技术。

12.1　IPv6 前缀翻译技术

RFC6296[1]定义了一种 NPTv6 技术，该技术是与传输层协议无关的 IPv6 到 IPv6 网络前缀翻译，NPTv6 能够提供与 IPv4 NAT 类似的功能，即对内部网络和外部网络进行地址解耦，可以在内部网络和外部网络的地址之间建立 1∶1 的映射关系，可以保持网络层的端对端的可达性。同时，由于与传输层协议无关，因此对于无 IP 报头检验的传输层协议(如 SCTP)和对于含 IP 地址信息的伪报头进行校验和检验的传输层协议(如 TCP/UDP/DCCP 等)都不需要区别对待和进行特殊处理。NPTv6 称为“IPv6/IPv6 前缀翻译”而不是“IPv6/IPv6 地址翻译”的原因是，NPTv6 只对 IPv6 地址的前缀部分进行基于算法的映射，而保留 IPv6 地址前缀之外的部分不变。NPTv6 的拓扑结构如图 12.1 所示。

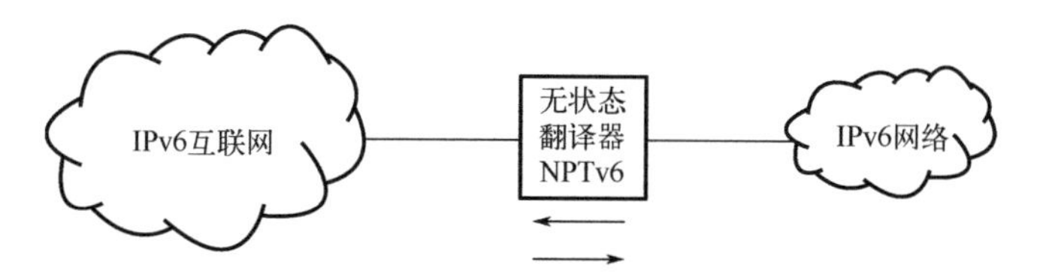

图 12.1　NPTv6 的拓扑结构

12.1.1　NPTv6 思路溯源

基于 RFC2993[2]陈述的理由，IETF 通常不建议使用 IPv6 地址转换技术。但是在一些情况下，需要对 IPv6 地址进行转换，其场景包括：多归属和安全管理等。因为 NPTv6 是一种特殊的 IPv6 地址转换技术，当实施 NPTv6 时，应关注 RFC4864[3]和 RFC5902[4]讨论的问题。

RFC6296[1]定义的 NPTv6 技术具有以下特点。

(1) NPTv6 支持双向发起的通信，从而不具备 NAPT44 可能提供的任何网络安全保护。如果需要这类网络安全保护，必须使用 IPv6 有状态防火墙(RFC6092[5])。

(2) 尽管使用了 IPv6 地址翻译技术，内部网络使用的 IPv6 地址与外部网络观察到的 IPv6 地址不同，但仍然可以保持网络层端对端的可达性。注意，这是指网络层，如果应用层程序直接调用 IPv6 地址或提供基于地址的引用(referrals)，则必须附加 DNS 或 ALG 处理机制，以保证应用程序透明和平稳地运行。

(3) 如果两个 IPv6 网络之间存在多个具有相同配置的 NPTv6，则这些 NPTv6 不需要进行“状态同步”，因为 NPTv6 是无状态的，内部和外部 IPv6 地址翻译完全基于算法。因此，该机制支持非对称路由(asymmetrically route)、负载均衡(load share)和故障转移(fail-over)。

(4) 由于是 1∶1 的地址翻译，因此不需要修改传输层端口号或其他参数。

(5) NPTv6 不支持任何使用由 RFC3424[6]定义的单向地址自我修复(unilateral self-address fixing，UNSAF)技术的协议，例如，NPTv6 不支持由 RFC5925[7]定义的 TCP 认证选项(TCP authentication option)，因为原始 IP 地址会被用来计算认证码。

(6) 当使用由 RFC5996[8]定义的互联网密钥交换协议版本 2(internet key exchange version 2，IKEv2)的应用程序时，必须能够使端系统的应用程序检测到翻译器(NPTv6)的存在，这样，IKEv2 会切换到使用 UDP，以保证通信。有趣的是，一方面 NPTv6 应该让端系统的应用程序无法感知到 NPTv6 的存在，从而可以透明地支持所有的应用程序；而另一方面 NPTv6 又必须让某些端系统的应用程序明确地了解通信路径中存在着地址翻译器，以便切换到 UDP。这类应用主要涉及安全和端系统的信任模型，即 IP 地址是否必须作为端系统认证的可信任证据。进一步思考：①如果 IPsec 全程全网部署，则 IP 地址可以作为端系统认证的可信任证据；②在可控的条件下，部署双重 NPTv6 可以解决这个问题。

1. IPv6 地址独立性

1) 从边缘网络的角度来看

(1) 在使用网络运营商聚类地址(provider aggregatable address，PA 地址)时，当上游网络运营商发生变化时，本地网络内使用的 IPv6 地址(用于接口地址、访问列表和日志)不需要进行更改。

(2) 在使用网络运营商聚类地址(PA 地址)，且多归属时，当减少、增加、改变上游网络运营商时，本地网络内使用的 IPv6 地址(用于接口地址、访问列表和日志)不需要进行更改。

(3) 本地网络管理者不需要与上游网络运营商协调发布其他的 IPv6 前缀(包括自己的 IPv6 前缀或在多归属的情况下，其他网络运营商 IPv6 前缀的子集)。

(4) 除非本地网络管理者想通过 BGP 实施多归属情况下的流量工程，否则没有必要与上游网络建立 BGP。

2) 从上游网络的角度来看

保证边缘网络使用的 IPv6 地址是上游网络运营商分配的 IPv6 前缀，消除了配置入口过滤策略和通告客户特定 IPv6 前缀可能发生的问题(RFC2827[9])。

坚持“地址独立性”会对边缘网络、上游网络和整个互联网产生重大影响。事实上，对于“地址独立性”的需求是中、大型企业网络部署 NAT 的最主要原因，包括那些具有大量“沼泽空间”(swamp space)的公有 IPv4 地址的企业。对于“地址独立性”的需求也是驱动边缘网络成为区域互联网注册机构的成员社区，寻求获得 BGP 自治系统号码和与网络运营无关地址(provider independent address，PI 地址)的原因，从而也是导致 IPv4 路由表爆炸的原因。网络运营商已经多次表明缺乏“地址独立性”，导致其客户缺乏对于路由的控制手段，从而对营销产生负面影响。

RFC4864[3]讨论了本地网络保护问题，提出了地址自治(address autonomy)的概念。地址自治是 NAPT44 带来的重要好处之一。对于 IPv6，RFC4864[3]表示为一个边缘网络的所有主机配置多个 IPv6 地址，其中既有从多个上游网络运营商得到的多个 IPv6 全球可路由单播地址，又有 RFC4193[10]定义的唯一本地地址(unique local address，ULA)，当需要与互联网通信时，根据策略使用某一个 IPv6 全球可路由单播地址；当内部通信时，使用唯一本地地址。但是，这个解决方案并没有满足“地址独立性”的要求，因为如果上游网络运营商的 IPv6 前缀改变了，该边缘网络所有主机、路由器、DHCPv6 服务器、访问控制列表和防火墙都必须修改配置的 IPv6 地址，否则无法与互联网恢复通信。

使用与网络运营商独立的 IPv6 地址是满足“地址独立性”的另一种技术。但是，这种解决方案要求边缘网络有资格获得 PI 地址，并且其上游网络运营商同意接收该 PI 地址，并向全球互联网发布。从实施的角度看，对于地理位置分布广泛、IP 地址聚类差的多归属网络，向几个不同的上游网络运营商协调发布单个 PI 地址的部分地址空间是困难的。这就是上述拥有大量“沼泽空间”公有 IPv4 地址的企业选择使用 IPv4 NAT 而不使用 PI 地址的原因之一。

2. NPTv6 的适用性

为了满足 IPv6 地址独立性的要求，NPTv6 提供了一个简单且实用的解决方案。NPTv6 对 IPv6 前缀的翻译功能具有“地址独立性”。NPTv6 引入的双向、与校验和无关的算法避免了 NAPT44 的主要缺点。

NPTv6 的“保持传输层端口不变”和“校验和无关地址”的特性导致无须对 NPTv6 进行升级就能支持任何目前和未来的传输层协议。同时，因为 NPTv6 不会重写传输层协议报头，NPTv6 也不会影响对 IP 有效载荷进行加密处理。

默认 NPTv6 地址映射机制是完全基于算法的，因此 NPTv6 翻译器不需要维护节点或连接的状态，这比使用 NAPT44 具有更大的自适应性和可扩展性。由于默认的 NPTv6 映射可以在任一方向上发起，因此可以直接支持点对点(peer-to-peer)应用，而如果使用 NAPT44，则必须使用复杂且开销巨大的应用层协议来达到同样的目的。

需要指出的是，虽然 NPTv6 在很多方面具有 NAPT44 不具备的优势，但如 RFC2993[2]所述，它并没有消除所有的 IPv4 NAT 的架构问题。

(1) NPTv6 需要修改 IP 报头，因此与安全机制并不完全兼容(如 IPsec 认证报头)。

(2) 如果使用镶嵌 IP 地址或 IP 数据报头的应用程序，则与 NAPT44 类似，需要专门开发对应的应用层网关。

(3) 使用不同的内部 IPv6 前缀和外部 IPv6 前缀会导致 DNS 部署的复杂性。例如，内部节点与其他内部节点通信使用内部地址，而外部节点与该节点通信时，需要获取该节点的外部地址，从而导致拆分 DNS(split DNS)现象，使运行和管理的复杂度增加。

边缘网络中的 IPv6 地址选择是一个复杂的问题。使用 ULA 具有地址独立性的优势，但如果使用 ULA 的原意是阻止任何外部设备访问内部网络，则部署 NPTv6 可以视为滥用 ULA。针对这种情况，可以对内部网络部署 NPTv6 不提供服务的第二个 ULA。边缘网络可以使用一个网络运营商的 IPv6 PA 地址，并通过 NPTv6 翻译成另一个网络运营商的 IPv6 PA 地址。

无论如何，引入包含 NPTv6 在内的任何前缀翻译机制将带来众多已知和未知的问题。强烈建议在部署 NPTv6 前考虑 RFC4864[3]和 RFC5902[4]建议的替代方案，其中一些方案可能比 NPTv6 引起更少的问题。

12.1.2　NPTv6 基本原理

NPTv6 可以在 IPv6 路由器中实现，在转发数据报文时，将 IPv6 地址的前缀根据指定的算法替换。实现 NPTv6 前缀翻译的路由器功能被称为 NPTv6 翻译。

1. NPTv6 的基本形式

NPTv6 翻译器将两个网络互联，其中一个是具有单一出口的 IPv6“内部网络”，另一个是接到 IPv6 互联网的“外部网络”。内部网络上的所有主机都配置了只有本地路由的某个 IPv6 前缀中的 IPv6 地址。当这些地址需要和 IPv6 互联网通信时，由 NPTv6 翻译成全局可路由的 IPv6 前缀的 IPv6 地址。从原则上讲，内部 IPv6 前缀和全局可路由 IPv6 前缀的前缀长度应相等。如果这两个前缀长度不同，则无法做到 1∶1 的映射。拓扑结构如图 12.2 所示。

图 12.2 显示了连接到两个网络的 NPTv6 翻译器。内部网络使用由 RFC4193[10]

定义的本地唯一 IPv6 地址(ULA)代表内部 IPv6 节点，当与 IPv6 互联网通信时，同一节点将使用全局可路由的 IPv6 地址。

当 NPTv6 翻译器将内部网络的 IPv6 数据报文转发到 IPv6 互联网时(出方向)，NPTv6 对数据报文的源地址使用外部前缀替换内部前缀。当 NPTv6 翻译器将外部 IPv6 互联网的 IPv6 数据报文转发到内部网络时(入方向)，NPTv6 对数据报文的目标地址使用内部前缀替换外部前缀。在图 12.2 中，IPv6 数据报文通过 NPTv6 翻译器的“出方向”时，源前缀(fd01:0203:0405::/48)被外部前缀(2001:0db8:0001::/48)替换；IPv6 数据报文通过 NPTv6 翻译器的“入方向”时，目标前缀(2001:0db8:0001::/48)将被内部前缀(fd01:0203:0405::/48)替换。在这两种情况下，只替换本地网络的 IPv6 前缀，对端 IPv6 前缀保持不变。可以认为，内部网络上的节点隐藏在 NPTv6 翻译器的“幕后”。

2. 两个内部网络之间的 NPTv6

NPTv6 可以在两个内部网络之间使用。在这种情况下，两个网络都可以使用 ULA 前缀，每个子网在一个网络中映射到另一个网络中相应的子网，反之亦然。每个内部网络也可以使用 ULA 前缀进行内部寻址并且使用全球单播地址和其他网络通信，如图 12.3 所示。

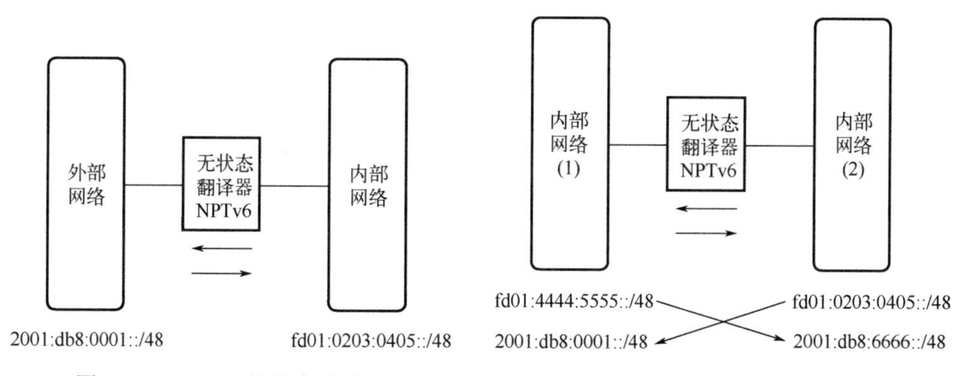

图 12.2　NPTv6 的基本形式　　图 12.3　两个内部网络之间的 NPTv6

3. NPTv6 冗余和负载共享

在某些情况下，一个内部网络可以连接到多个 NPTv6 翻译器，如图 12.4 所示。在这种情况下，NPTv6 翻译器配置相同的内部和外部前缀。由于 NPTv6 是无状态的，因此自然地支持多链路的设备冗余和负载均衡。

4. NPTv6 多归属功能

当内部网络多归属时，内部网络通过两个 NPTv6 翻译器连接到不同的外部网络。在这种情况下，NPTv6 翻译器配置相同的内部前缀、不同的外部前缀。由于存在多个不同的翻译过程，除了使用由 RFC8489[11]定义的 NAT 会话穿越应用程序(session traversal utilities for NAT，STUN)协议之外，内部网络的主机无法决定被映射到哪一个外部前缀，如图 12.5 所示。

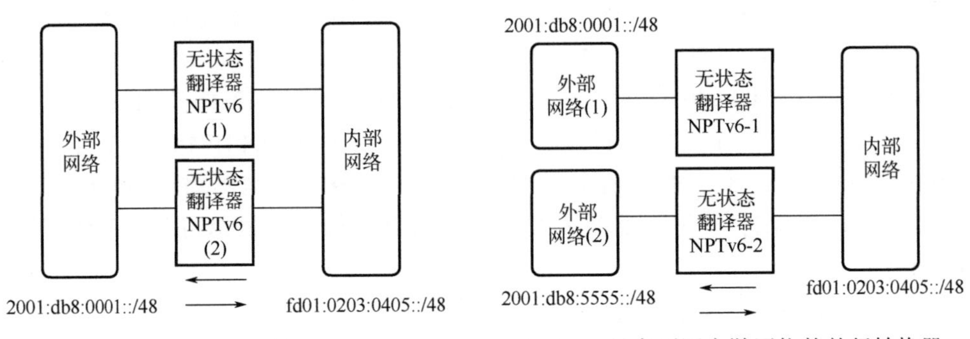

图 12.4　并行翻译器

图 12.5　具有不同上游网络的并行转换器

注意：使用翻译器的多归属功能与使用 PI 地址的多归属功能并不完全相同。链路故障导致切换 NPTv6 翻译器时，IPv6 地址前缀会发生变化，从而导致会话终止以及地址引用失败。当然，在路由相对稳定的网络中不会引起这个问题。

5. 双向发起会话

NPTv6 的默认运行模式是无状态的，即不需要保持节点或会话的状态，而是仅使用 IPv6 报头中的信息通过算法进行翻译。因此，NPTv6 支持双向发起的通信。这比 NAPT44 设备有了显著的改进，但无法把 NPTv6 作为防火墙使用。

6. 校验和无关

当一个 IPv6 报头字段进行更改时，IPv6 伪报头校验和(IPv6 pseudo-header checksum)就会发生变化，导致传输层校验和验证失败。幸运的是，根据 RFC1071[12]对互联网校验和的规定，这些变化是明确定义的(RFC1624[13])，从而可以通过修改校验和覆盖的部分字段进行补偿，导致校验和不变。

根据这个原理，NPTv6 的默认映射机制与校验和无关。NPTv6 通过更改 IPv6 地址的其他部分进行抵消，导致 IPv6 伪报头校验和在映射后不变。即同一 IPv6 数据报文的内部网络形式和外部网络形式的 IPv6 伪报头校验和不变，因此不需要 NPTv6 翻译器更新传输层报头(如 TCP 或 UDP)的校验和。

内部网络的 IPv6 数据报文通过 NPTv6 到外部网络时，其“出方向”的“校验和”通过选择 IPv6 源地址中的 16 比特字段来进行计算。同样地，外部网络的 IPv6 数据报文通过 NPTv6 到内部网络时，其“入方向”的“校验和”通过同样的算法进行计算。

注意，采用与校验和无关的算法会导致边缘网络无法使用/48 外部前缀中具有 0xFFFF 的子网。

12.1.3 NPTv6 算法规范

RFC4291[14]定义的 IPv6 地址结构如图 12.6 所示。

48比特												16比特				64比特															
0	4	8	12	16	20	24	28	32	36	40	44	48	52	56	60	64	68	72	76	80	84	88	92	96	100	104	108	112	116	120	124
全局路由前缀												子网标识				接口标识															

图 12.6　IPv6 地址结构

1. NPTv6 配置计算

配置 NPTv6 的参数如下：

(1) 一个或多个内部接口及其内部路由域前缀。

(2) 一个或多个外部接口及其外部路由域(如需要配置相应域名)前缀。

如果某个路由器在多个域之间提供 NPTv6 翻译服务(如多归属)，从逻辑上看必须认为是若干个独立的 NPTv6 翻译器。

当配置 NPTv6 翻译器时，应确保内部前缀和外部前缀具有相同的前缀长度(两者中较短的一个可用 0 填充)，之后前缀以 0 填充至 /64。分别计算外部前缀/64 的 16 比特补码和，以及内部前缀/64 的 16 比特补码和。然后计算这两个 16 比特补码和的差：内部减去外部。所获值称为“调整值”(adjustment)。这个“调整值”在整个 NPTv6 翻译器的配置生命周期都是有效的，用于对每个数据报文进行独立处理。

2. 从内部网络到外部网络的 NPTv6 翻译

当数据报文从内部网络通过 NPTv6 翻译器到外部网络时，其 IPv6 源地址要么根据下述方式进行更新，要么丢弃该数据报文。

(1) 如果其源地址在 NPTv6 中不属于内部网络的 IPv6 前缀或没有对应的映射表，或子网为 0xFFFF，则丢弃数据报文。同时，发送 ICMPv6 目标节点无法访问出错消息。

(2) 内部前缀被外部前缀所替代，但需要加上“调整值”。如果结果是 0xFFFF，则设为 0x0000。

3. 从外部网络到内部网络的 NPTv6 翻译

当数据报文从外部网络通过 NPTv6 翻译器到内部网络时，其 IPv6 目标地址根据下述方式进行更新：外部前缀被内部前缀所替代，但需要减去“调整值”。如果结果是 0xFFFF，则设为 0x0000。

4. 带有/48 或更短前缀的 NPTv6

当 NPTv6 翻译器配置的内部前缀和外部前缀的前缀长度为 48 比特(/48)或更短时，“调整值”在 IPv6 地址的 48～63 比特范围进行调整。

这种情况的映射不会修改接口标识符(interface identifier，IID)，其位于 IPv6 地址的 64～127 比特，所以不会影响使用全局唯一 IID 的协议。

NPTv6 翻译器必须实现/48 前缀长度的映射。

5. 带有/49 或更长前缀的 NPTv6

当 NPTv6 翻译器配置的内部前缀和外部前缀的前缀长度超过 48 比特时(如/52、/56 或/60)，调整必须在 IPv6 地址的 48～63 比特、64～79 比特、80～95 比特或 112～127 比特进行。注意，无论选择哪一段，该段必须避开 0xFFFF。

NPTv6 翻译器应该支持这类映射。

6. /48 前缀映射示例

对于图 12.7 所示的网络，内部前缀为 fd01:0203:0405::/48，外部前缀为 2001:0db8:0001::/48。

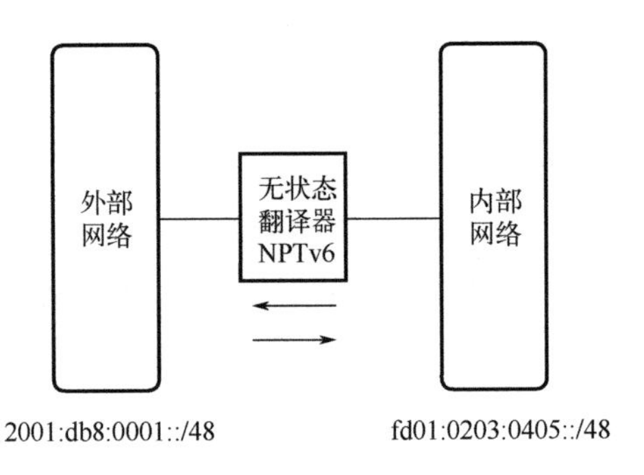

图 12.7　映射示例

当内部地址为 fd01:0203:0405:0001::1234 的节点发送到外部网络的数据报文通过 NPTv6 翻译器后，其外部地址为 2001:0db8:0001:d550::1234。这个地址是通过对 IPv6 /48 内部前缀和 IPv6 /48 外部前缀分别计算校验和，获得“调整值”后计算得到的。

具体说明：fd01:0203:0405 的补码校验和是 0xFCF5。2001:0db8:0001 的补码校验和是 0xD245，则有

$$0xD245 - 0xFCF5 = 0xD54F$$

原始数据报文的子网是 0x0001，则有

$$0x0001 + 0xD54F = 0xD550$$

由于 0xD550！= 0xFFFF，因此不会更改到 0x0000。

因此，"调整值" = 0xD550 写入 16 比特子网字段，外部地址为 2001:0db8:0001:d550::1234。

NPTv6 收到响应数据报文，其目标地址为 2001:0db8:0001:d550::0001，使用逆映射算法将其映射回 fd01:0203:0405:0001::1234。

在这种情况下，两个前缀之间的差计算如下：

0xFCF5 – 0xD245 = 0x2AB0

原始数据报文的子网为 0xD550，则有

0xD550 + 0x2AB0 = 0x0001

因为 0x0001！= 0xFFFF，所以没有改为 0x0000。

因此将值 0x0001 写入子网字段，正确地恢复原始数据报文的内部 IPv6 地址。

7. 更长前缀的地址映射

如果映射的前缀长于 48 比特，则算法稍微复杂一些。一个常见的情况是内部前缀和外部前缀有不同的前缀长度。在这种情况下，较短的前缀被 0 扩展为较长的长度。事实上，内部前缀和外部前缀均被填充 0 扩展到 64 比特。

然后在 64～127 比特（IID）中寻找不包含 0xFFFF 的 16 比特字段，即尝试 64～79 比特，然后是 80～95 比特、96～111 比特，最后是 112～127 比特。

虽然 IPv6 IID 的任何 16 比特字段都可以包含 0xFFFF，但是全 1 的 IID 是保留的任播标识符，不应该在网络上使用（RFC2526[15]）。如果 NPTv6 翻译器在执行地址映射时生成全 0 的 IID 的数据报文，则必须丢弃该数据报文，并发送 ICMPv6 参数问题出错报文（RFC4443[16]）。

注意：本节的映射算法修改 IID，因此与使用全局 IID 的应用程序不兼容。

12.1.4 网络地址翻译器行为要求的含义

1. 前缀配置和生成

NPTv6 翻译器必须支持可以通过手动方式配置内部前缀和外部前缀（必须使用 RFC4291[14]定义的有效 IPv6 单播前缀）。NPTv6 设备也应该支持随机生成 ULA 地址。预计未来 CPE 将能够提供 NPTv6 功能，因此应符合 RFC6204[17]的要求。

2. 子网编号

使用 NPTv6 的内部网络和长度为/48 的外部前缀绝不能使用 0xFFFF 作为子网编号。

3. NAT 行为要求

NPTv6 翻译器应该支持发夹行为(RFC4787[18])。这意味着当 NPTv6 翻译器在内部接口收到其目标地址为本网络的外部前缀的数据报文时，NPTv6 翻译器将映射数据报文的地址，并转发回内部网络。这允许内部节点和其他内部节点进行通信，不管这些节点使用内部前缀还是使用外部前缀。

另外，出于安全考虑，NPTv6 翻译器也可以配置成不支持发夹行为，即内部设备之间的通信必须使用内部前缀。

NPTv6 不执行端口映射，使用一对一的可逆映射算法，因此不需要考虑其他 NAT 行为。

4. 对应用的影响

NPTv6 不会产生在 RFC2993[2]中讨论的其他种类 NAT 的问题。NPTv6 翻译器是无状态的，所以 NPTv6 翻译器的“重置”或“瞬断”不会破坏通过 NPTv6 的连接会话，如果在两个网络之间存在多个配置相同的 NPTv6 翻译器，则会自动支持负载均衡。另外，NPTv6 翻译器不会通过内部地址到外部地址的映射过程聚类不同的内部主机/接口的流量，因此对某一个连接会话的过滤不会影响其他会话。NPTv6 翻译器可以与防火墙一起使用，使网络管理员可比使用传统 NAT 更灵活地指定安全策略。

另外，NPTv6 确实会对某些应用产生影响。

(1) NPTv6 翻译器连接的 IPv6 内部网络的应用程序，与其位于 IPv6 互联网上的对端的应用程序实例对于同一个连接会话的五元组并不相同。

(2) 内部网络的同一个节点至少会有两个 IPv6 地址表示，即使用内部前缀的 IPv6 地址和使用外部前缀的 IPv6 地址。当 NPTv6 支持发夹行为时，内部网络之间的通信可以不关心这一技术细节。但应用程序和域名系统可能认为不同的地址是不同的节点。

5. 传统 NAT 穿越技术考虑

对于 IPv4 存在若干传统的 NAT 穿越技术，如 NAT 会话穿越应用程序(session traversal utilities for NAT，STUN)(RFC8489[11])、使用中继穿透 NAT(traversal using relay NAT，TURN)(RFC8656[19])和 ICE(RFC5245[20])等。在需要时，NPTv6 翻译器也可以使用这些技术。所有这些技术都需要外部服务器(或 NPTv6 功能扩展)的协助，使内部网络的主机了解外部的 IPv6 地址。

6. 与 IPv4/IPv6 翻译器的协同

当部署 NPTv6 时，不仅需要考虑与 NAT44 的关系，也需要统一考虑与 IPv4/IPv6 翻译器的关系与部署(RFC6144[21]、RFC6052[22]、RFC7915[23]、RFC6219[24]、

RFC6146[25]、RFC7599[26]、RFC6147[27])。

12.1.5　安全考虑

NPTv6 支持双向发起的通信，即允许 IPv6 互联网上的主机也直接对内部网络的节点发起通信。这个特性为外部网络的攻击带来了便利。虽然这并不会带来比使用全局 IPv6 地址更大的风险，但一些企业可能会错误地认为 NPTv6 翻译器可以为内部网络提供类似于 NAT 的保护。

NAT 的端口映射机制需要在两个方向上建立状态。这导致了行业中的误解，即 NAT 功能与有状态防火墙相同。事实上，NAT 功能与有状态防火墙不同。NAT 可以由内部网络发起建立状态，但 NAT 并没有规定其他策略。NPTv6 翻译器也应该具有 IPv6 防火墙的功能(RFC6092[5])。

12.1.6　NPTv6 示例

NPTv6 示例的拓扑和数据流如图 12.8 所示。其中左侧为拓扑，右侧为在该链路上数据报文的源地址和目标地址。

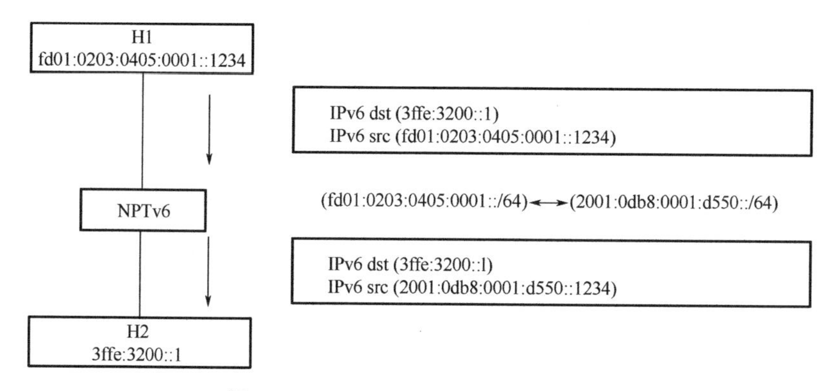

图 12.8　NPTv6 示例的拓扑和数据流

1. 场景

(1) IPv6 网络(客户机 H1)发起对 IPv6 互联网(服务器 H2)的访问。

(2) IPv6 互联网(客户机 H2)发起对 IPv6 网络(服务器 H1)的访问。

2. 翻译参数

(1) 内部 IPv6 prefix：fd01:0203:0405:0001::/64。

(2) 外部 IPv6 prefix：2001:0db8:0001:d550::/64。

(3) 与校验和无关映射。

3. 主机地址：

(1) H1：IPv6 网络中的一台 IPv6 主机(fd01:0203:0405:0001::1234)。
(2) H2：IPv6 互联网中的一台 IPv6 主机(3ffe:3200::1)。

4. 地址映射关系注释

“内部 IPv6 地址”：
(fd01:0203:0405:0001::1234) ←→ (2001:0db8:0001:d550::1234)
字段“d550”的选择是基于与校验和无关算法得到的。

12.2 无状态双重 IPv6 前缀翻译技术

在无状态 IPv6 前缀翻译技术(NPTv6)的基础上，将翻译器进行级联构成无状态 IPv6 双重前缀翻译技术(dNPTv6)，如图 12.9 所示。

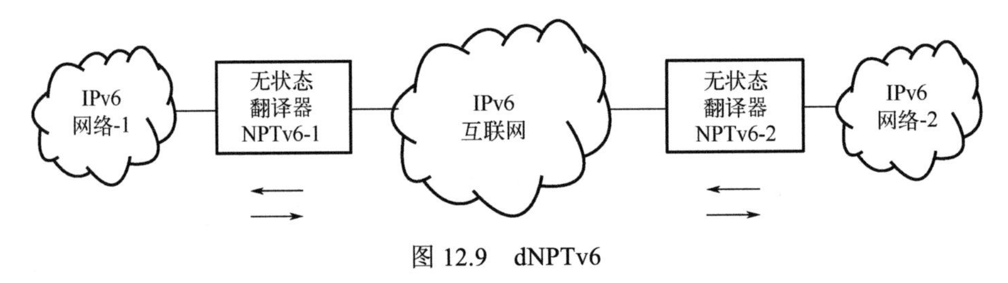

图 12.9　dNPTv6

12.2.1 dNPTv6 思路溯源

类似于无状态 IPv4/IPv6 翻译技术，也可以把 NPTv6 设备串联，构成无状态 IPv6 双重前缀翻译技术(dNPTv6)。在这种情况下，对于通信双方的主机来说，保持了 IPv6 互联网端对端的基本特性。例如，双方的主机均使用 ULA(RFC4193[10])，通过第一级 NPTv6，其数据报文的源地址和目标地址均翻译成全局唯一的 IPv6 单播地址，穿越 IPv6 互联网，然后通过第二级 NPTv6，其数据报文的源地址和目标地址再翻译回原先的 ULA。这是一个 IPv6 ULA 到 IPv6 全局单播地址，再到 IPv6 ULA 的过程，即 IPv6-IPv6-IPv6(666)。

虽然双重翻译技术实现了 IPv6 ULA 穿越 IPv6 互联网，与 IPv6 over IPv6 隧道的外特性一致，但是双重翻译技术的数据报文跨越 IPv6 互联网时，在网络层没有使用封装，依然是纯 IPv6 报文，IPv6 ULA 与全局 IPv6 单播地址一一对应，因此可以直接根据 IPv6 五元组对不同的 IPv6 VPN 中的主机分别保证服务质量。

12.2.2　dNPTv6 基本原理

1. 与 NPTv6 的异同

与 NPTv6 类似，dNPTv6 采用 NPTv6 的地址映射机制进行数据报文中地址的翻译，但与 NPTv6 不同的是，dNPTv6 同时对数据报文的源地址和目标地址进行翻译。

(1) NPTv6 对于发送到外网的数据报文对源地址进行映射，对于从外网接收到的数据报文，对目标地址进行映射。

(2) dNPTv6 的两级翻译器不论对于发送到外网的数据报文，还是对于从外网接收到的数据报文，同时对源地址和目标地址进行映射。

2. 地址格式

dNPTv6 可以认为是两级既对数据报文的源地址又对数据报文的目标地址进行翻译的 NPTv6 翻译器的串接，但是由于引入了双重翻译技术，对地址的使用具有极大的灵活性。

(1) 从原则上讲，dNPTv6 是通过两级翻译器，对数据报文的源地址和目标地址进行翻译的 NPTv6 的地址映射机制。

(2) 由于是双重翻译，只要在两个翻译器之间同步地址映射规则，就可以选择不同的 IPv6 前缀长度。

(3) 通常数据报文的源地址和目标地址需要使用不同的 IPv6 前缀。

3. 协议处理

dNPTv6 的协议处理使用 RFC6296[1]定义 NPTv6 的处理方法。需要指出的是，由于是双重翻译技术，也可以不考虑“校验和无关”。

4. 666 虚拟专网(666VPN)

对于双重翻译技术，一个重要的应用场景是通过 IPv6 互联网组建使用 IPv6 ULA 地址的虚拟专用网(666VPN)，如图 12.10 所示。

图 12.10　dNPTv6 (666VPN)

采用 dNPTv6 实现 666VPN 的特点如下：

(1) 对于 IPv6 互联网，传输的是标准的 IPv6 数据报文(而不是任何封装、隧道或 IPv6 分段路由(IPv6 segment routing，SRv6))，因此可以使用标准的网络层工具

(访问控制表、流量控制等)，而不需要进行任何解封装。

(2)与高层安全协议兼容。

12.2.3 dNPTv6 配置讨论

1. 路由和转发

NPTv6 翻译器和与其相连的路由器按照标准的 IPv6 的路由原理进行配置。注意在 NPTv6 翻译器的边界，不要泄露内网和外网的 IPv6 路由。

2. DNS 配置

NPTv6 系统的内部网络侧，按需要配置内网的域名系统。

3. 与 NPTv6 的兼容性

如上所述，dNPTv6 与 NPTv6 的区别在于 dNPTv6 同时对数据报文的源地址和目标地址进行映射，而 NPTv6 根据数据报文的传输方向，仅仅对数据报文的源地址或目标地址进行映射。因此，支持 dNPTv6 的设备应该是可以配置的，即根据源地址和/或目标地址的范围，决定是否对源地址和目标地址同时进行地址映射。这样，可以在一个设备上实现对 IPv6 互联网的访问和 666VPN。

12.2.4 dNPTv6 示例

dNPTv6 示例的拓扑和数据流如图 12.11 所示。其中左侧为拓扑，右侧为在该链路上数据报文的源地址和目标地址。

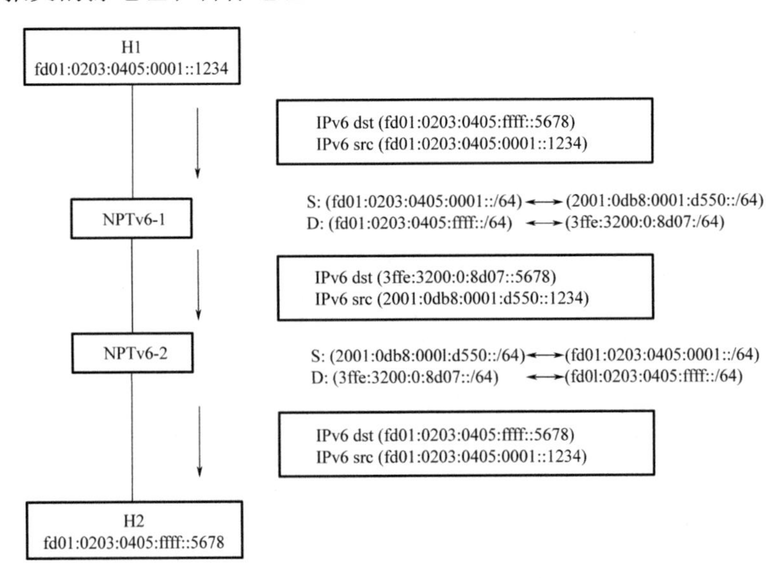

图 12.11　dNPTv6 示例的拓扑和数据流

1. 场景

（1）IPv6 ULA 网络（客户机 H1）通过 IPv6 互联网，发起对 IPv6 ULA 网络（服务器 H2）的访问。

（2）IPv6 ULA 互联网（客户机 H2）通过 IPv6 互联网，发起对 IPv6 ULA 网络（服务器 H1）的访问。

2. dNPTv6 参数

（1）映射器 dNPTv6-1 的源 IPv6 prefix：2001:0db8:0001:d550::/64。
（2）映射器 dNPTv6-1 的目标 IPv6 prefix：3ffe:3200::/64。
（3）映射器 dNPTv6-2 的目标 IPv6 prefix：2001:0db8:0001:d550::/64。
（4）映射器 dNPTv6-2 的源 IPv6 prefix：3ffe:3200::/64。

3. 主机地址

（1）H1：IPv6 ULA 网络中的一台 IPv6 主机（fd01:0203:0405:0001::1234）。
（2）H2：IPv6 ULA 网络中的一台 IPv6 主机（fd01:0203:0405:ffff::5678）。

4. 地址映射关系注释

（1）IPv6 源地址：
（fd01:0203:0405:0001::/64）　←→　（2001:0db8:0001:d550::/64）
（2）IPv6 目标地址：
（fd01:0203:0405:ffff::/64）　←→　（3ffe:3200::/64）

12.3 本章小结

本章介绍了 NPTv6 技术和 dNPTv6 技术。在 IPv6 设计的初期，IETF 的理念是去掉 IPv4 引入的地址翻译机制，以恢复互联网端对端地址不变的特性。但是，随着互联网的发展，人们逐渐认识到 IPv6 已经不可能，也没有必要完全忽略地址翻译。本章就是介绍无状态 IPv6 前缀翻译和双重 IPv6 前缀翻译的机制和设计实现方案。IPv6 地址翻译是一个新的领域，未来充满了挑战和机遇。

参考文献

[1] Wasserman M, Baker F. RFC6296: IPv6-to-IPv6 network prefix translation. IETF 2011-06.
[2] Hain T. RFC2993: Architectural implications of NAT. IETF 2000-11.
[3] Velde G T, Hain T, Droms R, et al. RFC4864: Local network protection for IPv6. IETF 2007-05.

[4] Thaler D, Zhang L, Lebovitz G. RFC5902: IAB thoughts on IPv6 network address translation. IETF 2010-07.

[5] Woodyatt J. RFC6092: Recommended simple security capabilities in customer premises equipment（CPE）for providing residential IPv6 internet service. IETF 2011-01.

[6] Daigle L. RFC3424: IAB considerations for unilateral self-address fixing（UNSAF）across network address translation. IETF 2002-11.

[7] Touch J, Mankin A, Bonica R. RFC5925: The TCP authentication option. IETF 2010-06.

[8] Kaufman C, Hoffman P, Nir Y, et al. RFC5996: Internet key exchange protocol version 2（IKEv2）. IETF 2010-09.

[9] Ferguson P, Senie D. RFC2827: Network ingress filtering: Defeating denial of service attacks which employ IP source address spoofing. IETF 2000-05.

[10] Hinden R, Haberman B. RFC4193: Unique local IPv6 unicast addresses. IETF 2005-10.

[11] Petit-Huguenin M, Salgueiro G, Rosenberg J, et al. RFC8489: Session traversal utilities for NAT（STUN）. IETF 2020-02.

[12] Braden R, Borman D, Partridge C. RFC1071: Computing the internet checksum. IETF 1988-09.

[13] Rijsinghani A. RFC1624: Computation of the internet checksum via incremental update. IETF 1994-05.

[14] Hinden R, Deering S. RFC4291: IP version 6 addressing architecture. IETF 2006-02.

[15] Johnson D, Deering S. RFC2526: Reserved IPv6 subnet anycast addresses. IETF 1999-03.

[16] Conta A, Deering S, Gupta M. RFC4443: Internet control message protocol（ICMPv6）for the internet protocol version 6（IPv6）specification. IETF 2006-03.

[17] Singh H, Beebee W, Donley C, et al. RFC6204: Basic requirements for IPv6 customer edge routers. IETF 2011-04.

[18] Audet F, Jennings C. RFC4787: Network address translation（NAT）behavioral requirements for unicast UDP. IETF 2007-01.

[19] Reddy T, Johnston A, Matthews P, et al. RFC8656: Traversal using relays around NAT（TURN）: Relay extensions to session traversal utilities for NAT（STUN）. IETF 2020-02.

[20] Rosenberg J. RFC5245: Interactive connectivity establishment（ICE）: A protocol for network address translator（NAT）traversal for offer/answer protocols. IETF 2010-04.

[21] Baker F, Li X, Bao C, et al. RFC6144: Framework for IPv4/IPv6 translation. IETF 2011-04.

[22] Bao C, Huitema C, Bagnulo M, et al. RFC6052: IPv6 addressing of IPv4/IPv6 translators. IETF 2010-10.

[23] Bao C, Li X, Baker F, et al. RFC7915: IP/ICMP translation algorithm. IETF 2016-06.

[24] Li X, Bao C, Chen M, et al. RFC6219: The China Education and Research Network（CERNET）IVI translation design and deployment for the IPv4/IPv6 coexistence and transition. IETF

2011-05.

[25] Bagnulo M, Matthews P, Beijnum I. RFC6146: Stateful NAT64: Network address and protocol translation from IPv6 clients to IPv4 servers. IETF 2011-04.

[26] Li X, Bao C, Dec W, et al. RFC7599: Mapping of address and port using translation（MAP-T）. IETF 2015-07.

[27] Bagnulo M, Sullivan A, Matthews P, et al. RFC6147: DNS64: DNS extensions for network address translation from IPv6 clients to IPv4 servers. IETF 2011-04.

第 13 章　IPv6 单栈网络过渡路线图

新一代 IPv6 过渡技术的核心思想是在保持与 IPv4 互联网互联互通的基础上，推进 IPv6 单栈的部署，最终完成到 IPv6 的过渡。

13.1　发 展 趋 势

2016 年 IAB 提出[1]：

(1) IETF 将不再要求新协议或扩展协议中支持对 IPv4 的兼容性。未来的 IETF 协议工作将只针对 IPv6 进行优化。

(2) 我们鼓励业界制定支持纯 IPv6 的运营战略。

2020 年美国总统办公室发布备忘录[2]，提出向纯 IPv6 迁移的目标。

(1) 2023 财年末，联邦网络上至少 20%的 IP 设备需要在纯 IPv6 环境中运行。

(2) 2024 财年末，联邦网络上至少 50%的 IP 设备需要在纯 IPv6 环境中运行。

(3) 2025 财年末，联邦网络上至少 80%的 IP 设备需要在纯 IPv6 环境中运行。

(4) 确定那些无法转换使用 IPv6 的联邦信息系统，制定更换或停用这些系统的时间表。

2021 年中央网络安全和信息化委员会办公室、国家发展和改革委员会、工业和信息化部联合发文《关于加快推进互联网协议第六版(IPv6)规模部署和应用工作的通知》[3]，其中工作目标要求如下：

(1) 到 2023 年末，基本建成先进自主的 IPv6 技术、产业、设施、应用和安全体系，形成市场驱动、协同互促的良性发展格局……IPv6 单栈试点取得积极进展，新增网络地址不再使用私有 IPv4 地址。

(2) 到 2025 年末，全面建成领先的 IPv6 技术、产业、设施、应用和安全体系，我国 IPv6 网络规模、用户规模、流量规模位居世界第一位。网络、平台、应用、终端及各行业全面支持 IPv6，新增网站及应用、网络及应用基础设施规模部署 IPv6 单栈，形成创新引领、高效协同的自驱性发展态势……

(3) 之后再用五年左右时间，完成向 IPv6 单栈的演进过渡，IPv6 与经济社会各行业各部门全面深度融合应用。我国成为全球互联网技术创新、产业发展、设施建设、应用服务、安全保障、网络治理等领域的重要力量。

13.2　技术方案选择

本书系统地介绍了新一代 IPv6 过渡技术，但是由于 IPv4 和 IPv6 并不兼容，IPv4 和 IPv6 的地址空间差别巨大。特别是互联网经过五十余年的发展，规模巨大，其应用系统更是具有不可忽略的多样性。因此，没有一种具体的 IPv6 过渡技术可以适应所有的场景。下面讨论具体选择 IPv6 过渡技术时必须考虑的问题。

13.2.1　与 IPv4 互通问题

虽然 IPv6 单栈(纯 IPv6)是目前全球共识的互联网过渡策略。但是，从全世界范围来看，IPv4 可能在今后相当长的一段时间继续存在。互联网的价值在于“互联互通”，因此 IPv6 单栈网络上的设备在与 IPv6 互联网上的设备通信的同时，还需要支持与 IPv4 互联网上的设备通信。

IPv4/IPv6 翻译技术是唯一能够在网络层使 IPv4 和 IPv6 互联互通的技术[4-6]。换言之，任何 IPv6 单栈部署，如果存在以下需求，则必须部署并使用 IPv4/IPv6 翻译技术。

(1) 需要与 IPv4 互联网互联互通。

(2) 需要与其他 IPv4 网络互联互通。

(3) 需要继续使用与 IPv6 不兼容的应用程序。

(4) 需要继续使用与 IPv6 不兼容的操作系统或专用硬件设备。

在部署或使用了 IPv4/IPv6 翻译技术之后，虽然网络是 IPv6 单栈的，但可以和 IPv4 互联互通，因此其外特性仍然可以认为是双栈。

结论：新一代 IPv6 过渡技术的核心是 IPv4/IPv6 翻译技术。建设和运行 IPv6 单栈网络必须使用 IPv4/IPv6 翻译技术。

13.2.2　可扩展性、安全性和可溯源性问题

互联网上的路由器是无状态的，即每个数据报文都是根据路由表独立地转发，从而保证了互联网的可扩展性。此外，无状态技术可以保证端对端地址透明性，因此可以精准地控制安全性和可溯源性。

有状态技术要求在翻译器之间进行状态同步，可扩展性差。同时，有状态技术使地址的唯一性失效，从而破坏了端对端地址透明性，给网络的安全性和可溯源性带来了挑战。

结论：为了保证可扩展性、安全性和可溯源性，建议优选无状态翻译技术。

13.2.3　应用程序的非规范性问题

IETF 标准建议：应用层协议不应该包含任何 IP 地址信息，如果需要引用 IP 地

址，必须通过域名系统。在这种情况下，与 IPv4/IPv6 翻译器配合的 DNS64 就可以根据预先配置的 IPv6 前缀，把 IPv4 地址转换成 IPv6 地址(IPv4 转换 IPv6 地址)。

但是，在现实中，确实大量存在非规范的情况。例如，未使用(或无法使用)域名系统，其主要形式为在应用层嵌入 IP 地址，包括以下几种。

(1) 主动模式的 FTP，其应用层嵌入 IP 地址。

(2) 使用 IP 地址作为超链接的网页。

(3) 其他嵌入 IP 地址的应用程序。

上述场景可以分成两种情况。

(1) 可控情况(服务器)。如果部署 IPv6 单栈的主体方可以完全控制其应用程序，如运行 IPv6 单栈服务器，则可以进行以下处理。

①使用标准的应用层协议，如 HTTP/HTTPS 等。

②网页和脚本程序中所有链接均使用域名，而不是 IP 地址。

③开发专用的应用层代理。

因此，对于可控情况，部署一次翻译技术是优选方案。

(2) 不可控情况(客户机)。IPv6 单栈客户机常常面临以下完全不可控的情况。

①使用该客户机的用户可能访问 IPv4 互联网上任意的服务，包含镶嵌 IPv4 地址的应用，特别是目前依然存在大量使用 IP 地址作为超链接的网页。

②为 IPv4 互联网上任意的服务提供相应的 ALG 是不现实的。因为应用是不断变化的，无法穷尽，从理论上无法开发通用的 ALG。同时，对于加密协议或私有协议也不可能开发 ALG。

③客户机可能运行不同的操作系统，具有不同的 IPv6 访问行为。

在这种情况下，双重翻译技术或隧道技术(封装技术)是通用的解决方案。本书第 8 章、第 10 章和第 11 章给出了对于应用层协议嵌入 IP 地址的解决方案，综合讨论如下。

1. 操作系统支持前缀发现技术并提供 API

操作系统支持前缀发现技术(RFC7050[7])，且运行在该操作系统上的应用程序必须调用这个前缀发现技术的 API。苹果公司的手机操作系统(iOS)和计算机操作系统(Mac OS)支持此项功能。需要注意的是，实际上只有苹果公司的操作系统可以使用这种技术，因为苹果公司是封闭系统，对于不按规范调用 API 的应用程序不允许在苹果应用商店上架。

2. 操作系统支持 Pref64 扩展并提供 API

操作系统支持 Pref64 扩展(RFC8781[8])，且运行在该操作系统上的应用程序必须调用这个 Pref64 扩展技术的 API。目前还没有主流操作系统的发行版支持此项功能。

3. 操作系统支持前缀发现技术并支持双重翻译

操作系统支持前缀发现技术(RFC7050[7])和双重翻译技术(RFC6877[9])，即操作系统本身具有第二级 IPv4/IPv6 翻译功能。谷歌公司的安卓系统支持双重翻译技术的原因是安卓是开放系统，无法要求其应用程序调用特定的 API。而双重翻译技术使安卓系统对于网络侧是 IPv6 单栈的，而对于应用程序侧则是双栈的。换言之，任何安卓系统上的纯 IPv4 应用程序，都可以接入并使用在网络侧部署了翻译器的 IPv6 单栈网络，保持与 IPv4 互联网的互联互通。实际上，苹果公司也支持双重翻译模式，因为当苹果手机作为无线局域网的“热点”时，其下级上网设备可能支持 IPv4 或应用程序中镶嵌 IPv4 地址。

除了隧道技术本身存在的无法使纯 IPv4 主机和纯 IPv6 主机通信，从而很难过渡到 IPv6 单栈的问题，目前主流操作系统对于隧道技术(封装技术)的支持程度并不高。

结论：建议优选翻译技术或双重翻译技术。

13.2.4　IPv6 过渡路线图

本书系统地讨论了新一代 IPv6 过渡技术。按照一次翻译、464 双重翻译、4over6 封装(隧道)三大类技术区分，并与“双栈”和“IPv6 单栈”一起比较，如图 13.1 所示(RFC6052[4]、RFC7915[5]、RFC2473[10]、RFC6219[6]、RFC7599[11]、RFC7597[12]、RFC6146[13]、RFC6877[9]、RFC6333[14])。

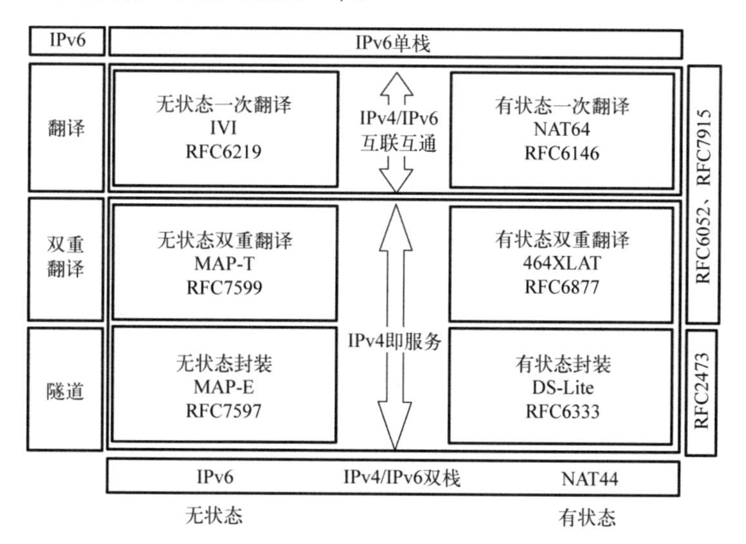

图 13.1　新一代 IPv6 过渡技术解决方案

图 13.1 中，左列为无状态系列技术(RFC6219[6]、RFC7599[11]、RFC7597[12])，主要特点是所有地址的映射关系都是基于算法的，不需要维护状态列表，同时支持

双向发起的通信(支持作为客户机发起连接，也支持作为服务器接受连接)，并具有更好的可扩展性和安全性。右侧为有状态系列技术(RFC6146[13]、RFC6877[9]、RFC6333[14])，主要特点是需要维护状态列表，通常仅支持作为客户机发起连接，但对于地址的使用具有更大的灵活性。对于协议处理机制，所有翻译技术的共性组件是协议翻译(RFC7915[5])，所有封装技术的共性组件是封装及解封装(RFC2473[10])。

由于互联网的基本设计原理是“无连接、端对端和尽力而为”，其隐含的核心思想就是网络的无状态性，或者说，状态应该在端系统上维护。因此，我们提出以下两点建议[15]。

(1) 优先采用无状态 IPv6 过渡技术，如果需要，可以采用有状态 IPv6 过渡技术。

(2) 在主干网部署无状态 IPv6 过渡技术，如果需要，可以在边缘网部署有状态 IPv6 过渡技术。

需要强调指出的是，虽然 464 双重翻译和 4over6 隧道的外特性是一样的，都是通过 IPv6 网络提供 IPv4 服务(IPv4 即服务，IPv4aaS)。但是 464 双重翻译可以退化成一次翻译，实现 IPv4 和 IPv6 的互联互通。而隧道技术和双栈技术都必须始终运行 IPv4。因此，建议的 IPv6 过渡策略是“翻译为主，隧道为辅，外特性为双栈”。

新建网络或升级改造网络的策略应该是采用 IPv6 单栈技术。

(1) 当通信的对端也为 IPv6 时，采用 IPv6 通信。

(2) 当通信的对端为 IPv4 时，优先采用一次翻译技术进行通信。

(3) 当应用程序不支持 IPv6 或应用程序嵌入 IPv4 地址时，采用双重翻译技术进行通信。

(4) 当需要保持 IPv4 报文所有的信息(如 IPv4 报头中的 Option 字段)时，可以采用封装技术进行通信。

在过渡的中后期，双重翻译将退化成一次翻译，最终关闭一次翻译器，进入 IPv6 单栈时代。

采用这样的 IPv6 过渡线路图，可以使自己的网络率先过渡到 IPv6，并能高效地利用公有 IPv4 地址资源，同时可以与 IPv4 互联网互联互通，从而在 IPv4 到 IPv6 的过渡过程中保持主动和从容。

13.3　本章小结

在前面章节所详细讨论的 IPv6 过渡技术的基础上，本章从需要解决与 IPv4 的互通问题、可扩展性问题、安全性问题和适应各种应用程序等问题的需求，以及对应的技术难点等方面进行了系统的归纳和总结，提出了全世界互联网向 IPv6 单栈过渡的线路图和时间线。

参 考 文 献

[1] IAB. IAB statement on IPv6. [2022-07-17]. https://www.iab.org/2016/11/07/iab-statement-on-ipv6.

[2] Vought R T. Memorandum for heads of executive departments and agencies. [2022-07-17]. https://www.whitehouse.gov/wp-content/uploads/2020/11/M-21-07.pdf.

[3] 中华人民共和国中央人民政府. 关于加快推进互联网协议第六版(IPv6)规模部署和应用工作的通知. [2022-07-17]. http://www.gov.cn/zhengce/zhengceku/2021-07/23/content_5626963.htm.

[4] Bao C, Huitema C, Bagnulo M, et al. RFC6052: IPv6 addressing of IPv4/IPv6 translators. IETF 2010-10.

[5] Bao C, Li X, Baker F, et al. RFC7915: IP/ICMP translation algorithm. IETF 2016-06.

[6] Li X, Bao C, Chen M, et al. RFC6219: The China Education and Research Network (CERNET) IVI translation design and deployment for the IPv4/IPv6 coexistence and transition. IETF 2011-05.

[7] Savolainen T, Korhonen J, Wing D. RFC7050: Discovery of the IPv6 prefix used for IPv6 address synthesis. IETF 2013-11.

[8] Colitti L, Linkova J. RFC8781: Discovering PREF64 in router advertisements. IETF 2020-04.

[9] Mawatari M, Kawashima M, Byrne C. RFC6877: 464XLAT: Combination of stateful and stateless translation. IETF 2013-04.

[10] Conta A, Deering S. RFC2473: Generic packet tunneling in IPv6 specification. IETF 1998-12.

[11] Li X, Bao C, Dec W, et al. RFC7599: Mapping of address and port using translation (MAP-T). IETF 2015-07.

[12] Troan O, Dec W, Li X, et al. RFC7597: Mapping of address and port with encapsulation (MAP-E). IETF 2015-07.

[13] Bagnulo M, Matthews P, van Beijnum I. RFC6146: Stateful NAT64: Network address and protocol translation from IPv6 clients to IPv4 servers. IETF 2011-04.

[14] Durand A, Droms R, Woodyatt J, et al. RFC6333: Dual-stack lite broadband deployments following IPv4 exhaustion. IETF 2011-08.

[15] 包丛笑, 李星. 统一的 IPv4/IPv6 翻译与封装过渡技术——IVI/MAP-T/MAP-E. 中兴通讯技术, 2013, 19(2): 7-11.

第 14 章　IPv6 单栈网络的单元系统

本章讨论如何利用本书第 9～12 章中的单元技术，在第 7 章和第 8 章的配合下，构建典型的 IPv6 单栈网络，实现与现有的 IPv4 互联网互联互通。鉴于 IPv6 与 IPv4 地址空间的巨大差距、公有 IPv4 地址的稀缺性，以及目前联网设备对于不同技术支持的局限性，并不存在可以适用于所有场景的解决方案。同时，对于某一个场景，也可能存在多个解决方案。下面针对各个场景的需求，给出推荐方案。每个方案实例包括：逻辑拓扑、地址配置、路由配置、域名系统配置、防火墙配置和服务器日志分析等。为了帮助理解方案的本质，本章最后给出了通信过程的技术细节。

14.1　IPv6 服务器网络

1. *逻辑拓扑*

为了完成向 IPv6 单栈的演进过渡，新建的服务器应为 IPv6 单栈，通过翻译器可以为 IPv4 单栈用户提供服务。

本例使用无状态一次翻译技术(1∶1 IVI)，其逻辑拓扑如图 14.1 所示。

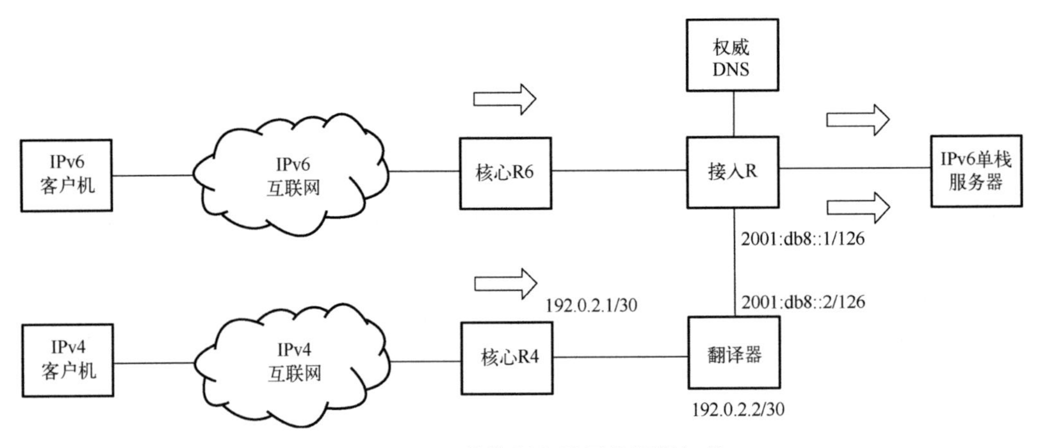

图 14.1　IPv6 单栈服务器网络逻辑拓扑

图 14.1 中包含以下部分。

(1) IPv4/IPv6 翻译器[1-3]。

(2) 核心路由器(含 IPv6 核心路由器和 IPv4 核心路由器)。

(3) 接入路由器(IPv6 单栈)。

(4) 服务器(IPv6 单栈)。

(5) 域名服务器[4](IPv6 和 IPv4 双栈接入)。

(6) 互联网上的客户机(含 IPv6 客户机和 IPv4 客户机)。

2. 参数和地址配置

在本实例中，IPv6 单栈服务器使用 RFC6052[1](有 u-oct)定义的“IPv4 可译 IPv6 地址”，必须使用“运营商前缀”，具体参数如下：

(1) IPv6 前缀：2001:db8:100::/40。

(2) IPv4 可译地址前缀：192.0.2.0/24。

通常服务器接入 IPv6 单栈接入路由器的 IPv6 子网，并配置 IPv6 默认路由。

(1) IPv6 单栈服务器子网：2001:db8:1c0:2::/64。

(2) IPv6 单栈服务器子网的网关地址：2001:db8:1c0:2::1。

注意：这个地址可以不用“IPv4 可译 IPv6 地址”，以节省公有 IPv4 资源。

(3) IPv6 单栈服务器对应的 IPv4 地址镜像：192.0.2.33。

(4) IPv6 单栈服务器使用的“IPv4 可译 IPv6 地址”：2001:db8:1c0:2:21::。

3. 路由配置

系统中路由配置方法如下：

(1) IPv6 核心路由器配置静态路由或动态路由，把“IPv4 可译 IPv6 地址”前缀(2001:db8:1c0:2::/64)指向 IPv6 单栈接入路由器。

(2) IPv6 单栈接入路由器配置 IPv6 默认路由(::0/0)，指向 IPv6 核心路由器。

(3) IPv4 核心路由器配置静态路由或动态路由，把“IPv4 可译 IPv6 地址”的原始 IPv4 地址前缀(192.0.2.0/24)指向翻译器。

(4) 翻译器配置 IPv4 默认路由(0.0.0.0/0)，指向 IPv4 核心路由器。

(5) 翻译器配置 IPv6 路由，把“IPv4 可译 IPv6 地址”前缀(2001:db8:1c0:2::/64)指向 IPv6 接入路由器。

(6) IPv6 单栈接入路由器配置 IPv6 路由，把用作翻译的“运营商前缀”(2001:db8:100::/40)指向翻译器。

4. 域名服务器(DNS46)配置

系统中权威域名服务器的配置方法如下[4]：

(1) AAAA 记录为“IPv4 可译 IPv6 地址”(2001:db8:1c0:2:21::)。

(2) A 记录通过 RFC6052[1]计算，为“IPv4 可译 IPv6 地址”对应的原始 IPv4 地址(192.0.2.33)。

5. 安全策略和防火墙配置

系统中有两种安全策略和防火墙的实施方案。

(1) 分别在 IPv6 核心路由器和 IPv6 单栈接入路由器之间部署 IPv6 安全策略和防火墙，在 IPv4 核心路由器和翻译器之间部署 IPv4 安全策略和防火墙。注意：在这种情况下，保持 IPv4 和 IPv6 安全策略和防火墙的一致性是网络管理和安全管理的巨大挑战。

(2) 在 IPv6 单栈接入路由器和 IPv6 单栈服务器之间部署 IPv6 安全策略和防火墙。在这种情况下，IPv4 地址是 IPv6 地址的一个子集，以 IPv6 的形式出现，可以更容易地保持一致性(注意：IPv6 的安全策略和防火墙设备的成熟度与 IPv4 相比还有差距)。

6. 服务器日志分析

对于 IPv6 单栈服务器，当为 IPv4 互联网上的客户机提供服务时，IPv4 地址是 IPv6 地址的一个子集，其日志以 IPv6 的形式出现。即如果日志中的 IPv6 地址在 2001:db8:100::/40 的子网范围内出现，则为 IPv4 互联网上的客户机访问记录。因此只需要处理 IPv6 地址形式的日志，减少了日志处理系统的开发量和运行成本。

7. 通信过程

任意 IPv6 客户机对 IPv6 单栈服务器(2001:db8:1c6:3364:2::)发起访问的过程如下：

IPv4 客户机(198.51.100.2)对 IPv6 单栈服务器(2001:db8:1c6:3364:2::)发起访问。

(1) DNS 查询：A 记录=192.0.2.33。

(2) 在 IPv4 互联网中的数据报文：源地址=198.51.100.2；目标地址=192.0.2.33。

(3) 经过翻译器，在 IPv6 单栈子网中的数据报文：源地址=2001:db8:1c0:2:21::；目标地址=2001:db8:1c6:3364:2::。

(4) IPv6 单栈子网中的返回数据报文：源地址=2001:db8:1c6:3364:2::；目标地址=2001:db8:1c0:2:21::。

(5) 经过翻译器，在 IPv4 互联网中的返回数据报文：源地址=192.0.2.33；目标地址=198.51.100.2。

(6) 循环，直至通信过程结束。

14.2　IPv6 客户机网络

14.2.1　IPv6 单栈 DHCPv6 无线局域网

1. 逻辑拓扑

为了完成向 IPv6 单栈的演进过渡，新建的客户机应为 IPv6 单栈，通过翻译器可以访问互联网上的 IPv4 单栈服务器。

IPv6 单栈无线局域网分为两种子实施场景，本节讨论使用有状态 DHCPv6 为 IPv6 单栈客户机分配地址的子场景，翻译器采用无状态一次翻译技术 1:*N* IVI，逻辑拓扑如图 14.2 所示。

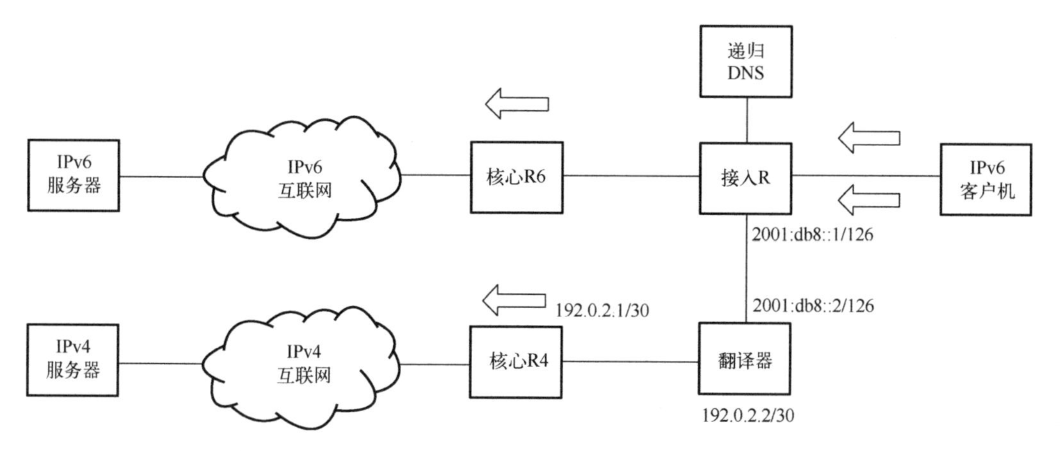

图 14.2　基于 DHCPv6 的 IPv6 单栈无线局域网逻辑拓扑

图 14.2 中包含以下部分。

(1) IPv4/IPv6 翻译器[1-3,5]。

(2) 核心路由器(含 IPv6 核心路由器和 IPv4 核心路由器)。

(3) 接入路由器(IPv6 单栈)，对于该子网提供有状态 DHCPv6(或 DHCPv6 代理)和 RA 服务。

(4) 客户机[6,7](IPv6 单栈)，通过 DHCPv6 获得地址。

(5) 域名服务器[4](IPv6 和 IPv4 双栈接入)。

(6) 互联网上的服务器(含 IPv6 服务器和 IPv4 服务器)。

2. 参数和地址配置

本例的 IPv6 单栈客户机使用 RFC6052[1]/RFC7915[2](无 u-oct) 定义的“IPv4 可译 IPv6 地址”，“IPv4 可译 IPv6 地址”使用“运营商前缀”，“IPv4 转换 IPv6 地址”

与“IPv4 可译 IPv6 地址”使用不同的 IPv6 前缀长度。具体参数如下：

(1)“IPv4 可译 IPv6 地址”前缀：2001:db8:100::/40。

(2) IPv4 地址前缀：1.2.4.0/24。

(3) 公有 IPv4 地址复用比：2048。

(4)“IPv4 转换 IPv6 地址”前缀：2001:db8:100::/96。

接入 IPv6 单栈无线局域网的客户机地址通过 DHCPv6 分配。

(1) IPv6 单栈客户机子网：2001:da8:ff01:0204::/64。

注意：在这种模式下，DHCPv6 的 IPv6 地址池是不连续的，其中的地址必须符合 1:*N* IVI 的地址和端口的映射规则。

(2) IPv6 单栈客户机子网的默认网关地址：2001:da8:ff01:0204::1/64。

注意：这个地址可以不用“IPv4 可译 IPv6 地址”，以节省公有 IPv4 资源。默认网关地址由 RA 公布，RA 的配置参数为：

AdvAutonomous off (A=0)
AdvManagedFlag on (M=1)
AdvOtherConfigFlag on (O=1)

(3) 此例中 IPv6 单栈客户机通过 DHCPv6 获得的 IPv6 地址：2001:da8:ff01:0204:0300:0800::（对应 PSID 为 1）。

(4) IPv4 互联网上的服务器对应的 IPv4 地址镜像：198.51.100.2。

(5) IPv4 互联网上的服务器的“IPv4 转换 IPv6 地址”：2001:db8:1c6:3364:2::。

3. 路由配置

路由配置如下：

(1) IPv6 核心路由器配置静态路由或动态路由，把“IPv4 可译 IPv6 地址”前缀(2001:da8:ff01:0204::/64)指向 IPv6 单栈接入路由器。

(2) IPv6 单栈接入路由器配置 IPv6 默认路由(::0/0)，指向 IPv6 核心路由器。

(3) IPv4 核心路由器配置静态路由或动态路由，将“IPv4 可译 IPv6 地址”的原始 IPv4 地址前缀(1.2.4.0/24)指向翻译器。

(4) 翻译器配置 IPv4 默认路由(0.0.0.0/0)，指向 IPv4 核心路由器。

(5) 翻译器配置 IPv6 路由，把“IPv4 可译 IPv6 地址”前缀(2001:da8:ff01:0204::/64)指向 IPv6 接入路由器。

(6) IPv6 单栈接入路由器配置 IPv6 路由，把用作翻译的“运营商前缀”(2001:db8:100::/96)指向翻译器。

4. 域名服务器(DNS64)配置

配置 IPv6 单栈客户机使用的域名解析服务器 DNS64[4]。DNS64 配置参数为：

IPv6 前缀 2001:db8:100::/96。

如果 IPv4 互联网上的服务器的 A 记录为 198.51.100.2，则 DNS64 动态生成的 AAAA 记录为 2001:db8:100:: 198.51.100.2。

5. 安全策略和防火墙配置

有两种安全策略和防火墙的实施方案。

(1) 分别在 IPv6 核心路由器和 IPv6 单栈接入路由器之间部署 IPv6 安全策略和防火墙，在 IPv4 核心路由器和翻译器之间部署 IPv4 安全策略和防火墙。注意：在这种情况下，保持 IPv4 和 IPv6 安全策略和防火墙的一致性是网络管理和安全管理的巨大挑战。

(2) 在 IPv6 单栈接入路由器和 IPv6 单栈服务器之间部署 IPv6 安全策略和防火墙。在这种情况下，IPv4 地址是 IPv6 地址的一个子集，以 IPv6 的形式出现，可以更容易地保持一致性(注意：IPv6 的安全策略和防火墙设备的成熟度与 IPv4 相比还有差距)。

6. 服务器日志分析

对于 IPv6 单栈客户机，其地址由 DHCPv6 分配，可以根据客户机的指纹(如 MAC 地址)，分配特定的 IPv6 地址。其用户认证，可以通过浏览器门户认证、802.1x 等方法进行。由于 1:N IVI 是无状态的，每个 IPv6 单栈客户机分配有特定的公有 IPv4 地址和端口范围，因此可以极大地简化用户的溯源流程。

7. 通信过程

IPv6 单栈客户机(2001:da8:ff01:0204:0300:0800::)对任意 IPv6 服务器发起访问的过程就是通常的 IPv6 通信过程，这里不再赘述。

IPv6 单栈客户机(2001:da8:ff01:0204:0300:0800::)对 IPv4 互联网上的服务器(198.51.100.2)的 TCP 80 端口发起访问的过程如下：

(1) DNS 查询：A 记录=198.51.100.2；通过 DNS64 生成的 AAAA 记录=2001:db8:1c6:3364:2::。

(2) 在 IPv6 单栈子网中的数据报文：源地址=2001:da8:ff01:0204:0300:0800::；TCP 源端口=9000；目标地址=2001:db8:1c6:3364:2::，TCP 目标端口=80。

(3) 经过翻译器，在 IPv4 互联网中的数据报文：源地址=1.2.4.3，TCP 源端口=12289(映射为 PSID=1 的端口范围，翻译器在整个通信过程中维护端口映射状态)；目标地址=198.51.100.2，TCP 目标端口=80。

(4) IPv4 互联网中服务器的返回数据报文：源地址=198.51.100.2，TCP 源端口=80；目标地址=1.2.4.3，TCP 目标端口=12289(映射为 PSID=1 的端口范围)。

(5) 经过翻译器，在 IPv6 单栈子网中的返回数据报文：源地址=2001:db8:1c6:3364:2::，TCP 源端口=80；目标地址=2001:da8:ff01:0204:0300:0800::，TCP 目标端口=9000。

(6) 循环，直至通信过程结束。

8. 不同客户机操作系统的访问行为

IPv6 单栈 DHCPv6 无线局域网上的客户机行为如下：

(1) 苹果公司的手机操作系统(iOS)和计算机操作系统(Mac OS)[6,7]：支持访问任意 IPv4 互联网上的应用，含镶嵌 IP 地址的应用。

(2) 微软操作系统(Windows 7，8，10 和 11)：支持访问 IPv4 互联网上的应用，但不含镶嵌 IP 地址的应用。

(3) Linux 操作系统基本模式：支持访问 IPv4 互联网上的应用，但不含镶嵌 IP 地址的应用。

(4) Linux 操作系统定制模式(RFC7050[7]和 API)：支持访问任意 IPv4 互联网上的应用，含镶嵌 IP 地址的应用。

(5) 标准安卓操作系统：不支持 DHCPv6，无法在基于 DHCPv6 的 IPv6 单栈无线局域网运行。注意：谷歌公司宣布安卓系统目前不支持，未来也不会支持 DHCPv6。

(6) 某些深度定制安卓操作系统：某些国产深度定制版安卓系统(如小米)的某些发行版可以支持 DHCPv6，因此可以用于这种场景，支持访问任意 IPv4 互联网上的应用，含镶嵌 IP 地址的应用。

9. 1:*N* IVI 的功能分解和级联部署

1:*N* IVI 与 1:1 IVI 的区别在于，除了基于 RFC7915[2]的协议翻译和 RFC6052[1]的地址映射功能之外，加上了 IPv6 后缀编码和传输层端口映射的功能，因此可以在两个设备上分级实施。这两个设备之间通过 IPv6 网络连接，如图 14.3 所示。

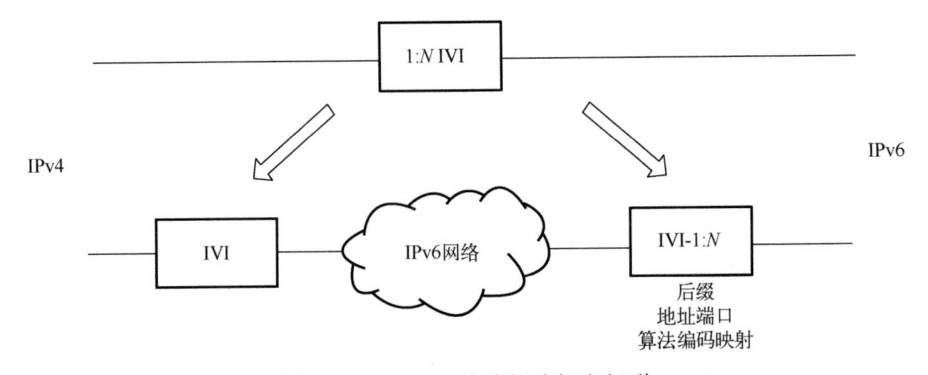

图 14.3　1:*N* IVI 的功能分解和级联

1:*N* IVI 级联使 IPv6 单栈校园网、IPv6 城域网、IPv6 主干网的部署更加简单和灵活，有利于向 IPv6 单栈互联网的过渡。

14.2.2　IPv6 单栈 SLAAC 无线局域网

1. 逻辑拓扑

为了完成向 IPv6 单栈的演进过渡，新建的客户机应为 IPv6 单栈，通过翻译器可以访问互联网上的 IPv4 单栈服务器。

IPv6 单栈无线局域网分为两种子实施场景，本节为基于 SLAAC 为 IPv6 单栈客户机配置地址的子场景，使用有状态一次翻译技术。这个子场景逻辑拓扑如图 14.4 所示。

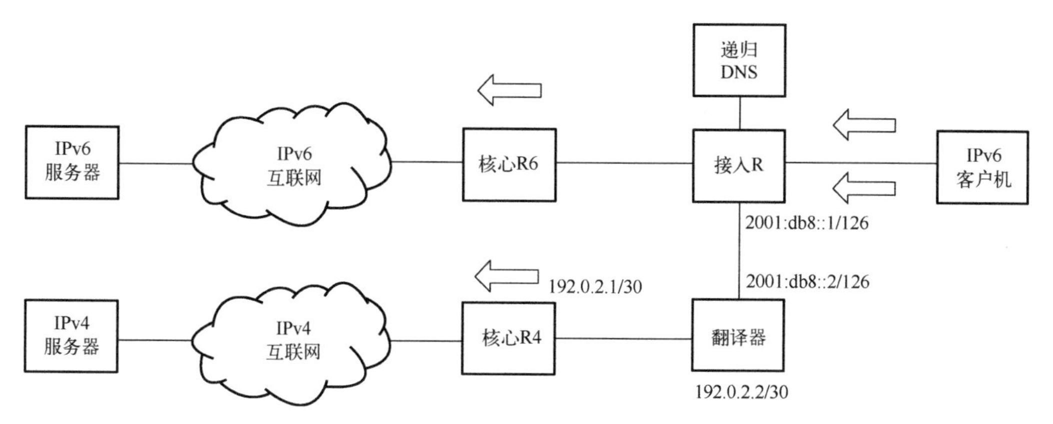

图 14.4　基于 SLAAC 的 IPv6 单栈无线局域网逻辑拓扑

图 14.4 中包含以下部分。

(1) IPv4/IPv6 翻译器[1,2,8]。

(2) 核心路由器(含 IPv6 核心路由器和 IPv4 核心路由器)。

(3) 接入路由器(IPv6 单栈)，运行 RA(包含 DNS 递归服务器地址扩展(RFC8106[9]))。

(4) 客户机[6,7,9](IPv6 单栈)，通过 SLAAC 模式配置地址。

(5) 域名服务器[4](IPv6 和 IPv4 双栈接入)。

(6) 互联网上的服务器(含 IPv6 服务器和 IPv4 服务器)。

2. 参数和地址配置

本例的 IPv6 单栈客户机使用 SLAAC 模式配置地址。“IPv4 转换 IPv6 地址”使用“众知前缀”。具体参数如下：

(1) IPv6 地址前缀：2001:db8::/64。

(2) 翻译器的 IPv4 地址池：203.0.113.0/24。

(3)“IPv4 转换 IPv6 地址”前缀：64:ff9b::/96（RFC6052[1]定义的众知前缀）。

接入 IPv6 单栈无线局域网的客户机地址通过 SLAAC 模式配置。

(1) IPv6 单栈客户机子网的默认网关地址为 2001:db8::1，RA 的配置参数为：

AdvAutonomous on　　(A=1)

AdvManagedFlag off　　(M=0)

AdvOtherConfigFlag off　　(O=0)

RDNS 2001:db8::1　　(网关提供递归 DNS 解析服务)

(2) 此例中 IPv6 单栈客户机通过 SLAAC 配置 IPv6 地址：2001:db8::111。

3. 路由配置

系统的路由配置方法如下：

(1) IPv6 核心路由器配置静态路由或动态路由，客户机 IPv6 前缀(2001:db8::/64)指向 IPv6 单栈接入路由器。

(2) IPv6 单栈接入路由器配置 IPv6 默认路由(::0/0)，指向 IPv6 核心路由器。

(3) IPv4 核心路由器配置静态路由或动态路由，把翻译器 IPv4 地址池(203.0.113.0/24)指向翻译器。

(4) 翻译器配置 IPv4 默认路由(0.0.0.0/0)，指向 IPv4 核心路由器。

(5) 翻译器配置 IPv6 路由，把客户机 IPv6 前缀(2001:db8::/64)指向 IPv6 接入路由器。

(6) IPv6 单栈接入路由器配置 IPv6 路由，把“IPv4 转换 IPv6 地址”前缀(64:ff9b::/96)指向翻译器。

4. 域名服务器(DNS64)配置

配置 IPv6 单栈服务器的递归解析域名 DNS64 服务器。DNS64 配置参数为：“IPv4 转换 IPv6 地址”前缀(64:ff9b::/96)。若 IPv4 互联网上的服务器的 A 记录为 192.0.2.1；则 DNS64 动态生成的 AAAA 记录为 64:ff9b::192.0.2.1。

5. 安全策略和防火墙配置

存在两种安全策略和防火墙的实施方案。

(1) 分别在 IPv6 核心路由器和 IPv6 单栈接入路由器之间部署 IPv6 安全策略和防火墙，在 IPv4 核心路由器和翻译器之间部署 IPv4 安全策略和防火墙。注意：在这种情况下，保持 IPv4 和 IPv6 安全策略和防火墙的一致性是网络管理和安全管理的巨大挑战。

(2) 在 IPv6 单栈接入路由器和 IPv6 单栈服务器之间部署 IPv6 安全策略和防火

墙。在这种情况下，IPv4 地址是 IPv6 地址的一个子集，以 IPv6 的形式出现，可以更容易地保持一致性(注意：IPv6 的安全策略和防火墙设备的成熟度与 IPv4 相比还有差距)。

6. 服务器日志分析

在基于 SLAAC 地址配置的模式下，服务器日志需要考虑两个因素。

(1) IPv6 单栈客户机的 IPv6 地址，在该局域网的/64 范围内是动态和随机的(IPv6 隐私地址：RFC3041[10]、RFC4941[11]、RFC8981[12]、RFC8064[13])。因此，应使用 802.1x 做二层用户认证，或通过基于浏览器的门户做用户认证。所以，必须根据管理和安全策略，保留用户和 SLAAC 地址对应关系列表的日志。

(2) IPv6 单栈客户机通过 NAT64 访问 IPv4 互联网，此时其 IPv4 地址是共享的，其地址和传输层端口是随机的。所以，必须根据管理和安全策略，保留 NAT64 的 IPv4 地址及端口，以及与 SLAAC 地址对应关系列表的日志。

因此，有状态系统对于用户日志管理和溯源比无状态系统的管理复杂，开销更大。

7. 通信过程

IPv6 单栈客户机(2001:db8::111)对任意 IPv6 服务器发起访问的过程就是通常的 IPv6 通信过程，这里不再赘述。

IPv6 单栈客户机(2001:db8::111)对 IPv4 互联网上的服务器(192.0.2.1)的 TCP 80 端口发起访问。

(1) DNS 查询：A 记录=192.0.2.1；通过 DNS64 生成的 AAAA 记录=64:ff9b::192.0.2.1。

(2) 在 IPv6 单栈子网中的数据报文：源地址=2001:db8::111::，TCP 源端口=1500；目标地址=64:ff9b::192.0.2.1，TCP 目标端口=80。

(3) 经过翻译器，在 IPv4 互联网中的数据报文：源地址=203.0.113.1，TCP 源端口=2000(动态生成的端口，翻译器在整个通信过程中维护地址和端口的状态)；目标地址=192.0.2.1，TCP 目标端口=80。

(4) IPv4 互联网中服务器的返回数据报文：源地址=192.0.2.1，TCP 目标端口=80；目标地址=203.0.113.1，TCP 源端口=2000。

(5) 经过翻译器，在 IPv6 单栈子网中的返回数据报文：源地址=64:ff9b::192.0.2.1，TCP 目标端口=80；目标地址=2001:db8::111::，TCP 源端口=1500。

(6) 循环，直至通信过程结束。

8. 不同客户机操作系统的访问行为

IPv6 单栈 SLAAC 无线局域网上的客户机行为如下：

(1) 苹果公司的手机操作系统(iOS)和计算机操作系统(Mac OS)[6,7]：支持访问任意 IPv4 互联网上的应用，含镶嵌 IP 地址的应用。

(2) 微软操作系统 (Windows 7，8，10 和 11)：支持访问 IPv4 互联网上的应用，但不含镶嵌 IP 地址的应用。

(3) Linux 操作系统基本模式：支持访问 IPv4 互联网上的应用，但不含镶嵌 IP 地址的应用。

(4) Linux 操作系统定制模式 (RFC7050[7]和 API)：支持访问任意 IPv4 互联网上的应用，含镶嵌 IP 地址的应用。

(5) 标准安卓操作系统[6,7]：支持访问任意 IPv4 互联网上的应用，含镶嵌 IP 地址的应用。

9. NAT64 的功能分解和级联

NAT64 也可以实现与 IVI 的级联，IVI 设备实现基于 RFC7915[2]的协议翻译和 RFC6052[1]的地址映射的功能，第二级设备 (ivi-NAT64) 实现地址和传输层端口的动态映射的功能。这两个设备之间通过 IPv6 网络连接，如图 14.5 所示。

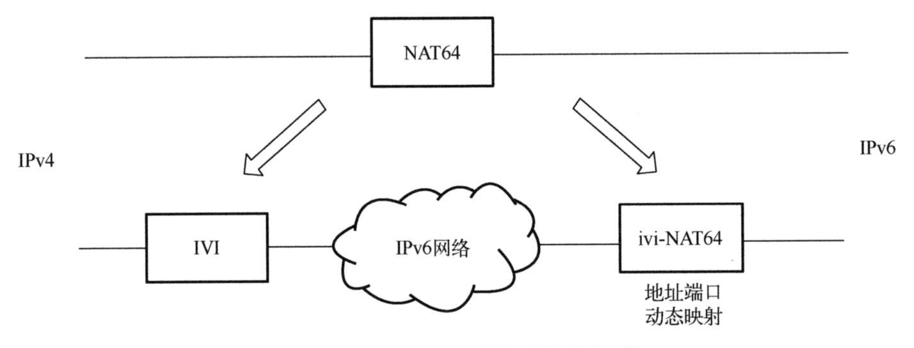

图 14.5　NAT64 的功能分解和级联

NAT64 级联使 IPv6 单栈校园网、IPv6 城域网、IPv6 主干网的部署更加简单和灵活，有利于向 IPv6 单栈互联网过渡。

14.3　家庭宽带网络

1. 逻辑拓扑

为了完成向 IPv6 单栈的演进过渡，新建的宽带接入网应为 IPv6 单栈，通过翻译器可以访问互联网上的 IPv4 单栈服务器。需要指出的是，与无线局域网不同的是，家庭网关后面接入的客户机的操作系统更加多样，甚至包括老旧的 IPv4 单栈系统 (如 Windows XP)，因此不能强求用户设备支持 IPv6。

IPv6 单栈家庭宽带实施场景建议使用无状态双重翻译技术(MAP-T，RFC7599[5])，其逻辑拓扑如图 14.6 所示。

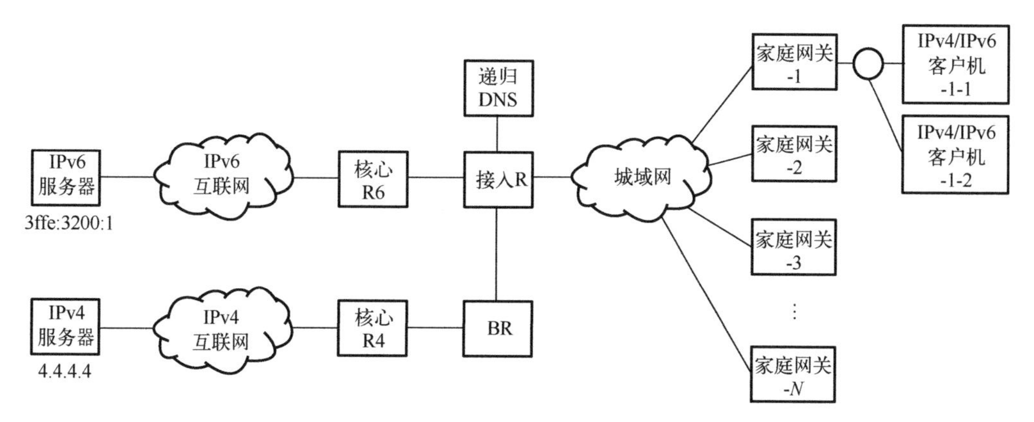

图 14.6　IPv6 单栈家庭宽带逻辑拓扑

图 14.6 中包含以下部分。

(1) 第一级 IPv4/IPv6 翻译器(BR)[5,14]。

(2) 核心路由器(含 IPv6 核心路由器和 IPv4 核心路由器)。

(3) 接入路由器(IPv6 单栈)。

(4) 第二级 IPv4/IPv6 翻译器(家庭网关，多个)[5,14]。

(5) 用户主机(IPv4，IPv6 或 IPv4/IPv6 双栈)。

(6) 域名服务器(IPv6 和 IPv4 双栈接入)[4]。

(7) 互联网上的服务器(含 IPv6 服务器和 IPv4 服务器)。

2. 参数和地址配置

MAP-T 规则(BMR 和 DMR)的参数如下：

(1) IPv6 前缀：BMR Rule IPv6 prefix=2001:db8:0000::/40。

(2) IPv4 可译地址前缀：BMR Rule IPv4 prefix=192.0.2.0/24。

(3) EA 前缀编码长度：BMR Rule EA-bit length=16。

(4) 端口复用长度：PSID length=8。

(5) 默认前缀：DMR Rule IPv6 prefix=2001:db8:ffff::/64。

第二级翻译器的 MAP-T 规则参数由接入路由器通过本书第 8 章的“参数发现和配置技术”中的 RFC7598[15]配置。即接入路由器是 DHCPv6 的服务器，第二级翻译器 CE 是 DHCPv6 的客户机。

(1) IPv6 前缀：BMR Rule IPv6 prefix=2001:db8:0000::/40。

(2) IPv4 可译地址前缀：BMR Rule IPv4 prefix=192.0.2.0/24。

(3) EA 前缀编码长度：BMR Rule EA-bits length=16。

(4) 端口复用长度：PSID length=8。

(5) 默认前缀：DMR Rule IPv6 prefix=2001:db8:ffff::/64。

(6) 传输层端口标识：PSID=52。

3. 路由配置

路由配置如下：

(1) IPv6 核心路由器配置静态路由或动态路由，把 IPv6 前缀(2001:db8:0000::/40) 指向 IPv6 单栈接入路由器。

(2) IPv6 单栈接入路由器配置 IPv6 默认路由(::0/0)，指向 IPv6 核心路由器。

(3) IPv4 核心路由器配置静态路由或动态路由，把 IPv4 地址前缀(192.168.0.0/24) 指向第一级翻译器 BR。

(4) 第一级翻译器 BR 配置 IPv4 默认路由(0.0.0.0/0)，指向 IPv4 核心路由器。

(5) 第一级翻译器 BR 配置 IPv6 路由，把 IPv6 前缀(2001:db8:0000::/40) 指向 IPv6 单栈接入路由器。

(6) IPv6 单栈接入路由器作为 DHCPv6 服务器，动态地对不同的 CE 配置 IPv6 路由，例如，对于 PSID 为 52 的 CE，其 IPv6 路由为 2001:db8:0012:3400::/64。

4. 域名服务器配置

因为 MAP-T 是双重翻译技术，所以其服务的用户可以使用标准的域名解析服务器。

5. 安全策略和防火墙配置

有两种安全策略和防火墙的实施方案。

(1) 分别在 IPv6 核心路由器和 IPv6 单栈接入路由器之间部署 IPv6 安全策略和防火墙，在 IPv4 核心路由器和翻译器之间部署 IPv4 安全策略和防火墙。注意：在这种情况下，保持 IPv4 和 IPv6 安全策略和防火墙的一致性是网络管理和安全管理的巨大挑战。

(2) 在 IPv6 单栈接入路由器和 IPv6 单栈服务器之间部署 IPv6 安全策略和防火墙。在这种情况下，IPv4 地址是 IPv6 地址的一个子集，以 IPv6 的形式出现，可以更容易地保持一致性(注意：IPv6 的安全策略和防火墙设备的成熟度与 IPv4 相比还有差距)。

6. 服务器日志分析

MAP-T 采用无状态双重翻译技术，因此对于 IPv4 和 IPv6 的服务器日志都是与用户绑定的，可以方便地进行安全控制和溯源。

(1) 对于 IPv6，每个 CE 使用特定的 IPv6 前缀。

(2)对于 IPv4，每个 CE 使用特定的公有 IP 地址中特定的端口范围。

7. 通信过程

客户机使用 IPv6(例如，客户机的地址为 2001:db8:0012:3400:1:2:3:4)对任意 IPv6 服务器发起访问的过程就是通常的 IPv6 通信过程，这里不再赘述。

IPv4 客户机(192.168.0.1)对 IPv4 服务器(8.8.8.8)发起访问。

(1)DNS 查询：A 记录=8.8.8.8。

(2)用户子网中的数据报文：源地址=192.168.0.1，TCP 源端口=1444；目标地址=8.8.8.8，TCP 目标端口=80。

(3)经过第二级翻译器 CE，在 IPv6 单栈网络中的数据报文：源地址=2001:db8:0012:3400:0000:c000:0212:0034，TCP 源端口=2256；目标地址=2001:db8:ffff:0:0808:0808::，TCP 目标端口=80。

(4)经过第一级翻译器 BR，在 IPv4 互联网中的数据报文：源地址=192.0.2.18，TCP 源端口=2256(PSID=52 定义的端口范围)；目标地址=8.8.8.8，目标端口=80。

(5)IPv4 互联网中返回的数据报文：源地址=8.8.8.8，源端口=80；目标地址=192.0.2.18，TCP 目标端口=2256 (PSID=52 定义的端口范围)。

(6)经过第一级翻译器 BR，在 IPv6 单栈网络中返回的数据报文：源地址=2001:db8:ffff:0:0808:0808::，TCP 源端口=80；目标地址=2001:db8:0012:3400:0000:c000:0212:0034，TCP 目标端口=2256。

(7)经过第二级翻译器 CE，在用户子网中返回的数据报文：源地址=8.8.8.8，TCP 源端口=80；目标地址=192.168.0.1，TCP 目标端口=1444。

(8)循环，直至通信过程结束。

8. 不同客户机操作系统的访问行为

由于 CE 为用户的主机提供双栈服务，因此可以支持 IPv4/IPv6 双栈客户机、IPv4 单栈客户机或 IPv6 单栈客户机。注意：在 IPv4 单栈客户机和 IPv6 单栈客户机的情况下，客户机只可以访问与本协议一致的互联网上的信息资源。

9. MAP-T BR 的功能分解和级联部署

MAP-T BR 也可以进行功能分解，实现 IVI 功能与 MAP-T 功能(ivi-BR)的级联。IVI 设备实现基于 RFC7915[2]的协议翻译和 RFC6052[1]的地址映射的功能，第二级设备(ivi-BR)实现基于算法的地址和传输层端口前缀和后缀映射的功能。这两个设备之间通过 IPv6 网络连接，如图 14.7 所示。

MAP-T BR 功能的分解与 IVI 的级联使 IPv6 单栈校园网、IPv6 城域网、IPv6 主干网的部署更加简单和灵活，有利于向 IPv6 单栈互联网的过渡。

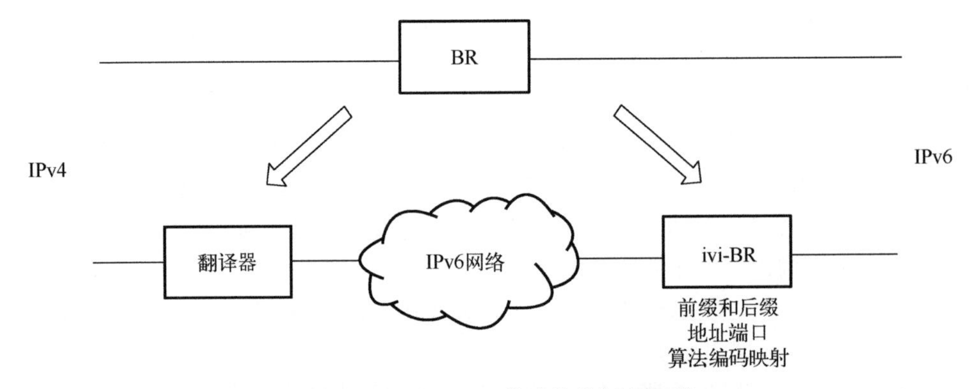

图 14.7 MAP-T BR 的功能分解和级联

14.4 IPv4 即服务(IPv4aaS)网络

1. 逻辑拓扑

当运营商主干网率先演进到 IPv6 单栈时，绝大多数专网用户的应用程序仍然以 IPv4 为主，此时用户 IPv4 虚拟专网应能够跨越 IPv6 单栈主干网。实际上，IPv6 的海量地址可以使“464 虚拟专网”比使用 IPv4 隧道穿越 IPv4 主干网的专网具有更多、更好的功能。从长远来看，当用户专网的应用程序也升级到 IPv6 时，仍然可以使用 dNPTv6 组建“666 虚拟专网”。

跨越 IPv6 网络的 IPv4 公网和虚拟专网服务都使用无状态一次翻译技术(IVI)进行级联，其逻辑拓扑如图 14.8 所示。

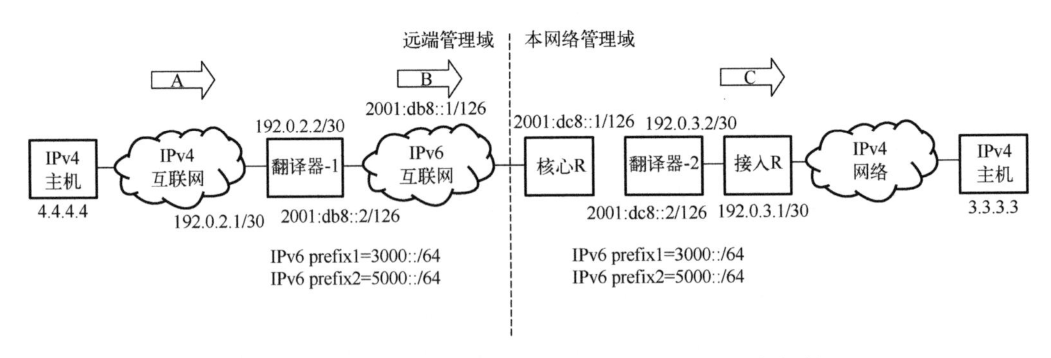

图 14.8 跨越 IPv6 网络的 IPv4 公网和虚拟专网逻辑拓扑

图 14.8 中包含以下部分。

(1) IPv4/IPv6 翻译器-1[1-3]。

(2) IPv4/IPv6 翻译器-2[1-3]。

(3) 核心路由器(R6)。

(4) 接入路由器(IPv6 单栈)。

(5) IPv4 主机(通信双方)。

基于 IPv6 网络的 IPv4 公网服务和 IPv4 虚拟专网服务的主要区别有以下两点。

(1) IPv6 单栈公网服务器一般使用公有 IPv4 地址，在 IPv4/IPv6 翻译器-1 之前“或/和” IPv4/IPv6 翻译器-2 后可以级联 IPv4 NAT，仅支持用户主机发起的通信。

(2) IPv6 单栈专网服务一般使用私有 IPv4 地址，不需要部署 NAT，可以支持双向发起的通信。

2. 参数和地址配置

本例的具体参数如下：

(1) 互联网上主机的 IPv6 前缀(prefix1) = 2001:db8:100::/48。

(2) 用户的 IPv6 前缀(prefix2) = 3ffe:3200:1:2::/64。

注意，由于通信双方的网络通常在不同的管理域，因此，对于 IPv4 源地址和 IPv4 目标地址使用不同的 IPv6 前缀，并可以具有不同的前缀长度。

在 IPv6 单栈 IPv4 专网服务的情况下，在 IPv6 网络上的数据报文均可以视为“IPv4 可译 IPv6 地址”。

(1) 互联网上主机的 IPv4 前缀(IPv4 前缀 1)：198.51.100.0/24。

(2) 用户的 IPv4 前缀(IPv4 前缀 2)：192.0.2.0/24。

3. 路由配置

系统的路由配置方法如下：

(1) IPv4 互联网上的路由器配置静态路由或动态路由，把用户的 IPv4 前缀(192.0.2.0/24)，指向翻译器 xlat-1。

(2) 翻译器 xlat-1 配置静态路由或动态路由，把 IPv4 互联网上的主机的 IPv4 前缀(198.51.100.2)指向该主机子网。

(3) 翻译器 xlat-1 对 IPv6 互联网发布自己的“IPv4 可译 IPv6 地址”前缀(2001:db8:100::/48)的路由，并对 IPv6 互联网做默认路由(::0/0)。

(4) IPv6 核心路由器对 IPv6 互联网发布自己的“IPv4 可译 IPv6 地址”前缀(3ffe:3200:1:2::/64)的路由，并对 IPv6 互联网做默认路由(::0/0)。

(5) IPv6 核心路由器配置静态路由或动态路由，把用户的“IPv4 可译 IPv6 地址”前缀(3ffe:3200:1:2:c633:6402::)指向翻译器(xlat-2)。

(6) 翻译器 xlat-2 做 IPv6 默认路由(::0/0)，指向 IPv6 核心路由器。

(7) 翻译器 xlat-2 做 IPv4 路由(198.51.100.2)，指向 IPv4 接入路由器。

(8) IPv4 接入路由器配置静态路由或动态路由，把用户主机的 IPv4 前缀(198.51.100/24)指向该主机子网。

4. 域名服务器配置

因为此时是双重翻译技术，所以使用标准的域名权威服务器和域名解析服务器。

5. 安全策略和防火墙配置

有两种可能的安全策略和防火墙配置的实施方案，基本上是等价的，可以根据情况选择其中一种。

(1) 在 IPv4 网络配置 IPv4 安全策略和防火墙。

(2) 在 IPv6 网络配置 IPv6 安全策略和防火墙。

6. 服务器日志分析

有两种可能的服务器日志的实施方案，基本上是等价的，可以根据情况选择其中一种。

(1) 在 IPv4 网络记录 IPv4 日志。

(2) 在 IPv6 网络以 IPv6 地址的形式记录 IPv4 日志。

7. 通信过程

互联网上的主机(198.51.100.2)对用户主机(192.0.2.33)发起访问的过程如下：

(1) 用户子网中的数据报文：源地址=192.0.2.33；目标地址=198.51.100.2。

(2) 经过翻译器 xlat-2，在 IPv6 互联网中的数据报文：源地址=2001:db8:100:c000:0221::；目标地址=3ffe:3200:1:2:c633:6402::。

(3) 经过翻译器 xlat-1，在 IPv4 网络中的数据报文：源地址=192.0.2.33；目标地址=198.51.100.2。

(4) IPv4 网络中返回的数据报文：源地址=198.51.100.2；目标地址=192.0.2.33。

(5) 经过翻译器 xlat-1，在 IPv6 互联网中返回的数据报文：源地址=3ffe:3200:1:2:c633:6402::；目标地址=2001:db8:100:c000:0221::。

(6) 经过翻译器 xlat-2，在用户子网中返回的数据报文：源地址=198.51.100.2；目标地址=192.0.2.33。

(7) 循环，直至通信过程结束。

14.5 本章小结

本章讨论了 IPv6 单栈网络过渡路线图和典型场景的具体方案，包括 IPv6 单栈服务器、IPv6 单栈无线局域网、IPv6 单栈家庭宽带、IPv6 网络的 IPv4 公网和虚拟专网服务(IPv4aaS)等。

参 考 文 献

[1] Bao C, Huitema C, Bagnulo M, et al. RFC6052: IPv6 addressing of IPv4/IPv6 translators. IETF 2010-10.

[2] Bao C, Li X, Baker F, et al. RFC7915: IP/ICMP translation algorithm. IETF 2016-06.

[3] Li X, Bao C, Chen M, et al. RFC6219: The China Education and Research Network (CERNET) IVI translation design and deployment for the IPv4/IPv6 coexistence and transition. IETF 2011-05.

[4] Bagnulo M, Sullivan A, Matthews P, et al. RFC6147: DNS64: DNS extensions for network address translation from IPv6 clients to IPv4 servers. IETF 2011-04.

[5] Li X, Bao C, Dec W, et al. RFC7599: Mapping of address and port using translation (MAP-T). IETF 2015-07.

[6] Mawatari M, Kawashima M, Byrne C. RFC6877: 464XLAT: Combination of stateful and stateless translation. IETF 2013-04.

[7] Savolainen T, Korhonen J, Wing D. RFC7050: Discovery of the IPv6 prefix used for IPv6 address synthesis. IETF 2013-11.

[8] Bagnulo M, Matthews P, van Beijnum I. RFC6146: Stateful NAT64: Network address and protocol translation from IPv6 clients to IPv4 servers. IETF 2011-04.

[9] Jeong J, Park S, Beloeil L, et al. RFC8106: IPv6 router advertisement options for DNS configuration. IETF 2017-03.

[10] Narten T, Draves R. RFC3041: Privacy extensions for stateless address autoconfiguration in IPv6. IETF 2001-01.

[11] Narten T, Draves R, Krishnan S. RFC4941: Privacy extensions for stateless address autoconfiguration in IPv6. IETF 2007-09.

[12] Gont F, Krishnan S, Narten T, et al. RFC8981: Temporary address extensions for stateless address autoconfiguration in IPv6. IETF 2021-02.

[13] Gont F, Cooper A, Thaler D, et al. RFC8064: Recommendation on stable IPv6 interface identifiers. IETF 2017-02.

[14] Troan O, Dec W, Li X, et al. RFC7597: Mapping of address and port with encapsulation (MAP-E). IETF 2015-07.

[15] Mrugalski T, Troan O, Farrer I, et al. RFC7598: DHCPv6 options for configuration of softwire address and port-mapped clients. IETF 2015-07.

第 15 章　IPv6 单栈网络的集成系统

本书第 14 章中详细讨论了 IPv6 单栈服务器网络、IPv6 单栈 DHCPv6 无线局域网、IPv6 单栈 SLAAC 无线局域网、IPv6 单栈家庭宽带网、跨越 IPv6 网络的 IPv4 公网和 IPv4 专网服务。

本章将从更宏观的维度，讨论基于上述集成方案的网络系统实施方案。重点在于比较“IPv4 网络系统双栈改造”和“建设和运行 IPv6 单栈网络系统”。

15.1　校　园　网

无论是 IPv4、IPv4/IPv6 双栈还是 IPv6 单栈校园网(含企业网)，都是一个完整的小规模网络生态系统。一般情况下校园网内包含以下组件。

(1) 客户机：用户通过客户机访问校内和互联网上的信息资源。

(2) 对外服务器：互联网上的用户可以访问对外服务器提供的信息服务。

(3) 内部服务器：仅对一定范围的地址范围或特定的用户开放。

(4) 多个专网：仅对特定的用户开放，供访问内部服务器；或跨越互联网使用特定的服务(会员服务、超算服务、结算系统等)。

(5) 配套系统：包含安全防护系统、用户认证管理计费系统等。

(6) 新型应用：如物联网应用等。

15.1.1　IPv4 校园网双栈改造

IPv4 校园网的双栈改造从理论上讲是在已有 IPv4 校园网的基础上将所有网络层以上设备升级到既支持 IPv4 又支持 IPv6 的双栈模式，这样校园网就可以从逻辑上看成两个网络，一个是 IPv4 部分，另一个是 IPv6 部分。但从实际的角度考虑：既然可以使用 IPv4，用户自然缺乏升级使用 IPv6 的动机。而且，建设和运行双栈网络显然比建设和运行单栈网络需要更大的成本。同时，根据安全的“木桶原理”，双栈的安全性是 IPv4 或 IPv6 中差的那一个。总之，对于网络层以上设备建设和运行双栈的可行性和挑战有以下几点。

(1) 客户机：现代操作系统都支持 IPv6，其难点在于用户认证、用户溯源等管理。如果使用门户和网关控制，则对于 IPv4 和 IPv6 的分别处理具有挑战性。

(2) 对外服务器：从理论上讲，对服务器的双栈改造并不困难，因为现代操作系统和服务端软件能够很好地支持 IPv6。但是，基于 IP 地址的用户认证和管理、用户点击率分析和日志处理，均需要重新开发，且需要根据用户的地址类型，对 IPv4 和 IPv6 进行分别处理。同时，对外服务器需要满足特定的“等级保护”要求，目前 IPv4 防火墙等安全机制和设备是比较完备的，但 IPv6 防火墙等安全设备的成熟度远不如 IPv4。特别是，IPv4 和 IPv6 防火墙等安全设备的安全策略的一致性是很难保证的。

(3) 内部服务器：考虑到用户规模、定制的应用软件，使用公有 IPv6 地址可能会暴露内部网络结构和信息。考虑到防火墙和安全设备的成熟度，不需要公有 IPv4 地址等因素，内部服务器预计在相当长的一段时间内，还是以 IPv4 为主。

(4) 拨号 VPN：如上，拨号 VPN 预计在相当长的一段时间内，还是以 IPv4 为主。

(5) 专网：如上，专网预计在相当长的一段时间内，还是以 IPv4 为主。

(6) 配套系统：如上，配套设备对于 IPv6 的支持没有达到 IPv4 的水平。

(7) 新型应用：由于海量的 IPv6 地址，物联网应用应该最先使用 IPv6。但在双栈的模式下，对于 IPv4 的访问，还只能通过公有云获取物联网设备的数据来控制物联网设备，因此不具备跨平台的互通性，且破坏了端对端的透明性。

15.1.2　建设和运行 IPv6 单栈校园网

IPv6 单栈校园网消除了运行 IPv4 和 IPv6 两种网络协议带来的复杂性、运行的高成本和网络安全威胁。通过翻译技术，可以保证与 IPv4 互联网的互联互通。

IPv6 单栈校园网涉及新一代过渡技术的标准主要有 RFC6052[1]、RFC7915[2]、RFC6219[3]、RFC6146[4]、RFC6147[5]、RFC7599[6]、RFC6877[7]、RFC7050[8]等。

建设和运行 IPv6 单栈校园网的优势如下：

(1) 符合全世界 IPv6 过渡的发展趋势和中国的战略需求。

(2) 通过 IPv4/IPv6 翻译技术，IPv6 单栈校园网的外特性为双栈，可以保持与 IPv4 互联网的互联互通。

(3) 消除了运行 IPv4 和 IPv6 两种网络协议带来的复杂性、运行的高成本和网络安全威胁。

(4) IPv6 海量的地址资源，可以自然地进行“切片”，对于不同的服务配置具有不同安全策略和服务质量的 IPv6 前缀。同时，IPv6 分段路由等功能为网络提供了新的工具。

(5) 更好地支持物联网等新型应用。

IPv6 单栈校园网(含企业网)的拓扑结构如图 15.1 所示。

(1) 校园网的数据中心(私有云)为 IPv6 单栈，对于需要被 IPv4 互联网用户访问的服务器(虚拟机)配置“IPv4 可译 IPv6 地址”。具体配置细节参见本书第 13 章。

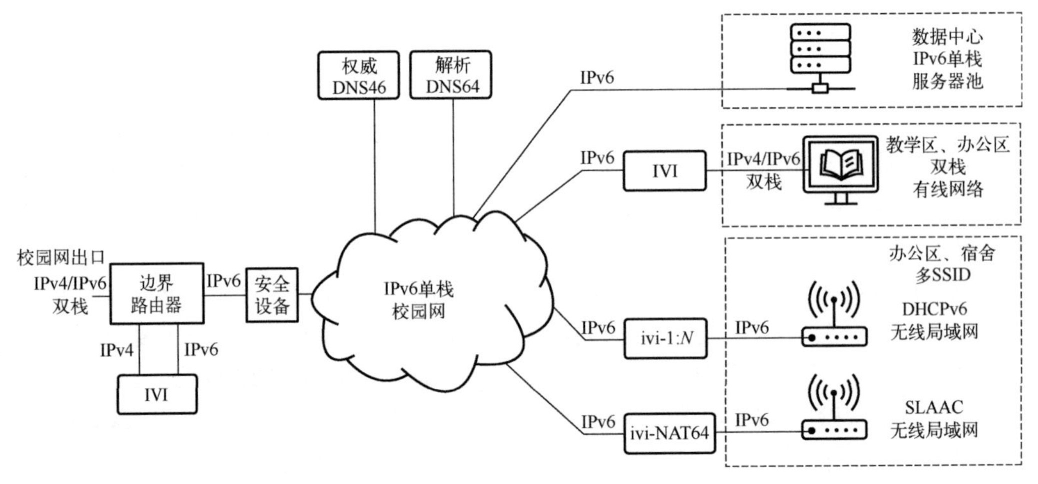

图 15.1　IPv6 单栈校园网

(2) 教学区和办公区为双栈。其原因在于有线接入的主机操作系统的多样性，因此配置第二级翻译器。具体配置细节参见本书第 13 章。在这种情况下，对于教学区和办公区的客户机，为了复用公有 IPv4 地址，有两种解决方案。

①在第二级翻译器后串接 IPv4 NAT。

②使用级联的 MAP-T，参见本书第 13 章。

(3) 办公区和宿舍的无线局域网，采用多 SSID 的模式。

①一个 SSID 服务于非安卓系统，建议采用 DHCPv6 模式。具体配置细节参见本书第 13 章，注意此时应采用级联模式。

②另一个 SSID 可服务于各种现代操作系统(含安卓系统)，采用 SLAAC 模式；具体配置细节参见本书第 13 章，注意此时应采用级联模式。

建设和运行 IPv6 单栈校园网需要考虑的技术要点包括以下几点。

1. 地址规划

校园网的对外出口是 IPv4 和 IPv6 双栈的，部署无状态 IPv4/IPv6 翻译器，校园网内部为 IPv6 单栈。校园网的 IPv6 地址一般为/48，子网一般为/64，所以一个/48 包含 65536 个子网。

在上述的子网中，至少需要保留几个/64 作为 IPv4/IPv6 翻译技术的 Pref64 前缀。建议 IPv6 服务器和 IPv6 客户机使用不同的 Pref64。

所有的公有 IPv4 地址使用上述 Pref64 映射到 IPv6 地址空间使用，即把 IPv4 地址映射成“IPv4 可译 IPv6 地址”。

2. 路由配置

校园网为 IPv6 单栈，建议内部路由协议仅仅传递拓扑结构的信息，运行开放式最短路径优先协议版本 3（open shortest path first version 3，OSPFv3）。为了可扩展性和更强的管控能力，对于所有的用户地址（含服务器地址）的路由建议通过边界路由协议（包含外部边界网关协议（external border gateway protocol，eBGP）和内部边界网关协议（internal border gateway protocol，iBGP））传递。

3. 域名配置

配置域名权威服务器（包括 DNS46 功能）和域名解析服务器（包括 DNS64 功能）。

4. 安全事项

安全设备是 IPv6 单栈的，由于使用无状态 IPv4/IPv6 翻译技术，校园网的公有 IPv4 地址空间（IPv4 可译 IPv6 地址）以 IPv6 的形式出现，便于管控。因此优于在双栈的情况下分别维护 IPv4 和 IPv6 的安全策略的管理模式。

15.2 城　域　网

一般情况下，城域网包含以下几部分。

（1）专线用户。专线用户可以是 IPv4 单栈、IPv4/IPv6 双栈或 IPv6 单栈。专线用户上的主机，既可以是客户机，也可以是服务器。

（2）家庭宽带用户。家庭宽带用户使用的设备可以是 IPv4 单栈、IPv4/IPv6 双栈或 IPv6 单栈。家庭宽带用户的主机只允许作为客户机。

15.2.1 IPv4 城域网双栈改造

IPv4 城域网的双栈改造从理论上讲是在已有 IPv4 校园网的基础上将所有网络层以上设备升级到既支持 IPv4 又支持 IPv6 的双栈模式，这样城域网就可以从逻辑上看成两个网络，一个是 IPv4 部分，另一个是 IPv6 部分。城域网面临的最大挑战是由于公有 IPv4 地址的极度匮乏，大量采用的 NAT 设备会带来可扩展性、安全性以及运营成本的问题。同时，建设和运行双栈也带来了复杂度的增加、安全性的弱化和运营成本的增加。

15.2.2 建设和运行 IPv6 单栈城域网

IPv6 单栈城域网消除了运行 IPv4 和 IPv6 两种网络协议带来的复杂性、运行的高成本和网络安全威胁。通过翻译技术，可以保证与 IPv4 互联网的互联互通。

IPv6 单栈城域网涉及新一代过渡技术的标准主要有 RFC6052[1]、RFC7915[2]、RFC6219[3]、RFC6146[4]、RFC6147[5]、RFC7599[6]、RFC6877[7]、RFC7050[8]、RFC7598[9]等。

建设和运行 IPv6 单栈城域网的特点如下：

(1) 符合全世界 IPv6 过渡的发展趋势和中国的战略需求。

(2) 通过 IPv4/IPv6 翻译技术，IPv6 单栈城域网的外特性为双栈，可以保持与 IPv4 互联网的互联互通。

(3) 消除了运行 IPv4 和 IPv6 两种网络协议带来的复杂性、运行的高成本和网络安全威胁。

(4) IPv6 海量的地址资源，可以自然地进行“切片”，对于不同服务配置具有不同安全策略和服务质量的 IPv6 前缀。同时，SRv6 等功能为网络提供了新的工具。

(5) 更好地支持物联网等新型应用。

IPv6 单栈城域网的拓扑结构如图 15.2 所示。

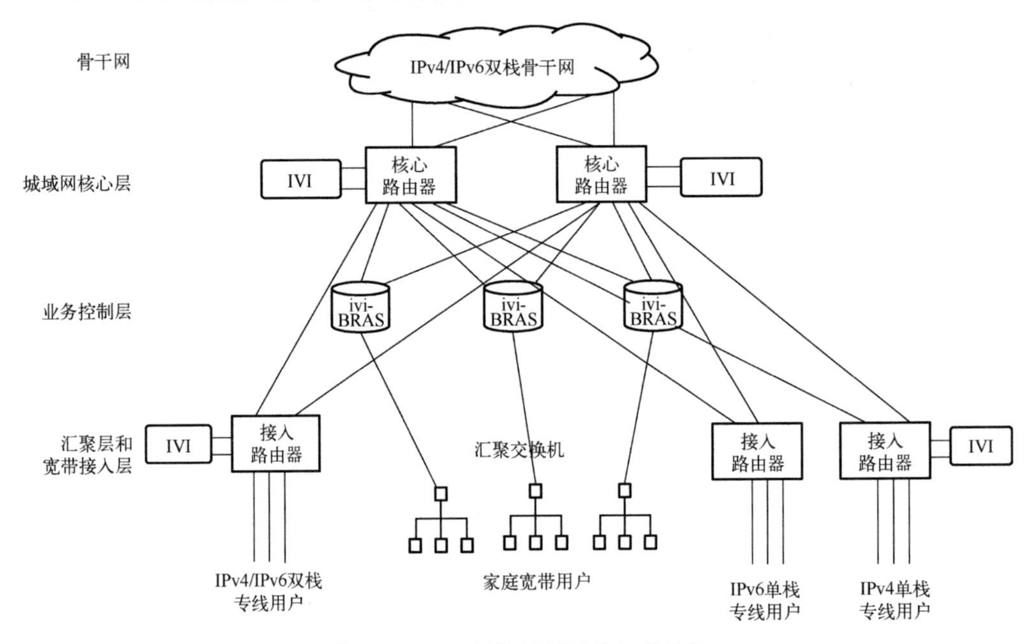

图 15.2　IPv6 单栈城域网的拓扑结构

(1) 城域网的核心层和骨干网之间为 IPv4/IPv6 双栈，需要部署无状态 IPv4/IPv6 翻译器，城域网内部为 IPv6 单栈。

(2) 城域网的业务控制层为 IPv6 单栈，主要为宽带远程接入服务器(broadband remote access server，BRAS)。其功能为用户管理和控制。建议使用级联的 MAP-T 技术，参见本书第 13 章。BRAS 通过 DHCPv6-PD 和 DHCPv6 的 MAP-T 扩展，把 IPv6 前缀和共享的公有 IPv4 地址以 IPv6 的形式分配给用户的家庭网关。

(3) 家庭宽带用户通常配置独立的家庭网关，可以作为 IPv6 路由器和第二级翻译器使用，采用 MAP-T CE 技术，接受 BRAS 的配置参数管理。家庭用户的子网为

IPv4/IPv6 双栈。

(4) 城域网的专线用户既可以是 IPv4 单栈接入，也可以是 IPv4/IPv6 双栈接入，还可以是 IPv6 单栈接入。

①IPv4 单栈接入：通过接入路由器和第二级翻译器，重新翻译成公有 IPv4 地址。具体配置细节参见本书第 13 章。专线用户上的主机，既可以是客户机，也可以是服务器。

②IPv4/IPv6 双栈接入：通过接入路由器和第二级翻译器，重新翻译成公有 IPv4 地址，同时为用户分配 IPv6 前缀。具体配置细节参见本书第 13 章。专线用户上的主机，既可以是客户机，也可以是服务器。

③IPv6 单栈接入：这时用户不仅具有普通的 IPv6 前缀，还有“IPv4 可译 IPv6 地址”前缀。使用“IPv4 可译 IPv6 地址”的主机可以通过城域网核心层的无状态翻译器实现与 IPv4 互联网的互联互通。注意：在这种情况下，需要使用 DNS46 和 DNS64。进一步考虑，IPv6 单栈接入的专线用户也可以安装自己的第二级翻译器，甚至 IPv4 NAT，使自己的内部网络为双栈。

建设和运行 IPv6 单栈城域网需要考虑的技术要点包括以下几点。

1. 地址规划

城域网内部为 IPv6 单栈，内部基础设施使用/48。

对于城域网的家庭用户，建议每个家庭网关至少分配一个/60，以便家庭网关为其下级网络分配多个/64 子网。整个城域网所需的 IPv6 地址空间由用户规模决定。统一使用公有 IPv4 地址，选择恰当的公有 IPv4 地址复用比(建议为 1024)，分配给每一个宽带用户。

对于城域网专线用户，根据商业模型和用户需求，既可以使用运营商的 IPv6 地址，也可以使用用户自带的 IPv6 地址。对于每个专线用户，分配/48，因此每个专线用户可以有 65536 个/64 子网。在上述的子网中，至少需要保留几个/64 作为 IPv4/IPv6 翻译技术的 Pref64 前缀。建议 IPv6 服务器和 IPv6 客户机使用不同的 Pref64。所有的公有 IPv4 地址使用上述 Pref64 映射到 IPv6 地址空间使用，即把 IPv4 地址映射成“IPv4 可译 IPv6 地址”。

2. 路由配置

建议内部路由协议仅传递拓扑结构的信息，运行 OSPFv3，所有用户地址(含服务器地址)通过 BGP(eBGP 和 iBGP)传递。

对于自带 IPv6 地址前缀的用户，其前缀通过 BGP 发布。

3. 域名配置

当城域网提供双重翻译服务时，城域网只需提供通常的域名解析服务。当城域网提供一次翻译服务时，需要在域名解析服务器上增加 DNS64 功能。

信息提供商或专线用户的域名权威服务器通常由用户自建或由第三方提供。当城域网提供一次翻译服务时，相关的域名权威服务器需要增加 DNS46 功能。

4. 安全事项

安全设备是 IPv6 单栈的，由于使用无状态 IPv4/IPv6 翻译技术，城域网的公有 IPv4 地址空间(IPv4 可译 IPv6 地址)以 IPv6 的形式出现，便于管控。因此优于在双栈的情况下分别维护 IPv4 和 IPv6 的安全策略的管理模式。

15.3 主　干　网

主干网是跨地域的 IP 网络，通常具有独立的自治域号码(AS number)，与其他网络用 BGP 互联。其 BGP 的邻居关系包括以下几种。

(1) 连接到上级的“穿透网络”(transit network)，以便与全世界的互联网互联互通。在这种情况下，主干网向上级网络付费。

(2) 连接到对等网络(peers)。在这种情况下，一般只在两个自治域之间交换流量，而不提供流量穿透，同时两个网络之间互不结算(free peering)。

(3) 连接到客户网络(城域网、校园网、企业网等)。在这种情况下，为客户网络提供穿透服务，向客户收费。

15.3.1 主干网双栈改造

IPv4 主干网的双栈改造从理论上讲是在已有 IPv4 主干网的基础上将所有网络层以上设备升级到既支持 IPv4 又支持 IPv6 的双栈模式，这样主干网就可以从逻辑上看成两个网络，一个是 IPv4 部分，另一个是 IPv6 部分。主干网面临着建设和运行双栈带来复杂度的增加、安全性的弱化和运营成本增加的挑战。

15.3.2 IPv6 单栈主干网

IPv6 单栈主干网消除了运行 IPv4 和 IPv6 两种网络协议带来的复杂性、运行的高成本和网络安全威胁。通过翻译技术，可以保证与 IPv4 互联网的互联互通。随着 SRv6 技术的成熟，目前也有主干网开始运行 SRv6，而不再使用传统的 MPLS 技术。

IPv6 单栈主干网涉及新一代过渡技术的标准主要有 RFC6052[1]、RFC7915[2]、RFC6219[3]、RFC6147[5]等。

IPv6 单栈主干网的特点如下：

(1) 符合全世界 IPv6 过渡的发展趋势和中国的战略需求。

(2) 通过 IPv4/IPv6 翻译技术，IPv6 单栈主干网的外特性为双栈，可以保持与 IPv4

互联网的互联互通。

(3) 消除了运行 IPv4 和 IPv6 两种网络协议带来的复杂性、运行的高成本和网络安全威胁。

(4) IPv6 海量的地址资源，可以自然地进行“切片”，对于不同服务配置具有不同安全策略和服务质量的 IPv6 前缀。同时，SRv6 等功能为网络提供了新的工具。

IPv6 单栈主干网的拓扑结构如图 15.3 所示。

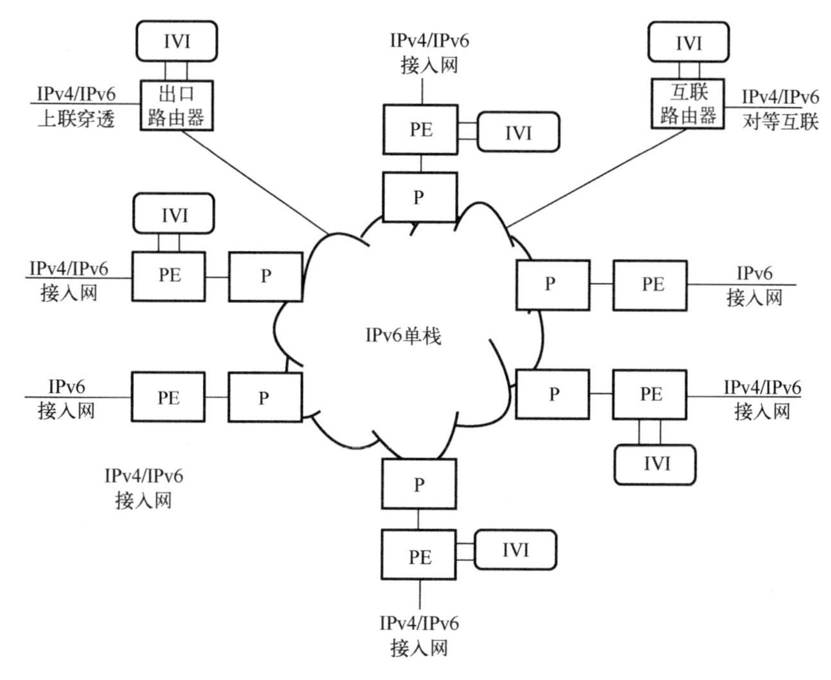

图 15.3 IPv6 单栈主干网

(1) 主干网与其上联穿透、对等互联的网络接口为 IPv4/IPv6 双栈。部署无状态 IPv4/IPv6 翻译器(IVI)，主干网内部为 IPv6 单栈。IPv6 单栈主干网包含核心路由器(provider router，P)、主干网边界路由器(provider edge router，PE)和客户边界路由器(customer edge router，CE，与 PE 互联，在图中未显示)。

(2) 主干网的客户(接入网)既可以是 IPv4 单栈接入，也可以是 IPv4/IPv6 双栈接入，还可以是 IPv6 单栈接入。

①IPv4 单栈接入：通过接入路由器和第二级翻译器，重新翻译成公有 IPv4 地址。具体配置细节参见本书第 13 章。

②IPv4/IPv6 双栈接入：通过接入路由器和第二级翻译器，重新翻译成公有 IPv4 地址，同时为客户网络分配 IPv6 前缀。具体配置细节参见本书第 13 章。

③IPv6 单栈接入：这时客户网络不仅具有普通的 IPv6 前缀，还有“IPv4 可译

IPv6 地址”前缀。使用“IPv4 可译 IPv6 地址”的主机可以通过主干网出口路由器或对等互联路由器配置的无状态翻译器，实现与 IPv4 互联网的互联互通。注意：在这种情况下，需要使用 DNS46 和 DNS64。进一步考虑，IPv6 单栈客户网络也可以安装自己的第二级翻译器，甚至 IPv4 NAT，使自己的内部网络为双栈。

建设和运行 IPv6 单栈主干网需要考虑的技术要点包括以下几点。

1. 地址规划

主干网内部为 IPv6 单栈，内部基础设施使用/48。整个主干网所需的 IPv6 地址空间由用户规模决定。根据商业模型和用户需求，既可以使用运营商的 IPv6 地址，也可以使用用户自带的 IPv6 地址。

主干网需要保留几个/64 作为 IPv4/IPv6 翻译技术的 Pref64 前缀。建议 IPv6 服务器和 IPv6 客户机使用不同的 Pref64。

所有的公有 IPv4 地址使用上述 Pref64 映射到 IPv6 地址空间使用，即把 IPv4 地址映射成“IPv4 可译 IPv6 地址”。

2. 路由配置

建议内部路由协议仅传递拓扑结构的信息，运行 OSPFv3，所有用户地址(含服务器地址)通过 BGP(eBGP 和 iBGP)传递。

对于自带 IPv6 地址前缀的用户，其前缀通过 BGP 发布。

3. 域名配置

当主干网提供双重翻译服务时，主干网可以提供通常的域名解析服务。当主干网提供一次翻译服务时，需要在域名解析服务器上增加 DNS64 功能。

客户网络的域名权威服务器通常由客户网络自建或由第三方提供。当主干网提供一次翻译服务时，相关的域名权威服务器需要增加 DNS46 功能。

4. 安全事项

安全设备是 IPv6 单栈的，由于使用无状态 IPv4/IPv6 翻译技术，城域网的公有 IPv4 地址空间(IPv4 可译 IPv6 地址)以 IPv6 的形式出现，便于管控。

15.4 虚拟专网

虚拟专网是跨越公众互联网的 IP 网络，通常使用私有 IPv4 地址和内部域名系统，与公众互联网不进行互联，或通过设有严格配置的防火墙和安全系统与公众互联网采取具有功能受限的联网。

当实施 IPv6 过渡技术时，虚拟专网内部是否需要升级到 IPv6 目前仍然是一个有争议的问题。其考虑点主要有以下几点。

(1) 除非极大规模的虚拟专网，否则私有 IPv4 地址空间足够了，不存在地址耗尽的问题。

(2) IPv4 有 NAT，因此在需要时可以更加安全地配置防火墙系统与公众互联网相连。

(3) 通常专网内部的应用程序是定制开发的，也不太规范(例如，在应用程序中直接镶嵌 IPv4 地址，而不是使用域名系统)，因此升级到 IPv6 需要重新开发。但是，未来操作系统对于 IPv4 的支持会越来越弱。从长远来看，必须升级到 IPv6。或早或晚，预计总会出现 IPv6 独有的新的通信机制，在这种情况下，虚拟专网的用户需要升级到 IPv6 才能使用新的通信机制。

(4) IPv6 对应的私有地址是 ULA，但由于 IPv6 没有 NAT，当 ULA 需要与公众 IPv6 互联网通信时，需要使用 NPTv6(RFC6296[10]) 技术。

因此，本章以讨论组建内部使用私有 IPv4 地址的虚拟专网为主。最后，类比到组建内部使用 ULA 的虚拟专网。

15.4.1　基于 IPv4 的虚拟专网

使用 IPv4 组建虚拟专网的核心是使用封装技术，如 GRE[11]封装、IPsec[12,13]封装、L2TP[14]封装以及虚拟扩展本地局域网(visual extensible local area network，VxLAN)[15]封装等。在这种情况下，数据报文的源地址和目标地址均为 IPv4 隧道端点的地址，其优点是如果不做进一步的解封装(若是加密封装，则无法进行解封装)，公众互联网无法了解用户通信的五元组。但是，其缺点是可能成千上万的通信进程共享同一对隧道端点，因而很容易被阻碍通信。

15.4.2　基于 IPv6 的虚拟专网

当使用 IPv6 组建虚拟专网时，可以选择以下两种技术。

(1) 基于 RFC2473[16]的封装技术。其优缺点与使用 IPv4 组建虚拟专网类似。即在这种情况下，数据报文的源地址和目标地址均为 IPv4 隧道端点的地址，其优点是如果不做进一步的解封装(若是加密封装，则无法进行解封装)，公众互联网无法了解用户通信的五元组。但是，其缺点是可能成千上万的通信进程共享同一对隧道端点，因而其通信很容易被阻断。

(2) 基于双重翻译(RFC7915[2]和 RFC6052[1]) 技术。在这种情况下，私网地址和 IPv6 地址有一一对应的关系，因此不容易被阻碍通信。对于特定的通信地址可以进行服务质量保证。如果需要加密，可以在传输层进行，或在翻译之后增加一层封装。

使用 IPv6 组建虚拟专网涉及新一代过渡技术的标准主要有 RFC6052[1]、RFC7915[2]、RFC6219[3]、RFC6296[10]等。

使用基于双重翻译技术组建虚拟专网的特点如下：

(1) 符合全世界 IPv6 过渡的发展趋势和中国的战略需求。

(2) 虚拟专网内部可以继续使用私有 IPv4 地址，继续支持已有应用系统。未来可以使用 ULA，支持向 IPv6 过渡。

(3) 通过 IPv6 公众互联网，使用不同的 IPv6 前缀，可以精细控制安全策略和服务质量，保持端对端的特性。

(4) 私网地址和 IPv6 地址有一一对应的关系，因此不容易被阻碍通信。对于特定的通信地址可以进行基于 IPv6 前缀的管理和服务质量保证。如果需要加密，可以在传输层进行，或在翻译之后增加一层封装。

使用 IPv6 组建虚拟专网，可以建设和运行多个虚拟专网，其拓扑结构如图 15.4 所示。

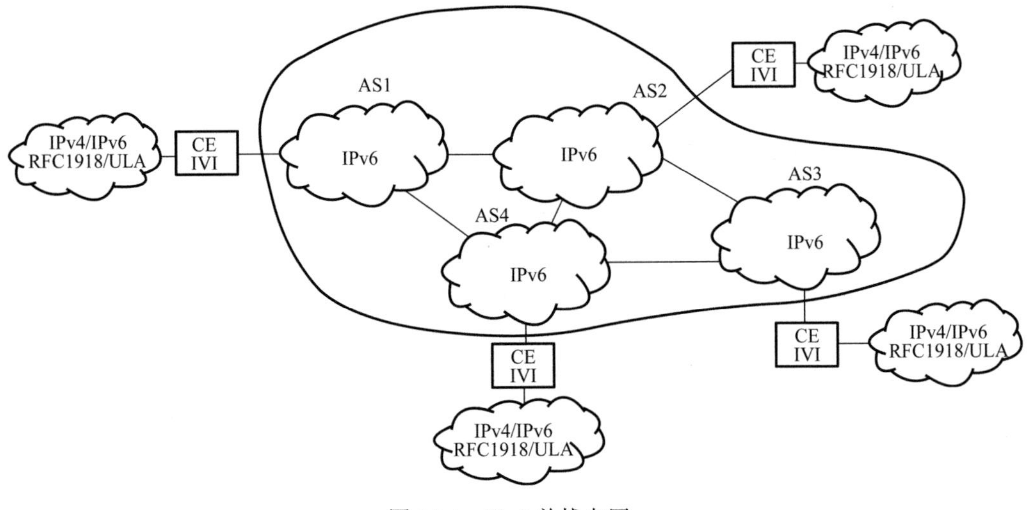

图 15.4　IPv6 单栈专网

(1) 公众互联网(AS1、AS2、AS3 和 AS4)为 IPv6。虚拟专网的用户侧设备(CE IVI)对公众互联网侧为 IPv6，对虚拟专网侧为私有 IPv4 地址。

(2) CE IVI 的具体配置细节参见本书第 13 章；注意，当跨越公众 IPv6 互联网时，翻译器的目标地址和源地址必须使用不同的 IPv6 前缀。

(3) 当虚拟专网使用 ULA 时，建议采用 dNPTv6 技术。

(4) 为了实现更好的安全性和隔离性，在 CE IVI 的翻译前和翻译后，均可以配置五元组的访问控制表。

(5) 当需要内容加密时，可以在传输层进行(RFC8446[17])，或在翻译之后增加一层封装。

(6) 若需要，也可以在公众互联网建立 SRv6 等隧道，进一步隔离。

建设和运行基于 IPv6 的虚拟专网需要考虑的技术要点包括以下几点。

1. 地址规划

虚拟专网需要考虑两个地址规划问题。

(1) 虚拟专网的外部网络地址，即公有 IPv6 地址。通常使用互联网服务提供商的前缀作为 Pref64。如果虚拟专网所有接入点为单一互联网服务提供商，则源地址和目标地址的映射可以使用/48 作为统一的 Pref64，这样可以自动保证最优路由。如果虚拟专网所有接入点为多个互联网服务提供商，则源地址和目标地址的映射必须使用不同的 Pref64，其前缀长度建议为/64。

(2) 虚拟专网的内部网络地址，当虚拟专网内部为 IPv4 时，使用私有 IPv4 地址。当虚拟专网内部为 IPv6 时，使用 ULA。

2. 路由配置

通过翻译技术，虚拟专网的内部网络地址映射成“IPv4 可译 IPv6 地址”，因此互联网服务提供商的公网路由就可以保证虚拟专网各个接入节点的可达性。

3. 域名配置

虚拟专网为双重翻译，使用通用的 DNS 系统配置即可。

4. 安全事项

安全设备是 IPv6 单栈的，由于使用无状态 IPv4/IPv6 翻译技术，城域网的公有 IPv4 地址空间(IPv4 可译 IPv6 地址)以 IPv6 的形式出现，便于管控。

15.5 数 据 中 心

数据中心中可以直接安装物理机提供服务，但目前数据中心大量使用的是采用虚拟化技术提供公有云、私有云或混合云的服务。一般情况下数据中心包含以下组件。

(1) 对外服务器：互联网上的用户可以访问对外服务器提供的信息服务。

(2) 内部服务器：内部的计算资源和存储资源。

(3) 配套系统：包含安全防护系统、管理计费系统等。

15.5.1 数据中心双栈改造

目前典型的 IPv4/IPv6 双栈数据中心的技术方案仍然以 IPv4 为主。

1) 物理机

(1) 对外服务器：配置公有 IPv4 地址，既可以为互联网用户提供服务，也可以使用同一个公网 IPv4 地址访问 IPv4 互联网。双栈改造时增加配置 IPv6 地址，为 IPv6

互联网用户提供服务。

(2) 内部服务器：配置私有 IPv4 地址，供数据中心内部服务器之间通信。私有 IPv4 地址通过 NAT，可以作为客户机访问 IPv4 互联网。一般不对内部服务器配置 IPv6 地址。

(3) 配套系统：分别根据互联网通信的 IPv4 和 IPv6“五元组”(协议、源地址、源端口、目标地址、目标端口)，配置访问控制表。

2) 云中的虚拟机

(1) 所有的虚拟机配置私有 IPv4 地址，供数据中心内部服务器之间通信。私有 IPv4 地址通过 NAT，可以作为客户机访问 IPv4 互联网。

(2) 对外服务器：当虚拟机需要对外提供服务时，绑定随机分配的公有 IPv4 地址 (floating IP) 对外提供服务。双栈改造时对虚拟机增加配置 IPv6 地址，为 IPv6 互联网用户提供服务。

(3) 配套系统：分别根据互联网通信的 IPv4 和 IPv6“五元组”(协议、源地址、源端口、目标地址、目标端口)，配置访问控制表。

数据中心面临着建设和运行双栈带来的复杂度的增加、安全性的弱化和运营成本增加的挑战。

15.5.2　IPv6 单栈数据中心

IPv6 单栈数据中心消除了运行 IPv4 和 IPv6 两种网络协议带来的复杂性、运行的高成本和网络安全威胁。通过翻译技术，可以保证与 IPv4 互联网的互联互通。

IPv6 单栈数据中心涉及新一代过渡技术的标准主要有 RFC6052[1]、RFC7915[2]、RFC6219[3]、RFC6146[4]、RFC6147[5]、RFC7050[8]等。

IPv6 单栈数据中心的特点如下：

(1) 符合全世界 IPv6 过渡的发展趋势和中国的战略需求。

(2) 通过 IPv4/IPv6 翻译技术，IPv6 单栈数据中心的外特性为双栈，可以保持与 IPv4 互联网的互联互通。

(3) 消除了运行 IPv4 和 IPv6 两种网络协议带来的复杂性、运行的高成本和网络安全威胁。

(4) 通过 IPv6 复用公有 IPv4 地址，可以充分地使用稀缺的公有 IPv4 地址资源。

(5) IPv6 海量的地址资源，可以自然地进行“切片”，对于不同服务配置具有不同安全策略和服务质量的 IPv6 前缀。同时，SRv6 等功能为网络提供了新的工具。

IPv6 单栈数据中心的拓扑结构如图 15.5 所示。

(1) 数据中心的对外出口是 IPv4 和 IPv6 双栈的，部署无状态 IPv4/IPv6 翻译器，数据中心内部为 IPv6 单栈。

(2) 数据中心一般是多出口。

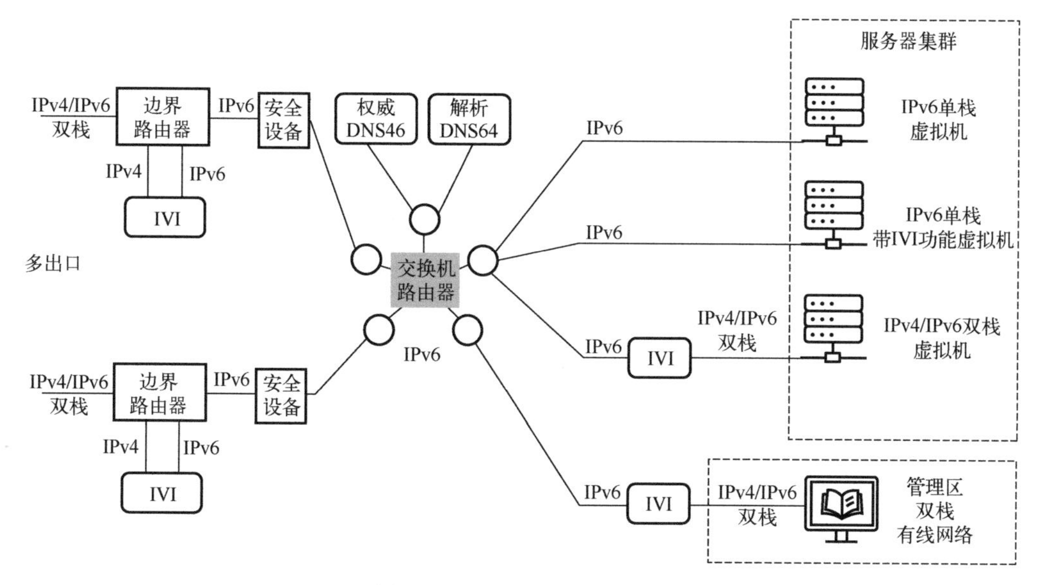

图 15.5　IPv6 单栈数据中心

(3)数据中心的服务器集群可以配置为 IPv6 单栈，对于需要被 IPv4 互联网用户访问的服务器(虚拟机)配置“IPv4 可译 IPv6 地址”。具体配置细节参见本书第 13 章。

(4)数据中心的服务器集群可以配置为 IPv4/IPv6 双栈，即配置第二级翻译器，这样无论是物理机，还是云中的虚拟机，均可以使用现有的 IPv4 单栈技术或双栈改造技术提供服务。具体配置细节参见本书第 13 章。

(5)需要指出的是，第二级翻译器既可以是物理设备，也可以通过虚拟路由器配置路由，由虚拟机来实现，也可以直接集成到提供服务的虚拟机之中。具体配置细节参见本书第 13 章。

建设和运行 IPv6 单栈数据中心需要考虑的技术要点包括以下几点。

1. 地址规划

数据中心内部为 IPv6 单栈，内部基础设施使用/48。

数据中心一般是多出口。对于 IPv4，数据中心通常使用独立于运营商的地址(即 PI 地址)，采用 BGP 进行互联。但对于 IPv6，则有两种模式。

(1)数据中心使用独立于运营商的 IPv6 地址(即 PI 地址)，采用 BGP 进行互联。

(2)数据中心使用运营商的 IPv6 地址(即 PA 地址)。数据中心的服务器根据需求配置多个 IPv6 地址，对应于不同的运营商。

无论采用上述哪一种模式，所有的公有 IPv4 地址应使用 Pref64 映射到 IPv6 地址空间使用，即把 IPv4 地址映射成“IPv4 可译 IPv6 地址”。

2. 路由配置

数据中心为 IPv6 单栈，其路由协议的配置有两种模式。

(1) 数据中心配置 IGP 和 BGP。其中 IGP 仅仅传递拓扑结构的信息，运行 OSPFv3。所有服务器的地址通过 BGP (eBGP 和 iBGP) 传递。

(2) 数据中心不配置 IGP，所有子网之间运行 eBGP。

3. 域名配置

配置域名权威服务器(实现 DNS46 功能)和域名解析服务器(实现 DNS64 功能)。

4. 安全事项

安全设备是 IPv6 单栈的，由于使用无状态 IPv4/IPv6 翻译技术，城域网的公有 IPv4 地址空间(IPv4 可译 IPv6 地址)以 IPv6 的形式出现，便于管控。

15.6 交换中心

从历史上看，早期互联网其实没有交换中心，因为只有一个骨干网，即 NSFNET。然而，自 1995 年起，随着互联网逐渐走向商业化，世界上出现了多个主干网。开始时，各主干网之间虽有某种形式的互联，但往往没有形成最佳路径。为了加速流量交换，逐渐衍生出了互联网交换中心。此后，由于技术的不断发展，不同主干网之间的流量交换越来越大。在过去十年中，很多大型网络相互间都建立起了直连通道，不再需要通过交换中心进行交换，交换中心因而有被冷落的趋势。然而，市场演进对于技术的需求往往是变化的。随着互联网的进一步发展，以及本地化和可靠性的需求，越来越多的新型互联网交换中心重返舞台。

回顾互联网历史，最可靠的网络实际上是去中心化、分布式的。但是由于诸多因素，互联网在某种形式上越来越趋于中心化。尤其是近些年，从运营商的角度而言，中心化更为明显。因此，新型互联网交换中心所具有的去中心化特点其实非常符合互联网的发展趋势和需求。

新型互联网交换中心一般具有以下特点。

(1) 中立性：一般由非电信运营商控制的第三方建立并运营。

(2) 对等：接入“交换中心”(internet exchange，IX) 平台的各家运营商之间在交换流量时，一般采用免费对等互联策略。

(3) 微利或非营利性：IX 平台本身只提供接入平台，不参与成员间的流量交换，在收费模式上只收取端口占用费。

15.6.1　交换中心双栈改造

大多数互联网交换中心采用二层架构，运营商可以通过二层交换机相互建立 BGP 邻居，在这种情况下，是 IPv4 单栈、IPv4/IPv6 双栈还是 IPv6 单栈，取决于运营商自己的路由器的策略。同时，互联网交换中心通常还配置路由服务器，具有独立的自治域号码，因此，接入互联网交换中心的运营商可以与路由服务器建立 BGP 邻居关系，这样可以避免 BGP 邻居的平方率扩展性问题(N^2)。

如上所述，鉴于互联网交换中心的二层特性，互联网交换中心的双栈改造表面上看起来相对简单。但是，数据中心也面临着建设和运行双栈带来的复杂度的增加、安全性的弱化和运营成本增加的挑战。

15.6.2　IPv6 单栈交换中心

IPv6 单栈交换中心消除了运行 IPv4 和 IPv6 两种网络协议带来的复杂性、运行的高成本和网络安全威胁。通过翻译技术，可以保证与 IPv4 互联网的互联互通。

IPv6 单栈交换中心涉及新一代过渡技术的标准主要有 RFC6052[1]、RFC7915[2]、RFC6219[3]等。

IPv6 单栈交换中心的特点如下：

(1)符合全世界 IPv6 过渡的发展趋势和中国的战略需求。

(2)通过 IPv4/IPv6 翻译技术，IPv6 单栈互联网的外特性为双栈，可以保持与 IPv4 互联网的互联互通。

(3)消除了运行 IPv4 和 IPv6 两种网络协议带来的复杂性、运行的高成本和网络安全威胁。

(4)可以实现动态调度的互联互通。因为翻译技术配置便利，所以在一些需要大量 IPv4 地址的特殊场景下，如与国际互通时，可以通过翻译技术，动态地将临时需要的大量公有 IPv4 地址分配给需要的应用。

(5)可以实现扩展的互联互通。目前的 IPv4 地址分配仅支持整体分配，但借助翻译技术，可以扩展分配给用户 $1/N$ 个 IPv4 地址。在绑定端口之后，根据需求分配，而不需要占用整个 IPv4 地址。在世界各国不可能在短期内全部实现单栈的情况下，通过扩展分配可以提高稀缺的 IPv4 地址资源的使用效率。

(6)可以实现网络切片的互联互通。对于未来的 IPv6 单栈互联网交换中心，IPv4 可能永远存在，但将作为 IPv6 地址的一个子集而存在，其实现路径可以通过双重翻译技术对 IPv4 地址进行切片，也可以通过 SRv6 的切片技术来完成。使用 SRv6 技术，新型交换中心可以对不同 SRv6 切片根据不同的路由策略进行交换，其深远的影响在今后的实践过程中才会逐步体现出来。

IPv6 单栈交换中心的拓扑结构如图 15.6 所示。

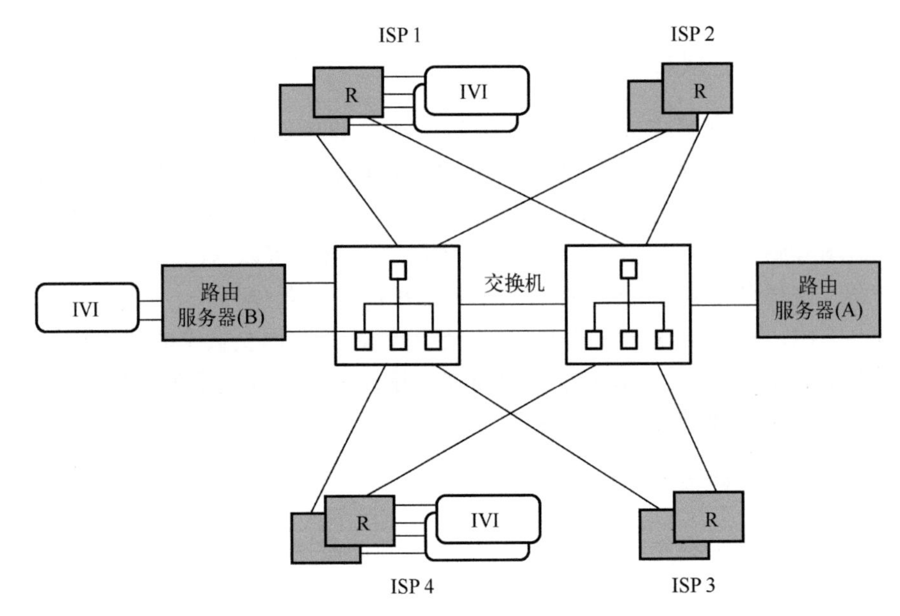

图 15.6　IPv6 单栈交换中心的拓扑结构

(1) 互联网交换中心的交换机为二层设备，与协议无关。

(2) 部署路由服务器。

(3) 部署翻译器。

建设和运行 IPv6 单栈交换中心需要考虑的技术要点包括以下几点。

1. 地址规划

交换中心内部为 IPv6 单栈，内部基础设施使用/48，交换中心客户自带 IPv6 地址。

交换中心需要保留几个/64 作为 IPv4/IPv6 翻译技术的 Pref64 前缀。建议不同的 IPv4 和 IPv6 互通业务使用不同的 Pref64。所有的公有 IPv4 地址使用上述 Pref64 映射到 IPv6 地址空间使用，即把 IPv4 地址映射成“IPv4 可译 IPv6 地址”。

2. 路由配置

交换中心的路由服务器一般可分为两类。

(1) 第一类为 IPv6 单栈路由服务器(A)，各个运营商仅以 IPv6 与 IPv6 单栈路由服务器建立 BGP 邻居关系。在这种情况下，运营商运行自己的翻译器。即运营商的网络为双栈，在 IPv6 单栈互联网交换中心既交换常规 IPv6 地址的流量，也交换“IPv4 可译 IPv6 地址”的流量。在这种情况下，可能需要 BGP 扩展。注意，路由服务器是控制平面的设备，实际流量不通过路由服务器，而是直接通过二层交换机交换。

(2) 第二类为 IPv4/IPv6 双栈路由服务器(B)并配置翻译器(IVI)。这时，某些运营商与路由服务器分别建立 IPv4 和 IPv6 的 BGP 邻居关系。在这种情况下，交换中心的翻译器(IVI)提供 IPv4 流量和 IPv6 流量之间的翻译服务。注意，此时对于 IPv4 流量或 IPv6 流量，路由服务器还是控制平面的设备，这些同一协议的流量不通过路由服务器，而是直接通过二层交换机交换。只有 IPv4 和 IPv6 通过翻译互联互通的流量才通过路由服务器和翻译器。

3. 域名配置

当交换中心提供双重翻译服务时，可以提供通常的域名解析服务。当交换中心提供一次翻译服务时，需要在域名解析服务器上增加 DNS64 功能。

客户网络的域名权威服务器通常由客户网络自建或由第三方提供。当交换中心提供一次翻译服务时，相关的域名权威服务器需要增加 DNS46 功能。

4. 安全事项

安全设备是 IPv6 单栈的，由于使用无状态 IPv4/IPv6 翻译技术，城域网的公有 IPv4 地址空间(IPv4 可译 IPv6 地址)以 IPv6 的形式出现，便于管控。

15.7　互　联　网

可以预期全球互联网最终会完成到 IPv6 的过渡，新一代 IPv6 过渡技术应该可以完成这个使命。虽然目前还无法预料这个 IPv6 的过渡过程究竟有多长，但可以得出以下几个结论。

(1) 新一代 IPv6 过渡的核心是翻译技术，翻译技术使不兼容的 IPv4 和 IPv6 互联互通。因此，IPv6 单栈网络自然是全球互联网的一部分。

(2) 翻译技术的基础是无状态翻译技术，因此符合互联网最本质的特性，其实质是可以使 IPv4 与 IPv6 互联互通的路由器，因此具有互联网的可扩展性和安全性。

(3) 翻译技术可以独立增量部署，部署翻译技术的网络，其内部为 IPv6 单栈，外特性为双栈。因此各个网络保持与 IPv4 和 IPv6 互联互通的特性，保持全球单一的互联网。

(4) 在上述独立部署的过程中，为了保持网络各个部分双栈的外特性，数据平面可能会有双重翻译，甚至多重翻译存在。但通过网络间的 BGP 的扩展，可以简化网络间冗余的多重翻译，即“IPv4 可译 IPv6 地址”可以跨网，跨自治域系统。因此能够逐步进化到 IPv6 单栈互联网。

(5) 通过无状态翻译技术，无论是公有 IPv4 地址，还是私有 IPv4 地址，都可以看成某一个 IPv6 地址空间的子集，因此在 IPv6 单栈互联网中，IPv4 依然存在，以

IPv6 地址的形式存在，依然可以继续使用。因此，极其困难的 IPv4 到 IPv6 的过渡问题迎刃而解了。

根据上述讨论，IPv6 单栈互联网如图 15.7 所示。

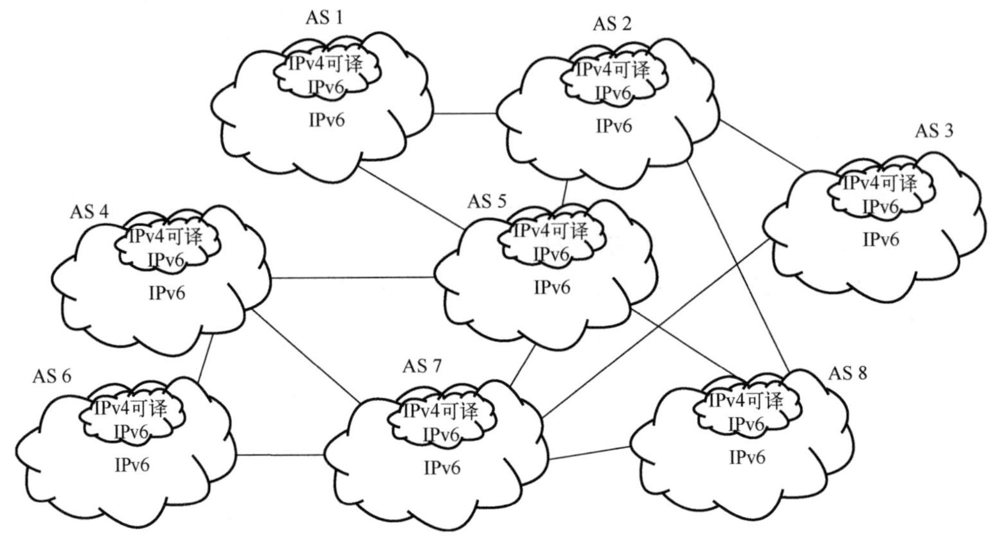

图 15.7　IPv6 单栈互联网

(1) 各个 IPv6 单栈网络通过 BGP 交换可达信息，构成全球 IPv6 互联网。

(2) 各个 IPv6 单栈网络中的某些 IPv6 地址包含 IPv4 地址(IPv4 可译 IPv6 地址)。“IPv4 可译 IPv6 地址”的可达信息通过 BGP 扩展交换。

(3) 在需要时，这些“IPv4 可译 IPv6 地址”既可以通过翻译器以 IPv4 的形式使用，也可以直接以 IPv6 的形式使用。

15.8　本 章 小 结

本章介绍了 IPv6 单栈网络系统，包括 IPv6 单栈校园网、IPv6 单栈城域网、IPv6 单栈主干网，以及 IPv6 单栈数据中心、IPv6 单栈交换中心及 IPv6 虚拟专网等场景下部署无状态翻译技术的原理、步骤和实例。

参 考 文 献

[1] Bao C, Huitema C, Bagnulo M, et al. RFC6052: IPv6 addressing of IPv4/IPv6 translators. IETF 2010-10.

[2] Bao C, Li X, Baker F, et al. RFC7915: IP/ICMP translation algorithm. IETF 2016-06.

[3] Li X, Bao C, Chen M, et al. RFC6219: The China Education and Research Network（CERNET）IVI translation design and deployment for the IPv4/IPv6 coexistence and transition. IETF 2011-05.

[4] Bagnulo M, Matthews P, Beijnum I. RFC6146: Stateful NAT64: Network address and protocol translation from IPv6 clients to IPv4 servers. IETF 2011-04.

[5] Bagnulo M, Sullivan A, Matthews P, et al. RFC6147: DNS64: DNS extensions for network address translation from IPv6 clients to IPv4 servers. IETF 2011-04.

[6] Li X, Bao C, Dec W, et al. RFC7599: Mapping of address and port using translation（MAP-T）. IETF 2015-07.

[7] Mawatari M, Kawashima M, Byrne C. RFC6877: 464XLAT: Combination of stateful and stateless translation. IETF 2013-04.

[8] Savolainen T, Korhonen J, Wing D. RFC7050: Discovery of the IPv6 prefix used for IPv6 address synthesis. IETF 2013-11.

[9] Mrugalski T, Troan O, Farrer I, et al. RFC7598: DHCPv6 options for configuration of softwire address and port-mapped clients. IETF 2015-07.

[10] Wasserman M, Baker F. RFC6296: IPv6-to-IPv6 network prefix translation. IETF 2011-06.

[11] Farinacci D, Li T, Hanks S, et al. RFC2784: Generic routing encapsulation（GRE）. IETF 2000-03.

[12] Kent S, Seo K. RFC4301: Security architecture for the internet protocol. IETF 2005-11.

[13] Kent S. RFC4302：IP authentication header. IETF 2005-12.

[14] Townsley W, Valencia A, Rubens A, et al. RFC2661: Layer two tunneling protocol "L2TP". IETF 1999-08.

[15] Mahalingam M, Dutt D, Duda K, et al. RFC7348: Virtual extensible local area network（VXLAN）: A framework for overlaying virtualized layer 2 networks over layer 3 networks. IETF 2014-08.

[16] Conta A, Deering S. RFC2473: Generic packet tunneling in IPv6 specification. IETF 1998-12.

[17] Rescorla E. RFC8446: The transport layer security（TLS）protocol version 1.3. IETF 2018-08.

第 16 章　未来网络协议的过渡

16.1　未来网络过渡技术设计原理建议

IPv6 的设计原则之一是长寿性，RFC1726[1]指出：“在网络层更新协议是一件极其困难的任务，甚至是无法做到的。很难指望人们愿意每十到十五年更新非后向兼容的 IP 层协议。因此，IPng 必须能够至少在二十年内不过期。”但是，人们对于网络的需求和技术的进步是必然的。无论早晚，总会出现新的网络体系结构和相关协议，目前可以称它为“未来网络”。

未来网络体系结构可能继续沿用互联网的架构，即报头结构的开头 4 比特为新的版本号(如果去掉已经被临时试验使用的版本号，目前有 10～15 可用)，也可能是完全不同的网络体系结构。

在学习互联网的历史[2,3]，深入理解 ARPANET 的设计原则[4]、互联网的设计原则[5,6]、IPv6 的设计原则[1]以及网络体系结构研究[7]的经验的基础上，结合新一代 IPv6 过渡技术的研究体会，我们建议对于继续沿用目前互联网设计理念和体系结构的未来网络的过渡技术考虑以下几点。

16.1.1　一般原则

1. 新功能和后向兼容性

在可以预期的未来，IPv6 的地址空间足以应对包括移动互联网、云计算和物联网的需求。因此，只有革命性的应用需求和突破性的技术进展才有可能鼓励供应商、服务提供商和用户切换到未来网络。因此，未来网络协议不会与现在的互联网协议(IPv4 或 IPv6)完全兼容，也不可能使其完全兼容。

因此，未来网络协议本身必须支持现有互联网协议(IPv4 或 IPv6)无法支持的新的应用，基于这一考虑，未来网络协议不需要考虑后向兼容性。

需要指出的是：兼容性指的是未来网络协议和现有网络协议可以直接互通。但通过在不同协议网络的边界部署翻译器，有可能实现网络层间接的互联互通。因此，不考虑后向兼容性并不意味着不考虑可译性。

2. 可译性

从另一方面看，网络的价值是用户数的平方，与 IPv4 或 IPv6 不能互联互通的未来网络很难在大尺度的范围内部署。虽然从理论上讲，双栈(甚至是“多栈”)的策略也可以用在现有互联网(IPv4 或 IPv6)和未来网络之间，但 IPv6 的过渡经验教训显示“多栈”并不能实现新的网络协议的过渡。

因此，基于本书讨论的新一代 IPv6 过渡技术的研究发展的经验，未来网络协议与 IPv6(IPv6 与 IPv4 之间是可译的)之间必须是可译的。进一步说，未来网络协议与 IPv6 应该争取做到在网络层是可译的。

3. 端对端的地址透明性

互联网非常重要的一个概念是“端对端地址透明性”(RFC2775[6])。根据互联网的原始定义，端对端地址透明性意味着全球唯一编址，同时意味着数据报文的源地址和目标地址在从源到目标的整个传输过程中保持不变。

不幸的是，由于公有 IPv4 地址的耗尽、安全问题等，引入有状态地址翻译(NAT)的现今全球互联网在很大程度上已经失去了端对端地址透明性。

由于 IPv6 具有海量的寻址空间，人们希望通过 IPv6 恢复端对端地址透明性，即不存在 NAT66，IPv6 互联网上所有的联网设备具有全局唯一的 IPv6 地址，并在安全策略允许的情况下可达。

新一代 IPv6 过渡技术的核心“无状态 IPv4/IPv6 翻译过渡技术”在 IPv4 和 IPv6 之间建立了广义端对端的地址透明性。例如，IPv6 互联网上的“IPv4 可译 IPv6 地址”与 IPv4 互联网上的 IPv4 地址具有端对端的地址透明性。这一概念表明：虽然 IPv6 的寻址空间比 IPv4 的寻址空间增大了指数级的倍数，但在从 IPv4 向 IPv6 过渡的阶段，可以先使用海量 IPv6 地址空间的子集，该子集与 IPv4 地址全集具有端对端的地址透明性。在 IPv6 成为主流的网络协议时，再启用与 IPv4 不具备端对端地址透明性的 IPv6 地址空间，如图 16.1 所示。

因此，基于本书讨论的新一代 IPv6 过渡技术，在从 IPv6 向未来网络过渡的阶段，可以先使用未来网络地址空间的子集，该子集与 IPv6 地址全集具有端对端地址透明性。未来网络成为占主流的网络协议时，再启用与 IPv6 不具备端对端地址透明性的未来网络地址空间，如图 16.2 所示。

4. 体系结构的简洁性

未来网络体系结构的完美性并不是体现在该加的功能都增加了，而是没有任何功能能够被去掉。未来网络继续保持互联网(IPv4 或 IPv6)的沙漏模型，即任何能够通过高层协议实现的功能应该由高层协议实现，同时必须要求未来网络可以在任何底层通信协议(包括 IPv4、IPv6)上运行。

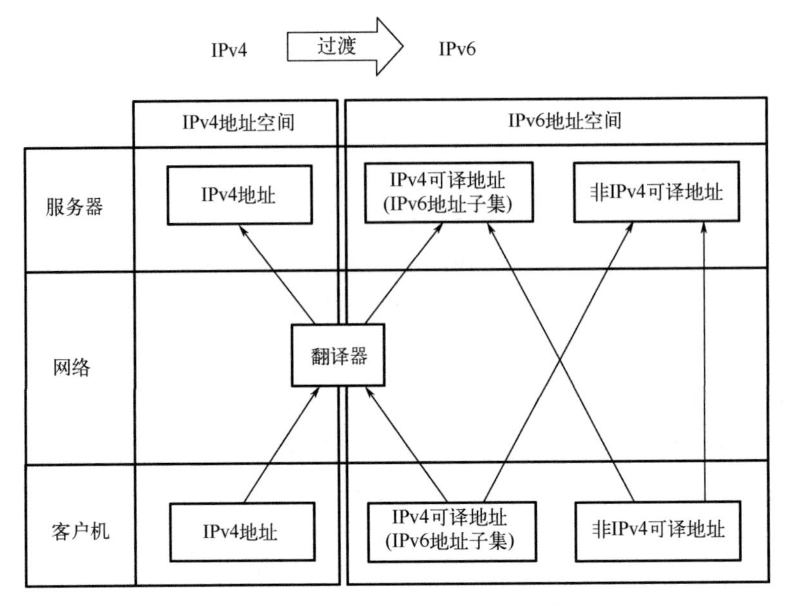

图 16.1　IPv4 是 IPv6 的地址子集

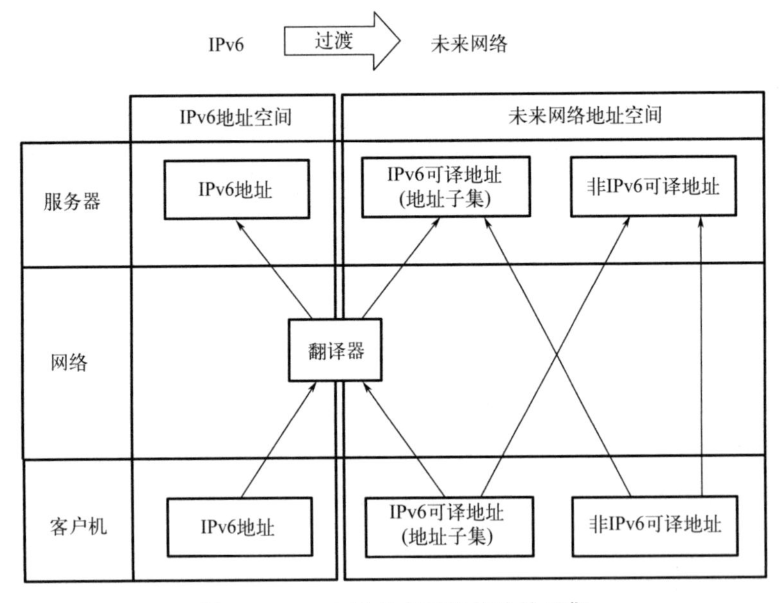

图 16.2　IPv6 是未来网络的地址子集

5. 分布性和合作的无政府主义

互联网成功的一个主要因素是对于整个网络并没有单一的、集中式的控制点或政策颁布者。这种分散和脱钩的本质必须在未来网络上得到保留。换言之，整个未来网络社区仅仅能够容忍最低程度的中心化和强迫合作。其好处是：①更容易试验新的协议和服务；②消除单点故障点；③允许分布式部署和管理。

16.1.2 工具和技术模块

未来网络设备是实现过渡技术的实体，应该具有以下功能。

1. 路由和转发

路由是确定传输路径以便把未来网络数据报文传送到目标节点。转发是根据路由策略，把未来网络数据报文高效地发送到目标节点。

实现过渡技术的实体，必须实现对于互联网协议(IPv6 或/和 IPv4)，以及未来网络的数据报文的路由和转发。

2. 地址映射

地址映射是在不同协议的网络地址之间建立映射关系。无状态地址映射是指在两个协议之间的双向地址变换都是基于算法的。有状态地址映射是两个协议之间至少一个方向的映射是动态生成的。

实现过渡技术的实体，必须实现对于互联网协议(IPv6 或/和 IPv4)，以及未来网络的数据报文的地址映射。同时，建议首选基于算法的无状态映射。

3. 协议翻译

协议翻译是在不同协议的数据报头之间进行对应的变换，即必须保证不同协议之间在网络层是可译的。可译性是互联互通的基础，协议翻译包括地址映射。

实现过渡技术的实体，必须实现对于互联网协议(IPv6 或/和 IPv4)，以及未来网络的数据报文的协议翻译。

4. 协议封装

协议封装是把一个网络层数据报文(含载荷)封装在另一个数据报文的载荷部分的技术。协议封装不能实现不同协议之间的互联互通，但可以跨越运行不同网络协议的网络。隧道技术是一种特殊的协议封装模式。IPv6 的扩展报头也是协议封装。需要指出的是，SRv6 也可以理解为一种特殊的协议封装模式。协议封装也可以使用地址映射。

实现过渡技术的实体，必须实现对于互联网协议(IPv6 或/和 IPv4)，以及未来网络的数据报文的协议封装。

综合上述考虑，未来网络必须和 IPv4、IPv6 互联互通，其架构和工具如图 16.3 所示。

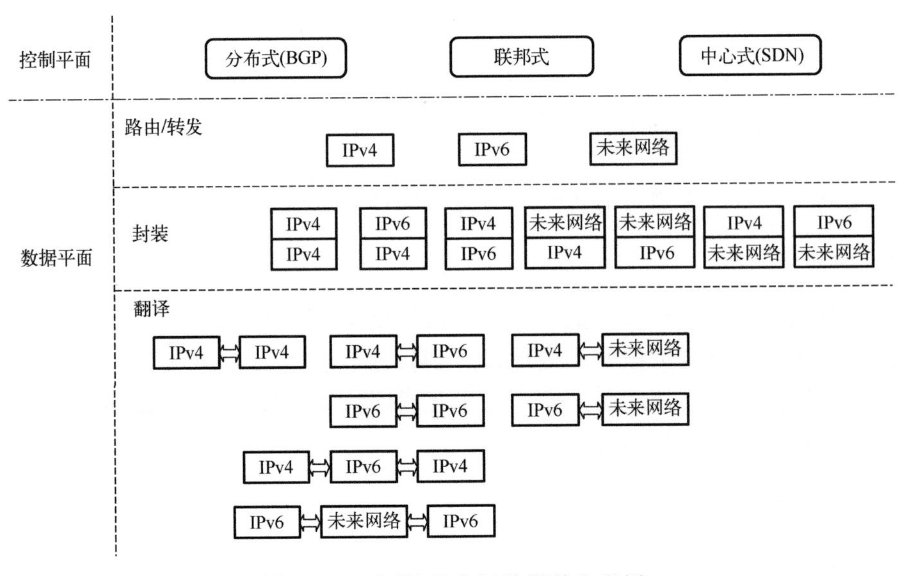

图 16.3　不同协议之间的封装和翻译

16.2　过渡技术的回顾和展望

从历史的尺度来看，人类通信网络的发展历史是新技术取代旧技术，不断换代的历史。同时，也是从前一代技术过渡到新一代技术的历史，如图 16.4 所示。

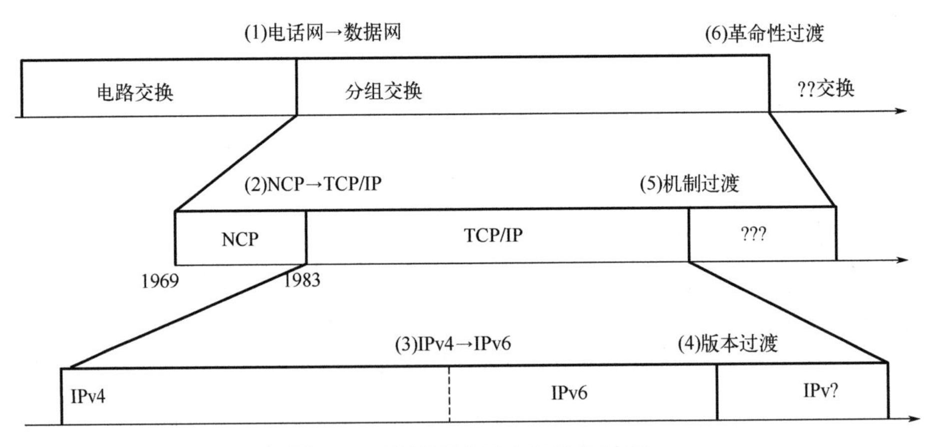

图 16.4　通信网络历史和换代过渡

16.2.1　从电话网到数据网

传统的通信网络基于电路交换的原理，之后以 ARPANET 为代表，开创了分组交换的时代，导致了互联网的诞生并取得了巨大成功。

有趣的是，ARPANET 设计师克雷格 · 帕特里奇的原则明确包含“不要担心后向兼容性”。Clark[7]的原则也没有提到与传统通信网(电话网等)的兼容性问题。ARPANET 是世界上第一个大规模的分组交换网，与基于电路交换的电话网有革命性的不同。可以认为，如果在设计 ARPANET 时考虑与电话网的兼容性，不可能产生革命性的、新的网络协议。

从技术的角度看，第一代分组网络与传统电路交换网络的关系是一种特殊的“封装”，即分组交换网络(网络层协议)运行在传统电话网(提供的专线)之上。

更重要的是，分组网络提供了新的应用(Telnet、FTP、E-mail)，这是传统电路交换无法大规模提供的。

16.2.2　从 NCP 到 TCP/IP

互联网的第一次过渡(从 NCP 到 TCP/IP)取得了成功[8]，其要点如下：

(1) TCP/IP 与 NCP 是不兼容的，但 TCP/IP 具有 NCP 所没有的互联功能，没有其他的变通方案。

(2) NCP 到 TCP/IP 的过渡是在单一的管理域(ARPANET)中实现的，可以强制实施，所涉及的网络规模不大，所需支持的应用(Telnct、FTP、SMTP 等)不多。

(3) 明确设定了过渡期限为 1 年，在过渡期内为所有应用提供翻译服务功能(即 NCP 单栈主机和 TCP 单栈主机可以通过“中继器”进行通信)，同时已有 NCP 单栈主机必须升级成同时支持 NCP 和 TCP/IP 的“双栈”主机，新建主机必须是 TCP/IP 单栈。

(4) 明确设定了“标志日”，过了“标志日”就停止对 NCP 的支持。

16.2.3　从 IPv4 到 IPv6

IPv6 不能与 IPv4 兼容，因此使用 IPv6 的主机无法与原有使用 IPv4 的主机通信。IETF 最早推荐从 IPv4 向 IPv6 过渡采用双栈技术和隧道技术，但双栈技术和隧道技术都不能够使 IPv6 单栈网络和主机与 IPv4 单栈网络和主机互联互通。

今天，整个互联网的规模使其不可能在短时间内进行 IPv4 到 IPv6 的切换，因此不存在“标志日”。在长期的过渡过程中，大量的 IPv4 的应用业务仍将在较长一段时期内存在并会以缓慢的速度逐步过渡到 IPv6。在这个过渡期间，IPv4 和 IPv6 的不兼容性使 IPv6 的用户无法直接访问 IPv4 网络上的资源，同时，IPv4 用户也无法直接访问 IPv6 网络上的资源。这就给 IPv6 网络的进一步部署和应用带来了巨大的困难[9]。

新一代 IPv6 过渡引入了基于无状态翻译技术的系列过渡技术。

(1) 新建 IPv6 单栈网络上的客户机可以访问 IPv4 互联网上的服务器。

(2) IPv6 单栈网络上的服务器可以为 IPv4 互联网上的客户机提供服务。

(3) 双重翻译技术可以保证几乎完美地兼容传统的 IPv4 和应用，并可以无缝地演进到一次翻译技术，最终演进到 IPv6 单栈。

在这种情况下，互联网的价值是 IPv4 用户和 IPv6 用户之和的平方。换言之，新建 IPv6 单栈网络的用户不仅不损失与 IPv4 互联网通信的能力，还可以具有 IPv6 新的功能。在这种情况下，也不必像双栈网络那样纠结什么时候关闭 IPv4。因此可以预计，随着与 IPv4 互联网可以互联互通的 IPv6 单栈网络的部署，向 IPv6 单栈过渡才真正启动并逐步完成。

16.2.4　从 IPv6 到未来网络

未来网络究竟是新一个版本的基于无连接分组交换的互联网协议，还是又一次完全不同、革命性的突破，目前还无法得出结论。因此，存在如下两种可能性。

1. 未来网络是新一个版本的基于无连接分组交换的互联网协议

如果未来网络是新一个版本的基于无连接分组交换的互联网协议，则未来网络的协议应该设计成与 IPv6 是“可译的”，以便保证与 IPv6 互联互通。

2. 未来网络与现在互联网使用完全不同的机制

如果未来网络发展成完全不同于现在互联网的机制，即该未来网络协议与现有的互联网协议不“可译”，则未来网络与 IPv6 的关系是某种形式的“封装”。

(1) 未来网络封装在 IPv6 之上，即未来网络可以运行在 IPv6 之上，由 IPv6 提供大规模的连接。

(2) IPv6 封装在未来网络之上，即现有互联网的应用可以通过 IPv6 在未来网络上运行。

注意，本书一再强调的观点是，只有翻译技术才能实现不同的且不兼容的网络协议之间的互联互通，而“封装”技术不能做到互联互通。因此，必须在未来的实践中探索新的机制。

16.3　本 章 小 结

本章是全书的最后一章，通过前面章节的详细介绍，读者了解了迄今为止发生的两次根本性的互联网协议过渡，其中第二次过渡仍在进行中。通过作者历时十余年研究 IPv4 向 IPv6 过渡技术的经历和经验，以及作者从事大规模网络设计、建设和运行管理中面临的诸多挑战，作者从互联网体系结构设计的本质出发，以互联网设计原则为纲，梳理了互联网协议不断演进中关键思考内容及由此产生的解决方案。在此基础上，作者对于未来网络协议的演进和发展，提出了自己的观察和预测。

参 考 文 献

[1] Partridge C, Kastenholz F. RFC1726: Technical criteria for choosing IP the next generation (IPng). IETF 1994-12.

[2] Leiner B, Cerf V, Clark D, et al. A brief history of the internet. [2022-02-18]. https://www.internethalloffame. org/brief-history-internet.

[3] 李星, 包丛笑. 大道至简 互联网技术的演进之路——纪念 ARPANET 诞生 50 周年. 中国教育网络, 2020, (1):5.

[4] Clark D, The design philosophy of the DARPA internet protocols. ACM SIGCOMM Computer Communication Review, 1988, 18(4):106-114.

[5] Carpenter B. RFC1958: Architectural principles of the internet. IETF 1996-06.

[6] Carpenter B. RFC2775: Internet transparency. IETF 2000-02.

[7] Clark D. Designing an Internet - Information Policy. Cambridge: The MIT Press, 2018.

[8] Postel J. RFC801: NCP/TCP transition plan. IETF 1981-11.

[9] Arkko J, Townsley M. RFC6127: IPv4 run-out and IPv4-IPv6 co-existence scenarios. IETF 2011-05.

附录A 协 议 号 码

RFC791[1]定义的IPv4的数据报头中存在一个8比特字段称为“协议(Protocol)”以识别下一级协议。RFC8200[2]定义的IPv6的数据报头中，此字段称为“下一个报头(Next Header)”，这是IPv6扩展报头类型的值。参考RFC5237[3]、RFC7045[4]。目前已经在IANA注册了的协议号码如表A.1所示。

表A.1 IP的协议号码

数值	16进制(HEX)值	关键词	协议	IPv6扩展头	RFC和IANA
0	00	HOPOPT	IPv6逐跳选项	是	RFC8200[2]
1	01	ICMP	互联网控制协议		RFC792[5]
2	02	IGMP	互联网组管理协议		RFC1112[6]
3	03	GGP	网关到网关协议		RFC823[7]
4	04	IPv4	IPv4封装		RFC2003[8]
5	05	ST	流协议		RFC1190[9] RFC1819[10]
6	06	TCP	传输控制协议		RFC793[11]
7	07	CBT	CBT		
8	08	EGP	外部网关协议		RFC888[12]
9	09	IGP	私有内部路由协议(思科用于其IGRP)		IANA
10	0a	BBN-RCC-MON	BBN RCC监控		
11	0b	NVP-II	网络语音协议		RFC741[13]
12	0c	PUP	PUP		
13	0d	ARGUS(已弃用)	ARGUS		
14	0e	EMCON	EMCON		
15	0f	XNET	跨网调试器		
16	10	CHAOS	CHAOS		
17	11	UDP	用户数据报协议		RFC768[14]
18	12	MUX	多路复用		
19	13	DCN-MEAS	DCN测量子系统		
20	14	HMP	主机监控		RFC869[15]
21	15	PRM	分组无线测量		

续表

数值	16进制(HEX)值	关键词	协议	IPv6扩展头	RFC和IANA
22	16	XNS-IDP	XEROX NS IDP		
23	17	TRUNK-1	TRUNK-1		
24	18	TRUNK-2	TRUNK-2		
25	19	LEAF-1	LEAF-1		
26	1a	LEAF-2	LEAF-2		
27	1b	RDP	可靠的数据协议		RFC908[16]
28	1c	IRTP	互联网可靠交易		RFC938[17]
29	1d	ISO-TP4	ISO 传输协议第 4 类		RFC905[18]
30	1e	NETBLT	批量数据传输协议		RFC969[19]
31	1f	MFE-NSP	MFE 网络服务协议		
32	20	MERIT-INP	MERIT 节间协议		
33	21	DCCP	数据报拥塞控制协议		RFC4340[20]
34	22	3PC	第三方连接协议		
35	23	IDPR	域间策略路由协议		
36	24	XTP	XTP		
37	25	DDP	数据报传送协议		
38	26	IDPR-CMTP	IDPR 控制消息传输协议		
39	27	TP++	TP++传输协议		
40	28	IL	IL 运输协议		
41	29	IPv6	IPv6 封装		RFC2473[21]
42	2a	SDRP	源需求路由协议		
43	2b	IPv6 路由	IPv6 路由扩展报头	是	
44	2c	IPv6 分片	IPv6 分片扩展报头	是	
45	2d	IDRP	域间路由协议		
46	2e	RSVP	资源预留协议		RFC2205[22] RFC3209[23]
47	2f	GRE	通用路由封装		RFC2784[24]
48	30	DSR	动态源路由协议		RFC4728[25]
49	31	BNA	BNA		
50	32	ESP	封装安全载荷	是	RFC4303[26]
51	33	A.H.	认证头	是	RFC4302[27]
52	34	I-NLSP	TUBA 集成网络层安全性		

续表

数值	16 进制(HEX)值	关键词	协议	IPv6 扩展头	RFC 和 IANA
53	35	SWIPE（已弃用）	IP 加密		
54	36	NARP	NBMA 地址解析协议		RFC1735[28]
55	37	MOBILE	移动 IP		
56	38	TLSP	使用 Kryptonet 密钥管理的传输层安全协议		
57	39	SKIP	SKIP		
58	3a	IPv6-ICMP	ICMPv6		RFC8200[2]
59	3b	IPv6-NoNxt	没有 IPv6 的下一个报头		RFC8200[2]
60	3c	IPv6 目标选项	IPv6 目标选项	是	RFC8200[2]
61	3d		任何主机内部协议		IANA
62	3e	CFTP	CFTP		
63	3f		任何本地网络		IANA
64	40	SAT-EXPAK	SATNET 和 BackroomEXPAK		
65	41	KRYPTOLAN	Kryptolan		
66	42	RVD	MIT 远程虚拟磁盘协议		
67	43	IPPC	许多互联网分组核心		
68	44		任何分布式文件系统		IANA
69	45	SAT-MON	SATNET 监控		
70	46	SHOW	VISA 协议		
71	47	IPCV	互联网数据报文核心实用程序		
72	48	CPNX	网络执行计算机协议		
73	49	CPHB	计算机协议心跳		
74	4a	WSN	Wang Span 网络		
75	4b	PVP	分组视频协议		
76	4c	BR-SAT-MON	后台 SATNET 监视		
77	4d	SUN-ND	SUNND 协议（临时）		
78	4e	WB-MON	宽带监控		
79	4f	WB-EXPAK	宽带 EXPEK		
80	50	ISO-IP	ISO 互联网协议		
81	51	VMTP	VMTP		
82	52	SECURE-VMTP	SECURE-VMTP		

续表

数值	16 进制(HEX)值	关键词	协议	IPv6 扩展头	RFC 和 IANA
83	53	VINES	VINES		
84	54	TTP	交易传输协议		
85	55	NSFNET-IGP	NSFNET-IGP		
86	56	DGP	异类网关协议		
87	57	TCF	TCF		
88	58	EIGRP	EIGRP		RFC7868[29]
89	59	OSPFIGP	OSPFIGP		RFC1583[30] RFC2328[31] RFC5340[32]
90	5a	Sprite-RPC	SpriteRPC 通信协定		
91	5b	LARP	轨迹地址解析协议		
92	5c	MTP	组播传输协议		
93	5d	AX.25	AX.25 框架		
94	5e	IPIP	IP over IP 封装协议		
95	5f	MICP（已弃用）	移动网络互联控制		
96	60	SCC-SP	信号量通信		
97	61	ETHERIP	IP 内以太网封装		RFC3378[33]
98	62	ENCAP	封装头		RFC1241[34]
99	63		任何私人加密方案		IANA
100	64	GMTP	GMTP		
101	65	IFMP	Ipsilon 流量管理协议		
102	66	PNNI	IP 上的 PNNI		
103	67	PIM	与协议无关组播		RFC7761[35]
104	68	ARIS	ARIS		
105	69	SCPS	SCPS		
106	6a	QNX	QNX		
107	6b	A/N	主动网络		
108	6c	IPComp	IP 有效负载压缩协议		RFC2393[36]
109	6d	SNP	Sitara 网络协议		
110	6e	Compaq-Peer	Compaq 对等协议		
111	6f	IPX-in-IP	IP 中的 IPX		

续表

数值	16 进制(HEX)值	关键词	协议	IPv6 扩展头	RFC 和 IANA
112	70	VRRP	虚拟路由器冗余协议		RFC5798[37]
113	71	PGM	PGM 可靠传输协议		
114	72		任何 0 跳协议		IANA
115	73	L2TP	第二层隧道协议		RFC3931[38]
116	74	DDX	D-II 数据交换(DDX)		
117	75	IATP	交互式代理传输协议		
118	76	STP	时间表传输协议		
119	77	SRP	SpectraLink 无线电协议		
120	78	DWS	DWS		
121	79	SMP	简单消息协议		
122	7a	SM(已弃用)	简单组播协议		
123	7b	PTP	性能透明协议		
124	7c	IPv4 的 ISIS			
125	7d	FIRE			
126	7e	CRTP	作战无线电传输协议		
127	7f	CRUDP	战斗无线电用户数据报		
128	80	SSCOPMCE			
129	81	IPLT			
130	82	SPS	安全封包屏蔽		
131	83	PIPE	IP 内的专用 IP 封装		
132	84	SCTP	流控制传输协议		
133	85	FC	光纤通道		RFC6172[39]
134	86	RSVP-E2E-IGNORE			RFC3175[40]
135	87	Mobility Header		是	RFC6275[41]
136	88	UDPLite			RFC3828[42]
137	89	MPLS over IP			RFC4023[43]
138	8a	manet	MANET 协议		RFC5498[44]
139	8b	HIP	主机身份协议	是	RFC7401[45]
140	8c	Shim6	Shim6 协议	是	RFC5533[46]
141	8d	WASP	包装封装安全有效载荷		RFC5840[47]

续表

数值	16进制(HEX)值	关键词	协议	IPv6扩展头	RFC和IANA
142	8e	ROHC	强大的报头压缩		RFC5858[48]
143	8f	Ethernet	以太网		RFC8986[49]
144～252	90～fc		未分配		IANA
253	fd		用于实验和测试	是	RFC3692[50]
254	fe		用于实验和测试	是	RFC3692[50]
255	ff	已预留			IANA

参 考 文 献

[1] Postel J. RFC791: Internet protocol. IETF 1981-09.
[2] Deering S, Hinden R. RFC8200: Internet protocol version 6（IPv6）specification. IETF 2017-07.
[3] Arkko J, Bradner S. RFC5237: IANA allocation guidelines for the protocol field. IETF 2008-02.
[4] Carpenter B, Jiang S. RFC7045: Transmission and processing of IPv6 extension headers. IETF 2013-12.
[5] Postel J. RFC792: Internet control message protocol. IETF 1981-09.
[6] Deering S. RFC1112: Host extensions for IP multicasting. IETF 1989-08.
[7] Hinden R, Sheltzer A. RFC823: DARPA internet gateway. IETF 1982-09.
[8] Perkins C. RFC2003: IP encapsulation within IP. IETF 1996-10.
[9] Topolcic C. RFC1190: Experimental internet stream protocol: Version 2（ST-II）. IETF 1990-10.
[10] Delgrossi L, Berger L. RFC1819: Internet stream protocol version 2（ST2）protocol specification-version ST2+. IETF 1995-08.
[11] Postel J. RFC793: Transmission control protocol. IETF 1981-09.
[12] Seamonson L, Rosen E. RFC888: “STUB” exterior gateway protocol. IETF 1984-01.
[13] Cohen D. RFC741: Specifications for the network voice protocol（NVP）. IETF 1977-11.
[14] Postel J. RFC768: User datagram protocol. IETF 1980-08.
[15] Hinden R. RFC869: Host monitoring protocol. IETF 1983-12.
[16] Velten D, Hinden R, Sax J. FRC908: Reliable data protocol. IETF 1984-07.
[17] Miller T. RFC938: Internet reliable transaction protocol functional and interface specification. IETF 1985-02.
[18] ISO. RFC905: ISO transport protocol specification ISO DP 8073. IETF 1984-04.
[19] Clark D, Lambert M, Zhang L. RFC969: NETBLT: A bulk data transfer protocol. IETF 1985-12.

[20] Kohler E, Handley M, Floyd S. RFC4340: Datagram congestion control protocol（DCCP）. IETF 2006-03.

[21] Conta A, Deering S. RFC2473: Generic packet tunneling in IPv6 specification. IETF 1998-12.

[22] Braden R, Zhang L, Berson S, et al. RFC2205: Resource ReSerVation protocol（RSVP）— version 1 functional specification. IETF 1997-09.

[23] Awduche D, Berger L, Gan D, et al. RFC3209: RSVP-TE: Extensions to RSVP for LSP tunnels. IETF 2001-12.

[24] Farinacci D, Li T, Hanks S, et al. RFC2784: Generic routing encapsulation（GRE）. IETF 2000-03.

[25] Johnson D, Hu Y, Maltz D. RFC4728: The dynamic source routing protocol（DSR）for mobile Ad Hoc networks for IPv4. IETF 2007-02.

[26] Kent S. RFC4303: IP encapsulating security payload（ESP）. IETF 2005-12.

[27] Kent S. RFC4302: IP authentication header. IETF 2005-12.

[28] Heinanen J, Govindan R. RFC1735: NBMA address resolution protocol（NARP）. IETF 1994-12.

[29] Savage D, Ng J, Moore S, et al. RFC7868: Cisco's enhanced interior gateway routing protocol（EIGRP）. IETF 2016-05.

[30] Moy J. RFC1583: OSPF version 2. IETF 1994-03.

[31] Moy J. RFC2328: OSPF version 2. IETF 1998-04.

[32] Coltun R, Ferguson D, Moy J, et al. RFC5340: OSPF for IPv6. IETF 2008-07.

[33] Housley R, Hollenbeck S. RFC3378: EtherIP: Tunneling ethernet frames in IP datagrams. IETF 2002-09.

[34] Woodburn R, Mills D. RFC1241: Scheme for an internet encapsulation protocol: Version 1. IETF 1991-07.

[35] Fenner B, Handley M, Holbrook H, et al. RFC7761: Protocol independent multicast - sparse mode（PIM-SM）: Protocol specification（revised）. IETF 2016-03.

[36] Monsour S, Pereira R, Thomas M. RFC2393: IP payload compression protocol（IPComp）. IETF 1998-12.

[37] Nadas S. RFC5798: Virtual router redundancy protocol（VRRP）version 3 for IPv4 and IPv6. IETF 2010-03.

[38] Lau J, Townsley M, Goyret I. RFC3931: Layer two tunneling protocol - version 3（L2TPv3）. IETF 2005-03.

[39] Black D, Peterson D. RFC6172: Deprecation of the internet fibre channel protocol（iFCP）address translation mode. IETF 2011-03.

[40] Baker F, Iturralde C, Faucheur F, et al. RFC3175: Aggregation of RSVP for IPv4 and IPv6 reservations. IETF 2001-09.

[41] Perkins C, Johnson D, Arkko J. RFC6275: Mobility support in IPv6. IETF 2011-07.

[42] Larzon L, Degermark M, Pink S, et al. RFC3828: The lightweight user datagram protocol (UDP-Lite). IETF 2004-07.

[43] Worster T, Rekhter Y, Rosen E. RFC4023: Encapsulating MPLS in IP or generic routing encapsulation (GRE). IETF 2005-03.

[44] Chakeres I. RFC5498: IANA allocations for mobile Ad Hoc network (MANET) protocols. IETF 2009-03.

[45] Moskowitz R, Heer T, Jokela P, et al. RFC7401: Host identity protocol version 2 (HIPv2). IETF 2015-04.

[46] Nordmark E, Bagnulo M. RFC5533: Shim6: Level 3 multihoming shim protocol for IPv6. IETF 2009-06.

[47] Grewal K, Montenegro G, Bhatia M. RFC5840: Wrapped encapsulating security payload (ESP) for traffic visibility. IETF 2010-04.

[48] Ertekin E, Christou C, Bormann C. RFC5858: IPsec extensions to support robust header compression over IPsec. IETF 2010-05.

[49] Filsfils C, Camarillo P, Leddy J, et al. RFC8986: Segment routing over IPv6 (SRv6) network programming. IETF 2021-02.

[50] Narten T. RFC3692: Assigning experimental and testing numbers considered useful. IETF 2004-01.

附录B IPv4地址空间注册表

RIR的地址分配是根据《全球政策》[1]进行的，所有其他任务都需要IETF审核。

表B.1列出了IPv4地址空间的分配情况。最初，所有IPv4地址空间都是由IANA直接管理的。之后的部分地址空间已分配给其他注册机构，以用于特定目的或供世界各地的互联网运营商使用。RFC1466[2]记录了大多数这些分配，参考RFC7249[3]。

表B.1 IPv4地址空间注册表

IPv4地址块	授权主体	日期	数据库	状态	注
000/8	IANA-本地识别	1981-09		已预留	2
001/8	由APNIC管理	2010-01	whois.apnic.net	已分配	
002/8	由欧洲网络协议中心(Reseaux IP Europeens Network Coordination Centre，RIPE NCC)管理	2009-09	whois.ripe.net	已分配	
003/8	由美国网络地址注册管理组织(American Registry for Internet Numbers，ARIN)管理	1994-05	whois.arin.net	传承	
004/8	由ARIN管理	1992-12	whois.arin.net	传承	
005/8	由RIPE NCC管理	2010-11	whois.ripe.net	已分配	
006/8	美国陆军信息系统中心	1994-02	whois.arin.net	传承	
007/8	由ARIN管理	1995-04	whois.arin.net	传承	
008/8	由ARIN管理	1992-12	whois.arin.net	传承	
009/8	由ARIN管理	1992-08	whois.arin.net	传承	
010/8	IANA-私有地址	1995-06		已预留	3
011/8	美国国防部	1993-05	whois.arin.net	传承	
012/8	AT&T贝尔实验室	1995-06	whois.arin.net	传承	
013/8	由ARIN管理	1991-09	whois.arin.net	传承	
014/8	由APNIC管理	2010-04	whois.apnic.net	已分配	4
015/8	由ARIN管理	1994-07	whois.arin.net	传承	
016/8	由ARIN管理	1994-11	whois.arin.net	传承	

续表

IPv4 地址块	授权主体	日期	数据库	状态	注
017/8	苹果计算机公司	1992-07	whois.arin.net	传承	
018/8	由 ARIN 管理	1994-01	whois.arin.net	传承	
019/8	福特汽车公司	1995-05	whois.arin.net	传承	
020/8	由 ARIN 管理	1994-10	whois.arin.net	传承	
021/8	美国国防部	1991-07	whois.arin.net	传承	
022/8	美国国防部	1993-05	whois.arin.net	传承	
023/8	由 ARIN 管理	2010-11	whois.arin.net	已分配	
024/8	由 ARIN 管理	2001-05	whois.arin.net	已分配	
025/8	由 RIPE NCC 管理	1995-01	whois.ripe.net	传承	
026/8	美国国防部	1995-05	whois.arin.net	传承	
027/8	由 APNIC 管理	2010-01	whois.apnic.net	已分配	
028/8	美国国防部	1992-07	whois.arin.net	传承	
029/8	美国国防部	1991-07	whois.arin.net	传承	
030/8	美国国防部	1991-07	whois.arin.net	传承	
031/8	由 RIPE NCC 管理	2010-05	whois.ripe.net	已分配	
032/8	由 ARIN 管理	1994-06	whois.arin.net	传承	
033/8	美国国防部	1991-01	whois.arin.net	传承	
034/8	由 ARIN 管理	1993-03	whois.arin.net	传承	
035/8	由 ARIN 管理	1994-04	whois.arin.net	传承	
036/8	由 APNIC 管理	2010-10	whois.apnic.net	已分配	
037/8	由 RIPE NCC 管理	2010-11	whois.ripe.net	已分配	
038/8	PSINet 公司	1994-09	whois.arin.net	传承	
039/8	由 APNIC 管理	2011-01	whois.apnic.net	已分配	
040/8	由 ARIN 管理	1994-06	whois.arin.net	传承	
041/8	由非洲网络信息中心(African Network Information Centre，AFRINIC)管理	2005-04	whois.afrinic.net	已分配	
042/8	由 APNIC 管理	2010-10	whois.apnic.net	已分配	
043/8	由 APNIC 管理	1991-01	whois.apnic.net	传承	
044/8	由 ARIN 管理	1992-07	whois.arin.net	传承	
045/8	由 ARIN 管理	1995-01	whois.arin.net	传承	
046/8	由 RIPE NCC 管理	2009-09	whois.ripe.net	已分配	

续表

IPv4 地址块	授权主体	日期	数据库	状态	注
047/8	由 ARIN 管理	1991-01	whois.arin.net	传承	
048/8	保诚证券有限公司	1995-05	whois.arin.net	传承	
049/8	由 APNIC 管理	2010-08	whois.apnic.net	已分配	
050/8	由 ARIN 管理	2010-02	whois.arin.net	已分配	
051/8	由 RIPE NCC 管理	1994-08	whois.ripe.net	传承	
052/8	由 ARIN 管理	1991-12	whois.arin.net	传承	
053/8	戴姆勒公司	1993-10	whois.ripe.net	传承	
054/8	由 ARIN 管理	1992-03	whois.arin.net	传承	
055/8	美国国防部	1995-04	whois.arin.net	传承	
056/8	美国邮政服务	1994-06	whois.arin.net	传承	
057/8	由 RIPE NCC 管理	1995-05	whois.ripe.net	传承	
058/8	由 APNIC 管理	2004-04	whois.apnic.net	已分配	
059/8	由 APNIC 管理	2004-04	whois.apnic.net	已分配	
060/8	由 APNIC 管理	2003-04	whois.apnic.net	已分配	
061/8	由 APNIC 管理	1997-04	whois.apnic.net	已分配	
062/8	由 RIPE NCC	1997-04	whois.ripe.net	已分配	
063/8	由 ARIN 管理	1997-04	whois.arin.net	已分配	
064/8	由 ARIN 管理	1999-07	whois.arin.net	已分配	
065/8	由 ARIN 管理	2000-07	whois.arin.net	已分配	
066/8	由 ARIN 管理	2000-07	whois.arin.net	已分配	
067/8	由 ARIN 管理	2001-05	whois.arin.net	已分配	
068/8	由 ARIN 管理	2001-06	whois.arin.net	已分配	
069/8	由 ARIN 管理	2002-08	whois.arin.net	已分配	
070/8	由 ARIN 管理	2004-01	whois.arin.net	已分配	
071/8	由 ARIN 管理	2004-08	whois.arin.net	已分配	
072/8	由 ARIN 管理	2004-08	whois.arin.net	已分配	
073/8	由 ARIN 管理	2005-03	whois.arin.net	已分配	
074/8	由 ARIN 管理	2005-06	whois.arin.net	已分配	
075/8	由 ARIN 管理	2005-06	whois.arin.net	已分配	
076/8	由 ARIN 管理	2005-06	whois.arin.net	已分配	
077/8	由 RIPE NCC 管理	2006-08	whois.ripe.net	已分配	
078/8	由 RIPE NCC 管理	2006-08	whois.ripe.net	已分配	

续表

IPv4 地址块	授权主体	日期	数据库	状态	注
079/8	由 RIPE NCC 管理	2006-08	whois.ripe.net	已分配	
080/8	由 RIPE NCC 管理	2001-04	whois.ripe.net	已分配	
081/8	由 RIPE NCC 管理	2001-04	whois.ripe.net	已分配	
082/8	由 RIPE NCC 管理	2002-11	whois.ripe.net	已分配	
083/8	由 RIPE NCC 管理	2003-11	whois.ripe.net	已分配	
084/8	由 RIPE NCC 管理	2003-11	whois.ripe.net	已分配	
085/8	由 RIPE NCC 管理	2004-04	whois.ripe.net	已分配	
086/8	由 RIPE NCC 管理	2004-04	whois.ripe.net	已分配	
087/8	由 RIPE NCC 管理	2004-04	whois.ripe.net	已分配	
088/8	由 RIPE NCC 管理	2004-04	whois.ripe.net	已分配	
089/8	由 RIPE NCC 管理	2005-06	whois.ripe.net	已分配	
090/8	由 RIPE NCC 管理	2005-06	whois.ripe.net	已分配	
091/8	由 RIPE NCC 管理	2005-06	whois.ripe.net	已分配	
092/8	由 RIPE NCC 管理	2007-03	whois.ripe.net	已分配	
093/8	由 RIPE NCC 管理	2007-03	whois.ripe.net	已分配	
094/8	由 RIPE NCC 管理	2007-07	whois.ripe.net	已分配	
095/8	由 RIPE NCC 管理	2007-07	whois.ripe.net	已分配	
096/8	由 ARIN 管理	2006-10	whois.arin.net	已分配	
097/8	由 ARIN 管理	2006-10	whois.arin.net	已分配	
098/8	由 ARIN 管理	2006-10	whois.arin.net	已分配	
099/8	由 ARIN 管理	2006-10	whois.arin.net	已分配	
100/8	由 ARIN 管理	2010-11	whois.arin.net	已分配	5
101/8	由 APNIC 管理	2010-08	whois.apnic.net	已分配	
102/8	由 AFRINIC 管理	2011-02	whois.afrinic.net	已分配	
103/8	由 APNIC 管理	2011-02	whois.apnic.net	已分配	
104/8	由 ARIN 管理	2011-02	whois.arin.net	已分配	
105/8	由 AFRINIC 管理	2010-11	whois.afrinic.net	已分配	
106/8	由 APNIC 管理	2011-01	whois.apnic.net	已分配	
107/8	由 ARIN 管理	2010-02	whois.arin.net	已分配	
108/8	由 ARIN 管理	2008-12	whois.arin.net	已分配	
109/8	由 RIPE NCC 管理	2009-01	whois.ripe.net	已分配	
110/8	由 APNIC 管理	2008-11	whois.apnic.net	已分配	

续表

IPv4 地址块	授权主体	日期	数据库	状态	注
111/8	由 APNIC 管理	2008-11	whois.apnic.net	已分配	
112/8	由 APNIC 管理	2008-05	whois.apnic.net	已分配	
113/8	由 APNIC 管理	2008-05	whois.apnic.net	已分配	
114/8	由 APNIC 管理	2007-10	whois.apnic.net	已分配	
115/8	由 APNIC 管理	2007-10	whois.apnic.net	已分配	
116/8	由 APNIC 管理	2007-01	whois.apnic.net	已分配	
117/8	由 APNIC 管理	2007-01	whois.apnic.net	已分配	
118/8	由 APNIC 管理	2007-01	whois.apnic.net	已分配	
119/8	由 APNIC 管理	2007-01	whois.apnic.net	已分配	
120/8	由 APNIC 管理	2007-01	whois.apnic.net	已分配	
121/8	由 APNIC 管理	2006-01	whois.apnic.net	已分配	
122/8	由 APNIC 管理	2006-01	whois.apnic.net	已分配	
123/8	由 APNIC 管理	2006-01	whois.apnic.net	已分配	
124/8	由 APNIC 管理	2005-01	whois.apnic.net	已分配	
125/8	由 APNIC 管理	2005-01	whois.apnic.net	已分配	
126/8	由 APNIC 管理	2005-01	whois.apnic.net	已分配	
127/8	IANA-环回	1981-09		已预留	6
128/8	由 ARIN 管理	1993-05	whois.arin.net	传承	
129/8	由 ARIN 管理	1993-05	whois.arin.net	传承	
130/8	由 ARIN 管理	1993-05	whois.arin.net	传承	
131/8	由 ARIN 管理	1993-05	whois.arin.net	传承	
132/8	由 ARIN 管理	1993-05	whois.arin.net	传承	
133/8	由 APNIC 管理	1997-03	whois.apnic.net	传承	
134/8	由 ARIN 管理	1993-05	whois.arin.net	传承	
135/8	由 ARIN 管理	1993-05	whois.arin.net	传承	
136/8	由 ARIN 管理	1993-05	whois.arin.net	传承	
137/8	由 ARIN 管理	1993-05	whois.arin.net	传承	
138/8	由 ARIN 管理	1993-05	whois.arin.net	传承	
139/8	由 ARIN 管理	1993-05	whois.arin.net	传承	
140/8	由 ARIN 管理	1993-05	whois.arin.net	传承	
141/8	由 RIPE NCC 管理	1993-05	whois.ripe.net	传承	
142/8	由 ARIN 管理	1993-05	whois.arin.net	传承	

续表

IPv4 地址块	授权主体	日期	数据库	状态	注
143/8	由 ARIN 管理	1993-05	whois.arin.net	传承	
144/8	由 ARIN 管理	1993-05	whois.arin.net	传承	
145/8	由 RIPE NCC 管理	1993-05	whois.ripe.net	传承	
146/8	由 ARIN 管理	1993-05	whois.arin.net	传承	
147/8	由 ARIN 管理	1993-05	whois.arin.net	传承	
148/8	由 ARIN 管理	1993-05	whois.arin.net	传承	
149/8	由 ARIN 管理	1993-05	whois.arin.net	传承	
150/8	由 APNIC 管理	1993-05	whois.apnic.net	传承	
151/8	由 RIPE NCC 管理	1993-05	whois.ripe.net	传承	
152/8	由 ARIN 管理	1993-05	whois.arin.net	传承	
153/8	由 APNIC 管理	1993-05	whois.apnic.net	传承	
154/8	由 AFRINIC 管理	1993-05	whois.afrinic.net	传承	
155/8	由 ARIN 管理	1993-05	whois.arin.net	传承	
156/8	由 ARIN 管理	1993-05	whois.arin.net	传承	
157/8	由 ARIN 管理	1993-05	whois.arin.net	传承	
158/8	由 ARIN 管理	1993-05	whois.arin.net	传承	
159/8	由 ARIN 管理	1993-05	whois.arin.net	传承	
160/8	由 ARIN 管理	1993-05	whois.arin.net	传承	
161/8	由 ARIN 管理	1993-05	whois.arin.net	传承	
162/8	由 ARIN 管理	1993-05	whois.arin.net	传承	
163/8	由 APNIC 管理	1993-05	whois.apnic.net	传承	
164/8	由 ARIN 管理	1993-05	whois.arin.net	传承	
165/8	由 ARIN 管理	1993-05	whois.arin.net	传承	
166/8	由 ARIN 管理	1993-05	whois.arin.net	传承	
167/8	由 ARIN 管理	1993-05	whois.arin.net	传承	
168/8	由 ARIN 管理	1993-05	whois.arin.net	传承	
169/8	由 ARIN 管理	1993-05	whois.arin.net	传承	7
170/8	由 ARIN 管理	1993-05	whois.arin.net	传承	
171/8	由 APNIC 管理	1993-05	whois.apnic.net	传承	8
172/8	由 ARIN 管理	1993-05	whois.arin.net	传承	
173/8	由 ARIN 管理	2008-02	whois.arin.net	已分配	
174/8	由 ARIN 管理	2008-02	whois.arin.net	已分配	

续表

IPv4 地址块	授权主体	日期	数据库	状态	注
175/8	由 APNIC 管理	2009-08	whois.apnic.net	已分配	
176/8	由 RIPE NCC 管理	2010-05	whois.ripe.net	已分配	
177/8	拉丁美洲和加勒比地区互联网地址注册管理机构(Lation American and Caribbean Internet Address Registry, LACNIC)管理	2010-06	whois.lacnic.net	已分配	
178/8	由 RIPE NCC 管理	2009-01	whois.ripe.net	已分配	
179/8	由 LACNIC 管理	2011-02	whois.lacnic.net	已分配	
180/8	由 APNIC 管理	2009-04	whois.apnic.net	已分配	
181/8	由 LACNIC 管理	2010-06	whois.lacnic.net	已分配	
182/8	由 APNIC 管理	2009-08	whois.apnic.net	已分配	
183/8	由 APNIC 管理	2009-04	whois.apnic.net	已分配	
184/8	由 ARIN 管理	2008-12	whois.arin.net	已分配	
185/8	由 RIPE NCC 管理	2011-02	whois.ripe.net	已分配	
186/8	由 LACNIC 管理	2007-09	whois.lacnic.net	已分配	
187/8	由 LACNIC 管理	2007-09	whois.lacnic.net	已分配	
188/8	由 RIPE NCC 管理	1993-05	whois.ripe.net	传承	
189/8	由 LACNIC 管理	1995-06	whois.lacnic.net	已分配	
190/8	由 LACNIC 管理	1995-06	whois.lacnic.net	已分配	
191/8	由 LACNIC 管理	1993-05	whois.lacnic.net	传承	
192/8	由 ARIN 管理	1993-05	whois.arin.net	传承	9 10
193/8	由 RIPE NCC 管理	1993-05	whois.ripe.net	已分配	
194/8	由 RIPE NCC 管理	1993-05	whois.ripe.net	已分配	
195/8	由 RIPE NCC 管理	1993-05	whois.ripe.net	已分配	
196/8	由 AFRINIC 管理	1993-05	whois.afrinic.net	传承	
197/8	由 AFRINIC 管理	2008-10	whois.afrinic.net	已分配	
198/8	由 ARIN 管理	1993-05	whois.arin.net	传承	11
199/8	由 ARIN 管理	1993-05	whois.arin.net	已分配	
200/8	由 LACNIC 管理	2002-11	whois.lacnic.net	已分配	
201/8	由 LACNIC 管理	2003-04	whois.lacnic.net	已分配	
202/8	由 APNIC 管理	1993-05	whois.apnic.net	已分配	

续表

IPv4 地址块	授权主体	日期	数据库	状态	注
203/8	由 APNIC 管理	1993-05	whois.apnic.net	已分配	12
204/8	由 ARIN 管理	1994-03	whois.arin.net	已分配	
205/8	由 ARIN 管理	1994-03	whois.arin.net	已分配	
206/8	由 ARIN 管理	1995-04	whois.arin.net	已分配	
207/8	由 ARIN 管理	1995-11	whois.arin.net	已分配	
208/8	由 ARIN 管理	1996-04	whois.arin.net	已分配	
209/8	由 ARIN 管理	1996-06	whois.arin.net	已分配	
210/8	由 APNIC 管理	1996-06	whois.apnic.net	已分配	
211/8	由 APNIC 管理	1996-06	whois.apnic.net	已分配	
212/8	由 RIPE NCC 管理	1997-10	whois.ripe.net	已分配	
213/8	由 RIPE NCC 管理	1993-10	whois.ripe.net	已分配	
214/8	美国国防部	1998-03	whois.arin.net	传承	
215/8	美国国防部	1998-03	whois.arin.net	传承	
216/8	由 ARIN 管理	1998-04	whois.arin.net	已分配	
217/8	由 RIPE NCC 管理	2000-06	whois.ripe.net	已分配	
218/8	由 APNIC 管理	2000-12	whois.apnic.net	已分配	
219/8	由 APNIC 管理	2001-09	whois.apnic.net	已分配	
220/8	由 APNIC 管理	2001-12	whois.apnic.net	已分配	
221/8	由 APNIC 管理	2002-07	whois.apnic.net	已分配	
222/8	由 APNIC 管理	2003-02	whois.apnic.net	已分配	
223/8	由 APNIC 管理	2010-04	whois.apnic.net	已分配	
224/8	组播	1981-09		已预留	13
225/8	组播	1981-09		已预留	13
226/8	组播	1981-09		已预留	13
227/8	组播	1981-09		已预留	13
228/8	组播	1981-09		已预留	13
229/8	组播	1981-09		已预留	13
230/8	组播	1981-09		已预留	13
231/8	组播	1981-09		已预留	13
232/8	组播	1981-09		已预留	13
233/8	组播	1981-09		已预留	13
234/8	组播	1981-09		已预留	13 14
235/8	组播	1981-09		已预留	13
236/8	组播	1981-09		已预留	13

续表

IPv4 地址块	授权主体	日期	数据库	状态	注
237/8	组播	1981-09		已预留	13
238/8	组播	1981-09		已预留	13
239/8	组播	1981-09		已预留	13
240/8	未来使用	1981-09		已预留	16
241/8	未来使用	1981-09		已预留	16
242/8	未来使用	1981-09		已预留	16
243/8	未来使用	1981-09		已预留	16
244/8	未来使用	1981-09		已预留	16
245/8	未来使用	1981-09		已预留	16
246/8	未来使用	1981-09		已预留	16
247/8	未来使用	1981-09		已预留	16
248/8	未来使用	1981-09		已预留	16
249/8	未来使用	1981-09		已预留	16
250/8	未来使用	1981-09		已预留	16
251/8	未来使用	1981-09		已预留	16
252/8	未来使用	1981-09		已预留	16
253/8	未来使用	1981-09		已预留	16
254/8	未来使用	1981-09		已预留	16
255/8	未来使用	1981-09		已预留	16 17

对于表 B.1，注释如下：

(1) 指示地址块的状态，如下所示。

①预留：由 IETF 指定用于特定的非全球单播地址。

②传承：由中央互联网注册管理机构(Internet Registry，IR)在 RIR 成立之前分配的地址。此地址空间现在由各个 RIR 管理，包括维护地址目录(who is, WHOIS)和反向 DNS 记录，这些地址继续在全球范围内使用。

③已分配：完全委派给指定的 RIR。

④未分配：尚未分配或保留。

(2) 用于自我识别(RFC1122[4])：0.0.0.0/8 为协议保留，参见 iana-ipv4-special-registry。

(3) 为专用网络保留(RFC1918[5])：10.0.0.0/8 的详细注册信息，参见 iana-ipv4-special-registry。

(4) 为公共数据网络保留 (RFC1356[6])：2008 年 2 月恢复，2010 年 4 月分配给 APNIC，参见 IANA 注册中心公共数据网络编号。

(5) 为共享地址空间保留 (RFC6598[7])：100.64.0.0/10 的详细注册信息，参见 iana-ipv4-special-registry。

(6) 用于环回地址 (RFC1122[4])：127.0.0.0/8 为协议保留，参见 iana-ipv4-special-registry。

(7) 用于链接本地地址 (RFC3927[8])：169.254.0.0/16 为协议保留，参见 iana-ipv4-special-registry。

(8) 为专用网络保留 (RFC1918[5])：172.16.0.0/12 的详细注册信息，参见 iana-ipv4-special-registry。

(9) 保留地址。

①192.0.2.0/24 用于 TEST-NET-1 (RFC5737[9])。192.0.2.0/24 的详细注册信息，参见 iana-ipv4-special-registry。

②192.88.99.0/24 用于 6to4 中继任播 (RFC7526[10])。192.88.99.0/24 的详细注册信息，参见 iana-ipv4-special-registry。

③192.88.99.2/32 用于 6a44 中继任播，可与 6to4 中继一起工作 (RFC6751[11])。参见 RFC7526。

④192.168.0.0/16 为专用网络保留 (RFC1918[5])。192.168.0.0/16 的详细注册信息，参见 iana-ipv4-special-registry。

(10) 为 IANA IPv4 专用地址注册表保留 (RFC5736[12])：192.0.0.0/24 的详细注册信息，参见 iana-ipv4-special-registry。

(11) 为网络互联设备基准测试保留 (RFC2544[13])。

①198.18.0.0/15 的详细注册信息，参见 iana-ipv4-special-registry。

②198.51.100.0/24 为 TEST-NET-2 保留 (RFC5737[1])。参见 iana-ipv4-special-registry。

(12) 为 TEST-NET-3 保留 (RFC5737[9])：203.0.113.0/24 的详细注册信息，参见 iana-ipv4-special-registry。

(13) 在 IANA 注册的组播地址 (以前为“D 类”地址) (RFC5771[14])。

(14) 基于单播前缀的 IPv4 组播地址 (RFC6034[15])。

(15) 管理范围内的 IP 组播 (RFC2365[16])。

(16) 保留供将来使用 (以前为“E 类”地址) (RFC1112[4])：协议保留，参见 iana-ipv4-special-registry。

(17) 保留用于“受限广播”目标地址 (RFC919[17]，RFC922[18])：255.255.255.255/32 的详细注册信息，参见 iana-ipv4-special-registry。

参 考 文 献

[1] ICANN. Global addressing policies. [2022-07-17]. http://www.icann.org/en/resources/policy/global-addressing.

[2] Gerich E. RFC1466: Guidelines for management of IP address space. IETF 1993-05.

[3] Housley R. RFC7249: Internet numbers registries. IETF 2014-05.

[4] Braden R. RFC1122: Requirements for internet hosts - communication layers. IETF 1989-10.

[5] Rekhter Y, Moskowitz B, Karrenberg D, et al. RFC1918: Address allocation for private internets. IETF 1996-02.

[6] Malis A, Robinson D, Ullmann R. RFC1356: Multiprotocol interconnect on X.25 and ISDN in the packet mode. IETF 1992-08.

[7] Weil J, Kuarsingh V, Donley C, et al. RFC6598: IANA-reserved IPv4 prefix for shared address space. IETF 2012-04.

[8] Cheshire S, Aboba B, Guttman E. RFC3927: Dynamic configuration of IPv4 link-local addresses. IETF 2005-05.

[9] Arkko J, Cotton M, Vegoda L. RFC5737: IPv4 address blocks reserved for documentation. IETF 2010-01.

[10] Troan O, Carpenter B. RFC7526: Deprecating the anycast prefix for 6to4 relay routers. IETF 2015-05.

[11] Despres R, Carpenter B, Wing D, et al. RFC6751: Native IPv6 behind IPv4-to-IPv4 NAT customer premises equipment（6a44）. IETF 2012-10.

[12] Huston G, Cotton M, Vegoda L. RFC5736: IANA IPv4 special purpose address registry. IETF 2010-01.

[13] Bradner S, McQuaid J. RFC2544: Benchmarking methodology for network interconnect devices. IETF 1999-03.

[14] Cotton M, Vegoda L, Meyer D. RFC5771: IANA guidelines for IPv4 multicast address assignments. IETF 2010-03.

[15] Thaler D. RFC6034: Unicast-prefix-based IPv4 multicast addresses. IETF 2010-10.

[16] Meyer D. RFC2365: Administratively scoped IP multicast. IETF 1998-07.

[17] Mogul J. RFC919: Broadcasting internet datagrams. IETF 1984-10.

[18] Mogul J. RFC0922: Broadcasting internet datagrams in the presence of subnets. IETF 1984-10.

附录 C　IPv4 组播地址空间注册表

IP 组播主机扩展(RFC1112[1])定义的组播地址在 224.0.0.0～239.255.255.255 的范围内。

在 224.0.0.0 和 224.0.0.255 之间的地址范围保留供路由协议和其他基础设施使用，如网关发现和组成员报告。不管 TTL 的数值，路由器不应该转发目标地址在此范围内的任何组播数据报文。目前已经在 IANA 注册了的 IPv4 组播地址如表 C.1 所示。

表 C.1　IPv4 组播地址空间注册表

序号	名称	范围	CIDR	RFC
1	本地网络	224.0.0.0～224.0.0.255	224.0.0/24	RFC5771[2]
2	互联网	224.0.1.0～224.0.1.255	224.0.1/24	RFC5771[2]
3	Ad-Hoc Ⅰ	224.0.2.0～224.0.255.255		RFC5771[2]
4	保留	224.1.0.0～224.1.255.255	224.1/16	RFC5771[2]
5	SDP/SAP	224.2.0.0～224.2.255.255	224.2/16	RFC5771[2]
6	Ad-Hoc Ⅱ	224.3.0.0～224.4.255.255	224.3/16 224.4/16	RFC5771[2]
7	保留	224.5.0.0～224.251.255.255	251/16s	RFC5771[2]
8	DIS 瞬态	224.252.0.0～224.255.255.255	224.252/14	RFC2365[3]
9	保留	225.0.0.0～231.255.255.255	(7/8s)	RFC5771[2]
10	特定源组播	232.0.0.0～232.255.255.255	232/8	RFC5771[2]
11	GLOP	233.0.0.0～233.251.255.255		RFC3180[4]
12	Ad-Hoc Ⅲ	233.252.0.0～233.255.255.255	233.252/14	RFC5771[2]
13	基于单播前缀的组播地址	234.0.0.0～234.255.255.255		RFC6034[5]
14	有限域组播范围	235.0.0.0～238.255.255.255		RFC5771[2]
15	有限域组播地址	239.0.0.0～239.255.255.255		RFC5771[2]

参 考 文 献

[1] Deering S. RFC1112: Host extensions for IP multicasting. IETF 1989-08.

[2] Cotton M, Vegoda L, Meyer D. RFC5771: IANA guidelines for IPv4 multicast address assignments. IETF 2010-03.

[3] Meyer D. RFC2365: Administratively scoped IP multicast. IETF 1998-07.

[4] Meyer D, Lothberg P. RFC3180: GLOP addressing in 233/8. IETF 2001-09.

[5] Thaler D. RFC6034: Unicast-prefix-based IPv4 multicast addresses. IETF 2010-10.

附录 D　专用 IPv4 地址空间注册表

IANA IPv4 专用地址注册中心负责注册特殊的 IPv4 地址，其注册流程参见 RFC5736[1]、RFC6890[2]、RFC8190[3]。IETF 保留了 192.0.0.0/24 的地址块，用于与协议转换有关的特殊目的。此注册表包含 IETF 的当前分配情况。特殊用途地址登记表中列出的地址前缀不保证在任何特定的本地或全局网络中的可路由性。目前已经在 IANA 注册了的专用 IPv4 地址如表 D.1 所示。

表 D.1　专用 IPv4 地址空间注册表

地址	名称	RFC	初始日期	结束日期	源	目标	转发	全球可达	协议绑定
0.0.0.0/8	本网络的主机	RFC1122[4]	1981-09	无	是	否	否	否	是
10.0.0.0/8	私有地址	RFC1918[5]	1996-02	无	是	是	是	否	否
100.64.0.0/10	共享地址	RFC6598[6]	2012-04	无	是	是	是	否	否
127.0.0.0/8	环回地址	RFC1122[4]	1981-09	无	否	否	否	否	是
169.254.0.0/16	本地链路	RFC3927[7]	2005-05	无	是	是	否	否	是
172.16.0.0/12	私有地址	RFC1918[5]	1996-02	无	是	是	是	否	否
192.0.0.0/24[2]	特定网络协议使用的地址	RFC6890[6]	2010-01	无	否	否	否	否	否
192.0.0.0/29	IPv4 连续性服务前缀	RFC7335[8]	2011-06	无	是	是	是	否	否
192.0.0.8/32	IPv4 伪地址	RFC7600[9]	2015-03	无	是	否	否	否	否
192.0.0.9/32	PCP 任播	RFC7723[10]	2015-10	无	是	是	是	是	否
192.0.0.10/32	TURN 任播	RFC8155[11]	2017-02	无	是	是	是	是	否
192.0.0.170/32，192.0.0.171/32	NAT64/DNS64 发现	RFC7050[12]	2013-02	无	否	否	否	否	是
192.0.2.0/24	文档地址（TEST-NET-1）	RFC5737[13]	2010-01	无	否	否	否	否	否
192.31.196.0/24	AS112-v4	RFC7535[14]	2014-12	无	是	是	是	是	否
192.52.193.0/24	AMT	RFC7450[15]	2014-12	无	是	是	是	是	否
192.88.99.0/24	6to4 中继任播	RFC7526[16]	2001-06	2015-03					
192.168.0.0/16	私有地址	RFC1918[5]	1996-02	无	是	是	是	否	否
192.175.48.0/24	AS112 服务	RFC7534[17]	1996-01	无	是	是	是	是	否
198.18.0.0/15	标杆(Benchmarking)	RFC2544[18]	1999-03	无	是	是	是	否	否
198.51.100.0/24	文档地址（TEST-NET-2）	RFC5737[13]	2010-01	无	否	否	否	否	否
203.0.113.0/24	文档地址（TEST-NET-3）	RFC5737[13]	2010-01	无	否	否	否	否	否
240.0.0.0/4	预留	RFC1122[4]	1989-08	无	否	否	否	否	是
255.255.255.255/32	受限广播地址	RFC8190[3] RFC919[19]	1984-10	无	否	是	否	否	是

参 考 文 献

[1] Huston G, Cotton M, Vegoda L. RFC5736: IANA IPv4 special purpose address registry. IETF 2010-01.

[2] Cotton M, Vegoda L, Bonica R, et al. RFC6890: Special-purpose IP address registries. IETF 2013-04.

[3] Bonica R, Cotton M, Haberman B, et al. RFC8190: Updates to the special-purpose IP address registries. IETF 2017-06.

[4] Braden R. RFC1122: Requirements for internet hosts - communication layers. IETF 1989-10.

[5] Rekhter Y, Moskowitz B, Karrenberg D, et al. RFC1918: Address allocation for private internets. IETF 1996-02.

[6] Weil J, Kuarsingh V, Donley C, et al. RFC6598: IANA-reserved IPv4 prefix for shared address space. IETF 2012-04.

[7] Cheshire S, Aboba B, Guttman E. RFC3927: Dynamic configuration of IPv4 link-local addresses. IETF 2005-05.

[8] Byrne C. RFC7335: IPv4 service continuity prefix. IETF 2014-08.

[9] Despres R, Jiang S, Penno R, et al. RFC7600: IPv4 residual deployment via IPv6 - A stateless solution（4rd）. IETF 2015-07.

[10] Kiesel S, Penno R. RFC7723: Port control protocol（PCP）anycast addresses. IETF 2016-01.

[11] Patil P, Reddy T, Wing D. RFC8155: Traversal using relays around NAT（TURN）server auto discovery. IETF 2017-04.

[12] Savolainen T, Korhonen J, Wing D. RFC7050: Discovery of the IPv6 prefix used for IPv6 address synthesis. IETF 2013-11.

[13] Arkko J, Cotton M, Vegoda L. RFC5737: IPv4 address blocks reserved for documentation. IETF 2010-01.

[14] Abley J, Dickson B, Kumari W, et al. RFC7535: AS112 redirection using DNAME. IETF 2015-05.

[15] Bumgardner G. RFC7450: Automatic multicast tunneling. IETF 2015-02.

[16] Troan O, Carpenter B. RFC7526: Deprecating the anycast prefix for 6to4 relay routers. IETF 2015-05.

[17] Abley J, Sotomayor W. RFC7534: AS112 nameserver operations. IETF 2015-05.

[18] Bradner S, McQuaid J. RFC2544: Benchmarking methodology for network interconnect devices. IETF 1999-03.

[19] Mogul J. RFC919: Broadcasting internet datagrams. IETF 1984-10.

附录 E　IPv6 地址空间注册表

从 1995 年 12 月开始，IPv6 地址的管理功能已正式委派给 IANA，参见 RFC1881[1]。从 2010 年 3 月开始，其注册流程获得了 IETF 主席的确认。如 RFC3513[2] 中所述，IANA 应该限制对 IPv6 的单播地址空间的分配在以二进制值 001 开头的地址范围内。其余的全球单播地址空间(约占 IPv6 的 85%地址空间)需要保留供以后的定义和使用，目前不由 IANA 分配。目前已经在 IANA 注册了的 IPv6 地址如表 E.1 所示。

表 E.1　IPv6 地址空间注册表

IPv6 前缀	分配	参考	注释
0000::/8	由 IETF 保留	RFC3513[2] RFC4291[3]	(1)、(2)、(3)、(4)、(5)、(6)
0100::/8	由 IETF 保留	RFC3513[2] RFC4291[3]	0100::/64 保留，仅用于丢弃地址块RFC6666[4]
0200::/7	由 IETF 保留	RFC4048	自 2004 年 12 月起不推荐使用RFC4048[5]。以前是 OSI NS AP 映射的前缀集 RFC4548[6]
0400::/6	由 IETF 保留	RFC3513[2] RFC4291[3]	
0800::/5	由 IETF 保留	RFC3513[2] RFC4291[3]	
1000::/4	由 IETF 保留	RFC3513[2] RFC4291[3]	
2000::/3	全球单播	RFC3513[2] RFC4291[3]	根据 RFC4291[3]，ff6::/8 除外，IPv6 单播空间涵盖了整个 IPv6 地址范围。IANA 单播地址分配当前限于 2000::/3 的 IPv6 单播地址范围。 (7)、(8)、(9)、(10)、(11)、(12)、(13)、(14)、(15)
4000::/3	由 IETF 保留	RFC3513[2] RFC4291[3]	
6000::/3	由 IETF 保留	RFC3513[2] RFC4291[3]	
8000::/3	由 IETF 保留	RFC3513[2] RFC4291[3]	
a000::/3	由 IETF 保留	RFC3513[2] RFC4291[3]	

续表

IPv6前缀	分配	参考	注释
c000::/3	由IETF保留	RFC3513[2] RFC4291[3]	
e000::/4	由IETF保留	RFC3513[2] RFC4291[3]	
f000::/5	由IETF保留	RFC3513[2] RFC4291[3]	
f800::/6	由IETF保留	RFC3513[2] RFC4291[3]	
fc00::/7	独特的本地单播	RFC4193[7]	
fe00::/9	由IETF保留	RFC3513[2] RFC4291[3]	
fe80::/10	链接范围的单播	RFC3513[2] RFC4291[3]	协议保留
fec0::/10	由IETF保留	RFC3879	由RFC3879[8]在2004年9月弃用。以前是站点本地范围的地址前缀
ff00::/8	组播	RFC3513[2] RFC4291[3]	

注：(1)::1/128保留用于回送地址(RFC4291[3])；

(2)::/128保留用于未指定的地址(RFC4291[3])；

(3)::ffff:0:0/96保留给IPv4映射的地址(RFC4291[3])；

(4)0::/96弃用(RFC4291[3])以前定义为“IPv4兼容IPv6地址”前缀；

(5)64:ff9b::/96(RFC6052[9])IPv4/IPv6地址映射算法的IPv6“众知前缀”；

(6)64:ff9b:1::/48(RFC8215[10])保留用于本地使用的IPv4/IPv6映射算法的IPv6“众知前缀”扩展；

(7)2001:0::/23保留用于IETF协议分配(RFC2928[11])；

(8)2001:0::/32保留用于Teredo(RFC4380[12])；

(9)2001:2::/48保留用于基准测试(RFC5180[13])；

(10)2001:3::/32保留用于AMT(RFC7450[14])；

(11)2001:4:112::/48保留用于AS112-v6(RFC7535[15])；

(12)2001:10::/28已弃用(以前为ORCHID)(RFC4843[16])；

(13)2001:20::/28保留用于ORCHIDv2(RFC7343[17])；

(14)2001:db8::/32保留用于文档(RFC3849[18])；

(15)2002::/16保留用于6to4(RFC3056[19])。

参 考 文 献

[1] IAB, IESG. RFC1881: IPv6 address allocation management. IETF 1995-12.

[2] Hinden R, Deering S. RFC3513: Internet protocol version 6 (IPv6) addressing architecture. IETF

2003-04.

[3] Hinden R, Deering S. RFC4291: IP version 6 addressing architecture. IETF 2006-02.

[4] Hilliard N, Freedman D. RFC6666: A discard prefix for IPv6. IETF 2012-08.

[5] Carpenter B. RFC4048: RFC 1888 is obsolete. IETF 2005-04.

[6] Gray E, Rutemiller J, Swallow G. RFC4548: Internet code point（ICP）assignments for NSAP addresses. IETF 2006-05.

[7] Hinden R, Haberman B. RFC4193: Unique local IPv6 unicast addresses. IETF 2005-10.

[8] Huitema C, Carpenter B. RFC3879: Deprecating site local addresses. IETF 2004-09.

[9] Bao C, Huitema C, Bagnulo M, et al. RFC6052: IPv6 addressing of IPv4/IPv6 translators. IETF 2010-10.

[10] Anderson T. RFC8215: Local-use IPv4/IPv6 translation prefix. IETF 2017-08.

[11] Hinden R, Deering S, Fink R, et al. RFC2928: Initial IPv6 sub-TLA ID assignments. IETF 2000-09.

[12] Huitema C. RFC4380: Teredo: Tunneling IPv6 over UDP through network address translations（NATs）. IETF 2006-02.

[13] Popoviciu C, Hamza A, Velde G, et al. RFC5180: IPv6 benchmarking methodology for network interconnect devices. IETF 2008-05.

[14] Bumgardner G. RFC7450: Automatic multicast tunneling. IETF 2015-02.

[15] Abley J, Dickson B, Kumari W, et al. RFC7535: AS112 redirection using DNAME. IETF 2015-05.

[16] Nikander P, Laganier J, Dupont F. RFC4843: An IPv6 prefix for overlay routable cryptographic hash identifiers（ORCHID）. IETF 2007-04.

[17] Laganier J, Dupont F. RFC7343: An IPv6 prefix for overlay routable cryptographic hash identifiers version 2（ORCHIDv2）. IETF 2014-09.

[18] Huston G, Lord A, Smith P. RFC3849: IPv6 address prefix reserved for documentation. IETF 2004-07.

[19] Carpenter B, Moore K. RFC3056: Connection of IPv6 domains via IPv4 clouds. IETF 2001-02.

附录 F　专用 IPv6 地址空间注册表

专用地址注册表中列出的地址前缀不能保证在任何特定的本地或全球范围内的可路由性。目前已经在 IANA 注册了的专用 IPv6 地址如表 F.1 所示。

表 F.1　专用 IPv6 地址空间注册表

地址块	名称	RFC	分配	终止	源地址	目标地址	可转发	全球	协议
::1/128	环回地址	RFC4291[1]	2006-02	未定义	否	否	否	否	是
::/128	未指定地址	RFC4291[1]	2006-02	未定义	是	否	否	否	是
::ffff:0:0/96	IPv4 映射的地址	RFC4291[1]	2006-02	未定义	否	否	否	否	是
64:ff9b::/96	IPv4-IPv6 转换地址	RFC6052[2]	2010-10	未定义	是	是	是	是	否
64:ff9b:1::/48	IPv4-IPv6 转换地址	RFC8215[3]	2017-06	未定义	是	是	是	否	否
100::/64	丢弃地址	RFC6666[4]	2012-06	未定义	是	是	是	否	否
2001::/23	IETF 协议分配	RFC2928[5]	2000-09	未定义	否（1）	否（1）	否（1）	否(1)	否
2001::/32	Terado	RFC4380[6] RFC8190[7]	2006-01	未定义	是	是	是	未定义(2)	否
2001:1::1/128	PCP 任播	RFC7723[8]	2015-10	未定义	是	是	是	是	否
2001:1::2/128	TURN 任播	RFC8155[9]	2017-02	未定义	是	是	是	是	否
2001:2::/48	标杆	RFC5180[10] RFC Errata 1752	2008-04	未定义	是	是	是	否	否
2001:3::/32	AMT	RFC7450[11]	2014-12	未定义	是	是	是	是	否
2001:4:112::/48	AS112-v6	RFC7535[12]	2014-12	未定义	是	是	是	是	否
2001:10::/28	废止(ORCHID)	RFC4843[13]	2007-03	2014-03					
2001:20::/28	ORCHIDv2	RFC7343[14]	2014-07	未定义	是	是	是	是	否
2001:db8::/32	文档举例	RFC3849[15]	2004-07	未定义	否	否	否	否	否
2002::/16[3]	6to4	RFC3056[16]	2001-02	未定义	是	是	是	未定义(3)	否
2620:4f:8000::/48	AS112 服务	RFC7534[17]	2011-05	未定义	是	是	是	是	否
fc00::/7	ULA	RFC4193[18] RFC8190[7]	2005-10	未定义	是	是	是	否(4)	否
fe80::/10	本地链路单播	RFC4291[1]	2006-02	N/A	是	是	否	否	是

注：(1)与协议相关，不允许分配；

(2)参见 RFC4380[6]；

(3)参见 RFC3056[16]；

(4)参见 RFC4193[17]。

参考文献

[1] Hinden R, Deering S. RFC4291: IP version 6 addressing architecture. IETF 2006-02.

[2] Bao C, Huitema C, Bagnulo M, et al. RFC6052: IPv6 addressing of IPv4/IPv6 translators. IETF 2010-10.

[3] Anderson T. RFC8215: Local-use IPv4/IPv6 translation prefix. IETF 2017-08.

[4] Hilliard N, Freedman D. RFC6666: A discard prefix for IPv6. IETF 2012-08.

[5] Hinden R, Deering S, Fink R, et al. RFC2928: Initial IPv6 sub-TLA ID assignments. IETF 2000-09.

[6] Huitema C. RFC4380: Teredo: Tunneling IPv6 over UDP through network address translations（NATs）. IETF 2006-02.

[7] Bonica R, Cotton M, Haberman B, et al. RFC8190: Updates to the special-purpose IP address registries. IETF 2017-06.

[8] Kiesel S, Penno R. RFC7723: Port control protocol（PCP）anycast addresses. IETF 2016-01.

[9] Patil P, Reddy T, Wing D. RFC8155: Traversal using relays around NAT（TURN）server auto discovery. IETF 2017-04.

[10] Popoviciu C, Hamza A, Velde G, et al. RFC5180: IPv6 benchmarking methodology for network interconnect devices. IETF 2008-05.

[11] Bumgardner G. RFC7450: Automatic multicast tunneling. IETF 2015-02.

[12] Abley J, Dickson B, Kumari W, et al. RFC7535: AS112 redirection using DNAME. IETF 2015-05.

[13] Nikander P, Laganier J, Dupont F. RFC4843: An IPv6 prefix for overlay routable cryptographic hash identifiers（ORCHID）. IETF 2007-04.

[14] Laganier J, Dupont F. RFC7343: An IPv6 prefix for overlay routable cryptographic hash identifiers version 2（ORCHIDv2）. IETF 2014-09.

[15] Huston G, Lord A, Smith P. RFC3849: IPv6 address prefix reserved for documentation. IETF 2004-07.

[16] Carpenter B, Moore K. RFC3056: Connection of IPv6 domains via IPv4 clouds. IETF 2001-02.

[17] Abley J, Sotomayor W. RFC7534: AS112 nameserver operations. IETF 2015-05.

[18] Hinden R, Haberman B. RFC4193: Unique local IPv6 unicast addresses. IETF 2005-10.

附录G　常用传输层端口

服务名称和端口号用于区分通过传输协议（如 TCP、UDP、DCCP 和 SCTP 等）运行的不同服务。服务名称由“先到先得”的原则分配（RFC6335[1]）。端口号码的分配方法如下：

（1）系统端口：0～1023；由 RFC8126[2]描述的通过“IETF 评审”或“IESG 批准”的程序进行分配。

（2）用户端口：1024～49151；IANA 使用“IETF 评审”过程、“IESG 批准”过程或“专家评审”过程分配。

（3）动态和/或专用端口：49152～65535。服务名称和端口号的注册过程在 RFC6335 中描述。未经 IANA 注册或在 IANA 注册之前，不应使用系统端口和用户端口。目前已经在 IANA 注册了的常用传输层端口号如表 G.1 所示。

表 G.1　常用传输层端口分配表

服务名称	端口号	HEX	协议	描述
tcpmux	1	0x0001	TCP	TCP 端口服务多路复用器 （TCP Port Service Multiplexer）
tcpmux	1	0x0001	UDP	TCP 端口服务多路复用器 （TCP Port Service Multiplexer）
rje	5	0x0005	TCP	远程作业入口 （Remote Job Entry）
rje	5	0x0005	UDP	远程作业入口 （Remote Job Entry）
echo	7	0x0007	TCP	回声 （Echo）
echo	7	0x0007	UDP	回声 （Echo）
discard	9	0x0009	TCP	丢弃 （Discard）
discard	9	0x0009	UDP	丢弃 （Discard）
discard	9	0x0009	SCTP	丢弃 （Discard）
discard	9	0x0009	DCCP	丢弃 （Discard）
systat	11	0x000b	TCP	活跃用户 （Active Users）
systat	11	0x000b	UDP	活跃用户 （Active Users）

续表

服务名称	端口号	HEX	协议	描述
daytime	13	0x000d	TCP	白昼 (Daytime)
daytime	13	0x000d	UDP	白昼 (Daytime)
qotd	17	0x0011	TCP	今日行情 (Quote of the Day)
qotd	17	0x0011	UDP	今日行情 (Quote of the Day)
msp	18	0x0012	TCP	消息发送协议-已废弃 (Message Send Protocol-historic)
msp	18	0x0012	UDP	消息发送协议-已废弃 (Message Send Protocol-historic)
chargen	19	0x0013	TCP	字符生成器 (Character Generator)
chargen	19	0x0013	UDP	字符生成器 (Character Generator)
ftp-data	20	0x0014	TCP	文件传输 [默认数据] (File Transfer [Default Data])
ftp-data	20	0x0014	UDP	文件传输 [默认数据] (File Transfer [Default Data])
ftp-data	20	0x0014	SCTP	文件传输 [默认数据] (File Transfer [Default Data])
ftp	21	0x0015	TCP	文件传输 [默认控制] (File Transfer [Default control])
ftp	21	0x0015	UDP	文件传输 [默认控制] (File Transfer [Default control])
ftp	21	0x0015	SCTP	文件传输 [默认控制] (File Transfer [Default control])
ssh	22	0x0016	TCP	安全外壳（SSH）协议 (The Secure Shell（SSH）Protocol)
ssh	22	0x0016	UDP	安全外壳（SSH）协议 (The Secure Shell（SSH）Protocol)
ssh	22	0x0016	SCTP	安全外壳（SSH）协议 (The Secure Shell（SSH）Protocol)
telnet	23	0x0017	TCP	远程登录 (Telnet)
telnet	23	0x0017	UDP	远程登录 (Telnet)
smtp	25	0x0019	TCP	简单邮件传输 (Simple Mail Transfer)
smtp	25	0x0019	UDP	简单邮件传输 (Simple Mail Transfer)
time	37	0x0025	TCP	时间 (Time)
time	37	0x0025	UDP	时间 (Time)
rlp	39	0x0027	TCP	资源定位协议 (Resource Location Protocol)

续表

服务名称	端口号	HEX	协议	描述
rlp	39	0x0027	UDP	资源定位协议 (Resource Location Protocol)
name	42	0x002a	TCP	主机名服务器 (Host Name Server)
name	42	0x002a	UDP	主机名服务器 (Host Name Server)
nameserver	42	0x002a	TCP	主机名服务器 (Host Name Server)
nameserver	42	0x002a	UDP	主机名服务器 (Host Name Server)
nicname	43	0x002b	TCP	谁是服务 (Who Is)
nicname	43	0x002b	UDP	谁是服务 (Who Is)
tacacs	49	0x0031	TCP	登录主机协议 (Login Host Protocol-TACACS)
tacacs	49	0x0031	UDP	登录主机协议 (Login Host Protocol-TACACS)
re-mail-ck	50	0x0032	TCP	远程邮件检查协议 (Remote Mail Checking Protocol)
re-mail-ck	50	0x0032	UDP	远程邮件检查协议 (Remote Mail Checking Protocol)
domain	53	0x0031	TCP	域名服务器 (Domain Name Server)
domain	53	0x0035	UDP	域名服务器 (Domain Name Server)
whoispp	63	0x003f	TCP	增强型谁是服务 (whois++)
whois++	63	0x003f	TCP	增强型谁是服务 (whois++)
whoispp	63	0x003f	UDP	增强型谁是服务 (whois++)
whois++	63	0x003f	UDP	增强型谁是服务 whois++
bootps	67	0x0043	TCP	引导协议服务器 (Bootstrap Protocol Server)
bootps	67	0x0043	UDP	引导协议服务器 (Bootstrap Protocol Server)
bootpc	68	0x0044	TCP	引导协议客户机 (Bootstrap Protocol Client)
bootpc	68	0x0044	UDP	引导协议客户机 (Bootstrap Protocol Client)
tftp	69	0x0045	TCP	简单文件传输 (Trivial File Transfer)
tftp	69	0x0045	UDP	简单文件传输 (Trivial File Transfer)
gopher	70	0x0046	TCP	地鼠 (Gopher)

续表

服务名称	端口号	HEX	协议	描述
gopher	70	0x0046	UDP	地鼠 (Gopher)
netrjs-1	71	0x0047	TCP	远程作业服务 (Remote Job Service)
netrjs-1	71	0x0047	UDP	远程作业服务 (Remote Job Service)
netrjs-2	72	0x0048	TCP	远程作业服务 (Remote Job Service)
netrjs-2	72	0x0048	UDP	远程作业服务 (Remote Job Service)
netrjs-3	73	0x0049	TCP	远程作业服务 (Remote Job Service)
netrjs-3	73	0x0049	UDP	远程作业服务 (Remote Job Service)
finger	79	0x004f	TCP	用户查询 (Finger)
finger	79	0x004f	UDP	用户查询 (Finger)
http	80	0x0050	TCP	万维网 HTTP (World Wide Web HTTP)
http	80	0x0050	UDP	万维网 HTTP (World Wide Web HTTP)
www	80	0x0050	TCP	万维网 HTTP (World Wide Web HTTP)
www	80	0x0050	UDP	万维网 HTTP (World Wide Web HTTP)
www-http	80	0x0050	TCP	万维网 HTTP (World Wide Web HTTP)
www-http	80	0x0050	UDP	万维网 HTTP (World Wide Web HTTP)
http	80	0x0050	SCTP	万维网 HTTP (World Wide Web HTTP)
kerberos	88	0x0050	TCP	Kerberos
kerberos	88	0x0058	UDP	Kerberos
supdup	95	0x005f	TCP	SUPDUP
supdup	95	0x005f	UDP	SUPDUP
hostname	101	0x0065	TCP	网络信息中心主机名服务器 (NIC Host Name Server)
hostname	101	0x0065	UDP	网络信息中心主机名服务器 (NIC Host Name Server)
iso-tsap	102	0x0066	TCP	ISO-TSAP Class 0
iso-tsap	102	0x0066	UDP	ISO-TSAP Class 0
pop2	109	0x006d	TCP	邮局协议-版本 2 (Post Office Protocol - Version 2)

续表

服务名称	端口号	HEX	协议	描述
pop2	109	0x006d	UDP	邮局协议-版本 2 (Post Office Protocol - Version 2)
pop3	110	0x006e	TCP	邮局协议-版本 3 (Post Office Protocol - Version 3)
pop3	110	0x006e	UDP	邮局协议-版本 3 (Post Office Protocol - Version 3)
sunrpc	111	0x006f	TCP	SUN 设备远程过程调用 (SUN Remote Procedure Call)
sunrpc	111	0x006f	UDP	SUN 设备远程过程调用 (SUN Remote Procedure Call)
auth	113	0x0071	TCP	身份验证服务 (Authentication Service)
auth	113	0x0071	UDP	身份验证服务 (Authentication Service)
sftp	115	0x0073	TCP	简单的文件传输协议 (Simple File Transfer Protocol)
sftp	115	0x0073	UDP	简单的文件传输协议 (Simple File Transfer Protocol)
uucp-path	117	0x0075	TCP	UNIX-UNIX 文件复制路径服务 (UUCP Path Service)
uucp-path	117	0x0075	UDP	UNIX-UNIX 文件复制路径服务 (UUCP Path Service)
nntp	119	0x0077	TCP	网络新闻传输协议 (Network News Transfer Protocol)
nntp	119	0x0077	UDP	网络新闻传输协议 (Network News Transfer Protocol)
ntp	123	0x007b	TCP	网络时间协议 (Network Time Protocol)
ntp	123	0x007b	UDP	网络时间协议 (Network Time Protocol)
epmap	135	0x0087	TCP	DCE 端点解析 (DCE endpoint resolution)
epmap	135	0x0087	UDP	DCE 端点解析 (DCE endpoint resolution)
netbios-ns	137	0x0089	TCP	NETBIOS 名称服务 (NETBIOS Name Service)
netbios-ns	137	0x0089	UDP	NETBIOS 名称服务 (NETBIOS Name Service)
netbios-dgm	138	0x008a	TCP	NETBIOS 数据报文服务 (NETBIOS Datagram Service)
netbios-dgm	138	0x008a	UDP	NETBIOS 数据报文服务 (NETBIOS Datagram Service)
netbios-ssn	139	0x008b	TCP	NETBIOS 会话服务 (NETBIOS Session Service)
netbios-ssn	139	0x008b	UDP	NETBIOS 会话服务 (NETBIOS Session Service)
imap	143	0x008f	TCP	互联网消息访问协议 (Internet Message Access Protocol)

续表

服务名称	端口号	HEX	协议	描述
imap	143	0x008f	UDP	互联网消息访问协议 (Internet Message Access Protocol)
snmp	161	0x00a1	TCP	简单网络管理协议 (SNMP)
snmp	161	0x00a1	UDP	简单网络管理协议 (SNMP)
snmptrap	162	0x00a2	TCP	简单网络管理协议收集器 (SNMPTRAP)
snmptrap	162	0x00a2	UDP	简单网络管理协议收集器 (SNMPTRAP)
rsvd	168	0x00a8	TCP	RSVD
rsvd	168	0x00a8	UDP	RSVD
bgp	179	0x00b3	TCP	边界网关协议 (Border Gateway Protocol)
bgp	179	0x00b3	UDP	边界网关协议 (Border Gateway Protocol)
bgp	179	0x00b3	SCTP	边界网关协议 (Border Gateway Protocol)
irc	194	0x00c2	TCP	互联网中继聊天协议 (Internet Relay Chat Protocol)
irc	194	0x00c2	UDP	互联网中继聊天协议 (Internet Relay Chat Protocol)
ipx	213	0x00d5	TCP	网间分组交换协议 (IPX)
ipx	213	0x00d5	UDP	网间分组交换协议 (IPX)
imap3	220	0x0014	TCP	交互式邮件访问协议 v3 (Interactive Mail Access Protocol v3)
imap3	220	0x0014	UDP	交互式邮件访问协议 v3 (Interactive Mail Access Protocol v3)
ldap	389	0x0185	TCP	轻型目录访问协议 (Lightweight Directory Access Protocol)
ldap	389	0x0185	UDP	轻型目录访问协议 (Lightweight Directory Access Protocol)
https	443	0x01bb	TCP	基于 TLS/SSL 的 HTTP (HTTP protocol over TLS/SSL)
https	443	0x01bb	UDP	基于 TLS/SSL 的 HTTP (HTTP protocol over TLS/SSL)
https	443	0x01bb	SCTP	基于 TLS/SSL 的 HTTP (HTTP protocol over TLS/SSL)
dhcpv6-client	546	0x0222	TCP	IPv6 动态主机配置协议客户机 (DHCPv6 Client)
dhcpv6-client	546	0x0222	UDP	IPv6 动态主机配置协议客户机 (DHCPv6 Client)
dhcpv6-server	547	0x0223	TCP	IPv6 动态主机配置协议服务器 (DHCPv6 Server)

续表

服务名称	端口号	HEX	协议	描述
dhcpv6-server	547	0x0223	UDP	IPv6 动态主机配置协议服务器（DHCPv6 Server）
http-rpc-epmap	593	0x0251	TCP	HTTP-RPC 端点映射（HTTP RPC Ep Map）
http-rpc-epmap	593	0x0251	UDP	HTTP-RPC 端点映射（HTTP RPC Ep Map）
nmap	689	0x02b1	TCP	网络映射（NMAP）
nmap	689	0x02b1	UDP	网络映射（NMAP）
imaps	993	0x03e1	UDP	基于 TLS/SSL 的互联网消息访问协议 4（IMAP4 protocol over TLS/SSL）
pop3s	995	0x03e3	TCP	基于 TLS/SSL 的邮局协议 3（POP3 over TLS protocol）
pop3s	995	0x03e3	UDP	基于 TLS/SSL 的邮局协议 3（POP3 over TLS protocol）

参考文献

[1] Cotton M, Eggert L, Touch J, et al. RFC6335: Internet assigned numbers authority（IANA）procedures for the management of the service name and transport protocol port number registry. IETF 2011-08.

[2] Cotton M, Leiba B, Narten T. RFC8126: Guidelines for writing an IANA considerations section in RFCs. IETF 2017-07.

附录H　UDP、TCP、ICMP、ICMPv6 与时间相关的协议常量

(1) UDP_MIN：2 分钟(RFC4787[1])。
(2) UDP_DEFAULT：5 分钟(RFC4787[1])。
(3) TCP_TRANS：4 分钟(RFC5382[2])。
(4) TCP_EST：2 小时 4 分钟(RFC5382[2])。
(5) TCP_INCOMING_SYN：6 秒(RFC5382[2])。
(6) FRAGMENT_MIN：2 秒。
(7) ICMP_DEFAULT：60 秒(RFC5382[2])。

参 考 文 献

[1] Audet F, Jennings C. RFC4787: Network address translation（NAT）behavioral requirements for unicast UDP. IETF 2007-01.

[2] Guha S, Biswas K, Ford B, et al. RFC5382: NAT behavioral requirements for TCP. IETF 2008-10.

附录Ⅰ 术　　语

（1）IPv4/IPv6 翻译器（XLAT）：将 IPv6 数据报文和 IPv4 数据报文相互转换的设备。

（2）IVI：无状态 IPv4/IPv6 翻译技术。

（3）1:*N* IVI：具有 IPv4 地址复用功能的无状态 IPv4/IPv6 翻译技术。

（4）dIVI：无状态 IPv4/IPv6 双重翻译技术（主干网）。

①IPv4 转换 IPv6 地址（IPv4-converted IPv6 address）：无状态和有状态翻译器使用该地址在 IPv6 网络中表示 IPv4 主机，它们与 IPv4 地址具有明确的映射关系。

②IPv4 可译 IPv6 地址（IPv4-translatable IPv6 address）：分配给 IPv6 主机并与 IPv4 地址有基于算法的映射关系的 IPv6 地址，用于无状态翻译技术。

③运营商前缀：网络运营商的 IPv6 前缀的一个子集，全球可达。

④众知前缀：RFC6052[1]中定义的用于算法映射的 IPv6 前缀（64:ff9b::/96）。

⑤众知 IPv4 域名：ipv4only.arpa（只有 A 记录）。

⑥众知 IPv4 地址：192.0.0.170 和 192.0.0.171。

⑦Pref64：用于把 IPv4 地址合成 IPv6 地址的 IPv6 前缀，包括运营商前缀和众知前缀。

（5）DNS46：将 AAAA 记录转换为 A 记录的 DNS 转换器。

（6）DNS64：将 A 记录转换为 AAAA 记录的 DNS 转换器。

（7）MAP-T：无状态 IPv4/IPv6 翻译技术（接入网）。

（8）MAP-E：无状态 IPv4/IPv6 封装技术（接入网）。

①MAP 边界中继（MAP-BR，简称 BR）：具有特定功能（如具有 IPv4/IPv6 翻译功能或 IPv4 over IPv6 封装功能）的核心路由器。

②MAP 客户边缘（MAP-CE，简称 CE）：具有特定功能（如具有 IPv4/IPv6 翻译功能或 IPv4 over IPv6 封装功能）的边缘路由器（家庭网关）。

③端口集标识（PSID）：标识一组分配给特定 CE 的传输层端口范围。

④嵌入地址比特（EA-bits）：嵌入 IPv6 地址中的某个字段，标识 IPv4 子网的若干比特和 PSID。

（9）NPTv6：无状态 IPv6/IPv6 前缀翻译技术。

（10）NAT64：有状态 IPv4/IPv6 翻译技术。

（11）NAT44：有状态 IPv4/IPv4 翻译技术。

①三元组（3-Tuple）：（源 IP 地址，目标 IP 地址，ICMP 标识符）。三元组唯一标识 ICMP 会话。

②五元组(5-Tuple)：(源 IP 地址，源端口，目标 IP 地址，目的端口，传输协议)。

③绑定信息库(BIB)：NAT64 保存的绑定表。

④发夹(hair-pin)：数据报文在设备内部进行“掉头”回到同一侧。

(12) 464XLAT：有状态 IPv4/IPv6 翻译技术(接入网)。

①PLAT：核心 XLAT。

②CLAT：边缘 XLAT。

(13) DS-Lite：有状态 IPv4/IPv6 封装技术(接入网)。

①AFTR：地址族转换路由器。

②B4：基本宽带桥接器。

(14) LW-4o6：用户状态 IPv4/IPv6 封装技术(接入网)。

①lwAFTR：轻量级地址族转换路由器。

②lwB4：轻量级基本宽带桥接器。

(15) RA：路由器通告。

①RDNSS：递归 DNS 服务器，用于传送 RDNSS 信息的 IPv6 RA 选项。

②DNSSL：DNS 搜索列表（DNSSL）。

(16) Tunneling and encapsulation：隧道和封装。

①隧道技术：在底层网络上建立两个隧道端点，利用封装技术传输与底层网络独立的数据报文。

②封装技术：通过增加一层数据报头，在底层网络上传输独立的数据报文。

封装技术包含隧道技术，但也包含不需要定义隧道端点的封装技术。在本书中不涉及没有隧道端点的封装技术，因此本书没有特殊区分隧道技术和封装技术。

参 考 文 献

[1] Bao C, Huitema C, Bagnulo M, et al. RFC6052: IPv6 addressing of IPv4/IPv6 translators. IETF 2010-10.

后　记

从 1994 年本书作者参与设计和建设 CERNET 至今，已经过去三十年。从 1998 年本书作者建立了中国第一个 IPv6 试验床并与 6bone 联网至今，已经过去二十余年。从 2007 年本书作者发明 IVI 技术至今，已经过去十余年。我们深深体会到中国古话“十年磨一剑”的深意，希望通过本书能够和读者分享从事互联网科学研究、技术开发和标准化工作的体会。

在这一过程中，作者一直受到 IETF 的精神鼓励。不迷信权威，相信逻辑，相信科学，追求学术共识，践行“可以运行的程序”是检验真理的唯一标准。

虽然下一代互联网 IPv6 的过渡进程比预期要慢，但是作者坚信新一代 IPv6 过渡技术是正确的方向。随着 IPv6 的广泛部署，会产生新的与 IPv4 非常不同的互联网生态。未来是新一代网络科研工作者和工程师的时代，希望 IETF 和互联网的精神能更加发扬光大。“我们不预测未来，我们创造未来。”